中国社会科学年鉴

教育部人文社会科学重点研究基地
中国人民大学伦理学与道德建设研究中心 主办

中国伦理学

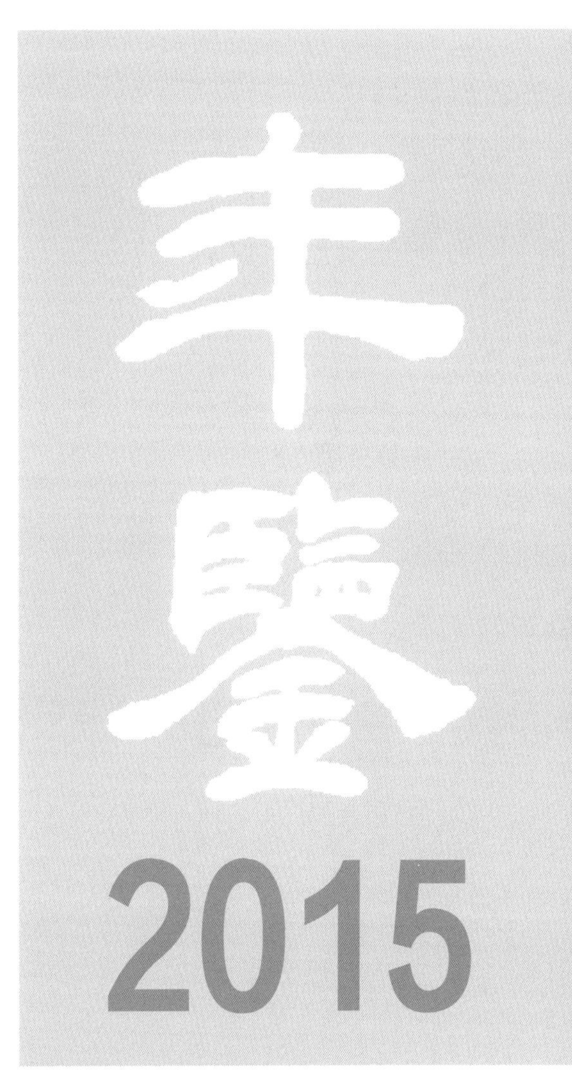

CHINESE ETHICS ALMANAC

顾问 罗国杰 徐惟诚
主编 郭清香

中国社会科学出版社

图书在版编目（CIP）数据

中国伦理学年鉴．2015／中国人民大学伦理学与道德建设研究中心主办；郭清香主编．—北京：中国社会科学出版社，2017．10

ISBN 978－7－5203－1604－0

Ⅰ．①中…　Ⅱ．①中…②郭…　Ⅲ．①伦理学—中国—2015—年鉴　Ⅳ．①B82－54

中国版本图书馆 CIP 数据核字(2017)第 287041 号

出 版 人　赵剑英
责任编辑　张靖晗
责任校对　林福国
责任印制　张雪娇

出　　版　中国社会科学出版社
社　　址　北京鼓楼西大街甲 158 号
邮　　编　100720
网　　址　http://www.csspw.cn
发 行 部　010－84083685
门 市 部　010－84029450
经　　销　新华书店及其他书店

印刷装订　三河市东方印刷有限公司
版　　次　2017 年 10 月第 1 版
印　　次　2017 年 10 月第 1 次印刷

开　　本　787×1092　1/16
印　　张　30
字　　数　637 千字
定　　价　188.00 元

《中国伦理学年鉴》2015年卷编辑人员名单

编辑说明

《中国伦理学年鉴》是由教育部百所重点研究基地“中国人民大学伦理学与道德建设研究中心”主办的大型文献性、资料性学术年刊。《中国伦理学年鉴》2011 年在九州出版社始创，共出版了 4 卷。编委会秉承学术性、权威性、客观性、前沿性的宗旨，力求反映中国伦理学学术研究和道德实践的年度总貌，积极发挥《中国伦理学年鉴》应有的功能。经商定，《中国伦理学年鉴》自本年卷始列入中国社会科学年鉴系列，改由中国社会科学出版社出版发行。

《中国伦理学年鉴》2015 年卷以 2015 年伦理学研究成果以及社会道德建设重大事件为基础，设定以下栏目：“特载”部分整理了 2015 年度对中国伦理学研究以及道德建设有重要影响的党和国家领导人的重要讲话以及政府下发的重要文件；“研究报告”部分介绍了伦理学各专业方向的研究进展，包括伦理学原理、马克思主义伦理学、中国伦理思想史、西方伦理思想史、应用伦理学等各领域的研究综述；“道德实践”部分总结了 2015 年道德建设实践经验以及发生在中国大陆的重要道德事件，既包括党和政府关注的道德问题以及进行的努力，也包括社会道德事件和不道德事件等内容；“论文荟萃”“新书选介”“学术动态”部分尽可能全面反映 2015 年度中国伦理学研究的最新动态和成果；“伦理学人”部分特别选取了 8 位已过世的、学界公认的对伦理学研究做出卓越贡献的老学者，以纪念他们为新中国伦理学教学和研究工作所付出的心血。

《中国伦理学年鉴》2015 年卷的编辑出版得到全国伦理学界的支持，在此表示由衷的感谢。在编辑过程中，我们本着高度负责的精神，对有关信息进行反复核实，但由于年鉴工作头绪多，工作量大，其中肯定会有疏漏、不足和缺憾，我们恳请专家、学者和广大读者批评指正。另外，文稿中学术观点仅代表作者本人见解，对此我们在每一内容后面都标明供稿者或出处，以明责任。

需要说明的是，鉴于本书的特点，本卷对所转载或摘登以及被数字出版物收录的相关文献均不再另付稿酬。

《中国伦理学年鉴》编辑委员会

2016 年 12 月

目　　录

第一篇　特　　载

第二篇 研究报告

第三篇 道德实践

第四篇 论文荟萃

第五篇 新书选介

第六篇　学术动态

第七篇 伦理学人

Main Contents

Ⅰ Special Column

Ⅱ Research Reports

Ⅲ Moral Practice

Ⅳ Selected Digestions of Research Articles

Ⅴ Selected Introductions of New Books

Ⅵ Academic Activities

Ⅶ Chinse Ethicists

第一篇

特　　载

注：特载内容由葛晨虹、陈伟功、吴西亮整理。

习近平在2015年春节团拜会上的讲话[①]

新华网北京2015年2月17日电　中共中央、国务院17日上午在人民大会堂举行2015年春节团拜会。习近平发表重要讲话。

同志们，朋友们：

“东风随春归，发我枝上花。”一年一度的新春佳节又到了，我们即将迎来中华民族的传统节日——乙未羊年春节。今天，我们在这里欢聚一堂、辞旧迎新，充满了喜悦之情。

在这里，我代表党中央、国务院，向大家致以节日的美好祝愿！向全国各族人民，向香港特别行政区同胞、澳门特别行政区同胞、台湾同胞和海外侨胞拜年！

过年是盘点旧岁的时刻。过去的一年，是辛勤耕耘的一年，也是岁物丰成的一年。这一年是我国全面深化改革元年，国内改革发展稳定任务繁重艰巨，国际形势风云变幻。全党全国各族人民团结一心、众志成城，坚持稳中求进工作总基调，蹄疾步稳深化改革，持续有力推动发展，扎实有效改善民生，全面加强国防和军队建设，积极开展对外工作，聚精会神管党治党，对全面推进依法治国作出部署，改革开放和社会主义现代化建设各方面都取得新的重大进展。

此时此刻，我们为伟大的祖国而自豪，为伟大的人民而自豪！我们要向勤劳勇敢的中国人民道一声辛苦，对他们焕发出来的非凡创造精神、创造的非凡业绩表示崇高的敬意！

过年也是谋划新年的时刻。时序更替，梦想前行。今年，我们面临的形势依然严峻复杂，承担的任务更加繁重艰巨。我们要紧紧依靠人民，从人民中吸取智慧，从人民中凝聚力量，全面贯彻落实党的十八大和十八届三中、四中全会精神，以邓小平理论、“三个代表”重要思想、科学发展观为指导，按照全面建成小康社会、全面深化改革、全面依法治国、全面从严治党的战略布局，更加扎实地推进经济发展，更加坚定地推进改革开放，更加充分地激发创造活力，更加有效地维护公平正义，更加有力地保障和改善民生，更加深入地改进党风政风，为国家增创更多财富，为人民增加更

---

① 新华网，http://news.xinhuanet.com/2015－02/17/c_1114401712.htm。

多福祉，为民族增添更多荣耀。

我们正在进行的中国特色社会主义事业，是前无古人的开创性事业，前进道路不可能一帆风顺，我们必须准备进行具有许多新的历史特点的伟大斗争。“其作始也简，其将毕也必巨。”我们要永远保持清醒头脑，继续发扬筚路蓝缕、以启山林那么一种精神，继续保持空谈误国、实干兴邦那么一种警醒，敢于战胜前进道路上的一切困难和挑战，使中国特色社会主义道路始终成为中华民族创造辉煌的必由之路，始终成为中华民族实现伟大复兴的必由之路，始终成为中华民族为人类作出新的更大贡献的必由之路。

春节是万家团圆、共享天伦的美好时分。游子归家，亲人团聚，朋友相会，表达亲情，畅叙友情，抒发乡情，其乐融融，喜气洋洋。中华民族自古以来就重视家庭、重视亲情。家和万事兴、天伦之乐、尊老爱幼、贤妻良母、相夫教子、勤俭持家等，都体现了中国人的这种观念。“慈母手中线，游子身上衣。临行密密缝，意恐迟迟归。谁言寸草心，报得三春晖。”唐代诗人孟郊的这首《游子吟》，生动表达了中国人深厚的家庭情结。家庭是社会的基本细胞，是人生的第一所学校。不论时代发生多大变化，不论生活格局发生多大变化，我们都要重视家庭建设，注重家庭、注重家教、注重家风，紧密结合培育和弘扬社会主义核心价值观，发扬光大中华民族传统家庭美德，促进家庭和睦，促进亲人相亲相爱，促进下一代健康成长，促进老年人老有所养，使千千万万个家庭成为国家发展、民族进步、社会和谐的重要基点。

同志们、朋友们，春天播种，秋天收获。让我们踏着春天的脚步，把人民对美好生活的向往作为奋斗目标，扎扎实实干好各项工作，共同创造祖国的美好未来。

最后，祝大家身体健康、阖家幸福、羊年吉祥、万事如意！

习近平在会见第四届全国文明城市、文明村镇、文明单位和未成年人思想道德建设工作先进代表时强调人民有信仰民族有希望国家有力量　锲而不舍抓好社会主义精神文明建设　刘云山参加会见并在表彰大会上讲话[①]

新华社北京2015年2月28日电（记者隋笑飞）　中共中央总书记、国家主席、中央军委主席习近平28日下午在北京亲切会见第四届全国文明城市、文明村镇、文明单位和未成年人思想道德建设工作先进代表，并发表重要讲话。刘云山参加会见并在表彰大会上讲话。

习近平强调，人民有信仰，民族有希望，国家有力量。实现中华民族伟大复兴的中国梦，物质财富要极大丰富，精神财富也要极大丰富。我们要继续锲而不舍、一以贯之抓好社会主义精神文明建设，为全国各族人民不断前进提供坚强的思想保证、强大的精神力量、丰润的道德滋养。

中共中央政治局常委、中央文明委主任刘云山参加会见并出席全国精神文明建设工作表彰暨学雷锋志愿服务大会。

下午3时，习近平等来到人民大会堂金色大厅，同代表们亲切握手，并合影留念。在热烈的掌声中，习近平发表重要讲话。他首先代表党中央、国务院，向受到表彰的城市、村镇、单位、个人表示热烈的祝贺，向长期奋斗在精神文明建设一线的同志们表示诚挚的问候。

习近平指出，改革开放之初，我们党就创造性地提出了建设社会主义精神文明的战略任务，确立了“两手抓、两手都要硬”的战略方针。30多年来，我国亿万人民不仅创造了物质文明发展的世界奇迹，也创造了精神文明发展的丰硕成果，涌现出一

---

① 人民网，http://military.people.com.cn/n/2015/0301/c172467-26614605.html。

大批精神文明建设的优秀人物和先进典型，你们就是其中的代表。

习近平强调，一个国家，一个民族，要同心同德迈向前进，必须有共同的理想信念作支撑。我们要在全党全社会持续深入开展建设中国特色社会主义宣传教育，高扬主旋律，唱响正气歌，不断增强道路自信、理论自信、制度自信，让理想信念的明灯永远在全国各族人民心中闪亮。

习近平指出，要坚持“两手抓、两手都要硬”，以辩证的、全面的、平衡的观点正确处理物质文明和精神文明的关系，把精神文明建设贯穿改革开放和现代化全过程、渗透社会生活各方面，紧密结合培育和践行社会主义核心价值观，大力倡导共产党人的世界观、人生观、价值观，坚守共产党人的精神家园；大力加强社会公德、职业道德、家庭美德、个人品德建设，营造全社会崇德向善的浓厚氛围；大力弘扬中华民族优秀传统文化，大力加强党风政风、社风家风建设，特别是要让中华民族文化基因在广大青少年心中生根发芽。要充分发挥榜样的作用，领导干部、公众人物、先进模范都要为全社会做好表率、起好示范作用，引导和推动全体人民树立文明观念、争当文明公民、展示文明形象。

习近平强调，只有站在时代前沿，引领风气之先，精神文明建设才能发挥更大威力。当前，社会上思想活跃、观念碰撞，互联网等新技术新媒介日新月异，我们要审时度势、因势利导，创新内容和载体，改进方式和方法，使精神文明建设始终充满生机活力。抓精神文明建设要办实事、讲实效，紧紧围绕促进人民福祉来进行，坚决反对形式主义、官僚主义，努力满足人民群众不断增长的精神文化需求。各级党委要担负好自己的责任，切实抓好精神文明建设各项工作。

刘云山在会议上指出，习近平总书记亲切会见代表并发表重要讲话，充分体现了对精神文明建设的高度重视，是对全党全社会推进精神文明建设的有力动员，是我们做好工作的重要遵循，要认真学习领会，很好贯彻落实。刘云山说，做好新形势下的精神文明建设工作，重要的是用习近平总书记系列重要讲话精神统一思想和行动，增强“两手抓、两手都要硬”的自觉，弘扬主旋律、汇聚正能量、树立新风尚，为实现“两个一百年”奋斗目标和中华民族伟大复兴的中国梦提供精神力量。要紧紧围绕“四个全面”战略布局推进精神文明建设，多做凝聚共识、坚定信心、鼓舞士气的工作，树立科学统筹的思想方法，弘扬改革创新的时代精神，强化法治引领的实践指向，推动精神文明建设工作改进创新。要持之以恒地抓好社会主义核心价值观建设，在发挥党员干部和公众人物示范作用、加强青少年教育引导的同时，注重家庭、注重家教、注重家风，发扬光大中华民族传统家庭美德。要深入推进群众性精神文明创建，深化思想内涵，强化敦风化俗，坚持为民惠民，着力解决群众反映强烈的突出问题。要推动学雷锋志愿服务常态化，大力弘扬雷锋精神，宣传先进典型的感人事迹和崇高品格，形成志愿服务长效机制，激发人们向善向上的美好愿望。精神文明建设，建设的是理想信念，建设的是思想道德，建设的是文明风尚，最需要虚功实做、最忌流于形式，要大兴求实、务实、落实之风，努力创造经得起实践、人民、历史检验的实绩。

刘延东参加会见并在大会上宣读表彰决定，刘奇葆参加会见并主持会议，栗战书参加会见。

第四届全国文明城市代表、山东省威海市委书记孙述涛，第四届全国文明村镇代表、浙江省余姚市梁弄镇党委书记严忠苗，第四届全国文明单位代表、中国航天科技集团六院院长谭永华，全国未成年人思想道德建设先进工作者、青海省海北州广播电视台少儿栏目主持人仁青措毛分别在大会上发言。

庆祝“五一”国际劳动节暨表彰全国劳动模范和先进工作者大会隆重举行 习近平发表重要讲话[①]

人民网北京4月28日电（记者张烁）　“五一”国际劳动节即将来临之际，2015年庆祝“五一”国际劳动节暨表彰全国劳动模范和先进工作者大会4月28日在北京人民大会堂隆重举行。中共中央总书记、国家主席、中央军委主席习近平在会上发表重要讲话，代表党中央、国务院，向全国各族工人、农民、知识分子和其他各阶层劳动群众，向人民解放军指战员、武警部队官兵和公安民警，向香港同胞、澳门同胞、台湾同胞和海外侨胞，致以节日的祝贺；向为改革开放和社会主义现代化建设作出突出贡献的劳动模范和先进工作者，致以崇高的敬意。习近平还代表中国工人阶级和广大劳动群众，向全世界工人阶级和广大劳动群众，致以诚挚的问候。

习近平在讲话中强调，我们所处的时代是催人奋进的伟大时代，我们进行的事业是前无古人的伟大事业。全面建成小康社会，进而建成富强民主文明和谐的社会主义现代化国家，根本上靠劳动、靠劳动者创造。无论时代条件如何变化，我们始终都要崇尚劳动、尊重劳动者，始终重视发挥工人阶级和广大劳动群众的主力军作用。这就是我们今天纪念“五一”国际劳动节的重大意义。

李克强主持大会，张德江、俞正声、王岐山、张高丽出席，刘云山宣读表彰决定。

上午10时，大会开始，全体起立，唱国歌。刘云山宣读《中共中央、国务院关于表彰全国劳动模范和先进工作者的决定》。决定指出，2010年以来特别是党的十八大以来，各行各业涌现出一大批爱岗敬业、勇于创新、品格高尚、业绩突出的先进模范人物，党中央、国务院决定授予2064人全国劳动模范荣誉称号，授予904人全国先进工作者荣誉称号。

全国劳动模范和先进工作者代表依次登上主席台，党和国家领导人向他们颁发荣

---

① 人民网，http://cpc.people.com.cn/n/2015/0429/c64094-26921002.html。

誉证书。长春轨道客车股份有限公司转向架制造中心焊工李万君代表全国劳动模范和先进工作者宣读倡议书，向全国广大劳动群众发出倡议，用劳动为实现中国梦添砖加瓦，在推进“四个全面”伟大实践中建功立业，争做有智慧、有技术、能发明、会创新的劳动者。

在热烈的掌声中，习近平发表了讲话。他指出，我们要始终弘扬劳模精神、劳动精神，为中国经济社会发展汇聚强大正能量。劳动是人类的本质活动，劳动光荣、创造伟大是对人类文明进步规律的重要诠释。正是因为劳动创造，我们拥有了历史的辉煌；也正是因为劳动创造，我们拥有了今天的成就。我们一定要在全社会大力弘扬劳模精神、劳动精神，引导广大人民群众树立辛勤劳动、诚实劳动、创造性劳动的理念，让劳动光荣、创造伟大成为铿锵的时代强音，让劳动最光荣、劳动最崇高、劳动最伟大、劳动最美丽蔚然成风。在我们社会主义国家，一切劳动，无论是体力劳动还是脑力劳动，都值得尊重和鼓励；一切创造，无论是个人创造还是集体创造，也都值得尊重和鼓励。

习近平强调，我们要始终坚持人民主体地位，充分调动工人阶级和广大劳动群众的积极性、主动性、创造性。人民是历史的创造者，是推动我国经济社会发展的基本力量和基本依靠。我们一定要发展社会主义民主，坚持党的领导、人民当家作主、依法治国有机统一，坚持工人阶级的国家领导阶级地位，推进基层民主建设，更加有效地落实职工群众的知情权、参与权、表达权、监督权。我国工人阶级和广大劳动群众要增强历史使命感和责任感，立足本职、胸怀全局，自觉把人生理想、家庭幸福融入国家富强、民族复兴的伟业之中。

习近平指出，我们要始终实现好、维护好、发展好最广大人民根本利益，让改革发展成果更多更公平惠及人民。全心全意为工人阶级和广大劳动群众谋利益，是我国社会主义制度的根本要求，是党和国家的神圣职责，也是发挥我国工人阶级和广大劳动群众主力军作用最重要最基础的工作。我们一定要适应改革开放和发展社会主义市场经济的新形势，从政治、经济、社会、文化、法律、行政等各方面采取有力措施，促进社会公平正义，实现好、维护好、发展好最广大人民根本利益，特别是要实现好、维护好、发展好广大普通劳动者根本利益。要面对面、心贴心、实打实做好群众工作，扎扎实实解决好群众最关心最直接最现实的利益问题、最困难最忧虑最急迫的实际问题。

习近平强调，我们要始终高度重视提高劳动者素质，培养宏大的高素质劳动者大军。提高包括广大劳动者在内的全民族文明素质，是民族发展的长远大计。要深入实施科教兴国战略、人才强国战略、创新驱动发展战略，把提高职工队伍整体素质作为一项战略任务抓紧抓好，实施职工素质建设工程，推动建设宏大的知识型、技术型、创新型劳动者大军。要深入开展中国特色社会主义理想信念教育，打造健康文明、昂扬向上的职工文化，拓展广大职工和劳动者成长成才空间，不断提高思想道德素质和科学文化素质。

习近平指出，我国工人阶级是我们党最坚实最可靠的阶级基础。在当代中国，工人阶级和广大劳动群众始终是推动我国经济社会发展、维护社会安定团结的根本力量。各级党委和政府要把全心全意依靠工人阶级的根本方针贯彻到经济、政治、文化、社会、生态文明建设以及党的建设各方面，落实到党和国家制定政策、推进工作全过程，体现到企业生产经营各环节。

习近平强调，工会是党联系职工群众的桥梁和纽带，工会工作是党的群团工作、群众工作的重要组成部分，是党治国理政的一项经常性、基础性工作。新形势下，工会工作只能加强，不能削弱；只能改进提高，不能停滞不前。各级工会组织和广大工会干部要坚定不移走中国特色社会主义工会发展道路，坚持自觉接受党的领导的优良传统，自觉运用改革精神谋划推进工会工作，把工作重心放在最广大普通职工身上，带领亿万职工群众坚定不移跟党走。各级党委要加强和改善对工会的领导，注重发挥工会组织的作用，及时研究解决工会工作中的重大问题，热情关心、严格要求、重视培养工会干部，为工会工作创造更加有利的条件。

李克强在主持大会时说，要深入学习习近平总书记重要讲话精神，按照“四个全面”战略布局，着力推动经济社会持续健康发展，着力推进改革开放，激发全社会创新创造潜力和市场活力。要以先进模范人物为示范，尊重劳动，勇于担当，积极有为，竞相贡献，力争上游，推动大众创业、万众创新，加快发展社会事业，持续改善民生，促进我国经济保持中高速增长、迈向中高端水平，为实现“两个一百年”奋斗目标、建成富强民主文明和谐的社会主义现代化国家、实现中华民族伟大复兴的中国梦作出新贡献。

中共中央、全国人大常委会、国务院、全国政协、中央军委有关领导同志出席大会。

中央党政军群有关部门和北京市负责人，各民主党派中央、全国工商联负责人和无党派人士代表，特邀的历届全国劳动模范和先进工作者代表等参加大会。

习近平就做好关心下一代工作作出重要指示强调 坚持服务青少年的正确方向 推动关心下一代事业更好发展[①]

2015年8月25日，纪念中国关心下一代工作委员会成立25周年暨全国关心下一代工作表彰大会25日在京召开。中共中央总书记、国家主席、中央军委主席习近平作出重要指示，代表党中央，向受到表彰的先进集体和先进个人致以衷心的祝贺，向全国从事关心下一代工作的广大老同志和关工委干部表示诚挚的问候。

习近平指出，十年树木，百年树人。祖国的未来属于下一代。做好关心下一代工作，关系中华民族伟大复兴。中国关工委成立25年来，为促进青少年健康成长做了大量工作。希望同志们坚持服务青少年的正确方向，着力加强青少年思想道德建设，引导青少年树立和践行社会主义核心价值观，支持和帮助青少年成长成才，团结教育广大青少年听党话、跟党走。广大老干部、老战士、老专家、老教师、老模范等离退休老同志是党和人民的宝贵财富。我们要弘扬“五老”精神，尊重“五老”，爱护“五老”，学习“五老”，重视发挥“五老”作用，推动关心下一代事业更好发展。

习近平强调，各级党委和政府要关心和支持关心下一代工作，支持更多老同志参加关心下一代工作，在时代的舞台上老有所为、发光发热。

中共中央政治局委员、中宣部部长刘奇葆在会上宣读了习近平的指示。

中共中央政治局委员、国务院副总理刘延东在会上讲话指出，希望各级关工委和老同志积极参与青少年思想道德建设，引导青少年树立社会主义核心价值观；积极参与维护青少年合法权益工作，多关爱和帮助贫困、残疾等困境儿童；积极参与营造良好的社会文化环境，支持和帮助青少年进步成才。同时，加强关工委自身建设，成为关心下一代工作的坚强堡垒。

全国总工会、共青团中央、全国妇联、中国科协向大会发来贺信。少先队员代表向大会献词，表达对关爱他们的爷爷、奶奶的崇敬之情。

---

① 新华网，http://news.xinhuanet.com/politics/2015-08/25/c_1116368834.htm。

会议总结了关工委25年来特别是近5年来取得的工作成绩、基本经验和体会，并对下一步工作提出意见。北京市西城区陶然亭街道关心下一代工作委员会等592个先进集体和1783名先进个人受到表彰。受表彰代表在大会上发言。

中央国家机关有关部门负责同志和各省区市、新疆生产建设兵团关工委、文明办，中央国家机关有关部门关工委代表等300多人参加大会。

中共中央政治局召开会议审议《生态文明体制改革总体方案》《关于繁荣发展社会主义文艺的意见》①

新华社北京9月11日电　中共中央政治局于2015年9月11日召开会议，审议通过了《生态文明体制改革总体方案》《关于繁荣发展社会主义文艺的意见》。中共中央总书记习近平主持会议。

会议认为，生态文明体制改革是全面深化改革的应有之义。《生态文明体制改革总体方案》是生态文明领域改革的顶层设计。推进生态文明体制改革首先要树立和落实正确的理念，统一思想，引领行动。要树立尊重自然、顺应自然、保护自然的理念，发展和保护相统一的理念，绿水青山就是金山银山的理念，自然价值和自然资本的理念，空间均衡的理念，山水林田湖是一个生命共同体的理念。推进生态文明体制改革要坚持正确方向，坚持自然资源资产的公有性质，坚持城乡环境治理体系统一，坚持激励和约束并举，坚持主动作为和国际合作相结合，坚持鼓励试点先行和整体协调推进相结合。

会议强调，推进生态文明体制改革要搭好基础性框架，构建产权清晰、多元参与、激励约束并重、系统完整的生态文明制度体系。要建立归属清晰、权责明确、监管有效的自然资源资产产权制度；以空间规划为基础、以用途管制为主要手段的国土空间开发保护制度；以空间治理和空间结构优化为主要内容，全国统一、相互衔接、分级管理的空间规划体系；覆盖全面、科学规范、管理严格的资源总量管理和全面节约制度；反映市场供求和资源稀缺程度，体现自然价值和代际补偿的资源有偿使用和生态补偿制度；以改善环境质量为导向，监管统一、执法严明、多方参与的环境治理体系；更多运用经济杠杆进行环境治理和生态保护的市场体系；充分反映资源消耗、环境损害、生态效益的生态文明绩效评价考核和责任追究制度。

会议要求，各地区各部门务必从改革发展全局高度，深刻认识生态文明体制改革

① 新华网，http://news.xinhuanet.com/politics/2015-09/11/c_1116538494.htm。

的重大意义，增强责任感、紧迫感、使命感，扎实推进生态文明体制改革，全面提高我国生态文明建设水平。

会议指出，文艺是民族精神的火炬，是时代前进的号角。实现中华民族伟大复兴，离不开中华文化繁荣兴盛，离不开文艺事业繁荣发展。举精神旗帜、立精神支柱、建精神家园，是当代中国文艺的崇高使命。弘扬中国精神、传播中国价值、凝聚中国力量，是文艺工作者的神圣职责。

会议强调，繁荣发展社会主义文艺，必须高举中国特色社会主义伟大旗帜，以马克思列宁主义、毛泽东思想、邓小平理论、"三个代表"重要思想、科学发展观为指导，学习贯彻习近平总书记系列重要讲话精神，坚持社会主义先进文化前进方向，全面贯彻"二为"方向和"双百"方针，紧紧依靠广大文艺工作者，坚持以人民为中心，以社会主义核心价值观为引领，深入实践、深入生活、深入群众，推出更多无愧于民族、无愧于时代的文艺精品，不断满足人民精神文化需求，建设社会主义文化强国，为实现"两个一百年"奋斗目标、实现中华民族伟大复兴中国梦提供强大的价值引导力、文化凝聚力、精神推动力。

会议强调，繁荣发展社会主义文艺，要坚持以人民为中心的创作导向，为人民抒写、为人民抒情，建立经得起人民检验的评价标准。要聚焦中国梦的时代主题，培育和弘扬社会主义核心价值观，唱响爱国主义主旋律，传承和弘扬中华优秀传统文化，让中国精神成为社会主义文艺的灵魂。要把创新精神贯穿创作生产全过程，高度重视和切实加强文艺理论和评论工作，大力发展网络文艺，加强文艺阵地建设，推动优秀文艺作品走出去。要把思想道德建设放在队伍建设首位，培养造就文艺领军人物和高素质文艺人才，做好新的文艺组织和新的文艺群体工作，努力建设德艺双馨的文艺队伍。

会议强调，党的领导是文艺繁荣发展的根本保证。各级党委要把文艺工作纳入重要议事日程，抓好宏观指导，把好文艺方向。各级政府要把文艺事业纳入经济社会发展总体规划，落实中央支持文艺发展的政策，制定本地支持文艺发展具体措施。各级党委宣传部门要充分调动各方面力量做好文艺工作，形成党委统一领导，宣传部门牵头抓总，文化、教育、新闻出版广电、文联、作协等部门和团体协同推进，社会各方面积极参与的文艺工作新格局。要选优配强文艺单位领导班子，推动文艺界廉政建设，营造繁荣发展文艺的良好环境。要不断深化改革、完善体制机制，加强和改进文艺评奖管理，切实提高评奖公信力和影响力。

会议还研究了其他事项。

习近平对全国道德模范表彰活动作出重要批示　刘云山会见第五届全国道德模范和提名奖获得者并在座谈会上讲话[①]

新华网北京2015年10月13日电　第五届全国道德模范座谈会13日下午在京召开。中共中央总书记、国家主席、中央军委主席习近平日前作出重要批示，向受表彰的全国道德模范致以热烈祝贺和崇高敬意。

习近平指出，隆重表彰全国道德模范，对展示社会主义思想道德建设的丰硕成果，彰显中华民族昂扬向上的精神风貌，凝聚全国各族人民团结奋进的力量，具有重要意义。他强调，道德模范是道德实践的榜样。要深入开展宣传学习活动，创新形式、注重实效，把道德模范的榜样力量转化为亿万群众的生动实践，在全社会形成崇德向善、见贤思齐、德行天下的浓厚氛围。要持续深化社会主义思想道德建设，弘扬中华传统美德，弘扬时代新风，用社会主义核心价值观凝魂聚力，更好构筑中国精神、中国价值、中国力量，为中国特色社会主义事业提供源源不断的精神动力和道德滋养。

中共中央政治局常委、中央文明委主任刘云山会见了第五届全国道德模范和提名奖获得者并在座谈会上讲话。刘云山指出，习近平总书记的重要批示深刻阐述了评选表彰全国道德模范的重要意义，就深入开展道德模范宣传学习活动、深化社会主义思想道德建设提出明确要求，充分体现了对道德建设的高度重视，要认真学习领会、很好贯彻落实。刘云山说，道德模范是时代的英雄、鲜活的价值观，推进道德建设，要用好道德模范这一“精神富矿”，发挥先进典型引领作用，更好激发实现中华民族伟大复兴中国梦的强大正能量。要坚持围绕中心、服务大局，坚持重在建设、立破并举，坚持党员领导干部带头，推动形成讲道德、尊道德、守道德的社会环境。

刘云山强调，学习道德模范，贵在知行统一、身体力行。要认真学习道德模范的崇高精神，牢固树立中国特色社会主义共同理想，自觉践行社会主义核心价值观，像

---

① 中国政府网，http://www.gov.cn/xinwen/2015-10/13/content_2946333.htm。

道德模范那样对待社会、对待他人、对待自己，把良好道德情操体现到日常工作和生活之中。要做好贯穿融入的工作，把思想道德这个“魂”与经济社会发展这个“体”贯通起来，融入经济、政治、文化、社会、生态文明建设和党的建设之中，融入国民教育、社会管理和公共服务之中，融入家庭、家教、家风建设之中。要在落细落小落实上下功夫，大处着眼、细处入手，潜移默化、久久为功，让道德理念具象化、大众化，更好地为人们所接受和践行，确保道德建设取得看得见、摸得着的效果。

刘奇葆参加会见并在座谈会上宣读了习近平总书记的重要批示。刘延东参加会见。

座谈会上宣读了表彰决定，王福昌等 62 名同志被授予第五届全国道德模范荣誉称号，廖理纯等 265 名同志被授予第五届全国道德模范提名奖。第五届全国道德模范代表、云南省怒江州人大常委会退休干部高德荣，往届全国道德模范代表、鞍钢集团矿业公司齐大山铁矿生产技术室采场公路管理员郭明义，以及有关方面负责同志分别发言。第五届全国道德模范代表、海军大连舰艇学院学员旅 145 队学员官东宣读了《第五届全国道德模范倡议书》。

第五届全国道德模范和提名奖获得者，往届全国道德模范代表，中央宣传思想工作领导小组成员，中央文明委委员，有关部门负责同志，各省区市和新疆生产建设兵团党委宣传部部长、文明办主任等出席会议。

携手消除贫困　促进共同发展

——习近平主席在 2015 减贫与发展高层论坛的主旨演讲①

人民网北京 10 月 16 日电　2015 减贫与发展高层论坛今日上午在北京人民大会堂举行，国家主席习近平出席论坛并发表主旨演讲。

以下为讲话全文：

尊敬的代比总统，尊敬的基塔罗维奇总统，尊敬的洪森首相，尊敬的巴妮主席，尊敬的加西亚副总统，尊敬的克拉克署长，尊敬的陈冯富珍总干事，尊敬的卡马特行长，尊敬的金立群候任行长，尊敬的各位使节，尊敬的各位贵宾，女士们，先生们，朋友们：

消除贫困，自古以来就是人类梦寐以求的理想，是各国人民追求幸福生活的基本权利。第二次世界大战结束以来，消除贫困始终是广大发展中国家面临的重要任务。

在 2000 年召开的联合国千年首脑会议上，各国领导人通过了以减贫为首要目标的千年发展目标。那时以来，各国为实现千年发展目标采取行动，进行不懈努力。到今年，全球在消除贫困、普及教育、防治疟疾和肺结核等传染病、提供清洁饮用水、改善贫民窟居住条件等方面取得积极进展，特别是千年发展目标中的减贫目标基本完成，全球减贫事业取得重大积极进展。

在上个月召开的联合国发展峰会上，各国通过了以减贫为首要目标的 2015 年后发展议程，再次向世界展示了国际社会携手消除贫困的决心和信心。

由于种种原因，贫富悬殊和南北差距扩大问题依然严重存在，贫困及其衍生出来的饥饿、疾病、社会冲突等一系列难题依然困扰着许多发展中国家。“足寒伤心，民寒伤国。”我们既为 11 亿人脱贫而深受鼓舞，也为 8 亿多人仍然在挨饿而深为担忧。实现全球减贫目标依然任重道远。

今天，我们相聚在北京，就是要向世界表明，我们将加强减贫发展领域交流合作，互学互鉴，共享经验，积极呼应和推动 2015 年后发展议程的落实。

女士们、先生们、朋友们！

---

① 人民网，http：//politics. people. com. cn/n/2015/1016/c1001 -27706189 -2. html。

中国是世界上最大的发展中国家，一直是世界减贫事业的积极倡导者和有力推动者。改革开放30多年来，中国人民积极探索、顽强奋斗，走出了一条中国特色减贫道路。我们坚持改革开放，保持经济快速增长，不断出台有利于贫困地区和贫困人口发展的政策，为大规模减贫奠定了基础、提供了条件。我们坚持政府主导，把扶贫开发纳入国家总体发展战略，开展大规模专项扶贫行动，针对特定人群组织实施妇女儿童、残疾人、少数民族发展规划。我们坚持开发式扶贫方针，把发展作为解决贫困的根本途径，既扶贫又扶志，调动扶贫对象的积极性，提高其发展能力，发挥其主体作用。我们坚持动员全社会参与，发挥中国制度优势，构建了政府、社会、市场协同推进的大扶贫格局，形成了跨地区、跨部门、跨单位、全社会共同参与的多元主体的社会扶贫体系。我们坚持普惠政策和特惠政策相结合，先后实施《国家八七扶贫攻坚计划（1994—2000年）》《中国农村扶贫开发纲要（2001—2010年）》《中国农村扶贫开发纲要（2011—2020年）》，在加大对农村、农业、农民普惠政策支持的基础上，对贫困人口实施特惠政策，做到应扶尽扶、应保尽保。

经过中国政府、社会各界、贫困地区广大干部群众共同努力以及国际社会积极帮助，中国6亿多人口摆脱贫困。2015年，联合国千年发展目标在中国基本实现。中国是全球最早实现千年发展目标中减贫目标的发展中国家，为全球减贫事业作出了重大贡献。

回顾中国几十年来减贫事业的历程，我有着深刻的切身体会。上个世纪60年代末，我还不到16岁，就从北京来到了陕北一个小村庄当农民，一干就是7年。那时，中国农村的贫困状况给我留下了刻骨铭心的记忆。我当时和村民们辛苦劳作，目的就是要让生活能够好一些，但这在当年几乎比登天还难。40多年来，我先后在中国县、市、省、中央工作，扶贫始终是我工作的一个重要内容，我花的精力最多。我到过中国绝大部分最贫困的地区，包括陕西、甘肃、宁夏、贵州、云南、广西、西藏、新疆等地。这两年，我又去了十几个贫困地区，到乡亲们家中，同他们聊天。他们的生活存在困难，我感到揪心。他们生活每好一点，我都感到高兴。

25年前，我在中国福建省宁德地区工作，我记住了中国古人的一句话："善为国者，遇民如父母之爱子，兄之爱弟，闻其饥寒为之哀，见其劳苦为之悲。"至今，这句话依然在我心中。

女士们、先生们、朋友们！

当前，中国人民正在为实现全面建成小康社会目标、实现中华民族伟大复兴的中国梦而努力。全面建成小康社会，实现中国梦，就是要实现人民幸福。尽管中国取得了举世瞩目的发展成就，但中国仍然是世界上最大的发展中国家，缩小城乡和区域发展差距依然是我们面临的重大挑战。全面小康是全体中国人民的小康，不能出现有人掉队。未来5年，我们将使中国现有标准下7000多万贫困人口全部脱贫。这是中国落实2015年后发展议程的重要一步。

为了打赢这场攻坚战，我们将把扶贫开发作为经济社会发展规划的主要内容，大幅增加扶贫投入，出台更多惠及贫困地区、贫困人口的政策措施，提高市场机制的益贫性，推进经济社会包容性发展，实施一系列更有针对性的重大发展举措。

现在，中国在扶贫攻坚工作中采取的重要举措，就是实施精准扶贫方略，找到“贫根”，对症下药，靶向治疗。我们坚持中国制度的优势，构建省市县乡村五级一起抓扶贫，层层落实责任制的治理格局。我们注重抓六个精准，即扶持对象精准、项目安排精准、资金使用精准、措施到户精准、因村派人精准、脱贫成效精准，确保各项政策好处落到扶贫对象身上。我们坚持分类施策，因人因地施策，因贫困原因施策，因贫困类型施策，通过扶持生产和就业发展一批，通过易地搬迁安置一批，通过生态保护脱贫一批，通过教育扶贫脱贫一批，通过低保政策兜底一批。我们广泛动员全社会力量，支持和鼓励全社会采取灵活多样的形式参与扶贫。

授人以鱼，不如授人以渔。扶贫必扶智，让贫困地区的孩子们接受良好教育，是扶贫开发的重要任务，也是阻断贫困代际传递的重要途径。我们正在采取一系列措施，让贫困地区每一个孩子都能接受良好教育，让他们同其他孩子站在同一条起跑线上，向着美好生活奋力奔跑。

女士们、先生们、朋友们！

消除贫困是人类的共同使命。中国在致力于自身消除贫困的同时，始终积极开展南南合作，力所能及向其他发展中国家提供不附加任何政治条件的援助，支持和帮助广大发展中国家特别是最不发达国家消除贫困。60 多年来，中国共向 166 个国家和国际组织提供了近 4000 亿元人民币援助，派遣 60 多万援助人员，其中 700 多名中国好儿女为他国发展献出了宝贵生命。中国先后 7 次宣布无条件免除重债穷国和最不发达国家对华到期政府无息贷款债务。中国积极向亚洲、非洲、拉丁美洲和加勒比地区、大洋洲的 69 个国家提供医疗援助，先后为 120 多个发展中国家落实千年发展目标提供帮助。

消除贫困依然是当今世界面临的最大全球性挑战。未来 15 年，对中国和其他发展中国家都是发展的关键时期。我们要凝聚共识、同舟共济、攻坚克难，致力于合作共赢，推动建设人类命运共同体，为各国人民带来更多福祉。为此，我愿提出如下倡议。

第一，着力加快全球减贫进程。在未来 15 年内彻底消除极端贫困，将每天收入不足 1.25 美元的人数降至零，是 2015 年后发展议程的首要目标。如期实现这一目标，发达国家要加大对发展中国家的发展援助，发展中国家要增强内生发展动力。在前不久召开的联合国系列峰会上，我代表中国政府提出了帮助发展中国家发展经济、改善民生的一系列新举措，包括中国将设立“南南合作援助基金”，首期提供 20 亿美元，支持发展中国家落实 2015 年后发展议程；继续增加对最不发达国家投资，力争 2030 年达到 120 亿美元；免除对有关最不发达国家、内陆发展中国家、小岛屿发展中国家截至2015年底到期未还的政府间无息贷款债务；未来5年向发展中国家提供“6个100”的项目支持，包括100个减贫项目、100个农业合作项目、100个促贸援助项目、100个生态保护和应对气候变化项目、100所医院和诊所、100所学校和职业培训中心；向发展中国家提供12万个来华培训和15万个奖学金名额，为发展中国家培养50万名职业技术人员，设立南南合作与发展学院，等等。

“仁义忠信，乐善不倦”。中国人民历来重友谊、负责任、讲信义，中华文化历来具有扶贫济困、乐善好施、助人为乐的优良传统。在此，我愿重申中国对全球减贫事业的坚定承诺。

第二，着力加强减贫发展合作。推动建立以合作共赢为核心的新型国际减贫交流合作关系，是消除贫困的重要保障。中国倡导和践行多边主义，积极参与多边事务，支持联合国、世界银行等继续在国际减贫事业中发挥重要作用；将同各方一道优化全球发展伙伴关系，推进南北合作，加强南南合作，为全球减贫事业提供充足资源和强劲动力；将落实好《中国与非洲联盟加强减贫合作纲要》《东亚减贫合作倡议》，更加注重让发展成果惠及当地民众。中国将发挥好中国国际扶贫中心等国际减贫交流平台作用，提出中国方案，贡献中国智慧，更加有效地促进广大发展中国家交流分享减贫经验。

第三，着力实现多元自主可持续发展。中国坚定不移支持发展中国家消除贫困，推动更大范围、更高水平、更深层次的区域合作，对接发展战略，推进工业、农业、人力资源开发、绿色能源、环保等各领域务实合作，帮助各发展中国家把资源优势转化为发展优势。前不久，我在联合国主持召开了南南合作圆桌会，同20多位国家领导人和国际组织负责人一道，交流南南合作经验，达成广泛深入的共识。中方愿同广大发展中国家不断深化减贫等各领域的南南合作，携手增进各国人民福祉。

第四，着力改善国际发展环境。维护和发展开放型世界经济，推动建设公平公正、包容有序的国际经济金融体系，为发展中国家发展营造良好外部环境，是消除贫困的重要条件。中国提出共建丝绸之路经济带和21世纪海上丝绸之路，倡议筹建亚洲基础设施投资银行，设立丝路基金，就是要支持发展中国家开展基础设施互联互通建设，帮助他们增强自身发展能力，更好融入全球供应链、产业链、价值链，为国际减贫事业注入新活力。

最后，我呼吁，让我们携起手来，为共建一个没有贫困、共同发展的人类命运共同体而不懈奋斗！

祝这次论坛圆满成功！

谢谢大家。

习近平在中共中央政治局第二十九次集体学习时强调　大力弘扬伟大爱国主义精神为实现中国梦提供精神支柱①

新华社北京 12 月 30 日电　中共中央政治局 12 月 30 日下午就中华民族爱国主义精神的历史形成和发展进行第二十九次集体学习。中共中央总书记习近平在主持学习时强调，伟大的事业需要伟大的精神。实现中华民族伟大复兴的中国梦，是当代中国爱国主义的鲜明主题。要大力弘扬伟大爱国主义精神，大力弘扬以改革创新为核心的时代精神，为实现中华民族伟大复兴的中国梦提供共同精神支柱和强大精神动力。习近平在主持学习时发表了讲话。习近平指出，弘扬爱国主义精神，必须把爱国主义教育作为永恒主题。要把爱国主义教育贯穿国民教育和精神文明建设全过程。要深化爱国主义教育研究和爱国主义精神阐释，不断丰富教育内容、创新教育载体、增强教育效果。要充分利用我国改革发展的伟大成就、重大历史事件纪念活动、爱国主义教育基地、中华民族传统节庆、国家公祭仪式等来增强人民的爱国主义情怀和意识，运用艺术形式和新媒体，以理服人、以文化人、以情感人，生动传播爱国主义精神，唱响爱国主义主旋律，让爱国主义成为每一个中国人的坚定信念和精神依靠。要结合弘扬和践行社会主义核心价值观，在广大青少年中开展深入、持久、生动的爱国主义宣传教育，让爱国主义精神在广大青少年心中牢牢扎根，让广大青少年培养爱国之情、砥砺强国之志、实践报国之行，让爱国主义精神代代相传、发扬光大。习近平强调，弘扬爱国主义精神，必须坚持爱国主义和社会主义相统一。我国爱国主义始终围绕着实现民族富强、人民幸福而发展，最终汇流于中国特色社会主义。祖国的命运和党的命运、社会主义的命运是密不可分的。只有坚持爱国和爱党、爱社会主义相统一，爱国主义才是鲜活的、真实的，这是当代中国爱国主义精神最重要的体现。今天我们讲爱国主义，这个道理要经常讲、反复讲。习近平指出，弘扬爱国主义精神，必须维护祖国统一和民族团结。在新的时代条件下，弘扬爱国主义精神，必须把维护祖国统一和

---

① 人民网，http://paper.people.com.cn/rmrbhwb/html/2015-12/31/content_1644279.htm。

民族团结作为重要着力点和落脚点。要教育引导全国各族人民像爱护自己的眼睛一样珍惜民族团结，维护全国各族人民大团结的政治局面，不断增强对伟大祖国、中华民族、中华文化、中国共产党、中国特色社会主义的认同，坚决维护国家主权、安全、发展利益，旗帜鲜明反对分裂国家图谋、破坏民族团结的言行，筑牢国家统一、民族团结、社会稳定的铜墙铁壁。习近平强调，弘扬爱国主义精神，必须尊重和传承中华民族历史和文化。对祖国悠久历史、深厚文化的理解和接受，是人们爱国主义情感培育和发展的重要条件。中华优秀传统文化是中华民族的精神命脉。要努力从中华民族世世代代形成和积累的优秀传统文化中汲取营养和智慧，延续文化基因，萃取思想精华，展现精神魅力。要以时代精神激活中华优秀传统文化的生命力，推进中华优秀传统文化创造性转化和创新性发展，把传承和弘扬中华优秀传统文化同培育和践行社会主义核心价值观统一起来，引导人民树立和坚持正确的历史观、民族观、国家观、文化观，不断增强中华民族的归属感、认同感、尊严感、荣誉感。习近平指出，弘扬爱国主义精神，必须坚持立足民族又面向世界。中国的命运与世界的命运紧密相关。我们要把弘扬爱国主义精神与扩大对外开放结合进来，尊重各国的历史特点、文化传统，尊重各国人民选择的发展道路，善于从不同文明中寻求智慧、汲取营养，增强中华文明生机活力。我们要积极倡导求同存异、交流互鉴，促进不同国度、不同文明相互借鉴、共同进步，共同推动人类文明发展进步。

刘云山主持召开中央文明委第三次全体会议[①]

新华社北京2015年2月7日电　中央精神文明建设指导委员会7日上午召开第三次全体会议，贯彻落实中央精神，研究部署今年工作。中共中央政治局常委、中央精神文明建设指导委员会主任刘云山主持会议，强调要认真贯彻习近平总书记系列重要讲话精神，围绕“四个全面”战略布局，紧贴中心任务、弘扬改革精神，扎实推进精神文明建设各项工作，着力唱响主旋律、凝聚正能量、树立新风尚，为改革开放和社会主义现代化建设提供有力思想保证、精神动力和道德支撑。

会议指出，过去一年精神文明建设工作取得明显成效，中国特色社会主义和中国梦的宣传教育深入开展，社会主义核心价值观广为弘扬，群众性精神文明创建向深度和广度拓展，有力服务了党和国家工作大局。

刘云山在讲话中指出，推进精神文明建设，根本的是巩固思想道德基础、激发团结奋进力量、弘扬社会新风正气。要着眼于实现中华民族伟大复兴的中国梦，深入进行理想信念教育，引导人们坚定道路自信、理论自信、制度自信。要主动适应经济发展新常态，针对改革发展中的矛盾和问题，做好思想引导工作，更好地坚定信心、鼓舞士气。要大力弘扬社会主义核心价值观，广泛开展面向群众的宣传教育和富有特色的主题实践活动，发挥好党员干部、道德模范、公众人物的引领作用，推动人们更好践行核心价值观。要切实加强青少年思想道德教育，发挥学校主阵地和主渠道作用，统筹学校教育、家庭教育、社会教育，引导青少年崇德向善、知行合一。要深化文明城市、文明村镇、文明单位和文明家庭创建，突出价值引领、强化道德内涵，开展普法宣传教育和群众性法治文化活动，不断提升公民文明素养和社会文明程度。要高度重视基层文化建设，推出更多面向基层和农村的优秀文化产品和服务，抓好基本公共文化服务，改善文化民生。

刘云山指出，精神文明建设是人民群众的事业，必须坚持为了人民、依靠人民、造福人民。要树立群众观点、贯彻群众路线，顺应群众意愿开展工作，多办群众看得见摸得着的好事实事，防止形式主义、不做表面文章。要强化问题导向、树立法治思

---

① 新华网，http://news.xinhuanet.com/politics/2015-02/07/c_1114291597.htm。

维，聚焦人民群众反映强烈的突出问题，深入开展诚信缺失、环境污染、旅游不文明、网络有害信息等专项治理。要以钉钉子精神抓好工作落实，对认准的事情和确定的任务，要狠狠地抓，一天不放松地抓，保持抓铁有痕的力度和一抓到底的韧劲。要把精神文明建设与经济社会发展贯通起来，与行业管理、社会治理结合起来，把两手抓、两手都要硬的要求落到实处。

中共中央政治局委员、中央精神文明建设指导委员会副主任刘延东、刘奇葆出席会议。

刘云山在马克思主义理论研究和建设工程工作座谈会上强调 提升理论自觉增强理论自信 更好推动马克思主义中国化时代化大众化①

新华社北京 6 月 23 日电 马克思主义理论研究和建设工程工作座谈会 23 日在京召开，中共中央政治局常委、中央书记处书记刘云山出席并讲话，强调实施马克思主义理论研究和建设工程是党的一项根本性建设，是强基固本的工作，要深入落实党中央部署，提升理论自觉，突出主攻方向，强化问题导向，把工程工作引向深入，更好推动马克思主义中国化时代化大众化。

刘云山指出，工程实施以来取得重要阶段性成果，高扬了伟大旗帜，发挥了引领示范效应，创新了理论工作机制，促进了党的思想理论建设。面对“四个全面”战略布局新要求，面对思想理论工作新任务，马克思主义理论研究只有进行时，没有完成时；马克思主义理论研究和建设工程应当与时俱进，长期抓下去。

刘云山指出，深入实施工程不是权宜之计，而是全面推进马克思主义理论学习研究宣传。要联系新的实际，继续加强马克思列宁主义、毛泽东思想、邓小平理论、“三个代表”重要思想、科学发展观的研究，引导干部群众坚定道路自信、理论自信、制度自信。要紧跟党的理论创新步伐，深入研究阐释习近平总书记系列重要讲话的重大意义，研究阐释讲话蕴含的新思想新观点新论断，帮助人们领会精神实质；围绕讲话精神设立一批重大课题，组织力量综合研究、专题研究，与理论学习和理论宣传贯通起来，更好用讲话精神武装头脑、指导实践、推动工作。

刘云山指出，工程作用发挥得怎么样，重要的是看能否及时有效地回答重大问题。要围绕落实十八大以来党中央战略部署来确定研究重点，深入回答事关全局的实践课题，加强对深层次思想理论问题和热点难点问题的引导，更好服务改革发展稳定大局。要着力构建中国特色哲学社会科学体系和学术话语体系，坚持用中国理论阐释

---

① 中国政府网，http://www.gov.cn/xinwen/2015-06/23/content 2883036.htm。

中国实践，立足中国实践升华中国理论，抓紧解决学科建设、学术成果、职称评定等方面评价标准问题，努力掌握学术评价主导权。要切实抓好工程重点教材的使用，改进和创新思想政治理论课，增强说服力感染力吸引力。

刘云山强调，深入实施工程，要坚持政治标准与学术标准相统一，把好质量关，增强工程在思想政治上的引领力、学术创新上的推动力。要坚持出成果与出人才并重，加大对青年理论人才扶持力度，加强对优秀成果宣传推介，把工程工作同做好知识分子工作结合起来，使工程成为凝聚和培养马克思主义理论人才的重要平台。

中共中央政治局委员、中宣部部长刘奇葆主持会议。中央宣传思想文化有关单位、工程主管单位负责同志，工程咨询委员和课题组首席专家等参加会议。

刘云山在繁荣发展社会主义文艺推进会上强调
深入贯彻习近平总书记重要讲话精神
不断巩固文艺繁荣发展的良好局面①

新华网北京10月20日电　繁荣发展社会主义文艺推进会20日在京召开。中共中央政治局常委、中央书记处书记刘云山出席会议并讲话，强调要深入贯彻习近平总书记在文艺工作座谈会上的重要讲话精神，贯彻党中央关于繁荣发展社会主义文艺的意见，提高思想认识，强化文化担当，深化落实措施，巩固文艺繁荣发展的良好局面。

会上，浙江省委、北京市委宣传部负责同志和作家艺术家代表发言。大家认为，在习近平总书记重要讲话精神鼓舞下，文艺工作者创作热情高涨，文艺领域呈现许多新气象。现在文艺工作面临极好机遇，风劲扬帆正当时，要乘势而上、积极作为，弘扬主旋律，传播正能量，以更多优秀作品为文艺繁荣发展贡献力量。

刘云山指出，推进文艺繁荣发展，要强化以人民为中心的创作导向，切实解决群众立场和群众感情问题，完善保障长期深入生活的具体经济政策，把深入生活作为文艺工作者业务考核的重要依据，建立常下基层、常在基层的长效机制。要把社会主义核心价值观生动体现在文艺创作之中，以正确历史观反映和表现历史，以正确英雄观描写和塑造英雄，激发团结奋进的精神力量。要深入实施中华文化传承工程，加强总体规划，加大政策扶持，抓好重点项目的实施，推出一批彰显中华文化精神的优秀成果，更好构筑中华民族共有精神家园。

刘云山指出，促进文艺繁荣发展，归根结底靠精品来支撑。要深化中国梦主题文艺创作活动，实施好当代文学艺术创作工程，加强重大现实题材的立项规划和资源支持，打造体现时代特色、代表国家水准的扛鼎之作。要继续深化改革，解决制约文艺发展的体制机制问题，更好配置创作资源，激发创作动力。要把社会效益放在首位，加大社会效益评估考核权重，细化衡量社会效益的措施办法，使重视社会效益、社会

---

① 新华网，http://news.xinhuanet.com/zgjx/2015－10/21/c_134733711.htm。

责任成为文化单位的自觉行动。

刘云山强调，各级党委要加强对文艺工作的领导，认真贯彻党的文艺方针政策，把握好文艺工作方向导向，规范评奖工作，推动开展积极健康的文艺批评。要加强宣传文化单位党的建设和领导班子建设，加强文艺队伍和文艺阵地建设，创造有利于文艺繁荣发展的良好环境。

刘奇葆在总结讲话中指出，推进文艺繁荣发展，要把思想和行动统一到习近平总书记重要讲话精神上来。要聚焦中国梦主题，推动现实题材和爱国主义题材创作。把作品质量放在第一位，聚力聚焦打造精品。引导文艺工作者有修为、有作为、有担当，做德艺双馨的践行者。完善体制机制和文艺扶持政策，做好文艺评论评奖工作，形成全社会重视文艺和支持文艺的浓厚氛围。

刘延东出席会议。

刘云山在看望阎肃同志先进事迹报告团成员时强调走好正确的人生之路艺术之路做无愧于党和人民的文艺工作者[①]

新华社北京2015年12月24日电　阎肃同志先进事迹报告会12月24日在人民大会堂举行。报告会前，中共中央政治局常委、中央书记处书记刘云山看望报告团成员，代表习近平总书记、代表党中央，向阎肃同志表示敬意，向阎肃同志家属表示慰问。他强调，文艺工作者要深入贯彻习近平总书记在文艺工作座谈会上的重要讲话精神，学习阎肃同志的先进事迹和崇高精神，坚定信仰、植根生活、崇德修身，走好正确的人生之路、艺术之路，做无愧于党和人民的文艺工作者。

阎肃是空军政治部文工团创作员。他始终坚定爱党报国的理想信念，牢记以人民为中心的工作导向，创作了一大批脍炙人口的经典之作，参与策划许多重大文艺活动，为繁荣发展社会主义文艺做出了突出贡献。

刘云山在看望时说，阎肃同志是文艺战线的一面旗帜，他60多年勇攀艺术高峰，80多岁依然奋斗在文艺工作第一线，无论是创作实践，还是为人做事，都一片丹心、一腔热血、一身正气，不愧为文艺工作者学习的楷模。

刘云山说，文艺工作者应该走什么样的人生之路、艺术之路，阎肃同志以丰富的人生经历和艺术实践，作出了很好的回答。向阎肃同志学习，就应当丹心向阳，走党指引的光明之路，坚定理想、不忘初心，把对党的忠诚融入文艺创作，满腔热情地为信仰而歌；就应当植根生活，走与人民结合之路，用心走基层，用情搞创作，虚心向人民学习、向生活学习，更好地为人民抒写抒情抒怀；就应当崇德修身，走德艺双馨之路，自觉践行社会主义核心价值观，坚持艺品与人品相统一，潜心创作实践、力戒浮华浮躁，以实际行动弘扬真善美、增添正能量。

刘云山强调，决胜全面建成小康社会，需要文化的力量、文艺的力量，需要更多阎肃式的优秀文艺工作者。新闻媒体要多报道文艺界先进人物的感人事迹，用他们的

---

① 人民网，http://politics.people.com.cn/n1/2015/1224/c1024-27973325.html。

思想情操、精神境界、艺术态度引领和感召更多的人。文艺工作者要增强文化自信、价值观自信，向先进典型学习，向时代楷模看齐，多做塑魂铸魂、鼓舞士气的工作，抒写切合时代脉搏的文艺篇章。

中共中央政治局委员、中宣部部长刘奇葆，中共中央政治局委员、中央军委副主席许其亮和中央军委委员张阳、马晓天一同看望。

报告会由中宣部、文化部和解放军总政治部联合举办，首都文艺工作者代表、驻京部队官兵代表等约 750 人参加。5 位报告团成员的深情讲述，深深感染了现场听众，会场不时响起热烈掌声。

中共中央印发《中国共产党廉洁自律准则》①

新华网北京2015年10月21日电 近日，中共中央印发了《中国共产党廉洁自律准则》（以下简称《准则》），并发出通知，要求各地区各部门认真遵照执行。

通知指出，2010年1月中共中央印发的《中国共产党党员领导干部廉洁从政若干准则》，对于促进党员领导干部廉洁从政发挥了重要作用。党的十八大以来，随着全面从严治党实践不断深化，该准则已不能完全适应全面从严治党新的实践需要，党中央决定予以修订。

通知强调，《准则》贯彻党的十八大和十八届三中、四中全会精神，坚持依规治党与以德治党相结合，紧扣廉洁自律主题，重申党的理想信念宗旨、优良传统作风，重在立德，是党执政以来第一部坚持正面倡导、面向全体党员的规范全党廉洁自律工作的重要基础性法规，是对党章规定的具体化，体现了全面从严治党实践成果，为党员和党员领导干部树立了一个看得见、够得着的高标准，展现了共产党人的高尚道德追求，对于深入推进党风廉政建设和反腐败斗争，加强党内监督，永葆党的先进性和纯洁性，具有十分重要的意义。

通知要求，各级党组织要切实担当和落实好全面从严治党的主体责任，抓好《准则》的学习宣传、贯彻落实，把各项要求刻印在全体党员特别是党员领导干部心上。各级党员领导干部要发挥表率作用，以更高更严的要求，带头践行廉洁自律规范。广大党员要加强党性修养，保持和发扬党的优良传统作风，使廉洁自律规范内化于心、外化于行，坚持理想信念宗旨“高线”，永葆共产党人清正廉洁的政治本色。

通知指出，《准则》自2016年1月1日起施行，《中国共产党党员领导干部廉洁从政若干准则》同时废止。

《中国共产党廉洁自律准则》全文如下。

中国共产党全体党员和各级党员领导干部必须坚定共产主义理想和中国特色社会主义信念，必须坚持全心全意为人民服务根本宗旨，必须继承发扬党的优良传统和作风，必须自觉培养高尚道德情操，努力弘扬中华民族传统美德，廉洁自律，接受监

① 新华网，http://news.xinhuanet.com/2015-10/21/c_1116895782.htm。

督，永葆党的先进性和纯洁性。

党员廉洁自律规范

第一条　坚持公私分明，先公后私，克己奉公。

第二条　坚持崇廉拒腐，清白做人，干净做事。

第三条　坚持尚俭戒奢，艰苦朴素，勤俭节约。

第四条　坚持吃苦在前，享受在后，甘于奉献。

党员领导干部廉洁自律规范

第五条　廉洁从政，自觉保持人民公仆本色。

第六条　廉洁用权，自觉维护人民根本利益。

第七条　廉洁修身，自觉提升思想道德境界。

第八条　廉洁齐家，自觉带头树立良好家风。

中共中央发布关于繁荣发展社会主义文艺的意见[①]

新华社北京2015年10月19日电　中共中央日前出台《中共中央关于繁荣发展社会主义文艺的意见》文件，指导社会主义文艺繁荣发展。《意见》分为6部分25条，包括：做好文艺工作的重大意义和指导思想；坚持以人民为中心的创作导向；让中国精神成为社会主义文艺的灵魂；创作无愧于时代的优秀作品；建设德艺双馨的文艺队伍；加强和改进党对文艺工作的领导。

《中共中央关于繁荣发展社会主义文艺的意见》

为深入贯彻党的十八大和十八届三中、四中全会精神，认真落实习近平总书记在文艺工作座谈会上的重要讲话精神，繁荣发展社会主义文艺，提出如下意见。

一、做好文艺工作的重大意义和指导思想

1. 充分认识文艺工作的重要作用。文艺是民族精神的火炬，是时代前进的号角，最能代表一个民族的风貌，最能引领一个时代的风气。文艺事业是党和人民事业的重要组成部分。我们党历来高度重视文艺工作，在革命、建设、改革各个时期，充分运用文艺引领时代风尚、鼓舞人民前进、推动社会进步。实现中华民族伟大复兴，离不开中华文化繁荣兴盛，离不开文艺事业繁荣发展。举精神旗帜、立精神支柱、建精神家园，是当代中国文艺的崇高使命。弘扬中国精神、传播中国价值、凝聚中国力量，是文艺工作者的神圣职责。

2. 准确把握文艺工作面临的形势。当前，我国文艺创作生产活跃，内容形式丰富，风格手法多样，涌现了一大批人民喜爱的优秀作品，呈现出百花竞放、蓬勃发展的生动景象。广大文艺工作者辛勤耕耘、服务人民，取得了显著成绩，作出了重要贡献。随着改革开放和社会主义现代化建设深入推进，我国经济社会发展取得巨大成就，现代科学技术日新月异，对外交流交往不断加深，国际地位显著提升，人民精神

---

① 新华网，http://news.xinhuanet.com/2015-10/19/c_1116870179.htm。

文化需求日益增长，为文艺发展提供了坚实基础、内在动力、广阔空间。同时，意识形态领域形势十分复杂，巩固思想文化阵地、维护国家文化安全的任务更加紧迫；在思想活跃、观念碰撞、文化交融的背景下，文艺领域还存在价值扭曲、浮躁粗俗、娱乐至上、唯市场化等问题，价值引领的任务艰巨迫切；文艺创作生产存在有数量缺质量、有“高原”缺“高峰”，抄袭模仿、千篇一律、粗制滥造等问题，推出精品力作的任务依然繁重；文艺评论存在“缺席”、“缺位”现象，对优秀作品推介不够，对不良现象批评乏力，文艺评论辨善恶、鉴美丑、促繁荣的作用有待强化。文艺环境、业态、格局深刻调整，创作、传播、消费深刻变化，新的文艺组织和文艺群体大量出现，引导、管理、服务的体制机制、手段方法亟须改革创新。

3. 文艺工作的指导思想和方针原则。高举中国特色社会主义伟大旗帜，以马克思列宁主义、毛泽东思想、邓小平理论、“三个代表”重要思想、科学发展观为指导，深入学习贯彻习近平总书记系列重要讲话精神，紧紧围绕全面建成小康社会、全面深化改革、全面依法治国、全面从严治党的战略布局，深入贯彻党的十八大和十八届三中、四中全会精神，坚持社会主义先进文化前进方向，全面贯彻“二为”方向和“双百”方针，紧紧依靠广大文艺工作者，坚持以人民为中心，以社会主义核心价值观为引领，以中国精神为灵魂，以中国梦为时代主题，以中华优秀传统文化为根脉，以创新为动力，以创作生产优秀作品为中心环节，深入实践、深入生活、深入群众，推出更多无愧于民族、无愧于时代的文艺精品，不断满足人民精神文化需求，建设社会主义文化强国，为实现“两个一百年”奋斗目标、实现中华民族伟大复兴的中国梦提供强大的价值引导力、文化凝聚力、精神推动力。

二、坚持以人民为中心的创作导向

4. 为人民抒写、为人民抒情。社会主义文艺本质上是人民的文艺，人民的需要是文艺存在的根本价值。解决好“为了谁、依靠谁、我是谁”的问题，牢固树立人民是历史创造者的观点，自觉以最广大人民为服务对象和表现主体，在人民生产生活中进行美的发现和美的创造。生动展现人民创造历史的伟大进程，用现实主义精神和浪漫主义情怀观照现实生活，歌颂光明、抒发理想，鞭挞丑恶、抵制低俗，给人民信心和力量。紧跟时代发展，把握人民对文艺作品质量、品位、风格等的期盼，创作生产更多人民喜闻乐见的优秀作品，推动人民精神文化生活不断迈上新台阶。

5. 深入生活、扎根人民。生活是文艺创作的源头活水，人民是文艺工作者的衣食父母。大力倡导文艺工作者深入生活、扎根人民，虚心向人民学习、向实践学习，不断进行生活的积累和艺术的提炼。制定支持文艺工作者长期深入生活的经济政策，健全长效保障机制，为他们蹲点生活、挂职锻炼、采风创作提供必要的工作条件和成果展示平台。完善激励机制，把深入生活纳入文艺单位目标管理和领导班子业绩考核，作为文艺工作者业务考核、职称评定、表彰奖励的重要依据。发挥知名作家艺术家的带头作用，使深入生活、扎根人民在文艺界蔚然成风。

6. 面向基层、服务群众。坚持重心下移，把各种文艺惠民措施纳入公共文化服务体系建设规划，推行菜单式服务，以实效为标准，提升质量和水平。创新形式、持续开展“文化进万家”、“送欢乐下基层”、“心连心”、文化艺术志愿服务、农村电影放映、全民阅读等活动，深入推进服务农民、服务基层文化建设先进集体创建活动。组织实施基层群众文化建设工程，发挥农家书屋、社区书屋效用，落实乡镇文化站职能，在编制总量内健全社区文化中心专兼职岗位，落实国家规定的工资待遇政策。促进“送文化”与群众需求有效对接，加大政府对面向基层文艺产品和服务的购买力度。建立“结对子、种文化”工作机制，组织专业文艺工作者到基层教、学、帮、带。实施农村中小学艺术教育计划，鼓励艺术院校毕业生到农村中小学任教。

7. 激发人民创造活力、繁荣群众文艺。充分尊重人民群众的主体地位和首创精神，使蕴藏于群众中的创造活力充分迸发。制定繁荣群众文艺发展规划，健全群众文艺工作网络，发挥好基层文联、作协、文化馆（站）、群艺馆在群众文艺创作中的引领作用，壮大民间文艺力量。完善群众文艺扶持机制，扶持引导业余文艺社团、民营剧团、演出队、老年大学以及青少年文艺群体、网络文艺社群、社区和企业文艺骨干、乡土文化能人等广泛开展创作活动，创新载体形式，展示群众文艺创作优秀成果。提高社区文化、村镇文化、企业文化、校园文化、军营文化、网络文化建设水平，培育积极健康、多姿多彩的文化形态，引导群众在参与中自我表现、自我教育、自我服务。普及文艺知识，培养文艺爱好，提高全民文化素养。鼓励群众文艺与旅游、体育等相关产业相结合。

8. 建立经得起人民检验的评价标准。评价文艺作品，要以最广大人民的根本利益为出发点和落脚点，坚持把社会效益放在首位，努力实现社会效益和经济效益、社会价值和市场价值相统一，绝不让文艺成为市场的奴隶。建立健全反映文艺作品质量的综合评价体系，完善影视剧、文艺演出、美术和文艺类出版物等创作生产出版的立项、采购、评审标准，完善文艺作品推介传播等环节的评估标准，把票房收入、收视率、收听率、点击率、发行量等量化指标，与专家评价和群众认可统一起来，推动文艺健康发展。把服务群众和引领群众结合起来，既满足人民多样化精神文化需求，又加强引导、克服浮躁，讲品位、讲格调，坚决抵制趋利媚俗之风。

三、让中国精神成为社会主义文艺的灵魂

9. 聚焦中国梦的时代主题。实现中华民族伟大复兴的中国梦，是当代文艺创作的鲜明主题。深入开展中国梦主题文艺创作活动，生动反映改革开放和社会主义现代化建设的伟大实践，全面展示中国特色社会主义发展前景，着力书写人们寻梦的理想

和追梦的奋斗，汇聚起同心共筑中国梦的强大精神力量。不断丰富拓展中国梦的表现内容，既讲好国家民族宏大故事，又讲好百姓身边日常故事，用生动的艺术形象和叙事体现中国梦的丰富内涵，见人、见事、见精神。

10. 培育和弘扬社会主义核心价值观。社会主义核心价值观是中国精神的集中体现和时代表达。坚持以社会主义核心价值观引领文艺创作生产，实现核心价值观的全方位贯穿、深层次融入，通过精彩的故事、鲜活的语言、丰满的形象，使核心价值观生动活泼、活灵活现地体现在文艺作品中，潜移默化、滋养人心，让人们在文化熏陶中感悟认同社会主流价值。运用各种形式，艺术展现党史国史上的重大事件、重要人物，让光辉业绩、革命传统一代一代传承光大。大力支持文艺单位和作家艺术家从社会生活、当代人物中挖掘题材，讴歌真善美，贬斥假恶丑，彰显信仰之美、崇高之美，引导人们向往和追求讲道德、尊道德、守道德的生活。文学、艺术、电影、出版等方面的基金、资金，重点支持传递向上向善价值观的青少年文艺创作和推广。

11. 唱响爱国主义主旋律。爱国主义是中国精神最深层、最根本的内容，也是文艺创作的永恒追求。坚持唯物史观，不管历史条件发生任何变化，凡是为中华民族作出历史贡献的英雄，都应得到尊敬、受到颂扬，被人民记忆、由文艺书写。组织和支持爱国主义题材文艺创作，大力讴歌民族英雄，倾诉家国情怀，弘扬集体主义精神，不断增强做中国人的骨气和底气。正确反映中华民族五千多年文明史、中国人民近代以来斗争史、中国共产党奋斗史、中华人民共和国发展史、当代中国改革开放史，生动反映各族人民维护祖国统一、海外儿女心向祖国的心路历程。旗帜鲜明反对历史虚无主义，抵制否定中华文明、破坏民族团结、歪曲党史国史、诋毁国家形象、丑化人民群众的言论和行为，反对以洋为尊、唯洋是从，引导人民树立和坚持正确的历史观、民族观、国家观、文化观，不断增强中国特色社会主义道路自信、理论自信、制度自信。拓展爱国主义题材的表现空间，不断丰富形式、创新手法，增强艺术魅力。充分运用重要纪念日、民族传统节日等时间节点，集中展映展播展示群众喜爱的爱国主义优秀作品，开展丰富多彩的群众性文化活动。

12. 传承和弘扬中华优秀传统文化。中华优秀传统文化是中华民族的精神命脉，是我们屹立于世界文化之林的坚实根基。坚守中华文化立场，坚持古为今用、推陈出新，秉持客观科学礼敬的态度，努力实现创造性转化和创新性发展。弃其糟粕、取其精华，从传统文化中提炼符合当今时代需要的思想理念、道德规范、价值追求，赋予新意、创新形式，进行艺术转化和提升，创作更多具有中华文化底色、鲜明中国精神的文艺作品。实施中华文化传承工程，通过国民教育、民间传承、礼仪规范、政策引导和舆论宣传、文艺创作等各个方面，传承中华文化基因。做好古籍整理、经典出版、义理阐释、社会普及工作。加强对中华诗词、音乐舞蹈、书法绘画、曲艺杂技和历史文化纪录片、动画片、出版物等的扶持。发展民族民间艺术，保护和发掘我国少数民族文艺成果及资源，保护和传承非物质文化遗产。实施地方戏曲振兴计划，做好京剧“像音像”工作，挖掘整理优秀传统剧目，推进数字化保存和传播。推进基层国有文艺院团排练演出场所建设，政府采购戏曲项目，提供公共文化服务，推进戏曲进校园。扶持中华文化基因校园传承工作，建设一批中华优秀传统文化教育基地。

四、创作无愧于时代的优秀作品

13. 把创作优秀作品作为中心环节。牢固树立精品意识，推出更多思想精深、艺术精湛、制作精良，体现时代文化成就、代表国家文化形象的文艺精品。组织实施中国当代文学艺术创作工程，科学编制现实题材、爱国主义题材、重大革命和历史题材、青少年题材等专项创作规划，优化创作生产平台，重点支持文学、影视剧、戏剧、音乐、美术等创作。提高组织化程度，集中力量、集聚资源，推出一批有筋骨、有道德、有温度、艺术震撼力强的大作力作，努力形成文艺创作生产的“高峰”。中央和地方设立文艺创作专项资金或基金，加大对创作生产的投入，加强对评论、宣传和推广的保障。发挥精神文明建设“五个一工程”等的示范导向作用，加大评奖成果的宣传展示。办好媒体文艺栏目节目，实施中国文艺原创精品出版项目。

14. 把创新精神贯穿创作生产全过程。坚持思想性、艺术性相统一，坚持内容为王、创意致胜，提高文艺原创能力，在探索中突破超越，在融合中出新出彩，着力增强文艺作品的吸引力、感染力。重点扶持文学、剧本、作曲等原创性、基础性环节，注重富有个性化的创造，避免过多过滥的重复改编。把继承创新和交流借鉴统一起来，深入挖掘和提炼优秀传统文化中的有益思想艺术价值，积极吸收各国优秀文化成果，使文艺更加符合时代进步潮流，更好引领社会风尚。推动文艺与新技术、新业态、新模式、新媒体有机融合，以数字化技术为先导，积极推动文艺创作生产方式的变革和进步，丰富创作手段，拓展艺术空间，不断增强艺术表现力、核心竞争力。

15. 高度重视和切实加强文艺理论和评论工作。坚持以马克思主义为指导，继承中国传统文艺理论评论优秀遗产，批判借鉴外国文艺理论，研究梳理、弘扬创新中华美学精神，推动美德、美学、美文相结合，展现当代中国审美风范。实施马克思主义文艺理论与评论建设工程，深入研究中国特色社会主义文艺理论，编好用好马克思主义文艺理论教材，把马克思主义中国化最新成果贯穿到课堂教学和文艺评论实践各环节。扶持重点文艺评论力量，发挥好各级文艺评论组织、研究机构、高等学校的积极作用。办好重点文艺评论报刊、网站和栏目，丰富表达形式，拓展传播途径。坚持运用历史的、人民的、艺术的、美学的观点评判和鉴赏作品，褒优贬劣、激浊扬清。

16. 大力发展网络文艺。网络文艺充满活力，发展潜力巨大。坚持“重在建设和发展、管理、引导并重”的方针，实施网络文艺精品创作和传播计划，鼓励推出优秀网络原创作品，推动网络文学、网络音乐、网络剧、微电影、网络演出、网络动漫等新兴文艺类型繁荣有序发展，促进传统文艺与网络文艺创新性融合，鼓励作家艺术家积极运用网络创作传播优秀作品。充分发挥新媒体的独特优势，把握传播规律，加强重点文艺网站建设，善于运用微博、微信、移动客户端等载体，促进优秀作品多渠道传输、多平台展示、多终端推送。加强内容管理，创新管理方式，规范传播秩序，让正能量引领网络文艺发展。

17. 加强文艺阵地建设。进一步加强领导、加强规划、加大投入，充分发挥报纸、期刊、电台、电视台、网络媒体、图书音像电子出版物的积极作用，建好用好剧场、电影院、文化馆（站）、群艺馆、美术馆、工人文化宫、文化广场、基层综合性文化服务中心等各类文艺阵地。因地制宜、因时制宜，采用群众喜闻乐见的方式，举办各种展映展播展演展览和品读鉴赏传唱活动，让优秀文艺作品走进基层群众特别是广大青少年。切实增强政治意识、责任意识、阵地意识，按照谁主管谁负责和属地管理原则，加强对各类文艺阵地的管理，做到守土有责、守土负责、守土尽责，绝不给错误文艺思潮和不良文艺作品提供传播渠道。

18. 推动优秀文艺作品走出去。运用文艺形式讲好中国故事、展示中国魅力，是树立当代中国良好形象、提升国家文化软实力的重要战略任务。深入挖掘博大精深的传统文化、多姿多彩的民族文化、昂扬向上的红色文化、充满生机的当代文化，创作生产符合对外传播规律、易于让国外受众接受的优秀作品，不断增强中国文艺的吸引力感召力。加强统筹指导，完善协调机制，把实施丝绸之路文化项目、丝绸之路影视桥、丝路书香等项目纳入国家“一带一路”战略，制定文化交流合作专项计划。实施中国当代作品翻译工程，遴选具有代表性的中国当代文艺作品，进行多语种翻译、出版、播映、展示。充分利用国内和国际、政府和民间多种对外交流渠道和活动平台，把文艺走出去纳入人文交流机制，向世界推介我国优秀文艺作品。

五、建设德艺双馨的文艺队伍

19. 加强思想道德建设。文艺工作者是灵魂的工程师，必须把思想道德建设放在首位。深化马克思主义文艺观学习教育，引导文艺工作者成为党的文艺方针政策的拥护者、践行者，成为时代风气的先行者、先倡者。深化社会主义核心价值观学习教育，引导文艺工作者打牢世界观、人生观、价值观的根底，明确是非、善恶、美丑的界限，摒弃低俗、庸俗、媚俗现象，弘扬公德良序，树立新风正气。组织开展“做人民喜爱的文艺工作者”活动，引导文艺工作者牢记文化担当和社会责任，不断提高学养、涵养、修养。广泛开展职业道德职业精神教育，引导文艺工作者自觉遵守《中国文艺工作者职业道德公约》，处理好义利关系，反对拜金主义、享乐主义、极端个人主义，秉持职业操守，树立良好形象。

20. 培养造就文艺领军人物和高素质文艺人才。着眼于培养大批有影响的各领域文艺领军人物，造就大批人民喜爱的名家大师和民族文化代表人物，深入实施文化名家暨“四个一批”人才工程，进一步加大文艺名家资助扶持、宣传推介力度，实施好国家“千人计划”、“万人计划”文化艺术人才项目，加大国内文化艺术领军人才和青年拔尖人才培养支持力度。加强马克思主义文艺理论评论队伍建设，实施文艺理论评论队伍培养计划。做好各类文艺人才培训工作，实施基层文化队伍培训计划、民族地区文艺人才培养计划。加强和改进专业艺术教育工作，优化专业结构，提高教学质量。落实重大文化项目首席专家制度，完善文艺人才职称职务评聘措施和办法，支持特殊专业艺术人才的学历、职称认定。

21. 做好新的文艺组织和文艺群体工作。新的文艺组织和文艺群体已经成为文化艺术领域的有生力量。要扩大工作覆盖面，延伸联系手臂，完善工作机制，创新组织方式，做好团结、引导、服务工作，发挥好新的文艺组织和文艺群体在繁荣发展社会主义文艺中的积极作用。各级宣传、文化、新闻出版广电部门和文联、作协，要在项目申报、教育培训、展演展示、评比奖励等方面创造条件，在发展会员、职称评定等方面提供便利。文化园区、新的文艺群体聚居区所在县（区）以及街道、乡镇党委和政府要切实加强管理和服务。

六、加强和改进党对文艺工作的领导

22. 党的领导是文艺繁荣发展的根本保证。各级党委要从建设社会主义文化强国、提升党的执政能力的战略高度，增强文化自觉和文化自信，准确把握党性和人民性、政治立场和创作自由的关系，把文艺工作纳入重要议事日程，加强宏观指导，把好文艺方向，提高创作生产的组织化程度，防止把文艺创作生产完全交由市场调节的倾向。各级政府要把文艺事业纳入经济社会发展总体规划，纳入考核评价体系，落实中央支持文艺发展的政策，制定本地支持文艺发展具体措施，不断加大文艺事业投入力度。各级党委宣传部门要发挥统筹指导作用，充分调动各方面力量做好文艺工作，形成党委统一领导，宣传部门牵头抓总，文化、教育、新闻出版广电、文联、作协等部门和团体协同推进，社会各方面积极参与的文艺工作新格局。选优配强文艺单位领导班子，把那些德才兼备、熟悉文艺工作规律、能同文艺工作者打成一片的干部充实到领导岗位上来。推动文艺界廉政建设，加强纪律，反对腐败，改进作风。

23. 营造繁荣发展文艺的良好环境。尊重文艺人才，尊重文艺创造，落实国家荣誉制度，对成就卓著的文艺工作者授予国家荣誉称号。加大对优秀文艺人才、文艺作品的宣传力度，使优秀作家艺术家专业上有权威、社会上受尊重。做好中青年德艺双馨文艺工作者评选表彰工作。大力支持文艺工作者干事创业，诚心诚意同他们交朋友、为他们办实事。改革和完善有利于文艺繁荣发展的酬劳和奖励办法。尊重和遵循文艺规律，发扬学术民主和艺术民主，提倡不同观点和学派充分讨论，提倡题材、体裁、形式、手段充分发展，推动观念、内容、风格、流派积极创新，形成创新精神和创造活力竞相迸发、文艺精品和文艺人才不断涌现的生动局面。

24. 不断深化改革、完善体制机制。贯彻落实全面深化改革的要求，扎实推进文化事业单位改革，建立健全有利于出作品、出人才的体制机制。发挥骨干文化企业和小微文化企业等各种市场主体作用，运用市场机制，调动作家艺术家积极性，推动多出优秀作品。落实和完善对文化单位的配套改革政策，支持他们做大做强，助推文化产业成为支柱性产业。进一步完善各项文艺扶持政策，加大对国有文艺院团改革发展的扶持，加大对文学艺术重点报刊、重点网络文学网站的扶持。把面向基层的公益性文化活动、重大文艺项目纳入公共财政预算。用好各类专项资金和基金，把握方向，突出重点，向弘扬中国梦、弘扬社会主义核心价值观、弘扬中华优秀传统文化等方面的文艺创作倾斜。坚持政府引导和市场调节两轮驱动，创新资金投入方式，健全政府采购、项目补贴、贷款贴息、捐资激励等制度，落实公益性捐赠税前扣除等措施，鼓励和引导社会力量参与文艺创作生产和公益性文化活动，逐步建立健全文艺创作生产资助体系。加强各级各类学校艺术教育，推动学校与社会艺术教育资源和设施共建共享，提高青少年的艺术素养。修订、制定促进和保障文艺繁荣发展的法律法规。依法管理文化市场，深化文化市场综合行政执法改革，加强文化市场执法，深入开展“扫黄打非”，进一步提高依法行政水平。加强知识产权保护，维护文艺工作者和文艺机构合法权益。加强和改进文艺评奖管理，严格评奖标准，既看作品也重人品，切实提高评奖公信力和影响力。

25. 充分发挥文联、作协等人民团体作用。文联、作协是党和政府联系广大文艺工作者的桥梁和纽带。各级党委和政府要加大对文联、作协的支持保障力度，切实支持其履行团结引导、联络协调、服务管理、自律维权职能，在行业建设中发挥主导作用。文联、作协要改革创新、增强活力，改进工作机制和方法手段，改进工作作风，避免机关化、脱离群众现象，真正成为文艺工作者之家，更好地团结凝聚广大文艺工作者，充分调动一切积极因素，为繁荣发展社会主义文艺、建设社会主义文化强国作贡献。

国务院办公厅印发《关于全面加强和改进学校美育工作的意见》[①]

新华社北京2015年9月28日电，国务院办公厅日前印发《关于全面加强和改进学校美育工作的意见》（以下简称《意见》）。《意见》明确了当前和今后一个时期加强和改进学校美育工作的指导思想、基本原则、总体目标和政策措施，提出到2020年，初步形成大中小幼美育相互衔接、课堂教学和课外活动相互结合、普及教育与专业教育相互促进、学校美育和社会家庭美育相互联系的具有中国特色的现代化美育体系。

《意见》指出，近年来，学校美育取得了较大进展，对提高学生审美与人文素养、促进学生全面发展发挥了重要作用。但总体上看，美育仍是整个教育事业中的薄弱环节，一些地方和学校对美育育人功能认识不到位，重应试轻素养、重少数轻全体、重比赛轻普及，应付、挤占、停上美育课的现象仍然存在；资源配置不达标，师资队伍仍然缺额较大，缺乏统筹整合的协同推进机制。为此，党的十八届三中全会对全面改进美育教学作出重要部署，国务院对加强学校美育提出明确要求。强调要加强美育综合改革，统筹学校美育发展，促进德智体美有机融合；整合各类美育资源，促进学校与社会互动互联，形成全社会关心支持美育发展和学生全面成长的氛围。

《意见》提出，加强和改进学校美育工作，必须全面贯彻党的教育方针，以立德树人为根本任务，把培育和践行社会主义核心价值观融入学校美育全过程，根植中华优秀传统文化深厚土壤，汲取人类文明优秀成果，引领学生树立正确的审美观念、陶冶高尚的道德情操、培育深厚的民族情感、激发想象力和创新意识、拥有开阔的眼光和宽广的胸怀，培养造就德智体美全面发展的社会主义建设者和接班人。

《意见》强调，要坚持育人为本、面向全体，坚持因地制宜、分类指导，坚持改革创新、协同推进。一是构建科学的美育课程体系。科学定位美育课程目标，开设丰富优质的美育课程，实施美育实践活动的课程化管理。二是大力改进美育教育教学。深化学校美育教学改革，加强美育的渗透与融合，创新艺术人才培养模式，建立美育

---

① 新华网，http://news.xinhuanet.com/politics/2015-09/28/c_1116700414.htm。

网络资源共享平台，注重校园文化环境的育人作用，加强美育教研科研工作。三是统筹整合学校与社会美育资源。采取有力措施配齐美育教师，通过多种途径提高美育师资整体素质，整合各方资源充实美育教学力量，探索构建美育协同育人机制。四是保障学校美育健康发展。加强组织领导，加强美育制度建设，加大美育投入力度，探索建立学校美育评价制度，建立美育质量监测和督导制度。

《雷锋》杂志发布2015年度十大道德事件[①]

中新网北京12月30日电，《雷锋》杂志编辑部今天发布2015年度十大道德事件。

1. 第五届全国道德模范评选表彰

2015年10月13日，中央精神文明建设指导委员会发布《关于表彰第五届全国道德模范的决定》。为充分展示社会主义思想道德建设丰硕成果，充分展现我国人民昂扬向上的精神风貌，进一步凝聚全国各族人民团结奋进的力量，2015年4月，启动举办第五届全国道德模范评选表彰活动。中央文明委决定，授予王福昌等62人第五届全国道德模范荣誉称号，廖理纯等265人第五届全国道德模范提名奖。

2. 树立道德的“高线”，划清纪律的“底线”

2015年10月12日，中共中央政治局召开会议，审议通过了党内两大法规——《中国共产党廉洁自律准则》《中国共产党纪律处分条例》，以道德为“高线”，以纪律为“底线”，进一步扎紧了管党治党的“笼子”。这次对党内两大法规的修订，一个旨在树立道德的“高线”，一个旨在划清纪律的“底线”。准则紧扣廉洁自律主题，重申党的理想信念宗旨、优良传统作风，坚持正面倡导、重在立德，为党员和党员领导干部树立了看得见、摸得着的高标准，展现了共产党人的高尚道德情操。

3. 《雷锋》杂志封面登上《纽约时报》

2015年7月24日，由人民出版社主管，人民出版社、中国新闻文化促进会、中国金融思想政治工作研究会共同主办的《雷锋》杂志在京创刊，并在全国公开发行。据资料检索，这是迄今为止第一本以人名，而且是最具国家伦理象征意义的名字命名的期刊。该杂志创刊号封面登上了《纽约时报》。

4. 打响英雄保卫战

近年来，历史虚无主义沉渣泛起，网络上屡屡发生恶搞英雄、诋毁英雄、抹黑英雄的事件。2015年5月起，一场以中央主流媒体为主干，社会各界、各媒体、网络

---

① 新华网，http://news.xinhuanet.com/mil/2016-01/04/c_128592721.htm。

意见人士积极参与的“英雄保卫战”打响！

5. 青岛“虾闹”折射出社会诚信缺失

2015年10月4日21时56分，四川广元游客肖先生通过新浪微博@用户5717486224（后更名为@国庆青岛海鲜宰客事件）发文称在青岛一大排档吃海鲜被宰。原本38元一份的虾，结账时老板说是38元一只，蒜蓉大虾一份吃了1520元。青岛相关职能部门处理该事时“互踢皮球”，他为尽快脱身付了800元。10月5日，“青岛天价虾”事件引爆网络。

6. 不能再让“扶老”刺痛中国心

2015年9月8日，淮南师范学院大三学生小袁发出一条“扶老太被讹寻证人”的微博，再次把自2011年起几经热议的“跌倒的老人，该不该扶”，毫无厌倦感地推向话题的头条。

8日晚，淮南师范学院学生袁某发微博称，当日上午扶摔倒老人被讹，寻找目击者证清白。9日下午，至少有两位目击者愿意作证，其中一位已在当日前往派出所做了笔录。15日晚，安徽当地电视台播出节目中，3位目击者表示，曾听到女大学生在现场向老太太道歉，并承认是自己撞倒。真相最终浮出水面。21日，警方认定袁某骑车经过桂某某时，相互有接触。此事件属于一起交通事故。袁某在这起交通事故中承担主要责任，桂某某承担次要责任。

7. 旅游文明拷问国人的德行

五一小长假前，在延安吴起县胜利山的中央红军长征胜利纪念园里，青年旅客李文春骑在纪念园的女红军雕像头上拍照，引起媒体和公众强烈不满。国家旅游局依据《游客不文明行为记录管理暂行办法》决定将李文春列入“全国游客不文明行为记录”，期限10年；吴起县胜利山景区因管理不善，两年内不得参评A级景区。

8. 一场共产主义新热议

2015年9月21日，共青团中央官方微博发布题为《信仰》的网文：“对于我们共青团人来说，共产主义既是最高理想，也是实现过程。”并发起话题“#我们是共产主义接班人#”，附《中国青年报》9月21日文章《理直气壮地高扬共产主义伟大旗帜》。

9. 慈善立法，善莫大焉

2015年11月30日，慈善法草案首次提请全国人大常委会审议。从2005年民政部提出立法建议至今，我国首部慈善领域的专门法律终于提交审议。慈善法草案诸多规定对规范人们的慈善行为有着明确的规定，为人们更好地做慈善事业进行了“顶层设计”。

10. 师德一票否决，为好政策点赞

2015年12月7日，教育部召开发布会，介绍《国家中长期教育改革和发展规划纲要（2010—2020 年）》实施五年来教师队伍建设情况。专家表示，未来我国将在“重师德”等方面进一步下大力气，将师德教育贯穿教师培养、岗前和职后培训、管理的全过程，将师德表现作为岗位聘用、职称评审、评优奖励等的重要指标，实行一票否决。严格师德惩处，对于违反师德行为发现一起、查处一起，从根本上遏制违反师德行为的发生。

第二篇

研究报告

第一章　2015年伦理学专题研究报告

葛晨虹　乔　珂　陈伟功

2015年，中国伦理学界的专家学者们在伦理学基础理论与基本问题方面就伦理学研究对象、伦理与道德关系、伦理学研究方法、自由意志、道德选择、道德情感、道德价值、道德客观性、德福关系、道德修养、事实与价值关系等若干经典问题进行了深挖式探究，对道德相对主义、德性主义伦理学、功利主义伦理学、义务论伦理学等经典伦理学理论进行了细耕式探讨，将现有研究推进到更高的层次。

学者们对于经典问题的研究，呈现出“传承与创新并重、争论与共识并存”的特点。一方面，学者们继续深入阐发古今中外伦理学家在伦理学基础理论相关问题上的立场、观点和方法，通幽发微、纠偏补误，更加丰富地还原了先贤们思想理论的真面目；另一方面，在充分发掘和汲取前人思想资源的基础上，学者们努力探索经典问题的创新性研究解决，提供了一些引发讨论和思考的新思路和新理念。例如在伦理学研究方法方面，既能从伦理学实证研究方法中看出西方经典的逻辑实证学派对伦理学的影响，也能够从互镜式学术评价方法中看出学者们在伦理学研究方法的当代中国化方面所作出的创新探索。

与此同时，学者们的学术争鸣使同一问题的不同立场得到更多的论证和更细化的辩护，也使每一观点的合理意义得到了更多发掘；而不同的观点在进行深入交锋的过程中也逐步扩大了共识，逐步剔除了不同论点中的极端性、片面性因素而走向辩证，走向全面。例如在事实与价值关系问题上，有学者进一步捍卫了事实价值二分的观点，而有的学者从多个层面寻找事实与价值的联系，尽管两种观点立场不同，但都将事实与价值关系问题推向纵深。

学界专家学者还紧密联系实际、紧跟时代潮流，进一步延伸拓宽了道德冷漠、道德与法律关系、道德治理等中国特色社会主义道德建设热点问题的研究领域，集中探讨了诚信、友善以及正义等当代中国社会需强化的美德，促进了伦理学基础理论研究的现实融合和成果转化。在对相关问题的研究中，既体现了学者们的理论功底，也映射出学者们对现实的观照。一方面，学者们在面对当代中国社会纷繁复杂的道德状况时，始终恪守理性客观的学术情怀，坚持将问题说透说全。例如在由道德与法律关系问题延伸出的德治与法治关系问题上，学者们在极力强调道德相对于法律的基础意义、德治相对于法治的现实意义的同时，也充分尊重法律自身的规律，重视法治路径与德治路径的和合，做到真实客观、不偏不废。另一方面，学者们“铁肩担道义，妙手著文章”，积极为社会主义道德建设献计献策，贡献了诸多方案和智慧。例如学者们集中探讨了当代中国社会的道德治理问题，分析了道德治理的理论内涵，指出了道德治理的重要意义和紧迫性，并就道德治理的细化、深化、常态化路径给出了指导性意见，极富理论创见和现实意义。

在中国伦理学界的专家学者们取得的科研成果中，既有对传统学术问题的整理阐发，也有对新问题领域的追寻探讨。学者们既专注于对基本概念、研究方法和原理的研究，又坚持问题为导向，整理分析古今中西思想理论，发挥学术专长，引入多种伦理学研究范式，积极探索新的研究领域。学者们的理论研究也体现出对现实的关切，问题意识明确、讲究论证、思想深刻、指导实用。

一、伦理学研究对象和方法

（一）人的存在

有些学者把伦理学的研究对象归于人的存在及其意义，在形而上学、存在论或本体论的层面展开讨论。邓安庆认为，整个西方哲学史可以看作一部“形而上学”与“伦理学”的关系史，作为“第一哲学”的形而上学本来具有伦理学的旨意和目标：寻求存在之意义，但由于其定位于“理论”（思辨）而使得“存在”的意义经过“知性”的“范畴化”而失去其“实存”的生命本质，从而第一哲学与伦理学分离开来。但“实体论”在斯宾诺莎那里，“存在”的本质被置于“实存”中重新思考，而“自因”的“实存”作为神或自然的“自由”存在的存在论意义获得了肯定，因而人作为神的存在样态的伦理意义也能在这种实体论的存在样式中得到重新思考，斯宾诺莎重塑了伦理学与形而上学的关系。在斯宾诺莎心中，有两种“伦理学”概念，一种是讨论“理性对情感的控制”，这是其“伦理学”的一个“小部分”，相当于亚里士多德的“自制力”概念，至多属于一般伦理学中的“德性论”或“道德论”；另一种“大伦理学”讨论的是人该如何“生活”的问题：“生活”的意义或幸福，达到有意义（幸福）生活的“途径和方法”，所依靠的“力量”或生活的形式，生存方式。[①] 也有学者把道德归于人的一种存在方式，体现了其具体形上学的反思路径。这种反思方式就是以人追求在世理想为目标，在人的本体存在的视野中考察道德

① 邓安庆：《第一哲学作为伦理学——以斯宾诺莎为例》，《道德与文明》2015 年第 3 期。

的本质。因为，伦理学与本体论是统一的。存在的沉思应当指向人自身的完善，而道德的追求则以人的存在为其本体论前提。从来就没有离开人的道德，也从来没有所谓抽象的道德规范。世界虽然曾经以自在的状态而存在，但是当人跨进这个世界，整个世界就与人密不可分。人的存在的历史就是人与世界互动共生的绵绵不绝的历史。可以说，以人和世界的存在为背景，来考察道德形上学的建构，确乎代表了现代道德形上学建构在理论视域上的一种强力突破。① 当对人的存在的本体论关注进入伦理学的视域，伦理学的结构也就变得完整和清晰。人的问题既是伦理学研究的前提，也是伦理学研究的核心与根本目的。伦理学说到底，就是通过对人的问题的研究来达到对伦理道德的认知，又通过对伦理道德的研究去解决人的问题。进一步说，伦理学就是通过人的问题的研究和伦理道德的研究来达到其根本目的——社会至善和个体至善。而要回答人是什么，就必须研究人性是什么，因为人性是人与其他宇宙万物相区别的根本规定性，是人之为人的根本规定性。由此可见，人性问题是研究人和人的问题的关键与核心。②

（二）伦理与道德

有学者对伦理与道德关系问题的研究做了梳理，指出目前国内伦理学界对“道德”与“伦理”概念的区分主要从词源梳理上来进行，如《“伦理”与“道德”概念的三重比较义》《论道德和伦理概念及其相互关系》等文章都是如此。从伦理学教材来说，罗国杰主编的《伦理学》、唐凯麟主编的《伦理学》等都梳理了“道德”与“伦理”的词源，把“伦理”定义为“调整人伦关系的条理、道理、原则”。虽然这些研究提出了“道德”与“伦理”具有主观与客观、个体与社会、单向与双向之分，但却没有对“伦理学的研究对象为什么是道德”“研究道德的学问为什么不称‘道德学’而是‘伦理学’”“道德与伦理的本质区别是什么”等问题予以明确回答。尽管当前学术界已经对“道德”与“伦理”二者如何区分有了一定的研究成果，但如果需要构建完整与系统的伦理学理论框架与体系，势必要更加确切与明了地回答“道德”与“伦理”二者有何区别这一问题。同时，也需要通过回答这一问题，进一步明确“道德”的概念界定，划清“道德”概念的适用范围，厘清伦理学基本学理问题。③

有学者指出，对道德与伦理有意识的区分出现在黑格尔那里。学者提出，绝对的伦理的本性在于，它是一个普遍者，或者说它是伦常，因此希腊语和德语里面那个指代着伦理的词语贴切地表达出了伦理的这个本性，但由于近代的伦理学体系把一种自

---

① 戴兆国：《当代道德形上学理论建构的突破——以〈伦理与存在〉为中心》，《安徽师范大学学报》（人文社会科学版）2015 年第 1 期。

② 吴灿新：《人的问题在伦理学研究中的意义》，《伦理学研究》2015 年第 6 期。

③ 吴瑾菁：《“道德”概念界定的学理争鸣》，《江西师范大学学报》（哲学社会科学版）2015 年第 1 期。

为存在和个别性当作本原，所以它们不得不规避那些词语本来的意思；这个内在的寓意以一种如此鲜明的方式表现出来，即那些体系想要凸显它们强调的事情，而它们又没办法滥用那些词语，所以它们转而使用“道德”这个词。诚然，“道德”这个词就其词源来说同样意味着普遍者或伦常，但因为它主要是一个人造的词语，所以并没有直接摆脱它的较为糟糕的一方面的含义。[①]“伦理”与“道德”并非对同质的或相似的人类社会精神生活的不同历史话语或概念表达，二者实质上标示着人类社会精神生活的不同历史阶段与不同历史形态。当人们将“伦理”和“道德”连接在一起并用来泛指社会人际关系的应然规范或实然状态时，实际上模糊了“伦理”与“道德”这两个概念之间原本应当具有的区别与界线。而如果我们更细心地观察，就会发现我们的日常话语甚至是学术话语中，“道德”的使用频次远大于“伦理”的使用频次。这绝非仅仅是话语习惯问题，它在更深层次上反映着人们精神气质的嬗变和思维方式的转换，即从“伦理的”精神和思维走向“道德的”精神与思维。[②]如果对道德和伦理作语言上的分析，则会发现，相较于道德的约束性规范而言，伦理是通过一个个具体的伦理“问题”而被定义的。换言之，通过外在的规范与价值对“伦理（问题）”作出的界定是不充分，甚至是本末倒置的。真正的伦理问题和照章办事、按规行事没有什么关系；真正的伦理“问题”，总或多或少带来伦理的（生存的）“挑战”，“困境”，甚至“危机”。伦理问题实实在在地发生在“时间”之中，而依规范行事、依价值标准做出道德判断，则只发生在逻辑赋值空间里，严格来说，都没有“发生”可言。[③]有学者认为，学界一直基于“伦理就是道德”的认识将伦理学的对象仅归于道德，致使伦理学学科体系一直存在一种结构性的缺陷。实际上，伦理与道德是两个有着内在逻辑关联的不同概念，关涉两个不同的社会精神领域，伦理属于社会关系范畴，道德属于社会意识范畴。道德的功能和价值在于维护伦理和谐，促使人们“心灵有序”，维护和优化适应社会和人发展进步之客观要求的“思想的社会关系”。伦理学应以伦理与道德及其相互关系为对象，为此，需要在历史唯物主义的视野里丰富和发展伦理学的基本原理，这是当代道德哲学和伦理学研究与建设的一个重要学术话题。[④]

（三）伦理学方法

随着伦理学研究的深入，伦理学方法论问题越来越突出，一些学者就此问题进行了总结和探索。目前国内外伦理实证研究已呈蔓延之势，如，斯洛特作为当代西方活

---

① 先刚：《试析黑格尔哲学中的“道德”和“伦理”问题》，《北京大学学报》（哲学社会科学版）2015年第6期。

② 邹平林、曾建平：《从伦理走向道德：精神的嬗变与思维的转换》，《伦理学研究》2015年第4期。

③ 周兮吟：《伦理问题对道德规范的僭越——德勒兹伦理学初探》，《学术界》2015年第3期。

④ 钱广荣：《伦理学的对象问题审思》，《道德与文明》2015年第2期。

跃的情感主义德性伦理学家，巧妙地运用逻辑实证主义的逻辑（语义）分析和经验实证的双重原则，将人的“移情”体验作为道德命题的经验参照，使道德命题获得了客观指称意义和真值条件，由此诠释一种情感主义视域下的道德知识（元伦理）学——移情关怀伦理学，试图实现对逻辑实证主义——（情感表达主义）元伦理的超越。[①] 有学者指出，学界尚未对伦理实证方法进行系统讨论，对伦理实证方法理论探讨缺场的结果是具体伦理实证研究的混乱。在对具体伦理实证方法探究前，首先有必要对方法的方法也即具体研究方法奠基的方法论基础进行思考，具体应从伦理实证研究的正当性辩护、伦理实证研究的合法性探寻、伦理实证研究的独特性价值、伦理实证研究的合理性讨论四个方面展开。[②] 万俊人对互镜式学术评价方法在伦理学研究中的作用进行了论述。伦理学是一个时代“伦理精神”的学理化表达，因此我们可以从当代中国社会“伦理精神”与当代中国伦理学研究的互动与节律的关联语境中，检视和反思当代中国伦理学研究的利弊得失，从而解释其真实的理论图景和学术潜能。具体而言，即通过互镜式的学术评价，分析当下中国社会在转型期所面临的三大挤压或三大精神文化挑战，解析当代中国伦理学研究的主题开展、视域局限、疑难纠结、方法论问题和学术话语等论题，以及造成当前学术格局的诸种因素；同时，通过国际国内两个视域，对当代多学科交叉互镜的学术发展趋势的多面透视，寻求当代中国伦理学研究的新路径、道德话语的改进策略，实现理论愿景。[③] 郑根成认为，伦理学自身在批判、反思元伦理学进路的基础上向规范伦理学的回归，构成了当代应用伦理学的实质。而当代应用伦理学的方法是基于反思平衡的道德推理。道德推理不是一个机械的单向的一次性推理过程，而是一个有机的、双向互动式的反复运动过程。在这个过程中，它对实际所面临道德问题的解决以伦理理论为基点，它关于行动的结论是一个有其独特的道德意蕴的规范性判断，这决定了其推理进路的伦理色彩。同时，基于反思平衡的道德推理还在关注实践道德问题的促动下反思、发展道德理论。[④]

二、伦理学基础理论研究

（一）自由意志

自由意志常常被当作道德选择和道德责任的基础，然而“意志是否自由”这一

---

① 方德志：《超越逻辑实证主义：迈克尔·斯洛特的情感主义道德知识学解析》，《内蒙古大学学报》（哲学社会科学版）2015 年第 4 期。

② 王珏、李东阳：《伦理实证研究的方法论基础》，《东南大学学报》（哲学社会科学版）2015 年第 3 期。

③ 万俊人：《互镜式学术评价中的伦理精神和伦理学研究》，《中国社会科学评价》2015 年第 1 期。

④ 郑根成：《论当代应用伦理学方法——基于方法史的考察》，《哲学动态》2015 年第 11 期。

问题本身却一直以来都没有定论，甚至可以说，关于意志自由的争论一直存在并将持续存在下去。有学者认为，自由意志问题，并不是单纯的一个问题，而是由许多问题一起构成的，概括来看，就是我们能否自由地支配我们的行动，也就是我们是否有自由意志，我们在多大程度上能这么做，支配我们行为的这种支配的本质是什么。关于人是否有自由意志，大家的观点可以总结为强决定论、非决定论、相融主义三大块。强决定论认为人是没有自由意志的，有四种基本的形式：物理决定论、心理决定论、神学决定论、逻辑决定论。非决定论认为这世上并不是所有的事情都是有原因的，我们的未来谁都不能确定，没发生的事我们也不可能所有的都能预测到。相融主义主要分为两类，就是传统相融主义和等级相融主义。传统相融主义就是承认万事都有原因，也认为人们是有自由意识的，自由是当且仅当他的行为是产生于他自己的意愿，而且他同时还拥有其他选择；而等级相融主义认为，人的一阶欲望是对于某件事或某物体的欲望，而人的二阶欲望是一种对欲望的欲望，也就是对一阶欲望的一种欲望，而二阶意志则是对二阶欲望的一种选择，也就是决定自己想要的是哪个二阶欲望。[①]易小明指出，依据自由是“按照自己的意志进行合理活动”的内在逻辑，我们就可以将自由活动分解为两个基本方面：自由与“由自”。直观上，“根据自己的意志”主要体现“由自”；“进行合理活动”则主要体现自由，前者主要基于自我、基于观念，后者主要基于“我他（它）”、基于实在。“由自”是不应隐没、归附于自由概念的，它需要从自由概念中突现出来加以特别对待。由于人们时常把“由自”混同于自由之中，于是便导致在对自由的规定和理解上出现了一些逻辑上的困难。只有将“由自”从自由概念中提升出来，厘清“由自”与自由之间的关系，才能对自由有更加深入准确的把握，也才能更好地理解“由自”与意志自由，与责任担当之间的内在联系。[②]

以历史的眼光来看，古希腊以自由的存在方式奏响了人类自由的序曲，伊壁鸠鲁哲学和斯多葛学派以自由的追思拉开了自由对象化的帷幕，开启了自由反思的历史；卢梭的公意率先区分了个别意志和普遍意志，从而将自由提升为一个形而上学问题；康德承认了卢梭的自由，将其限制在道德和信仰领域，并以主观形式确立起来；黑格尔通过区别道德和伦理，把国家当作法和道德在伦理领域的最高统一作为自由的最后实现，以客观的形式确立了自由。由此，形而上学的自由在概念上达到了顶点。马克思以其“历史科学”突破了传统形而上学的思维原则，使人类关于自由的理想第一次屹立在人的实践活动这样一个现实的、历史的平台上，最终以实践自由终结了形而上学的概念自由。[③] 具体来看，休谟认为人们之所以否定意志的必然性，是因为他们

① 壮莉：《自由意志问题》，《学理论》2015 年第 4 期。

② 易小明：《论“由自”——兼及“由自”与意志自由、责任承担的关系》，《哲学研究》2015 年第 10 期。

③ 侯小丰：《形而上学自由概念的形成与终结》，《学术研究》2015 年第 9 期。

混淆了自发的自由与中立的自由，后者是一种认识的幻象，只有自发的自由才是事实，而它与必然性是相容的。休谟的论述暗示了：自发的自由包括行为的自由和意志本身的自由。休谟将行为和意志的自由或必然性等同于自然必然性，认为只是一种恒常的联结和推断的倾向，这一论述是不充分的，因为他只考察了外在的相似性，对于意志的自发性与绝对必然性的矛盾，休谟做了一种经验主义的处理而并未真正解决。①

为了沟通自然与自由的领域，康德在人的认识能力中找到了反思判断力，把《纯粹理性批判》中理性对知性的调节性的原则赋予了它，反思判断力通过形式的合目的性原则给人的情感立法，情感才可以进入批判哲学的体系之中。康德通过艺术的概念把鉴赏判断与目的论判断连接起来，解决了合目的性何以能够运用到自然的问题，说明了我们是以艺术的眼光看待自然，自然的最终目的是实现至善。虽然自然目的论不足以建立起上帝的概念，但是它给一个道德的上帝的存在提供了丰富的材料。② 康德持有一种“道德为自由辩护”的信念，即认为自由因为道德而存在。但道德是历史的，自由不仅可以与道德共在，而且更内在地要求不断摆脱道德束缚。在资源小于需求的时代，尽管自由总是被迫与道德保持很强的关联，道德总是自由的规则，但一切道德本性上都表征着某种不自由，因此也必将在自由扩张的进程中被逐一克服。自由的终极依靠在于人类对于物理世界的胜利。③ “自由选择”是萨特自由哲学理论的核心命题，“意识”“存在”以及“责任”三个逻辑角度构成了萨特的“自由选择”理论。萨特以“意识与自由”为根本，把意识划分为两个等级，引出了“自我”“虚无”的概念，为“自由选择”顺利进行提供了思想基础；“存在”的两个状态，即“虚无”与“自由”，其中自在存在的无意义性需要借助虚无去消解，但在自为世界中又需要把虚无掩藏并使“存在”显现，人就是为抑制虚无而存在；萨特认为人的存在就是自由，自由就是一种选择，人“存在”的过程就是自由选择的一个过程；人的“存在”又产生了自由与责任的关系探讨，虽然人因虚无，注定产生无限的自由，但是“选择”在萨特那里是有责任尺度的。④

（二）道德选择

道德选择是最重要的道德实践形式之一，道德选择不仅要在多种可能性之间进行，而且要在道德价值冲突中进行，价值冲突扩大了道德选择的意义和作用，同时也

---

① 李涛：《休谟论意志的自由与必然》，《学理论》2015 年第 4 期。

② 刘作：《自然的道德化——康德对自然与自由的沟通》，《武汉科技大学学报》（社会科学版）2015 年第 3 期。

③ 成林：《道德与自由——对康德道德学说的一种探讨》，《世界哲学》2015 年第 6 期。

④ 秦龙、赵永帅：《萨特论“自由选择”：意识、虚无、自由、责任》，《扬州大学学报》（人文社会科学版）2015 年第 5 期。

增加了道德选择的困难。它把应该简单做出选择的人推向了这种两难的境地，强迫人做出非此即彼的选择。[①] 在道德困境中应该如何选择？儒家为我们提供了一种思路。据王阳明《传习录》所载，陆澄得知儿子病危因而忧闷不能堪，阳明先生批评他爱亲偏了，“已是私意”。然而当阳明得知自己父亲病危时，却“欲弃职逃归”。其实，阳明先生对陆澄的提点是基于理性的考量，但当自己遭遇此种危急时，则依于直觉之情。此情是人性深处的直觉的亲情，“顺此情才能心安”。“安与不安”不是从理论推导、逻辑论证中得到的，而是情感的恰当安顿。心安是儒家面对内在困惑或道德两难处境时选择的依据之一。[②]

但是，当道德困境发展成为道德悖论，要做出道德选择就异常艰难，这就使得人们不得不把目光转向对道德悖论的研究。“道德悖论”客观地揭示了人们在现实道德生活中两难选择的境况。对道德悖论的分析和研究，事关人们对现实道德生活的认识，帮助人们在面对道德问题两难选择之时进行有效的分析和判定。[③] 王艳认为，道德悖论本质上是实践理性领域出现的矛盾，表征在道德价值实现过程中出现的悖性事态。借助当代情境理论的研究成果，可依据“语境”“心境”及“事境”的不同而将道德悖论区分为“道德悖理”“道德悖境”“道德悖情”三种形式，并可通过对特定“语境”“心境”及“事境”中的矛盾焦点的具体分析来探讨道德悖论的消解之道。[④] 道德悖论是否是不可解的？道德困境的出路何在？赵汀阳以有轨电车难题为例，指出伦理两难并非逻辑悖论，因此必定存在着某种具体的理性解法。所谓伦理两难实际上是把伦理规范当成是无条件的普遍教条而产生的，是一种道德语法的谬误。任何伦理规范都必须由道德语法规则去解释其合理运用。有轨电车难题抹去了人的具体性，因而不具备伦理学的意义。[⑤] 有学者以 S. 史密兰斯基为例，梳理了国外道德悖论问题的研究现状。他给出了 10 种道德悖论的范型：幸运的不幸悖论、有益的退休悖论、正义与加重处罚悖论、勒索悖论、免于处罚的悖论、不因道德之恶而愧疚的悖论、选择性平均主义的底线悖论、道德与道德价值的悖论、道德控诉悖论、宁愿不出生悖论。但是他的研究存在两个方面的缺陷：对“道德悖论”的内涵缺乏必要的揭示和厘定；对“道德悖论”的畛域缺乏应有的界划和框定。这两处“硬伤”可以通过以下方法来纠正和解决，即依据矛盾的不同性质将“道德悖论”划分为不同的类型，分别揭示不同类型的“道德悖论”的本质内涵，框定不同类型道德悖论的外

① 周天翼：《道德选择与道德冲突的发生机理及解决之道》，《经济研究导刊》2015 年第 18 期。

② 辛晓霞：《顺情而心安——道德困境中儒家的选择》，《道德与文明》2015 年第 3 期。

③ 王聪：《道德需要：范·弗拉森对道德悖论消解可能性追问》，《渤海大学学报》（哲学社会科学版）2015 年第 1 期。

④ 王艳：《“悖理”“悖境”与“悖情”：——道德悖论的情境理论解读》，《江海学刊》2015 年第 1 期。

⑤ 赵汀阳：《有轨电车的道德分叉》，《哲学研究》2015 年第 5 期。

延畛域，进而以不同的路径消解不同类型的道德悖论。[①]

（三）道德情感

如何理解和界定人的情感在道德判断、道德选择和道德评价中的作用一直是伦理学史上一个重要的话题。首先毫无疑问的是，情感一定在道德实践中发挥着重要作用，这一点我们在托马斯·阿奎那的道德哲学之中就可以找到依据。人和动物都有激情。它们可以分为两类，愤怒的激情和欲求的激情。欲求的激情是一切直接和感性的善与恶相关的激情，因此与现实的快乐与痛苦的体验有关，属于这一类的有对现有善之愉悦和现有恶之悲愁，正如爱与恨一样。反之，愤怒的激情往往是在某物阻碍人达到善或避免恶的时候出现的。希望与绝望、恐惧与勇敢就属于此类。如果我们人（和动物一样）只有这个行为原则，那么，我们必然就只好追随我们的激情了。但事实上，我们除了激情外，还拥有理性和一个自由意志。激情只有当我们的意志也准许的时候，它才能驱动我们。托马斯把激情看作隶属于意志的要素，它对行为的作用不如理性和意志那么独立。换言之，托马斯虽然肯定了激情对于德性的作用，但他同时也把这种作用限定在理性和意志的范围之内。[②] 在此基础上，一些思想家发展出了道德情感主义，直接将情感作为道德的基础。哈奇森认为，除了视觉、听觉、触觉等外在感觉之外，自然还赋予人心内在的道德感，通过这种道德官能的直觉感知，人们即可辨析美德与邪恶。“道德感”理论为哈奇森首创，亚当·斯密对此并不完全赞同，他否认存在这种直接感知善恶的道德感官，并用日常语言为基于情感的道德能力命名：同情。与休谟一样，亚当·斯密也将情感与同情视为道德判断的准则与起点。[③] 以休谟、斯密为代表的道德情感主义由于过分强调个体情感的基础性作用，从而引发了人们对道德主观主义和道德相对主义的大肆批驳。在此情况之下，道德情感主义并未走向穷途末路。如果说的确有一种情感伦理学，那么也就意味着必定存在一种有序的情感以及相关的事实域。马克斯·舍勒通过严格区分意向性感受活动与非意向性的感受状态，确立了一种与表象、知觉、判断等那些具有客观化功能的意向性行为并行而独立的意向性行为类别，这就是意向性感受活动。人类最直接的情感不是日常生活中的喜怒哀乐，而是这种意向性感受活动。在这种意向性感受活动中，直接被给予的是价值事实，或者说，价值在这里作为一种本原事实直接被给予。不仅如此，由于意向性感受行为是以偏好和爱这两种意向性行为为基础，而偏好与爱则具有揭示与打开秩序的功能，因此，在意向性感受行为中被直接给予的价值不仅是一个事实领域，而

① 刘孝友、王习胜：《有待廓清的“道德悖论”——S. 史密兰斯基道德悖论思想批判》，《河南社会科学》2015 年第 8 期。

② 张荣：《托马斯论激情与德性》，《思想战线》2015 年第 5 期。

③ 康子兴：《“社会”与道德情感理论：亚当·斯密论“合宜”与“同情”》，《学术交流》2015 年第 8 期。

且是一个有级序的事实领域。如果说价值及其秩序构成了伦理学的事实基础，那么打开这种秩序的爱则是伦理学的本原基础。不过，这种爱实乃一种理性之爱。马克斯·舍勒这种重新理解情感的方式一定程度上为情感伦理学保留了客观性基础。①

道德情感主义为我们提供了界定情感的道德功能的一种方式，但是，这种方式绝不是唯一。任重远聚焦于对道德厌恶、道德耻感、道德恐惧等负面道德情感的研究，揭示了情感在道德实践中的重要作用，同时也阐发出这种作用更为深刻的特征。厌恶是一种基本情绪，按照进化心理学的观点，人的厌恶情绪经历了一个从本能到道德即所谓“从口到道德”的文明进化过程，厌恶的文明进化过程就体现为一个厌恶的不断道德化过程。人对于道德之恶的厌恶——这是人之恶恶的主要表现——自然成为人之厌恶当中的应有和关键之义，而这就体现为人的道德厌恶。道德厌恶对于人的关键意义在于使人对“作恶”感到一种厌离之心，进而使人实现一种“不作恶”的道德自律。换言之，作为一种消极意义上的道德情感体验，厌恶对人来说主要起到一种行为的制约功能。人对于厌恶的事情一般不会去做，即厌恶使人能做到“有所不为”。②与道德厌恶相似，道德耻感也同样深刻而广泛地影响着人的道德实践。与西方文化中的罪感文化不同，耻感文化被当作东方文化的标志。比如，知耻自古以来就被中国人视为为人处世的道德底线和基本伦理规范，早自殷周时起，道德耻感作为一种伦理文化就开始孕育和萌发。在某种程度上，耻感不仅是传统道德体系的基本原素，而且是伦理精神的原色，尤其在中国道德哲学传统中，耻感几乎具有与伦理道德的文化生命同在的意义。耻感在道德认知、道德评判和道德选择过程中都发挥着重要的作用，它通过引导和矫正道德主体对荣耻的价值认知和评价，规范、制约人们现实生活中的道德行为选择。③ 道德主体产生道德恐惧并非仅仅出于自私，而是出于避害自保，特别是担心本身或亲人受到重大伤害或灭顶之灾，在特定情境之下还可能基于经济恐惧、精神恐惧、社会恐惧等多种恐惧共存时的一个综合性理智权衡与忌虑，在无奈之下选择置身度外从而表现出一种“理性算计的恐惧”。处于道德恐惧状态下的主体，往往会出现道德认知与道德选择不一致的情况，这提示我们道德恐惧在道德实践中的作用不能被忽视。④ 值得注意的是，道德厌恶、道德耻感、道德恐惧背后都有其必要的社会结构。换言之，这几种道德情感都是社会化的情感，它们揭示了个体的道德态度与道德行动之间相互影响的作用机制。一方面，道德态度不是决定道德行为的唯一因素，它对道德行为的影响受道德情境的制约；另一方面，在有些情况下道德行为非但不反映道德态度，还可以逆向影响甚至决定道德态度，这时，不是道德行为顺从于道

① 黄裕生：《一种“情感伦理学”是否可能？——论马克斯·舍勒的“情感伦理学”》，《云南大学学报》（社会科学版）2015 年第 5 期。

② 任重远：《论道德厌恶》，《道德与文明》2015 年第 5 期。

③ 王晓广：《论耻感文化的道德功能》，《学术交流》2015 年第 12 期。

④ 周维功：《道德恐惧辩》，《江淮论坛》2015 年第 5 期。

德态度，而是道德态度屈从于道德行为。这两种影响过程性质不同，方向相反，而且不对等。[①]

（四）道德价值

事实与价值问题是伦理学的一个基本问题。自休谟质疑从“是”推出“应该”开始，事实与价值就走上了逐渐分离的路径。休谟为了进一步论证“道德的区别不是从理性得来的”这一论断提出“是”与“应该”问题，质疑以“是”为联系词的判断能推论出以“应该”为联系词的判断。休谟非常重视以“应该”或“不应该”为联系词表示的新关系，但是，关于“是”与“应该”的内涵休谟始终没能给出明确说明，过分地排斥理性也抹杀了“是”的作用。尽管如此，休谟发现并提出“是”与“应该”问题使道德学的发展进入了一个更加自觉的价值论阶段。[②] 自休谟之后，许多伦理学家就此问题展开了辩论。摩尔的未决问题论证表明任何为善概念下定义的努力都将成为自然主义谬误。自然主义谬误的根源在于，事实性的自然经验术语或经验性事物与道德价值术语两者之间是不能等同的。摩尔之后，任何把事实与价值联系起来的努力，都必然要回答摩尔的问题。早期美国实用主义者詹姆士、杜威等人的自然主义努力没有成功地回答摩尔的问题，20 世纪五六十年代福特等人从德性品格等人性事实来反驳摩尔的自然主义谬误，人性这种在摩尔看来的“自然”因素，不可避免地与价值评价内在相关，而不是分离的，从而使摩尔的未决问题论证失灵。当代以塞尔等人为代表的自然主义的论证表明，从制度惯例事实的事实判断到规范性的价值判断并非不可能，而是合乎逻辑的，因为制度惯例事实本身包含着价值因素。那么，从制度性事实之“是”到规范性的“应当”的内在联系看，摩尔的未决问题论证再一次失灵了。但是，我们也应看到，摩尔的未决问题论证揭示的事实与价值的区分仍然有着积极意义，事实与价值这对概念的区分是建立两者联系的前提，摩尔只是未能正确建立起两者的联系，福特、塞尔等人的努力揭示了事实与价值之间的联系，打破了摩尔的僵硬二分。[③] 也有人对事实价值二分法做了进一步阐发，“休谟问题”不是一个有关推理有效性的逻辑学问题，而是理性与规范之间关系的元哲学问题，是指涉社会规范体系合法性的依据和源泉问题。休谟的事实与价值关系的二元论取消了对价值进行理性判断的可能性，波普尔以休谟的事实与价值二元论为基础，进一步深化了对事实与价值关系一元论的逻辑批判，阐述了批判理性主义的事实与规范关系的二元论，为自由传统奠基。历史决定论根本性逻辑错误就是坚持了事实与价值一元论，把“是”与“应当”混为一谈；休谟和波普尔的事实与价值关系的二元论对 20

① 杨宇辰、吴瑾菁：《个体道德态度与道德行为关系分析》，《道德与文明》2015 年第 2 期。

② 刘勇：《“是”推不出“应该”吗？——休谟的道德哲学研究》，《安徽理工大学学报》（社会科学版）2015 年第 4 期。

③ 龚群：《论事实与价值的联系》，《复旦学报》（社会科学版）2015 年第 5 期。

世纪西方伦理学、政治哲学甚至后现代主义哲学文化思潮均产生重大影响，后现代主义的哲学批判与休谟走的是同一条路，它坚持事实与价值关系的二元论，批判和拒斥事实与价值关系一元论的理性主义，对同一性哲学采取批判立场，倡导非同一性、差异性、多样性，以此捍卫人的独立性和自由。哈贝马斯以交往理性守护基于启蒙精神的现代性也不成功。后现代主义试图摆脱"现代性"对人的压迫与控制的消解意义应该肯定，但在思想文化和价值领域陷入相对主义、怀疑主义、悲观主义，导致崇高与意义的彻底失落。①

有学者援引数学方法对事实与价值问题做出回应。事实与价值之间不适合分类法，二者相互独立，但不是对立。实际上，事实与价值都是人类在生存活动中根据需要而建构起来的关于世界的认识或评价，都服从于生存目的，二者乃是作为独立变量，统一于效用。在数学上看，效用、事实与价值之间具有函数关系，事实（f）与价值（v）的乘积就是效用（u），即 $u = f \cdot v$。此函数可命名为事实与价值函数。在实践中，此函数在管理、教育上有重要价值。引入数学方法，可以推进伦理学的科学化。② 王善波则借用科学与价值的关系来解决事实与价值问题。科学与价值二分的观念，一方面包含了科学的客观性、中立性及自主性；另一方面，价值是主观、非中立并依赖于活动者个体的。这一二分的概念基础在于事实与价值的二分。科学哲学家对事实与价值二分的概念基础所提出的异议或质疑，主要是通过如下三个层面体现出来的：价值判断的客观性；事实判断中也包含了主观性成分及评价过程；事实判断与价值判断的融合性和同一性。前两种途径的目的在于击垮事实与价值的分界线，即批判和抛弃把客观性完全归属于事实而把主观性等同于价值的思想模式。第三个层面是从判断的形式和特征来论证事实与价值的内在关联性。③

道德价值可区分为外在价值与内在价值两个方面。其内在价值更多地倾向于精神价值，趋向于道德理想前景，成为人类普遍共同的理想追求。因此，道德内在价值应是道德价值的内在逻辑和内在规定性的实质。道德内在价值有四重要求：道德主体在进行道德行为时是一个自由选择的过程；道德行为选择须以义务为前提；道德判断须以行为选择动机，即以目的作为判断对象；只有靠自我约束才能实现。④ 这种对道德价值的区分及对道德内在价值的规定是典型的义务论思路。这一做法遭到了 20 世纪元伦理学家们的批判。以约翰·L·麦基为例，在其 1977 年所著的《伦理学：创造对与错》一书中提出，道德话语具有真值，但相应的事实并不存在，因而道德判断与道德信念为假，价值在世界构造之外。麦基对于道德话语具有适真性的认识异于同样坚持主观道德价值的非道德认知主义者，他对于客观道德事实的否定使其与道德实

① 贾中海、曲艺：《事实与价值关系的二元论及其规范意义》，《吉林大学社会科学学报》2015 年第 3 期。

② 邓曦泽：《论事实与价值的数学关系及其实践意义》，《伦理学研究》2015 年第 3 期。

③ 王善波：《科学与价值二分的概念基础及其问题》，《河北学刊》2015 年第 4 期。

④ 金颜：《论道德内在价值的实现逻辑》，《云南社会科学》2015 年第 6 期。

在论的支持者也产生了众多的分歧。麦基的出现使得原本对立的道德非认知主义者与道德实在论者之间产生了一个与双方互为对立的哲学立场，对于道德价值本质的思考提出了全新的挑战。[①] 元伦理学对道德价值的考察使得道德价值主观化了，从而使其失去了指导人类生活的那种普遍性和崇高性。

道德价值是民族文化和民族精神不可或缺的重要部分，其客观实在性不容否定。中国传统道德价值的根本观念是善、孝、礼、勤、新。在长期生存与发展的进程中，中国人将"善"视为民族道德价值的奠基之本，将"孝"视为民族道德价值构筑的和谐之源，将"礼"视为民族道德价值维系的秩序之枢，将"勤"视为民族道德价值固化的生存与发展之则。将"新"视为民族道德价值实现的超越之道。[②] 对中华民族珍视的道德价值做这样的梳理意在说明道德价值至少在经验层面是客观实存的，这是社会化和历史化的结果。从道德哲学的角度讲，肯定道德价值，尤其是肯定道德内在价值意味着为一切道德原则奠定基础，为道德实践提供理由。以孔子、孟子、荀子为代表的早期儒家格外关注人类道德价值的建构，以"仁""义""礼"为主要内涵的道德价值选择影响深远。孔子以"仁"释"礼"奠定了儒家价值选择的理论基调，亦为后世中国传统文化伦理精神奠定了基石；孟子价值选择着重以"义"来补足"仁"，其"义"强调了人的责任感与使命感，以及个体获得"大丈夫"人格的正义情感；荀子的价值选择遵循着重"礼"的方向，"礼"强调个体在社会中实现自身价值，为服务家国提供了强大的理论支撑。[③] 儒家的道德价值理论，为我们理解道德价值之于伦理学的重要意义提供了一个范例。任静伟、赖永海观照当下，指出当代中国正处于"两千年未有之大变局"，经济的发展、社会结构的重构、文化的转型，特别是现代工业文明带来的诸如信息技术、生命科学、生物工程等所谓的技术革命，更使得既有的道德价值面临激烈的挑战和冲突，从而使道德价值陷入诸如认知和抉择以及实践困难的尴尬境地，集中表现为"中西方价值观念的冲突""一元价值观和多元道德价值观的冲突""传统道德价值观和现代道德价值观的冲突"等三大冲突，"道德价值抉择的困境""道德价值导向的困境""道德价值虚化的困境""道德价值物化的困境"四大困境以及"自利和利他的矛盾""德福一致和德福背离的矛盾""价值理性和工具理性的矛盾""经济发展和道德滑坡的矛盾""德性伦理和制度伦理的矛盾"五大矛盾。由于文化全球化的冲击、传统文化的断裂、道德价值的教育缺位、道德和经济的"二律背反"等原因，当代中国人正面临道德信仰缺失以及在人与自然、人与人、人与自我关系上的道德价值困境，要走出道德价值困境，需要从德性伦理、制度伦理、道德因果律等方面对当代中国人的道德价值进行重构。[④]

---

① 张汉静、马春雷：《论约翰·L·麦基对客观道德价值的拒斥》，《贵州社会科学》2015 年第 12 期。

② 王永智：《中国传统道德价值的根本观念》，《道德与文明》2015 年第 3 期。

③ 乔娜娜：《早期儒家道德价值的实践路径及其当代意义》，《中国成人教育》2015 年第 17 期。

④ 任静伟、赖永海：《当代中国人道德价值的困境及重构》，《探索》2015 年第 3 期。

（五）道德相对主义

道德相对主义一直是伦理学讨论的一个热点话题。在道德相对主义者看来，一切道德原则都仅仅相对于一定的文化或者个人的选择才是有效的，并不存在普遍适用的道德原则。道德相对主义的主要观点包括两方面：一是它强调个人的道德空间和自由，主张个人而不是集体是道德规范的制定者和评价者，并把个人作为道德评价的最高尺度；二是道德主体进行道德实践时受道德行为发生时的情境的影响，因此，不存在客观的道德评价标准。道德相对主义虽然在某种程度上尊重了道德的自主选择性，但事实上它极大地冲击了传统的道德价值，因而招致了学者们广泛的批判。① 从思想史来看，道德相对主义几乎与每一个思想家的理论都有所纠缠，例如马克思和麦金太尔就曾被一些学者们冠以道德相对主义者的称号。针对那种把马克思主义道德观归结为相对主义的倾向，佩弗运用分析哲学的方法对道德相对主义做了深入研究，将道德相对主义进一步划分为描述性道德相对主义、规范性道德相对主义和无道德相对主义，其中只有规范性道德相对主义具有这样的致命缺陷，即它认为某一特定的道德原则对某些人来说可能是正确的，但对其他人来说却可能是错误的，而且没有人能够有说服力地断言一个人的原则是正确的而其反对者的原则就是错误的，它阻止我们理智地主张某类道德原则是正确的，而对它们有所违反的行为是错误的。马克思、恩格斯本人是明确反对这种规范性道德相对主义的。这也就替马克思主义成功地摘掉了道德相对主义的帽子。②

有学者指出，道德相对主义之所以产生，原因有二：一者，生产分工带来的利益分化是道德相对主义产生的客观基础，现代主体产生导致的道德权威丧失是道德相对主义产生的主观基础；二者，后现代主义强调解构一切，知识的差异性、异质性、多元性、解构性、不确定性取代了系统性、结构性、统一性、整体性成为知识的根本特征，文化相对主义和伦理相对主义应运而生。因而要消解道德相对主义的负面影响，重塑道德的客观性，就必须借助于共生性主体的概念。共生性主体是超越道德相对主义的途径，这一概念首先是现代学者为解决主体困境，实现绝对价值而提出的方法，其实质是主客两分思维建构世界统一性过程中所使用的“梯子”，价值共识的形成也就为道德的客观性奠定了基础。③ 对于麦金太尔而言，他不承认最低限度的道德客观性，而且将诉诸传统作为探究德性的基本方式。如果我们将伦理学的规定性与特殊的传统确立起某种关联，那么不可避免的问题就是不同传统之间所理解的“好生活”

---

① 吕瑞琴：《道德相对主义的现实审视与道德共识的重建》，《郑州航空工业管理学院学报》（社会科学版）2015 年第 2 期。

② 吕梁山：《马克思主义与道德相对主义——佩弗对马克思主义道德观的辩护》，《辽宁大学学报》（哲学社会科学版）2015 年第 5 期。

③ 王晓丽：《超越道德相对主义：生成性思维中的道德共识》，《学术研究》2015 年第 8 期。

或者“善”等伦理学最为根本的概念无法进行比较和衡量，这样就有导致相对主义的危险。有人基于此认定麦金太尔也是一名道德相对主义者。张言亮指出，首先麦金太尔本人是极力反对道德相对主义的；其次，麦金太尔之所以强调传统，主要是因为我们在进行道德实践的过程中都没有办法脱离自己由之而来的道德传统。麦金太尔所坚持的传统，主要是一种托马斯·阿奎那式的亚里士多德主义。在麦金太尔看来，这种传统是理解道德实践和道德理论最为重要的方式，也是走出现代社会道德困境可能的主要方式。虽然我们无法找到一条客观的标准来衡量各种不同的道德文化传统，但是，这并不意味着不同的道德传统之间就不可以交流和比较，而这正是道德相对主义的根本症结所在。①

尽管多数思想家都极力撇清与道德相对主义的关联，但还是有学者试图找出道德相对主义的内在合理性并为之辩护。针对人们对道德相对主义是混乱的、不融贯的，甚至是不道德的三种批评，吉尔伯特·哈曼指出，大多数反驳相对主义的论证都利用了劝诫定义的技巧，他们将道德相对主义定义为不相容的论题。例如他们把它定义为这个断言：a. 没有任何普遍的道德原则；b. 一个人应该按照他自己社会的原则行动，而且这后一个原则 b 则被假设为一个普遍的道德原则，这足够容易显示这种形式的道德相对主义不怎么样，但是没有理由认为道德相对主义的辩护者不能发现更好的定义。哈曼对道德相对主义的论证有两个：一个是逻辑的辩护，另一个是自然主义论证。前一个逻辑辩护实际上包括两个部分：关于内部判断的逻辑形式的论证和关于道德本性的论证，这两个部分不能分开来评价，自然主义论证是将两个部分联系起来的粘合剂。自然主义的论证不仅说明了道德的本性（逻辑辩护的第一部分），而且支持论证的前一个部分。在哈曼看来，道德相对主义可以是一个够格的道德理论，世俗社会的道德并不会被相对主义消解。②

（六）道德客观性

在伦理学思想史上，对道德客观性的质疑和辩护构成了伦理学基础理论的重要部分。如何看待虚无主义、相对主义、主观主义、利己主义等对道德客观性的否定？如何解释个人道德行动的动机？如何证明“善”的客观性？如何证明道德理由的普遍性？只有这些问题都得到了成功的解答，伦理学的基础才称得上牢固。然而一个事实是，在这些问题上，普遍的共识似乎还没有形成。

道德客观性的论敌依然现实地存在着。以历史虚无主义为例，在社会历史领域，如果历史真相被掩盖、篡改、抹杀，以主观恶意杜撰臆想历史真实，必然导致历史虚

---

① 张言亮：《基于真理、传统及德行的道德探究——试论麦金太尔为何不是一位道德相对主义者》，《甘肃社会科学》2015 年第 3 期。

② 曹成双：《吉尔伯特·哈曼的道德相对主义理论辩护》，《伦理学研究》2015 年第 3 期。

无主义粉墨登场。任由历史虚无主义频现，它必将对道德意识造成严重的损害。这种损害将是多个方面的：第一，历史虚无主义摒弃道德尺度的客观性；第二，历史虚无主义否认道德本质的物质性；第三，历史虚无主义忽视道德价值的真理基础；第四，历史虚无主义混淆道德判断的善恶标准；第五，历史虚无主义阻断道德意识的积极向度；第六，历史虚无主义加剧道德失范的现实可能。① 虚无主义是摆在所有思想家面前的一道难题，因此对虚无的讨论也构成近现代伦理学的一条主线。道德的可能性植根于对“虚无”的克服和对人自身存在意义的理解。萨特以“存在先于本质”为理论指引，在人自身自由选择的基础上为道德的可能性确定根据，但却留下了陷入相对主义的可能性。海德格尔将道德的可能性与人自身的生存相联系，试图将思想的道路引向人自身的存在意义，并在语言的本质中展现人的存在意义，进而为道德的可能性确定基础，但却没有指出道德可能性的具体实现路径。“自身解释学”为理解道德可能性提供了第三条路径，在“生活叙事统一体”中人赋予“善的生活”以伦理目标意义，在伦理目标的指引下道德的可能性以道德规范的形式展现自身的形态。② 利己主义是道德客观性的另一大论敌，其中，心理学利己主义认为，我们每个人的行为动机最终都是为了自己的利益，即使一个表面看来最无私的利他行为，最终也是在自利欲求的推动下做出的。心理学利己主义对道德哲学的根基造成了潜在的威胁，如果所有人的道德动机在本质上都是一样的，这就取消了好人和坏人之间的道德差别，因此可能会使一切与善恶相关的道德判断都变得不可能，我们似乎没有理由在道德上批评那些损人利己的行为，而所有劝人向善的道德学说都可能变得毫无意义。面对心理利己主义对道德的诘难，王珀梳理了三种反驳理论：心理利己主义无法解释非利己行为的动机；心理利己主义会陷入享乐主义的悖论；心理利己主义有可能是一种自我欺骗。但是这三种理论对心理利己主义的批驳力度仍然不够。心理利己主义的病根在于，心理学利己主义混淆了欲求的来源和欲求所指向的目标，实际上暗自把“利己的”重新定义为“自愿的”，通过偷换“利己的”这个概念的定义，把原先属于“利他的”这个概念下面的那些行动或动机也囊括了进来，从而使心理学利己主义的论证变成了无法反驳的同义反复。认识到这一点，道德的可能性与客观性才能重新显现。③

由于行动的动机总是源于个体，所以道德行动的动机很容易招致主观主义和相对主义的批评。范晓光指出，作为道德行动的一类理由，自我指向性的道德动机具有其特殊的意蕴与复杂性。虽然道德动机的自我性有着不同意义、不同程度的指向，但若作为一个道德准则仍面临着来自普遍立法和道德价值上的质疑。道德上的自我沉溺与

---

① 武卉新、刘喜婷：《历史虚无主义的道德虚无》，《红旗文稿》2015 年第 7 期。

② 姜海波：《虚无、存在与道德的可能性》，《道德与文明》2015 年第 3 期。

③ 王珀：《心理利己主义的谬误》，《道德与文明》2015 年第 1 期。

利己主义从各自角度进一步揭示了自我指向性的道德动机所具有的复杂意蕴及其所面临的伦理处境。作为自我指向性的道德动机有必要展开自我性的审视，在理性选择与人性本能的对话中进行自己的选择和言说，在道德价值和伦理生活的检视中直面自身的合理性与限度性。正是自我性动机内涵一种反思结构，故而并非完全主观。[①] 对道德动机的考量引出了对道德理由的讨论。道德理由是道德哲学的重要议题。从康德与休谟的理性主义与情感主义之争，到今天的内在主义与外在主义之争，随着道德哲学的演进，在道德理由上争论的重点也发生了转移。从论证来看，内在主义与外在主义都有一定的合理之处，也有一些难以克服的缺陷。内在主义注重道德理由与个人行为动机之间的直接关联，却忽视了道德理由不能简单等同于个人的内在理由。外在主义强调道德理由必须要尊重外部的道德原则，却往往无力激发行为者以此行事。从当代道德哲学的发展来看，内在主义与外在主义之争其实是反映了个人偏私的特殊性与不偏不倚的道德要求之间的关系。一个更加合理的道德理由必须同时满足这两方面的要求，既是特殊的，也是普遍的；既是内在主义的，也是外在主义的。[②] 以先哲孟子为例，孟子的伦理思想中存在着两种道德理由：爱的动机的理由和对被爱者功利性后果考量的道德理由。这两种理由并不像信广来认为的那样：前者是根本的理由，后者是从属的理由。实际的情况是：一方面，在基于自我的理由内部，爱自我的动机和对自我的“利禄富贵”的考量之间无有主次之别，是一体两面的；在基于他人的理由内，孝之爱亲和利亲、忠之爱君和利君与仁之爱民和利民也无主次之别，也是一体两面的。另一方面，基于他人的理由重于基于自我的理由；在基于他人的理由内，孝悌重于忠，忠重于仁，但这些理由之间的主从关系并未从各理由内部破坏动机与后果原初性统一。[③]

“善”的原则的客观性是道德客观性的基本点。康德通过将耶稣基督诠释为完美的道德理想，即将上帝之子诠释为“善的原则的拟人化了的理念”，探讨了原善的人性，并据此阐明了人类重新向善的可能性。可以说，康德对善之原则客观实在性的分析，特别是对耶稣基督作为人之道德典范所具有的示范作用及其价值意义的分析，目的在于证成从心灵或者精神角度思考通过人性转变、心灵改善或灵魂实践，实现道德完善、现实谋划或理想建构。不仅具有先验的根据，而且具有形而上学的合理性。这样一种内在的自我救赎，既是可能的又是必要的。[④] 胡军良进一步指出，要对伦理客观性进行辩护，有三种理论进路。第一，用整体论取代还原论。伦理学的客观性之所以会备受质疑，一个重要的原因就在于人们在伦理探究的方法上陷入了还原论。还原论内蕴的一元论取向，以一种分解操作的方式使人类的思维由连续走向离散，由整体

---

① 范晓光：《论道德动机的自我性》，《道德与文明》2015 年第 2 期。

② 马庆：《道德理由的特殊性与普遍性——对内在理由与外在理由的反思》，《学术月刊》2015 年第 4 期。

③ 霍光：《论孟子伦理思想中的道德理由问题》，《甘肃社会科学》2015 年第 2 期。

④ 傅永军：《康德论善的原则的客观实在性》，《山东大学学报》（哲学社会科学版）2015 年第 11 期。

走向部分。第二，超越“是”与“应当”之间的紧张。将伦理学排除、拒斥于客观性之外显然只是非认知主义者一厢情愿的独断，其根源就在于他们全方位地制造了“是”（描述或事实）与“应当”（评价或价值）之间的紧张。第三，坚守生活世界的奠基作用。伦理学的客观性备受质疑的一个原因还在于诸多伦理学家热衷于将客观性奠基于本体论或者形而上学之上，旨在为伦理学确定无可置疑的“阿基米德点”。将客观性奠基于形而上学层面虽能够强化伦理学的客观性，但其超验性的奠基方式却在后形而上学时代备受冷落。①

三、道德范畴研究

（一）美德

美德是当代西方美德伦理学的基本概念，它一般被解释为道德主体内在的某种性格特质。美德的实在性是指，美德作为性格特质具有相应的心理事实。美德伦理学的美德实在性观点的基本依据来自日常道德经验，即某些人（有德之人）的道德行为具有一致性，这种一致性是稳定的性格特质投射的结果。然而，一些道德哲学家借用社会心理学中情境主义的实证研究成果表明，人们的道德行为应归因于外部情境，在不同情境下，人们的道德行为不具有一致性，因而被视为性格特质的美德没有对应的心理事实，不具有实在性，从而引发了当代西方道德心理学领域关于美德实在性的激烈论辩。美德的实在性问题是当前西方道德哲学论辩的焦点之一，同时也是伦理知识与心理科学前沿知识的一个交汇激荡之处。② 作为一种特定的意向，美德的展开涵涉了意、情、知、行等方面的内容，具有“多轨迹”形态的特征。美德的“多轨迹”形态以自身构成要素及其作用为内在机理，但并非所有立场的伦理学理论都关注或承认美德的“多轨迹”形态。相比于美德伦理学，规则伦理学和情感主义伦理学在美德的理解问题上体现了一种较为狭窄的视域。把握美德的“多轨迹”形态，关乎我们对美德自身的完整理解和现实中美德品质的个体殊异性问题的深入认识，完全美德与自然美德间差异的厘清以及美德伦理学所具有的特定学理优势之把握，因而是当代美德伦理学研究不可或缺的一环。③

西方和儒家代表着两种不同的德性传统。西方以个人主义为支点，建构社会生活制度；儒家坚信人的伦理本真和教化，追求超越己身的社群优先和做人伦理，这对培育公众美德具有重要的时代意义。自古希腊以来西方形成了两种思路：一是柏拉图主

① 胡军良：《为伦理学客观性辩护的三条可能进路》，《哲学研究》2015 年第 2 期。

② 赵永刚：《美德的实在性问题：出场、论辩及意义》，《哲学研究》2015 年第 5 期。

③ 黎良华：《美德：一种具有“多轨迹”形态的意向》，《华中科技大学学报》（社会科学版）2015 年第 2 期。

义，力图通过理念论的德性美德培养使人高尚起来，包括亚里士多德、阿奎那、康德、边沁直到罗尔斯和麦金太尔等人；二是霍布斯主义，力主人性恶，强调用强制手段来限制、消除掉人的不合理欲望，甚至一切个人欲望，后经洛克、休谟等人的修正，对后世产生了深远影响，但也产生了诺齐克那样的极端个人主义观念。这两种思路的共同之处是，在社会共同体的角度审视个体，是社会本位的立场，忽视了个人欲求的多样性、差异性及其内在的伦理基础，缺乏真实的人文根基。儒家的德性伦理思路，在前提预设、分析路径和实践操作上，完全不同于西方的以个人主义为支点的现代人权理论。儒家的德性传统和做人伦理，具有重要的时代价值。首先，人是“做成”的，并非先验的存在，对被尊奉为“普世价值”的现代人权观念具矫治意义；其次，以家庭为起始点的社群伦理观，是现代社会培育公共理性和公共精神的重要的思想资源。① 亚里士多德和儒家都涉及了德性的分析和讨论。不过，亚里士多德把德性界定为一种行为规范，作为城邦治理的一部分，缺乏宗教意义上的终极性。儒家的德性以天命之性为基础，既涉及个人的内在意识的培养，同时也注重外在行为的规范习惯，强调德性培养乃是一种生生不息的过程，作为政治的基础和动力而作用于社会，引导社会不断完善自身。② 在儒家之道中，外在的礼法制度既是维护社会秩序和治理国家的必要手段，也是培养仁义等伦理道德情感的教化方式。以荀子为例，在他看来，儒家之道既包含了“天人合一”的形而上旨归，也吸纳了政治（礼、法）和伦理（仁、义）的多重维度。亚里士多德则认为，“幸福”既包含了在心灵活动层面的理论思辨，也涵盖了在实践活动层面的德性实践活动和外在善。对二者而言，设立法律的目的并不只是为了惩罚坏人和维护社会的秩序，更重要的是能够促进人们德性的塑造。③

黄济鳌重估了休谟伦理思想对于德性伦理学的意义。休谟彻底抛弃了传统形而上学的理性真理观，将道德的是非标准建立在人类情感需要的基础上，开创了德性伦理学的情感主义路径。这种伦理学认为，同情是德性区别和形成的源泉，以情感为基本内容的道德德性的进步是人类历史中的一种基本趋势。休谟的情感主义德性伦理学深刻地影响了西方现当代伦理学的发展。通过其与其他伦理学的比较，有助于理解当代西方主流伦理学的局限性，从而更好地把握伦理学发展的未来走向。④ 进入到当代，以麦金太尔为代表的伦理学家掀起了一场复兴德性论的思想洪流。德性伦理复兴是充满强烈流动性、开放性的现代社会对道德理论提出的必然要求，它源于道德背后的社

① 朱祥海、张金莲：《两种德性伦理传统》，《西部学刊》2015 年第 9 期。

② 谢文郁：《儒家和亚里士多德的德性伦理观之比较》，《孔学堂》2015 年第 1 期。

③ 孙伟：《德性的塑造如何可能？——基于荀子与亚里士多德哲学的视角》，《伦理学研究》2015 年第 3 期。

④ 黄济鳌：《德性伦理学的情感主义路径——休谟伦理学析论》，《中山大学学报》（社会科学版）2015 年第 1 期。

会支撑系统发生改变。现代社会是一个社会领域日渐丧失统一性，走向碎片化的历史进程，社会碎片化引发人们道德生活稳定性的消解，社会成员相互之间社会关系的疏离以及道德情感的缺失。德性伦理是具有统一性、稳定性的道德理论，它思考人的整体生活，与共同体紧密相连，同时展现社会成员的道德情感。德性伦理复兴是对现代社会碎片化及其带来的工具主义盛行、社会关系疏离、人际关系冷漠的有力回应。在通达人类美好生活的至善之道上以及对个人“应当过什么样的生活”的终极追问中，德性伦理复兴激起了如何在契合一定社会结构及生活样式的基础上，设计满足人类道德生活需要的最优方案的思索。①

（二）友善

“友善”指人与人之间友好和善的关系，“友善”作为社会主义核心价值观中公民的基本道德规范，指的是人与人之间应该建立亲善、友好、温暖、互助的人际关系。“友善”作为一个固定的词汇，在汉代以后才开始被广泛使用。汉代以后，在使用“友善”一词的时候，只强调了两人之间关系的亲密，多不涉及双方德行。而在孔子及原始儒家的价值体系中，“友”与“善”不仅体现亲密、友善之意，更体现“以善为友”的价值取向。② 近年来，作为道德价值概念的“友善”却在主流话语系统中获得青睐，先是在《公民道德建设实施纲要》中被列为我国公民的基本道德规范，接下来更是作为公民个人的基本价值准则被树立为社会主义核心价值观之一。或许因“友善”的寻常可见和浅显易懂，无论是作为基本道德规范的“友善”还是作为核心价值观的“友善”的研究都颇为欠缺。儒家友善观是社会主义核心价值观“友善”的价值根源。作为理想构型的儒家友善观涵括四个方面的思想特征，仁道为其思想底色，恕道为其交往准则，和谐为其价值目标，大同为其理想境界。近代以来，儒家友善观遭遇现代性挑战而陷入生存危机，但随着中国社会逐渐走上正轨，儒家友善观将重新获得生机。③

友善可以从道德和品德两个维度上来理解。作为道德的友善，即道德规范意义上的友善，具有社会的属性，是指个体在处理与他人它物的关系时所遵循的一条基本准则，主要表现为友善待人、友善对己、友善爱物三种基本形式。作为品德的友善，即道德品质意义上的友善，具有个体的属性，是指个体与人与物友好互助的个性或人格，由个体友善认知、个体友善情感和个体友善意志三方面构成。④ 无论是对于人类社会、国家还是个体而言，普遍的团结都是极其必要的。而友善是使普遍的团结成为

① 叶方兴：《社会碎片化的伦理回应——当代德性伦理复兴的社会根源探析》，《湖北大学学报》（哲学社会科学版）2015 年第 5 期。

② 方铭：《友善：以中国传统文化为基础》，《群言》2015 年第 12 期。

③ 段江波：《友善价值观：儒家渊源及其现代转化》，《社会科学》2015 年第 4 期。

④ 张婷：《论友善》，《延边党校学报》2015 年第 2 期。

可能的最重要的道德维度。因为友善有三重特征：友善是以对方为重的社会共识；友善是待人如己的处世之道；友善是社会团结的情感纽带。[①] 作为社会主义核心价值体系的重要一维，只有将友善与友爱、善意、伪善等相关概念相互比较时，方能呈现其知行统一性、内容的丰富性和要求的层次性等特征。而唯有社会主义社会才能将友善提升为核心价值观，友善是社会主义优越性在精神世界中的重要表现，也是我国社会进步发展的时代要求。友善与公正、平等和诚信等核心价值观是并存共生和相辅相成的关系，置于其中才能理解友善的核心价值观地位。[②] 考察“友善”必须进一步考虑两个问题：友善是否应当有边界？友善是目的还是手段？黄进、金燕指出，友善的应用范围要有边界，不能不讲原则、不辨是非、不顾善恶；友善的表现方式要有边界，要求人们能够明晰自我与他人之间的人际界限。由是观之，作为“个人之德”的友善是个人追求的品德最终目标之一。作为核心价值观的友善同样也是理念性的终极追求，在任何时候，友善都不能成为一种工具。[③] 友善行为的构成至少应当具备两个基本条件：一是动机上的善良，二是行为方式上的友好，二者缺一不可。友善行为的道德内涵包括：平等待人是友善的前提要求；与人为善是友善待人的核心内容；尊重包容是友善待人的交往原则；善待动物是友善最高道德要求。[④]

（三）正义

对正义的讨论贯穿于整个伦理学史之中。从以柏拉图、休谟为代表的传统道德论到以尼采、马克思为代表的反道德论构成了正义史上的界分，也可以说，人类对正义的起源与本质的理解存在两条路线：一条是柏拉图的线索，也是绵延最久，目前仍在勃兴的道德论和伦理学的建构路线；另一条是尼采和马克思的反道德论的线索。[⑤] 柏拉图的正义观是古希腊社会政治哲学思考的高峰，他从可经验的个人正义开始，进一步对正义问题的理性追问、辩证归纳，揭示出正义的本质，并以此构想出理想的国家，提出国家的正义就是整个社会的和谐、秩序与幸福，力图以此伦理国家挽救城邦于危机之中。其正义观是国家主义正义观，德行之治、知识与教育对正义观的形成具有十分重要的作用。[⑥] 弗兰西斯·哈奇森第一次提出了以情感为核心的正义观。自然情感被视为正义的基点，情感秩序被视为正义的目标，为了确保正义得以实现，纯粹情感被视为有效保障。作为苏格兰启蒙学派领军人物，哈奇森情感正义观实现了人类情感的世俗化转向，不仅给斯密、休谟等人的正义观奠定了理论框架，而且给17—

---

① 曹刚：《团结与友善》，《伦理学研究》2015 年第 1 期。

② 黄明理：《友善之为社会主义核心价值观论析》，《广西大学学报》（哲学社会科学版）2015 年第 5 期。

③ 黄进、金燕：《友善三问》，《江苏社会科学》2015 年第 6 期。

④ 刘永春：《友善行为之道德析论》，《中共太原市委党校学报》2015 年第 6 期。

⑤ 张进蒙：《正义的起源与演变逻辑》，《西安交通大学学报》（社会科学版）2015 年第 1 期。

⑥ 付新、李福岩：《柏拉图正义观新探》，《学理论》2015 年第 25 期。

18 世纪剧烈变革的英国社会指明了前进的方向。[①]

如前所述，马克思主义哲学中的正义概念则代表了另一种路径。在马克思是否存在正义理念的问题上，国内外存在事实性解读和价值性解读两种倾向：前者认为，正义在马克思那里只是一种事实陈述，从而否定马克思具有独立的正义理念；而后者则认为，正义在马克思那里是一种包含道德诉求在内的价值判断。这种判断反映了马克思的正义主张，从而肯定马克思具有独立的正义理念。两种倾向恰恰彰显了，正义作为一种价值诉求，既具有积极意义，也存在严重不足。[②] 人们在马克思正义理论的理解上出现了很多分歧，究其原因主要是对马克思正义理论的伦理特质缺乏准确认知。马克思正义理论的伦理特质表现在四个方面：首先，它是一种规范正义论，主要着眼于对现实社会的价值评价而不是事实描述；其次，它是一种社会正义论，超越了传统正义理论的法权结构框架，对社会本身进行价值指认；再次，它是一种类正义论，认可人是类存在物，采取类哲学思维对正义进行规定；最后，它是一种历史辩证正义论，认为正义是一个逐渐展开和实现的历史过程。[③]

近代以来，关于正义的思想可谓是百家争鸣。杨礼银梳理了自罗尔斯以来正义概念的逻辑进路，指出当代正义理论有一条基本的发展路径，即从罗尔斯的分配正义理论经哈贝马斯的话语正义理论再到弗雷泽的三维正义理论。而这条路径发展和演变的基本逻辑就是：在“什么的正义”问题上，从追求普遍公平的实质正义向追求参与平等的程序正义转变；在“谁的正义”问题上，从追求统一价值目标而采取统一行动的代理人、共同体成员或国家公民向追求多样化价值目标而进行话语交往的多元共同体、公众或个体转变；在“如何正义”问题上，从以经济再分配为根本向以经济再分配、文化承认与政治建构并重转变。在正义理论的这一发展过程中，民主对于正义的构成作用日益凸显，并成为正义制度合法性的基础。[④] 罗尔斯与哈贝马斯都深受康德的实践理性观念影响，试图通过契约程序或理想商谈情境去阐发被康德认为是体现了实践理性本身要求的绝对命令程序，来为理性的公共运用确立一个规范框架。他们在关于正义观念的辩护问题上的著名论争，实质是对于何种程序设置才能合理地反映一种不偏不倚的道德观点的分歧。哈贝马斯认为必须在理想商谈条件下经由公民平等讨论后在相同的公共理由之上形成的共识，才具有道德规范性；罗尔斯认为，在其对正义观念的辩护中，原初代表的“独白式”慎思并不必然会阻碍对不偏不倚道德观点的体现；并且公民基于各自的理由在正义观念上达成重叠共识，是合理多元条件

① 李家莲：《论弗兰西斯·哈奇森的情感正义论》，《道德与文明》2015 年第 3 期。
② 谭清华：《马克思的正义理念：事实还是价值?》，《哲学研究》2015 年第 3 期。
③ 葛宇宁：《马克思正义观的伦理特质》，《理论探索》2015 年第 3 期。
④ 杨礼银：《从罗尔斯到弗雷泽的正义理论的发展逻辑》，《哲学研究》2015 年第 8 期。

下面向公民的完整统一的实践理性为正义观念作辩护的要求。①

当代的正义理论类型繁多。西方当代最重要的四种代表性的正义理论均是义务论。这些义务论分配正义一方面受到康德的影响，接受正义的某种绝对性与不妥协性，从而假定了一种理想的道德动机。另一方面又试图纳入我们最深刻的正义直觉。而这种直觉对应我们有限的同情心从而有两个核心：人道成分对应其中的利他动机，而公平成分对应其中的自利动机。因此，义务论分配正义的这两个方面在动机上有着根本的不一致。而后果主义重视后果，从而有天然的优势纳入复杂的动机结构。由此，与学界的一般看法相反，后果主义反而能更好地解释日常的分配正义直觉。② 当然，义务论和后果主义并不能穷尽正义观念的理论基础。罗蒂通过引入情感、认同和忠诚等概念，重新解释了正义和正义感，认为正义是较大的忠诚，正义感则是社会成员信任感、亲切感或友善感的表达。基于怀疑主义知识理论和情感主义道德哲学，罗蒂提出了由“情感先于理性”“认同先于对话”和“忠诚先于正义”等命题组成的一套相对主义正义理论。依照这种理论，正义和正义感不仅关乎人的理性能力或道德能力，而且关乎人的想象力、情感能力或文化认同。正义的成功不是基于普遍概念，也不是基于人追求正义的天性，而是出于人性的偶然。一些偶然事件碰巧导致了正义。罗蒂试图摧毁西方形而上学—本体论—神学话语霸权，破除西方文化必定优越于非西方文化的西方种族中心论迷信，解构柏拉图—康德—罗尔斯等西方理性主义和普遍主义主流正义理论，拓宽世人对正义和正义感的理解。他的正义理论在当代西方正义理论中独树一帜。③

在当代正义话语体系中，平等主义占据主导和支配性地位，作为古老的正义观，应得以平等主义的重要挑战者再次受到时代的关注并聚焦。应得正义观所反映出的充足的道德理由，即正义的原初道德推理。正义与道德责任的内在关联和正义所依赖的最终的道德根据决定了应得在当代正义理论的建构中有着不可或缺的地位和作用。在一定意义上，应得正义观属于人们应该优先考虑的正义观。④ 张康之指出，在工业社会的历史背景下，关于正义的探讨形成了诸多方案，对于促进人类社会的进步做出了巨大贡献，但是，正义问题从来也未得到解决，反而变得更加严重。现在，人类已经进入全球化、后工业化进程中，以往关于正义问题的所有讨论都正在失去价值，特别是关于正义的标准和供给方式，都不再具有合理性。在全球化、后工业化时代，我们对正义的思考指向了人的共生共在，一切关于正义供给的方案，都需要指向人的共生共在的目标，对人的一切行为是否合乎正义的判断，也需要根据是否增益于人的共生

① 陈肖生：《实践理性、公共理由与正义观念的辩护》，《南京大学学报》（哲学·人文科学·社会科学）2015 年第 3 期。

② 葛四友：《有限同情心下的分配正义：人道与公平》，《社会科学》2015 年第 3 期。

③ 张国清、伏佳佳：《人性的偶然——罗蒂正义理论批判》，《学术月刊》2015 年第 9 期。

④ 王立：《应得正义观之道德考察》，《浙江社会科学》2015 年第 6 期。

共在这个标准来进行评价。[①]

四、道德规范研究

（一）义务论

以康德为代表的义务论伦理学也在不断进行着时代的重释和塑形。义务是康德伦理学的核心范畴。它构成实践理性的灵魂，贯穿于善、令式、福德等范畴之中。同黑格尔重视良心范畴不同，康德把义务视作整个伦理学理论架构的基石。康德的义务论具有普遍主义、超验主义和人本主义三重特征。首先，康德试图找寻一个适用于一切有理性者一切行为的判断善恶或伦理义务的普遍化、绝对化的道德标准，通过对传统伦理学经验论和唯理论的批判，他终于把在人的“实践理性”中发现的“绝对命令”——一切有理性者一定得把自己实践的行为准则上升到普遍适用的道德律上来确定为道德选择所应遵循的根本原则。其次，他认为义务的本质是遵守“绝对命令”的行为必要性。由于由理性和意志颁布的抽象的绝对命令舍弃任何经验性内容，因而它只是一种形式规定，义务也就因此变成了一种排斥任何利益和结果等实质内容的纯形式道德要求。最后，康德的义务伦理学十分重视人的价值、责任、能力、尊严、地位和自由，具有显著的人本学倾向。[②] 按照康德本人的划分，义务包括对自己的完全的义务、对自己的不完全的义务、对他人的完全的义务、对他人的不完全的义务。康德提出了两个命题：一是只有出于义务的行为才具有道德价值；二是一个出于义务的行为，其道德价值不取决于它所要实现的意图，而取决于它所被规定的准则。康德德性义务将人的行为赋予了一定的道德价值，同时这种道德行为必须出于“义务”，此外，行为目的不再是个人意图，而是道德准则。[③]

义务论哲学广受质疑的一点在于，如何能够保障道德行动的动机。对于康德而言，道德首先是源于理性而具有普遍必然性的法则，对于道德动机和行动的探讨在于这种法则如何触发行动者。从康德对道德动力的看法可以得知，康德对于道德动机的说明主要在于强调何以人的理性本质能够影响人的道德行动。既然他坚持认为来源于情感或人类感觉的东西依赖于某种外在的对象而是经验偶然的，因而绝不能成为普遍有效的道德法则的动力，那么理性作为人的木质属性因为其内在性和普遍性而成了人在意愿行动中能够做出道德选择的唯一来源，理性的法则就是人类意志选择道德行动的唯一动力。[④] 对康德义务论中道德行动动机的理解，应该深入到“善良意志”概念

① 张康之：《为了人的共生共在的正义追求》，《南京工业大学学报》（社会科学版）2015 年第 3 期。

② 涂可国：《康德义务伦理学与当代中国道德文化重建》，《理论学刊》2015 年第 8 期。

③ 崔浩：《解析康德德性义务中的道德哲学》，《江西青年职业学院学报》2015 年第 4 期。

④ 文贤庆：《康德论作为实践理性的意志及道德动机》，《道德与文明》2015 年第 5 期。

中。邵贤曼指出，善良意志不仅仅是一个善的意志；而是一个去做好事的意志。也就是说，它是一种行为得体的意志；并且“行为得体”的相关标准是“理性”。理性不但设定道德标准而且设定非道德标准，不仅规定义务而且规定效率和审慎，但是康德在有关善良意志的独特善良性的讨论中最初关注的是它的道德要求。说善良意志是无限制的善就是说它在任何处境中都值得选择，也就是说，它是某种从理性上来说，在任何情境——这些我们在其中面临选择的情境带来这个问题，即相对于其他善物，我们如何评价善良意志——中都应该追求、保持以及珍惜的东西。所有其他事物都是有限制善的，这意味着当我们必须在善良意志和其他事物之间做出选择时，后者必须被抛弃。①

康德义务论所尝试建立的普遍伦理也常常招致学者们的质疑。在康德看来，人凭借实践理性这一理性力量就能独立于自然因果律之外，超越感性欲望的限制与约束，为自身立法，为道德划界，彰显了主体自我对于道德的优先地位。而实践理性的先验性，则保证了道德法则的纯粹性和普遍性，以此克服了道德标准的相对性。如此一来，康德以实践理性为根基，以道德法则为道德行为规范，所构建的普遍理性主义道德体系，不仅把主体性和普遍性作为道德的规定性提出来，并且实现了二者的沟通，完成了对普遍伦理的寻求。普遍伦理或价值的普遍性与客观性，无疑是存在的，它来自于实践的普遍性和人的社会性。人们总是生活在劳动和交往中，伦理的普遍性就根源于这种共同劳动和交往的普遍社会联系中。康德道德正是严重背离了这一道德生活的规律，才使普遍伦理建设路径过于抽象，而落入空谈。②

在人们广泛反思和批判康德义务论的同时，也存在一些对康德伦理学的误读。贺跃梳理了英国哲学家 C. D. 布劳德对康德伦理学思想的五个误读：善良意志就是一个在习惯上正确的意志；康德的定言命令只是“空洞无物的”纯粹形式；而康德的自我幸福和他人幸福是相冲突的，要让自己的幸福最大化，而不管他人的幸福；康德要求把人格中的人性当作目的，而不能把人当作手段来使用；至善就是由相应数量的幸福的德性构成。但是，康德的善良意志具有客观的必然性和强制性；他的定言命令并非纯形式的，它隐含的质料就是人格中的人性；在获取配享幸福资格的前提下，康德还要求促进他人的幸福，把促进他人幸福作为一种德性义务；而人是目的公式并不是单纯地反对把人当手段，而是反对仅仅把人当作手段，忽视了人格中的人性。在把人格中的人性当目的的前提下，允许把人当工具使用；同时，康德反对先讲幸福，后讲道德原则的德福观，他的德福统一是以道德律为至上条件，从道德律出发，取得配享幸福的资格后，再追求幸福，达到德福统一，才是至善。③

---

① 邵贤曼：《论康德的善良意志概念》，《学理论》2015 年第 16 期。

② 陶立霞：《普遍伦理的寻求：康德普遍理性主义道德体系的构建与反思》，《东北师大学报》（哲学社会科学版）2015 年第 6 期。

③ 贺跃：《关于布劳德对康德伦理学思想五个误读的拨正》，《求索》2015 年第 12 期。

（二）功利主义

自边沁18世纪创立功利主义以来，它作为一种与康德的义务论相对的道德哲学，对人们的思想和行为产生了深远的影响，其自身也在各种诘难中不断深入和丰富。从边沁的“最大多数人的最大幸福”、密尔的“最大幸福主义”和西季威克的“普遍快乐主义”，到规则和行动功利主义的“道德和行动”的演变，显示了功利主义涉及的道德哲学问题同世俗生活的规范密切相关。功利主义丰富和促进了道德哲学理论的发展，对于当代社会生活中人们如何把握生活的意义和确立价值标准仍然有着重要的思想启迪。① 李蜀人将功利主义的源头溯源至休谟，休谟的功利主义思想是在他研究真理问题时提出的。在他看来，人们之所以去研究真理，其原因就在于真理具有某种功利性（Utility）价值。同样地，人们去研究善也在于善具有某种功利性。这样，他就将功利主义思想同道德联系起来，形成了他独特的价值伦理学思想。因此，如果将休谟的功利思想仅仅理解为利己主义庸俗的伦理思想，这种观点肯定是错误的；如果将其理解为单一的伦理方法，这种认识肯定也是不全面的。因为如果这样来理解休谟功利主义思想，我们就很难理解休谟对于后来西方伦理学发展的深刻影响。②

功利主义创始人边沁认为人始终被置于苦与乐两大主宰之下，所以人的行为的主要目的在于趋乐避害，应追求最大程度的幸福和快乐，并且，他从快乐的量上来界定功利，引入了“幸福的计算”这一程序，提出应主要从快乐的强度与持续时长来进行运算。由于认识到边沁这一思想可能导致的忽视精神的快乐的问题，密尔在继承边沁思想的基础上，明确提出了基于不同质的快乐的“幸福”这一概念来进行修正，并归纳总结了功利主义的“最大幸福原理”。但密尔的对幸福的证明及其对指责的回应中也存在着许多冲突与矛盾，如：中心概念“幸福”的泛化；个人幸福与公共幸福的不可对接性及功利主义立场的不彻底性。而“幸福”概念的模糊性是导致所有其他冲突与矛盾的根源所在，也使得密尔的幸福论在当代招致了诸多批评和责难。③长期以来，围绕密尔功利主义的诊释和争论主要集中在以下两点：一是密尔的功利主义应归于规则功利主义还是行为功利主义；二是传统学派和修正学派之间关于密尔的学说是否具有内在一致性。从某种意义而言，这些诊释和争论根本性地反映了密尔的功利主义揭示了何种“人”的图景。密尔的功利主义包含了两种“人”的图景。在《功利主义》中，人以“有资格的人”的形象出现，他是社会化的产物，其主要特征是利他性；在《论自由》中，人以自由个体的形象出现，其特征是个性和自主。尽管这两种“人”都能纳入密尔的功利主义框架内，但两者形象并不完全一致，它们

① 徐珍：《功利主义道德哲学的嬗变》，《湖南社会科学》2015年第6期。

② 李蜀人：《休谟道德“功利”思想的再认识》，《西南民族大学学报》（人文社会科学版）2015年第10期。

③ 龙倩：《论密尔的“幸福”及其困境》，《太原师范学院学报》（社会科学版）2015年第2期。

有接榫，但亦存在断裂。“有资格的人”和自主个体平等待人的内涵有所不同，前者是平等分享行为的积极结果，后者主要指遵守正义原则，平等尊重每个人的自由与自主。因此高级快乐所包含的善的内涵不同，“有资格的人”的高级快乐是基于功利主义的道德标准，主要体现为公共领域的涉他之善，而自主个体的高级快乐更多的是基于审美或审慎的考虑，是涉己之善。[①] 系统功利主义思想是一种从系统整体的角度对功利主义理论展开研究的最新成果，它试图解决康德道义论与功利主义之争，同时调和规则功利主义与行为功利主义之间的对立，把道义论与功利主义、规则功利主义与行为功利主义统合起来。系统功利主义思想在道义论与功利主义二者对立的两端择其中：既注重道德内在的善与义务，也注重其结果符合功利原则，即最大限度地满足最多数人的幸福。[②]

功利主义的另一重非难来自直觉主义，其中非常重要的一点就是指责功利主义方法与日常道德直觉之间存在冲突。也就是说，当我们用功利主义观点进行道德评价或道德判断的时候，总会时不时地遇到一些与日常道德直觉发生冲突的情况，这些情况可称为直觉反例。黑尔通过对直觉道德思维和批判道德思维的区分，将规则功利主义与行为功利主义统一起来。黑尔清楚地分析了反功利主义者是如何利用直觉反例来非难功利主义的，并希望在此基础上来反驳这些非难。在直觉思维层次，那些通过道德实践形成的道德直觉总是存在的，并且可以用来处理将来很可能发生的道德处境，这一点是肯定的，但是对于那些离奇的、不寻常的、现实中几乎不可能发生的事例，它们则不一定有效，这时就可以借助批判思维来进行考察。[③] 当然，黑尔的功利主义理论并不能完全满足对功利主义存有疑虑的质疑者；同时，其理论的逻辑本身也并非无懈可击。由于从普遍规定到功利主义的推论过程中出现的种种漏洞以及在进行偏好强度比较时难以避免的个人—人际比较难题，黑尔的功利主义理论依然无法避免地仅仅是一种实质性的道德设计。当然，它确实是一种比以往的功利主义理论合理得多、精致得多的设计，人们的道德思考或许比黑尔所认为的更为复杂，但黑尔的观点确实能够避免很多对功利主义的批评。并且，在融合伦理理论与伦理实践、推进伦理学的发展上，黑尔的理论也起到了重要的作用。[④]

功利主义作为西方一个影响巨大的思想流派，它一经产生便与现代视野下人们极其关注的“平等”问题有着较为复杂的关系。长期以来，人们不断地反复追问功利主义是否可以“平等”的话题。由于功利主义和平等二者各自都有着复杂的内涵和

---

① 郭鹏坤：《密尔功利主义中的“人”——两种“人”的图景的接榫与断裂》，《哲学动态》2015 年第 3 期。

② 邓环：《系统功利主义的论证及其理论意义》，《苏州科技学院学报》（社会科学版）2015 年第 3 期。

③ 吴映平：《功利主义何以避免直觉主义的非难——论 R. M. 黑尔对直觉反例的回应》，《四川师范大学学报》（社会科学版）2015 年第 3 期。

④ 贾佳：《黑尔的道德思考层次性与功利主义伦理思想》，《苏州科技学院学报》（社会科学版）2015 年第 3 期。

不同的面向，所以要厘清二者之间的关系，首先需要界定清楚它们各自不同的维度。功利主义主要有强调个人为核心的功利主义和注重社会集体的功利主义两个面向，平等则一般认为有四个维度——起点平等、机会平等、规则平等和结果平等，以个人为核心的功利主义在起点平等、机会平等和规则平等这三个维度上是可以实现平等主义理想的，但结果平等却是不可欲的；以社会为本位的功利主义则在四个平等的维度上都是不可能的。① 罗尔斯认为功利主义可以区分为古典功利主义和平均功利主义，其中后者比前者更具有优越性，是其正义理论的最大竞争对手，但是人们在原初状态中不会对平均功利进行预期，而是合理选择两个正义原则及其优先规则。罗尔斯在原则产生的基础、原则产生的过程以及原则的实际效果等方面分析和批判了功利主义原则的非正义性，主张以正义原则取代功利主义原则。② 司薛情指出，功利主义包含了对正义原则的呼应。密尔在《功利主义》一书中，专门探讨了功利与正义关系问题，他认为功利主义原则与正义原则并不存在直接的矛盾，正义同样是以功利作为基础，其来源是适应社会总体的普遍利益而产生的。他给出具有正义特征的行为模式在情感上的反应，从中找出在功利主义原则下正义的行为模式与自然情感和自然法之间关于正义的普遍联系。从而借助于权利、平等、自由等概念论证了正义并不是个人通过内省来确认的独立于功利之外的道德标准，进而指出了在功利主义原则基础上能够容纳正义。③

五、社会道德问题

（一）道德冷漠

道德冷漠是当前社会最为突出的问题之一，学者们就此展开了全面深入的讨论。在道德冷漠的定义与内涵问题上，学者们纷纷从不同角度出发做出了诠释。高兆明认为道德冷漠概念具有双重内涵，指出“道德冷漠”通常被理解为特定道德行为给他者造成的冷漠、无情等负面道德感受。在这种理解中，“道德冷漠”事实上有两个方面的内容：其一，作为感受对象的道德行为现象，即通常所说的“道德冷漠现象”；其二，对这种行为现象的主观负面感受，即通常所说的“道德冷漠感受”。这意味着当我们言说“道德冷漠”时，是在指称对一种特殊现象的主观感受，且在这种感受中隐含着一种道德认知与判断：此道德现象中的行为主体或者没有担当或履行本应担

---

① 董金柱：《功利主义是一种“平等主义”的学说吗?》，《山西师范大学学报》（社会科学版）2015 年第 5 期。

② 蒋曦：《功利主义的非正义性及其原因——罗尔斯对功利主义的批判》，《新余学院学报》2015 年第 1 期。

③ 司薛情：《功利与正义——以穆勒功利主义的视角考察》，《牡丹江大学学报》2015 年第 9 期。

当或履行的义务与责任，或者其行为残忍无情，进而显现出对他者不幸遭遇的冷漠心灵。[①] 王嘉从同情的角度对道德冷漠做了辨析，指出否定道德冷漠，可以认为是肯定或提倡道德同情。但仅有同情心还未必能够避免道德冷漠现象的产生，因为道德冷漠现象实际可以区分为两种基本情况，即对对象没有产生同情心而造成的道德冷漠与对对象没有实施实际的援助行为而表现出的道德冷漠。在后一种情况下，道德主体并非未对对象产生同情心，而是由于各种外在的原因而未对对象实施实际的援助行为。在这种情况下，虽然道德主体对对象已经产生了同情心，但其实际行为仍可被视作是一种道德冷漠。[②] 李金鑫从道德判断出发揭示了道德冷漠现象的复杂性，指出一个社会尽可能地避免人际关系不正常意义上的道德冷漠现象，从道德判断的角度来看，就是道德判断应具有“可共享性”，而道德判断具有可共享性的关键在于，社会能够提供稳定的、具有共识的基本善恶标准、价值观念，而且全社会成员能够分享这种具有共识性的社会基本价值精神。相反，如果行动主体做出的道德判断是错误的，或者无法得到普遍认同，抑或道德判断并未能转化成行动动机，则都有可能得到道德冷漠的评价。[③] 史小禹建议对道德冷漠进行分层，指出道德冷漠包括无意识的道德迟钝、不作为的道德旁观、消遣者的幸灾乐祸和冷酷者的人性迷失四个层面，这四个层面共同表现出道德情感的不敏感和道德行动的不作为两方面特征。[④]

道德冷漠现象的成因也是学者们重点讨论的问题。孙梅、张海菊指出，道德冷漠有五个方面的成因：经济变革的冲击、社会道德保障制度的缺失、社会舆论支持力度不够、传统文化的消极影响、道德教育存在缺陷。[⑤] 张翔、黄元全在以上五点成因的基础上又补充一点：西方腐朽价值观的渗透。[⑥] 马丽萍在此基础上发掘出道德冷漠现象更为深刻的社会背景：社会分工致使人际关系悬置、现代官僚制度导致人的异化、个体道德信仰的虚无引起道德行为的消解、网络化带来的道德责任的失落。[⑦]

针对病因，许多学者开出了药方。陈伟宏在对道德冷漠进行了心理、文化、社会三维审视之后提出个体道德心理层面要唤醒个体的道德良知、培育个人的道德情感、构建健全的道德人格；文化层面要继承和弘扬优秀的民族道德传统、继承和发扬新中国的社会主义道德传统、在社会主义核心价值观基础上培育新的道德传统；社会层面要推动道德规范的法制化建设、构建符合我国基本国情的道德规范体系、在利益法则

---

① 高兆明：《“道德冷漠”辩》，《河北学刊》2015 年第 1 期。

② 王嘉：《从“同情”的有限性看心理层面的“道德冷漠”》，《河北学刊》2015 年第 1 期。

③ 李金鑫：《道德判断视域下的道德冷漠》，《河北学刊》2015 年第 1 期。

④ 史小禹：《道德冷漠分层及特征研究》，《法制与社会》2015 年第 12 期。

⑤ 孙梅、张海菊：《道德冷漠的成因及矫治》，《武警学院学报》2015 年第 7 期。

⑥ 张翔、黄元全：《浅谈公民道德冷漠的成因及对策》，《鸡西大学学报》2015 年第 11 期。

⑦ 马丽萍：《论道德冷漠的形成机制》，《武汉理工大学学报》（社会科学版）2015 年第 1 期。

的基础上构建道德奖惩赏罚机制。[①] 孙海霞强调在建立社会机制的同时也必须高度重视个人的道德修养。努力揭示“道德冷漠”现象产生的社会客观制度体制缘由，这不失合理与深刻。然而，问题的关键在于，是否能以社会客观制度体制原因遮蔽主体内在的致良知、勇于担当道德责任的精神要求？一个缺失良知与担当等主体性精神的社会，是否能够克服“道德冷漠”现象？答案是显然的。一个缺失道义担当精神的社会，不可能避免普遍的道德冷漠现象。[②] 王聪借助诺丁斯的关心理论，指出在关心伦理视阈下，“道德冷漠”缘于自我责任感的丧失、伦理理想的衰退，以及对原则的过分崇拜。缓解并救治“道德冷漠”，应维持并提升关心，建立关心关系。[③]

（二）德福问题

德福关系问题是伦理思想史上一个被广泛讨论而又争论不休的经典问题，古今中外的许多思想家们都有关于德福关系独特的见解。儒家关于德福之辩的思想有其自身的发展过程，根据其思想的形成与发展大致可分为两个阶段。第一个阶段是从先秦到东汉，先秦儒家和两汉经学都有关于德、福的人生哲学，尤其是先秦儒家的思想极具创造力，而两汉经学是继承其思想而加以推进，此阶段是传统儒家德福观的初步形成时期；第二个阶段主要以宋明清理学为代表，此为在第一阶段基础上的发展时期。总的来说，儒家的德福思想认为德与福都是人们在社会中的价值追求；德是福的基础，福是德的内容；福应是德的结果，但求福并非德行的条件；人不应忧福享，该忧无德行；它以追究本体的方式来阐释德福之辩，体现出儒家的道义精神和孔颜乐处的儒士之风。传统儒家探讨德福问题突出的特征有三个方面：道德理想主义的文化特质、济世救民的思想形态和以德致福的价值取向。[④] 以宋代大儒朱熹为例，在幸福的内容结构上，朱熹选择性承认了幸福感性物欲层面的合理性，但其总体倾向偏重于幸福的道德理性层面。在决定幸福的诸因素中，他十分重视道德素养的影响力。因而，朱熹在前提预制的角度肯定了德福关系的一致性，并主张通过道德赏罚的方式保证其效果的立时显现。[⑤]

西方伦理思想中关于德福关系的讨论则更为丰富。西方伦理思想史上首次对德福关系有意识的讨论出现在柏拉图的《理想国》之中，亚里士多德承接苏格拉底和柏拉图的讨论，系统地阐释了德与福的关系。亚里士多德用中道原则调和古希腊学者的看法，创立了幸福主义伦理学体系和道德规范。一方面，亚里士多德从目的论出发，

---

① 陈伟宏：《道德冷漠及其矫治的多维审视——基于心理、文化和社会的三重分析》，《唐都学刊》2015年第5期。

② 孙海霞：《从道德勇气看道德冷漠现象》，《河北学刊》2015年第1期。

③ 王聪：《“道德冷漠”问题救治的形上之思——基于诺丁斯的关心理论》，《河南科技大学学报》（社会科学版）2015年第4期。

④ 周慧：《传统儒家伦理思想中的德福之辩》，《伦理学研究》2015年第1期。

⑤ 陶有浩：《朱熹幸福观探析》，《合肥师范学院学报》2015年第5期。

认为幸福的基点是至善；另一方面，他从功能论出发，认为幸福的实现依靠至德活动，由此确定了幸福是一种为了其自身的完善与自足的现实活动。在这一幸福知识的建筑顶层，至善、至德与至福既是人的终极目的，对现实人活得好、做得好又具有异曲同工的价值。[①] 亚里士多德之后，关于德性与幸福关系主要发展出两种理论模型：斯多葛派与伊壁鸠鲁派。斯多葛派认为，善是依据本性、理性的生活，而按照理性的生活就是有德性的生活，善本身就是幸福，有道德的人总是有福的，没有道德的人总是不幸的。与斯多葛派相反，伊壁鸠鲁派把幸福定义为善，认为能够给我们带来幸福和快乐的就是善的，善的标准就是幸福与否、感官的快乐与否。伊壁鸠鲁派和斯多葛派的共同点在于，他们都将幸福和德性看作一致的。[②] 德福关系进一步发展，在遇到功利主义和义务论时原本和谐一致的德性与幸福出现了分歧。在“善”是什么的问题上，功利主义与义务论的分歧最终演化成德性与幸福的分歧。在功利主义者看来，幸福和快乐是一切学说和理论的终极目的；而在义务论者眼中，德性构成了“善”的主导内容。功利主义者和义务论者的分歧体现了对“善”之具体内涵的不同侧重，也展现了对人之自然属性或道德属性的不同逻辑推演。就德福关系而言，功利主义为德福一致建构起一种解释模型，而以康德为代表的义务论则揭示出了德性与幸福的二律背反。[③]

马克思主义哲学关于德福关系的理论更具现实性和启发性。在对幸福概念的理解上，马克思指出：幸福不是悬置的，人性是幸福的逻辑起点；幸福不是单一的，幸福具有丰富的内涵；幸福不是幻想，实践是幸福的实现路径。这启示我们，第一，必须从人的二重性维度来理解幸福；第二，必须对精神幸福给予正视；第三，必须抛弃幻想投身社会实践。[④] 马克思主义幸福观虽然不认为道德与幸福是完全等同的，但其认为任何幸福生活的实现必须基于道德与幸福有机统一的基础之上。虽然道德不是幸福唯一的实现条件，但是获得幸福的人自身需求满足的手段必须是符合伦理规定的。道德不是对人的本性的压抑，而是对人的内在尺度和社会本性的道德表达。道德是幸福的必要条件，没有道德的和只关注自身的人是无法获得幸福的，背离道德认知与行为的实践仅仅只能满足某种感性生活的快感，只能是一种虚幻的幸福。真正的幸福应当是自由自觉的能动性道德实践，体现了包括人的道德认知、道德情感、道德意志与道德行为的目的性，是道德与幸福的有机统一。[⑤]

基于以上对幸福与德性关系问题的探讨，韩东屏指出，古今中外的幸福概念有十

---

① 汪立夏、刘波：《至善、至德与至福：亚里士多德的幸福观》，《江西社会科学》2015 年第 6 期。

② 杨宗元：《德性与幸福关系理论的历史考察与探讨》，《理论月刊》2015 年第 8 期。

③ 刘亚明：《善之二维：德性与幸福——功利主义和道义论辨析》，《华中科技大学学报》（社会科学版）2015 年第 6 期。

④ 陈万球：《马克思和亚里士多德幸福观比较》，《伦理学研究》2015 年第 5 期。

⑤ 腾飞：《道德与幸福——论马克思主义幸福观的道德对话》，《理论与改革》2015 年第 2 期。

种模型：来世主义幸福观、生命主义幸福观、快乐主义幸福观、功利主义幸福观、道德主义幸福观、知智主义幸福观、自由主义幸福观、多齐主义幸福观、社进主义幸福观、潜能主义幸福观。这十种幸福观在论证方法上均存在弊端，所以它们中的每一个都不能证明只有自己正确，其他皆非，而只有人的全面自由发展意义上的至善，才称得上是真正的幸福。① 中外哲学家对道德与幸福关系的探索，给我们一些启发：德福一致是人类道德生活的理想追求，是社会历史发展的必然要求。道德对幸福具有促进作用，是幸福的重要条件和保障，具有前提性和控制性；幸福是道德的基础和源泉，是人们崇尚道德的必要前提。从西方哲学和中国传统文化中可以看出，德福关系是并且应当是统一的。要在现实中达成统一，需要克服矫正人性的弱点，需要规范完善社会制度，需要开展公民教育、提升公民素质。② 赵浩指出，“德福一致”的信念在不同的文化背景和伦理情境中有不同的表现形态。以一种新的伦理学方法——伦理人类学来看，幸福的中国化话语是以“幸”与“福”之意义合成，它分别从消极与积极的层面与道德关联，表现为伦理终极实体“天”“命”等的必要、伦理共体中的道德生活以及以家庭为主的三大特色。随着伦理道德的“祛魅化”和家庭生活退居次要地位，中国式的“德福一致”信念逐渐瓦解，当下中国社会重塑“德福一致”信念的两大关键是：重新找到伦理终极实体与实现社会公义。③

（三）道德与法律关系

道德与法律作为调整人们行为的社会规范，犹如车之两轮，鸟之两翼，缺一不可，相辅相成。法律是国家机关制定并认可的，由国家强制力保障实施的社会规范。在这一点上，法律强调的是国家意志，是依靠“国家暴力”打击犯罪行为，具有强制性，是人们必须遵守的行为准则。而道德是一种社会意识形态，它是人们共同生活及其行为的准则与规范。它以善恶为标准，通过舆论导向、内心信仰和民族习惯来评价人的行为，是调整人与人以及个人与社会之间相互关系的行动规范的总和。如果法律的定义是强制性，那么道德就更侧重人们内心的自我约束，即自律性。总的来说：法律是显露的道德，而道德是隐藏的法律。千百年来，人们对道德与法律孰轻孰重的问题争论不休，在这个过程中道德与法律逐步由相斥走向融合，共同推动整个人类社会的进步。④ 在历史维度上，中西方在道德与法律关系上经历了不同模式。中国表现出德法合于礼、以德为主、强德弱法；而西方则体现为德法分设、以法为主、强法弱德。在逻辑维度上，道德与法律同时存在，但作用于人的行为方式却有明显界分，两者之间是对立统一的辩证关系：道德构成了法律正当性的基础，法律是实现道德之治

① 韩东屏：《追问幸福》，《伦理学研究》2015 年第 5 期。

② 楼天宇：《从相悖到一致——德福关系的哲学思考》，《浙江社会科学》2015 年第 8 期。

③ 赵浩：《中国社会中的“幸”与“福”及其“德福一致”信念》，《伦理学研究》2015 年第 3 期。

④ 贺兴东、刘明亮：《法律与道德的关系问题的评析》，《法制与社会》2015 年第 6 期。

的必由之途。在规范维度上，道德和法律交替至上，在立法阶段道德为上，法律服从于道德；在执法和司法阶段法律为上，法律成为首要的判断标准，道德仅是法律的辅助。在立法、执法及司法之后阶段，道德取得最终的评价地位。道德与法律是可以互相协调的，通过制度建设使二者达到平衡与和谐，在道德涵养法律的同时，以法律促进道德的普适。[①]

在道德与法律关系问题上，自然法学派与实证法学派争论已久。前者以富勒为代表，后者以哈特为代表。为了更好地分析道德与法律的关系，富勒将道德与法律分别进行了进一步的划分，将道德细分为义务道德与愿望道德，将法律的道德细分为内在道德与外在道德。而且富勒指出，立法者在制定法律时应该遵循一些基本的规范，才能保证法律的道德性与原则性。富勒的程序自然法有以下特点：首先自然法中的道德不是外在的、强加的，而是一种内在的，能够成就法律的道德。其次这种内在的道德更多地强调制定法律的程序性、步骤性，而不是传统意义上的法律的实体目的。还有就是这种道德是指引我们追求更加完美生活的指向灯，能够起到一定的规范引导作用。虽然不一定能够达到原则所期望的结果，但是至少可以避免人类走弯路，做出违背法律的事情。富勒将人类追求美好生活的目的与内在的道德联系起来，使法律规范成为人类生活中的原则标准，将道德与法律联系起来，摆脱了长期法律与道德分离的现象。[②] 实证法学派代表哈特认为，边沁等人将实然法与应然法区分开来，必然相关的是另一个问题，即如何看待法律与道德的关系？在哈特看来，因为应然法本身意味着一种道德标准，因此，将实然法与应然法区分开来，也就意味着将道德与法律区分开来，即法律就是法律，道德就是道德。在哈特看来，这种区分能够使我们更沉着地面对这样一个问题：那些恰恰在道德上恶的法律的存在的问题。从实然法的立场看，在礼仪规则、游戏规则以及其他许多规则调整领域之下的权利与正义、功利等道德问题没有关系；然而，不需要授予权利的规则并不表明与道德无关，仍是在道德上可评价的规则或正义与否的规则。在哈特看来，一个奴隶主与奴隶的关系便可表明这点：尽管奴隶制是不合道德的，但只要这样的制度存在，尽管在这样的社会中可能没有明文规则，就存在着奴隶主对奴隶的支配授权关系。换言之，法律关系是一种制度性存在，当然人们可以进行道德评价，但不能因为道德评价而否认这类关系的实存性。[③] 主张道德与法律分离的理论招致了思想家们广泛的批判。针对法律实证主义者在这个问题上所坚持的“分离命题”，德沃金认为此种“语义学之刺”以不必要的方式限制了法律语言的灵活性，而正确看待法律与道德关系的则应当是他所谓的“诠释性态度”。由此种态度衍生出的特定“法律概念”及其“概念延伸”与“道德”，正因为

---

① 田文利：《道德与法律之和谐解——道德与法律关系的三维解读》，《道德与文明》2015 年第 5 期。

② 罗璇：《论富勒的观点：法律与道德的关系》，《法制与社会》2015 年第 7 期。

③ 龚群：《哈特法律与道德的关系论》，《伦理学研究》2015 年第 6 期。

其内容取决于彼此所以才成其为“不同”，而此种关联与差异又将提供一种新的模式，以便于更好地理解法理学关于“恶法亦/非法”的经典难题以及处于不同文化和历史背景下的特定法律实践。①

（四）道德治理

道德治理是国家治理的重要维度。道德是一种有别于成文法规或“显性制度”的“隐性制度”。在社会治理过程中，道德对人的社会行为进行引导与规范，与其他“显性制度”交互影响，推进了社会制度的创新，参与了社会秩序的构建，维护了社会发展与稳定。在实践维度上，道德自身的时代性与在地性、治理机制的系统性及治理作用的有限性，制约和影响着道德参与社会治理的现实过程。② 道德治理是以社会各领域中所存在的道德问题为治理对象，通过发挥道德“抑恶扬善”的调节作用，实现净化社会道德空间、提升公民道德素质的教育目的。道德治理的关键在于引导全社会公民坚持正确的价值取向，尤其是确立客观公正的道德衡量标准，防止道德批判泛化所带来的“道德治理万能论”，同时又要合理纠偏，构建国家治理的道德向度。道德治理的思想认识基础源于共同价值观，道德治理目标实现的环境载体在于良好的社会心态，可以从社会道德现象的哲学分析中离析出社会群体所共同感知并认同的价值观念，培育公民个体对其在社会生活中的各种行为活动理性地进行道德选择。③ 道德治理在古代中国是以“礼治”或“德治”的话语方式出现的。在中国5000多年的历史中，“礼治”或“德治”的理论及其实践对中华民族的文化传承、对国家的稳定和人际关系的和谐，发挥了巨大作用。国家治理是在扬弃国家统治和国家管理基础上形成的一个概念，但无论是从国家治理体系看，还是从国家治理能力看，道德治理都是国家治理的重要组成部分。在国家治理体系中，道德治理是治理主体运用的各种手段和方式中的一种；在国家治理能力中，道德治理是指执政党和政府协同社会组织及全体公民，综合运用各种力量来克服市场经济发展过程中产生的各种道德问题，为国家有序健康发展创造良好“生态”的能力。④ 在国家治理体系中，道德治理与其他实践活动把握世界的方式有所不同。主体在道德治理活动中，不仅要以一定的规则观念来把握客观世界、协调现实的伦理关系，还要把握治理行为的主体自身；人不仅可以用一定的规则观念来评判他人、群体以及社会，而且还要直接用以评判、指导作为道

---

① 徐晨：《理解“法律与道德”关系的“建构性诠释”视角》，《上海交通大学学报》（哲学社会科学版）2015年第3期。

② 朱辉宇：《道德在社会治理中的现实作用——基于道德作为“隐性制度”的分析》，《哲学动态》2015年第4期。

③ 鲁烨、金林南：《泛道德化批判之思：道德治理与共同价值观会通及其路径》，《北方论丛》2015年第4期。

④ 龙静云：《道德治理：国家治理的重要维度》，《华中师范大学学报》（人文社会科学版）2015年第3期。

德治理的主体自身。因此，主体和客体是道德治理活动不可分离的两个方面，道德治理就是借助于它们的对立和统一获得实现和发展的，道德治理的主体与客体是此消彼长、相互冲突的历史发展过程。[①] 道德治理的思维不仅与其他国家治理思维不同，而且也与道德思维有所差异。德治思维和道德思维异中有同，同中有异，因其异中有同而相通，因其同中有异而互补。在思维的主体上，德治思维的主体往往担当统治者、领导者、管理者的角色，而道德思维的主体则是处在国家、行业、团体中或家庭关系中的个体；在现代社会治理中，二者互渗性日趋明显。在思维的内容上，德治思维倾向于整体性的“大问题”，道德思维倾向于个体性的“小问题”；在德治思维框架下往往能更好解决个体的道德问题，注重个体发展的德治思维，也有利于德治目的的实现。在思维过程上，德治思维是一种外向思维，是制度和规则优先；道德思维是一种内向思维，含有较多经验、意志和情感成分；德治思维要求社会伦理回归于人的内心，道德思维要求个体道德品质化为社会伦理，二者具有互补性。在思维的依据和目的上，德治思维追求伦理秩序，伦理精神和规则是其依据；道德思维追求德性和幸福，道德品质是其直接依据，从社会发展的总体趋势而言，其目的和依据的一致性在不断增强。[②]

从实践来看，近年来，人们对“道德治理”内涵的理解已经发生了变化，即由“以道德方式的治理”转变为“对道德问题的治理”。这其中的原因既包括道德受到了来自市场领域的全面渗透以及法律效力相对强化的冲击，也包括道德在面对一些新的社会问题时所表现出来的“软弱无力”。道德治理内涵的演变，不仅反映了道德正面临逐步边缘化的危险境地，也从侧面印证了一些道德问题的突出性和严重性。面对道德的“困境”，道德治理不能仅仅围绕几个具体而细小的问题展开，而应着眼于更为长远的目标和宏大的愿景——良性伦理秩序的构建。[③] 与此同时，叶方兴指出，应该看到道德治理有其限度。由于受长期的道德中心主义思维方式的影响以及伦理型文化的浸淫，加之现代社会的复杂性与人的存在方式的多样化的影响，道德作为治理手段也存在着局限性，因此，道德治理必须保持清晰的界限，维持合理的限度。过分夸大道德治理的作用，在现实生活中容易出现“道德泛化”现象。合理把握道德治理的限度，需要在道德治理观念上摒弃“道德万能论”；需要契合道德自身的结构；依据现代社会特征进行道德领域的差异化治理；在道德治理方式上坚持多种治理方式并进；正确对待道德的法律化。[④]

---

① 王乐：《道德治理：一种基于社会关系视角的国家治理》，《学习与探索》2015 年第 7 期。

② 黄富峰：《德治思维和道德思维辨析》，《伦理学研究》2015 年第 4 期。

③ 熊富标：《道德治理内涵的演变与良性伦理秩序的构建》，《华中师范大学学报》（人文社会科学版）2015 年第 3 期。

④ 叶方兴：《论道德治理的限度》，《中州学刊》2015 年第 2 期。

（五）道德修养

道德修养被视作个人道德实践的基本形式之一。道德修养是个人自觉修炼培养高尚品质与道德智慧，以求取德性人格之充实完美的实践活动。道德修养不仅能够帮助我们做人、成人，还可以完善我们的人格，提升我们的人生价值，乃至不朽。道德修养对社会也有重要意义，体现为有利于整个社会道德水准的提高和社会目的的实现。道德修养的目标是完善自我，提升自我的道德水平。每个时代都应有其相应的理想道德人格类型，现代理想道德人格应能体现和发挥个性全面自由发展的活力，并能在现实关切与终极关怀之间保持一定的张力。① 相较于西方伦理思想史而言，中国伦理思想史蕴含了更加丰富的道德修养理论资源，这既体现在先哲们对于道德修养方法的理论论述中，也体现在他们不断追求理想人格的道德践履中。孔子的"君子""圣人"等道德理想为万千人所推崇。在孔子那里，"君子"的内涵由有位者转变为有德者。孔子所提到的人格有小人、士、君子、圣人等不同的等级层次，并且具有相应的道德要求，但是，与能"博施于民而能济众"的圣人相比，君子则是比较契合当时的社会现实情况并能通过人文教化实现的理想道德人格。君子人格兼纳了仁、智、勇、行义、遵礼、时中等具体的道德要求。要成长为君子，就需要恪守忠恕、躬行博学。②孔子的道德修养理论得到了后学的继承和发展。曾子作为孔门后劲，通过三省的工夫将儒家心性工夫论予以了基本确立，而"慎独""诚意"等工夫论都可溯源于他。子思则通过"推天道以明人事"的模式为儒家心性工夫论确立了基础。因而儒家的心性工夫就在于如何"率性"。为此，子思特别重视"诚"的观念，天道是诚的，因而人道也应当是诚的。人道之诚，就是通过"慎独""诚意""节欲"等工夫使自己"喜怒哀乐之未发"的中之心"发而皆中节"达到和。③ 孟子是继孔子之后，对儒家思想发展做出重大贡献的思想家。他以继承、发挥孔子的思想为己任，树立了"圣人""君子""大丈夫"等不同品次的道德理想人格榜样，作为人们追求的道德理想人格目标。这些道德理想人格榜样和他所提出的诸如"舍生取义"等道德信条，在我们民族文化发展史上产生了极其深远的影响。孟子提出性善论作为道德理想人格理论的逻辑起点，同时也为"君子"制定了更为详细的德性要求：第一，人以其道德意识超越于禽兽，而"君子"则以其强烈的道德意识超越于一般民众；第二，君子道德境界、知识能力的不断提升，是自身努力探求、深入思索的结果；第三，君子之"爱"以伦理亲情为基础；第四，君子不会接受贿赂；第五，"君子莫大乎与人为

---

① 韩东屏：《论道德修养》，《中州学刊》2015 年第 10 期。

② 张晓庆：《孔子君子人格之道德意蕴》，《学术探索》2015 年第 11 期。

③ 王正：《儒家心性工夫论之建立——曾子与子思的工夫论》，《河北师范大学学报》（哲学社会科学版）2015 年第 1 期。

善”，和别人一起做善事是君子最突出、最重要的品格。① 荀子继承了孔、孟人性“相近”的观点，认为人人都具有趋“恶”的本性。在对人趋“恶”的本性进行深入分析后，强调人性改造的重要性和可能性。荀子设计了“圣人”“君子”等道德理想人格形象，“圣人”人格的突出贡献是在努力改造自身的基础上制定了礼义法度，“君子”人格的突出特点则在于对“礼义”的学习、贯彻和维护。② 从孔子到孟子不断发展的道德修养理论可以说是传统儒家道德修养理论的典范。冀鹏将儒家修身方法概括为六点：立志、明理、省察、强志、慎染、力行；指出以儒家为代表的传统道德修养理论具有三重重要的现实意义：传统道德修养理论有助于提高当今人们的自律意识；传统道德修养理论所树立的“仁人”“君子”道德人格标准对培养当代合格的人才具有不可估量的导向作用；在现代社会如果可以达到传统修养理论中忠、恕、仁的道德境界，社会定会良性发展。③

---

① 刘晓靖：《论孟子道德理想人格》，《湖北大学学报》（哲学社会科学版）2015 年第 5 期。

② 刘晓靖：《荀子道德理想简析》，《道德与文明》2015 年第 4 期。

③ 冀鹏：《浅析中国传统道德修养理论对当今社会的现实意义》，《山西师范大学学报》（社会科学版）2015 年第 5 期。

第二章　2015 年马克思主义伦理学研究报告

张　霄　周雅灵

近年来，随着左翼政治哲学的兴起，马克思主义伦理学研究也复兴起来，成为伦理学研究领域一个新的学术生长点。总的来看，2015 年马克思主义伦理学研究还是围绕着近年来一直被热烈讨论的问题展开，但相比而言，研究得更为深入，对西方学者的研究成果认识得更为透彻，更多地关注中国问题和中国话语。

一、马克思主义伦理学何以可能?

马克思本人究竟对道德是何态度，马克思本人是否有某种亟待开发的道德观念，马克思主义伦理学能不能成立，这些问题一直是每一个研究马克思主义伦理学的学者无法绕过的问题。在 2015 年的“马伦”研究中，这些基础问题依然是相对热门的话题。随着对这些话题聊得越来越深入，人们的观点也越来越清晰，越来越统一。总的看来，学者们普遍认为马克思应当有自己的伦理学，主要可以从伦理学存在基础、存在的必要性和现代价值几个方面做出合理的辩护：

王天恩与李梅敬重新诠释了马克思道德哲学的困境，认为“对于马克思道德哲学这个充满争论的领域，从新的思路和视角反观，作出新的理解和阐释，正是当代马克思主义道德哲学研究的重要任务”①。他们认为，马克思的道德哲学问题需要通过不同层次进行讨论、分析与研究。总的来看，“马克思正是从人的解放和人类的发展出发，从人的现实需要出发，在更高层次的整体理论中关切道德”②。

高广旭从“总体性”的新视角出发，分析了马克思的伦理观念及其当代价值。在他看来，“总体性”是重新理解和阐发马克思伦理观及其当代价值的重要视角。在“总体性”视角下，马克思伦理观的理论特征体现在对现代社会生态伦理危机和伦理

---

① 王天恩、李梅敬：《从理论层次入手理解马克思的道德哲学——反观马克思道德理论争论》，《马克思主义论苑》2015 年第 4 期。

② 同上。

精神危机的深刻指认。只有基于这一基本视角，我们才能理解马克思为什么没有陷入现代道德哲学关于人类中心主义与自然中心主义、道德义务至上与功利至上的抽象论辩中，而是从现代道德问题发生的缘起出发，深入揭示了自然生态与物质生产、道德个体与伦理实体之间的矛盾关系，深刻指认了现代社会的伦理碎片化状况。通过总体性视角重新理解马克思的伦理观，使得当代中国多元伦理文化的交融与会通成为可能。中国传统伦理文化可以解决现代道德的伦理实体危机，为当代中国人提供新的伦理精神家园。西方现代道德文化克服了传统伦理的非理性强制，可以为当代中国人实现独具个性的道德自由提供伦理启蒙。这时，马克思主义伦理学的理论形态也随之发生重要转变，即从一种建构性的绝对“科学原理”转变为一种整合性的相对“批判理念”。作为“批判理念”的马克思主义伦理学，其使命在于，以“总体性”的视角对中国传统伦理的实体文化和现代西方道德的个体文化进行批判性整合。这种批判性整合不仅是构建中、西、马和谐共生的新型伦理生态的理论前提，更是构建面向当前中国社会伦理现实的伦理学理论形态的基本内容。①

杨荣对马克思的道德空场说作出了回应。他认为，对马克思道德哲学的责难集中表现在“马克思反道德主义”和“马克思非道德主义”上。“马克思反道德主义者”的观点比较激进，认为马克思的思想不仅没有道德成分，连规范性观点或实践理性也不存在。“马克思非道德主义者”承认马克思思想中存在规范性观点或实践理性，但只属于“非道德的善”，所以马克思不是道德主义者。杨荣认为，上述责难是不能令人信服的。第一，“马克思道德主义”面临着“道德就是意识形态”的挑战。这一论断是马克思本人说的，有可靠的文本根据。如果这一论断正确，那么“马克思道德主义者”的一切努力都是徒劳无益的。面对这一诘难，“马克思道德主义者”从不同的方面给予了回应。第二，与“马克思反道德主义”相比，“马克思非道德主义”的立场较为温和。他们承认马克思的思想具有规范性和实践理性，承认马克思旨在促进自我决定、人类共同体和自我实现这些价值。“马克思非道德主义”和“马克思道德主义”的根本分歧在于如何理解道德。第三，在马克思的文本中，充满着大量富含道德评价的词汇，如掠夺、盗窃等。这些词汇承载着内在的道德判断和价值标准，如自由与正义。②

高广旭探讨了马克思伦理学的理论形态及其当代价值。他指出，关于马克思伦理学的理论形态及其历史地位问题，国内外有两种观点。在国内，马克思主义伦理学教科书认为，马克思是马克思主义“科学伦理学”的开创者，马克思不仅具有明确的、系统的伦理思想，在伦理学史上还第一次完成了对伦理学“科学形态”的塑造。这

---

①　高广旭：《从总体性视角看马克思的伦理观及其当代价值》，《东南大学学报》（哲学社会科学版）2015年第9期。

②　杨荣：《道德的空场——一种对马克思责难的回应》，《宁夏社会科学》2015年第7期。

种观点遵循的是传统哲学原理教科书的论证模式。在马克思伦理学被“科学化”解读的同时，其“哲学批判”的理论形态却被遮蔽了。在西方，关于马克思伦理学的理论形态是一个被广泛探讨且颇具争议的学术问题，马克思作为传统伦理学的反叛者，其著作和思想是否可以进行一种哲学伦理学的解读和建构，也一直遭到质疑。结果，饱受质疑的马克思伦理学很难在西方伦理思想史的谱系中占有一席之地，马克思伦理学的理论形态问题也变得晦暗不明。在这种背景下，重新理解马克思伦理学的理论形态及其当代意义，成为当前马克思主义伦理学研究中的一项重大课题。鉴于此，作者从形而上学批判、现代道德批判和伦理共同体谋划三重视角入手，系统剖析了马克思伦理学的“哲学批判”形态。

第一，作为形而上学批判的马克思主义伦理学，伦理学形而上学模式的现实形态就是资本主义社会的伦理价值体系。通过分析资本逻辑的同一性原则及其所导致的商品拜物教现象，通过阐明资本主义生产方式及其所引发的人类交往方式的变革，马克思深刻地揭示了由资本逻辑所主导的现代社会的伦理危机：伦理实体变成谋利的手段和工具，人类物质生活被普遍物化、同质化，人类精神生活陷入价值崩塌的境地。马克思比尼采哲学更早诊断了现代道德体系的弊端，更深刻地预见到现代西方社会的道德虚无主义倾向，而这体现了马克思伦理学的另一“哲学批判”形态——现代道德批判。第二，作为现代道德批判的马克思主义伦理学，在马克思与现代道德关系的问题上，我们既不能采取一种形而上学的二元对立思维方式，认为马克思主义理论与道德理论水火不容，即或者强调道德自由将损害马克思主义的科学性，或者以修正主义的方式去弥补马克思主义的“道德空场”，也不能以西方马克思主义的方式把马克思对资本主义的批判退缩为软弱的道德意识形态批判。而应该充分还原马克思伦理学在伦理共同体谋划层面的哲学价值，从人作为类存在以及人的类生活这一具有原则高度的哲学立场出发，深入揭示资本逻辑及其经济伦理体系的非伦理本质，揭示以市民社会为载体的个体道德自由与伦理实体相分裂的现代性精神困境，并以此为基础谋划人类从抽象道德自由向具体伦理存在复归的崭新文明形态和可能生活方式。第三，作为伦理共同体谋划的马克思主义伦理学，马克思的共产主义思想体现了它对现代生态伦理问题的批判性谋划。共产主义就是要批判资本主义及其私有财产视角的狭隘性，批判其顶着人道主义的伪善幌子，把自然变成剥夺与奴役的对象。同时，共产主义也是对抽象的自然主义立场的超越，强调自然并不是人之外的抽象实存，自然只有通过人的实践活动和对象化劳动，才真正实现自身的现实性，这种共产主义，作为完成了的自然主义 = 人道主义，而作为完成了的人道主义 = 自然主义，它是人和自然界之间、人和人之间的矛盾的真正解决，是存在和本质、对象化和自我确证、自由和必然、个体和类之间的斗争的真正解决。因此，共产主义思想揭示了在资本主义生产方式下人类生态伦理难题的实质，超越了人类中心主义和自然中心主义对这一难题的抽象化解读。进而，共产主义思想的当代价值不仅体现在对资本文明形态借助资本逻辑“摆置”自然的哲学批判，而且体现在对人类未来可能的生态文明形态及其发展道路的伦理共同体谋划。①

詹世友认为，马克思的道德观不能仅从道德概念和道德现象上去理解，而要深入到马克思对道德现象背后的本质的揭示上。马克思一方面揭示了道德的现实物质生产方式基础，对在阶级社会中之所以出现相互对立的道德观的原因进行了彻底分析，从而给出了我们理解道德问题的知识图景；另一方面又给出了新道德观的价值标准，把能否促进人的全面发展及其程度作为衡量一种社会制度的道德价值的尺度，从而揭示了“真正人的道德”的具体特征。詹世友认为，马克思在道德观方面的伟大创造在于以下两个方面，他一方面把历史上的道德现象和道德学说作为一个科学的认识对象，在知识图景中来揭示道德的存在性质及其本质。在这个语境中，马克思会把当时的道德观念回溯到其所反映的社会物质生产方式上，进而认为，在存在阶级利益对立的社会中，社会上的主流道德观念通常是反映统治阶级利益诉求的，但同时它们会把自己的阶级利益粉饰成社会的公共利益，从而表现为一种歪曲、虚构和伪善。但请注意，这并不是一种道德批判，而是在揭示社会上道德观念的本质。另一方面马克思又致力于为真正人的道德奠立价值坐标，这个坐标原点就是所有人的自由全面发展。在这种语境中，真正人的道德要在历史中得以能动地实现。在理解了马克思道德观的基本立场和这两种阐述语境之后，就会发现，马克思的各种道德言论是高度统一的，各种看似矛盾的概念、命题都在揭示道德的本质、建构一种真正属人的道德观中发挥着自己的功能，并不存在相互冲突的地方。作者指出，关于马克思是否一般地反对道德这种争论可以休矣。在道德问题上，马克思的基本立场可以概括为以下几点：第一，在道德认识问题上给出一幅知识图景，在此之中，我们能够认识到，道德是一种意识形式，是对现实社会生产关系、交往关系的反映，在阶级社会中，道德是阶级的道德，但是每种道德都是持这种道德观的人们自我实现的一种形式。在这个立场上，我们可以看透各种道德观背后的利益诉求和阶级（阶层）意识，这就是我们认识道德现象的本质的知识图景，在这个图景中，我们无法确认什么样的道德观是正确的，因为这是考察道德现象的内在本质，即追问出现这些道德现象的事实基础，但并不给出其价值指引。第二，在改造社会的问题上，对仅仅诉诸道德要求的思想观念和措施给予严肃的批判，因为这违背了历史唯物主义的基本观点，满足于提出各种道德要求，而不是从事于对产生各种对立道德观的社会生产方式等物质根源进行改造，这会给社会主义运动在指导思想上带来很大混乱。第三，为道德重置价值坐标，是马克思新道德观的最终目标。为此，我们必须获得一种宏观的、整体历史发展的视野，并且考察人类社会发展的规律，在分析以往历史发展的内在动因过程中，看出未来社会发展的必然趋势，即历史是人的发展的历史，是人朝着自由而全面的发展状态前进的历史。

① 高广旭：《论马克思伦理学的理论形态及其当代意义》，《道德与文明》2015年第1期。

正是在科学地分析以往历史发展的内在动因的基础上，马克思发现了人类历史的价值目标，这才是马克思道德观念的建构性之所在。新的道德观必须在历史实在中确立价值坐标，建立在一种类似于亚里士多德的对“好生活”的追求上，它以人性的基本特征、人类历史的发展规律为基础，以人的属人本质的自由全面的发展及其证实为价值坐标，来重建道德体系。各种道德观只有从促进或阻碍人的自由和全面发展方面才能得到真正的价值评判。从这一点出发，我们才可以对各种社会制度进行实际的道德价值评判，而不致陷入混乱。①

王南湜认为，马克思主义道德哲学要在学理上成立，必须追问三个层面的问题：一是历史唯物主义作为一种决定论在何种意义上能够兼容人的自由这一道德生活得以可能和一般道德哲学得以成立的条件；二是马克思主义道德哲学作为一种现代道德哲学，在何种意义上符合道德自律这一现代道德哲学的一般特征；三是历史唯物主义以何种方式构成了这种道德哲学的前提性条件，从而使之能够成为一种独特的现代道德哲学。只有这些问题都得到肯定回答，我们才能有根据地说马克思主义道德哲学不仅在人们言谈事实的意义上是存在的，而且在客观的学理意义上是可能存在的。②

上述几篇论文从马克思（主义）伦理学何以可能的角度出发，不仅回应了对马克思反道德论和非道德论的责难，也从马克思的思想原型和现代意义两大方面指明了构建马克思主义伦理学的当代价值。从研究结论来看，绝大多数学者认为，马克思有自己的价值论，马克思主义应当有也可以有自己的伦理学。但马克思主义伦理学的理论形态还需要进一步深入研究才能开花结果。

二、马克思主义伦理学的价值论

马克思主义道德价值论是具体研究马克思道德观念的起点。正义、自由、公平问题依然是2015年在价值论方面研究的核心问题。众所周知，这几个道德价值也是政治哲学与伦理学理论中的核心价值。研究马克思（主义）的伦理学，自然无法回避对这些价值问题的探讨和深入研究。

（一）正义价值

正义问题是政治哲学领域的核心问题。讨论马克思的政治哲学问题，自然无法回避马克思与正义的关系问题。绝大多数国内学者都从当代英美政治哲学中对马克思与正义关系的探讨出发，提出了自己的独到见解，对该问题继续深入探讨的方向也做出了富有洞见的分析。

① 詹世友：《马克思的道德观：知识图景与价值坐标》，《道德与文明》2015年第1期。

② 王南湜：《马克思主义道德哲学何以可能》，《天津社会科学》2015年第1期。

李佃来从《资本论》的叙事结构出发研究了马克思的正义思想。他指出，从抽象到具体的方法绝非一个一般的、无关紧要的认识论步骤，其中更深刻的东西是辩证的和批判的哲学视野，以及由此开始的超越英国经济学传统的政治哲学坐标系的建立。所以显而易见，这个方法不仅没有把马克思引入经济学研究的事实性逻辑中，相反凭借这个方法，马克思突破了实证主义的局限，提升到辩证思维和批判哲学的高度，对资本这个客观结构予以整体性审理。从这种方法论叙事来看，《资本论》中的规范性理论向度，其实远远大于人们通常的理解。我们甚至可以认为，《资本论》就是一个以规范性为外边界、以事实性为内边界，即规范性包括并统率事实性的文本。毋庸置疑，如此这般的问题一旦得以澄明，以《资本论》为支点的正义探究便获得了根本性奠基。《资本论》是一个有着特定叙事结构的理论文本，而其特定叙事结构，则在比较全面的意义上开显了马克思的正义思想。凭借从抽象到具体的方法，马克思先在地开辟出批判的哲学视野及超越英国古典经济学传统的政治哲学问题域。在此基础上，他通过既肯定又否定洛克以来的权利尤其是所有权原则，厘定了基于平等的正义逻辑。由于这一正义逻辑是在历史唯物主义的理论叙事中伸展开来的，因而无论是作为其前提的权利，还是作为其实质的平等，都是与自由主义正义理论根本有别的。这是我们在《资本论》语境中开展马克思正义理论研究时应当看到的基础性问题。他指出，对于中国学术界来说，“《资本论》与正义”还是一个全新的、有待探究的开放性课题，随着对文本的纵深挖掘和问题域的不断拓展，学界必将会取得更多的理论成果和思想创见。①

高广旭将马克思在《资本论》中体现的正义观与现代政治批判结合了起来。他指出，学术界关于《资本论》正义观的争论表明，马克思对于正义问题的理解已经跳出现代政治哲学视野，政治经济学批判是马克思探讨正义问题的理论语境。重新理解《资本论》的正义观成为重新阐发马克思现代政治批判思想的重要切入点。古典政治哲学对于“普遍正义”与“特殊正义”的区分为我们重新理解《资本论》正义观提供了新的视角。在《资本论》中，马克思把正义从一个道德二元抉择问题转化为政治经济学问题，从根本上瓦解了现代性正义理论的政治哲学基础，进而在批判资本主义社会正义危机的同时，开辟了一条超越现代“道德政治”的思想道路。他认为，《资本论》的“普遍正义”立场表明，对于深受古典政治哲学正义观影响的马克思而言，正义从来不是纯粹的道德形而上学问题，而是与社会现实紧密相关的实践问题。但是，与亚里士多德“普遍正义”所处的古希腊城邦政治语境不同，马克思探讨“普遍正义”的实践语境是资本主义的社会现实，因而马克思是在对资本主义的政治经济学批判体系中彰显对于正义的独特理解。在这个意义上，笔者认为，马克思

① 李佃来：《〈资本论〉的叙事结构与马克思正义思想》，《华中师范大学学报》（人文社会科学版）2015年第7期。

的正义观就贯穿在《资本论》对于资本逻辑的批判过程中，《资本论》的资本逻辑批判与正义批判是内在一致的。另外，《资本论》的“普遍正义”观及其对于资本逻辑的正义批判表明，《资本论》的资本逻辑批判不仅是对资本主义经济危机的实证经济学批判，更是对现代资本主义社会危机的哲学存在论批判。资本主义社会危机的实质是由资本逻辑的形而上学结构所引发的“普遍正义”危机，剖析和解决资本主义的社会危机，必须切断资本逻辑的形而上学结构与现代政治的耦合，瓦解现代正义原则所赖以立足的现代政治哲学基础。在这个意义上，重新理解《资本论》的正义观成为重新阐发马克思现代政治批判思想的重要切入点。①

段忠桥分析了马克思的正义观与历史唯物主义的关联。他指出，依据马克思、恩格斯本人认可的相关论述，历史唯物主义是一种实证性的科学理论；马克思涉及正义问题的论述大体上可分为两类：一类是从历史唯物主义出发对各种资产阶级、小资产阶级的正义主张的批评，另一类则隐含在对资本主义剥削的谴责和对社会主义按劳分配的批评中。马克思的正义观念，指的只是隐含在第二类论述中的马克思对什么是正义的、什么是不正义的看法。马克思实际上持有两种不同的分配正义观念：一种是涉及资本主义剥削的正义观念，即资本主义剥削的不正义，说到底是因为资本家无偿占有了本应属于工人的剩余产品，另一种是涉及社会主义按劳分配弊病的正义观念，即由非选择的偶然因素所导致的人们实际所得的不平等是不正义的。历史唯物主义与马克思的正义观念在内容上互不涉及、在来源上互不相干、在观点上互不否定。②

李佃来解释了历史唯物主义与马克思正义观的三个转向。他指出，在政治哲学史上，马克思是在大异于自由主义政治哲学的路向上理解正义问题的，其正义观实现了从道德正义到历史正义、从法权正义到制度正义、从分配正义到生产正义的深刻扭转。马克思之所以能够在对正义的理解上实现这三方面之转向，主要因为他是在历史唯物主义的视域中来检视和把握政治原则的，历史、制度以及生产，就是其历史唯物主义从广义到狭义、从抽象到具体的三个落脚点。历史唯物主义不是外在于正义理论的内容，相反它是马克思正义思想得以呈现的有效载体，或者说马克思正是依托历史唯物主义才使正义理论获得有效言说的。我们在参照和借鉴西方政治哲学的视角与观点来理解马克思的正义理论时，应当切入到历史唯物主义这个理论“源体”中予以探析，而不能越过这个“源体”作出解释。他认为，马克思的历史正义概念虽然呈现在其《资本论》的研究中，但由于他是在以《德意志意识形态》为核心的理论文本中，通过批判一般道德话语进而落脚在一般历史层面来构建起这一概念的，所以在最为直接的意义上，这个历史正义概念是针对一切社会生产关系和社会经济制度而言的，并不必然指向资本主义生产方式及其私有财产制度。然而，对资本主义生产方式

① 高广旭：《〈资本论〉的正义观与马克思的现代政治批判》，《哲学动态》2015 年第 12 期。

② 段忠桥：《历史唯物主义与马克思的正义观念》，《哲学研究》2015 年第 7 期。

及其私有财产制度的批判，既是马克思在《德意志意识形态》中创立历史唯物主义理论的起点，也是他创立这一理论之后的一个必然落点。所以，在马克思历史唯物主义的理论语境中，存在一个从资本主义历史到一般历史再到资本主义历史的认识过程。而从这一认识过程来看，具有一般指向的历史正义概念，同时也会落实在马克思对资本主义生产关系的质询与批判之中，从而获得具体内容。而正是在这里，我们又会发现马克思在正义理解路向上所实现的深刻扭转。①

周启杰与霍然对马克思异化理论中的正义思想进行了研究。他们指出，虽然马克思未曾明确而系统地阐发正义理论，但我们用阿尔都塞的“症候阅读法”可以看到马克思正义思想内蕴于其对资本主义社会全面而深刻的透析中。尤其是通过异化劳动理论，马克思深刻揭示了资本家对工人的非正义根源在于资本主义私有制，而扬弃异化、废除私有制正是实现正义诉求之途。从对正义问题的探求中，我们也可以窥见马克思思想的革命性变革、科学性基础以及价值性诉求。他们首先提出了马克思正义思想的三个前提，第一，用“症候阅读法”深刻解读马克思正义思想。第二，物质生产方式是理解马克思正义思想的基础性前提。第三，价值判断与历史评价的内在张力是马克思正义思想的评判标准。其次，他们解释了马克思异化理论中蕴含的正义思想，即异化是对正义的反面映射；非正义的异化劳动的根源在于私有制；共产主义是扬弃异化和实现正义之途。最后，他们又总结了正义在马克思思想中的价值，认为它体现马克思思想的革命性变革，凸显马克思思想的科学性，彰显马克思对人的全面发展的价值诉求。②

林进平对马克思正义观进行了阐释。他指出，由于不满意伍德式的“马克思正义观”，英美学者提出了三种不同的阐释方式：（1）马克思不仅有唯物史观上的正义观，而且有价值观上的正义观；（2）马克思批评的是意识形态的正义，信奉的是非意识形态的正义；（3）从人的需要的视角来探索马克思的正义观，乃至马克思主义的正义观。这三种不同的诠释方式虽然都具有各自的解释力，但也各自存在着一些理论难点：第一种方式在正义问题上陷马克思于“似是而非”的理论境地；第二种方式指认马克思具有非意识形态的正义观缺乏有力的文本支持；第三种方式已有的论者语焉不详，文本支持也不是特别充足。不过，相比较而言，第三种方式却是富有理论前景的阐释方式，它不仅合乎历史唯物主义的内在理路，而且创造性地吸纳了其他阐释方式的一些优点。③

谭清华从事实与价值的关系角度深入地探讨了马克思的正义观。他认为，在马克思是否存在正义理念的问题上，国内外存在事实性解读和价值性解读两种倾向：前者

---

① 李佃来：《历史唯物主义与马克思正义观的三个转向》，《南京大学学报》（哲学·人文科学·社会科学）2015 年第 5 期。

② 周启杰、霍然：《论马克思异化理论中的正义思想》，《学术交流》2015 年第 2 期。

③ 林进平：《论马克思正义观的阐释方式》，《中国人民大学学报》2015 年第 1 期。

认为，正义在马克思那里只是一种事实陈述，从而否定马克思具有独立的正义理念；而后者则认为，正义在马克思那里是一种包含道德诉求在内的价值判断。这种判断反映了马克思的正义主张，从而肯定马克思具有独立的正义理念。两种倾向恰恰彰显了，正义作为一种价值诉求，既具有积极意义，也存在严重不足。他指出，所谓正义是一种事实，主要是指正义作为一种法权或意识形态偏见，是内在于一定的特别是占据主导地位的生产方式和交往关系的，是随着这些生产方式和交往关系的改变而改变、发展而发展的。它们本身并不具有独立的地位和发展史，也不超脱于主导的生产方式和交往关系，更不是人们可以主观设计和选择的。不但正义的内容要受主导的生产方式和交往关系的决定，而且判定正义与否的依据同样受主导生产方式和交往关系的决定。与主导的生产方式和交往关系相一致的，就是正义的；反之，就是不正义的。正义不具有任何超历史性和普遍性。与其把正义视为超脱于主导生产方式和交往关系的价值诉求和道德评判，还不如说正义只是对反映主导生产方式和交往关系的法权的事实陈述。他指出，作为价值正义，第一是就马克思对资本主义的批判来说，这些学者显然不同意伍德关于马克思是基于资本主义综合理论来批判资本主义的主张。第二是就马克思对资本主义分配方式的批判来说，这些学者肯定了马克思在《资本论》中使用“抢劫”“盗窃”“榨取”等词汇描述资本主义的剥削，其背后蕴含着马克思对资本主义分配方式的正义批判。最后他指出，自从休谟提出“事实—价值”二分问题以来，事实与价值就成为社会历史研究中一个绕不开的问题。这个问题其实也蕴含在马克思思想的阐释和理解中，并形成英国学者卢克斯所谓的“似是而非的矛盾”。这场关于马克思正义理论的争论很大程度上就来自这个矛盾本身，可以说双方各抓住了矛盾的一方，在揭示马克思思想的一个方面的同时，也掩盖了马克思思想的另一个方面。因此，就这场争论本身来说，也许重要的并不是争论双方谁的阐释更代表马克思的原意，重要的恰恰在于我们为什么要争论；肯定马克思持有道德正义理念的学者，他们的目的在哪里；而否定马克思持有道德正义理念的学者，他们的目的又是什么。这里的全部问题就在于从事实与价值出发，基于正义作为政治哲学的重要主题，既要看到其积极意义，也要看到其不足之处。①

何建华指出，作为历史唯物主义的创立者，马克思并没有把探讨公平正义的内涵和原则作为自己的理论使命，而是始终站在无产阶级立场上积极寻求实现社会公平正义的途径。对于当时盛行的自由主义公平正义观，马克思肯定了其历史作用，但同时批判了这种公平正义观的抽象性和形式性。当然，马克思对古典自由主义公平正义观的看法不是一成不变的，在其一生的理论著述中，马克思对古典自由主义公平正义观经历了一个追求、反思、批判和超越的过程。作者分析了马克思的诸多著作后指出，马克思是在反思和批判的基础上，依据历史唯物主义的方法论原则，从现实的个人和

① 谭清华：《马克思的正义理念：事实还是价值?》，《哲学研究》2015 年第 3 期。

现实的社会关系出发，深刻地揭示了正义的社会历史依据，并在批判现实的基础上提出了自己的公平正义思想——共产主义的理想。这对我国现阶段构建公平正义理论具有重要启示。①

陈飞从四个层次阐释了马克思的正义观。他指出，伴随着分配不公、贫富差距拉大等社会矛盾的日益突出，马克思正义理论近年来成为国内学术界的一个热点问题。这虽然与当代西方政治哲学，尤其是罗尔斯《正义论》作为一种理论范式的强劲影响不无相关，但更重要的是中国政治经济体制的改革对公平正义的呼唤。国内外围绕“马克思与正义”问题展开了激烈的学术争鸣，并没有达成一致结论，且争论各方都以马克思本人的著作为依据，这在迄今为止的“马克思研究”中实属罕见。其争论主要围绕以下几个焦点问题：马克思有没有废除正义观念？资本主义生产方式是正义的吗？剥削是正义的抑或是非正义的？正义是价值判断抑或是事实判断？正义是补救性的社会价值吗？等等。对这些问题的回答呈现了“一体多面”的形式，甚至出现了“马克思反对马克思”的混乱局面。究其原因在于，争论各方都抓住了马克思正义思想的某个方面而忽略了其他，违背了整体主义和历史主义原则。研究马克思的正义理论必须跳出西方自由主义的逻辑架构，走进马克思自己的问题域，解读其关于正义理论的基本观点，为促进社会的公平正义提供学理支撑。② 作者从四个层次解释了他的观点，一是资本主义社会交换领域的形式正义；二是资本主义社会生产领域的实质非正义；三是共产主义初级阶段的按劳分配的正义观；四是共产主义高级阶段按需分配的正义观。

臧峰宇解释了马克思正义论研究的两种进路及其在中国的语境。他指出，马克思的正义论是40余年来国际马克思主义政治哲学研究的重要论域，围绕该论域展开的文本考据、学术争鸣与现实阐释蔚为大观，其中新黑格尔派的历史主义论证与分析马克思主义的道德论证之间的争鸣尤为耀眼。前一种思路从历史必然性出发，指出正义与生产方式相一致的属性；后一种思路从道德有效性出发，阐明在新的时代条件下合乎道德的正义选择与行为的社会作用。毋庸置疑，缺乏历史唯物主义底蕴的道德论证容易停留在应然的合理性层面，未能充分发挥正义理念的现实价值；仅从历史必然性出发论证正义与生产方式的一致性，难以发挥符合时代精神的正义观念在引领价值选择的过程中的重要作用。在这个问题上各执一端，在寻找丰富文本根据的同时作进一步论证，恰是英语学界面对正义论视域中的“马克思问题”长达40余年争论的思想境遇。那么，有没有可能综合这两种思路，构建一种符合中国国情和中国文化性格的马克思主义正义论并使之从应然走向实然呢？作者认为，鉴于历史必然性和道德有效性的双重价值，马克思正义论研究应当是一种基于历史唯物主义前提、兼容道德论证

① 何建华：《马克思对古典自由主义公平正义观的反思和超越》，《伦理学研究》2015年第5期。

② 陈飞：《马克思正义观的四个层次》，《求索》2015年第1期。

的综合探索。马克思以历史唯物主义话语戳穿了资产阶级的道德谎言和虚假正义，使人们正视实质正义实现的可能性与现实性，从中可见正义的多重面相，不同的社会主体对它的理解以及在具体历史条件下它对不同的社会主体所具有的意义是多种多样的。实现社会正义最重要的不是论证它是一种源于自然法的基本权利，而是在于从利益分配和责任践履上实际地满足人们的社会需要，同时提升社会发展的道德自觉。由此可以在促进社会生产力的同时加强社会道德建设，促进物质文明和精神文明的共同发展，形成一种既符合马克思主义正义论的历史语境，又具有解决当今中国社会公平正义问题的时代性的马克思主义正义论，促进中国传统正义观的现代转型，彰显正义论的问题意识与中国特色。同时，马克思主义中国化促进了中国传统正义观的现代转型，人们在比较中西正义观念异同的同时，进一步理解马克思的正义论并丰富其时代精神。在这个过程中形成的中国化马克思主义正义观，既强调正义与生产方式相一致的属性，又强调作为精神象征的正义具有的现实价值。①

赵海洋阐述了马克思正义思想的逻辑结构，他尝试从整体性的视角回答马克思不但有正义思想，而且其正义思想是由四个部分构成的逻辑整体：为无产阶级谋利益的正义立场、共产主义的正义旨向、以唯物史观和资本学说为基石的正义理论以及“实际地反对并改变现存的事物”的正义路径。这“四位一体”的逻辑结构和基本内容共同回答了“谁之正义”“何种正义”“何种合理性”“如何实现”的问题。第一，“谁之正义”指的是为无产阶级和劳动者谋利益是马克思正义思想的第一表征；第二，“何种合理性”指的是唯物史观与资本学说是马克思正义旨趣的理论基石；第三，“何种正义”指的是“每个人的自由发展是一切人的自由发展的条件”的联合体是马克思正义思想的根本旨趣；第四，“何以实现”指的是“全部问题都在于使现存世界革命化，实际地反对并改变现存的事物”是马克思正义旨趣的现实路径。“四位一体”的结构内容体现了马克思正义思想科学性与价值性、事实性与规范性的双重向度。②

陈飞就马克思正义理论的辩证结构进行了阐释。他指出，探讨马克思正义理论离不开作为世界观的历史唯物主义，历史唯物主义的创立为思考正义问题提供了新的方法论原则：历史原则。在这一原则的观照之下，我们将看到马克思不仅批判了资本主义正义理论的形式性与虚假性，而且肯定了其在特定历史阶段的正当性与合理性；不仅展望了超越性的共产主义正义的理想性和形而上学性，而且论证了从资本主义的形式性正义过渡到以每一个人的自由全面发展为宗旨的超越性正义的历史必然性。现实性正义和超越性正义是马克思正义理论的两个不同位阶，二者既是逻辑相连的又是历史连续的，共同构成了马克思正义理论的辩证结构。他指出，马克思正义理论呈现为

① 臧峰宇：《马克思正义论研究的两种进路及其中国语境》，《中国人民大学学报》2015 年第 3 期。

② 赵海洋：《马克思正义思想的逻辑结构》，《毛泽东邓小平理论研究》2015 年第 10 期。

具有内在联系的双重结构：现实性正义和超越性正义。超越性正义是一个既批判又涵盖现实性正义的概念，前者并未消解后者，反而内蕴着后者合理性的一面，因此在很多地方都是与后者相通的。如果以现实性正义的权利、自由、平等、财产权等核心价值为参照系审视马克思正义理论的当代意义，我们就会发现它与当下中国对公平正义的实践诉求是相通的。与休谟和罗尔斯相比，马克思并未建构系统的正义理论，如果像当下有的学者那样用作为主流话语的西方自由主义正义理论的标准来判断和裁剪马克思的正义观，不仅会遮蔽和误解马克思的正义观，而且会妨碍对马克思正义理论的开发。我们认为，研究马克思的正义理论必须跳出西方自由主义正义理论的逻辑架构，走进马克思自己的问题域，解读其关于正义理论的基本观点，为促进社会的公平正义提供学理支撑。①

乔洪武和师远志评析了功利主义、新自由主义和西方马克思主义对不平等的立场。他们指出，西方马克思主义学者对于不平等的讨论主要集中在剥削理论的探讨上，他们通过批判新自由主义的不平等思想来构造自己的不平等观。第一，剥削的不正义在于初始财产分配的不正义。第二，剥削的不正义在于自由至上主义及其“自我所有”原则。另外，在对正义的不平等的判断上，西方马克思主义与平等主义的自由主义之间却呈现一种相互接近的趋势，这可能是因为“二者有一个共同的核心”，即对不平等都有着一种“康德式的关注”，二者都希望人们可以“自由地决定什么是自己愿意从事的有价值的事情”，二者的差别主要体现在允许不平等的程度和存在方式上，在他们看来，不平等的存在应该只是基于人们的偏好的差异，而不应基于人们天生的能力和社会背景的差异。他们还从马克思主义的角度对上面的观点进行了评析，依据马克思主义的观点来看，什么是正义的不平等，什么又是不正义的不平等呢？第一，马克思主义认为，正义或者不正义都是具体的、历史的，受制于人类物质生产实践活动。第二，马克思主义认为，平等权利是历史过程性的，即人类非常古老的平等观念演变为不同历史时期的平等要求，其正义与否要看其与当时的社会生产力发展需要是否吻合。第三，马克思主义认为，“平等应当不仅是表面的，不仅在国家的领域中实行，它还应当是实际的，还应当在社会的、经济的领域中实行”，“因此，无产阶级所提出的平等要求有双重意义”。②

王玉鹏分析了政治经济学批判语境中的马克思正义观阐释，他指出，从马克思思想发展的逻辑来看，马克思的思想首先发端于哲学批判，后经过政治经济学批判，走向科学社会主义理论体系的建构。但无论在哲学批判还是政治经济学批判之中都蕴含着正义的批判，它们之间是内在统一的。所以，我们必须从政治经济学语境中揭示与

---

① 陈飞：《现实与超越：马克思正义理论的辩证结构》，《道德与文明》2015 年第 1 期。

② 乔洪武：《正义的不平等与不正义的不平等——功利主义、新自由主义和西方马克思主义的不平等思想评析》，《马克思主义研究》2015 年第 6 期。

把握马克思的正义观，彰显其当代价值。他认为，马克思基于政治经济学批判来阐释他的正义观，也就是从变革现实的政治经济为出发点来诉求正义的实现。走向现实的政治经济变革正是马克思正义观的实践归宿。在新的历史条件下，必须彰显马克思正义观的当代价值，通过变革现实的政治经济来推进正义的实现。因此，从政治经济语境出发，马克思正义观为社会主义社会正义的实现指明了方向。①

（二）自由价值

正义和自由是政治哲学里的两个核心概念。马克思在其著作中多次提到自由价值。马克思和恩格斯甚至还用自由发展来概括他们提出并倡导的共产主义。自由价值在马克思主义伦理学中的地位可想而知。许多学者结合马克思主义基本理论，不仅对西方自由主义政治哲学进行了批判性考察，也提出了在中国语境中构想自由价值的初步设想。

金建萍认为，人的发展和社会发展存在着不可分割的关系，人的发展既是社会发展的内在核心和最终指向，又是社会发展的最有效形式。马克思正是在考察社会发展规律和趋势的同时，明确指出人的发展的价值取向是“现实的个人”认识到自己在经验生活和劳动关系中本身的固有力量。“人的解放”的完成使之组织成为社会力量，而不再以政治力量的形式同人自身分离，最终实现“每一个人”的自由发展。完整准确地理解马克思人的自由发展理论的逻辑建构理路进而丰富和深化这一理论，对于关注“现实的人”的主体地位、探寻社会成员自主性和独创性意识生成的价值、丰厚个人主体性培育的理论根基具有重要意义。作者认为，首先，“政治解放”是通向共同体的“自由”；其次，“人的解放”是“每一个现实的人”自由发展；再次，人的发展的价值要旨在于自由个性之生成。②

刘兴盛分析了“自由个性”对个人主义的超越。他指出，马克思十分向往和追求人类的“自由个性”状态，这一理想内在地蕴含了对个人地位、意义的强调与看重。那么，马克思对个人的这种强调与看重是否可与资本主义的个人主义等同？换言之，二者所追寻的是否是同样的目标和价值旨趣？资本主义所极力标榜的个人自由贯彻的正是个人主义的价值信念，因此，如果对马克思的“自由个性”思想与资本主义个人主义之间的关系模棱两可、辨析不清，就必然使得我们无法有效回击以个人主义为主导的西方自由主义思潮的入侵和责难。因此对马克思“自由个性”思想的真实内涵进行辨析、澄清与匡正，具有十分重要的现实意义与理论意义。他指出，马克思的“自由个性”正是在批判旧思想、旧观念的过程中实现其历史性的超越的。马

---

① 王玉鹏：《政治经济学批判语境中的马克思正义观阐释》，《马克思主义研究》2015 年第 5 期。

② 金建萍：《从“政治解放”到“人的解放”：人的自由发展的理论逻辑》，《人文杂志》2015 年第 12 期。

克思的终极价值关怀——“自由个性”与个人主义根本不同，并且是对资本主义个人主义的重大超越。马克思正是在揭露、批判资本主义个人自由的同时，针对其种种弊端和缺陷，确立了社会的、历史的、全面的、以个体与共同体的统一为本位的人的自由，此即马克思“自由个性”的题中之义。正是基于上述理解，我们说作为马克思世界观、价值观重要组成部分的“自由个性”思想超越了资本主义的个人主义。对于这一重要思想，以往我们没有足够重视，因而缺乏对其进行充分的阐发和论述，这使得我们在面对西方自由主义思潮的入侵时无法做到彻底的回应。因此，对这一重大超越进行揭示和阐发，可以有效地回应、批判乃至克服西方自由主义思潮对马克思主义和社会主义的攻讦与责难。①

田冠浩总结了马克思对黑格尔自由观的改造。他首先总结了黑格尔的自由思想，其次分析了马克思对黑格尔思想的批判，最后从《资本论》出发总结了马克思的自由理论。作者指出，马克思关于人类自由的深刻见解，仍然构成了现代人反思自身社会，进而不断改善、提升自我生存价值的重要思想坐标。这种自由精神不仅在世界范围内激发了人们反抗资本主义的社会运动和文化思潮，而且也成为自由资本主义社会进行自我调整的一个重要参照系。更为重要的是，马克思的自由和社会理想已经与我们民族自身的命运联系在了一起。从当代中国人致力于践行的社会主义核心价值观来看，对于“富强”的追求，集中体现了马克思所强调的对于生产力的发展，它将有助于不断改善社会整体与自然之间的物质变换关系，提高社会整体的自由水平；而对于民主、和谐、公正、法治等价值的追求则将使社会共同创造的生产力真正被社会的全体成员支配和享有，使社会整体的力量真正成为每个人的力量；在此基础上，个人的自由、平等、敬业、乐业，以及国家的文明都将得到真正的实现，因为国家富强和社会公正将会为每个人发展自身的禀赋提供必要条件，人们的职业活动将会更多地体现其创造性和独特贡献，人们将因此获得自我满足和社会的尊重，而且，一个国家的整体创造力、文化的丰富性以及总体的文明程度也将由此得到发展。上述价值的实现，最终又必然会伴随着个人对于国家的忠诚，以及人与人之间的诚信、友善的美德和情感的产生。由此可见，马克思关于人的自由联合、自我实现的理想已经构成了我们民族理想的一个重要组成部分，重温马克思的教诲，对于我们把握自身的历史使命，探索属于我们的社会主义文化复兴之路仍将具有重要启示。②

张娜翻译了美国学者乔治·布伦克特关于马克思自由观的文章。首先，马克思确实持有反对私有制的潜在的道德理由，而且他在早期和晚期的著作中都表达过这个理由；其次，认为这种潜在的反对是基于一种正义准则是不合情理的，因为马克思关于意识形态的看法似乎不允许他持有这样的一种立场。作者指出，马克思对私有制的批

---

① 刘兴盛：《论“自由个性”对个人主义的超越》，《保定学院学报》2015 年第 6 期。

② 田冠浩：《马克思对黑格尔自由观的改造及启示》，《学习与实践》2015 年第 1 期。

判是基于自由准则和私有制对个性与人格的影响。马克思提倡的自由至少有三个维度。第一，当一个人摆脱了生存境况中的偶然性并能够操控自己的事务时，这个人是真正自由的。第二，自由要求人们通过自己的活动、产品和关系使自己对象化。然而，只有在人与物依据各自具体的特质（而非那些抽象的形式）进行的互动中，才能获得自由。第三，自由只有在共同体中以及通过共同体才能实现。也就是说，马克思不仅反对不顾他人利益追求自己的个人利益，而且还首先反对利益分化。另外他认为，马克思对于私有制的批判是基于自由而非正义，他指出，自由是依据生产方式的发展来界定的，在生产方式之外没有界定自由之准则的基础。只有通过生产方式和自由的准则，我们才可以比较和评判不同的生产方式。因而，自由可用于跨文化评判，而正义则不行。对于自由和正义，我们必须谈及生产方式。但是，我们用不同的方式探讨生产方式，得到的结果完全不同。因此，马克思对私有制的批判至少是一场为了自由而展开的批判；当考虑到对正义和意识形态的看法时，这又至多是一场为了自由而进行的批判。道德的范围非常广泛，它包含着马克思从自由的角度对私有制的批判。①

李文阁从自由观出发，研究了马克思与恩格斯思想的不同之处。他指出，受西方一些学者特别是马克思学学者的影响，国内一些学者也在探讨马克思与恩格斯思想的差异，这对于深化文本研究、清除传统教科书思维的影响发挥了重要作用。但是，在这一过程中，也出现了夸大马克思与恩格斯差异、矮化恩格斯的倾向，极端者甚至认为“恩格斯是附在马克思身上的恶魔”。此种倾向在西方和国内都不同程度地存在，它不仅与事实不符，有辱伟人的形象，而且会带来不好的学风，阻碍马克思主义的发展。② 通过比较马克思和恩格斯的自由观，作者认为马克思和恩格斯的差异是微不足道的。

张三元分析了马克思自由观的逻辑进路和形成路径。作者认为，自由主义传统构成了马克思自由观形成的广阔背景，特别是德国古典哲学中的人本主义是马克思自由观的理论源头。但是，在实践基础上，马克思的自由观实现了对自由主义传统以及人本主义自由观的超越，成为科学的、实践的自由观。马克思的自由观“受精”于自由主义传统，但又脱离和超越了这个传统；马克思的自由观“脱胎”于西方理性主义，但又摆脱和超越了这个主义。在实践的基础上，马克思实现了对自由主义和抽象人本主义的摆脱和超越，完成了从唯心主义向唯物主义、从抽象的人本主义向实践的人本主义（历史唯物主义）的转变。同时，作者认为马克思自由观有四个要素：第一，“我们的出发点是从事实际活动的人”，即“现实的个人”。这是历史唯物主义的基本立场。第二，“物质资料生产”，马克思、恩格斯明确指出，人的本质是由他们

① 乔治·布伦克特：《马克思论自由和私有制》，《国外理论动态》2015 年第 3 期。
② 李文阁：《马克思与恩格斯思想的差异——以自由观为例》，《学术研究》2015 年第 2 期。

的物质生活资料和生产方式决定的，是由生产什么和怎样生产决定的，因此，只有物质生产生活才是人区别于动物的根本标志。同时，人的生产表现为自然和社会的双重关系，历史表现为物质决定性和主体能动性的统一。第三，“实践的唯物主义者”。马克思、恩格斯提出了“实践的唯物主义者”这一概念，并用其指称“共产主义者”，表明实践之于共产主义者的重要意义。第四，“自主活动”。“自主活动”这一概念的提出，对于马克思实践自由观的确立具有关键性意义。这四个观念四位一体，彼此作用，相互补充，构成了马克思自由观的基本内容或核心要素，标志着马克思对以往一切自由观念的真正而完全的超越。①

刘同舫认为，马克思对人类生存境遇认识深刻，人类在现代性和资本逻辑的生存格局中造成了人与自然、人与社会、人与自身的三重困境：人与自然之间由于价值对立导致在物质变换过程中断裂；人在物化的社会关系中丧失了现实生活的丰富内容；人的身体被资本“遮蔽”分化为工具性和欲望性的身体。马克思以人类生存境遇为着眼点，提出在人与自然的关系上，必须将作为劳动对象的自然解放出来，将作为劳动力的个人解放出来；在人的社会关系上，必须用真正的服务于人的社会关系取代异化的、外在于人的社会关系；在人与身体的关系上，必须使“身体遮蔽”走向“身体澄明”。马克思从克服三重困境的维度论证了人类解放的必要性。马克思深刻地洞察到资本主义生产方式为人类带来前所未有的巨大物质财富的同时，也造成了人与自然、人与社会、人与自身的三重困境。然而，马克思并不是一个悲观主义者，他的理想和终极旨趣——人类解放思想足以令人兴高采烈与欢欣鼓舞。②

三、其他

除了上述两个主要问题之外，有些学者研究了马克思主义与人道主义的关系；有些学者介绍了一些西方学者对马克思主义伦理学的研究成果；有些学者还提出一些新的研究主题。

安启念重释了马克思与人道主义的关系。他指出，马克思与人道主义的关系是马克思主义哲学研究中最具争议的问题。关于马克思究竟是不是人道主义者已经出现势不两立的意见，长期并存。作者认为，两种意见的对立在于双方对马克思的大唯物史观，特别是大唯物史观中的劳动实践思想，缺少深入的理解。马克思是人道主义者，他的人道主义思想与他的唯物史观毫无矛盾。离开人道主义视角，根本不可能理解马克思。马克思的这种态度是人道主义思想的具体化，对我们具有重要的启发意义。中

---

① 张三元：《马克思自由观的逻辑进路——马克思自由观研究之四》，《西南民族大学学报》（人文社会科学版）2015年第3期。

② 刘同舫：《人类解放何以必要——马克思以人类生存境遇为着眼点的论证》，《社会科学家》2015年第10期。

国人的现实本质是由中国的社会关系决定的，不能照搬西方国家的人道主义口号。就中国本身而言，当前正处在社会剧烈变化的所谓转型时期，中国人的行为方式、生活方式以及相应的思想观念和社会诉求急剧改变。中国人的现实本质在不断变化，人道主义在中国的表现也在迅速变换。35 年前，发展经济、提高物质生活水平是中国人最大的人道主义诉求，35 年后的今天，公平正义的呼声日渐高涨，人道主义有了新的表现。认识人道主义与现实条件之间的张力及其变化，对中国社会健康发展至关重要。认识、把握这种张力是一件非常不容易但又不得不做的事情。不能认识与掌握这种张力，就会把本来已经被马克思结合起来的人道主义、科学理性，重新对立起来。①

胡为雄认为马克思研究政治经济学的最初成果贯穿着道德批判。这种批判主要是针对国民经济学，其主要内容包括：国民经济学的目的会造成大多数人遭受痛苦、不幸福，它不考察工人（即劳动）同产品的直接关系而掩盖劳动本质的异化，把工人的需要维持在其劳动期间的生活需要这种最低程度。土地所有者寡廉鲜耻、无法无天，资本家贪婪成性、见钱眼开。私有制制造出无限制和无节制的消费，而消费不平等一方面是需要的资料精致化，另一方面是需要的牲畜般的野蛮化。国民经济学家要把人的一切变成可以出卖的、一种非人的统治一切的力量。所以，工人应从异化劳动和奴役关系中得到解放，这种解放包含普遍的人的解放。同时，马克思试图揭示道德与生产的内在联系，他认为国家、法、道德等不过是生产的一些特殊的方式，并且受生产的普遍规律的支配。②

谢保军分析了“人与土地的伦理关系”。在资本原始积累的初期，马克思就看到了它的反生态性。土地异化是资本主义制度存在的必要条件。资本家掠夺式地对待土地，导致土地肥力衰退和生态环境破坏。在批判资本主义农业时，马克思论述的关爱土地的“好家长”观点和土地养护的生态农业措施等理论，都展示其“人与土地伦理关系”思想。这比利奥波德的“大地伦理学”思想早了近一个世纪。马克思的上述思想对我们正确认识人与土地的伦理关系，保护和合理利用土地资源具有重要的现实意义。我们可以清晰地看到，马克思对土地有着浓郁的伦理情怀，主张善待土地。他关于“人与土地伦理关系”的思想是丰富的，很有指导意义，尤其对中国这样一个人口众多、城镇化步伐大大加快的农业大国来讲更是如此。因此，我们应当从马克思“人与土地伦理关系”理论中获取理论支撑，像对待自己的生命一样对待土地的生命，像善待我们的同胞那样善待土地。③

张曦分析了马克思思想、意识形态和现代道德世界的关系。他指出，马克思思想

① 安启念：《马克思与人道主义》，《教学与研究》2015 年第 7 期。

② 胡为雄：《马克思〈1844 年经济学哲学手稿〉中的道德批判》，《北京行政学院学报》2015 年第 4 期。

③ 解保军：《马克思“人与土地伦理关系”思想探微》，《伦理学研究》2015 年第 1 期。

究竟能不能容纳道德，曾引起过英美学者广泛讨论。一些同情马克思思想的学者试图提供论证，使马克思思想与道德相兼容。但是，通过考察现代道德世界和现代道德理论的根本特征，我们就会发现，对于马克思来说，现代道德世界中的人类特征和人类关系本身是扭曲的。作为一种意识形态，道德只是对这种扭曲的人类关系的反映。因此，马克思思想不能容纳道德、无法辩护道德。但是，这并不是马克思思想的缺陷。恰恰相反，当马克思拒斥道德时，他已经在“真正的人”的立场上，接纳了一个更高的规范评价立场。①

陈万球对马克思与亚里士多德的幸福观进行了比较。对于哲学而言，关注人生苦难，追求人类幸福是唯一的终极关怀。可是，什么是真正的“幸福”？“幸福”的逻辑起点是什么？幸福的真谛在哪里？如何通向“幸福”之路？这些问题值得深入研究。幸福作为一个哲学概念十分古老。从苏格拉底开始，幸福超越常识层面，开始进入哲学视域，真正成为反思人类行为的一部分。从亚里士多德德性幸福论到中世纪的基督教禁欲主义幸福观；从近代英国穆勒功利主义幸福论，一直到康德的义务论幸福观等，都强调人的幸福的意义和寻求通向幸福的路径。依据马克思与亚里士多德的相关理论，从幸福观的逻辑起点、幸福的丰富内涵以及通往幸福之路的视角对幸福概念加以审视，将会使我们更接近幸福的真谛。②

龚天平与方政就波普尔对马克思道德理论的诠释与批判进行了研究。波普尔这样诠释马克思的道德理论：第一，马克思理论兼具行动主义与历史主义特征，行动主义和历史主义之间存在巨大鸿沟，而沟通这一鸿沟的桥梁便是马克思的历史主义道德；第二，马克思道德理论的历史主义是历史相对主义，并且建立在对历史的科学预言之上。另外，他们指出波普尔这样批判马克思的道德理论：第一，波普尔认为马克思道德理论的理论基础是虚幻的，波普尔指出，马克思道德理论的核心观点不是建立在任何道德的考虑或情感之上的，而是建立在科学预言之上的，因此，科学预言构成了马克思道德理论的理论基础；第二，波普尔认为，马克思道德理论的历史主义实质上是不科学的道德实证主义，道德实证主义是一种只承认有现存标准而没有道德标准的理论，它认为存在的就是合理的、善的，根据这种逻辑就有可能推导出“强权就是公理”的结论；第三，波普尔认为，马克思道德理论的历史主义赖以建立的根源有失偏颇。两位学者还对波普尔的批判进行了批判。第一，马克思道德理论的基础不是历史预言；第二，马克思对资本主义的批判不仅仅是道德批判，而且是科学批判与道德批判的有机统一；第三，波普尔对马克思道德理论的解读是自相矛盾的，也不符合其本意。他们指出，通过解剖波普尔对马克思道德理论的分析与批判，我们可以得出结论：马克思理论的理论旨趣，不是预言社会历史发展过程，而是批判资本主义社会并

① 张曦：《马克思、意识形态与现代道德世界》，《马克思主义与现实》2015 年第 4 期。

② 陈万球：《马克思和亚里士多德幸福观比较》，《伦理学研究》2015 年第 5 期。

通过这种批判来发现人类社会发展的普遍规律，也寻找能把这些规律转换为现实的物质力量即无产阶级，从而建立不同于“市民社会”的“人类社会或社会的人类”，因而他的理论是不同于“旧唯物主义”的“新唯物主义”，即新的道德（哲学）理论。马克思对资本主义社会的批判是政治经济学批判，这种批判既是科学批判，也是道德批判，是科学批判与道德批判的有机统一。①

田冠浩和吴永华比较了麦金太尔和马克思的道德观。作者认为，麦金太尔认为只有恢复西方文明的社会整体性维度，重建一种亚里士多德式的、具有统一目标的伦理生活，才能摆脱现代个人主义造成的道德危机。麦金太尔的这一思想直接继承了马克思批判现代资本主义的问题意识，但是由于其保守主义立场，使他完全无视马克思在现代社会中所发现的那种“伦理潜力”，从而在根本上无法为现代社会提供出一种真正明确、具体的道德方案。②

韦庭学评述了布莱克里奇的马克思主义伦理学研究。作者认为，布氏认为，马克思主义的科学因素与哲学（包括伦理道德）因素之间，既存在着内在的张力，也存在着历史的一致性，对马克思主义的研究不能仅仅从科学或价值的单一维度去开展，而应该从历史总体的哲学观出发，统摄双重维度来进行思考。据此，他提出，马克思主义伦理观并未源于抽象或普遍的准则，而是产生于具体的历史、现实生活情境以及人们为建立新社会而推翻资产主义的斗争之中，其主要内容是具有集体自决权的自由及人们之间的团结美德。布莱克里奇的观点对进一步推进马克思主义研究具有重要的意义，同时，也存在着使马克思主义伦理观陷入相对主义等缺陷。③

① 龚天平：《论波普尔对马克思道德理论的诠释与批判》，《湖北大学学报》（哲学社会科学版）2015 年第 3 期。

② 田冠浩、吴永华：《麦金太尔、马克思与现代道德》，《东北师大学报》（哲学社会科学版）2015 年第 3 期。

③ 韦庭学：《拯救伦理又保卫历史唯物主义——从布莱克里奇的“马克思主义伦理观”谈起》，《马克思主义与现实》2015 年第 2 期。

第三章　2015年中国伦理思想史基础理论研究报告

龙　倩　邓　玲

中国伦理思想史一直是伦理学研究的重点。在基础理论方面，学者们对中国伦理思想史的基本问题、基本范畴进行了细致的分析，并对传统思想资源在现代的继承和转化进行了思考。2015年所讨论的问题仍然具有很大的继承性，在观点的论证上有一定的创新性。

一、基本问题研究

问题的视域是伦理学学科区别于其他学科的关键，而伦理思想史主要的研究范围是思想家的道德学说，主要的论域是道德论（包括道德的本质、起源、功能和特点等）、价值论、道德修养论、道德教育论和人生观，等等，分析的旨归是善恶问题，讨论的对象主要是人与社会、人与他人、人与自身（灵与肉）的关系，特征是对人与社会完善的关注①。2015年，学者讨论的焦点主要集中在天人关系、德性建构、善、幸福、人性及儒学伦理的价值方向。

（一）天人关系研究

在中国传统伦理道德体系中，天是绝对意义的最高本体，是社会伦理道德的最终根据和价值本原，它赋予传统伦理道德以绝对性和至上性。而传统伦理对人道的考量也历来与天道密切相关，甚至可以说对天道的思考构成了传统伦理道德形而上学的基础。因此，虽然在中国伦理思想史上始终存在着对“天”的不同解读，但传统伦理道德在总体上呈现出“天人合德”的基本特征。

在中国伦理思想发展史上占据重要地位的儒家伦理，也因其对天人关系的密切关注而被称为天人之学。黎志敏②认为，中国传统儒家文化所信仰的是“非形象化”的

---

① 张怀承：《略论中国伦理思想史的学科特性——与中国哲学史相比较》，《伦理学研究》2015年第6期。

② 黎志敏：《“天·德”之辨：现代文化信仰的“理性”与“神性”》，《文史哲》2015年第3期。

神性的“天”，而西方社会在经历对宗教的建构与解构过程之后，也皈依到了对“去形象化”的神性的“天”的信仰。对“天”的信仰其实是对社会共识与社会精神的信仰，因此其本质是社会性的；同时，由于信仰根本在于主观“认信”，而且信仰可以给个体带来真实的精神圆满，因此，信仰也是个人的。对“天”的现代信仰可以帮助个体突破个体的生命牢笼，真正融入社会精神，从而形成个体与社会的双赢。在现代文化信仰之中，“神性”和“理性”是辩证统一的关系。王因旭、丁崇明①对孔子天命思想的表现形式之一——“死生有命，富贵在天”进行了语义解析，认为孔子的“天—命—人”思想体系具有三重性，且三者具有动态交互作用。孔子正是在此动态交互作用下完成了自己天命体系的构建。然而，作为先秦最后一位儒学大师，荀子论天的方向却发生了根本性转折：他强调天人之分，将天定义为质料化的存在物，消解了传统上天在儒家思想中所具有的神圣性和超越性，从而瓦解了儒家道德形而上学的根基。荀子物化的天论导致了儒家思想史上天与人之间内在联系的断裂，使得他的天论成了对以孔子的天命观和《易传》的天道观为代表的儒家形上思想的颠覆。否定天的形上意义并没有使他的天论为科学的自然观开辟道路，因为对于大自然深处的奥秘和律则的好奇与追问乃是科学产生的必要条件，此种态度却是为荀子所坚决排斥的。同时，天与人之间的断裂也使得他表面看来达到了顶峰的人文主义成了失去天道支撑的寡头人文主义，这种寡头人文主义本身已经包含着走向自身反面的可能，也为韩非的法家思想提供了一个可乘的思想缺口②。

天人关系发展至西汉所形成的理论形态为“天人感应”，此种思想认为“天”是人的根源，天、人是同类，可以互动，“天”有意志、有人格，能赏善罚恶；“天”有道德理性，是人道的依据。吴全兰、赵立庆③认为，这一思想包含浓厚的伦理意蕴：首先，培养人们对天地、自然的敬畏和感恩之情，为我们构建人与自然的和谐关系提供了重要的启示；其次，根据天道确立国君的道德准则和行为规范，国君需效法“天”的“溥爱无私，布德施仁”，并通过爱民、利民来体现尊天，使封建时代居于权力巅峰的国君权力受到一定程度的制约；再次，以天道为依据论证人际等级关系的合理性，对维护家庭的有序和社会的稳定也有重要的作用。“天人感应”的思想发展到后期，逐渐与神秘主义相结合，形成一股谶纬迷信之风。对此，东汉思想家王充展开了激烈的批判。而李华、吉新宏④认为，王充批判“天人感应论”的理路和心态与其通过“颂汉”位列台阁的人生理想密切相关。王充以“天道自然论”来反对以董仲舒为代表的“天人感应论”。他否定“天”的意志性，切断天道与人事之间的关

① 王恩旭、丁崇明：《“死生有命，富贵在天”的语义解析》，《齐鲁学刊》2015 年第 1 期。

② 赵法生：《荀子天论与先秦儒家天人观的转折》，《清华大学学报》（哲学社会科学版）2015 年第 2 期。

③ 吴全兰、赵立庆：《西汉“天人感应”思想的伦理意蕴》，《贵州大学学报》（社会科学版）2015 年第 2 期。

④ 李华、吉新宏：《王充批判“天人感应论”的思想逻辑与时代命运》，《学术交流》2015 年第 3 期。

联，进而否定自然灾异与帝王行为之间的“感应”关系，从而证实“天意谴告”的虚妄。王充批判“天人感应论”的矛头所指是主流知识界（儒者），而不是专制王权；其现实动机是通过对王权的维护与支持，以实现他位列台阁的人生理想。因此，在“天人感应”作为国家意识形态的大背景下，他的人生理想不可能实现。如果说此股以王充为代表的批“天人感应”的思潮尚未触及根本，及至近代，历经科学的淘洗后，天大体丧失了价值意涵，不足以成为世俗道德秩序效法的对象。在此种情况下，严复借助社会契约论和经济学自由主义思想资源，重新为世俗道德秩序确立了根基——人的自利本能，从而把价值源头由天转换为人，证成了人的自我立法[①]。

（二）关于“德”的研究

在传统伦理思想史上，不同学派对“德”的内涵阐释不一，其中既有对“德”定义的明晰，又有对德性建构的探索，亦有对道德理由的研究，而这些不同的阐释便共同构成了“德”生成、发展、交融的历史，亦成为学者们关注的重点。

其中，孙董霞[②]首先对先秦时期“德”义进行了新的阐释，她认为“德”字的产生源于人类社会对于一种特殊“能力”——“政治控驭能力”的需要，这种观念大概产生于部族联合体的尧舜禹时代，她在另一篇文章[③]中进一步得出结论：“德”不是周人的首创，周人只是提出了不同于商人的“明德”观念，以“帝迁明德”为自己的政治合法性依据。吴灿新[④]则重点分析了西周初期所创立的“天德”观，并指出其基本内涵有：天赋王命、德乃天立、唯德是辅、敬德保民、以德施政、以德配天。叶树勋[⑤]则认为在孔子的观念重塑下，殷周以降盛行的“德”思想已从统治者用以自我解释的政治工具转变为儒者群体对公共秩序的伦理规设。

另一些学者则对儒道两家的德性论展现了深厚的研究兴趣，如李长泰[⑥]便对儒家“德性”内涵的义理面向进行了深入探讨。在他看来，中国古代儒家思想认为，德性形而上学认为德性源于天道“明德”，是天道的人道化，是通过人“明明德”知识体系的建立向纯粹理性实践的“度越”，是一个纯粹实践的问题。德性是形而上与形而下、现实与社会理想的有机统一。沈顺福[⑦]则认为德性是儒家伦理学的主题，因此率

① 张洪彬：《天道无德，人道自立——从〈天演论〉看天道信仰的神正论危机》，《探索与争鸣》2015年第10期。

② 孙董霞：《先秦“德”义新解》，《甘肃社会科学》2015年第1期。

③ 孙董霞：《周人之“德”为“明德”论——兼论殷周之“德”的区别》，《长安大学学报》（社会科学版）2015年第2期。

④ 吴灿新：《西周的“天德”观及其伦理影响》，《齐鲁学刊》2015年第5期。

⑤ 叶树勋：《孔子言论的“第三方”立场及其多元诉求——以孔子德论的向度解析为中心》，《孔子研究》2015年第2期。

⑥ 李长泰：《论儒家“德性”内涵的义理面向》，《管子学刊》2015年第1期。

⑦ 沈顺福：《德性与儒家伦理学精神》，《社会科学家》2015年第1期。

性便成了儒家的伦理精神，如孟子的尽性、《中庸》的率性，二程的循性等。而叶树勋①则通过对“德”由从统治者用以自我解释的政治工具转变为儒者群体对公共秩序的伦理规设这一新意义的发掘，而探寻到其间蕴含的言论立场的改变与价值诉求的变化。此外，约翰·奥茨林②则通过对孟子与阿奎那在德性培养上的对比而得出，孟子德性培养中尤其注重心志情感、人伦关系和成长环境等的结论。孙伟③亦是采用对比的方法，基于荀子与亚里士多德的哲学视角对德性塑造如何可能作了一番探索。他认为，对于荀子和亚里士多德二人而言，设立法律的目的并不只是为了惩罚坏人和维护社会的秩序，更重要的是能够促进人们德性的塑造。

也有学者对道家的德性论进行了分析，尚建飞④认为道家德性论的独特之处就在于：将形而上的“道”当作思考社会人生问题的起点，并主张效仿“道”的公正无私来守护生命。对于道家而言，人的本性、“德”是“道”的具体表现形式，所以完全顺应自己的本性就能够确保人拥有德性。同时，道家确信“心”“知”也是人的本性所固有的功能，并且提出虚静之心是拥有真知与实践智慧的先决条件。此外，道家的德性论还涉及公正理论以及有关享乐、政治权力等问题，同时由于尊重每个个体生命的平等观念而受到后世学者的青睐。而具体到庄子，他则认为，其德性理论所要探讨的主题可以归结为“性修反德”，即奠基在人性论之上、以合乎本性作为理论视域来论证德性的特征、实质和类型。具体地讲，合乎本性优先于顺因天性是“道德之正”或德性的评价尺度，德性的实质是通过实现本性所固有的平等、无私观念而形成的卓越品质，根据本性的不同运用方式推论出道德德性和理智德性。⑤ 彭宇哲⑥以中西比较哲学的视角，对《道德经》中的“德”进行了分析。他指出，从《道德经》第38章中可以看出，“德”的具体内涵为“自然无为”；“德”的特殊表达形式——“无”中包含着达到“德”的途径，即“无知无欲”。同时，“德”与仁、义、礼等通常意义上的德行的本质区别在于“无为”与“有为”。从“德”向仁、义、礼的趋近是道德逐渐外在技术化的表现，意味着社会的堕落。因此，老子的人生以及政治理想都基于向“德”的回溯，重回自然无为的状态。与彭宇哲不同，张华勇⑦认为老子在阐释“德”的意蕴的论述中包含三个不同的向度，即从“有”而至“无有”，进而达到“无无”，也就是道的本来样态。这是“德”的形上层面的路径。

---

① 叶树勋：《孔子言论的“第三方”立场及其多元诉求——以孔子德论的向度解析为中心》，《孔子研究》2015年第2期。

② 约翰·奥茨林、吴广成：《培养德性：在孟子与阿奎那之间》，《哲学分析》2015年第4期。

③ 孙伟：《德性的塑造如何可能？——基于荀子与亚里士多德哲学的视角》，《伦理学研究》2015年第3期。

④ 尚建飞：《道家德性论的基本特征》，《哲学研究》2015年第11期。

⑤ 尚建飞：《性修反德：庄子的德性理论》，《现代哲学》2015年第4期。

⑥ 彭宇哲：《论〈道德经〉的“德”——以中西比较哲学为视角》，《思想战线》2015年第3期。

⑦ 张华勇：《老子“德”的内在意蕴及其现代阐释》，《道德与文明》2015年第5期。

落实在实践层面，则由初始的“有言之教”到“无言之教”，最高的德要引发个体自身的创造性，这才是老子对至德的独到理解。这三层思想是由老子对“德”的层层上升的理解所构成的。吴涛[1]对老子道德哲学思想进行了整体的介绍，并指出老子认为“道”是“德”的源泉，同时也是“道”通过物的媒介在事物中的功能显现，并指出“自然”是最高的道德价值追求和原则。在德育上，老子反对道德教化，反对通过道德教化来提升人的德性，而提倡通过开发与弘扬人之本性、真性来达到人内在的道德品性，因此是以“不教”之德来加强人的内在德性的建构和培育，从而形成了异于儒家的道德修养观，尤其是老子道德哲学思想中所蕴含的生命伦理思想对我国当代大学生德育教育的效度创新、价值观的塑造等存在着一些启发和借鉴意义。

（三）善与幸福的研究

目的论认为，道德行为总是为达到一定目的，取得一定效果而为的。因此，道德责任、应该、正当等来自行为的结果和价值，评价道德行为正当与否的标准是它可否造成最大可能的好结果。然而，目的论者对于目的回答却争论不一，目的或可为善，或可为幸福，或善即幸福。2015 年学界对中国伦理思想史上作为人类整体生活的目的——“善”与“幸福”的讨论亦是着墨颇多。

其中，强以华[2]从真善入手，对中西传统伦理学的差异进行了探析。在他看来，在某种程度上，中国传统伦理学（特指儒家伦理学说）以善为真，其实质上仍仅是探讨善的伦理学，而西方传统伦理学则以真为善，其实质上则是真善兼顾探讨的伦理学，这也使它把伦理学和知识论结合了起来。因此，在求善路径上、评价方式上，中西传统伦理学都表现出了差异。沈顺福[3]则对儒家对善的定义作了分析，认为从儒家道德哲学的角度来说，善即性的完成或圆满状态。这便是儒家对善的定义，它明显区别于西方的主观判断性的善的概念。李晓英[4]则对老子之“善”作了探究。她认为，老子“善”是对利物不争、不分疏万物、超越形名制度等行为及其结果的价值判断。

在对于幸福问题的探讨中，既有对中国伦理思想史上幸福观理论的阐释，亦有聚焦于当下中国幸福问题的现实分析。而对中国伦理思想史上幸福观理论的阐释以儒家伦理为主，更具体来说又以德福关系为焦点所在。

在对儒家幸福观的理解上，王成峰[5]认为，儒家幸福观是一种圆满的幸福观，包括个人、家庭、国家三个维度，即注重内外兼蓄的个人修养、讲求家庭和睦的人伦秩

---

① 吴涛：《老子道德哲学思想及其当代价值》，《湖南社会科学》2015 年第 6 期。

② 强以华：《真善之异——中西传统伦理学的一种比较》，《武汉大学学报》（人文科学版）2015 年第 4 期。

③ 沈顺福：《善与性：儒家对善的定义》，《西南民族大学学报》（人文社会科学版）2015 年第 2 期。

④ 李晓英：《试论老子之“善”》，《文史哲》2015 年第 5 期。

⑤ 王成峰：《论儒家传统幸福观的三个维度》，《哲学分析》2015 年第 1 期。

序、倡导国泰民安的天下观念。这种“个人—家庭—国家”的幸福观不仅使得幸福在主观与客观之间达到了统一，而且使得私人善与公共善之间实现了统一，更是一种“爱己—爱人—利天下”观念的有机结合。周慧①则从德福之辩入手进行了阐述，她指出在儒家伦理思想中，德是福的基础，福是德的内容；福应是德的结果，但求福并非德行的条件；人不应忧福享，该忧无德行。以追究本体的方式来阐释德福之辩，体现出儒家的道义精神和孔颜乐处的儒士之风，亦显示出道德理想主义的文化特质、济世救民的思想形态和以德致福的价值取向，在培育人们的道德情操和精神境界上起着不可替代的作用。在许卉②看来，“孔颜乐处”发展到后期成为宋明理学幸福观的核心问题，作为人生理想境界和价值取向，它涉及感性自然和道德理性两个方面。程朱理学将孔颜之乐归结为道德理性之乐，王学则注重孔颜之乐中的自然感性内涵，阳明后学更把“孔颜之乐”发展为重视个性自由之“乐”。针对理学和心学的分歧与对立，黄道周对孔颜之乐做了独到诠释，他以“乐性”作为人生之乐的基石，以“知性”作为实现人生幸福的途径。他认为，“孔颜之乐”是有待与无待的统一、道德理性与生活感性的统一、有我与无我的统一。黄道周理论阐释的思想旨归是整合理学与心学分歧，重建理学幸福观。而作为儒家德性幸福的典范，这种“孔颜乐处”在张方玉③看来，具有鲜明的道德精英特质。而罗素的“幸福之路”正与其相反，他把目光投向普通大众，并依据观察与经验提出了造成不幸福的种种原因，进而为一般民众指出了通向幸福的康庄大道。“幸福之路”与“孔颜之乐”的参照和比较，在道德精英与平民大众之间、在德性完善与“心灵鸡汤”之间、在理想境界与现实生活之间，为儒家古典德性幸福的现代化和大众化提供了富有启示价值的致思路径。刘海涛④则对宋代著名学者程迥提出的“以道义配祸福”的观点作了深入研究，并对其在后世的发展作了进一步介绍。宋健⑤则从比较的视角对“君子固穷”这一现象作了伦理意义上的分析。他认为，“君子固穷”，不仅在摹写道德境遇（“命运”抑或“时运”），而且规范着道德品格（知、情、意的统协）。儒家与康德伦理学深具“道义”色彩，视道德为责任与目的而非谋求幸福的手段；但两者的不同之处在于：就运气而言，康德为求道德的必然性，分别从现实与理想两个层面夹杀运气；儒家则将厄运升华为忧患意识，进而构成道德实践的动力。就幸福而言，康德在现实层面疏离幸福，仅把“德福一致”安放在“灵魂不朽”与“上帝存在”的公设之中；儒家同样承认经验

① 周慧：《传统儒家伦理思想中的德福之辩》，《伦理学研究》2015年第1期。

② 许卉：《理学幸福观的整合与重建——黄道周论孔颜之乐》，《燕山大学学报》（哲学社会科学版）2015年第1期。

③ 张方玉：《“孔颜之乐”与罗素“幸福之路”比较——现代德性幸福的大众化何以可能》，《理论探索》2015年第1期。

④ 刘海涛：《论易学的“以道义配祸福”说》，《孔子研究》2015年第1期。

⑤ 宋健：《君子固穷：比较视域中的运气、幸福与道德》，《华东师范大学学报》（哲学社会科学版）2015年第6期。

世界的幸福有其偶然性，但“德福一致”并不一定只是抽象的玄谈，可在“成己成物”的人生境界中具体实现。孙伟[①]则对亚里士多德与荀子进行了具体的比较，并得出二人在达至“幸福”与“道”这一人类整体生活所设定的最高目的的方式上具有内在一致性。即二人都不仅仅强调单纯的思辨或 contemplation，同样重视日常的德性实践，认为只有在两者的基础上才能把握“道”或“幸福”。

对于当下的中国而言，经济迅猛发展的同时，价值系统却遭遇了迷惑乃至混乱，尤其是“德福一致”的信念瓦解，无德有福、有德不幸成为社会的存在常态。针对此种现象，赵浩[②]以一种新的伦理学方法——伦理人类学的立场指出，随着伦理道德的“祛魅化”和家庭生活退居次要地位，中国式的“德福一致”信念逐渐瓦解，当下中国社会重塑“德福一致”信念的两大关键是：重新找到伦理终极实体与实现社会公义。而刘喜文、李武装[③]则认为，当代中国以“公益民生”为本位的“幸福中国”执政理念和诉求愿景，要求人们在学理上先行厘定或澄明“道德—幸福—社会结构”的关系问题。

（四）人性论研究

人性论在中国传统伦理学领域内是一个基础性的重要问题，从先秦时期关于“性善”“性恶”“性无善无恶”等理论的具体讨论，开启了之后各个重要思想学派对于人性论的讨论。学者们对于人性论的研究集中于先秦人性论与宋代人性论，尤其是荀子人性论受到学者们较多的重视。

先秦人性论研究有三个方向。一是对先秦人性论的总体分析、孟子人性论研究、荀子人性论研究。在对先秦人性论进行总体论述的文章中，学者们主要着眼于人性的内涵这一问题，讨论什么样的属性可以被定义为人性。吴祖刚认为告子、孟子、荀子三家的人性论都可归入“生之谓性”这一原则。[④] 沈顺福则认为性的基本内涵包括生存之初和气。早期儒家之性，或是“浩然之气”（孟子），或是不正之“材”（荀子），或是正邪兼备之“质”（董仲舒）。气的不同属性意味着性不是初生的白纸，而是具有规定性的事实。[⑤] 吴勇认为“生生之谓性”比“生之谓性”更恰当地概括了人的属性，因为“生生”从个体与种群生命的存续和延续角度而言，主要指人的自

---

① 孙伟：《“道”与“幸福”：亚里士多德与荀子伦理学之间的另一种对话》，《复旦学报》（社会科学版）2015 年第 6 期。

② 赵浩：《中国社会中的“幸”与“福”及其“德福一致”信念》，《伦理学研究》2015 年第 3 期。

③ 刘喜文、李武装：《当代中国幸福问题的哲学透视》，《西北大学学报》（哲学社会科学版）2015 年第 3 期。

④ 吴祖刚：《作为论性原则的“生之谓性”》，《西华师范大学学报》（哲学社会科学版）2015 年第 5 期。

⑤ 沈顺福：《试论中国早期儒家的人性内涵——兼评“性朴论”》，《社会科学》2015 年第 8 期。

然属性，从创生和化生的角度而言，主要指人的社会属性。①

二是学者们探讨了孟子人性论的理论建构的进路、价值意蕴、对于现实的启示等问题。如杨少涵认为孟子性善论的思想进路有两步：一是“即心言性”；二是“以情论心”。这个进路有三个关键概念：心、性、情。它们是一体三面的关系，由此就形成了孟子性善论“心性情为一”的义理架构。② 刘敬鲁对孟子性善论的价值意蕴做了深刻的分析，认为孟子“性善论”对人性所作的善的判定是一种“价值事实”认定，其理论是一种未区分价值与事实、形而上与形而下的特殊类型的价值理论，或者说是一种价值范导性质的事实存在理论。③ 对于孟子人性论的理论特质，刘瑾辉则有不同的观点，他认为孟子言人性善，对“性”与“善”缺乏确定性，孟子人性论具有内在矛盾：孟子不分人的本然之性与社会属性，混淆人性本善与人性可善，人是否固有“四端”前后矛盾，以人兽对比证明人性善，不合逻辑。④ 王觅泉则对学界对孟子性善论的两种代表性诠释：“伦理心境”和“自然倾向”进行了分析。他认为相较于“伦理心境”，“人性中的自然生长倾向”更适合用来解释孟子性善论。⑤ 卢毅则阐释了孟子“性善论”的伦理学意义在于：深知人之虽生有善端却常易因利欲熏心、养护不力而“一曝十寒”，故孟子才劝勉人“尽心知性”“存心养性”，让人人都通过“反身而诚”的“易简工夫”而在自身找到其成德的根据，从而最大限度地激发人的道德潜能。⑥

三是学者们对荀子人性论的热烈讨论。不少学者对传统的荀子为“性恶论”者的观点发起挑战，提出“性朴论”“性危论”“性可善可恶”“性质美”等观点，《性恶》篇到底是不是荀子所作、荀子人性思想中“心”的性质问题成为讨论的焦点。刘亮从《性恶》篇“礼义恶生”（礼义从何而生）的提问来考察《荀子》人性论，提出荀子人性论应为人性是可善可恶的。⑦ 周炽成则通过对史料的考证，主张《性恶》不是荀子本人所作，《性恶》不是一篇独立、完整的论说文，而是荀子学派对人性不同看法的汇集。性恶说在《荀子》中一见而性朴说多显。荀子不是性恶论者，而是性朴论者。⑧ 与周炽成不同，梁涛认为《性恶》篇是荀子后期的作品，代表荀子的思想。他认为荀子人性论应该是性恶、心善说。荀子的心乃道德智虑心，心好善、

① 吴勇：《从“生之谓性”到“生生之谓性”——先秦主要几种人性论检讨》，《学术界》2015 年第 11 期。

② 杨少涵：《孟子性善论的思想进路与义理架构》，《哲学研究》2015 年第 2 期。

③ 刘敬鲁：《孟子“性善论”的价值意蕴及其对社会治理的意义》，《复旦学报》（社会科学版）2015 年第 2 期。

④ 刘瑾辉：《孟子人性论具有内在矛盾》，《福建论坛》（人文社会科学版）2015 年第 1 期。

⑤ 王觅泉：《性善：“伦理心境”还是“自然倾向”》，《道德与文明》2015 年第 6 期。

⑥ 卢毅：《道德主体的根据与责任——对孟子“性善论”及其伦理学意义的重新阐明》，《道德与文明》2015 年第 1 期。

⑦ 刘亮：《“礼义恶生”与〈荀子〉的人性观》，《郑州大学学报》（哲学社会科学版）2015 年第 6 期。

⑧ 周炽成：《荀子非性恶论者新证——兼答黄开国先生》，《广东社会科学》2015 年第 6 期。

知善、为善，具有明确的价值诉求，故心善是说心趋向于善、可以为善。[①] 曾振宇也指出，在人性论层面，荀子一再声明人有“性质美”“性伤”才有可能导致人性趋向恶，是在“人之所以为人”基础上立论，仁是“心之所发”，所以应“诚心守仁”。“致诚”就是让内在于人性之仁“是其所是”地彰明。因此，将荀子人性学说界定为“性恶论”“人性恶”，是一深度的误读与误解。[②] 谢晓东援引朱熹对人心危的诊释来分析荀子的人性论。认为荀子的人性论应理解为性危说。性危说跳出了以善恶言性的传统思路，为“善伪”“化性”确立了更好的基础，有助于确立“责任”的观念。[③] 张春林综合分析了荀子的人性论与其成人之道，他认为荀子从人的根源性出发来探索人性的特点，由一般生物人的自然性延伸到人之为人的社会性探讨；其成人的思路不但注重德性内修，而且也注重外在社会规范的约束限制作用。[④]

对宋代人性论的研究兴趣集中在张栻、朱熹的人性思想上。其中肖永奎和舒也辨析了张栻的人性论思想。他们认为张栻的人性论思想总体而言可分为三个层面：一是“太极即性”的性本论，性与太极皆为本体，在二者的关系问题上张栻主张“太极所以形性之妙”而最终归到以性为本体；二是“性以至善名”的性善论；三是“心主性情”的复性论，在性情之中，在动静的往复之中，心始终存在于其中，发挥着它的主宰以及知觉的作用。[⑤] 申冰冰通过分析朱熹的灯笼比喻，来探索朱熹的人性观。她认为朱熹灯笼比喻蕴含着“本与末、当然者与所以然”的“天命之性”与“气质之性”的关系。朱熹以灯笼来比喻人性旨在表达宋代理学家“祛恶扬善”的理论。[⑥] 张锦波对朱熹的“气质之性”概念进行了哲学分析。他认为朱熹以“气质”言“性”，在其理学视域下突出“性”之本义（“生”），并使他关于“性”的诸问题的思考在上贯形上层面的同时也始终着落于现实世界，着落于实处，这彰显出其理学思想的实践品格和迥异于佛老人性论的理论特质。[⑦]

除了以上所述，学者们也从其他方面探索了人性问题。如王治伟分析了儒家使人向善的保障，表现在三个方面：性善论为人们向善的选择提供了内在的根据；利益的鼓励和刺激是向善的积极保障；对恶的惩戒、对他人评判的敬畏是向善的消极保障。贺方婴通过对康有为《爱恶篇》的研究阐发了儒家人性论现代化的议题。认为《爱恶篇》已然表明，如果要让儒家传统成为民主政制的思想资源，就必须用现代式的

---

① 梁涛：《荀子人性论辨正——论荀子的性恶、心善说》，《哲学研究》2015 年第 5 期。

② 曾振宇：《“性质美”：荀子人性论辩诬》，《中国文化研究》2015 年第 1 期。

③ 谢晓东：《性危说：荀子人性论新探》，《哲学研究》2015 年第 4 期。

④ 张春林：《由人性到成人——荀子人性论思想再解析》，《道德与文明》2015 年第 5 期。

⑤ 肖永奎、舒也：《张栻的性论思想辨析》，《湖北大学学报》（哲学社会科学版）2015 年第 3 期。

⑥ 申冰冰：《朱熹“灯笼比喻”与宋代理学的人性观》，《宁夏社会科学》2015 年第 3 期。

⑦ 张锦波：《气质以言性：朱熹“气质之性”概念的哲学分析》，《安徽大学学报》（哲学社会科学版）2015 年第 4 期。

普遍人性论彻底修改儒家传统的人性论。①

（五）儒学伦理的相关研究

儒学伦理作为中华民族两千多年来优秀传统文化的主干，塑造了中华民族的民族精神，为中华民族的发展壮大提供了重要的滋养②。在2015年的研究中，学者们多着墨于儒学伦理的价值定位、儒学伦理的总体精神及伦理建构以及相关的具体问题。

刘俊燕③认为，总体而言，以儒释道为代表的中国传统文化本质上是一种圣贤文化，即一种智慧型文化，其最大特点是超越了知识层面，是一种深层次、高境界的文化，但也因此容易造成人们对其理解和解读上的困难。张立文④则对儒学之所以能为中华民族提供重要滋养的原因进行了探究。他认为，正因儒学有深刻的反省、忧患等意识为其精神；有开放、包容等意识为其品德；有与时偕行、唯变所适的生命力为其特质；有自我协调、自我创新等活力和功能为其自强不息的动能；有接地通天的能量为其本根。陈泽环⑤则认为儒学的当代命运的确定，必须要合理地理解意识形态和文化传统在当代中国社会结构中的地位和关系。当代意识形态作为政治建构、文化传统作为文明根底，相反相济、相反相成地构成中华民族伟大复兴的必要条件。这一理解，有利于我们在培育和弘扬社会主义核心价值观的过程中，实现其社会主义本质要求和中华优秀传统文化要素的综合与统一。温海明⑥则认为儒家伦理可在现时代转化为全球伦理，要实现这一转化需在突破古老与地域的双重特点前提下，求助于孟子的心性论。通过哲学与宗教的双重建构，儒家伦理经过孟子心性论的重建可转化成为全球伦理。

而对于儒学伦理的建构及总体精神的研究的学者也不在少数，如袁永飞⑦通过对崔大华先生儒家论著的要旨解读，而对儒学理论主题进行了古今推演，将其分为“前古、古、今、今后”四个不同认知阶段，推得“神圣、道德、仁义、天人、名实、性理、中西、宇宙”八类基本主题，成就儒家一贯完整的道德学问体系。陆剑杰⑧则指出儒学的真谛在于，它是以“贵仁”的价值观、“隆礼”的治理学说、“修身”的道德理论为内涵的“内圣外王”之学。儒学的当代价值，要看它能否满足和

① 王治伟：《儒家向善的三重保障》，《理论月刊》2015年第1期；贺方婴：《儒家人性论的现代转化——康有为〈爱恶篇〉的启示》，《甘肃社会科学》2015年第6期。

② 张立文：《儒学是中华民族发展壮大的重要滋养》，《社会科学战线》2015年第8期。

③ 刘俊燕：《从智慧性看中国传统文化的精神实质》，《哲学研究》2015年第9期。

④ 张立文：《儒学是中华民族发展壮大的重要滋养》，《社会科学战线》2015年第8期。

⑤ 陈泽环：《意识形态、文明根柢与道德基因——关于儒学当代命运的思考》，《上海师范大学学报》（哲学社会科学版）2015年第6期。

⑥ 温海明：《孟子心性论作为当代儒家全球伦理的缘发动力》，《孔学堂》2015年第1期。

⑦ 袁永飞：《儒学理论主题的古今推演——对崔大华先生儒家论著的要旨绎读》，《中州学刊》2015年第1期。

⑧ 陆剑杰：《儒学真谛与当代中国实践的思想文化需求》，《南京社会科学》2015年第12期。

在哪些方面满足中国实践的需求。儒学的兴起和发展，带动和促进了中国文化基因的组合并长期起主导作用。黄玉顺[①]对孔子解构道德进行了分析：其前提是社会规范“礼”；“礼”是可以“损益”的，其转换的根据则是“义”，即正义原则。由此，儒家道德哲学原理的核心理论结构是：仁→义→礼。根据这套原理，现代生活方式所要求的就是建构新的现代性的道德体系。尚建飞[②]对现代儒家伦理思想研究的义务论、现代价值和文明对话三种范式进行了分析，并指出从非规范性的研究范式来看，儒家伦理思想的实质是一种道德义务论。而采用规范性研究方式的学者更关注其是否适应中国现代社会。文明对话与前两者不同，不再将儒家伦理思想视为西方或现代文化传统的他者，而是将其视为当代探讨伦理问题的重要参与者。郭齐勇、李兰兰[③]则对安乐哲关于“儒家角色伦理”的学说进行了析评，认为安乐哲的学说展现了儒家伦理的思想特色，是区别于西方主流伦理学和个人主义意识形态的东方社群主义伦理学说。但同时也有偏颇，它忽略了儒家伦理的普遍性和终极性，夸大了中西伦理思想的差异。而对于儒家伦理的现代化，龚建平[④]则认为，只因儒家伦理更关注道德实践或行为，导致其更重人格和情感，而非知识理性的进路。儒家伦理的实践乃至研究方法都应注重现代学理中的理性精神而不能回避。

而对于儒学伦理中的一些具体问题，如义利、权变等，亦有不少学者论及。而对于儒家义利之辨，李翔海[⑤]作了深入的辨析。他指出，儒家“义利之辨”归根结底体现为一种“义以为上”，即以德性的要求作为人之所以为人的安身立命之本的精神追求。儒家“义利观”对于现代人仍能起到相当程度的警醒作用。孙秀昌[⑥]则对“义利之辨”的发生机制进行了探微，这种机制便是：“志”于“仁”以确立“义利之辨”的价值准矱，断于“勇”以激发“义利之辨”的生命强度，“权”于“道”以圆成一种以“义之与比”为鹄的的人生境界。另一些学者则对儒家的权变思想作了深入探讨。赵清文[⑦]认为，“经”和“权”的学说体现了儒家伦理思想在道德生活中将具有共识性的道德准则与具体的生活情境结合起来的态度和努力。在儒家的经权观中，“经”体现了儒家规范伦理思想的道义论、动机论的特征，“权”则体现了对功利和效果的认同。儒家的经权观反映了其伦理思想以道义论为主、结果论为辅的特征，以

---

① 黄玉顺：《孔子怎样解构道德——儒家道德哲学纲要》，《学术界》2015 年第 11 期。

② 尚建飞：《现代儒家伦理思想研究的三种范式》，《内蒙古大学学报》（哲学社会科学版）2015 年第 5 期。

③ 郭齐勇、李兰兰：《安乐哲“儒家角色伦理”学说析评》，《哲学研究》2015 年第 1 期。

④ 龚建平：《儒家伦理与理性精神》，《河北师范大学学报》（哲学社会科学版）2015 年第 1 期。

⑤ 李翔海：《儒家“义利之辨”的基本内涵及其当代意义》，《学术月刊》2015 年第 8 期。

⑥ 孙秀昌：《“义利之辨”生发机制探微》，《福建论坛》（人文社会科学版）2015 年第 8 期。

⑦ 赵清文：《道义与结果在道德生活中如何统一——经权观与儒家规范伦理思想的性质》，《道德与文明》2015 年第 4 期。

及对人事的关怀和在道德准则的普遍性问题上的基本倾向。而刘小红[①]则通过对《孟子》原文案例的分析，认为孟子的“权”的内涵是一种实践智慧。其“权”之价值原则，合而言之就是“仁”，分而言之就是以本心为代表的生命价值，以亲亲为代表的伦理价值，以尧舜之道为代表的政治价值。魏忠强[②]则认为孟子的通变观不仅体现在孟子对“经权”问题的关注上，还体现在孟子对古今之辨、“先圣后圣”之见、天人、心性之分及神、化、时、变等思想概念的论述上，展现出其思想深层的通达气象。

二、基本范畴研究

范畴是一个学科最一般的概念，它是人类思维成果高级形态中具有高度概括性的基本概念。中国传统伦理史上的基本范畴，则是被无数实践证明并内化为人类思维成果，并反映当时人们思维特点与特定认知的基本概念。历来学者对中国伦理基本范畴的研究颇多，2015 年学者的研究仍然集中在儒家。儒家伦理蕴含着丰富的基本范畴，如仁、诚、信、中庸、和、忠、心性、谦、直等。学者们从不同的视角对这些范畴的义理、实质以及相关联系及现实意义做了不同程度的分析。

（一）仁

仁是孔子思想的核心，也是儒家伦理最基本的价值，更是中国古代含义极广的道德范畴。因此，对“仁”的义理的阐发与现代转化都是学界所关注的重点。如程志华认为，“仁”可大致产生“个体道德价值”“社会伦理价值”和“人的自觉精神”三个方面的现代价值。为了“仁”自身的发展，也为了更好地有助于现代生活，“仁”作为一种“意图伦理”，应充分借鉴“责任伦理”的有益成分，以“义”即“社会正义”来充实和丰富“仁”的内涵。[③] 胡永辉、洪修平探讨了仁义的道德价值与工具价值。孔孟及后世儒者对仁义工具化的可能性有所警觉，对察行、观心、辨仁义之真伪给予了较多关注。他们分析指出，道德文明建设必须重视道德观念的内化于心。[④] 谢树放认为儒家乐天乐观的人生哲学是以仁为本的，儒家融真善美于一体、以爱以诚以生释仁，以仁善的心理情感为基石，立足于做人治国，在有限中求无限、从现实中求超越，在人世间获幸福。[⑤]

有学者从对儒家“仁爱”与其他文化中相似范畴的比较过程中揭示了儒家“仁

① 刘小红：《孟子“权”思想解析》，《孔子研究》2015 年第 5 期。

② 魏忠强：《孟子的通变观研究》，《广西社会科学》2015 年第 6 期。

③ 程志华：《“仁”的内涵、现代价值及现代调节》，《河北学刊》2015 年第 3 期。

④ 胡永辉、洪修平：《仁义的道德价值与工具价值》，《哲学研究》2015 年第 8 期。

⑤ 谢树放：《试论儒家以仁为本的乐天乐观的人生哲学》，《管子学刊》2015 年第 3 期。

爱”的实质。如靳浩辉比较了儒家仁爱与基督教博爱，认为两者所具有的强烈利他指向，“己所不欲，勿施于人”的践履方式，对终极理想的共同追求，为儒家、基督教的深层对话与交流融合提供了思想根基。[①] 郑荣、刘炜评比较了《论语》“仁爱”与《圣经》神爱在概念内涵、超越方式和精神类型上存在的差异：指出“仁爱”由人及人，通过修身养性、道德反省实现超越，体现的是人本主义精神，基本特征是原则的包容性；“神爱”则由神及人，通过原罪忏悔、灵魂反诉实现超越，体现的是神本主义精神，基本特征是原则的排他性。[②] 李丹丹则将西方关怀伦理与儒家仁爱伦理进行对比：前者基于女性视角，实证性突出，尚在发展中；后者偏于男性视角，主观性较强，趋于圆熟。但在重视关系、关爱以及实施途径方面二者有着共同之处。[③]

孔子首先把“仁”作为最高道德规范，提出以“仁”为核心的一套学说。对孔子“仁”义理的阐发是学者们研究的重点。学者们多从《论语》文本出发探讨“仁”的意蕴和价值。如李翠荣提出“仁”具有密切内在关联的三重意蕴：“仁者爱人”“克己复礼”“仁民爱物”。闫娜则挖掘了“仁”中所蕴含的以普遍人性为其立论依据的人际交互意识。[④] 宜云风、江学论述了孔子“为仁由己”思想的道德价值。他们指出孔子“为仁由己”思想以个体修身为出发点，通过“为仁”“修己”以更好地服务社会。因此，孔子“为仁由己”思想的实质是社会的责任和道德的追求。[⑤] 亦有学者对仁之方——忠恕之道的当代道德价值作了充分的肯定。如彭怀祖[⑥]针对俞吾金先生在《道德文明》2012 年第 5 期发表的《黄金律令，还是权力意志——对“己所不欲，勿施于人”命题的新探析》一文，对“己所不欲，勿施于人”的道德价值提出质疑，他从道义论伦理学的立场出发，揭示了“己所不欲，勿施于人”有可能引发的负面效应，提醒大家警惕功利的过度，这有着积极的意义。然而，由于价值多元的普遍存在，所有格言警句都难成为全球伦理的黄金律令；“己所不欲，勿施于人”虽然不是全球伦理的黄金律令，但它在当代具有极为重要的道德价值。

孟荀继承并发展了孔子“仁”的学说，学者们亦对他们“仁”的思想进行了剖析。如郭文、李凯对孟子“仁者得位”思想的探讨。认为在孟子“仁者得位”的理论架构中，对德行修养的关注让位于对“位”的重视，“位”是德性修养自我实现的

---

① 靳浩辉：《“显性”之异与“隐性”之通——儒家仁爱与基督教博爱比较研究》，《中国石油大学学报》（社会科学版）2015 年第 2 期。

② 郑荣、刘炜评：《“仁爱”与“神爱”：〈论语〉与〈圣经〉核心价值差异比较》，《西北大学学报》（哲学社会科学版）2015 年第 3 期。

③ 李丹丹：《西方关怀伦理与儒家仁爱伦理的对比》，《学术交流》2015 年第 9 期。

④ 相关论述见：李翠荣：《〈论语〉中孔子“仁爱”思想探析》，《社会科学界》2015 年第 9 期；闫娜：《〈论语〉“仁”字新解——孔子仁学中的人际交互意识初探》，《南昌大学学报》（人文社会科学版）2015 年第 4 期。

⑤ 宜云风、江学：《论孔子“为仁由己”思想的道德价值》，《江汉论坛》2015 年第 1 期。

⑥ 彭怀祖：《“己所不欲，勿施于人”的当代道德价值——对俞吾金先生〈黄金律令，还是权力意志〉一文的商榷》，《道德与文明》2015 年第 1 期。

必不可少的方式和途径。[①] 孟子在与告子相互争辩中确立了人性善和仁义内在的观点，但如何将人性之善和内在于人性中的仁义等德性外显出来，这是孟子必须面对的问题，为此他提出了其独特的“践形”观。在此前提下进一步分析孟子仁义之道下的道德正当性观念，从而阐明孟子道德形而上学的内外之境。[②] 学界一般认为，荀子多言礼，少言仁，“仁”在荀子思想中则处于从属的地位，有学者对此提出不同看法。如韩星指出，“仁”在荀子思想中仍然处于基础性地位。荀子的礼义体系是一个以“仁”为基础，包含了仁、义、礼、乐、法、刑在内的博大体系，注重人道为本的礼义道德，强调体道与修身，发挥礼义的社会政治功能。[③] 吴光则指出，荀子的仁礼关系论是与孔子的“仁本礼用”论一脉相承的。荀子的治国理政之道在本质上是继承了孔子以“仁本礼用”为核心价值观的德政与礼治思想，但也凸显了与孔孟思想有所不同的特色。[④]

此外，向世陵研究了宋明理学家二程的仁与博爱思想。他指出，建立在一气流通和同气同性基础上的“仁者以天地万物为一体”，为博爱之可能奠定了本体论的基石。[⑤] 张敏对《老子》语境中的“仁”分析后指出，老子关于“仁”的思想与其所主张的无为之道相统一，且根植于他对原始氏族社会的设想，是一种自然的、朴素的、没有尊卑等级之别的仁爱观。[⑥]

（二）诚、信及诚信

“诚”与“信”作为伦理规范和道德标准，刚开始是分开用的，“诚”主要从天道而言，“信”主要从人道而言。从道德角度看，两者含义相近且可以互训，“诚信”作为一种道德规范，一直是中华民族最基本的传统道德要求。学者们纷纷对诚信思想的内涵及当代价值等进行了研究。

杨朗认为“诚”是中唐舆论环境下兴起的一种道德观念，“诚”既指外在言行与内心的一致——不欺人；更指个体意识与人的本性保持一致——不自欺。士人创造出一种稳定的自我意识，以应对舆论环境的诸种压力，从而保持其人格独立性。“诚”这一道德观念肯定个体的独特性与超越性，但未能明确界定人的本性，所以造成了士人对于“独善其身”的不同理解，并产生才性与德性的紧张关系，这一内在困境体现出中唐作为文化转型期的时代特点。[⑦] 罗家祥研究了儒家“诚”“敬”理论在宋代

---

① 郭文、李凯：《孟子“仁者得位”思想发微》，《江西社会科学》2015 年第 1 期。

② 陈志伟：《孟子的“践形”观与仁义之道视域下的道德正当性》，《宝鸡文理学院学报》（社会科学版）2015 年第 4 期。

③ 韩星：《荀子：以仁为基础的礼义构建》，《黑龙江社会科学》2015 年第 1 期。

④ 吴光：《荀子的“仁本礼用”论及其当代价值》，《孔子研究》2015 年第 4 期。

⑤ 向世陵：《二程论仁与博爱》，《孔子研究》2015 年第 2 期。

⑥ 张敏：《论〈老子〉语境中的“仁”》，《道德与文明》2015 年第 1 期。

⑦ 杨朗：《“诚”：中唐舆论环境下兴起的一种道德观念》，《文史哲》2015 年第 2 期。

的开展及其实践意义。他指出，在传统儒学的基础上，宋代程朱理学进一步拔高了“诚”“敬”的地位，使之成为理学思想体系的重要组成部分和人生修养理论的核心内容，并对“诚”“敬”的践履及其社会意义也有独到的阐发。程朱理学有关“诚”“敬”理论的价值观、道德观、伦理观仍有不容忽视的当代价值，但要获得理想的社会效果，离不开现代民主与法治。① 刘乾阳则比较了儒家与基督教的“诚”伦理。儒家的诚论主要表现为要把天道之“诚”内化为人道之“实”（“信”），基督教的诚论集中体现为对于人格化的至上神——上帝的虔诚信仰。两种诚论体系之间有相似的论证逻辑，从真实无妄、表里如一的情感要求上来看，基督教的虔诚与儒家的诚信是相通的。二者也有明显的差异，这突出地表现在二者的强制性程度上。在现阶段的社会诚信建设中，我们可以借鉴基督教的虔诚伦理，增强诚信建设的外在的强制力和助推力。②

周可真探寻了儒道“信”的内涵和特质。“信”范畴在道家有一个从“无为之信”到“逍遥之信”的演变，在儒家则有一个从“仁信”到“诚信”的演变。老子“无为之信”作为一种言说道德，以“言由乎道”或“言法自然”为本质特征；庄子将老子政治哲学的“无为之信”发展为处世哲学的“逍遥之信”。两者均以“守中”“不辩”为共性特征。孔子之“信”属于“仁”范畴，为“仁爱之信”；孟子之“信”属于“诚”范畴，为“诚意之信”；荀子之“信”作为具体表现“诚”的“信”，与“忠”处在同一层次，具有“诚意之信”与“实言之信”双重意义。③ 廖茂吉认为中西传统“信”之伦理在价值选择、调节范围以及约束机制三个方面存在差异。他基于梁漱溟“人生三路向”这个文化视角对此问题进行分析后发现，中西传统“信”之伦理差异是受到东西方“利益计较之心”以及“内外倾向”不同的影响。正确对待中西传统“信”之伦理差异，就是要坚持义利并重的诚信理念，建立道德自律与法律他律相结合的诚信约束机制，从而推动我国诚信社会的建设步伐。④

樊鹤平通过对“诚”“信”内涵的解读，分析了“诚”“信”的差异及两者之间的相通性和相互依存性。他认为，“诚”是天道，“诚”这种天道落实于人类社会，就成为人道，即人类社会生活的基本原则亦即诚信原则。诚信原则是贯穿于人的生活的不同领域的普遍性原则，它展开为不同领域的诚信要求，构成了中国传统诚信观的基本内容，主要体现为人际关系领域、政治领域、人际交往活动、经济领域等四层维度。⑤ 沈永福、邹柔桑研究了中国传统诚信文化的流变。中国传统诚信文化经先秦时

---

① 罗家祥：《儒家“诚”“敬”理论的宋代开展及其实践意义》，《哲学研究》2015 年第 5 期。

② 刘乾阳：《儒家与基督教“诚”伦理之比较》，《伦理学研究》2015 年第 3 期。

③ 周可真：《儒道之“信”探微》，《杭州师范大学学报》（社会科学版）2015 年第 3 期。

④ 廖茂吉：《中西传统“信”之伦理差异及其当代思考——基于梁漱溟“人生三路向”观点的考求》，《宁夏党校学报》2015 年第 4 期。

⑤ 樊鹤平：《中国传统诚信思想探析》，《伦理学研究》2015 年第 3 期。

期的基本规范和内涵的确立，奠定了诚信发展的基本路向；秦汉至隋唐时期儒家的诚信思想成为国家意识形态的制度性规范，并在社会生活的各个层面产生了深远影响；宋元明清时期传统诚信实现了形而上学化和思辨的概括，并在商业领域产生重要影响，从而进入成熟期。近代百年在西方的坚船利炮和西方文化的冲击下，传统诚信逐步走向没落。① 叶友琛认为玉瑞作为礼器的重要代表，承载着周代礼乐文明，凸显了全社会对于诚信的道德追求。他以周代文献为依据，分析了玉瑞出现的时代背景，玉瑞表达诚信的三个层面，以及玉瑞在树立道德标杆中的重要作用，归纳总结了玉瑞文化的体系性、实践性，从而为今日的道德文明建设带来有益的启发。② 刘乾阳研究了性恶论前提下的荀子诚信思想。以性恶论为基础，荀子在对历史的总结中，屡次强调诚信之于统治的重要性。荀子的诚信思想与他特别重视礼义密切相关，在他看来，礼义是诚信的前提，没有君臣之分，也就不会有君主作为诚实守信的楷模去构筑社会整体诚信的良好风气。荀子诚信思想具有值得借鉴的现实意义。③ 雍佳、姚漓洁梳理了当今学术界对诚信问题的研究，主要集中在诚信的内涵、中国传统诚信思想、当今诚信缺失的原因及对策等方面。以这些研究为基础，深化对中西诚信对比问题的全方位考察，研究方法上支持跨学科研究，把理论研究与实证研究相结合，在前人成果的基础上对中西诚信对比问题进行思考，推进了中西诚信对比问题研究的纵深发展。④

（三）中庸

不少学者对《中庸》文本、“中庸”具体内涵和现代价值进行了阐释。洪燕妮探索了《中庸》四重美境的道德向度。他认为，儒家在关注伦理、上达天道的过程中，自然而然地展现出超越美、人性美、规范美以及行为美之四重与道德生命融合的美境来。《中庸》文本中即对此四重美境有诸多呈现。他分别论述了《中庸》超越美境中的道德“终极原则”、人性美境中的道德“主体意志”、规范美境中的道德“行为取向”、行为美境中的道德“典范价值”，此四重美境合而为一个整体，系统地展现了《中庸》的道德精神生命内涵。⑤ 韩星则在经学的视野下以思想史发展为线索，对《中庸》“尊德性而道问学”章做了疏解，指出《中庸》“尊德性而道问学”正式形成了儒家内部德性与学问的二元张力，延续至今。他认为应该以中和之道来化解“尊德性”与“道问学”张力，寻求二者的整合，为今天一些歧异提供重要的思想方法和哲学智慧。并提出了精英与大众结合、官方与民间结合、体制内与体制外结合来

① 沈永福、邹柔桑：《中国传统诚信文化的流变》，《常州大学学报》（社会科学版）2015 年第 3 期。

② 叶友琛：《玉瑞与周代的诚信道德建设》，《东南学术》2015 年第 3 期。

③ 刘乾阳：《试论荀子的诚信思想》，《理论月刊》2015 年第 1 期。

④ 雍佳、姚漓洁：《关于中西诚信对比问题的研究综述》，《科学大众・科学教育》2015 年第 9 期。

⑤ 洪燕妮：《中庸四重美境的道德向度探析》，《道德与文明》2015 年第 1 期。

复兴中国文化的思路。[①] 姜广辉、吴晋先研讨了《中庸》中的“中”与“诚”。他认为子思提出了以“中”和“诚”为本的哲学本体论。“中”和“诚”虽无形影，却具有与上帝、鬼神一样的至上性和神妙性，它已经不仅是一般学者所理解的“时中”之“中”和诚信之“诚”，它同时是“天下之大本”和“天之道”。子思将“中”和“诚”视作“本体”，便使之进入了信仰的层面，丰富和发展了儒学思想。[②] 任蜜林论述了《中庸》与《大学》的不同。《大学》言心而不及性，《中庸》则言性而不及心，由此造成了修养方式上的不同：《大学》重在“正心”，《中庸》重在“尽性”。此外，二者虽然都讲“慎独”，但其内涵也不相同：《大学》的“慎独”与“心”有关，并包含内心“诚意”和外在“独处”两个方面；而《中庸》的“慎独”仅包含内在之“性”一个方面。最后，二者的最终目标大为不同：《大学》的目标是“治国”“平天下”，处理的是人与社会的关系；《中庸》则要达至“与天地参”的理想目标，面对的是人与宇宙的关系。因此，从理论建构上讲，《大学》是一种由内至外的过程，《中庸》则是上贯下通的模式。[③]

郭晓东则探索了孔子“中庸”思想的现代价值。孔子“中庸”思想不仅是一种伦理规范和处事准则，更是一种世界观和方法论，对于个人、社会乃至整个人类发展都有积极的意义。对个人而言，“中庸”思想可以提高自我的内心修养，树立正确的人生观和价值观，推动个人的全面发展。对社会而言，“中庸”思想有利于防止“左”或“右”的跳跃性思维，对于保持政治稳定、经济协调平衡发展具有指导意义。对世界而言，“中庸”思想能够促进不同的国家和民族实现和而不同、相互包容、共同发展，构建和谐世界。[④] 靳浩辉比较了儒家中庸尚和思想与基督教崇力尚争思想的不同。他通过对儒家中庸尚和思想和基督教崇力尚争思想的历史嬗变、思想渊源及四维体现的分析，总结出了二者的几点不同：儒家的内向心态与基督教的开放心态；儒家对异端的包容与基督教对异端的排斥；儒家的“天人合一”与基督教的“天人二分”；儒家“道德人”的气象与基督教“经济人”的气象。[⑤]

（四）和

“和”是中华传统文化的核心理念之一，是中国传统伦理思想的重要范畴，学者们对不同思想流派及思想家的“和”思想进行了解读。包佳道以《论语》为中心来考察，他认为，《论语》文本中五处“和”的所指，由本义的“声音相应”引申到

---

① 韩星：《〈中庸〉“尊德性而道问学”章疏解》，《江淮论坛》2015 年第 6 期。

② 姜广辉、吴晋先：《论〈中庸〉之“中”与“诚”》，《湖南大学学报》（社会科学版）2015 年第 4 期。

③ 任蜜林：《〈大学〉〈中庸〉不同论》，《哲学研究》2015 年第 3 期。

④ 郭晓东：《明德正道：孔子“中庸”思想的现代价值探微》，《中华文化》2015 年第 5 期。

⑤ 靳浩辉：《儒家中庸尚和与基督教崇力尚争之比较》，《西南科技大学学报》（哲学社会科学版）2015 年第 6 期。

“贵和”中“社会人事的和谐、恰当”，这和先秦乃至两汉经典诸多关于“和”的论说颇为一致，这些所指间不相同而相通，而此不相同而相通正基于中国哲学“天人合一”的思维模式，“和”之诸义及与其密切相关的“天人合一”的思维模式仍鲜活于当代中国人的生活中。[①] 王战戈论述了儒家“和为贵”思想的现代意蕴及其价值。他指出，“和为贵”思想是儒家在处理人际关系中将“和”作为最高价值追求的具体展现，是现代社会化解人际矛盾、平衡社会关系的基本原则。两千多年来，“和为贵”已然成为一种价值标准，在潜移默化中深深地影响着人们的行为方式，而且，这一思想理念对我国当代社会主义和谐社会建设乃至世界的和谐相处，仍有着十分重要的借鉴意义。[②] 刘绪晶、曾振宇研究了张载的“和”思想。他们提出，张载“和”思想的特质体现为从万物一气、天地万物之间相互“感通”的角度阐述天地万物之间的和谐。“感通”首先发生在宇宙论层面，“太和所谓道”即为阴阳之气感通化生万物之道。其次，宇宙万物生成后，“天地位、万物育”的大和世界也通过“感通”来实现。最后，圣人通过个人修行与教化发挥感之道，感动民心走出一己的形气之私造成的人与人、人与物之间的隔阂与对立，建立起与他者的联通。张载“和”思想为现代社会通过人文教化发挥感之道感动、和合人心，建设和谐社会、和谐世界提供了哲学理论依据。[③]

许春华从“和”的角度挖掘庄子“齐物”的深意。他认为“和”是理解“通”而达致“齐（物）”旨趣的重要方式和功夫。“和”是对多样性和差异性的融合、包涵，在这一点上“和”与“通”是一致的。在《齐物论》中，“和”主要有三义：一为涵纳、融汇；二为调剂、均平；三为休止、超越。因此，“和”不仅是诠释《齐物论》思想旨趣的新的切入点，也具有与现代生态文明相通的独特伦理价值。[④] 路文彬则结合具体文本，通过中西文化对比方式，深刻剖析了中国古代“和”文化审美价值观造就的国人消极人格问题；试图为重新反思及构建当代中国国民主体提供一种有效的思路。[⑤]

（五）忠及忠恕

“忠”是中国传统伦理道德中的重要德目，近年来围绕“忠”德的研究为学界所重视，研究视域从忠观念的起源到忠德的嬗变，从对忠内涵的辨析到对忠外延的界定，从对忠德中糟粕的批判到对忠原初本义中精华内蕴的挖掘及其现代价值的转换，

---

① 包佳道：《由“和”到“贵和”：相同，相通？——以〈论语〉为中心的考察》，《福建论坛》（人文社会科学版）2015 年第 3 期。

② 王战戈：《论儒家“和为贵”思想的现代意蕴及其价值》，《齐鲁学刊》2015 年第 5 期。

③ 刘绪晶、曾振宇：《张载“和”思想新探——太和与感》，《孔子研究》2015 年第 5 期。

④ 许春华：《“和”与〈齐物论〉的思想主旨》，《哲学研究》2015 年第 4 期。

⑤ 路文彬：《比较视野下的“和”文化人生向度批判》，《中国文化研究》2015 年夏之卷。

等等，都有很丰富的成果。张锡勤、桑东辉梳理了改革开放以来大陆学者忠德研究状况，发现在忠德研究繁荣的表象下存在着一定程度的不平衡，且对于一些热点、难点问题仍没有实质性突破，忠德研究的深度和广度都有待深入。[①] 王伟凯从中国精神角度诠释“忠”。他指出，“忠”与人的修养密切联系在一起，作为最基本的价值要求，与其他价值要求相互融合，共同构成了中国的价值文化。在所有的价值规范中，“忠”是最高的精神价值存在，对一些人的敬仰乃至神化的关键一点是其对“忠”的践行。“忠”是人人都必须遵循的标准，包括最高统治者，所以“忠”的主体和客体有时也要发生相互转化，这是中国“忠”文化的一大特点。[②]

“忠恕之道”一般被理解为“行仁之方”，在儒家伦理思想中占重要地位，学者们纷纷探讨了“忠恕之道”的内涵和精神意蕴。章林认为，同普世主义直线型路径不同，“忠恕”是一个由自身开始，又返回到自身的圆环式进程。恕道在“推己”的过程中遇到“异己”从而返回到自身的过程并不是一次消极的撤退，而是要返身自省，从而更进君子之德。[③] 冯晨解析了“忠”“恕”中的“爱人”内核。他认为，在形式上，“忠”“恕”从两个侧面规定了以“立人”和“达人”为目的的成德的行为要求，但在伦理实践中，“忠”“恕”却需要“爱人”这一道德情感促成两者的实现。[④] 刘书正则指出，忠恕之道是儒学的根本大道，是儒家伦理的核心和灵魂。当今社会，尽忠行恕，通达仁道大本，树立道德自觉，需要在敬、宽、让方面下一番修持功夫。[⑤]

三、传统与现代

改革开放以来，中国现代化建设所取得的成果展现了中国所具有的巨大潜力，也增加了国民自信心，因此，学界也开始从中华民族伟大复兴的角度重新审视中国传统文化。2015 年学界也从分析传统文化的内涵和反思出发，致力于传统文化的现代化。

（一）传统文化的内涵

中国传统文化源远流长，是中国历史中流淌着的血液，认识什么是中国传统文化，什么是传统儒家文化，并对其发展历程和现状进行深刻的反思，是传统文化现代化的必由之路。2015 年学者们对中国文化精神的内涵进行了梳理。

王京香从传统中国精神和现代中国精神来阐释中国精神，认为传统中国精神的内

---

① 张锡勤、桑东辉：《中国传统忠德研究的几个热点问题》，《伦理学研究》2015 年第 1 期。
② 王伟凯：《“忠”论——中国精神角度的诠释》，《理论月刊》2015 年第 2 期。
③ 章林：《忠恕之道与道德金律：从“学而时习之”章谈起》，《孔子研究》2015 年第 4 期。
④ 冯晨：《孔子“忠”“恕”中的“爱人”内核》，《南昌大学学报》（人文社会科学版）2015 年第 1 期。
⑤ 刘书正：《儒家忠恕思想的道德意蕴》，《管子学刊》2015 年第 4 期。

涵包括了“天人合一”“自强不息”“团结宽容”等内容，而现代中国精神是在传统道德基础上融入了马克思主义与社会主义因素，是当今之中国实现共同理想的精神支撑。[①] 樊海源、崔家善则更加具体地分析了儒家思想的理论要旨：弘扬人文精神、倡导会通精神、主张中庸思想、注重心性修养、提倡和谐共生。[②] 总之，传统与现代之间有千丝万缕的联系，是中国现代化建设不可或缺的精神来源。

（二）传统文化现代化

传统文化的现代化，其根本目的是为实现中华民族的伟大复兴提供文化自信，具体方法就是寻找中国文化与时代价值的共通性和延续性。从近代开始，学者们就在思考中国传统在近现代所应处的位置和发挥的作用。

吴龙灿认为，“中国梦”有着深刻的历史渊源，即“小康社会”“大同社会”和终极理想“致太平于天下”。[③] 魏波则进一步提出：国家的崛起与文化的兴盛包含着深沉的道德力量，实现中华民族的复兴也需要通过培育集体道德来冲破现实中利益与权力的羁绊。并且，基于中国的历史与现实并顺应人类文明发展的潮流，寻求中华民族复兴的价值支撑应坚持共享性、人民性、中国性、创新性、开放性的原则，在改革创新中建设新的精神家园。[④]

近代传统文化的发展。鸦片战争以后，中国的政治、经济等主权不断丧失，如何重塑民族自信心、吸收西方先进的政治经济理念来挽救民族危亡成为学者们探讨的中心，其内容涉及思想、政治和社会生活的方方面面。胡芮试图通过道德想象和道德实体来厘析近代“中华民族”的形成。她认为近代形成的“中华民族”是与“民族”概念不同的“国族”，“国族”概念是在一个国家疆域内部，将不同民族或族群想象为一个实体，将这个实体称为“国族”，也标志着民族观念由“道德想象共同体”发展为“伦理实体”的阶段。[⑤] 张君劢是最与政治接近的现代新儒家的代表之一，但伍本霞对他的“修正民主政治”进行了批评，认为张氏试图借助儒家的“内圣”之学开出“外王”之说，但是这忽略了政治与文化本身的关系，又无法避免儒学既避免暴政又提供理论基础的双重作用，使他的目的难以完成。[⑥] 而近代人们的道德生活也在发生变化，这就要求人们从多个角度去把握和认识。李培超认为，在把握近代中华民族道德生活的特质时，可以从“常态”（历史的连续性）、“量变”（历史的延展性）和“质变”（“道德变革”或“道德革命”）三个维度来展开分析。因此，也应

---

① 王京香：《中国精神中的道德理念的探究》，《湖北民族学院学报》2015 年第 1 期。

② 樊海源、崔家善：《中华儒家思想的理论要旨与时代价值》，《学术交流》2015 年第 3 期。

③ 吴龙灿：《中国道路与儒家理想社会》，《孔子研究》2015 年第 1 期。

④ 魏波：《论中华民族复兴的价值支撑》，《南京政治学院学报》2015 年第 3 期。

⑤ 胡芮：《从道德想象到伦理实体》，《云南社会科学》2015 年第 4 期。

⑥ 伍本霞：《张君劢“修正的民主政治”》，《湖南科技大学学报》2015 年第 1 期。

在发展中看待道德生活。[①]

传统文化的现代性转向，首先需要考虑的是如何认识传统。汪行福认为，正确看待中国传统需要古今中西的全方面视野，应在以个人自由和政治自由的自我决定的实现为最高目标的前提下，才能全面地认识传统智慧。[②] 姚新中辩证地将传统与现代联系到一起，认为全面理解的现代化必须以传统为基础同时又超越传统：既继承传统又改造传统。这样的现代化既是地方的也是全球的。[③] 侯才认为，哲学已经进入了道德伦理之域，而目前现代性最大的危机的根源是人这一主体自身的需要和欲望恶性膨胀的结果，是人未能成为自身的需要、欲望的主体的结果。因此，必须重塑价值观和重构价值体系，为人的欲望和需要立法，成为现代性建构的核心内容。[④]

（三）具体德目的现代意义

文化具有连续性和延展性，在不同的时代有不同的时代价值和发展趋向。2015年学界对于具体德目的研究，主要集中在人本、友爱和礼等方面。

王远通过中国社会保障制度传统与现代的变迁，阐释了“民本”思想向“人本”思想的转变。他认为，传统的社会保障思想主要体现在人与天、人与人和人与法等方面，但从明清之际开始，伴随中国现代化、全球化的进程，在儒学、西方近代人学和马克思主义三种思潮的相互碰撞中逐步实现了对人的全面理解，最终在马克思主义关于人的全面发展的思想指导下基本实现了从“民本”到“人本”的转化。[⑤] 揭芳认为，儒家友德对于救治社会的个体化带来的个体人际冷漠、社会疏离、身心失衡等道德问题乃一剂良方。但这需要儒家友德由“友爱”向“友善”转化。[⑥] 王露璐通过问卷调查和访问等方式，得出“通过法律途径解决”所代表的法治秩序、“找熟人解决”所倾向的传统礼治秩序和以“找村委会或村党支部解决”为表现的新型礼治秩序，共同构成了当前我国基层农村的利益纠纷解决的基本路径。在转型期的乡村社会，法律必然成为国家控制和管理社会最重要的工具和手段，礼治秩序则是在法律留给乡村自治和自主运行的限度下发挥作用。[⑦]

总之，传统文化的现代化是中国建立中华民族文化自信和为民族复兴提供智力保障的必由之路，如何认识传统文化、怎样理解传统与现代的关系是传统现代化必须解决的理论问题，并且会随着时代的发展提出不同的要求。

---

① 李培超：《论中华民族近代道德生活的变革》，《湖南师范大学社会科学学报》2015年第5期。
② 汪行福：《道德中国还是专制中国》，《学术月刊》2015年第10期。
③ 姚新中：《传统与现代化的再思考》，《北京大学学报》2015年第5期。
④ 侯才：《哲学的伦理化与现代性重塑》，《北京大学学报》2015年第3期。
⑤ 王远：《从“民本”到”人本”》，《科学社会辑刊》2015年第5期。
⑥ 揭芳：《从“友爱”到”友善”》，《云南社会科学》2015年第21期。
⑦ 王露璐：《伦理视角下中国乡村社会变迁中的礼与法》，《中国社会科学》2015年第7期。

第四章　2015 年中国伦理思想与现实问题研究报告

郭清香　郝　丽　许叶楠

在很长的历史时期里，中国伦理思想都是同政治、文学、历史、哲学乃至宗教等领域的思想紧密联系在一起的，直至 19 世纪末 20 世纪初，也未能形成相对独立的伦理学学科。但中国作为具有悠久历史和灿烂文明的古国，其长久以来积累的优秀传统思想中，从不同角度反映着不同历史时期的社会风俗习惯、社会道德状况和人们的精神面貌，表现了各个时代思想家们的伦理思想。在经济全球化和东西方文化交流日益增多的大背景下，研究中国伦理思想，挖掘中华民族精神，对于社会主义道德建设以及更好地与西方文明对话，促进世界文化多元化有着重要意义。2015 年，学者们充分挖掘中国伦理思想对社会各个领域内的问题解决的资源意义，这包括道德教育、道德修养、政治伦理、家庭伦理、生命伦理、生态伦理等伦理学现实问题。

一、道德教育及道德修养的研究

道德教育与道德修养问题是伦理学理论应用的必然领域，很多伦理学的基本问题和范畴都与道德教育和道德修养问题相关。

（一）道德教育

道德教育是中国传统教育的核心，传统道德教育以儒家仁、义、礼、智、信等德目为主要内容，在教育方式上注重以身垂范潜移默化影响受教育者。传统道德教育不仅负责培养学生的德行，还被寄予移风易俗、提振社会风气的期望，对于政治统治的稳定性也有着重要的影响。2015 年学者们对传统道德教育展开了较为全面的研究，既有对传统道德教育的整体性的考察，也有对特定时代、文本、人物道德教育思想的具体分析。学者们通过对传统道德教育的研究，重点探究传统道德教育的内容、途径，发掘其对于现代道德教育的启示意义，并对当今道德教育提出建议。

学者们对于道德教育内容的研究兴趣主要集中在儒家，发掘儒家道德教育内容的精华之所在，并对当代道德教育内容进行了反思。如黎红雷通过考察儒家道德教育，认为“仁义礼智信”五常是儒家道德体系的代表性符号，其中所包含的“立己立人”的仁道思想、“公正合宜”的道义思想、“有礼则安”的明礼思想、“尊德问学”的明智思想、“忠信为宝”的诚信思想，对于当代社会的道德文明建设依然具有重要的价值。[①] 李建和傅永聚则认为儒家“仁礼合一”的人文传统正是以人格修养教育、社会关爱教育、家国情怀教育为主要内容的当代中华优秀传统文化教育可以依托的重要文化资源。[②] 杨柳新考察了古典儒家的人文教育理念，他指出古典儒家认为教育的实质是“学”以“知道”，教育的目的在于养成人的德性和人伦智慧，以至于“化民成俗”。[③] 张慧远认为当前教育面临的主要危机是生命、人格教育的缺失。她以《大学》之“明明德，亲民，止于至善”之道与《中庸》“天命之谓性，率性之谓道，修道之谓教”为契入点，提出教育的起点是人性向善，教育的终点是止于至善，教育的路径则是择善固执。教育必须回归生命，植根于性情。性情教育则要循天性，化本性，练习性，深入心性，培育好学生的善念。[④] 宣璐、余玉花研究了传统家训文化中的诚信教育及当代启示。她们认为传统家训中可以挖掘的诚信文化包括诚信立身、诚信交友、诚信为官、诚信经商等多方面的教育内容。[⑤]

学者们或通过宏观的考察或通过具体人物、时代道德教育思想的分析，发掘了传统道德教育丰富的教育方式与途径，这些方式或可供当代道德教育借鉴。胡发贵认为在中国传统文化中，国家被认为是“道德枢机”，这使得中国古代特别重视“为政以德”。“德治”不仅是古代社会治理的一大法宝，而且也是考量统治合理性、合法性和正义性的一个核心因素。由此也就决定了统治者尤其推崇“以德服人”的教化方式。[⑥] 王易和张泽硕重点分析了中国传统德育将道德教育融入“人伦日用”的特点并阐发了其对当前选择道德教育方法的启示意义。他们认为“道在人伦日用间”是儒家伦理日常生活化的重要表现，它体现了老百姓把道德原则与规范贯彻在个体生存、家庭生活、人际交往和社会活动的方方面面，体现出重复性、人情化、注重礼仪教化、日用而不知等特征。从而对当前的思想政治教育在目标设立的内隐性、教育途径的多样性、教育机制的长效性以及教育过程的生活化方面具有重要启示。[⑦] 杨汉民分析了两汉道德教化与传统核心价值观的构建，指出两汉统治者率先垂范以上化下、将伦理规范纳入选官标准、发展学校教育、“以礼入法引经入律”，通过多种途径的实践推动了传统核心价值观的构建与道德教化的落实，对封建大一统政治的巩固和发展

---

① 黎红雷：《“仁义礼智信”：儒家道德教化思想的现代价值》，《齐鲁学刊》2015 年第 5 期。

② 李建、傅永聚：《儒家“仁礼合一”传统与中华优秀传统文化教育》，《齐鲁学刊》2015 年第 4 期。

③ 杨柳新：《礼乐教化：古典儒家人文主义教育理念诠释》，《孔子研究》2015 年第 5 期。

④ 张慧远：《〈大学〉之道与〈中庸〉之教》，《宁夏社会科学》2015 年第 3 期。

⑤ 宣璐、余玉花：《传统家训文化中的诚信教育及当代启示》，《中州学刊》2015 年第 6 期。

⑥ 胡发贵：《中国古代的德治与教化》，《金陵科技学院学报》（社会科学版）2015 年第 2 期。

⑦ 王易、张泽硕：《中国传统德育中的“人伦日用”及其当代启示》，《伦理学研究》2015 年第 5 期。

起到了重要作用。①

彭大成探索了曾国藩树人育才之道及其当代启示。曾国藩的树人育才思想主要包括：第一，强调后天学习与教育的重要性；第二，用兵行政，以选拔人才为第一义，而“人才以陶冶而成”，应十分耐心地去访寻发现人才，培养教育人才，并善于使用人才。曾国藩还特别指出要转变、净化社会风气，为人才的大批涌现营造良好的社会环境。这一点对我们当前道德教育的推进有着重要的启示意义。②

此外还有学者通过对中西道德教育的历史进行考证，指出中西传统教育的弊病之所在。焦金波认为中西传统道德教育使人的生活片面化。生活是指个人能动地、自主地围绕着自身生存以及生命展开所进行的功能性活动、事件和状态的总和。道德教育本来应该是跟随着人们的生活，并为着人们的更好生活服务。但是，在传统社会中，道德教育却走在人们生活的前面，对人们的生活进行限制与规训，最终导致个人生活的片面化。在西方表现为等级性美德的教育，在中国则表现为差序性“礼”的规训。③

（二）道德修养

道德修养是中国传统伦理思想的一个重要组成部分。2015 年学者们较多地探讨了传统儒家与道家的道德修养理论。尤其是儒家道德修养思想得到了比较充分的探讨，从先秦孔、孟、荀到宋代张载、朱熹再到明代王阳明、湛若水、王夫之等思想家的道德修养理论在这一年都得到了进一步的研究。学者们探讨的问题集中在传统道德修养思想的理想人格与修养工夫等问题上，道德修养的自律与他律问题也得到了学者们的关注。

理想人格是道德修养的目标所在，为道德修养确定方向。2015 年学者们对理想人格的讨论集中在儒家和道家两个学派上，道家的“圣人”“至人”，儒家的“圣人”“君子”“大丈夫”的理想人格得到了探讨。还有学者阐发了这些传统理想人格的当代表现。学者们对儒家理想人格的研究既有总体性的考察也有对于具体人物、具体概念的深度剖析。其中孔子、孟子和荀子的“君子”“圣人”等观念得到了深入的分析。

总体性的考察包括对儒学的成人理念、君子人格以及理想人格应该包含的重要德目的分析研究。如黄开国、王国良、付粉鸽指出儒家的“成人”是一个有层次的多极观念，包含了不同层次的成人人格，如庶人、君子、贤人、圣人，等等；儒家君子

---

① 杨汉民：《两汉教化与传统核心价值观的构建》，《湖南科技大学学报》（社会科学版）2015 年第 4 期。

② 彭大成：《曾国藩的树人育才之道及其当代启示》，《湖南师范大学社会科学学报》2015 年第 4 期。

③ 焦金波：《中西传统道德教育使个人生活片面化的历史考证》，《齐鲁学刊》2015 年第 1 期。

的内涵品行充分体现在个体、社会、政治三个层面。[①] 孔子作为儒家的创始者，亦有圣人之称，是学者们研究理想人格问题的重要对象。学者们分别对孔子“君子”人格的内涵作了分析，如张晓庆认为孔子的君子人格思想经历了从有位者到有德者的含义转变，确立了仁、智、勇的价值追求，提出了行义、遵礼、时中的行为准则，明确了忠恕、躬行、博学的修养路径。[②] 孙钦香则认为孔子理想的君子人格无疑首先具备仁义礼让这些道德内涵，其次还须具备美学意义上的趣味和品鉴能力，再次还须具备好学、智慧的内容。[③] 而李宁则认为孔子心目中君子的使命应是修德、弘德，而非局限于某些专门的才能。[④]

也有一些学者对孟子和荀子等人的理想人格进行了研究。其中刘晓靖认为孟子理想人格的逻辑起点在其性善论上，而理想人格的归宿在实现“仁政”的社会理想上。[⑤] 谌祥勇解析了孟子和荀子的圣人观念。他认为孟子和荀子都完整地继承了孔子的圣人观念，但各有侧重。孟子强调了圣人当中内在修为的部分，而荀子则集中在圣人化生礼义法度，成就外王功业的部分。[⑥] 刘晓靖剖析了荀子的道德理想。在荀子这里，“圣人”人格的突出贡献是在努力改造自身的基础上制定礼义法度，从而为人类群体的建立和有序运行，为人类的生存、发展提供保障。[⑦] 刘胜分析了王阳明的圣人观。他认为在阳明那里，圣人的本质在于其内心的纯乎天理，无人欲之杂，在于对良知的体认，而不在于才力的大小、知识的多寡。[⑧]

学者们除了对儒家的理想人格思想进行深入研究外，对道家的人格理想也有论述，并对儒道两家的人格进行了比较研究。宋辉和付英楠对道家的圣人人格做了概括，其中包含无私公正、忧民爱民、随和包容、戒满戒盈、节俭清廉、博爱柔慈、宽容谦下、与时俱化。[⑨] 郑小九则分析了愚公移山精神的道家文化底色，其中所蕴含的大智若愚的智慧境界，天地无私、多予少取的道德胸怀等蕴含着道家的人格追求。[⑩] 杨爱琼对先秦儒家和道家的理想人格做了比较研究。她认为先秦道家之理想人格，从自然、宇宙的层面来观照个体生命，强调个性和自由，二者互为补充。[⑪] 此外，还有

---

① 相关论述见：黄开国：《儒学成人理念》，《中共宁波市委党校学报》2015 年第 1 期；王国良：《儒家君子人格的内涵及其现代价值》，《武汉科技大学学报》（社会科学版）2015 年第 2 期；付粉鸽：《修己 · 执事 · 体天：儒家“敬”观念的形而上考察》，《人文杂志》2015 年第 11 期。

② 张晓庆：《孔子君子人格思想之道德意蕴》，《学术探索》2015 年第 11 期。

③ 孙钦香：《“文质彬彬，然后君子”：孔子的君子意涵》，《学海》2015 年第 5 期。

④ 李宁：《〈论语〉“君子不器”涵义探讨》，《学海》2015 年第 5 期。

⑤ 刘晓靖：《论孟子道德理想人格》，《湖北大学学报》（哲学社会科学版）2015 年第 5 期。

⑥ 谌祥勇：《孟、荀的圣人观念解析》，《华侨大学学报》（哲学社会科学版）2015 年第 6 期。

⑦ 刘晓靖：《荀子道德理想简析》，《道德与文明》2015 年第 4 期。

⑧ 刘胜：《王阳明的圣人观及其当代意义》，《湖南科技大学学报》（社会科学版）2015 年第 4 期。

⑨ 宋辉、付英楠：《道家圣人人格的传承与发展》，《北华大学学报》（社会科学版）2015 年第 2 期。

⑩ 郑小九：《愚公移山精神的道家底蕴》，《道德与文明》2015 年第 1 期。

⑪ 杨爱琼：《以理想人格为视角看先秦儒道生死超越之路径》，《湖北大学学报》（哲学社会科学版）2015 年第 3 期。

学者立足当代对理想人格进行了研究。陈秉公以中国传统理想人格为基础，建构了当代理想人格模式。其有五个基本标志，即思想观念和价值观念正确、具有合格的道德水平、具有较好的智慧力量、具有较强的意志力、有反省和超越精神。①

修养工夫是提升生命品质和生命境界的必经之路，是通往圣贤人格的桥梁。中国传统伦理思想中包含着丰富的工夫论思想。2015 年学者们深入研究了儒家的道德修养工夫，对道家和法家的修养路径也有提及。

在儒家道德修养工夫方面，学者们主要研究了孔子、张载、朱熹、王阳明、阳明后学和王船山等思想家的相关思想，着力于阐发工夫论的依据、内涵与特色，并挖掘其现实意义。从总体上而言，在儒家的工夫论中，道德的主动性与道德落实的能力之间需要一个转化点，道德情感作为这一转化点，保证了“修身”到“成圣”的可行性。② 具体而言，学者们考察孔子“学”的内涵，指出其本质是“为己之学”，主体是以“周学”为代表的“古学”，目的是修习君子。③ 对于宋明理学中的修养工夫学者们亦有论述。张奇伟和王传林通过考察认为在“太虚至善”的价值理念的指引下，张载提出了天地之性、气质之性，并试图通过变化气质来消弭二者间的张力，从而创建出“人”作为道德主体的“善反”之路与复归之路。④ 崔海东辨析了朱子两种主“动”的涵养工夫。一为“上达、涵养、发用”的工夫格局，一为“下学、上达”的工夫格局。前者对已学者而言，后者则对初学者而言。⑤ 王格指出王阳明所倡的“知行合一”并不局限于一种“救时补偏”的应机说法，而是从正面论证德性意义上的“知”必然有充足的力量带来相应的道德行为，它与“致良知”在义理上具有高度的一致性。⑥ 刘元青则分析了王阳明思想中良知与见闻的关系。他认为王阳明并不反对见闻之知，只是不能认知识为良知。⑦ 阳明后学的修养理论也是学者研究的一个方面。如邹守益、罗洪先、唐顺之等阳明学者的事功活动，都以自觉实践良知学为核心，时时警惕气魄承当、认欲为理的工夫障碍。⑧ 李卓分析了阳明后学高攀龙的道德修养理论。他认为在道德修养工夫上，高攀龙重提程朱之学，以矫王学末流狂肆之弊。⑨ 王宇丰通过对照《庄子解》中的“凝神”与《张子正蒙注》中的“存神”，从

① 陈秉公：《中国传统人格发展历程与当代理想人格模式建构》，《思想理论教育》2015 年第 10 期。

② 冯晨：《儒家从“修身”到“成圣”的理论“奇点”》，《道德与文明》2015 年第 4 期。

③ 晏玉荣：《试论孔子以礼克己的思想》，《郑州大学学报》（哲学社会科学版）2015 年第 2 期。

④ 张奇伟、王传林：《张载“太虚”的价值向度与品性》，《北京师范大学学报》（社会科学版）2015 年第 6 期。

⑤ 崔海东：《朱子两种主“动”的涵养工夫辨析》，《中州学刊》2015 年第 10 期。

⑥ 王格：《王阳明“知行合一”义理再探》，《道德与文明》2015 年第 5 期。

⑦ 刘元青：《王阳明关于良知与见闻之知的分辨与联结》，《南昌大学学报》（人文社会科学版）2015 年第 6 期。

⑧ 张卫红：《以良知开物成务——阳明学者以心性贯通事功的道德实践与工夫障难论析》，《道德与文明》2015 年第 5 期。

⑨ 李卓：《中庸的主敬修养论——以高攀龙思想为例》，《伦理学研究》2015 年第 5 期。

工夫论的视角探寻船山对于个体工夫与宇宙本体之间的哲学思考。他认为晚年的船山以神为核心，通过为功于气的方式，把个体修养与气化流行的宇宙联系起来，使工夫论纳入宇宙论的视域中来，这样，内圣之学就不拘囿于心性论领域，增强人对宇宙万物的责任意识。①

在中国传统伦理思想史上，道家开辟出一条迥异于儒家的道德修养之路。白延辉和白奚探究了黄老道家顺任自然的生命修养理论。他们认为在生命修养问题上，黄老道家不再如老庄道家那样偏重于追求心灵自由和精神超越，而是更加关注生命体本身的呵护与保养。② 宋洪兵研究了先秦儒家与法家的成德路径。他认为先秦儒家与法家的成德思想有"由内而外"及"由外而内"两种类型，前者包括孔子之"循亲成德"与孟子之"循心成德"路径，后者包括荀子之"循礼成德"与韩非子之"循法成德"路径。③

二、政治伦理思想研究

政治一词，在中国传统社会里与伦理道德密切联系在一起，"内圣外王"的思想就是对这一关系的最好注脚。2015 年，学者们就中国传统社会的政治伦理进行了积极的研究、探索，并且结合当下的社会政治问题，进行了反思。同时也有学者打破地域的限制，对中西传统的政治伦理思想进行了比较研究。

（一）总体性研究：伦理道德与政治的关系

总体性研究，主要是指 2015 年学者们就中国传统伦理思想领域内某一思想家或者某一派别的思想，以他们的整体思想作为基础，来考察其理论体系的内部结构以及伦理道德与政治的关系。其中主要包括儒家、墨家和法家。

游唤民、汪承兴和允春喜、金田野都对周公的政治思想进行了研究，并从中揭示了在周公思想体系中的伦理道德与政治的关系中，伦理道德是处于基础地位并贯穿始终的。④ 徐红林、单江东、王伟对儒家的政治伦理思想进行了整体维度的思考，揭示了儒家思想中道德与政治之间不可分割的关系。徐红林认为儒家政治伦理思想是中国传统政治伦理的主流和"常道"，并逐渐形成了以礼仁、民本、中庸、和合、忠孝等

① 王宇丰：《浅探王船山晚年工夫论思想——以〈庄子解〉的"凝神"与〈张子正蒙注〉的"存神"为例》，《常州大学学报》（社会科学版）2015 年第 4 期。

② 白延辉、白奚：《黄老道家顺任自然的生命修养论》，《齐鲁学刊》2015 年第 4 期。

③ 宋洪兵：《论先秦儒家与法家的成德路径——以孔孟荀韩为中心》，《哲学研究》2015 年第 5 期。

④ 相关论述见：游唤民、汪承兴：《论周公思想文化及其现代意义》，《湖南师范大学社会科学学报》2015 年第 2 期；允春喜、金田野：《从命定的秩序到主体的道德——周公天命政治观研究》，《道德与文明》2015 年第 3 期。

为主要内容的政治伦理架构。① 王伟对儒家的天命观进行了分析，认为儒家德治论是强调天下应“有德者居之”，即把道德教化作为治国的基本原则，也为制约君权和政权转移提供了理论依据。② 杨明对儒家的“王道”思想进行了探究，认为先秦儒家对王道理想进行了创造性的内容充实，仁政学说集中而典型地体现了这一思路。贯穿于儒家仁政的一个基本价值取向就是利民为民、关注民生，展现出一种利民价值取向和为民情怀。③ 除此之外，杨建兵对墨家的政治伦理思想进行了整体的论述，认为墨家政治伦理以“义”为核心与宗旨，而“义”又以“天下之利”为质，通过“权”和“求”的方法对“利”进行精准的计算，再由具备“爱”“义”“廉”“节”等德性的贤能政治家来担保“利”在不同主体之间实现均衡的分配，配以“尚贤”的人事管理制度和“尚同”的行政管理制度保障，坚持效率优先兼顾公平的原则，最终使墨家的政治道德形成一个完满的伦理叙述。④

学者们还对孔子的仁爱与耶稣的博爱、孔子的先义后利与耶稣的重义轻利、孔子的群体倾向与耶稣的个体彰显这三个方面的政治伦理核心价值观进行了比较，不仅清晰地展示了孔子政治伦理思想的主要内容，也为今后儒家与基督教政治伦理的交流对话提供更本真的“发生学”视角。⑤ 胡发贵则对孟子的“良知良能”这一推崇人的主观意志的重要哲学命题进行了分析，认为这一命题中实际包含了“能”与“不能”两个方面，反映到政治上就是从积极和消极两个方面强调了“仁政和爱民”，不论是有所为（能）还是有所不为（不能），都应是以争取人民的幸福和社会的进步为宗旨。⑥ 王志宏、杨晓薇主要依据《荀子·劝学》篇对荀子的伦理政治思想的起点进行了分析，认为它既体现了荀子和孔孟思想的一致性，也反映出其伦理政治哲学独特性的核心文本。⑦ 而杨晓伟则从荀子另一个重要命题——“化性起伪”中来分析荀子的政治诉求，他认为荀子以人性恶为基础来看待政治，将道德看作是国家权力之自我维护的基本要素，并试图为政治、国家权力等进行辩护的同时实际上却取消了政治，荀子在这个问题上的失败，恰恰展示了中国特有的道德主义传统语境中政治乃至政治思想本身的困境，也展示了道德和政治之间永远都具有一种不可取消的紧张关系。⑧ 总之，在中国传统政治思想中，道德是治国平天下所不可或缺的因素。

---

① 徐红林：《儒家政治伦理思想架构及其现代价值》，《武汉大学学报》（哲学社会科学版）2015 年第 2 期。

② 王伟：《儒家“天命观”对古代政权合法性的影响》，《中北大学学报》（社会科学版）2015 年第 4 期。

③ 杨明：《论先秦儒家的王道理想》，《伦理学研究》2015 年第 6 期。

④ 杨建兵：《墨家政治伦理思想诠》，《学术界》2015 年第 11 期。

⑤ 靳浩辉、靳凤林：《孔子与耶稣政治伦理核心价值观之比较》，《伦理学研究》2015 年第 6 期。

⑥ 胡发贵：《论孟子“能”与“不能”的哲学主张及其政治诉求》，《南京师大学报》（社会科学版）2015 年第 5 期。

⑦ 王志宏、杨晓薇：《论荀子伦理政治哲学的起点》，《江苏大学学报》（社会科学版）2015 年第 6 期。

⑧ 杨晓伟：《“化性起伪”中的政治诉求——荀子伦理政治思想中的难题》，《社会科学辑刊》2015 年第 4 期。

（二）政治制度伦理

政治制度伦理的内容，主要是社会政治制度建立时所应遵循的伦理准则，以确保制度可以顺利运行。学者们主要围绕民本、正义、天下为公和中庸这四个准则进行论述、研究。

王威威以老子、荀子、韩非子的思想为例分析了教民与富民的关系，他们普遍承认百姓在政治中的重要性，承认百姓的物质需求的合理性，主张富民，但同时主张通过教化来避免富民与逐利会带来的负面后果。① 任锋、杨光斌、姚中秋、田飞龙认为在当代中国政治学理论的话语重建中，应该从传统思想的国本论、天人之道和先民论来重新理解民本思想，尤其在西方自由主义价值观面前，我们更要提倡具有自身文明基因的“民本主义民主”。②

赵威对中国古代的正义观进行了分析，认为其既有超验的特性，中国古代圣贤也对正义之源作出形上追溯，在“谁之正义”的问题上完成了从“天之正义”到“民之正义”的论证，但在“何种合理性”的形下落实中受到制度不合理性和帝王利益绑架的影响，使得正义误入歧道。③ 刘梁剑的观点不同于赵威，通过对“正义”的哲学语法考察，认为在这个全球地方化的时代，人类需要一种天人共同体视域下的正义观，而这种正义观恰恰来自“各正性命，保合大和”这一传统思想资源对“正义”进行重新赋义。④ 彭传华则对王船山关于分配正义的思想进行了分析，认为王船山以传统的“均平”理论为基础并对其进行了改造，认为“均平”并不是通力合作过集体制的生活，也不是实行“高抑下亢”的强制性平均分配原则，而是要遵循“絜矩之道”，才能实现真正的分配正义。⑤

于建东对儒家论“公”的思想进行了分析，认为崇公抑私作为儒家处理社会关系的基本方式确立了其对公的尊崇的价值取向，使得公蕴含着巨大的道德力量，同时也具有神圣性、政治性。⑥ 向世陵探讨了传统公平和博爱观的旨趣和走向，认为“天下为公”作为一种思想资源和政治范型，在讲求公平和博爱的意义上一直存在于中国社会，而张载提出的“民胞物与”更使爱的公共性和互惠性品格得以充分彰显。⑦ 萧成勇对墨子的“天下为公”的思想进行了分析，认为墨子墨学“兼相爱”“交相

---

① 王威威：《富民与教民之关系——以老子、荀子、韩非子的思想为例》，《哲学研究》2015 年第 6 期。

② 任锋、杨光斌、姚中秋、田飞龙：《民本与民主：当代中国政治学理论的话语重建》，《天府新论》2015 年第 6 期。

③ 赵威：《中国古代正义观的超验之维与歧道之惑》，《哲学研究》2015 年第 12 期。

④ 刘梁剑：《天人共同体视域下的正义观——一项哲学语法考察》，《哲学研究》2015 年第 5 期。

⑤ 彭传华：《王船山关于分配正义的论说》，《武汉大学学报》（人文科学版）2015 年第 4 期。

⑥ 于建东：《儒家论公》，《湖南师范大学社会科学学报》2015 年第 4 期。

⑦ 向世陵：《从“天下为公”到“民胞物与”——传统公平与博爱观的旨趣和走向》，《中国人民大学学报》2015 年第 2 期。

利”的伦理思想体系可概括为公德伦理，与传统儒家之私德伦理不同。①

朱璐对儒家的“中”道进行了政治哲学的解读，认为其作为王道政治的合法性根据，体现出两个理论面向：一是“执两用中”，一是“中和”；前者规约着儒家政治的正义方向，后者则是儒家政治秩序的实现方式。儒家核心理念的政治哲学解读，对于当下建构儒家政治哲学体系有一定的积极意义。② 李昕昌则分析了“中庸”思想中的妥协精神，其伦理前提是“多元共生”“以和为贵”，其妥协的辩证法为“执中”与“权变”相统一，而妥协的目的就是“天下为公”和“中和”的思想。但同时“中庸”思想也有其“执中有余而权变不足的”的政治局限性。③

（三）社会治理思想

社会的治理，一直都是以道德和法律这两种主要手段来进行调节的，在中国传统伦理思想中，关于社会治理的政治伦理思想很丰富。2015 年学者们对这一问题也进行了积极深入的探讨，主要围绕德治、礼治、法治以及礼法之辨等问题展开。

学者们对孔子的“为政以德”的政治伦理思想进行了分析。“为政以德”不仅是对周公“以德配天”政治观念的继承、转化和提升，也表达了儒家的圣王理想，是儒家治国思想的核心。《论语》中“为政以德”与“无为而治”的关系，即“无为而治”领导行为的“最小—最大”原则，即如何以最小的领导行为取得最大的领导效果。④ 一些学者对于孔子的礼学思想也进行了系统的探究。如牛磊认为孔子在面临社会秩序重建的时代，为实现心目中上下有序、万民和谐的理想社会秩序，提出了“正名”和“循礼”的建构策略，形成了有利于人们在社会各个领域恪守准则、建立理想社会秩序的有效路径。⑤ 郑文宝认为孔子传承周的礼治方式，创立了德为先导、礼为核心、刑为后盾的德治路径，是对“礼”的实用主义构建。⑥ 宣朝庆、陈强以孔子为中心，探析了个体化时代的文化抉择和社会治理，他们认为孔子在肯定周礼的基础上适应个体化社会的要求，提出了“仁”的道德准则，以此重构“亲亲、尊尊”

---

① 萧成勇：《“天下为公”：墨子墨学公德伦理的一个基本理念》，《安徽师范大学学报》（人文社会科学版）2015 年第 3 期。

② 朱璐：《儒家“中”道的政治哲学解读》，《哲学研究》2015 年第 4 期。

③ 李昕昌：《“中庸”的妥协精神及其政治局限》，《贵州社会科学》2015 年第 12 期。

④ 相关论述见：陈琳、杨明：《“为政以德”：儒家治国理念的核心》，《伦理学研究》2015 年第 2 期；孔祥安：《孔子的“为政以德”及其思想基础》，《学术探索》2015 年第 11 期；黎红雷：《“为政以德”与“无为而治”——〈论语〉集译三则》，《齐鲁学刊》2015 年第 1 期。

⑤ 牛磊：《“正名”与“循礼”：孔子理想社会秩序的建构策略》，《南开学报》（哲学社会科学版）2015 年第 5 期。

⑥ 郑文宝：《道德制度化建设路径探微——基于孔子对“礼”的实用主义建构》，《道德与文明》2015 年第 2 期。

的价值规范，并确立了以“仁”为内核的“天道”合法性规范体系。① 涂良川、李爱龙认为孔子之礼的政治哲学强调，政治的稳定与权威不在于外在权力的强制，而在于君子的人格个性与秉性执守。君子秉持、发挥内在性情的“克己”是政治主体自我培育的人伦实践，并以此生成政治权威、践行政治义务。② 除此之外，儒家的另一位代表人物荀子的礼学思想也是学者们分析的重点。隋思喜分析了荀子的“礼乐政治”，认为它由“礼乐之道”和“礼乐之政”构成，而“礼乐”之道主要指“仁者爱人”的文化理想以及由此衍生的“仁义法正”的政治精神；“礼乐”之政主要指把这种文化理想和政治精神实现为日常生活之行为规范与生活秩序的政治制度和治理方式。③

学者们除了对儒家具体的代表人物的礼治、德治思想进行分析外，也对儒家整体的社会治理思想进行了探析。如武占江以两汉为考察中心，分析了儒家德治的实质是：伦理道德优先只是停留在理想主义层面，实际运行过程中儒家伦理的贯彻实施须以各种制度为凭依，以法律治理手段为保障，董仲舒就是将儒家的价值观熔铸在各种制度与法律体系之中，将政治、制度、法律儒家化、价值化。④ 同时，武占江还从人性论角度出发，认为董仲舒保留并发扬了包括孟、荀在内的儒家人性论中的人本主义理想，并把这种人本主义精神逐渐灌注在既定的制度、法律体系之中，实现了法治与德治的良性互动，使西汉的治国理念真正完备化。⑤ 李雪辰还从儒家角色伦理的角度对其德治进行了分析，认为先秦儒家的角色伦理治理模式通过规定不同社会角色的伦理规范，要求社会成员共同恪守，体现了一种全面的伦理观念和权责思想。⑥

中国传统社会治理思想中，虽是以德治和礼治为主流，但是有关法治的思想也引起了学者们的探讨。中国传统伦理文化中蕴含着丰富的法治精神元素，如法天立道、忠诚法度、秉公执法、赏罚得当等都是对法治精神的诠释，是中国特色社会主义法治精神应吸取的优秀传统思想。邱正文、刘建荣、王雅、刘东升分析了《管子》的法治思想，指出其率先提出了“以法治国”的主张并作了理论上的阐述，公正是其根据，而法治的实施在人心，同时法治需要礼义的补充和调节。⑦ 廖名春对荀子的法治思想进行了系统研究，认为荀子引法入礼，以礼为本，以法为用，这给儒家传统的礼

---

① 宣朝庆、陈强：《个体化时代的文化抉择和社会治理——以孔子为中心的分析》，《南开学报》（哲学社会科学版）2015 年第 5 期。

② 涂良川、李爱龙：《孔子之“礼”的政治哲学意蕴》，《江苏社会科学》2015 年第 6 期。

③ 隋思喜：《荀子“礼乐政治”刍议》，《江苏社会科学》2015 年第 2 期。

④ 武占江：《儒家德治的实质与启示——以两汉为中心的考察》，《道德与文明》2015 年第 2 期。

⑤ 武占江：《人性论的三脉汇流与儒家社会治理思想的实现》，《齐鲁学刊》2015 年第 3 期。

⑥ 李雪辰：《先秦儒家角色伦理治理思想论略》，《道德与文明》2015 年第 6 期。

⑦ 相关论述见：邱正文、刘建荣：《中国传统伦理文化中的法治精神》，《道德与文明》2015 年第 6 期；王雅、刘东升：《公正、人心、礼义——〈管子〉“以法治国”的法治思想解析》，《齐鲁学刊》2015 年第 2 期。

治观、德治观注入了崭新的时代内容。①

德法（刑）之辨是中国传统政治哲学中的一个重要论题，对于二者何者为先、为重，学者们的讨论热情不减。儒家社会治理思想体系中，“德导”是其价值指导，“礼齐”是其连接枢轴，而“法治”是其最后的底线保证。孔子在德与刑之间，找到了礼，作为道德工具化的有效途径，以应对世道和价值观混乱的现实状况。具体到“礼不下庶人，刑不上大夫”，张践、郑文宝、谌祥勇认为“礼不下庶人”实际上出于对庶人的经济考虑“不责庶人以礼”，并以此引导其向士人看齐，而“刑不上大夫”则是尊贤，两者都是对德性的尊重，这才是其核心旨趣所在。② 杨伟清以德治实施过程中可能面临的问题为前提，得出在既承认法治也承认德治的前提下，两者必然是法主德辅的关系，法治事业不仅关系法律之存亡，同样关涉道德之兴衰，法治不立，则道德萎靡。③ 丁鼎、王聪认为礼与法（刑）相辅相成，共同构成了中国古代社会治理的两大基石，虽然历经朝代更迭，但源于儒家的所谓“礼法合治”思想基本上为后世所继承发展，并为我们今天构建和谐社会提供宝贵的政治智慧和法律资源。④ 郭清香对中国近代新法家的礼法之辩进行了解析，认为新法家们面对礼治和法治问题，虽观点不尽相同，但都呈现出双重维度：从实然的层面看，承认二者在历史上均起到维护专制、压抑个性的作用，应当加以批判和反思；在应然的层面，他们认为法治与礼治不必然引发专制，并且他们努力为其寻找超越社会制度的基础的应然之道。⑤ 王伟从现代社会治理现状出发，认为国家治理是一个秩序渐进的动态过程，在这一过程中需要在理清道德与法律关系的基础上，做到法德并济。⑥ 总之，传统政治思想中德治与法治是治国理政的两个重要手段，也是我国现代社会治理的题中之意。

（四）行政伦理

行政伦理主要涉及的是政治活动的主体，在中国传统政治伦理当中，主要论的是在上者的为君之德和在下者的为官之德。

关于君德的研究，王琦、朱汉民和陆月宏对君子“政者正也”“为政以正”的儒家政治思想进行了分析，都侧重对“正”的诠释，认为“正”是孔子政治思想的核

---

① 廖名春：《荀子法治思想研究》，《孔子研究》2015 年第 4 期。

② 相关论述见：张践：《德导、礼齐、法治——儒家社会治理思想的启迪》，《孔子研究》2015 年第 2 期；郑文宝：《孔子德刑观的审视与解读》，《伦理学研究》2015 年第 3 期；谌祥勇：《礼与刑在经学中的德性指归——“礼不下庶人，刑不上大夫”之说辨正》，《福建论坛》（人文社会科学版）2015 年第 9 期。

③ 杨伟清：《法治与德治之辨》，《道德与文明》2015 年第 5 期。

④ 丁鼎、王聪：《中国古代的“礼法合治”思想及其当代价值》，《孔子研究》2015 年第 5 期。

⑤ 郭清香：《实然与应然：中国近代新法家礼法之辩的双重维度》，《道德与文明》2015 年第 5 期。

⑥ 王伟：《法德并济：社会治理的最优选择》，《齐鲁学刊》2015 年第 6 期。

心。[①] 陈洪杏对孔子的“无为而治”进行了探析，剖析了作为“为政”理想的“无为而治”和作为“为政”途径的“无为而治”，指出和洽清平的“大同”之治即“无为”之治，以一种过程看的“恭己正南面”则构成“无为而治”的途径。无论是“恭己”还是“正南面”，都在于当政者的“修己”，孔子的“无为而治”终是系于“修己”的一元论。[②] 张师伟则对黄老道家的无为而治进行了分析，认为“无为而治”在其思想中具有特别重要的纲领性作用，其思想内容既集中指向治理者的“政”，突出了简政放权的原则；也指向了统治者的自我节制，突出了清心寡欲的要求；同时还指向统治者的权术手腕，突出了不被臣下所趁的防奸意识。[③]

关于官德的研究，徐霞、邵银波分析了传统政治忠诚观历经了从“孝忠合一”说到“移孝作忠”说，从“双向义务”说到“单向义务”说，再从“忠实共辞”论到“忠国忠民”论的嬗变过程。[④] 孙邦金对明清儒学中的忠君伦理进行了多元省思，明清政治儒学中诸如“天子皆人”与“天子一位”论、“杀一不辜而号为忠臣，君子为之乎”等反君主话语，延续了儒学对现实政治的抗议精神这些君臣（民）关系新论中所表现出的平等、自由意识和公共理性精神，在理论上为传统忠君伦理向“诚信”“敬业”等现代职业伦理和政治道德的转化起到了重要的铺垫作用。[⑤] 王泽应、郭学信、赖井洋都对宋代士大夫的时代伦理精神进行了研究。王泽应认为宋代士大夫不但有一种道德理想主义的精神建构，更渴望在实践层面重建社会的伦理秩序，提出并形成了“以天下为己任”的伦理精神。[⑥] 郭学信认为唐末五代以来儒家道统地位的衰微，直接引发了宋代士大夫的文化忧患，并在文化领域自觉承担起振兴儒学的重任，同时在文学创作和社会实践中又表现出一种强烈的民族忧患意识。[⑦] 赖井洋认为宋代的道德理想主义以士大夫为主体，凸显出士大夫道德主体意识和社会主体意识的觉醒、彰显出对人生道德理想和社会道德理想追求的时代品格。[⑧]

此外，还有学者对官德的其他方面进行了研究，如郑小九对《论语》中“不欲”的思想进行了分析，并指出为政者的贪婪是导致社会不和谐的一个重要根源。“不欲”思想具有明确的官德指向，是为政者应当恪守的基本道德规范。[⑨] 龙璞通过对曾国藩的行政伦理思想进行具体分析，认为其在长期的为官生涯中，尤以忠贞、诚信、

---

① 相关论述见：王琦、朱汉民：《“政者正也”析论》，《湖南大学学报》（社会科学版）2015 年第 5 期；陆月宏：《君子“为政以正”的境域化解读》，《学海》2015 年第 5 期。

② 陈洪杏：《孔子“无为而治”说辨微》，《哲学研究》2015 年第 7 期。

③ 张师伟：《黄老道家无为而治思想及其治理智慧》，《南京师大学报》（社会科学版）2015 年第 3 期。

④ 徐霞、邵银波：《中国传统政治忠诚观的历史嬗变及其当代启示》，《浙江学刊》2015 年第 4 期。

⑤ 孙邦金：《明清儒学对君臣关系与忠君伦理的多元省思》，《武汉大学学报》（人文科学版）2015 年第 3 期。

⑥ 王泽应：《宋代士大夫“以天下为己任”的伦理精神述论》，《道德与文明》2015 年第 4 期。

⑦ 郭学信：《试论宋代士大夫忧患意识的时代特征》，《天津社会科学》2015 年第 5 期。

⑧ 赖井洋：《宋代道德理想主义的轨迹与渊源》，《齐鲁学刊》2015 年第 1 期。

⑨ 郑小九：《〈论语〉“不欲”论的官德意蕴》，《廉政文化研究》2015 年第 4 期。

清廉、谦慎、勤勉自励，为现代行政伦理提供了丰富的思想素材和实践借鉴。① 此类研究，为我国政治伦理的进一步发展提供了宝贵的思想来源，对净化社会政治环境、培养廉洁的干部队伍和高素质的公务人员有着重要意义。

三、家庭伦理研究

21 世纪，中国的家庭逐渐进入核心家庭时代，在西方家庭伦理和传统家庭伦理的双重影响下，家庭与家庭之间、家庭成员之间的关系发生了巨大的转变，家庭伦理的建设显得尤为重要。2015 年，学界对家庭伦理学的研究主要围绕家族或家庭中的孝伦理、家训、婚姻关系方面进行，分述如下。

在传统社会，家庭始于夫妻，传承于子女，妻对夫的顺，子对父的孝成为天经地义的要求，孝理论的发展与完善也在各家的学说中得到发展。学者们对传统的“孝道”进行了研究。孝作为儒家重要的伦理观念，亦是中国传统孝道的主要思想来源，学者们对儒家孝理论的着墨颇多。春秋时期，礼乐崩坏，父子相残、兄弟相倾，对以血缘为基础的亲情人伦提出了巨大挑战，“为何行孝”是儒家孝理论必须解决的理论问题。李丽丽、赵美艳用孔子“生”的三个向度，即孕育之功、生命之本和生活之维来解释这一问题。② 而卢勇则从规范性角度证明孝道作为行为指示系统在社会生活中的效力，并梳理出孝道效力的三个来源：权威力量的正面影响、孝道规范体系自身的合法性和主体对孝道观念的认同度。③ 2014 年 11 月中旬，山东大学哲学与社会发展学院举办了一次主题为“现象学中国之路”的研讨会，其中有多篇文章涉及亲子关系及孝道的问题，试图从孝爱与慈爱的角度来解释亲子之爱。如黄启祥认为“真正让亲情发生的是意识到的血缘关系，它是一种意识性的或精神性的而不是纯粹生理遗传意义上的血缘关系”④。但是，面对复杂的家庭关系，如收养关系的家庭，慈爱与孝爱的不对称性则成了孝敬之情的现实根据。这得从两个方面进行分析，一是慈爱与孝爱同源同构，如蔡祥元说，孟武子问孝，孔子回答“父母唯其疾之忧”，这就表明，在孔子心目中，孝与慈处于一个互相关联的结构之中。⑤ 另一个是慈爱与孝爱的不对等性。黄启祥指出，诸如亚里士多德、蒙田、黑格尔等哲学家都认为慈爱大于孝爱。并具体引述了张祥龙对这一关系的看法，他认为，“亲［对］子之慈爱是‘顺流而下’的”，而子［对］亲之孝爱则是“逆流而上”，两者的不对称性，也决定了子

---

① 龙璞：《曾国藩行政伦理思想及其现代价值》，《求索》2015 年第 11 期。

② 李丽丽、赵美艳：《孔子孝道观的三个向度》，《伦理学研究》2015 年第 5 期。

③ 卢勇：《传统孝道的规范性来源及其现代启示》，《东南学术》2015 年第 3 期。

④ 黄启祥：《亲情之探源》，《文史哲》2015 年第 4 期。

⑤ 蔡祥元：《儒家传统的开放性新探：孝慈现象的分析》，《文史哲》2015 年第 4 期。

女对父母尽孝的必然性。①

“如何行孝”是孝理论的主要内容。杨柳新认为，孔子对“孝”的理解涉及三个方面：第一，孝是父母与子女之间的互爱关系；第二，孝的实现和表达，是真诚的爱敬情感与合乎礼俗的奉献行为的统一；第三，孝既涉及生之事又涉及死之事，体现为家族生命共同体内部代际关系的无限连续性。② 皇侃在《孝经》的基础上，认为孝不仅包括事亲的行为，也涉及以“孝友为政”的风政教化。“事亲”的行为包括无畏、爱敬、孝之始终和父子相隐。③ “良知”是王阳明孝道观的理论基础，主要内容有：孝道是人品最重要的体现；精诚存志是孝道主体的态度；让父母精神愉悦、衣食无忧是孝道的主要表现；知行合一是践履孝道的主要方法。他提出，行孝不仅要有切切实实的行为，也要有丰厚的理论水平，注重意念的发动。④ 此外，张杰还对道家的孝道思想作了分析。道家的孝道思想与其整体的哲学思想一致，体现着现实与自然状态的孝的矛盾，庄子敏锐地观察到世俗孝道存在着虚伪性及其标准的不确定性，他认为这是人们的成见即人为的结果。他反对这种人为的世俗孝道，提倡一种不带任何成见的至真至诚的孝道观。⑤

“忠”与“孝”的优先性问题也是传统孝理论中的一个重要论题。刘伟通过还原曾子对话者身份，认为从“孝”可以推衍出一个完美的社会。他认为孝是一种天经地义（合理）的德性，亲爱父母的爱和敬，是一切秩序的根源，而尊的最高对象就是君。⑥ 而陈壁生以《孝经》古注为依据，认为《孝经》在人伦上主张父子与君臣完全分开，在道德上认为忠、孝不可混为一谈。所谓“移孝作忠”，实质上是针对士这一阶层移事父之敬去事君，才能做到忠。⑦ 明确给出忠孝优先性的当属荀子。他提出忠大于孝，即“君者国之隆也，父者家之隆也。隆一而治，二而乱。自古及今，未有二隆争重而能长久者”。君恩大于父恩，所以忠大于孝。⑧ 此类研究，对于孝文化的现代化有着重要的意义。

除了传统的孝道，家训也是维护中国传统家庭，尤其是大家族得以生存和发展的必要准则。一些学者通过对苏浙家训的梳理和其家族的发展，分析了家训对一个家族的影响力，并试图为现代家庭的伦理关系提供借鉴。王卫平、王莉在《明清时期苏州家训研究》中，指出其家训兴盛的原因得益于经济的发展、修谱和文化发达的环境。以专著、诗歌、散文和训诫等形式呈现，均有大量的文字记载。其内容主要体现

① 黄启祥：《亲情之探源》，《文史哲》2015年第4期。

② 杨柳新：《孝道伦理和乡土社会的重建》，《齐鲁学刊》2015年第2期。

③ 张波：《皇侃孝道伦理研究》，《宝鸡文理学院学报》2014年第6期。

④ 欧阳辉纯：《论王阳明的孝道观》，《贵州师范大学学报》2015年第4期。

⑤ 张杰：《庄子孝道研究》，《山东理工大学学报》2015年第1期。

⑥ 刘伟：《道德论证：孝经的文本结构和性质初探》，《中山大学学报》2015年第3期。

⑦ 陈壁生：《古典政教中的“孝”与“忠”——以〈孝经〉为中心》，《中山大学学报》2015年第3期。

⑧ 杨孝青：《略伦荀子的孝道观》，《重庆科技学院学报》2015年第4期。

在修身观、治家观、训子观和社会观等方面。① 相比江苏家训致力于家族成员在修身、治家和承担社会责任方面的培养，浙江的家训是直接站在社会承担者的角度上强调一个家族的成员应该具有的对于社会有内在和外在精神，颇有为生民立命般的士大夫精神。② 丁玉莲则从家训的核心“三纲五常”出发，以《重庆邓氏族谱》《阳新陈氏义门果石庄大成宗谱》《武汉东西湖径河街李氏宗谱》三大家谱中的宗规族训为例，将古代家训的内容分成了忠、孝、仁、义、礼、智六个方面，并分析了家训所产生的政治影响和社会影响。③ 总之，以伦理视角来研究家训对于更好地建设家庭道德有着重要的指导意义。

在传统社会中，婚姻被称为人伦大道，是为了缔结两姓之好，如何选择姻亲也就成了一个家庭的头等大事。学界对王夫之的婚姻伦理进行了梳理。仇苏家、郑根成将王夫之的婚姻伦理的基本内容归纳为三个方面：其一，“族类必辨”的民族性要求。其二，“才质必堪”的相称性要求，其包含两层含义，一是指婚姻当事人的道德能力和内在品性到达一定标准；二是婚姻当事人的道德教育背景（包括家庭背景、成长环境等）要接近。其三，“年齿必当”的婚龄要求，包含两层含义：一是指男女结婚年龄要适当；二是指夫妻年龄要相当，即婚龄差适合。④ 王夫之的婚姻伦理强调了文化和门当户对的重要性，更强调了男女双方在才质、年龄等方面相匹配的重要性，可以为现代婚姻观念提供良好的借鉴和范式。

四、生命伦理研究

纵观2015年生命伦理学的学术成果，我们可以发现，对于生命伦理学的研究，主要集中在对《周易》的解读和儒道思想的进一步阐释上。其中，养生问题得到特别关注。

学者们对《周易》中生命态度的内容探究，大致围绕“天地之大德曰生”来阐释。王晓宏认为，“仁者寿”是儒家“道德养生”的核心内容，是以“贵人重生”为基本前提，其思想即来源于《周易》的“天地之大德曰生”。在主张重生珍生的同时，也反对苟且偷生，将生命价值与道德理性结合在一起，主张生以载义。⑤ 而李永吟、陈中雨则从《周易》乾坤两卦德、八卦德、六十四卦德和九卦德出发，集中梳理“周易君子学”，进而解释“天地之大德”。他们认为“生生之大德”其义有三：首先，“生生之大德”基于天地的生命德性，天地之大德即为“生生”，它仁慈地提

① 王卫平、王莉：《明清时期苏州家训研究》，《江汉论坛》2015年第8期。
② 陈寿灿、于希勇：《浙江家风家训的历史传承和时代价值》，《道德与文明》2015年第4期。
③ 丁玉莲：《论宗规族训中的“三纲五常”观念》，《河北省社会主义学院学报》2015年第7期。
④ 仇苏家、郑根成：《论王夫之的婚姻伦理思想》，《滁州学院学报》2015年第8期。
⑤ 王晓宏：《仁者寿：儒家道德养生思想探析》，《江淮论坛》2015年第3期。

供一切生命自由的力量。其次，“生生之大德”是中国伦理学最伟大的生命存在信仰，一切必须为了生命存在而不能导向生命的死亡。最后，“生生之大德”是最符合一切生命存在要求的伟大德性。[①] 从养生的角度出发，潘石窗对道家的养生思想进行了梳理。他提出，无论是原初道家、古典道家，还是制度道教，都以“道”为其思想体系的基石，而以“德”为修身养性的纲领。而道家代表性的养生体式有：斋醮养生、金丹养生、伦理养生、治世养生、文艺养生、环境养生。[②]

潘小慧通过《孟子》中几个与生命有关的例子，得出了儒家的基本伦理原则：如通过“嫂溺于水”是否施救，引出“经”（经）“权”之辨/辩，得出“生命”大于“礼”；通过“鱼与熊掌不可得兼”引出“生”与“义”之辨/辩，得出“义”大于“生命”；最后通过“钟衅之礼”得出“礼”高于“禽兽之命”。这种用“爱有差等”来进行解释，[③] 与《周易》中“天地之大德曰生”所倡导的生命观有一定偏差。

费艳颖、曹广宇对儒道的生死观进行了比较，认为儒道的生死观既相互区别，也相互渗透。首先，儒、道二家的生死观各有所重：儒家观死，死中见礼；道家观死，死中见道。其次，二者仍有许多相通之处：二家的死亡观都具有人生价值的意义；对人生的死亡观都持一种自然而达观的态度；都注重将“生”与“死”密切联系来观解死亡；对当代中国人理解死亡、把握死亡并形成自己的生死观都具有重要的启发和教育意义。[④] 此类关于生命的思想的梳理，可以帮助我们理解古代生命伦理的法则，可以为现代社会的德育、养生等方面提供良好的借鉴。

五、生态伦理研究

纵观2015年我国学者对中国古代生态伦理学的研究，我们可以发现，文章主要集中在儒家，不同于2014年儒家、道家等各家思想并重的情景。

（一）传统伦理思想的资源发掘

于学者而言，分析中国古代生态伦理思想，最有效的方法就是去梳理中国思想史上有深度和影响力的理论根源。2015年的中国传统生态伦理思想资源的发掘比较有年代梯度，纵贯了先秦到两汉再到宋明，可以从中体会到生态伦理思想的继承和发展。

---

① 李永吟、陈中雨：《周易君子学与古典生命伦理学的奠基》，《湖南师范大学社会科学学报》2015年第6期。

② 相关论述见：潘石窗：《道家人文医疗及其现实意义》，《河北学刊》2015年第11期；潘石窗：《道教文化养生及其现代价值》，《湖南大学学报》2015年第1期。

③ 潘小慧：《儒家的伦理思考方式——以〈孟子〉与生命相关的例子为据的讨论》，《长安大学学报》（社会科学版）2015年第3期。

④ 费艳颖、曹广宇：《儒道二家生死观之比较与相互渗透》，《贵州社会科学学报》2015年第10期。

《周易》中的生态伦理思想。余谋昌通过阐释《周易》中“生生之谓易”“天地之大德曰生”和“天地人”三才等关于人与自然和谐的思想，提出了环境伦理的价值目标——“保合太和乃利贞”。他认为，“和”既是中华文化的精髓，也是生命的内在价值。① 罗美云、张红梅认为，《周易》中天地能够生养、成就、管理万物，人要效法天地进行生态管理，但人只有进行修己安人的德性修养，成为有德性的生态管理者，才能进行生态管理。生态管理的内容主要表现在成就万物和生态消费两个方面：成就万物要依据自然规律制定各项规章制度并顺应而为，生态消费则要遵循公平、节俭、可持续原则进行。②

孔孟的生态伦理思想。林丽婷认为，从“乐山乐水”和“仁民爱物”看，孔孟的生态幸福观的基本蕴含包括自然向度的生态幸福观（既是对直观山水的审美体验，也是寻求自然美的“真精神”）和社会向度的生态幸福观（以时行事、用之以节）两个方面。同时，孔孟生态幸福观是“以人为中心的”，但其本质是一种超越人类中心论的幸福观。③ 刘伟则从生态宗教的角度提出，对待自然万物要取之以时、用之以节。④

两汉的生态伦理思想。两汉时期，随着人口增长，人地矛盾开始出现。在先秦环境伦理思想基础上，两汉时期的环境伦理思想得到进一步发展，包括顺应天时（贾谊、晁错、司马迁等均提出要顺应四时）、取之有时（春夏为万物生长的季节，秋季是成熟的季节，才可以合理地获取，董仲舒提出了“中天意”）、用之有节、仁及万物与戒杀护生（道家将此思想与预定寿命联系在一起）、因自然之性（贾让提出迁移一些居民，拆毁一些堤防，使河水的流向恢复自然之性）等内容。⑤

程颐的“循理之乐”。洪梅认为，程颐的“天人合一”于理是一种不完全形式的“天人合一”，而“寻孔颜之乐”是个人价值的体现。在社会群体价值观方面，程颐在“天理史观”的基础上，提出了“复三代之治”的理想社会，即把儒家伦理观与社会历史观相统一，把尧、舜、禹的三代作为“公天下”的理想社会，“复三代之治”便是一个实现理想社会的目标。但是，这种理想与现实严重脱节，并不能实现天下大治的目的。因此，现代生态建设，也要注意理想与现实脱节的现象。⑥

刘於清则另辟蹊径，从古代游记中概括出来了中国古代的环境伦理思想。他认为，中国古代游记中的环境伦理思想具有三个基本特征：以坚持整体的自然观为哲学基础；以崇尚和谐的人地观为基本取向；以关注人的精神生态为独特视角。这既对自

① 余谋昌：《易学环境伦理思想》，《晋阳学刊》2015 年第 4 期。
② 罗美云、张红梅：《论周易的生态管理哲学》，《广西社会科学》2015 年第 8 期。
③ 林丽婷：《孔孟幸福观及其现代启示》，《广西社会科学》2015 年第 11 期。
④ 刘伟：《孟子的宗教生态思想》，《孔子研究》2015 年第 5 期。
⑤ 李文涛：《两汉时期的环境伦理初探》，《唐都学刊》2015 年第 1 期。
⑥ 洪梅：《论程颐的循理之乐》，《齐鲁学刊》2015 年第 4 期。

然生态赋予了道德关怀，又表达了人们对诗意生活的向往。①

（二）中国生态伦理学的理论建构

伴随着全世界工业文明的迅速发展，人与自然的关系也日益紧张，资源过度开采、环境污染、自然灾害频发，使人们开始对生态的健康与平衡日益重视，并进行反思。因此，2015 年的学者们试图在传统思想资源的基础上，对生态伦理的理论建构作出中国式的贡献。

唐凯麟、易岚站在人的立场上，根据人本身的属性去界定人与自然的关系，从而界定生态伦理的基本原则。他们认为，人是物质属性与精神属性的统一体，这决定了人有物质与精神的双重需要。人的需要的无限开启，是由人之存在的精神性、自由性引起的，精神需要的无限发展可能将人引向一个可以遐想的美好未来，而物质需要的无限发展却会造成对自然环境的巨大破坏，因此，必须认识到需要与生态的自洽，意味着人必须成为一个物质需要有限而精神需要无限的存在者。换而言之，就是要在满足人之基本物质需要的条件下着力于其精神世界的开发，促进人的全面发展。在对待物质需要方面，他们提出三点建议，即树立物质需求的生态有限、有度、合理意识。②

薛勇民、马兰则从儒家“仁爱”思想出发，推出生态伦理的内涵和逻辑建构。他们认为，仁爱不仅具有仁民爱物（仁爱的生态维度和内在诉求）、生生大德（仁爱的生生之意和道德价值的最终本源）、万物一体（仁爱的整体主义生态伦理本质）等深刻的生态伦理内涵，也具有从人际道德向生态道德扩展的推理方式、爱有等差的道德递推原则以及人类价值与自然价值统一的生态伦理建构逻辑。③ 杨世洪也提出，儒家生态伦理的特质是“以仁为本”。仁爱之心的不断扩展，使人际伦理向生态伦理过渡，因为人与自然是同本同源的，“仁”（生物之德）是其共同本质。“仁”所要求的世界秩序是爱有差等，万物并育而不相害，以人为本，实现爱人与爱物的统一。人要发挥主体能动性，履行自己的天职，即“赞天地之化育”，这便是“仁”的实现。④

邢有男则从“天人合一”的角度发扬古代的生态智慧。他认为，“天人合一”是中国先哲对于人与自然关系的独特思考的智慧结晶。它强调人与自然、人与社会、人与人之间以及人的身心的整体和谐，蕴涵着整体和谐、厚生爱物、节用适度、尊重自

---

① 刘於清：《中国古代游记中的中国古代环境伦理思想特征探析》，《中南林业科技大学学报》2015 年第 4 期。

② 唐凯麟、易岚：《人的二重需要视野中的生态环境意识》，《湖南大学学报》2015 年第 1 期。

③ 薛勇民、马兰：《论仁爱思想的生态伦理意蕴及其当代意义》，《学习与探索》2015 年第 3 期。

④ 杨世洪：《以仁为本：儒家生态伦理的特质》，《齐鲁学刊》2015 年第 2 期。

然等思想。[1] 张圆圆、张彭松认为，儒家的“仁民爱物”是在“天人合一”的基础上，由血缘亲疏的人际伦理关系扩大到整个自然界的，并提出了具体的实践智慧：制天命而用之；取之有度、用之有节。[2]

① 邢有男：《儒家“天人合一”生态伦理智慧及其意义》，《学术交流》2015 年第 5 期。
② 张圆圆、张彭松：《儒家“仁民爱物”的生态伦理意蕴》，《许昌学院学报》2015 年第 1 期。

第五章　2015年古希腊至文艺复兴时期伦理政治思想研究综述

刘　玮

2015年古希腊至文艺复兴时期伦理和政治思想的研究呈现出比较繁荣的景象，其中比较突出的特点包括：有关柏拉图的研究推出了一系列主题集中、质量较高的专著和论文；关于亚里士多德与中国思想的比较研究有了明显的进展；关于中世纪伦理学和马基雅维利政治思想的研究也有一定的推进。相对不足的研究领域依然是早期希腊、希腊化时期、罗马，文艺复兴和宗教改革时期除马基雅维利之外对其他思想家的关注也明显不足。

一、柏拉图以前的古希腊伦理政治思想

孙磊的专著《自然与礼法：古希腊政治哲学研究》围绕古希腊伦理政治思想中最重要的一对主题——自然（physis）与礼法（nomos）——展开论述，比较系统地讨论了古希腊的政治思想，涉及希腊史诗、前苏格拉底自然哲学家、悲剧作家、希腊史家、智者学派、苏格拉底、柏拉图、亚里士多德、色诺芬和伊壁鸠鲁学派。该书确实抓住了古希腊政治哲学中的一个核心问题，但是在具体的论述中多有不当之处，比如认为荷马与赫西俄德之间的差别构成了自然与礼法之间的张力；比如主张在前苏格拉底哲人那里没有自然与礼法的分裂与对立；比如认为柏拉图试图恢复雅典的“先祖政制”，并由此体现了nomos的精神；再比如用“内圣外王”解释亚里士多德的政治哲学，并认为亚里士多德在伦理政治思想中主张“变易之道”。作者关于悲剧作家的讨论过于简略，基本上只局限于《安提戈涅》一部作品；该书完全没有涉及喜剧作家和斯多亚学派，不能不说是较大的缺失。①

在从伦理学和政治哲学角度讨论古希腊诗人的作品中，学者们关注的一个核心问

① 孙磊：《自然与礼法：古希腊政治哲学研究》，上海人民出版社2015年版。

题是希腊传统价值与新兴的民主制之间的关系。其中娄林的《必歌九德》是国内第一部研究品达的专著，作者翻译和注疏了品达的第八首皮托凯歌，从品达选取的传统表现手法——合唱抒情歌而非当时更加流行的悲剧——的角度理解品达对于贤良政治（aristocracy），而非民主政治的高扬，以及对高贵灵魂的培养。品达一方面强调城邦神义论的基础，另一方面强调人要时刻牢记与神之间的界限，而在神与人之间则是诗人至关重要的中介地位。娄林还用类似处理品达的方式审视了克塞诺芬尼的哲学诗，认为他在形式和内容方面巧妙地维持了哲人和诗人之间的平衡，并以此传递贵族德性。① 马骁远从仪式的角度考察了希腊悲剧表演的政治性，尤其是与雅典民主政治的契合，而这正是娄林认为品达拒绝采用悲剧这种表现形式的重要原因。② 晏绍祥系统讨论了埃斯库罗斯的悲剧作品中展示的与雅典民主制的密切关系，以及诗人以戏剧方式展开的关于在新的政治制度下如何化解冲突，实现和谐的政治教导。③ 罗峰的论文则分析了欧里庇得斯的《酒神的伴侣》中的极端民主和普世精神，并站在希腊传统贤人政治的角度对欧里庇得斯的立场提出了批评。④

二、苏格拉底与柏拉图的伦理和政治思想

关于苏格拉底思想的讨论几乎完全依赖柏拉图的文本，只是某些作者倾向于强调其中苏格拉底的面向。比如李向利的文章讨论了柏拉图和色诺芬著作中关于塞壬传说的提及和化用，并由此认为苏格拉底利用塞壬的传说实现自己的哲学诉求和德性主张，在后荷马时代打造苏格拉底自己的“塞壬歌声”。⑤ 冯书生从“好人”与“好公民”的张力（而非传统认为的哲人与政治的冲突）的视角来审视《申辩》与《克里同》（又译《克里托》）之间的关系，并由此引出了现代伦理政治教育更应该关注“好人”而非“好公民”。⑥ 黄启祥的论文通过德尔斐神谕和柏拉图的相关著作考察了苏格拉底是否信神的问题，认为苏格拉底并没有否认雅典城邦的神，也没有拒绝敬拜他们，他对传统诸神的信仰、对他们的道德化理解与对完满之神的设想同时共存。⑦ 彭中礼考察了苏格拉底申辩的修辞特征，认为苏格拉底将修辞与真理对立起来，用“去修辞法”的方式为自己辩护本身就是一种修辞，而他的审判本身表明不

---

① 娄林：《必歌九德：品达第八首皮托凯歌释义》，华东师范大学出版社 2015 年版；娄林：《克塞诺芬尼的哲学与诗歌》，《江汉论坛》2015 年第 6 期。

② 马骁远：《从仪式看雅典悲剧表现的“政治性”》，《学术交流》2015 年第 3 期。

③ 晏绍祥：《冲突与调适——埃斯库罗斯悲剧中的城邦政治》，《政治思想史》2015 年第 1 期。

④ 罗峰：《酒神与世界城邦——欧里庇得斯〈酒神的伴侣〉绎读》，《外国文学评论》2015 年第 1 期。

⑤ 李向利：《苏格拉底与塞壬传说》，《安徽大学学报》（哲学社会科学版）2015 年第 6 期。

⑥ 冯书生：《“好人”，抑或“好公民”：苏格拉底之死的政治伦理悖论及其现代回响》，《安徽师范大学学报》（人文社会科学版）2015 年第 5 期。

⑦ 黄启祥：《苏格拉底是否信仰雅典城邦的神——基于德尔菲神谕的考察》，《现代哲学》2015 年第 1 期。

以追求真理为目标的雅典政治必然短命则是一种“行为修辞”，由此用自己的生命论证，修辞一定要追求真理。①

关于柏拉图伦理政治思想的研究在2015年呈现出此前少有的繁荣势头，有五部专著和上百篇论文问世。刘须宽的《柏拉图伦理思想研究》用五十余万字的篇幅按照主题梳理了柏拉图的伦理思想，分为思想背景、道德形而上学、善的概念、具体道德德性（其中正义单独成章）、柏拉图与智者和诗人的争论，以及对柏拉图思想的批判与继承。虽然书中的章节安排（比如将马克思主义立场引入导论部分、将善的相与道德形而上学分开、把快乐和友爱归入道德德性的讨论、没有专门讨论“智慧”的德性、从“时间”引入柏拉图与诗人的争论，等等）和具体的观点（比如认为幸福是善的持续，勇敢、节制是自我净化的手段，认为苏格拉底就是柏拉图心中理想的哲学王，等等）值得商榷之处颇多，而且内容过于庞杂，但是这无疑是一次非常勇敢和富有抱负的尝试。② 关于柏拉图的伦理和政治思想的整体研究方面，林志猛从自然与礼法融合的角度审视了柏拉图哲学，认为柏拉图依据灵魂的“自然本性”为灵魂立法，而由于灵魂与政体的平行关系，由此也就实现了政治立法。③ 张新刚认为如何理解和克服内乱（stasis）是柏拉图政治思考的基本问题意识，由此问题意识出发，柏拉图将塑造统一的德性城邦作为自己政治哲学的基本构想，并且贯穿《理想国》和《礼法》（又译《法篇》《法礼篇》《法义》等）的始终。④

爱欲问题是柏拉图思想中非常独特的维度，也总是能够激发读者和学者的思考。李丽丽的专著《柏拉图爱欲思想研究》从古希腊关于爱欲的社会现实谈起，着重讨论了《会饮》和《斐德罗》中的爱欲神话和爱欲哲学，随后讨论了柏拉图那里规范性的爱者与被爱者之间的关系；进而从带有性爱色彩的爱欲问题延伸到友爱的问题，在与亚里士多德的比较中理解《吕西斯》（作者译为《李思》）中提出的友爱的必要性问题；最后作者从古希腊的视角批判性地审视了当代社会的爱欲观，主张从欲回归到爱。⑤ 刘小枫将《会饮》《普罗塔哥拉》《斐德若》（又译《斐德罗》）和《斐多》当作完整的四联剧来阅读，称它们为“爱欲四书”，认为这四部作品一起展示了苏格拉底从年轻到临终对爱欲的看法，针对民主制放纵自由不顾高贵的弊病，努力劝导人们关注灵魂的道德性要胜过灵魂的自由。⑥

对柏拉图伦理政治思想的研究向来以《理想国》（又译《国家篇》《政制》《王

① 彭中礼：《真理与修辞：基于苏格拉底审判的反思》，《法律科学》（西北政法大学学报）2015年第1期。

② 刘须宽：《柏拉图伦理思想研究》，中国社会科学出版社2015年版。

③ 林志猛：《自然与礼法的融合》，《自然辩证法研究》2015年第12期。

④ 张新刚：《柏拉图政治思想的问题意识研究》，《上海交通大学学报》（哲学社会科学版）2015年第1期。

⑤ 李丽丽：《柏拉图爱欲思想研究》，人民出版社2015年版。

⑥ 刘小枫：《苏格拉底的爱欲与民主政治——柏拉图的“爱欲四书”》，《南海学刊》2015年第2期。

制》等）最为集中，而在过去一年里，很多讨论都集中在哲学与政治为何结合、如何结合这个《理想国》留给读者的最大难题上。程志敏的专著疏解了《理想国》前七卷的内容，其中一半篇幅讨论《理想国》第一卷的序幕和三种作为批判对象的正义观（即“朴素正义论”“功利正义论”和“权力正义论”），后一半篇幅讨论柏拉图笔下的正义观，作者强调广义的正义是“万物合序、万事顺遂、万音协和、万民幸福的状态，堪称天地大法”，同时强调《理想国》中的正义学说，并不着眼于“论”，而是着眼于“做”，因此哲学家必然经历上升与下降的双重道路，最终回归城邦，承担起统治的义务。① 陈冀通过将政治领域和灵魂领域分开，试图消解哲学家回归洞穴的“强迫”性质，虽然回归从政治角度讲是强迫的，但是从灵魂的角度讲并非如此，“灵魂中的理性在认识到形式和善之后要继续和欲望、意气结合在一起，而不能从灵魂中独立出去从事单纯的理论沉思”，因此回归政治并非对哲学家“行不义”。② 余露从《高尔吉亚》对政治的“宽泛”理解入手去解决“哲人王”的困难，认为政治可以包括政治治理和人文教化两个方面，因此“哲人王”也可以是仅仅承担教化义务的“素王”。③ 胡君进强调了哲学家回到洞穴乃是因为任何人都无法超越城邦与肉体的双重束缚，而且回归洞穴也能够促成灵魂的成熟。④ 刘玮的论文讨论了《理想国》第一卷中苏格拉底与智者特拉叙马库斯之间的论辩，试图更加同情地理解特拉叙马库斯，作者认为特拉徐马库斯提出的两个关于正义的论题前后一致，而苏格拉底用来反驳他的三个论证至少在第一卷的语境中都存在严重问题，最后讨论了这段论辩对《理想国》整体进程的意义。⑤

柏拉图关于宇宙论的作品《蒂迈欧》中也有丰富的伦理和政治思想，尤其是从宏观宇宙的角度理解人类伦理政治生活的尝试，给柏拉图的伦理学提供了更加宽宏的思想图景。叶然的论文试图从自然与礼法之争的角度理解苏格拉底与蒂迈欧的关系，抑或政治哲学与自然哲学的关系，指出苏格拉底式的政治哲学的内核很可能就是蒂迈欧式的自然哲学，而政治哲学只是自然哲学的政治面向。⑥ 何祥迪的论文则从工匠神（德穆格）创世的“故事”（神话）入手讨论了柏拉图所主张的人要“变得像神”的伦理理想，即人们要培养理性和德性，使自己过上合理和幸福的生活。⑦

柏拉图的最后一部作品《礼法》在近年来也受到了国内学者越来越多的关注。王柯平的专著《〈法礼篇〉的道德诗学》是国内第一部系统研究《礼法》的专著，

---

① 程志敏：《古典正义论：柏拉图〈王制〉讲疏》，华东师范大学出版社 2015 年版。

② 陈冀：《柏拉图〈理想国〉洞穴喻中的正义与幸福》，《理论界》2015 年第 2 期。

③ 余露：《“素王”：对“哲人王”的一种可能解释》，《道德与文明》2015 年第 3 期。

④ 胡君进：《论教育作为灵魂转向的方向性——柏拉图〈理想国〉第七卷释义》，《中国人民大学教育学刊》2015 年第 1 期。

⑤ 刘玮：《为特拉徐马库斯辩》，《伦理学研究》2015 年第 2 期。

⑥ 叶然：《柏拉图〈蒂迈欧〉写作意图研究的重要性》，《北京社会科学》2015 年第 12 期。

⑦ 何祥迪：《柏拉图的德穆格与德性生活》，《伦理学研究》2015 年第 6 期。

作者在之前关于《理想国》诗学研究的基础上比较性地讨论了柏拉图在《礼法》中展现的道德诗学的新特征，作者将其概括为“五个变向”（城邦政体变向、志邦方略变向、教育目标变向、心灵学说变向、宇宙本体变向），“六点补充”（美论、摹仿论、乐教论、快乐论、适宜原则、审查制度），和“两种新说”（“至真悲剧”和游戏实践观），全书的丰富内容可以被看作是对这三重总结的展开。① 林志猛在一系列有关《礼法》的研究基础上推出的专著《立法哲人的虔敬》翻译并详细注疏了《礼法》的第十卷，作者认为柏拉图将具有完整德性的灵魂等同于诸神，这样就给哲学穿上了神学的外衣，从而保证了哲学在城邦中的统治地位，同时也为城邦的法律奠定了神圣的基础。立法哲人通过哲学论证和改造传统神话、创造新的神话诗，实现了不同层面的教育，这样也解决了哲学与诗歌的对立。②

除了上面这些讨论问题相对集中的专著和论文之外，还有一些关于柏拉图思想不同侧面的论文值得关注。王江涛用政治哲学的方式解读了柏拉图讨论“美”的对话《希琵阿斯前篇》的开场场景，苏格拉底和希琵阿斯对美的不同理解根源于他们对善和智慧的不同理解，而这又导致了他们在智慧与政治的关系上产生分歧。③ 彭磊分析了柏拉图十三封书简（大部分学者认为这些均为伪作）情节上的统一性，认为它们“既具有哲学的严肃，又具有诗性的戏谑”，共同“构成了一个首尾相连的圆环……展现了哲学与政治的结合或分离”。④ 唐敏试图恢复托名柏拉图的作品（伪作）的重要性，作者首先讨论了《阿克西俄科斯》（*Axiochus*）的接受史，之后从政治哲学角度讨论了这部作品其实非常符合柏拉图政治哲学的精神，其中的苏格拉底试图劝慰将死的政治家阿克西俄科斯，不要受享乐主义影响惧怕死亡，而是要接受传统教诲，勇敢面对死亡，守护城邦中的好生活。⑤

最后，还要提到三篇比较柏拉图和儒家思想不同方面的论文。廖申白的论文比较了柏拉图的哲学教育和孔子的儒者教育，认为这两种教育都很好地体现了整全的人文教育，具体体现为关怀人整体的善、吸纳广泛的文化内容，这种教育本身就是生活实践。反思孔子和柏拉图的全面人文教育能够帮助我们更好地反思和校正当前教育中的问题。⑥ 刘振的文章讨论了孔子与柏拉图的诗教，而这个问题又要联系他们各自的政治关切来理解。作者认为孔子和柏拉图关注的都是基于人性差序的贤良政治，因此在

---

① 王柯平：《〈法礼篇〉的道德诗学》，北京大学出版社 2015 年版。

② 林志猛：《立法哲人的虔敬：柏拉图〈法义〉卷十义疏》，中国社会科学出版社 2015 年版；关于柏拉图神话诗的主题还可参见林志猛《柏拉图的神话诗》，《浙江学刊》2015 年第 3 期。

③ 王江涛：《“美学”作为一种政治哲学——柏拉图〈希琵阿斯前篇〉开场绎读》，《海南大学学报》（人文社会科学版）2015 年第 5 期。

④ 彭磊：《严肃与戏谑：作为戏剧的柏拉图书简》，《贵州社会科学》2015 年第 4 期。

⑤ 唐敏：《柏拉图托名对话〈阿克西俄科斯〉初探》，《海南大学学报》（人文社会科学版）2015 年第 5 期。

⑥ 廖申白：《哲学的教育与儒者的教育——以孔子和柏拉图为例》，《晋阳学刊》2015 年第 2 期。

诗教方面也都关注德性教育，并强调中道、节制等原则；而从差异的角度讲，孔子并不关注“勇敢”这种护卫者的德性，也不接受德性和智慧的全然公共性。[①] 陶涛讨论了先秦儒家与柏拉图和亚里士多德那里统治资格的理论，两方都认为“贤者”应该占据统治地位，但是对“贤者”的界定和统治的方式均有明显的差别，而这些差别尤其体现在儒家对道德、修养、传统的强调与古希腊思想家对理性和理想的强调上。[②]

三、亚里士多德的伦理和政治思想

整体而言，2015 年关于亚里士多德伦理政治思想的讨论中可圈可点的佳作相对较少，而比较亚里士多德与中国思想的作品相较往年则有较大的提高。陈玮梳理了亚里士多德著作中语焉不详的“普纽玛”（pneuma），认为“普纽玛”在欲望导致行动的过程中，在物理层面上起到了重要的联结作用。这种解释模型为亚里士多德突破身心二元论的传统思路、结合物理层面的因素来说明人类行动者的心理过程提供了关键支持。[③] 柳孟盛的文章从学者们关于亚里士多德幸福论的争论入手，试图从“大度”（megalopsychia，又译为“豪迈”“豪侠”“大气”“恢弘胸襟”“灵魂伟大”等）入手解决这个矛盾，作者分析了大度在德性序列中的位置、主要特征和亚里士多德用来讨论大度的具体例子，最终主张“大度”是政治生活结合努斯（理性）的代表，在这个意义上也就联系了两个系列的德性，但这个结论与亚里士多德将“大度”置于伦理德性的序列，以及认为明智才是沟通两个序列的德性的基本看法存在矛盾。[④] 陈治国和赵以云的文章针对西方学者的争论讨论了亚里士多德的“政治友爱”，作者认为这种友爱是一种较弱意义上的德性友爱，意味着一种节制的利己主义。[⑤] 不自制（akrasia，又译为“不能自制”）的问题也吸引了较多的注意力。余友辉和罗斯年从希腊伦理思想史的角度考察了不自知问题在苏格拉底、柏拉图和亚里士多德那里的不同理解；谢宝贵批判性地考察了亚里士多德对不自制问题的理解，认为他的理解存在片面之处，没有认识到认知因素在更深层面上发挥的作用，从而错失了苏格拉底的洞

---

① 刘振：《贤良政制与古典诗教——孔子与柏拉图诗教观念异同略论》，《同济大学学报》（社会科学版）2015 年第 4 期。

② 陶涛：《论贤者宜居高位——略论先秦儒家与古希腊政治伦理思想的异同》，《伦理学研究》2015 年第 5 期。

③ 陈玮：《欲望、普纽玛与行动——亚里士多德心理学对身心二元论的突破》，《自然辩证法通讯》2015 年第 2 期。

④ 柳孟盛：《德性之冠：亚里士多德论大度》，《道德与文明》2015 年第 1 期。

⑤ 陈治国、赵以云：《重思亚里士多德的“政治友爱”》，《山东大学学报》（哲学社会科学版）2015 年第 1 期。

见；而刘旻娇则讨论了如何以明智解决不自制问题。[①]

也有一些关于亚里士多德伦理政治思想的论文虽然讨论了重要的问题，但是对亚里士多德存在严重误解，这里有必要指出。程志敏的论文不顾亚里士多德那里“幸福”的伦理和实践含义，批评亚里士多德用思辨生活代替修齐治平，让哲学脱离生活。[②] 聂敏里的论文讨论了亚里士多德五种理智德性之间的关系，以及亚里士多德和柏拉图在理解理智能力问题上的差别与联系，但是由于错误地理解了《尼各马可伦理学》VI.2 的文本，错误地认为认知性质的思维为实践性质的思维提供目的；由于没有区分“理智”（nous）的不同含义，错误地认为作为理智德性的“理智”（nous）高于最神圣的“智慧”（sophia），从而错误理解了亚里士多德在知识论意义上对柏拉图的修正。[③] 王爽、王前和秦明利的论文讨论了亚里士多德的“技艺”（technē）这种理智德性的伦理意蕴，但是错误地认为技艺也是某种中道、技艺是通过习惯养成的方式获得的、四因说是技艺与伦理密切关联的根基，等等。[④] 高健康的文章讨论了亚里士多德的“自然正义”问题，但是他的两个论题（自然正义只是自由平等的公民之间的正义；自然正义的“自然性”基于正义的自然德性）存在矛盾，因为基于“自然德性”的自然正义恰恰是可以脱离城邦和公民来加以说明的。[⑤] 毛立云认为亚里士多德的“自然奴隶制”其实是“人为的”，是为了城邦的利益剥夺了某些人实现实践理性的潜能，类似于将种子置于磐石之上，但是亚里士多德认为“自然奴隶”之所以“自然”恰恰是因为他们并没有实践理性的潜能。[⑥]

亚里士多德与中国思想的比较早已成为比较哲学领域的显学，但是大多数研究都集中在亚里士多德与孔子和孟子的比较上，2015 年出现了一些新的比较视角。孙伟的专著《“道”与“幸福”：荀子与亚里士多德伦理学比较研究》力图开辟荀子与亚里士多德的比较，并且没有从德性论的角度入手，而是着眼于两方伦理思想的最高目的——“道”与“幸福”，由此将荀子牢牢植根于儒家传统思想，也将亚里士多德与古希腊的幸福论传统紧密联系。作者利用牟博提出的“建构性参与”的方法论，试图用荀子的“大清明”解决亚里士多德那里实践和理论之间的张力，也试图利用亚里士多德的思想资源为荀子提供辩护。作者最终试图为普遍性的哲学问题和终极关怀

① 上面提到的三篇关于不自制问题的文章分别是：余友辉、罗斯年：《不自制与希腊伦理学》，《南昌大学学报》（人文社会科学版）2015 年第 5 期；谢宝贵：《亚里士多德论 akrasia》，《贵州师范大学学报》2015 年第 5 期；刘旻娇：《明智何以能行——对亚里士多德不自制问题的一个反向考察》，《道德与文明》2015 年第 6 期。

② 程志敏：《论哲学思辨的异化——亚里士多德哲学批判》，《贵州社会科学》2015 年第 12 期。

③ 聂敏里：《亚里士多德论理智德性》，《世界哲学》2015 年第 1 期。

④ 王爽、王前、秦明利：《亚里士多德 technē 概念的伦理意蕴》，《伦理学研究》2015 年第 5 期。

⑤ 高健康：《谁之正义？何种自然？——〈尼各马可伦理学〉第五卷第七章的自然正义》，《现代哲学》2015 年第 3 期。

⑥ 毛立云：《自然奴隶：磐石之上的种子——亚里士多德自然奴隶学说的哲学解读》，《上海交通大学学报》（哲学社会科学版）2015 年第 5 期。

提供新的思路，主张人生最高目的的实现既存在于神性思辨的至善中，也存在于德性实践活动乃至礼仪制度中。① 黄传根的文章颇为新颖地比较了亚里士多德与庄子关于人生“至境”的思想，作者从样态形式、通达途径、价值旨趣、理智角色和人格形象五个角度讨论了二者的异同。② 在亚里士多德与传统儒家的比较方面，谢文郁的论文讨论了亚里士多德与儒家德性观的差异，认为“亚里士多德把德性界定为一种行为规范，作为城邦治理的一部分，缺乏宗教意义上的终极性；而儒家的德性以天命之性为基础，既涉及个人内在意识的培养，同时也注重外在行为的规范习惯，强调德性培养乃是一种生生不息的过程，作为政治的基础和动力而作用于社会，引导社会不断完善自身”③。王剑的文章比较了先秦儒家“权法思想”（权益、权衡、权变）与亚里士多德“中道”和“公道”思想的相通之处。④ 陈治国的文章比较了亚里士多德的“正义”和孟子的“仁义”，认为两位哲人都关注德性的实现和公民人格的培养，但是差别在于亚里士多德从公民和政治的维度推进到人性，而孟子则强调天然道德能力的自觉。此外，哲学家或圣贤在理想城邦中的位置也有所不同。⑤ 沈顺福的文章试图讨论亚里士多德的“善”与儒家之“善”之间的差异，作者认为亚里士多德那里的“善”是一个带有主体性的判断性概念，而儒家的善是完成与完善，是描述性概念而非判断性概念，但是这无疑是对亚里士多德和儒家的双重误解。⑥

四、晚期希腊、罗马与中世纪的伦理政治思想

从晚期希腊到中世纪的伦理政治思想一直不是我国学界关注的重点。就晚期希腊伦理思想而言，包利民和徐建芬的论文讨论了塞涅卡“治疗哲学”的复杂性，认为这种哲学以斯多亚派（又译斯多葛派、廊下派）的理性主义为主线，同时还包容了伊壁鸠鲁学派适合普通人的治疗策略，以及基督教的神圣拯救思想。⑦ 许欢比较了古希腊两种快乐主义的伦理学派——伊壁鸠鲁学派和居勒尼学派，指出在如何理解作为生活目的的快乐、快乐是否需要明智的指导，以及快乐是否需要受到节制上，这两个学派存在重要的差别，因此居勒尼学派有可能陷入享乐的生活，而伊壁鸠鲁学派则并

---

① 孙伟：《“道”与“幸福”：荀子与亚里士多德伦理比较研究》，北京大学出版社 2015 年版；浓缩的版本可参见孙伟《“道”与“幸福”：亚里士多德与荀子伦理学之间的另一种对话》，《复旦学报》（社会科学版）2015 年第 5 期。

② 黄传根：《亚里士多德与庄子人生“至境”之比较》，《南华大学学报》（社会科学版）2015 年第 4 期。

③ 谢文郁：《儒家和亚里士多德的德性伦理观之比较》，《孔学堂》2015 年第 1 期。

④ 王剑：《论先秦儒家的“权”法思想——兼与亚里士多德比较》，《孔学堂》2015 年第 2 期。

⑤ 陈治国：《作为政治秩序原理的正义与仁义：亚里士多德与孟子之间的一种互诠》，《现代哲学》2015 年第 6 期。

⑥ 沈顺福：《善：判断或描述——亚里士多德之善与古代儒家之善的比较考察》，《孔学堂》2015 年第 4 期。

⑦ 包利民、徐建芬：《试论塞涅卡“治疗哲学”的多重维护》，《求实学刊》2015 年第 6 期。

非享乐主义。[①] 于江霞的论文讨论了盖伦关于如何避免悲伤的论述，尤其讨论了盖伦在激情治疗、自我修炼的路径、方法与目的上与斯多亚派的一致之处。[②] 就晚期希腊政治思想而言，徐建的论文讨论了斯多亚派的政治思想不受重视的原因，并力图指出政治思想乃是斯多亚派的重要维度，他们认为政治活动是一种享有自然价值的活动，主张行动者应带着合乎理性的情感去参与政治。作者认为斯多亚派的政治哲学是一种古今转变之际的新型政治哲学。徐建与毛丹合作的论文更正面地讨论了斯多亚派政治思想在历史中的转变，从以共产主义式的学说批判现实政治，到接受罗马的共和制，再到认可罗马帝国的君主制，经历了从激进到保守的变化。[③]

在罗马政治思想方面，李隽旸的论文讨论了史家波利比乌斯对公元前146年的亚该亚战争的记载，波利比乌斯一方面谴责罗马对希腊世界的冒犯，剥夺了希腊人的自由；另一方面又欣赏罗马共和政体，赞赏罗马给希腊带来的秩序。作者认为这看似矛盾的笔法背后是波利比乌斯对历史之中“机运”的深刻体察。[④] 郑戈从“共和国”的含义、混合政体理论、自然法与理性几个角度系统讨论了西塞罗的共和学说，并概括了西塞罗对西方政法思想史的特别贡献。[⑤] 史志磊讨论了罗马法中人的尊严（dignitas）概念，作者分别讨论了“秩序尊严”和“人性尊严”。各安其位的秩序尊严对私法的权利义务配置产生了重要的影响，也体现了法律对个体性特征的关注；而人性尊严强调了人区别于动物的理性和超越特征，这种尊严观念既要求对人给予特别的待遇，又构成了对人行为的约束，是罗马人和斯多亚哲学为后世留下的宝贵遗产。[⑥]

有关中世纪伦理思想的研究，张荣的专著《爱、自由与责任：中世纪哲学的道德阐释》是2015年最有分量的作品。作者紧扣“有恩典，但不完全”这条在奥古斯丁那里首次得到清晰阐释的基督教哲学纲领，讨论了中世纪意志主义伦理学，也就是强调上帝的恩典给了人自由决断的能力，而正是这种自由使人犯下原罪并从此带有罪性，但也同样是这种自由让人们可以选择是否过良善的生活，以及是否将灵魂转向上帝，只有后者才能最终完成恩典。这种伦理学的中心就是建立在原罪论和神正论基础上的爱的伦理学。作者具体讨论了意志主义的三个代表——奥古斯丁、阿伯拉尔和阿奎那。奥古斯丁奠定了意志主义的基本形态，但是强调更多的是意志主义消极的一面，即人罪性的面向；阿伯拉尔在意志主义之中融入了更多理性的成分，同时更加积

① 许欢：《快乐论者会过一种享乐的生活吗？——基于伊壁鸠鲁主义和居勒尼学派的比较考察》，《北京社会科学》2015年第10期。

② 于江霞：《盖伦论如何避免悲伤——兼析与斯多亚派之离合》，《道德与文明》2015年第5期。

③ 徐建：《为何冷落廊下派的政治哲学》，《南海学刊》2015年第4期；毛丹、徐建：《从激进主义走向保守主义——廊下派的政制问题》，《学习与探索》2015年第4期。

④ 李隽旸：《那机运就是罗马：波利比乌斯论城邦、自由与和平》，《复旦政治哲学评论》第6辑，上海人民出版社2015年版。

⑤ 郑戈：《共和主义宪制的西塞罗表述》，《中国法律评论》2015年第2期。

⑥ 史志磊：《论罗马法中人的尊严及其影响》，《浙江社会科学》2015年第5期。

极地理解自由意志，也更加重视道德的内在性；而阿奎那则通过融合亚里士多德主义，开创了“理性意志论”。在最后两章，作者探索了这种意志主义伦理学对现代自由理论、责任伦理和普世价值的巨大影响。[①] 张荣讨论的主题在李绍猛的论文中得到了呼应，他讨论了奥古斯丁的意志主义对现代自由主义的影响，认为自由主义保护的首先就是意志的自由，在这个意义上洛克的人性论与奥古斯丁有着结构上的巨大相似性。[②] 吴学国和徐长波的论文讨论了奥古斯丁在《圣经》神学和柏拉图爱欲理论的基础上，否定了唯理主义的激情理论，发展了激情理论的神秘主义向度，从而对西方思想产生了巨大的影响。[③]

关于阿奎那伦理政治思想的研究在 2015 年有两个问题得到了较多的关注。自然法和正义（公正）的问题，以及友爱的问题。程立显的《阿奎那论公正》（上、下）首先讨论了阿奎那的自然法思想，随后在自然法的基础上讨论了他如何处理关于公正的诸多问题——比如神学意义上的公正、对亚里士多德公正理论的修正、法律与公正的关系等。[④] 柯岚的论文讨论了在什么意义上阿奎那的自然法思想成为古典自然法理论的巅峰。[⑤] 赵琦的两篇论文分别关注了阿奎那对亚里士多德世俗友谊（或友爱）观的扬弃，即在包容和吸收世俗友谊的基础上，提出了“仁爱的友谊”，从而成为一种更加完善的友谊形态，同时具有哲学和神学的内涵。[⑥]

关于中世纪伦理政治思想的讨论中，除了关于奥古斯丁和阿奎那这两个支柱性人物的研究之外，还有两篇论文讨论了相对较少有人关注的主题。赵卓然的论文讨论了 12 世纪英格兰的索尔兹伯里的约翰的国家有机体论，把国家的各个阶层与人体的各部位相类比，并且分析了不同部位的职责以及相互之间的协作。约翰特别强调作为灵魂的神职人员的作用，教会权力指引世俗权力，但是世俗暴君或者教会暴君的出现又会改变二者的关系。[⑦] 何博超的论文介绍了 13 世纪叙利亚哲学家赫卜烈思（Hebraeus）在《智慧之精华》中对亚里士多德的全面概述，并将注意力集中在德性论的部分，介绍了中世纪东方哲学如何理解德性与恶性，以及亚里士多德思想东传史上的重要篇章，填补了国内相关研究的空白。[⑧]

---

① 张荣：《爱、自由与责任：中世纪哲学的道德阐释》，社会科学文献出版社 2015 年版；另可参见张荣《托马斯论激情与理性》，《思想战线》2015 年第 5 期。

② 李绍猛：《有限的理性与自由的意志——从奥古斯丁和洛克看自由主义的意志论维度》，《江苏行政学院学报》2015 年第 5 期。

③ 吴学国、徐长波：《奥古斯丁与西方激情理论的分化》，《哲学研究》2015 年第 3 期。

④ 程立显：《阿奎那论公正》（上、下），《党政干部学刊》2015 年第 8、9 期。

⑤ 柯岚：《托马斯·阿奎那与古典自然法的巅峰》，《苏州大学学报》（法学版）2015 年第 2 期。

⑥ 赵琦：《阿奎那友谊理论的新解读——以仁爱为根基的友谊模式》，《复旦学报》（社会科学版）2015 年第 2 期；《仁爱的友谊观——论阿奎那对亚里士多德世俗友谊观的扬弃》，《现代哲学》2015 年第 3 期。

⑦ 赵卓然：《试论索尔兹伯里的约翰的国家“有机体论”》，《贵州社会科学》2015 年第 5 期。

⑧ 何博超：《论古叙利亚文〈智慧之精华〉对亚里士多德德性论的解释》，《世界哲学》2015 年第 1 期。

五、文艺复兴时期的伦理政治思想

就文艺复兴伦理政治思想的整体研究而言，刘小枫的论文通过分析布拉乔利尼、马基雅维利和勒华这三位具有代表性的文艺复兴思想家，讨论了“古今之争”的形成，文艺复兴一方面确实有崇古的倾向，但另一方面抑古崇今之风也逐渐兴起，从而造成了古今之争的问题。① 有关这一时期的专题研究则继续以马基雅维利为主，和前几年相比马基雅维利甚至成了带有一些排他性的关注对象。刘训练近几年在马基雅维利作品的翻译和研究上做出了突出的贡献，不仅主持了汉译《马基雅维利全集》的出版，而且在杂志《政治思想史》上安排了多期有关马基雅维利的专题讨论。他在2015年发表的两篇论文，一篇讨论了马基雅维利的《君主论》对色诺芬的《希耶罗：论僭政》的借鉴与重述，质疑施特劳斯学派提出的马基雅维利颠覆古典政治哲学传统的说法；另一篇则区分了狭义的“马基雅维利主义”（即为达目的不择手段的行为逻辑，其实称为“庸俗的马基雅维利主义”或许更为恰当）和国家理性意义上的“马基雅维利主义”（即为了实现某种公共或崇高的目的而不得不采取恶劣的手段，但是目的的高贵性可以为这种手段辩护），并论证了马基雅维利虽然没有使用“国家理性”这个概念，但确实为国家理性主义奠定了基础。② 周保巍的论文讨论了马基雅维利的统治术由以诞生的背景条件——命运与国家之间的冲突，并概括出马基雅维利统治术的三个战略——创造必然、管理激情和操纵认知，作者认为马基雅维利虽然是统治术的大师，但是毕竟在他那里统治术还没有成为严格意义上的“科学”，因此马基雅维利还只是前进在“现代政治”的途中。③ 李世祥从马基雅维利的《战争的技艺》入手讨论马基雅维利对敌我的划分，论证马基雅维利改变了古典哲学在政治和军事之间做出的基本划分，将军事上的敌我划分毫无保留地应用在政治之中，这样就将政治领域理解得更加残酷暴力，而这其中的重要原因就是马基雅维利对基督教这种“和平宗教”的敌意。④ 陈华文试图通过区分马基雅维利三个政治活动的“创建时刻”来解决他思想中君主制与共和制之间的张力，在他看来，一人创建与众人维护的单一时刻、由贵族与平民之间的冲突造就自由政制的集体创建、奉行王道将腐化城邦带回源头的连续创建这三个视角统一了君主制与共和制，避免了任何一种一劳永逸

① 刘小枫：《“古今之争”与“文艺复兴”的疑古倾向》，《海南大学学报》（人文社会科学版）2015年第2期。

② 刘训练：《驯化君主：〈君主论〉与〈希耶罗：论僭政〉的对勘》，《学海》2015年第3期；《马基雅维利在何种意义上是“马基雅维利主义者”》，《探索与争鸣》2015年第1期。

③ 周保巍：《创造必然、管理激情与操纵认知——重思马基雅维利的“统治术”》，《学术月刊》2015年第6期。

④ 李世祥：《马基雅维利的转向——论敌友划分的限度》，《四川大学学报》（哲学社会科学版）2015年第2期。

的建国方略。[①] 刘小枫通过解读施特劳斯的《关于马基雅维利的思考》（尤其是其中的几个关键注释）考察了马基雅维利作为现代哲人，或者说启蒙哲人的品质，而这种哲人的基本特征就是既反对基督教也反对异教神话。[②]

赵雪纲用比较的视角讨论马基雅维利的思想，讨论了马基雅维利与霍布斯政治哲学的差别，认为前者企图以实证的政治历史为基础建立新的政治理论，而后者认为这种基础还不够牢靠，故而以生存欲望为基础确立了现代政治科学。[③] 詹康的论文从“际遇”的角度比较了韩非与马基雅维利的思想，韩非和马基雅维利都认为有某种超越人为安排的环境力量，限定着国家治乱的去向，也都认为个人的“德”是应付际遇的根本，但是马基雅维利更注重政治之中的弹性；而韩非则主张君主必须坚守法度，并且时刻以假设的逆境督促君主，使得君主总是充满危机感、孤寂感与悲壮的情怀。[④]

---

① 陈华文：《君主、共和与马基雅维利的政治创建理论》，《武汉大学学报》（哲学社会科学版）2015 年第 5 期。

② 刘小枫：《马基雅维利与现代哲人的品质》，《四川大学学报》（哲学社会科学版）2015 年第 2 期。

③ 赵雪纲：《现代性第一次浪潮中的马基雅维利与霍布斯》，《南海学刊》2015 年第 1 期。

④ 詹康：《韩非的际遇思想——兼与马基雅维利比较》，《政治思想史》2015 年第 1 期。

第六章　2015年近代西方伦理思想研究报告

杨伟清　王福玲

就既有的研究文献来看，近代西方伦理思想研究主要包括近代英国伦理思想研究和近代德国伦理思想研究。近代英国伦理思想研究又可以区分为三部分内容，即霍布斯与洛克的社会契约思想研究，从沙夫茨伯里到斯密的道德感学派研究，以边沁和密尔为代表的古典功利主义研究。近代德国伦理思想研究则主要围绕康德和黑格尔展开。此外，卢梭的伦理思想也备受关注。考虑到卢梭从属于契约论思想的脉络，且经常被拿来与霍布斯和洛克的思想比较，我们可以把这三个人放在一起处理。如此一来，近代西方伦理思想研究就有四大块组成，即霍布斯、洛克与卢梭的社会契约思想研究，从沙夫茨伯里到斯密的道德感学派研究，古典功利主义研究，康德和黑格尔伦理思想研究。

一、古典功利主义

古典功利主义的代表人物为边沁、密尔与西季威克。相对而言，密尔受到的关注最多，边沁次之，西季威克最少。但综合来说，古典功利主义在当前学界并没有得到足够的重视，相关的研究文献数量欠缺，质量也很不理想。

就边沁而言，有研究者考察了他对功利原则的不同表述形式，对功利原则的证明，以及功利原则与平等的关系等问题。[①] 赖井洋比较了他的功利主义思想与李觏的异同，检讨了两人在人性论基础、价值论原则、实现功利目标的途径，以及道德评价中动机和效果的作用等方面的差别。[②] 吕普生从“公共利益”这一概念的角度考察了他对公共利益的界定，认为他提出的是一种分布式公共利益观，不同于卢梭的整体式公共利益观。[③]

---

① 谭志福：《边沁法哲学中的功利原理及其证明》，《河南大学学报》2015年第2期。

② 赖井洋：《边沁与李觏的功利主义思想比较初探》，《湖南社会科学》2015年第1期。

③ 吕普生：《集合式利益、分布式利益抑或复合式利益》，《江汉论坛》2015年第7期。

就密尔而言，他的民主理论颇受关注。许小亮从代议制政治思想史的角度考察了他的代议制政府理论所关注的问题。[①] 董石桃从民主制度与公民参与的关系这一角度，分析了密尔是如何论述公民参与在民主制度中扮演的关键角色。[②] 张继亮、马德普探讨了他与当代的协商民主理论的关系，认为密尔的民主理论的确包含着很多协商民主的因素，如强调公共理论、公民自治、公共精神的培养、政治讨论，但其思想中也存在不少反对协商民主的东西，如要求对选举权资格进行限制，主张复数投票制，反对人民直接参与政府管理。[③] 欧阳询通过张君劢的《穆勒·约翰议院政治论》一文考辨了密尔与张君劢政治思想的异同之处。[④]

密尔的自由理论也得到了一些关注。黄素珍讨论了对密尔自由原则的两种不同解释方案，即基于伤害的方案和基于权利的方案，并认为基于权利的方案要更有解释力。[⑤] 张继亮则重点讨论了伤害原则中的伤害概念的界定问题，考察了几种不同的界定方式，如影响他人的行为，影响他人的利益，影响他人的正当权利。[⑥] 盛文沁考察了密尔的帝国与殖民地思想如何能与他的自由理论相容，论述了 19 世纪的英国帝国统治是如何在自由主义理论框架中被合理化的。[⑦] 他还从当代的自由民族主义的视角出发，详细论述了密尔在民族问题上的诸多看法，诸如民族情感与政治共同体的凝聚力，民族自决的原则，民族品格与政治制度等。[⑧] 密尔的快乐主义思想也受到一些探讨。晏玉荣考察了他关于快乐存在质的区分的想法，认为这一想法背后的根据是自我完善论，而自我完善论与快乐主义立场很难共存。[⑨] 刘睿则考察了与密尔的快乐主义思想有密切关系的尊严论。[⑩]

此外，张印考察了密尔思想的内在张力，即功利主义立场与自由主义立场的相容性问题，并指出，这种张力主要源自于密尔所持有的不同认识论立场。[⑪] 郭鹏坤讨论了密尔功利主义思想中呈现的两种不同的关于人的图景，即《功利主义》中出现的利他的、社会化的人，与《论自由》中出现的自由自主的人。[⑫] 盛文沁考察了密尔是如何论述中国的，并认为，他将停滞的中国塑造为 19 世纪政治理论的重要素材和事

---

① 许小亮：《代议制的历史图谱：从中世纪到现代》，《浙江社会科学》2015 年第 5 期。

② 董石桃：《公民参与与民主发展的内在关联——一项思想史的考察》，《南京政治学院学报》2015 年第 1 期。

③ 张继亮、马德普：《密尔是协商民主理论的先驱吗?》，《新视野》2015 年第 5 期；张继亮：《密尔与协商民主：契合与悖离》，《云南行政学院学报》2015 年第 4 期。

④ 欧阳询：《同途而殊归：密尔与张君劢政治思想之比较》，《社会科学论坛》2015 年第 3 期。

⑤ 黄素珍：《密尔的自由原则与道德权利概念》，《道德与文明》2015 年第 6 期。

⑥ 张继亮：《伤害、利益与权利：理解密尔伤害原则的新视角》，《道德与文明》2015 年第 5 期。

⑦ 盛文沁：《在帝国中获得自由：约翰·密尔论英帝国与殖民地》，《史林》2015 年第 1 期。

⑧ 盛文沁：《19 世纪英国自由主义者论民族：以约翰·密尔为中心》，《世界民族》2015 年第 2 期。

⑨ 晏玉荣：《快乐的质与“自我完善论”：论“穆勒难题”的无解》，《道德与文明》2015 年第 2 期。

⑩ 刘睿：《论密尔的尊严观》，《湖北大学学报》2015 年第 2 期。

⑪ 张印：《密尔思想的内在张力》，《北方法学》2015 年第 2 期。

⑫ 郭鹏坤：《密尔功利主义中的“人”：两种“人”的图景的接榫与断裂》，《哲学动态》2015 年第 3 期。

例，是要借此反思停滞、专制与民主的关系，强调停滞是专制之恶果，是民主社会的前车之鉴。[①] 李荣亮从教育学的角度讨论了密尔的个性思想，如个性的内涵，个性教育的内容、实现途径、实现的保障和原则。[②]

二、道德感学派

在道德感学派中，休谟受到的关注最多，斯密次之，其他思想家则很少有人关注。

就休谟而言，他的休谟问题、情感主义伦理思想、道德动机学说、与社会契约理论的关系以及正义理论受到了研究者较多的关注。

在讨论休谟提出的是与应当的关系问题时，刘勇认为，是与应当的区分在休谟那里主要是为了说明道德的区别不是从理性得来的这一论断。[③] 聂长建则认为，休谟从未提出后世所说的事实判断与价值判断分离的休谟问题，他更关注的是理性与道德的关系问题。[④] 王嘉从现代神经科学的研究成果出发进一步考察了这一问题。[⑤] 张世闯、郑文革在实在法的正当性这一语境中考察了休谟问题带来的挑战，并重点研究了法学家凯尔森的回应。[⑥] 王波重点研究了法律实证主义者是如何应对休谟问题的挑战，努力提出各种方案去解决如何从社会事实产生出规范性的问题。[⑦] 贾中海、曲艺从事实与价值一元论和二元论的角度考察了休谟问题，并分析了这一问题在思想史中的回响。[⑧]

就休谟的情感主义伦理思想而言，有研究者在与理性主义道德哲学传统的对比中阐述了他的道德哲学建构的情感逻辑。[⑨] 黄济鳌则从德性伦理学的角度指出，休谟开创了德性伦理学的情感主义路径。[⑩] 张雷试图从启蒙理性导致的道德困境中重新认识

---

① 盛文沁：《“停滞”与19世纪欧洲政治思想：约翰·密尔论中国》，《社会科学》2015年第5期。

② 李荣亮：《约翰·密尔论个性教育》，《教育学术月刊》2015年第9期。

③ 刘勇：《“是”推不出“应该”吗：休谟的道德哲学研究》，《安徽理工大学学报》2015年第4期。

④ 聂长建：《误解与正解：对休谟伦理学问题是否存在的追问》，《伦理学研究》2015年第5期。

⑤ 王嘉：《当代伦理学视野下生理－物理层面的“是”与道德“应当”》，《自然辩证法研究》2015年第10期。

⑥ 张世闯、郑文革：《法学中的“休谟问题”——纯粹法理论建构的逻辑起点》，《中州大学学报》2015年第1期。

⑦ 王波：《社会事实如何产生规范性：论法律实证主义对“休谟法则”的解决方案》，《法制与社会发展》2015年第5期。

⑧ 贾中海、曲艺：《事实与价值关系的二元论及其规范意义》，《吉林大学学报》2015年第3期。

⑨ 王腾：《从“理性认识”到“意识呈现”：休谟道德哲学建构的情感逻辑》，《西南大学学报》2015年第4期。

⑩ 黄济鳌：《德性伦理学的情感主义路径——休谟伦理学析论》，《中山大学学报》2015年第1期。

休谟的情感主义伦理思想。[①] 孙小玲仔细分析了休谟伦理思想中的同情概念，认为他在《道德原则研究》中并没有以广泛的仁慈取代作为道德感源泉的同情，并因此退回到传统的道德感理论。[②] 李伟斌则考察了休谟提出的道德判断应基于共识的观点是否与他的情感主义取向相容。[③]

休谟关于道德动机问题的论述也很受关注。有研究者通过分析休谟主义者和反休谟主义者之间的争论，认为无论是在概念反思还是实验哲学层面，休谟对道德动机的说明都很有生命力。[④] 张晓渝比较了康德和休谟关于道德动机问题的论述，并认为休谟在心理机制的框架下安顿动机，而康德则在实践理性的框架下安顿动机，二人分别代表了道德动机的理性主义与情感主义传统。[⑤] 徐向东考察了与道德动机之争密切相关的对实践理性的不同解释，并认为，休谟和康德对实践理性的解释并非完全不可调和。一旦我们澄清了休谟主义的两个构成要素，也即它对行动的理由和动机的说明以及它对工具合理性原则的基础地位的强调，并给予康德伦理学以一种适度的“自然主义”解释，那么我们就可以有意义地缓解在这两种观点之间被认为存在的张力。[⑥]

在考察休谟与社会契约理论以及自然法的关系时，毛兴贵认为，休谟基于利益视角和历史主义视角，在自然法、社会与政府的起源、政治合法性的根据和政治义务的根据这四个重要问题上对社会契约论进行了批评。[⑦] 张峰铭认为，休谟对契约理论的批评之贡献在于，通过对守信义务的深层次追问，揭示了“同意”概念背后承载着的巨大理论负荷，挑明了社会契约论的一系列并不坚实的理论预设，明确了政治义务理论面临的基本问题，为政治义务理论开辟了一个新的发展空间。[⑧] 骆长捷指出，休谟在道德领域所作出的“是”与“应当”的区分，从根本上对自然法理论的合法性提出了挑战，而其关于正义的自然法则的论述则实现了对传统自然法理论的批判和变革。[⑨]

在研究休谟的正义思想时，李蜀人重点论述了他的财产权思想，[⑩] 张进蒙试图在正义理论的思想史中去界定休谟的位置，[⑪] 李红文考察了麦金泰尔对休谟正义思想的

---

① 张雷：《回归休谟的道德认识论：应对启蒙理性导致道德困境的可能性研究》，《学习与探索》2015 年第 3 期。

② 孙小玲：《同情与道德判断——由同情概念的变化看休谟的伦理学》，《世界哲学》2015 年第 4 期。

③ 李伟斌：《休谟伦理学中的共识理论》，《伦理学研究》2015 年第 4 期。

④ 王奇琦：《论休谟主义者的道德动机》，《世界哲学》2015 年第 1 期。

⑤ 张晓渝：《休谟与康德：动机情感主义与理性主义之分及其当代辩护》，《道德与文明》2015 年第 4 期。

⑥ 徐向东：《休谟主义、欲望与实践承诺》，《自然辩证法通讯》2015 年第 2 期。

⑦ 毛兴贵：《功利抑或契约：论休谟对社会契约论的批判》，《浙江社会科学》2015 年第 9 期。

⑧ 张峰铭：《虚构的自然法与想象的自由意志》，《研究生法学》2015 年第 6 期。

⑨ 骆长捷：《休谟对传统自然法理论的批判、变革及其影响》，《理论界》2015 年第 6 期。

⑩ 李蜀人：《休谟的财产正义观探析》，《四川大学学报》2015 年第 4 期。

⑪ 张进蒙：《正义的起源与演变逻辑》，《西安交通大学学报》2015 年第 1 期。

批评。①

就斯密而言，相关的研究比较散乱，且资料不多。康子兴认为，借助于牛顿的方法，斯密将道德哲学转变为“关于社会的科学”。其道德哲学围绕以下两大主题展开：德性之本质及嘉许原则。前者即为“合宜”，是对德性自身的描述；后者则是“同情”，致力于探讨认知德性的方式。此二者均展示出“社会”的逻辑与精神。“合宜”预设了社会的内在法则与秩序的要求，“同情”则是对个人自然社会性的理论表达。② 张江伟则指出，在《道德情操论》中斯密提供了一套以合宜性为中心，能够平等对待不同的个体，并支撑商业社会运作的伦理学体系。斯密的商业社会的伦理学是对哈奇森和曼德维尔的伦理学体系的调和折中，他试图在唯我与无我之间寻找一种能够适应于人类共同体的中道。③ 余露则从斯密的旁观者理论出发试图解答道德判断如何可能的问题。④ 刘飞、聂文军则考察了斯密提出的仁慈这一美德，认为该美德呈现出内在矛盾，这种内在矛盾主要体现在两个方面：斯密对仁慈美德的价值评价和其社会作用不对称；仁慈美德的自愿性与强制性的内在冲突。⑤ 钱辰济则力图强调共和主义思想传统在斯密那里的体现和转化，并认为，在苏格兰合并后，面对商业社会到来、国家疆域拓展、独立的公民社会领域出现等一系列“抛来”的现代性前提时，他并没有完全抛弃共和主义的话语、概念和动机，而是通过增加新的意义、主张，并参照已有传统进行调整，最终创制了一种适应现代社会的自由主义思潮。⑥

哈奇森的伦理思想也受到一定程度的关注。陈晓曦从人性论、幸福论以及法权论三个角度去阐述他的思想。⑦ 他还从自然情感理论的角度去解释哈奇森思想中的基督教化的斯多亚主义立场与功利主义倾向的相容性。⑧ 蒋政以启蒙运动为背景，试图阐述哈奇森的道德哲学与自然神学的关系。⑨ 李家莲考察了哈奇森的道德代数法思想，并认为这一思想虽然近似功利主义，但哈奇森并非功利主义者，而且这一思想与他的

---

① 李红文：《论休谟的正义观及其批评与发展》，《长江论坛》2015 年第 3 期。

② 康子兴：《“社会”与道德情感理论：亚当 · 斯密论“合宜”与同情》，《学术交流》2015 年第 8 期。

③ 张江伟：《在唯我与无我之间：斯密以合宜性为中心的商业社会伦理学》，《社会科学战线》2015 年第 4 期。

④ 余露：《道德判断如何可能——从“旁观者”透视斯密晚期伦理学》，《武汉理工大学学报》2015 年第 1 期。

⑤ 刘飞、聂文军：《论亚当 · 斯密仁慈德性的内在矛盾及其现当代启示》，《湖南大学学报》2015 年第 3 期。

⑥ 钱辰济：《亚当 · 斯密的同情与修辞——共和主义传统美德的现代转型》，《政治思想史》2015 年第 1 期。

⑦ 陈晓曦：《对自爱与偏狭的教化：哈奇森道德哲学的概念与体系》，《苏州科技学院学报》2015 年第 2 期。

⑧ 陈晓曦：《“基督教化的斯多亚主义”与功利主义精神——论弗兰西斯 · 哈奇森的自然情感理论》，《南华大学学报》2015 年第 1 期。

⑨ 蒋政：《哈奇森道德哲学与自然神学：以启蒙运动为背景》，《学术研究》2015 年第 9 期。

其他想法存在很大的张力。① 同时，李家莲还关注了他的情感正义观，并指出，在他那里，自然情感被视为正义的基点，情感秩序被视为正义的目标，而纯粹情感被认为是正义实现的保障。②

三、霍布斯、洛克与卢梭

这一部分既有对这三位思想家的单个研究，也有对他们的比较研究。但就已阅读的资料来说，比较研究大多流于表面，主要是对三者不同观点的简单复述，故在此不论。我们主要考察对霍布斯、洛克和卢梭的单独研究。

就霍布斯而言，他的国家理论受到了较多的关注。汪仲启认为，霍布斯主要从“人性论”“自然状态”和“主权者”三个假设出发，运用一套“契约论”的论证方法，构建起整个国家观的大厦。国家产生于人们为了避免互相伤害而结成群体的需要。但霍布斯的人性论是片面的，或者是夸大其词了；他关于前国家时期的自然状态的假设是不真实的。对霍布斯人性论和自然状态假设的质疑，直接损毁了他的逻辑根底。霍布斯对契约论的任意运用，以及他对专制和无政府主义的“二选一”简化，成为他逻辑推演的巨大裂缝。③ 唐学亮指出，霍布斯的契约论具有二重性。所谓二重性，是指他的契约理论实际上包含着非真正的和真正的两种性质的契约：第一种契约为实验契约，是自然状态中的人们为了实现和平的合作自救，是一种自治运动；第二种为主权建国契约，这种契约是通过作为中立第三者的主权者的他救契约，是一种政治建国。就契约建国的整个过程来说，其包含三大程序：第一，自然状态中的人们为了逃离这种朝不保夕的战争状态，试图在自然法的指引下通过自主合作以实现和平，但人性的境况导致自然法的无力，使得这种自救契约终归化为泡影；第二，由于前述的失败，把自然状态的人们逼迫到主权建国的道路上，在吸纳前述自救契约形式结构的基础上，通过授权程序建立公共权力和人造权威，以实现普遍的和平；第三，通过民主程序选出主权者以承担和发动人造国家这种公共人格以实现其自然法的义务。④陈涛重点关注了与霍布斯的国家学说密切相关的政体理论，并指出，霍布斯有意识地用他的国家理论来排除传统政体问题。在他那里，如何借助臣民对国家的服从和义务关系，构建出一种绝对权力，从而实现国家的和平和安全，取代了有关各种生活方式的考虑和选择，成为政治科学关注的焦点。相应地，传统政体理论用于衡量城邦优劣的标准，统治者和公民的德性，权力执行是否着眼于共同利益等，都被置于与政治科学无关的权力实践层面。作为替代，他转而诉诸人民同意和公共利益来区分合法权力

---

① 李家莲：《论弗兰西斯·哈奇森的道德代数法》，《南华大学学报》2015 年第 1 期。

② 李家莲：《论弗兰西斯·哈奇森的情感正义观》，《道德与文明》2015 年第 3 期。

③ 汪仲启：《绝对主权的逻辑和裂缝——论霍布斯的国家学说》，《学术月刊》2015 年第 12 期。

④ 唐学亮：《霍布斯契约论的二重性与三部曲——一个法哲学的视角》，《西南大学学报》2015 年第 6 期。

与暴力。这其中所存在的困难预示了霍布斯之后政治科学的基本趋向。[①] 陈江进讨论了霍布斯那里国家与人的关系，分析了为何应把国家界定为“比喻的自然人”[②]。

有不少研究者考察了一些重要思想家对于霍布斯思想的解读。李明坤、陈建洪、赵柯检讨了施特劳斯对霍布斯思想的解读，[③] 张新刚考察了麦克弗森视野中的霍布斯，[④] 陈高华关注了阿伦特对霍布斯的读解，[⑤] 姚云帆论述了福柯与阿甘本对霍布斯主权权力学说的争辩。[⑥]

有部分研究者关心霍布斯政治哲学与伦理学的关系问题。陈江进认为，霍布斯的政治哲学并非建立在利己主义的基础之上，也不依赖于人性恶的假设，霍布斯所理解的人是具有道德反思能力的行动者。霍布斯的政治哲学体系蕴含着强劲的道德维度，无论是人们通过契约建立国家，还是主权者统治国家，都必须以道德作为基础，没有自然法及其所倡导的道德价值，他的整个政治框架无从确立。[⑦] 刘海川指出，相较于亚里士多德的实践哲学范式，霍布斯的政治学悬搁了伦理学基础。这一新的政治学方法不是中立的，它蕴涵了自由主义的政治观念。霍布斯创立这一新方法的更深层原因或许是其“目的论的宇宙论”观念的瓦解。[⑧]

曹钦比较了霍布斯与佩蒂特的自由观，并提出，与霍布斯的中立自由观不同，佩蒂特的共和主义无支配自由观是一种道德化的自由观。两人的自由观的相同之处在于：他们都意识到了道德化自由观所具有的修辞色彩。[⑨] 凌斌检讨了霍布斯的权利学说，认为他的自然权利是目的权利和手段权利的矛盾统一体。自然权利在目的和手段上的二律背反，一方面必然产生所有人反对所有人的自然状态，另一方面又必然产生要求克服战争状态，实现永久和平的自然法则。自然权利的这一内在矛盾，通过其自我扬弃，分化为国家权力和公民权利。自然状态中战争与和平、独占与自保的二律背反和政治社会中国家权力与公民权利对自然状态的扬弃，构成了权利的辩证法。霍布斯的权利辩证法，揭示并影响了现代社会的基本特征：公民权利与国家权力的对立统一关系。[⑩] 武云从理性与宽容之关系的角度考察了霍布斯在宽容问题上的看法。[⑪]

---

① 陈涛：《国家与政体——霍布斯论政体》，《政治思想史》2015 年第 3 期。

② 陈江进：《霍布斯政治哲学中的国家与人——兼论斯金纳与朗西曼之争》，《云南大学学报》2015 年第 6 期。

③ 李明坤：《霍布斯与现代政治哲学的问题——施特劳斯的观点》，《学术月刊》2015 年第 12 期；陈建洪、赵柯：《论施特劳斯视野中的霍布斯》，《云南大学学报》2015 年第 5 期。

④ 张新刚：《麦克弗森的霍布斯解读之辨正》，《国外理论动态》2015 年第 3 期。

⑤ 陈高华：《政治与反政治——论阿伦特对霍布斯的理解》，《社会科学辑刊》2015 年第 3 期。

⑥ 姚云帆：《主权权力的悬置与复归——论福柯和阿甘本对霍布斯“利维坦”概念的分析》，《世界哲学》2015 年第 5 期。

⑦ 陈江进：《论霍布斯政治哲学的道德基础》，《山东社会科学》2015 年第 10 期。

⑧ 刘海川：《悬搁伦理学的政治学——霍布斯的实践哲学方法》，《学术月刊》2015 年第 2 期。

⑨ 曹钦：《佩蒂特与霍布斯的自由观及其异同分析》，《国外理论动态》2015 年第 3 期。

⑩ 凌斌：《权利辩证法——霍布斯权利学说的论证逻辑》，《华东政法大学学报》2015 年第 3 期。

⑪ 武云：《宽容源于理性？——基于霍布斯宽容观的反思》，《国外理论动态》2015 年第 3 期。

在研究洛克时，它的权利理论备受关注。邓杨麒考察了洛克的财产权理论，并提出，在洛克那里，财产权起源于人对客观对象的劳动和改造，是“自然理性”赋予人的合法权利；同时，“自然理性”又为财产权规定了两大限制性要件。在此基础上，洛克提出了其著名的“产品交换”理论和基于产品交换理论的“货币”理论。但是，无论是洛克的“产品交换”思想还是洛克的货币概念，都与他关于自然理性赋予财产权的两大限制性要件之间有着根本的冲突。① 储昭华、汤波兰考察了洛克对自然权利之为天赋的三种论证，即自然法论证，神学论证，以及理性主义论证。② 储昭华、王毅真则考辨了洛克的人权观念与他的自然法和基督教思想资源之间的逻辑关系。③

一些研究者则聚焦于洛克的政治合法性和政治义务理论。毛兴贵全面考察了洛克提出的作为政治合法性和政治义务之道德基础的同意理论，并指出它所面临的诸多困境。④ 王宇环则重点关注了洛克的默然同意理论。⑤ 陈肖生则探讨了洛克的政治义务理论与自然法思想的密切关联，并认为，洛克认为人们自愿同意是他们负有政治义务的必要条件；但对人们为什么要受政治义务约束这个政治义务根基问题的解释，诉诸人们的自愿同意抑或人们之间相互的自然平等的这种道德意识和道德理解，都是不足够的。洛克认为人们接受正当政府法律规则约束的义务的最终原因，要经由守诺的自然义务最终追溯到自然法本身才能获得合理的理解。至于那些未明确表示加入社会契约服从政府但又生活在该政治社会之中的非公民成员的义务问题，诉诸正义的自然义务比洛克提出的默认同意的解决方案，在理论上更加合理同时实践上也能保证社会成员的正义合作能有效开展。洛克政治义务的基础，以及由于他对自愿同意的强调带来的非正式社会成员的义务问题，都只能在其自然法理论中才能得到合理的理解或更好的解决。⑥

此外，霍伟岸论述了洛克的正义观念，并认为，自然法、财产权和上帝是洛克正义观的三个基本维度。正义是首要的自然法，自然法要保护的最重要的权利是财产权，而在洛克财产权理论的四个构成要素中，最重要的是上帝的意志。不正义的根源主要有两个：在理性认知自然法上发生的偏差导致的不正义；在德性养成上的失败导致的不正义。在正义与慈善的关系上，洛克始终把正义摆在中心位置，慈善有严格的条件限制，不能冲击正义秩序。⑦ 赵强关注了洛克的宪法学思想，并提出，洛克可以说是政治立宪主义的第一理论家，其立宪主义的宪法学原理主要表现在三个方面：第

---

① 邓杨麒：《洛克的财产权理论及其悖谬》，《江西社会科学》2015 年第 2 期。
② 储昭华、汤波兰：《洛克关于自然权利“天赋性”的三种论证》，《中南大学学报》2015 年第 6 期。
③ 储昭华、王毅真：《在自然法的背后：洛克何以赋予自由新的内涵》，《浙江学刊》2015 年第 1 期。
④ 毛兴贵：《洛克的同意理论及其困境》，《浙江学刊》2015 年第 4 期。
⑤ 王宇环：《同意的难题：论作为政治合法性来源的同意》，《华中科技大学学报》2015 年第 2 期。
⑥ 陈肖生：《洛克政治哲学中的自然法与政治义务的根基》，《学术月刊》2015 年第 2 期。
⑦ 霍伟岸：《自然法、财产权与上帝：论洛克的正义观》，《学术月刊》2015 年第 7 期。

一，革命是人民正当的自卫权和反抗权；第二，立法权是重塑政治社会、建立立宪政府的核心；第三，虚置的人民主权。[①] 谢莹则关注了洛克的教育思想，并提出，要正确理解他的教育思想就必须将其放入民主社会设计的整体理论视野当中，也正是在政治与教育，政治社会与家庭，权利与德行，以及自由与权威等种种复杂张力的背后，隐藏着洛克对于化解自由民主社会危机的良苦用心。[②]

在对卢梭进行研究时，他的教育思想广受关注。有不少人考察了他的自然主义教育理论，并运用这一理论来透视当前中国的家庭教育、幼儿教育以及小学德育的问题与对策。[③] 刘通、刘良华、曾世萍则关注于《社会契约论》与《爱弥儿》在教育思想上的矛盾之处，并试图给予化解。[④] 曹永国通过对《爱弥儿》第四卷中的同情教育的考察，力图探讨它与公民德行培育的关系。[⑤] 史智慧对他的消极教育思想给予了讨论。[⑥] 张桂则重点考察了他的教育权威理论，并提出，自然与自由是教育权威研究的基本议题，在这方面卢梭作出了开创性贡献。就卢梭教育哲学的总体结构而言，以自然为依据，探究自然自由、社会自由与道德自由之间的关系，从而把自然教育规定为一种导向自然自由与道德自由的教育。依据自然自由与道德自由的教育目的，卢梭把自然教育分为“物的教育”与“人的教育”，并以此区分了一种相对不平等和一种相对平等的教育关系。在此基础上，他分别提出了一种以自然为依据和一种以民主认同为基础的教育权威关系，由此建立了一种较全面的教育权威理论。然而由于他没有准确、有效地考量公共世界与公民自由的特征，而是把公共世界简化为一种对个体自主性与道德自主性具有腐蚀力的社会世界，从而忽略了教育权威与公民自由、公民德性教育之间的复杂关系。[⑦]

张国旺试图界定卢梭思想中的核心问题，认为若从个体与社会生活之间的构成性关系切入，卢梭思想的核心乃是如何化解绝对性个体主义给现代社会带来的瓦解危机，亦即如何治疗现代人脱离“社会”的顽固倾向，进而建设一种由道德个体组成的社会伦理生活。不仅如此，更重要的是，卢梭的方案并不取消个体自由，而是在承

---

① 赵强：《洛克与政治立宪主义原理》，《清华大学学报》2015 年第 5 期。

② 谢莹：《洛克政治哲学视域中的教育思想》，《兰州大学学报》2015 年第 4 期。

③ 代峰：《当前我国家庭教育存在的问题及对策——基于卢梭自然教育理论的分析》，《教育探索》2015 年第 4 期；王宏军、程语丝：《卢梭的自然教育思想对我国小学德育的启示》，《教学与管理》2015 年第 6 期；谢莹：《卢梭自然主义的道德教育思想及其当代启示》，《科学、经济与社会》2015 年第 1 期；冷雪：《论卢梭自然教育对我国幼儿教育的启示》，《学理论》2015 年第 6 期。

④ 刘通：《卢梭的公民教育——论〈社会契约论〉与〈爱弥儿〉教育观的矛盾及其统一》，《当代教育科学》2015 年第 10 期；刘良华、曾世萍：《卢梭的教育意图》，《华东师范大学学报》2015 年第 1 期。

⑤ 曹永国：《同情教育：公民德行养成的根基——卢梭〈爱弥儿〉第四卷中的一个审思》，《现代大学教育》2015 年第 2 期。

⑥ 史智慧：《论卢梭“消极教育”思想与教育权威的统一：以“无为”成就“有为”》，《中山大学研究生学刊》2015 年第 4 期。

⑦ 张桂：《卢梭的教育权威理论及其批评》，《教学学术月刊》2015 年第 12 期。

认个体自由的基础上进行多层次的引导和补救。[①] 宋宽锋则考察了《社会契约论》的理论结构，认为该书所呈现的政治哲学概念框架，是古典的自然政治观、孟德斯鸠的“地理环境决定论”和近代西方社会契约论的奇妙混杂之结果。而这三种政治哲学理论之间难以化解的理路和思想之歧异甚或冲突，也使得这本政治哲学经典充满了令人惊异的“独特”见解和悖谬混乱之处。[②] 聂露从法国共和政体原理形成史的角度考察了卢梭的人民主权理论及其理论效果。[③] 姜宇辉还试图从卢梭的音乐哲学去讨论他的启蒙思想。[④] 侯小丰探讨了卢梭的自由理论，认为在其自由理论中，自由不再是理性庇护下欲望的无限伸张，而是基于人的本性基础之上以“众意”为载体的社会契约过程。卢梭把自由和意志联系在一起，并且以良知和德性为根基来探求公意与众意规律，他所开启的向人的内在性维度寻求自由的思路深深启发了康德，使其找到了如何将真善美的理念植入形而上学的基本路径，而这一路径的延伸，影响了后续人类形而上学的历史。[⑤] 吕宏山讨论了卢梭的语言观念所具有的政治哲学意蕴。[⑥] 汪炜重点关注了卢梭思想中的 amour - propre 这一概念，并认为它包含四个要点：第一，它是一种对自身的不正当的、过度偏爱的情感；第二，它诞生于社会之中，是在与他人进行了反思性的比较之后而产生的相对性的激情；第三，它在效果上并不全然是一种负面的激情，在不同的条件下，它可以产生或积极、或消极的情操和行为；第四，它与原初的、自然的“自爱”之间具有某种“连续性”。可将其译为“自恋”。[⑦]

四、康德与黑格尔

就康德伦理思想而言，学界主要从以下几方面进行了探讨：尊严问题，法权理论，目的王国理念，自由概念，宗教与伦理的关系，与德性论及后果论的关系，与中国伦理思想的比较，与罗尔斯哲学的比较研究，针对康德伦理学的批判与回应，与现实社会问题的联系，以及对道德动机、道德感、道德思维、道德主体与实践理性等的讨论。

尊严问题是学界近几年来关注的一个热点话题，而康德的尊严思想确是不可绕过的宝藏，其中蕴含着关乎尊严话题的无限精华。刘睿专门对国内外学界对尊严概念的

---

① 张国旺：《必须保卫社会生活：重新界定卢梭思想的问题域》，《学术交流》2015 年第 8 期。

② 宋宽锋：《令人惊异的政治哲学经典——卢梭〈社会契约论〉的另类解读》，《陕西师范大学学报》2015 年第 5 期。

③ 聂露：《从人民主权理论到自由民主观念——法国现代共和政体原理的形成》，《教学与研究》2015 年第 10 期。

④ 姜宇辉：《“未完成”的节奏：卢梭与启蒙理想的音乐性》，《世界哲学》2015 年第 1 期。

⑤ 侯小丰：《卢梭的“公意”与形而上学自由观的奠基》，《人文杂志》2015 年第 11 期。

⑥ 吕宏山：《语言与政治：论卢梭的语言观》，《江汉论坛》2015 年第 7 期。

⑦ 汪炜：《如何理解卢梭的基本概念 amour - propre?》，《哲学动态》2015 年第 10 期。

界定及其演变研究进行了综述，其中重点梳理了对康德尊严概念的解读，并指出已有研究成果分歧的焦点、遗留问题及努力的方向，为日后的研究奠定了基础。[①] 刘静提出，康德的尊严理论是建立在纯粹实践理性的道德自由之上的，但它不仅是一种道德尊严，而且从道德尊严可以衍生出权利尊严，并论述了康德的有道德的权利尊严如何可能。[②] 王福玲将尊严与权利相联结，认为与“源始的尊严”和“实现了的尊严”相对应，在权利问题上，一方面，康德主张尊严是人的一项基本权利，同时也构成了其他权利的前提，因此应坚决捍卫人的尊严和权利；另一方面，康德也强调我们应该首先使自己配享权利，使自己作为一个权利主体保有尊严。[③]

针对法权理论，学界做了大量的探讨，角度多样。关于法权论的理论基础，杨云飞对托马斯·博格提出的康德法权论的独立性论题，即“法权论无需建基于其哲学体系”提出了质疑，明确了康德法权论的道德基础。[④] 张东辉试图阐明法权概念的形而上学基础，论证法权的普遍有效性，阐述法权概念的演绎过程，以期在康德批判哲学的宏观视域中把握其法权概念的实质。[⑤] 王晨从法权的多义性审视康德的人性法权。[⑥] 康德法权哲学的实证主义倾向也是一个崭新的研究视角，杨陈认为，康德通过自然法权将伦理与法的领域进行了区分，这使得唯有高度形式性的自然法权而非伦理目的才能成为校验实证立法的标准，因之催生了当代的立宪主义法律理论，即一种“规范的实证主义”。[⑦] 此外，赵广明思考了康德理论中德性与政治的关系，以及自由与自然如何共筑政治法权的基础，认为道德不是政治的根基，德性关乎内在自由，政治关乎外在自由，外在自由的实现需要法权的强制，而这种强制应该基于每一个人的自然权利及其自然关系。[⑧] 林道海从康德法权法则学说中提炼出了可能成为世界法治文明公约数的核心内容。[⑨]

目的王国理念也是康德研究中的一个关键性议题。K. 弗里克舒指出，目前学界对康德目的王国理念有一种准政治性的解读，如此便忽视了道德理念的实践上的实在性。因此，他提倡我们必须从一种实质性的实践形而上学的角度去考察目的王国理

---

① 刘睿：《“人的尊严”概念及其演变的研究综述——以康德尊严概念的研究综述为重点》，《成都理工大学学报》2015 年第 2 期。

② 刘静：《有道德的权利尊严如何可能——以道德为基础的康德尊严理论》，《道德与文明》2015 年第 2 期。

③ 王福玲：《试论康德哲学中的尊严与权利》，《天津社会科学》2015 年第 2 期。

④ 杨云飞：《康德法权论的道德基础——托马斯·博格的康德法权论独立性论题献疑》，《山东社会科学》2015 年第 10 期。

⑤ 张东辉：《康德法权概念的形而上学基础》，《长沙理工大学学报》2015 年第 1 期。

⑥ 王晨：《从法权的多义性看康德的人性法权》，《中国人权评论》2015 年第 1 期。

⑦ 杨陈：《康德法权哲学的实证主义倾向》，《人大法律评论》2015 年第 2 期。

⑧ 赵广明：《康德政治哲学的双重根基》，《哲学研究》2015 年第 11 期。

⑨ 林道海：《康德法权法则学说的核心内容及其当代性》，《学术界》2015 年第 5 期。

念。① 杨云飞质疑了学界对康德目的王国理念所做的世俗意义上的道德理想的解读，认为其缺陷在于忽略了目的王国理念所具有的宗教意义，并进一步对之进行了宗教阐释。②

自由是康德伦理学的核心概念，学界对康德的自由概念及自由伦理观的研究持续不断。周振权通过引入现象学的方法探讨自由的可能性问题。③ 成林辨析了道德与自由二者的关系，针对康德伦理信念“道德为自由辩护”，即自由因道德而存在，提出新观点：道德是历史的，自由不仅可以与道德共在，而且更内在地要求不断摆脱道德束缚。一切道德在本性上都表征着某种不自由，因此也必将在自由扩张的进程中被逐一克服。其结论是：自由的终极依靠在于人类对于物理世界的胜利。④ 除了对康德自由概念的单独阐述之外，王荣将康德自由观与新教自由观进行了比较。⑤ 还有的将康德自由观与现代新儒家相结合进行解读。⑥

康德的伦理学与宗教神学的关系问题，一直是康德研究中的一个重要方面。白文君剖析了康德伦理学的神学维度，认为理性维度与神学维度共存于康德伦理学，总体上是神学服从道德，神性服务人性。⑦ 舒远招指出，康德在赋予神意对于道德律以多重意义时，也为此设置了一个限度，即被设定为实存的神对道德律作用的间接性和直接作用于道德律的神的观念性。⑧ 傅永军指出，康德通过将耶稣基督诠释为完美的道德理想，即将上帝之子诠释为“善的原则的拟人化了的理念”，探讨了原善的人性，并据此阐明了人类重新向善的可能性，使得人性转变实现道德完善不仅具有先验的根据，而且具有形而上学的合理性。⑨

康德义务论与德性论及后果论的关系，是近年来学界的一个兴趣热点。在现代道德理论交杂的大背景下，刘静认为康德在“正义与美德相统一”的思路下，为我们提供了一种“有美德的正义理论”。⑩ 德性在康德伦理学中占有重要地位，进而分别从“新康德伦理学思潮”“康德与亚里士多德”及“对绝对命令的重新解读”三个向度，对当代德性伦理学作了一个康德式的回应。⑪ 此外，龙倩将义务论与后果论相

---

① K. 弗里克舒：《康德的目的王国：形而上学的，而非政治的》，刘凤娟译，《世界哲学》2015 年第 6 期。

② 杨云飞：《康德目的王国理念新解》，《武汉大学学报》2015 年第 4 期。

③ 周振权：《自由的可能性问题：从康德到胡塞尔》，《哲学研究》2015 年第 1 期。

④ 成林：《道德与自由——对康德道德学说的一种探讨》，《世界哲学》2015 年第 6 期。

⑤ 王荣：《自由之思——从现代伦理危机看新教自由观与康德自由观》，《佳木斯大学学报》2015 年第 5 期。

⑥ 金小方：《现代新儒家与康德自由观解读》，《河北学刊》2015 年第 1 期。

⑦ 白文君：《论康德伦理学的神学维度》，《学术论坛》2015 年第 5 期。

⑧ 舒远招：《论神对于康德道德律的多重意义及其限度》，《世界哲学》2015 年第 6 期。

⑨ 傅永军：《康德论善的原则的客观实在性》，《山东大学学报》2015 年第 1 期。

⑩ 刘静：《“正义”还是“美德”——重思康德伦理学的思想主题》，《学习与探索》2015 年第 8 期。

⑪ 刘静：《对当代德性伦理学的康德式回应》，《社会科学战线》2015 年第 1 期。

联系，认为从人的行为完整性与人的完善性来看，康德无法抗拒对后果主义思维方式的诉求，其后果论特征则主要体现在康德对于四种责任及可普遍化原则的论证之中。[①]

关于将康德伦理思想与中国伦理思想进行比较的研究，叶延勋以伦理道德为视角对孟子和康德进行了辨析。[②] 汪克将王阳明与康德的自律概念进行了对比，认为王阳明的心学思想同样蕴含了道德自律的理念内涵。[③] 令小雄从中西文化背景及哲学渊源的不同剖析其不同根源，将康德的“自由即自律”与王阳明的“本体即工夫”进行比较，揭示其意义与局限，并试图寻找两者的会通之处。[④]

还有人将罗尔斯与康德哲学进行比较研究。薄振峰、徐丹丹指出，康德的超验理想主义是罗尔斯政治建构主义的重要思想资源。其中，康德对无知状态的描述为罗尔斯的无知之幕描绘了最初的轮廓，他的道德建构主义倾向深刻地影响了罗尔斯，他的普遍意志形式启发了罗尔斯一般性的正义原则。[⑤] 王嘉讨论了二者关于可普遍化道德原则的观点，认为罗尔斯的原初状态本身无法提供一个在诸如最有利者和最不利者这样不同的处境之间作出选择的标准，而康德的道德理论中虽然可以推导出以相互性利己主义为基础的可普遍化道德原则的界限，但康德却否定了可普遍化道德标准的这一基础。[⑥]

针对学界对康德伦理学思想的批判，贺跃做出了回应。他指出，英国哲学家布劳德在《五种伦理学理论》中对康德伦理学思想有五个误读，分别是：善良意志就是一个在习惯上正确的意志；康德的定言命令只是“空洞无物的”纯粹形式；康德的自我幸福和他人幸福是相冲突的；康德要求把人格中的人性当作目的，而不能把人当作手段来使用；至善就是由相应数量的幸福的德性构成。贺跃进而分别给予回应，即康德的善良意志具有客观的必然性和强制性；他的定言命令并非是纯形式的，它隐含的质料就是人格中的人性；在获取配享幸福资格的前提下，康德还要求促进他人的幸福；人的目的公式并不是单纯地反对把人当手段，而是反对仅仅把人当作手段；康德反对先讲幸福后讲道德原则的德福观，他的德福统一是以道德律为至上条件，从道德律出发，取得配享幸福的资格后，再讲追求幸福，达到德福统一，才是至善。[⑦]

将康德伦理思想与社会现实问题相联系是康德哲学以及应用伦理学研究的重要视角之一。张晓明澄清了康德的自然观，认为康德的“人是创造的终极目的”常被认

---

① 龙倩：《试析康德伦理学的后果论特征》，《北华大学学报》2015 年第 3 期。

② 叶延勋：《以伦理道德为视角的孟子和康德哲学的异同分析》，《成都理工大学学报》2015 年第 1 期。

③ 汪克：《王阳明与康德的道德自律路径探析》，《湖南社会科学》2015 年第 3 期。

④ 令小雄：《康德的“自由即自律”与王阳明的“本体即工夫”比较》，《宁夏社会科学》2015 年第 5 期。

⑤ 薄振峰、徐丹丹：《康德政治哲学之于罗尔斯正义论的意义》，《东岳论丛》2015 年第 4 期。

⑥ 王嘉：《论可普遍化道德原则的界限——以罗尔斯和康德为例》，《东南大学学报》2015 年第 4 期。

⑦ 贺跃：《关于布劳德对康德伦理学思想五个误读的拨正》，《求索》2015 年第 12 期。

为是人类中心主义的论据，他的二元论哲学框架也被指责为人与自然对立的罪魁祸首。然而人们只注意到康德对理性主体的高举，却忽视了他在美学和历史哲学中关于“自然主体性”的阐发。实际上，康德所努力探索的是一种现代版的“天人合一”蓝图，这使得自然科学和人类自由都得以保全。① 王珀还对动物伦理进行了康德式的解读。② 关于道德教育问题，刘小珍强调要借鉴康德的教育哲学观与德育思想。③ 在当代中国社会道德文化重建的大背景下，涂可国呼吁我们重温康德义务论伦理学，因其具有普遍主义、超验主义和人本主义三大特征。④ 陶立霞认为，康德的普遍理性主义道德体系有助于我们对普遍伦理的追求。⑤ 此外，康德的价值哲学思想因其习惯于实用理性和整体主义思维，因此对于置身于现代化运动并正在经历着社会分化与整合的中国人具有省思和借鉴意义。⑥

对于康德的道德动机问题，张晓渝将之与休谟放在一起进行讨论，认为休谟是在心理机制的框架下安顿动机，而康德则是在实践理性的框架下安顿动机，二者的差别开启了当代道德哲学关于动机问题探索的两条致思进路，最后指出：拉兹提出的以“理由”为核心的综合解释框架也能为该问题的推进提供全新的思路。⑦ 文贤庆将意志与动机结合起来进行分析，认为作为实践理性的意志在成为自身的决定根据时，理性法则作为一种准则通过影响人性倾向而成为意志的决定根据，从而成为意志行动的动机。⑧ 关于道德感问题，周黄正蜜将康德的道德感视为一种智性情感，并澄清了思辨天性和智性二者间的关系。⑨

此外，詹世友专门解析了康德的道德思维方式，认为它体现了思入本体的思想方向、证实自由的思维体察、确认法则的思维推演、贞立德性的思维证成等思维方式，构建了一套独立于任何经验、偏好、本能刺激的真纯的道德原则，能有效地指导我们的道德实践。⑩

关于道德主体，杨宝富、张瑞臣剖析了康德实践哲学中的自我问题。⑪ 赵卫国阐述了康德道德主体的内涵，并指出其有限性特质。⑫ 关于实践理性，胡友峰认为，从

---

① 张晓明：《康德的自然观：现代版的“天人合一”蓝图》，《道德与文明》2015 年第 3 期。

② 王珀：《康德式的动物伦理》，《苏州科技学院学报》2015 年第 6 期。

③ 刘小珍：《论康德的教育哲学观与德育思想》，《内蒙古师范大学学报》2015 年第 8 期。

④ 涂可国：《康德义务伦理学与当代中国道德文化重建》，《理论学刊》2015 年第 8 期。

⑤ 陶立霞：《普遍伦理的寻求：康德普遍理性主义道德体系的构建与反思》，《东北师大学报》（哲学社会科学版）2015 年第 6 期。

⑥ 张曙光：《从“应当”到“目的”再到“历史”——对康德价值思想的批判性解读与借鉴》，《辽宁大学学报》2015 年第 1 期。

⑦ 张晓渝：《休谟与康德：动机情感主义与理性主义之分及其当代辩护》，《道德与文明》2015 年第 4 期。

⑧ 文贤庆：《康德论作为实践理性的意志及道德动机》，《道德与文明》2015 年第 5 期。

⑨ 周黄正蜜：《智性的情感——康德道德感问题辨析》，《哲学研究》2015 年第 6 期。

⑩ 詹世友：《康德的道德思维方式解析》，《伦理学研究》2015 年第 4 期。

⑪ 杨宝富、张瑞臣：《康德实践哲学中的自我问题》，《求是学刊》2015 年第 4 期。

⑫ 赵卫国：《康德道德主体的有限性内涵》，《云南师范大学学报》2015 年第 3 期。

实践理性出发去探究康德的哲学体系，能够发现自然与自由之间的鸿沟并不重要，而目的论的建构则是康德批判哲学最终完成的核心问题。① 叔贵峰、谷潇比较了亚里士多德的“实践智慧”与康德的“实践理性”，认为亚里士多德的“实践智慧”更多的是强调人在不同的具体情况下所作出的“理智的选择”，而康德的“实践理性”则是一种普遍而又具有超越性的理性，其内在就含有善的“最高”原则，因而是一种理性主义的“实践形而上学”思想。②

对黑格尔伦理思想的研究，学界主要从以下几方面进行：“道德”和“伦理”的关系，道德自我观，自由、权利概念，承认理论，道德与宗教、政治、经济的关系，理性与信仰的关系，家庭婚姻伦理观，国家学说，黑格尔与马克思伦理思想比较研究以及黑格尔伦理思想对我国生态、教育等现实社会问题的讨论。

关于“道德”和“伦理”在黑格尔哲学中的内涵及其关系，先刚指出，黑格尔在《精神现象学》里面认为“道德”是一个比“伦理”更高级的精神形态，然而在《法哲学原理》中又把“伦理”放在一个比“道德”更高的阶段。对此我们可以从不同角度进行分析：从存在的角度看，“伦理”高于“道德”，而从认识的角度看，“道德”高于“伦理”。③

关于道德自我观，杨伟涛指出，它是黑格尔对康德道德自我观及其形而上学基础的扬弃。黑格尔注重对道德和伦理进行辩证分析，将道德自我置于社会伦理基础之上。整个道德自我观内蕴着历史主义和时代感、实践性和社会现实性、整体主义和普遍主义等社会伦理特征。④ 他还专门探讨了青年黑格尔的道德自我观取向及其社会伦理转向，认为黑格尔构思作为有机体和整体的绝对伦理，主张将道德自我与伦理共同体结合，发扬成员间的尊重和“团结”精神，并以爱国心与民族自尊心的集体荣誉感，促进道德自我基础和道德自我观的社会伦理转向，社会伦理构成了黑格尔之后伦理学的主体和方法论特征。⑤ 王志宏辨析了黑格尔《法哲学原理》中的道德主体概念。⑥

关于自由概念，高佩认为它既关系到行动之可能性，又关系到政治之主要论题，因此具有前沿性，进而在钱永祥和霍尔盖特阐释黑格尔自由意志问题的基础上，适当地进行了补充。⑦ 陈浩着重分析了“主观自由”概念，认为黑格尔的“主观自由”

---

① 胡友峰：《理性的裂变与生命的自律——康德实践理性问题再探讨》，《湖南师范大学学报》2015 年第 6 期。

② 叔贵峰、谷潇：《亚里士多德“实践智慧”与康德“实践理性”比较分析》，《沈阳师范大学学报》2015 年第 4 期。

③ 先刚：《试析黑格尔哲学中的“道德”和“伦理”问题》，《北京大学学报》2015 年第 6 期。

④ 杨伟涛：《黑格尔对道德自我形而上学基础的社会伦理转向》，《道德与文明》2015 年第 2 期。

⑤ 杨伟涛：《青年黑格尔道德自我观的伦理转向》，《东南大学学报》2015 年第 4 期。

⑥ 王志宏：《论黑格尔〈法哲学原理〉中的道德主体概念》，《云南师范大学学报》2015 年第 3 期。

⑦ 高佩：《浅析黑格尔法哲学中的自由意志问题》，《马克思主义哲学论丛》2015 年第 1 期。

不能等同于自由主义意义上的自由，因此学界认为的黑格尔综合自由主义和共同体主义的努力是不成功的。[①] 董伟伟探讨了自由在黑格尔哲学中的演进，认为黑格尔是从独特的“关系”视角探讨自由的，即只有在社会关系中自由才能实现。在社会关系中谈论自由，就必然涉及主体与主体之间的关系问题，而这正是克服传统自由主义的缺陷、重构以主体之间的相互承认为特征的自由理论的基础。[②] 罗朝慧在自由—权利辩证法视域下探讨财产所有权概念的三层自由意境，指出所有权的普遍现实性，在于自由开放的市民社会与伦理国家的有机统一，亦即法、道德和民生福利的内在统一。[③] 此外，贺然探讨了黑格尔的权利起源思想。[④]

黑格尔的《法哲学原理》包含“承认”的思想。贺然认为，这一承认思想主要是指“垂直”维度的承认，即“我—我们”之间的承认，而不是“水平”维度的“我—你”之间的承认。承认的最高形式体现为公民与国家之间承认关系的确立和普遍的自由意志的实现。[⑤] 吴江将黑格尔与福山相结合进行探讨，认为黑格尔主奴关系的核心是境域化的承认，黑格尔与福山分享关于境域化承认的观点，但福山忽视了主人优越意识的内在缺陷，否认现代国家给予个人的普遍承认具有实质价值。[⑥]

学界还专门探讨了黑格尔哲学思想中道德与宗教、政治、经济的关系。首先，陈士聪对早期黑格尔的思想性质究竟是神学还是哲学进行了界定，认为黑格尔整个早期思想是神学思想与哲学思想的统一，正是早期黑格尔思想的复杂性导致成熟时期的思辨体系理性与信仰的统一。[⑦] 其次，张君平对黑格尔伦理学进行了宗教解读，认为黑格尔不是把宗教视为一种外在于人且强加于人的异在之物，而是把宗教视为人的内在精神。宗教是建立在善、正义之上的普遍性东西，宗教的使命就是使人成为理性的自由存在者。人才是宗教和伦理的出发点和最终归宿。[⑧] 张胜利探讨了黑格尔论道德与政治的和解，认为黑格尔是在康德的基础上，批判了经验主义和形式主义两种自然法理论，从整体性和绝对伦理的辩证生成发展运动，阐述了道德与政治在伦理共同体之下达成了和解。[⑨] 此外，田冠浩认为，黑格尔认识到了基督教在克服现代个人主义方

---

① 陈浩：《论共同体包容个体自由之限度——以黑格尔的“主观自由”概念为例》，《清华大学学报》2015 年第 4 期。

② 董伟伟：《自由在黑格尔法哲学中的演进——兼论黑格尔对自由主义自由的超越》，《理论与现代化》2015 年第 2 期。

③ 罗朝慧：《黑格尔自由—权利辩证法视野下财产所有权概念的三层自由意境》，《东北师大学报》2015 年第 5 期。

④ 贺然：《黑格尔的权利起源思想》，《学术界》2015 年第 4 期。

⑤ 贺然：《从“自由意志”到“政治承认”——基于黑格尔〈法哲学原理〉中“承认”思想的分析》，《理论探讨》2015 年第 2 期。

⑥ 吴江：《福山与黑格尔：境域化的承认与政治衰败》，《河北师范大学学报》2015 年第 5 期。

⑦ 陈士聪：《早期黑格尔思想是“神学”还是“哲学”?》，《社会科学论坛》2015 年第 12 期。

⑧ 张君平：《人、神与法：基于黑格尔宗教哲学解读》，《理论与现代化》2015 年第 4 期。

⑨ 张胜利：《伦理共同体下道德与政治的和解——从早期黑格尔解读康德〈永久和平论〉附录》，《社会科学论坛》2015 年第 11 期。

面的社会伦理价值，恢复了一种对于整体性社会精神的信仰，并且黑格尔到现代经济和政治制度中去寻找这种整体性的社会精神，继而提出现代国家的任务就在于将潜在的社会伦理关系提升为自觉的共同体意志，将现代社会重新思考为人类精神的自由创制和实现。[①] 关于理性与信仰的关系，陈士聪认为它是黑格尔思想体系的核心。首先，黑格尔创造性地用“爱”批判了传统宗教；其次，用“爱”批判了知性的理性；最终提出实现理性与信仰的统一的生命之“爱”，这生命之“爱”即黑格尔的“思辨理性”。[②]

学界还对黑格尔的家庭婚姻伦理观进行了探讨。古璇指出，黑格尔是从精神哲学的层面论述婚姻伦理：婚姻是具有法的形式和自然基础的伦理性的精神实体。婚姻在本质上有自然、伦理和精神的多重内涵。具有自然形式的伦理之爱是婚姻的基础。体现为有差别的伦理实体、一夫一妻制、禁止近亲结婚等伦理制度，是婚姻的自在自为形态。婚姻的伦理确证是通过婚姻的自为形式——婚礼来展现。[③] 田伟松将黑格尔的家庭伦理观看作理性家庭观，其中，夫妻之间、子女之间以及父母和子女之间的爱是不同的，它们形成三重层次的伦理关系。家庭作为独立的伦理实体具有特殊的伦理规定及规律，因而它既区别于家族又与国家社会生活相区分。[④] 此外，张雷在黑格尔婚姻伦理观的视域下对苗族传统婚姻伦理精神进行了探究。[⑤]

黑格尔的国家学说也是研究的一大热点。赵敦华在综述自由主义和保守主义各派对黑格尔国家学说不同解释的基础上，以黑格尔文本为证据，围绕市民社会与国家关系、君主立宪制的政体、战争的意义三个问题，概括出黑格尔的八个论证并加以批判性分析，试图说明黑格尔国家学说的现代性和保守性。[⑥] 崔丽娜将黑格尔的国家学说视为一种有机论，认为黑格尔理念整体主义的国家有机论涵括了：个人与国家关系上，国家是目的而不是手段的有机体；市民社会形成需要体系的有机体；历史发展是一种有内在必然联系的、有规律的过程的思想。[⑦] 高乐对黑格尔的国家观与洛克的国家观进行了比较。[⑧]

将黑格尔伦理思想与马克思伦理思想进行比较研究的角度可谓多种多样。屈婷、

---

① 田冠浩：《精神共同体观念的现代重建——黑格尔早期宗教、经济与政治思想研究》，《陕西师范大学学报》2015 年第 3 期。

② 陈士聪：《“理性”与“信仰”相统一的新路径：黑格尔的“爱”观念》，《理论月刊》2015 年第 11 期。

③ 古璇：《黑格尔的婚姻伦理观及其现代启示》，《兰州学刊》2015 年第 12 期。

④ 田伟松：《黑格尔法哲学视域下的家庭伦理观及其现代启示》，《学术探索》2015 年第 4 期。

⑤ 张雷：《黑格尔法哲学视域中的苗族传统婚姻伦理精神研究》，《曲靖师范学院学报》2015 年第 4 期。

⑥ 赵敦华：《黑格尔国家学说的现代性和保守性》，《社会科学战线》2015 年第 10 期。

⑦ 崔丽娜：《黑格尔理念整体主义的国家有机论初探》，《南方论刊》2015 年第 3 期。

⑧ 高乐：《洛克与黑格尔国家观之差异》，《研究生法学》2015 年第 1 期。

樊红敏探讨了马克思对黑格尔城乡差别观点的超越。① 冯纪元认为，黑格尔在《法哲学原理》中赋予了“市民社会”概念的现代意义，但他是站在“伦理观念”的角度来诠释市民社会，并没有离开他的“客观精神哲学”，认为“国家决定市民社会”。而马克思则对黑格尔的市民社会理论进行了扬弃，并赋予了新的含义，认为“市民社会决定国家”。② 针对自由观，田冠浩探讨了马克思对黑格尔自由观的改造及启示。③ 夏莹以卡尔·波普尔的批判为视角进行了考察。④ 关于自由与正义，陈金山认为，黑格尔将理性自由或“客观精神”带入到对权利的规定，早期的马克思将自由权利的普遍获得视为正义的存在，并以此批判了黑格尔法哲学体系中的自由范畴，对正义的思考转换为对自由概念体系的批判。⑤ 关于法权思想，赵敦华认为，二者的冲突集中于“中介”是否能够调和矛盾的问题，马克思正是通过黑格尔才发现了私有制是政治国家和市民社会的基础。⑥

人与自然的关系同样是黑格尔伦理思想的重要内容，对我国生态问题的思考有着重大借鉴意义。林颐从黑格尔所有权理论看人与自然的关系。⑦ 曹孟勤认为，黑格尔反对思维与存在、主体与客体、精神与自然界的分离与分裂，主张它们之间在对立基础上拥有不可或缺的同一性。黑格尔坚持用内在目的论的方式考察自然，将自然视为精神，视为一个活生生的有机整体。最后，黑格尔为人们确立了一种对待自然界的合理态度，即实践态度与理论态度的统一，这种态度的最终指向是精神自由也让自然自由，或者说人自由的同时也让物自由。⑧ 他还在另一篇论文中对黑格尔对待自然界的合理态度进行了详细论述。⑨ 此外，他还以自由为视角剖析了黑格尔自由观的生态意蕴。⑩

---

① 屈婷、樊红敏：《“自然的”乡村何以社会化——论马克思对黑格尔城乡差别观点的超越》，《山西财经大学学报》2015 年第 1 期。

② 冯纪元：《马克思对黑格尔“市民社会”理论的批判及其现实意义》，《求实》2015 年第 11 期。

③ 田冠浩：《马克思对黑格尔自由观的改造及启示》，《学习与实践》2015 年第 1 期。

④ 夏莹：《自由与历史：黑格尔与马克思自由观之比较——以卡尔·波普尔的批判为视角的一种考察》，《吉林大学学报》2015 年第 2 期。

⑤ 陈金山：《作为自由的正义——马克思对黑格尔的批判》，《中共四川省委党校学报》2015 年第 4 期。

⑥ 赵敦华：《黑格尔的法权哲学和马克思的批判》，《哲学研究》2015 年第 6 期。

⑦ 林颐：《从黑格尔所有权理论看人与自然的关系》，《学理论》2015 年第 31 期。

⑧ 曹孟勤：《论黑格尔哲学的生态智慧》，《内蒙古社会科学》2015 年第 1 期。

⑨ 王萌、曹孟勤：《论黑格尔对待自然界的合理态度》，《伦理学研究》2015 年第 4 期。

⑩ 曹孟勤：《人自由亦让自然有自由——论黑格尔自由观的生态意蕴》，《道德与文明》2015 年第 6 期。

第七章　2015 年现代西方伦理思想研究综述

王福玲　杨　谢

2015 年，中国伦理学界的专家学者们从多个方面对现代西方伦理和政治思想展开了研究。就该时期的研究文献来看，罗尔斯、麦金太尔等重点伦理学家的思想仍是学界的研究重点，学者们对于正义理论和德性伦理思想的阐释也呈现出了更加深入和细化的特点。此外，不少学者还将目光投向了道德规范性及理论应用性等问题，并针对如何实现伦理思想的当代价值这一问题提出了自己的观点与建议。总体而言，我们可以将学界对于这一时期伦理思想的研究概括为以下六个方面：（1）对西方元伦理学的研究；（2）对当代德性伦理思想的探讨；（3）对现代功利主义理论的反思；（4）对罗尔斯正义理论的考察；（5）对社群主义思想的分析；（6）对其他伦理学家思想的介绍。

一、对西方元伦理学的研究

2015 年，学界对现当代西方元伦理学的研究可分为以下三个部分：第一，对元伦理学整体发展情况的概述与评价；第二，对元伦理学具体问题的分析与阐述；第三，对重点元伦理学家的介绍与批判。总体而言，学者们对于西方元伦理学的研究主要是以问题为导向，其文章大多侧重于介绍元伦理学领域中所存在的经典问题，分析前人为应对这些问题所提出的理论，并尝试对其理论提出意见或做出评价。

（一）对元伦理学整体发展情况的概述与评价

有学者从整体发展的角度对西方元伦理学中所存在的问题及其根源进行了分析。王锡军[①]认为，西方元伦理学中存在有以下六个方面的问题：第一，元伦理学的初始概念系统大大超出了道德的范畴；第二，取决于不同主体私欲的价值必然会造成善恶

① 王锡军：《西方元伦理学存在的问题及根源分析——基于王海明教授元伦理学原理视域》，《长沙大学学报》2015 年第 29 卷第 6 期。

之间的冲突；第三，伦理善与道德善的关系错综复杂；第四，伦理的行为善实际上就是符合主体需要、欲望和目的的行为；第五，元伦理学企图以私欲为公理推出所谓的道德公设；第六，元伦理学认为价值属于事实范畴，但实际上道德领域的价值往往并不是事实。这些问题之所以会产生，主要是因为元伦理学家企图从自然界普遍存在的主体与客体关系中去寻找一般原理、公理，再用这些原理、公理去阐释人伦关系方面的哲学问题，以此为起点的逻辑推理显然是荒谬的；且从逻辑推理的角度来看，元伦理学从初始命题中机械推出的推理命题也极易造成人与社会主客颠倒的现象。

（二）对元伦理学具体问题的分析与阐述

大多学者将元伦理学中的经典问题作为自己的研究主题，并在归纳前人观点的基础之上提出了自己的见解。学者们所研究的问题包括：事实与价值的关系问题，行动的规范性判断问题以及道德语言及概念问题。

事实与价值的关系问题是元伦理学中的研究热点，引起了众多学者的关注。龚群①回顾了现代哲学家们对于这一问题的讨论。摩尔的未决问题论证表明任何为善概念下定义的努力都将成为自然主义谬误，事实性的自然经验术语或经验性事物与道德价值术语两者之间是不能等同的。詹姆士、杜威等人的自然主义努力没有能够成功地回答摩尔的问题；福特等人选择从德性品格等人性事实出发，认为人性不可避免地与价值评价内在相关，而不是与价值相分离的，从而使摩尔的未决问题论证失灵；以塞尔等人为代表的自然主义的论证表明，从制度惯例事实的事实判断到规范性的价值判断是合乎逻辑的，因为制度惯例事实本身包含着价值因素，从而打破了摩尔的僵硬二分。但是，龚群教授指出，摩尔的未决问题论证揭示的事实与价值的区分仍然有着积极意义，事实与价值这对概念的区分是建立两者联系的前提，摩尔只是未能正确建立起两者的联系。

贾中海、曲艺②介绍了波普尔及后现代主义哲学中有关事实与价值问题的思想观点。他们认为，波普尔以休谟的事实与价值规范一元论思想为基础，进一步深化了对事实与价值关系一元论的批判。他认为历史决定论的逻辑错误是坚持了整体主义、本质主义、理性主义的事实与价值、事实与规范的一元论，而事实与规范的一元论的根本错误就在于从自然事实和历史事实如此推论出我们应当如此。波普尔坚持的是事实与规范关系的二元论。这种批判的二元论强调决定或规范不能归结为事实，因而是一种事实与决定的二元论，它主张规范与规范性法则可以由人来制定并改变。后现代主义的哲学坚持事实与价值关系的二元论，批判和拒斥事实与价值关系一元论的理性主

① 龚群：《论事实与价值的联系》，《复旦学报》（社会科学版）2015 年第 6 期。

② 贾中海、曲艺：《事实与价值关系的二元论及其规范意义》，《吉林大学社会科学学报》2015 年第 55 卷第 3 期。

义，对同一性哲学采取批判立场，倡导非同一性、差异性、多样性，以此捍卫人的独立性和自由。

双修海[①]介绍了从情感主义到实用主义的伦理学转向过程。以艾耶尔为代表的情感主义伦理学完全否认“事实—价值”之间的鸿沟可以跨越，而以普特南为代表的实用主义伦理学则提出了自己的挽救措施，使“事实—价值”推导成为可能，并使当代伦理学研究呈现出了“实用主义”的转向。但是，这一转向并没有使事实与价值的关系问题得到最终的解答，而是从一个极端滑向另一个极端。极端情感主义是令人难以接受的，因为在背后支撑它的是一种强科学主义立场，这一立场随着“统一科学”理想的破灭而迅速衰落；而极端实用主义也不能令人满意，因为它导致事实与价值关系的缠结不清，其最终不免陷入相对主义。相比而言，介于上述两个极端之间的温和立场应该更为可取。但即使是温和立场也不可能最终消除事实与价值之间的“鸿沟”，最多只能拓展和深化我们对问题本身的理解。

有的学者对行动的规范性判断问题进行了研究。文贤庆[②]依次考察了奎因、丹西、拉兹和斯坎伦对此给出的论证，并在此基础之上对规范性判断的本质进行了探究。他指出，我们不能通过自然科学的方法来证实或证伪规范性判断，但我们可以应用逻辑学和数学的方法来判断行动法则是否矛盾。正是在这一点上，有关行动的规范性判断可以得到认知和评估，并体现出某种客观性标准。我们的规范性判断就不仅仅是基于我们个体的情感表达，而是可以通过他人的分享而被普遍化的规范标准，因此，行动准则的可普遍化也就成了我们的客观规范性。不过，可普遍化只是一种较弱意义上的客观性，当我们说它可以成为一种客观的规范性时，它应该受到逻辑一致性和客观实在性的限定。因此，任何一条可普遍化的规范性判断不但不能自相矛盾，而且任意两条可普遍化的规范性判断彼此之间也不能自相矛盾。

另有一些学者将道德语言及概念问题作为自己的研究课题。孙菲菲、陆劲松[③]在黑尔对道德语言意义和语境研究的基础上，通过引入博弈论语义学，对道德语言的逻辑形式、意义以及道德语言使用的语言环境等关系进行了更深层次的研究。通过把道德语言与假言条件句结合起来，将事实与价值的命题还原成自然语言中的条件句进行考察，他们得出了事实蕴涵价值的结论，主张一个道德命题是否有意义，是要与这个道德命题在实践生活中是否能真正转变为道德行为事实密切相关的，而这种转变，要依赖于对前件事实的真的判断。此外，道德语言意义的实现也与这个命题所存在的博弈语境有密切联系。在现实生活中的具体环境之下，人们总是不由自主地衡量是否要遵守一个道德规范。这些复杂的环境情况随时会影响人们的道德决定实现。

---

① 双修海：《“事实—价值”鸿沟可以跨越吗？——试论从情感主义到实用主义的伦理学趋向》，《大理学院学报》2015 年第 14 卷第 11 期。

② 文贤庆：《规范性判断》，《伦理学研究》2015 年第 4 期。

③ 孙菲菲、陆劲松：《道德语言逻辑蕴涵与道德语言意义实现语境研究》，《伦理学研究》2015 年第 1 期。

贾佳[①]对伯纳德·威廉斯所提出的“厚重概念”予以了介绍和分析。她认为，在元伦理学中，“厚重”价值词的出现是新自然主义对非认知主义的反动，通过“厚重”的价值词，我们可以认为道德概念并不必然主要是评价性的，即对行为和选择的指导；而在元伦理学之外，这一概念的提出更是对规范伦理学的两大主流思潮——义务论和功利主义共同寻求的普遍性、客观性前提造成了沉重的打击。威廉斯提出的“厚重概念”，以及其对进入20世纪以来占主导地位的元伦理学对“善”“应该”等“单薄概念”在伦理学理论中统治地位的反驳，体现了后现代伦理学潮流尤其是德性伦理对现代哲学建构性体系的反动，体现了其对伦理学本身“普世”作用的怀疑和对生活化的倡导，更体现了其对个体化、生活化和在历史和文化中理解人类道德的形成和道德品质的要求。

（三）对重点元伦理学家的介绍与批判

除了以问题为导向的研究之外，还有许多学者致力于介绍或批判重点元伦理学家所提出的理论。学者们所关注的问题包括：斯坎伦的理由观念、摩尔的元伦理学研究、罗伯特·奥迪的伦理直觉主义、理查德·布兰特有关实践合理性的研究、黑尔伦理思想的理论意义、迈克尔·斯洛特的情感主义道德知识学。

须大为[②]对托马斯·斯坎伦的理由观念进行了详细的阐述与探讨。他认为，在对理由这一问题进行论述时，斯坎伦所持有的是一种基础主义、认知主义和实在主义的观点，把理由定义为是有利于某事的考虑，认为其本质是一种规范关系。他以理由基础主义反对还原论自然主义，认为理由和理由判断不能被还原为自然事实和对自然事实的判断；以理由认知主义反对表达主义，认为理由判断是关于规范真理的信念，具有确定的真值。不同于摩尔式的非自然主义，斯坎伦的理由实在主义主张理由判断的主题是某种独立于主体但不外在于主体的“存在”。通过“理性行动者”这一概念，斯坎伦得以对实践论诘难做出回应，并通过“域”和其中的“标准”，回应理论形而上学诘难和认识论诘难。在回应这些问题的同时，斯坎伦也发展出了一套独特的形而上学理论。

须大为[③]还介绍了摩尔对于“善”的元伦理学研究。他指出，摩尔认为“什么是善”是伦理学的首要问题，他对这一问题的回答是：善是一种不可定义的、独特的性质。在他看来，“善”是单纯的概念，因而不可分析，也就不可定义；“善”既不是自然性质，也不是形而上学性质，因而是独特的。摩尔进而认为，一旦把“善”定义为某种自然性质或形而上学性质，就犯了自然主义谬误，这一谬误可以由未决问

① 贾佳：《“厚重”概念与元伦理学和规范伦理学的当代发展》，《武汉理工大学学报》（社会科学版）2015年第28卷第6期。

② 须大为：《托马斯·斯坎伦的理由观念》，《道德与文明》2015年第1期。

③ 须大为：《摩尔论“善”》，《武汉科技大学学报》（社会科学版）2015年第17卷第1期。

题论证揭示出来。在这一系列论证中，摩尔开创性地使用了逻辑分析、概念分析、语言分析和心理分析等方法，但是因为这些方法的不成熟，摩尔在使用中也出现了一定的错误和混乱。

陈海①对罗伯特・奥迪的伦理直觉主义进行了分析与评价。他认为，奥迪关于伦理直觉主义的论述在传统的研究方式上又有了新的推进。其创见主要体现为，第一，他把对于自明性的定义一般化了，解释了自明命题是如何给自己提供证明的；第二，如果奥迪针对自明命题的观点是可信的，那么根据奥迪的理解，我们就找到了先天知识的基础；第三，他区分了“推理”和“反思”这两个概念，也让人们摆脱了对道德真理的获得方式只可能是徘徊在理性的和非理性的两者之间的窘境。虽然其直觉主义理论作为一种道德认识论，还是会受到不小的挑战，但总的来说，奥迪对自明性概念的讨论，还是为伦理直觉主义在近二十年的全面复兴提供了强有力的理论支持。

任付新②重点考察了理查德・布兰特有关实践合理性的研究。他指出，合理性的概念在哲学传统中占据核心地位，它是所有其他理念和信念的检验标准。理查德・布兰特的研究焦点是实践合理性，并对合理性的概念进行了三重界定。通过分三步对其合理性理论进行检验，可以发现他的理论虽然具有很多优点，但是也存在其不合理之处。他没有意识到，规范性本身是不可还原的，如果不做出关于行为所追求的目的是值得追求的判定，就不能确定行为或者欲望的合理性。合理性理论的主题正在于不可还原的规范性。因此，除非做出关于它们所追求的目的是值得追求的这一判定，否则我们不能确定行为或者欲望的合理性。

贾佳③对黑尔伦理思想的理论意义进行了评价。她认为，黑尔的伦理思想在“非认知主义”的立场上体现了“人”在道德行为和道德选择中所起到的决定性作用，表明只有当元伦理学为道德思考和道德推理本身提供了一种合法性时，规范伦理学阶段对实质性道德问题的解答才能真正具有合理性。黑尔的伦理学理论使元伦理学走出了道德相对主义的泥潭，并为元伦理学的出路指明了方向，即以元伦理学的逻辑和语言学分析为基础的道德概念的逻辑与实际生活中道德情境下的事实性要素相结合的规范伦理学进路。

方德志④对迈克尔・斯洛特的情感主义道德知识学进行了研究。斯洛特从情感主义的视角对元伦理问题进行了解释，他认为，道德知识的对象是关于某种道德情感的

---

① 陈海：《自明性、先天性和反思：奥迪论伦理直觉主义》，《中南大学学报》（社会科学版）2015 年第 21 卷第 5 期。

② 任付新：《实践合理性与价值中立——R. B. 布兰特合理性理论探析》，《华中科技大学学报》（社会科学版）2015 年第 29 卷第 2 期。

③ 贾佳：《非认知主义与元伦理学的出路——R. M. 黑尔伦理思想的理论意义述评》，《东北农业大学学报》（社会科学版）2015 年第 13 卷第 3 期。

④ 方德志：《超越逻辑实证主义：迈克尔・斯洛特的情感主义道德知识学解析》，《内蒙古大学学报》（哲学社会科学版）2015 年第 47 卷第 4 期。

真实存在，而移情就相当于是一种判断力机制，能对道德命题作出是否符合这种本真情感的判断。斯洛特在此所讲的情感，指的是一种源自于关怀品质的、出于利他性动机的道德情感，故它是一种目的性、指向性或意向性的情感，而不是一种无目的性的情感。换言之，只有道德的情感才能识别道德命题的真假，只有道德的情感才具有内在目的，它总是优先地指向对“他者”生命的敬畏和关怀，并最终指向对“自我”与“他者”生命的关怀意识。就此而言，斯洛特的情感主义元伦理学蕴含了道德知识学和情感目的论的内在结合。这一点是当代西方情感主义伦理学与以往一切情感主义的最大区别。

二、对当代德性伦理思想的探讨

从20世纪50年代的复兴算起，德性伦理学再次获得了人们的关注，成为西方伦理理论的重要方法论之一。国内学界对于德性伦理学的研究在2015年呈现出了丰富多彩的多元化局面，包括对当代德性伦理发展状况的概述，对德性伦理学具体问题的探讨，对以麦金太尔为代表的德性伦理学家的研究。

（一）对当代德性伦理学发展状况的概述

有学者对德性伦理思想的基本内涵进行了介绍，并对不同形态的美德政治学做出了区分。詹世友在《美德政治学的历史类型及其现实型构》① 一书中对美德及其政治意蕴进行了阐释，梳理了美德政治学的三大历史类型，即美德定向的政治学、权力定向的政治学和权利定向的政治学，对康德、马克思等哲学家的政治理论进行了深入的分析，并着重介绍了当代美德政治学的内涵与特征。作者认为，当代美德政治学是以彼此尊重对方的基本权利的品质作为基准的政治美德。在此基础上，国家也应该为人们发展各种高阶美德提供基本的物质条件和精神文化环境。

还有许多学者从宏观的角度介绍了当代德性伦理学的基本模式及发展趋势，并就德性伦理的当代价值问题展开了探讨。高国希、叶方兴②指出，当代德性伦理学不仅通过对规范伦理学的反思而在伦理思想界获得了一席之地，而且也在与其他两种伦理学方法的对话中不断自我修复、自我完善。当代德性伦理学在发展中少了些情绪，多了些理性，逐渐摆脱了原先单一的论说路径，呈现出多元化的模式，丰富了研究主题。当代德性论不但在理论上注重理性化的自我说明，而且不断走向实践运用，向医疗护理、金融市场、领导科学、军事、体育等领域渗透。德性论为我们打开了一个认识人性与社会生活的窗口，而当代德性论多元化的讨论也让我们得以更为系统地反思

① 詹世友：《美德政治学的历史类型及其现实型构》，中国社会科学出版社2015年版。
② 高国希、叶方兴：《当代德性伦理学：模式与主题》，《伦理学研究》2015年第1期。

道德哲学与人的存在之间的关系。

甘绍平①从产生渊源、运作方式和内容延展这三个层面，论述了当代社会道德形态从个体德性走向整体伦理转变的基本特征。他认为，当代社会从个体德性向整体伦理的这种道德形态的改变，反映着在这个宏大的现代民主时代里个体力量的衰落与整体力量的强盛。一种整体性的伦理在一个民主的时代将无可逆转地定义着我们的道德世界，表现着我们道德的生存方式与运作方式。当人类在面临像气候灾难、后代权利、科技风险、人类命运等紧迫的现实问题之时，必须通过道德共识的塑造而确立一种整体性、机制性的伦理。同时，这种整体性伦理的产生也并不意味着个体价值本身的退却与式微，恰恰相反，整体伦理要从程序设置、内容延展与制度建构等层面，对每一位公民的价值表达与利益诉求提供一种更为规范、稳定和整全性的保障，从而以某种新的质量与规模发挥人类道德的功能和作用并且体现文明水平的全面提升。

叶方兴②认为德性伦理复兴是现代社会对道德理论提出的必然要求，它源于道德背后的社会支撑系统的改变。现代社会是一个社会领域日渐丧失统一性，走向碎片化的历史进程，社会碎片化引发人们道德生活稳定性的消解、社会成员相互之间社会关系的疏离以及道德情感的缺失。德性伦理是具有统一性、稳定性的道德理论，它思考人的整体生活，与共同体紧密相连，同时展现社会成员的道德情感。德性伦理复兴是对现代社会碎片化及其带来的工具主义盛行、社会关系疏离、人际冷漠的有力回应。在通达人类美好生活的至善之道上以及对个人“应当过什么样的生活”的终极追问中，德性伦理复兴激起了如何在契合一定社会结构及生活样式的基础上，设计满足人类道德生活需要的最优方案的思索。

温克勤③介绍了道德的特质以及德性伦理的基本内涵，并从中西方伦理传统的角度出发，对德性伦理思想的发展脉络进行了大致的梳理。在此基础之上，他指出，德性伦理在现当代仍有重要的价值意义，它依然是伦理学研究与道德建设具有重要理论意义和实践意义的课题。我们不仅要充分认识在现当代加强德性伦理建设的重要意义，而且还要看到做好这项工作的长期性和艰巨性，要克服近现代以来对德性修养和人道主义、人性论的过度批判的消极影响；克服现实生活中的道德低庸化现象；克服社会治理重法轻德乃至“以法代德”的片面性认识；克服拜金主义、享乐主义和个人主义的滋生蔓延，全面提高人的道德精神和人格品质。

（二）对德性伦理学具体问题的探讨

对于德性伦理学中的具体问题的讨论涵盖了以下几个方面的内容，包括情境主义

① 甘绍平：《当代社会道德形态的基本特征：从个体德性走向整体伦理》，《伦理学研究》2015 年第 7 期。

② 叶方兴：《社会碎片化的伦理回应——当代德性伦理复兴的社会根源探析》，《湖北大学学报》（哲学社会科学版）2015 年第 42 卷第 9 期。

③ 温克勤：《德性伦理及其现当代价值》，《伦理学研究》2015 年第 1 期。

对德性伦理所构成的挑战，德行伦理与规范伦理的关系问题，以及德性伦理中的人权问题。

韩燕丽[1]回顾了情境主义对德性伦理学的心理实在性以及德性品质的稳定性的挑战，并为德性伦理学做出了辩护。她指出，以情境主义为代表的经验研究对德性的分析，是仅从描述性角度给出的有关心理事实的说明。这种说明要解决的问题是，品格是什么，以及这些品格是否是变化的、不稳定的；而德性伦理学对德性的分析，更多的是一种规范性分析。它预设了德性是习惯化的过程，德性品质具有稳定性。它需要解决的主要问题是应该如何培养德性，应该如何应用德性。伦理学的任务不仅仅是描述人们的经验命题、呈现行为者的心理状态，更多的是改变人的生活，对人们的生活进行教化。对德性伦理学做出描述性与规范性的区分，能够使我们更好地理解德性伦理学在当代社会面临各种挑战的原因，明了德性伦理学内部各种概念的界限与作用。

德性伦理与规范伦理的关系问题受到当代学界的高度关注。聂文军[2]对这一问题进行了研究。他认为，规范伦理成为现当代社会道德生活的基础性框架和德性伦理被边缘化已是不争的事实，但规范伦理迫切需要德性伦理的支持。两种伦理理论各有利弊，均不能单独或独立应对当代社会道德生活中的问题。因此，解决问题的关键就在于实现规范伦理与德性伦理的统一。对道德偏好的思考和实践，可以成为我们联结与融合现代规范伦理与传统德性伦理的一个最佳结合点或中介；通过个体的道德偏好这一中介，能够十分有力地培育和张扬千千万万个人的道德个性和整个社会的道德多样性，从而形成全社会的道德繁荣与道德和谐。

刘科[3]融合了德性伦理与规范伦理的观点，对人权观念展开了探析。他认为，仅仅依靠规范伦理抑或德性伦理都无法满足现时代伦理学所承担的重任，相反，以互补的方式汲取两者的长处反而能为伦理学的思考提供契机。规范伦理学强调规范建构的意义，它在普遍有效的原则上，通过强制和约束保障了每一个人能够享有平等的基本权利。而德性伦理学则在指责规范伦理的人权观时提出了一个重要的洞见，即应该从人的幸福的整体来考虑道德问题，从一个人生活的完整性来讨论权利在具体应用中的种种冲突。随着最近数十年间西方伦理学界将对社会道德规范和正当原则的探讨转移到美德伦理上来，权利这个原本属于规范领域考察的对象也越来越需要从人们的生活境遇、道德品行和情感角度去理解，从而在作为一个完整的人的意义上得到深入归纳。

---

① 韩燕丽：《论情境主义的挑战与德性品质的稳定性——从描述性理论与规范性理论的视角》，《云南社会科学》2015 年第 6 期。

② 聂文军：《道德偏好：规范伦理与德性伦理融合统一的中介》，《吉首大学学报》（社会科学版）2015 年第 36 卷第 4 期。

③ 刘科：《基于德性伦理与规范伦理融合的人权观念探析》，《道德与文明》2015 年第 1 期。

（三）对以麦金太尔为代表的德性伦理学家的研究

作为当代德性伦理思想的两大代表人物，麦金太尔与迈克尔·斯洛特的思想是国内学者们所研究的重点。大多数学者在肯定他们的思想价值的基础之上，提出了对其思想的批判及改进意见。

陈真[①]对麦金太尔的美德伦理学进行了反思与批判。他指出，麦金太尔美德伦理学的主要内容是对美德本质的界定。美德理应是一种规范性的概念，但麦金太尔对美德的界定从本质上来说是经验概括的、描述性的。他用“实践”“人生叙事”和“传统”等描述性概念来界定美德及其规范性，实际上是假定了“凡是现实的就是合理的”。然而，凡是现实的未必就是合理的。由于现实和传统无法说明美德规范的合理性，又由于他对西方启蒙时期以来的理性持排斥态度，因此，为了说明美德规范的合理性，他最终不得不求助于上帝，从而走向了神学的托马斯主义。

张言亮[②]就“麦金太尔是否是道德相对主义者”这一问题发表了自己的观点。他认为，麦金太尔对于传统的强调并不会导致道德相对主义，而其德性伦理学也并不会必然陷入道德相对主义的泥潭之中。麦金太尔将他关于德性的理解与实践的内在善、人生的统一性及传统相关联，为“什么是德性”提供了具体的内容，而不是像单纯的规则伦理那样，只是提出一些没有实质内容的可普遍化规则。麦金太尔关于“德性”的理解为我们提供了明确的行为依据，也为我们的道德探究和道德实践提供了可靠的出发点。如果我们能够准确地理解麦金太尔通过“德性”所想要表达的意思，那我们就绝对不会陷入到道德相对主义的困境当中。

姚大志[③]分析了麦金太尔对于现代道德哲学的批判。他认为，麦金太尔的批判具有双重的积极影响。一方面，他对康德式义务论和功利主义的批判促使人们以更为广阔的视角来思考道德哲学问题，反思当代规则伦理学的困难。另一方面，这种现代道德哲学批判也促进了德性伦理学的复兴，从而在某种程度上弥补了当代规范伦理学的缺陷。但是，在他的批判之中也存在两个主要的问题：第一，麦金太尔针对现代道德哲学所做的批判不能同时应用于康德式义务论和功利主义；第二，在其批判中，麦金太尔所反对的不仅是现代道德哲学，而且是现代的生活方式，是现代性本身。问题在于，当他对现代性提出批判时，他却并不能找到足以取代现代性的对象。他可以基于亚里士多德主义来批判现代道德哲学，但是他永远无法回到古希腊过传统的城邦生活。

---

① 陈真：《凡是现实的就是合理的吗——麦金太尔的美德伦理学批判》，《哲学研究》2015 年第 3 期。

② 张言亮：《基于真理、传统与德行的道德探究——试论麦金太尔为何不是一位道德相对主义者》，《甘肃社会科学》2015 年第 3 期。

③ 姚大志：《麦金太尔的现代道德哲学批判》，《求是学刊》2015 年第 42 卷第 3 期。

袁曦①对麦金太尔德性伦理思想的理论背景、理论要点以及相关研究进行了介绍与梳理，揭示了有关德性论的研究进路和有待深入的方面。她指出，麦金太尔的德性论中最有价值的观点之一，就是确认了德性在道德哲学中相对于道德规则的优先性。这种对于德性的强调源自于亚里士多德的伦理思想，而“德性”这一主题在现代的复兴也引发了学者们对于一系列哲学问题的关注，包括纳斯鲍姆对于行动、实践理性、价值的讨论，威廉姆斯、查尔斯·泰勒、罗尔斯等人对于道德主体的分析等。这些研究对于理解和充实麦金太尔的德性理论来说，都是不可缺少的。

韩玉胜②就国内外学界对迈克尔·斯洛特德性伦理的研究和评价进行了较为系统的分析，并在此基础上对其伦理思想做出了自己的评价。他指出，斯洛特将休谟的情感主义路线推陈出新，运用传统的道德资源为现代道德生活服务，其独到的道德见解和深厚的道德责任感是令人敬佩的。但是，斯洛特在论证情感主义德性伦理的过程之中，始终将理性看作是道德的天敌，而将道德的是非善恶完全寄托于人的情感冷暖，从而建立起了一种纯粹依赖于情感的道德评价机制。这样一种理论不仅使得道德判断变得模糊不清，而且也很难给予丰富多样的道德现象一个近乎合理的道德评价。

三、对现代功利主义理论的反思

作为一种极具争议的伦理理论，功利主义素来是学界关注的一大焦点。20 世纪以来，以黑尔为代表的哲学家们对古典功利主义理论做出了进一步的修正与完善，其理论自身也在各种诘难中不断得到深入和丰富。2015 年，国内大多数学者对于功利主义理论的研究依然集中于对于古典功利主义的阐释与批判之上，而有关现代功利主义理论的研究则略显空白，不论是从数量上来看还是从质量上来看都难以令人满意。具体而言，这一部分的研究主要涵盖了以下几个方面的内容：第一，对功利主义理论发展状况的概述；第二，对功利主义者具体思想的介绍；第三，对功利主义思想的批判。

（一）对功利主义理论发展状况的概述

徐珍③梳理了功利主义理论自创立以来的发展历程。她指出，现代功利主义得以发展的一大重要标志，就是美国哲学家布兰特把功利主义划分为“行动功利主义”与“规则功利主义”。尽管功利主义理论存在诸种不足，但这并不意味着它是毫无意义的。它对于世俗生活的规范有着深远和普遍的影响，推动了道德哲学理论的发展，

① 袁曦：《对麦金太尔德性伦理的哲学探究与延伸》，《贵州师范学院学报》2015 年第 31 卷第 2 期。

② 韩玉胜：《论迈克尔·斯洛特的情感主义德性伦理》，《华中科技大学学报》（社会科学版）2015 年第 29 卷第 6 期。

③ 徐珍：《功利主义道德哲学的嬗变》，《湖南社会科学》2015 年第 6 期。

对于建构以人为本的当代社会秩序来说具有极其重要的价值。虽然不同时期功利主义代表人物的思想中都存在着一些缺陷，但是它仍将会持续地引起人们的关注，并且在不断地克服和弥补自身的缺陷中继续得到发展。

（二）对功利主义者具体思想的介绍

黑尔的功利主义思想受到了学者的关注。贾佳①认为，黑尔的功利主义理论打开了从元伦理学到规范伦理学的道路，在融合伦理理论与伦理实践、推进伦理学发展等方面起到了重要作用。他的功利主义理论基本上回应了以往对功利主义提出的各种程序性和规范性的质疑。他将对功利计算的标准定为“偏好的满足”，由于偏好的指向与行为的选择相关，而“偏好”本身又具有最大程度的形式化的性质，因此首先回应了批评者对“功利”如何界定的质疑；对偏好强度的计算以及通过“自己处于他人立场”的假设，使对“功利”计算的方式尽可能达到了客观准确。而道德思考两层次性的提出，一方面确定了功利原则的应用层面，同时也在最大程度上控制了功利主义的作用结果，并且也为功利主义与常识性道德不一致情况的出现作出了解释。

吴映平②指出，黑尔曾在在道德思维层次理论的基础上，对功利主义理论所受到的一种质疑，即“功利主义方法与日常道德直觉之间存在冲突”，做出过回应。然而，尽管黑尔在一定程度上为我们解决功利主义方法与道德直觉原则之间的冲突提供了可供参考的思路，但他对直觉反例所做出的回应并不是成功的。黑尔并没有意识到功利主义作为一种结果论，其结果都属于具有不确定性的预期结果，并且他也并未说明离奇事例的现实性和可能性应当如何确定的问题。因此，他用行为功利后果的不确定性和通过区分现实世界与可能世界的真实与虚构的事例在批判思维层次回避直觉主义的非难并不成功。黑尔的批判道德思维层次理论似乎并没有把选择道德原则的标准界定为幸福总量的最大化，而是希望通过协商一致来决定行为方式，因此，这与其说是传统意义上的功利论，还不如说更接近于契约论。

贾凌昌③重点考察了黑尔与弗雷所提出的后果主义理论，并对它们进行了分析与评价。黑尔将伦理的思考区分为直觉层面和批判层面两个维度。在他看来，直觉层面的伦理思考可以被应用于实际的道德思考，而批判层面的伦理思考则只能被用于反思一般性的道德原则。因此，在黑尔的处理中实质上就产生了道德思考与行为正当相分离的情况。而在弗雷看来，后果主义是一种为正当的行为提供正当依据的理论，但它

---

① 贾佳：《黑尔的道德思考层次性与功利主义伦理思想》，《苏州科技学院学报》（社会科学版）2015 年第 32 卷第 3 期。

② 吴映平：《功利主义何以避免直觉主义的非难——论 R. M. 黑尔对直觉反例的回应》，《四川师范大学学报》（社会科学版）2015 年第 42 卷第 3 期。

③ 贾凌昌：《“正当”还是“决定程序”——后果主义语境下弗雷伦理论的考察》，《武汉理工大学学报》（社会科学版）2015 年第 28 卷第 5 期。

并不具有决定程序的意义，不能帮助我们在实践层面上做出具体的决定。然而，尽管人们可能没有办法决定在特殊场合下哪一个行为是正当的，但那决不表明行为根据的后果是不正当的。弗雷认为，如果将功利主义视为一种正当的而非决定程序理论，进而能在道德的思考框架下形成最大功利的性格品质，那么，行动功利主义将可能走得更远。

斯马特的行动功利主义也受到了学者们的肯定。刘沈阳[①]对其做出了高度的评价，认为其是功利主义在新时期理论复兴的杰作，在西方功利主义理论中占有很重要的位置。他指出，“幸福最大化”和“普遍化仁爱”是行动功利主义的两大基本原则，而对于功利的计算方法以及有关行动准则的论述则是行动功利主义的核心内容。在此基础之上，他还将斯马特的行动功利主义同康德的义务论、布兰特的准则功利主义、利己主义和利他主义进行了比较，介绍了个人主义的含义及其危害和表现，并从多元集体主义的角度对斯马特的行动功利主义进行了批判。

王静[②]认为，斯马特的行为功利主义是功利主义发展史上的一个重要里程碑。斯马特的这一理论对边沁和密尔两者的功利主义思想进行了调和，进一步充实了功利主义的理论内涵，并提出了道德评价机制的科学化演绎。虽仍以“应当”作为行为的原始动力，以“善”作为快乐主义的幸福论标准，但却有别于传统功利主义只注重效果评价，而是主张效果与行为相结合的道德评价机制，这是对传统功利主义的重大超越。斯马特将新的科学认知手段引入到传统功利主义思想之中，为功利主义理论注入了新的生机，从而在很大程度上超越了传统功利主义思想。行为功利主义的理论不仅进一步完善和发展了传统功利主义道德体系，还优化了功利主义的理论特质，提升了功利主义的理论活力，为功利主义学术思想的研究提供了新的视角。

还有学者对海萨尼的功利主义思想进行了介绍。李晓东[③]梳理了海萨尼对于平均功利主义的证明，讨论了这一证明方式所产生的关于不平等问题的争论，并介绍了为解决海萨尼与罗尔斯之间存在的分歧所提出的虚拟社会保险方案。其论证思路为，无知之幕这一特殊的风险选择设置给边际效用递减的决策者带来了效用损失，为了最大化各方的预期效用，无知之幕下的当事人决定集体加入一个虚拟社会保险。这个虚拟社会保险的内容是要求决策者事先承诺放弃高于未来社会平均水平的基本善以换取一旦处于不利地位时不低于平均水平的补偿，其结果是最终达成一个要求将所有基本善进行平等分配的正义原则。他认为，虚拟社会保险方案站在海萨尼所坚持的“预期效用最大化原则”的立场上论证了罗尔斯具有平等主义精神的结论。从某种意义上讲，它可以被看作是为罗尔斯的正义观提供了理性选择理论的基础，甚至更进一步，

① 刘沈阳：《斯马特行动功利主义研究》，硕士学位论文，太原理工大学，2015 年。
② 王静：《斯马特的行为功利主义》，硕士学位论文，西南大学，2015 年。
③ 李晓东：《理性选择理论下的功利主义证明与虚拟社会保险理论》，硕士学位论文，山东大学，2015 年。

部分弥合了功利主义与差异原则之间的分歧。

（三）对功利主义思想的批判

对于功利主义思想的批判是有关功利主义研究中的一个重要组成部分。与往年相比，2015 年以此为主题的文献相对较少，且在创新性上有所欠缺。

蒋曦①分析了罗尔斯对于功利主义的批判。她指出，在罗尔斯看来，功利主义的问题主要体现在以下三个方面：第一，人们在原初状态中将合理选择正义原则而非平均功利；第二，功利主义没有在人与人之间做出严格的区分；第三，功利主义原则将造成社会不公平现象。而在批判功利主义原则的过程中，罗尔斯也逐渐明晰了自己的正义观念是一种不脱离正当来指定善的义务论；而功利主义则是一种目的论，是用最大量地增加善来解释正当的理论。因此，罗尔斯不仅从功利原则产生的基础、原则产生的过程以及原则的实际效果等方面分析和批判了功利主义原则的非正义性，还主张以正义原则取代功利主义原则。

四、对罗尔斯正义理论的考察

罗尔斯所撰写的《正义论》于 1971 年正式出版发行，旋即在学术界产生巨大反响，其正义理论及政治哲学在此后的四十年间引发了无数激烈的讨论，至今仍是学界研究的热点。2015 年有关罗尔斯正义理论的研究不胜枚举，在此我们仅对其中影响力较大的文献进行简要的介绍。这些研究主要涵盖了以下几个方面的内容：第一，对罗尔斯正义理论的阐述；第二，对罗尔斯国际政治观的考察；第三，对罗尔斯与其他哲学家的比较研究；第四，对罗尔斯正义理论的批判。

（一）对罗尔斯正义理论的阐述

学者们对于罗尔斯正义理论的研究可分为宏观和微观两个层面。

从宏观层面上而言，何怀宏②编著的图书《正义理论导引：以罗尔斯为中心》较为全面而具体地阐述了罗尔斯的正义理论。该书考察了罗尔斯正义理论的形成过程，并联系当代西方其他主要的正义理论观点，探讨了罗尔斯理论中道德优先、正义优先的特征，揭示了其正义原则中蕴含着的内在冲突，以及他对正义原则的证明方法的特点和局限，最后还梳理了对他的主要批评和他的回应与发展。作者期待通过这种历史的和逻辑的展示，不仅把握住罗尔斯正义理论的基本蕴涵和倾向，而且呈现出其正义

① 蒋曦：《功利主义的非正义性及其原因——罗尔斯对功利主义的批判》，《新余学院学报》2015 年第 20 卷第 1 期。

② 何怀宏：《正义理论导引：以罗尔斯为中心》，北京师范大学出版社 2015 年版。

理论所继承的文化精神，并在此基础上产生一些富有建设性的成果。

从微观层面上而言，学界对于罗尔斯正义理论中的具体问题的探讨主要包括以下几个方面：理性重叠共识，分配正义，道德人格观念，反至善论，罗尔斯与运气均等主义的关系。

潘斌①对罗尔斯的理性重叠共识展开了研究。他指出，罗尔斯的重叠共识的基础是政治文化中最核心和最基本的直觉性观念。这些基本观念是一种道德观念，是所有公民稳定地持有的观念。作为重叠共识聚焦点的政治正义理念必须是独立的，必须不受其他完备性学说的干扰，不再需要任何其他价值的支持。这就要求公民要自觉接受公共理性的限制。因此，就重叠共识以理性人和公共理性的概念为前提而言，它的完整性有赖于理性，它是一种理性的共识。罗尔斯重视理性的由下而上的逐渐生发。因此，在他的理论体系中，更为根本的似乎还是个人自主，而非打着理性旗帜的政治权威主义。就此而言，重叠共识所预设的理性是相对保守的，对于被排除在重叠共识之外的各种人群和学说是相对温和的。

刘明②就分配正义中的“场域”问题为罗尔斯的正义理论做出了辩护。柯亨认为，差别原则的目的是更好地实现实质性的平等，但罗尔斯明显反对这种观点。在罗尔斯看来，正常的人类行动者都是具有能动性的，他能够对自己的选择和决策承担责任。制度或政府所能做的就是尽量提供公平的机会和平等的基本手段，以便使所有人能够公平地参与到社会合作中来，而这正是两个正义原则所强调的。因此，两个正义原则，包括差别原则，其目的并不是要实现实质性的平等，而是向社会成员提供基本平等的机会和手段，使他们能够公平地参与到社会合作中。分配正义主要是政府的责任，它是衡量一个政府是否合法的重要标志，政府应该承担起一定的经济分配职能，以确保每个正常的公民拥有实质性的机会公平地参与到社会合作体系中。

惠春寿③对罗尔斯的道德人格观念进行了解读。他认为，道德人格的观念是罗尔斯政治理论的基础，它包含着公民正义感的道德能力和追求自己善观念的能力。以这种观念为依据，罗尔斯既继承了卢梭、康德的谋划，试图把正义原则表达为公民道德自主的要求，又和密尔、洛克一样，通过强调个人自主的价值来捍卫公民不受干涉的自由。他的政治理论就是建立在这两种自主的结合之上，力图综合并超越自由主义内部卢梭传统与洛克传统的对峙。然而，由于罗尔斯是分别按照实质主义和程序主义的观点来理解道德自主与个人自主的，而这两种理解之间的自相矛盾与不可兼容本身就反映出了自由主义内部不同传统的分歧和对峙，因此他的谋划显然是无法取得成功的。

---

① 潘斌：《罗尔斯的理性重叠共识》，《道德与文明》2015 年第 5 期。

② 刘明：《论分配正义的“场域”——对罗尔斯正义理论的一个有限辩护》，《哲学动态》2015 年第 5 期。

③ 惠春寿：《论罗尔斯的道德人格观念》，《世界哲学》2015 年第 5 期。

敖素[①]对罗尔斯《正义论》中的反至善论及其效应进行了分析与解读。在《正义论》中，罗尔斯基于善观念的多样性和不确定性，根据平等的要求而将至善论排除在政治原则之外。这种反至善论的立场在自由主义内外引起了不同的反应。一方面，与罗尔斯处于同一阵营的德沃金基于平等这一理想明确提出了国家中立性原则，然而中立性本身又是一种需要辩护的立场；另一方面，由于罗尔斯的反至善论论证关涉正当的优先性，而正当的优先性也是充满争议的，它一开始就受到了社群主义的强烈反对。于是，基于对中立性及其可能性的怀疑，又鉴于社群主义的重要挑战，至善论者试图超越两者并基于至善论为自由主义辩护，从而使至善论在当代政治哲学中得以复兴。

高景柱[②]讨论了罗尔斯与运气均等主义的关系。他认为，罗尔斯的正义理论与运气均等主义理论之间存在有明显的差异。将人的自然才能视为一种共同的资产、认为人们并不能从自身较好的自然禀赋中获得任何收益以及试图中立化运气因素对分配的影响，这是运气均等主义者的观点，而不是罗尔斯的观点。虽然罗尔斯的著作在运气均等主义理论的生发过程中有着重要的作用，比如其正义理论所存在的困境及其对道德上任意的和偶然的因素的关注，在某种程度上促使运气因素逐渐进入分配正义理论的视野，但是，从总体上来说，罗尔斯与运气均等主义的联系并没有金里卡和赫蕾等所想象的那么密切。在运气均等主义理论兴起的过程中，德沃金显然发挥了更为重要的作用。

（二）对罗尔斯国际政治观的考察

一些学者在阐述罗尔斯正义理论的基础之上，结合《万民法》中的内容，对罗尔斯的国际政治观进行了考察。

高景柱[③]对罗尔斯的正义战争观进行了批判性的分析。他指出，第一，针对战争的根源，罗尔斯认为宪政民主国家之间不会发生战争，即认为民主的和平是可能的。第二，就战争的对象而言，罗尔斯认为法外国家既不拥有自卫权，又会成为合乎情理的自由人民和正派的人民的战争对象，但是，罗尔斯在建构其国际正义理论的过程中使用的“法外国家”这一概念并不恰当，对法外国家提出的战争理由并不是充分的。第三，罗尔斯的正义战争观是不完整的，一个较为完整的正义战争观，不但包含开战正义和作战正义，而且还应当包含战后正义，罗尔斯只是关注了前者，并未给予战后正义应有的重视。即使在罗尔斯为数不多的涉及战后正义的著作中，他对士兵责任的看法也是值得商榷的。

---

① 敖素：《罗尔斯〈正义论〉中的反至善论及其效应》，《道德与文明》2015 年第 3 期。

② 高景柱：《罗尔斯与运气均等主义的关系》，《中国人民大学学报》2015 年第 3 期。

③ 高景柱：《罗尔斯的正义战争观：一个批判性考察》，《道德与文明》2015 年第 3 期。

吴楼平[①]分析了罗尔斯反对全球差别原则的理由及其援助义务。他指出，罗尔斯在讨论正义理论时预设了一种封闭的社会合作体系作为正义的环境，由此论证合理的正义观念如何被身处其中的主体所选择。而由于影响正义的自然、天赋因素的重要性被开放、合作尚不充分的环境所抵消，全球分配正义的责任只能落于国内层面，而非广泛的世界社会层面。出于现实的考虑，罗尔斯将万民法界定为一种关于国际关系的理论，而非全球正义理论。罗尔斯制定了维护国际正义关系的万民法原则，限定国家之间的分配义务即对负担不利国家的援助义务。作为一种过渡性的原则，它从国际契约论中得以证明，符合相互性标准，属于正义的义务，而非人道主义的义务。因此，从国内正义到国际正义，就罗尔斯的正义理论本身而言，其内部逻辑是融贯的。

（三）对罗尔斯与其他哲学家的比较研究

许多学者致力于比较罗尔斯与其他哲学家在政治思想上的异同，或是就其他哲学家对罗尔斯的评价和批判展开论述。

有学者将罗尔斯与马克思的正义理论进行了比较。张欢欢[②]指出，虽然在对资本主义现实的深刻反思的基础上，罗尔斯和马克思都给出了自己有关正义的理论构想，但在对正义实现的具体诉求上，二人却有着不同的理解，因而也在正义的救赎道路上渐行渐远。罗尔斯从“无知之幕”的设定引发出了自己的正义理论，试图通过后天再分配来保证平等。但由于资本主义生产方式本身的不正义性，就先天决定了任何意图在资本主义制度内所进行的局部性的改革和调整，都无法触动其不正义性的根源。而马克思则是从现实的生产关系出发来关注正义问题，指出正义从其本质上看，应该是生产的正义。要实现正义，就必须打碎资本主义生产制度，实现人的解放。

肖鹏[③]考察了罗尔斯对于马克思正义观的评述，并根据马克思思想的内在逻辑对罗尔斯的评述进行了分析。他认为罗尔斯没有认清马克思对待正义问题的双重视角，误解了马克思的正义思想。罗尔斯认为隐含在马克思的著作中的“被普遍认同的正义观念”是某种广义的政治正义概念，但马克思不太可能会认同这种观点。罗尔斯悬设这样一个观念以评判社会的基本制度的做法违反了马克思和恩格斯确立的历史唯物主义的基本原理。对马克思而言，作为法权概念的正义范畴只不过是浮在表面的东西，毫无明见性可言，重要的是深入正义之后，探究正义问题背后的物质生产根源，探索各种正义问题的经济社会动因。只有这样，才是真正地回到“事实本身”。

---

① 吴楼平：《国际正义之限度：援助义务——对罗尔斯拒斥全球差别原则的探源》，《道德与文明》2015年第1期。

② 张欢欢：《生产正义还是分配正义？——马克思与罗尔斯正义理论比较研究》，《理论月刊》2015年第1期。

③ 肖鹏：《马克思与罗尔斯：正义的普洛透斯之面》，《东南大学学报》（哲学社会科学版）2015年第17卷第4期。

有学者分析了桑德尔对于罗尔斯正义理论的批评。刘敬鲁[①]表示，桑德尔和罗尔斯在正义与善问题上的激烈争论，本质上是关于如何治理国家的根本原则的争论。罗尔斯从正义原则是独立于人们的各种善观念、善目的的角度论证正义优先于和决定人们的善观念、共同善目的，而桑德尔则通过批评罗尔斯所预设的自我观的个人主义性质，提出了截然相反的观点。双方的理论代表了国家治理原则研究的两种基本路径。在此基础之上，作者指出，对人类社会中的理性、利益、规律的一般关系和历史运动进行深入分析，是正确研究正义与善之间关系的更加合理的思路，这也正是对双方理论进行批判式融合的可能性所在，因而也是国家治理原则研究的第三条基本路径。

石敦国[②]分析了桑德尔对于罗尔斯道义论自由主义的批评。他指出，对于罗尔斯来说，要想重建道义论自由主义，坚持正义的首要性和正当优先于善的基本观点，就必须与康德的先验论道义论分道扬镳，为道义论自由主义寻找新的基础。而桑德尔则从多个方面对罗尔斯的理论进行了考察与批评：罗尔斯能否走出道义论自由主义的困境，避免经验主义的情景化和先验主义的抽象化问题，正义的首要性、正当的优先性能否通过罗尔斯的方案得到正当合理性证明？由于桑德尔对罗尔斯的批判是针对其正义理论的元伦理学基础的批判，所以，桑德尔的批判对罗尔斯的正义理论以及一般道义论自由主义构成了最根本性的挑战。

有学者就阿玛蒂亚·森对罗尔斯正义理论的解构进行了论述与分析。胡丹丹、韩东屏[③]认为，虽然罗尔斯的正义对于构建公正社会能提供一种方式的制度保障，但他的正义理论所要构建的是一个公正、和谐、稳定的乌托邦，是为已具资本主义民主与法制的西方发达国家如何克服困境而设计的制度蓝本和评价模式；而阿玛蒂亚·森分别从正义本身的思考视角、正义的疆域以及正义的评价标准等方面对罗尔斯的正义理论进行了解构与重塑。他从现世出发，不仅仅专注于完美的社会制度安排，而且坚持以人为本，并打破了地域性的狭隘版图，拓展了正义的疆域，从而塑造出了一种可行于现实并使每一个人都能拥有且有望实现的可行性正义。

卫知唤[④]认为，阿玛蒂亚·森在《正义的理念》一书中对罗尔斯的正义理论提出了三项批评，其实质是关于“基本善”和“可行能力”为核心的两种正义理论的争论。罗尔斯在《正义论》阶段提出的“基本善”概念是为“正义两原则”服务的，相比之下，森的“可行能力”理论似乎更能应用于现实社会。在《作为公平的正义》中，罗尔斯为回应森的批评，将“基本善”的概念进行了扩展解读。然而，其新理

---

① 刘敬鲁：《论桑德尔和罗尔斯在正义与善问题上的对立以及批判式融合的可能性——兼论国家治理原则研究的第三条路径》，《道德与文明》2015 年第 2 期。

② 石敦国：《桑德尔对罗尔斯道义论自由主义的元伦理学批评》，《南京社会科学》2015 年第 1 期。

③ 胡丹丹、韩东屏：《论阿马蒂亚·森对罗尔斯正义理论的解构与重塑》，《湖北社会科学》2015 年第 7 期。

④ 卫知唤：《异质的正义体系：“基本善”与“可行能力”再比较——罗尔斯有效回应了阿玛蒂亚·森的批评吗?》，《社会科学辑刊》2015 年第 4 期。

论仍然不能很好地处理“不能参加到社会合作体系”的问题。罗尔斯提出的“正义感”和“善观念”是两种道德能力，与森的“可行能力”是不可比较的两个概念，二者所代表的是完全异质的正义理论体系。如果我们能将二者结合起来而不是对立起来，也许能对正义问题有一个更加全面与合理的认识。

有学者对比了罗尔斯与其他哲学家在具体问题或观念上的分歧。勾瑞波①对比了科恩与罗尔斯在正义与博爱的关联性问题上的观点。他指出，博爱有两个层面，即“友爱之情”这一情感层面和“互相帮助和照顾弱者”这一结果层面。罗尔斯认为，正义原则不应包含“友爱之情”这一博爱情感，“友爱之情”既非社会正义的充分条件，也非必要条件；而科恩认为“友爱之情”是差别原则正义的题中应有之义，而且是其必要条件。罗尔斯的博爱观主要体现在其正义原则之中，强调博爱结果；而科恩的博爱观蕴涵于其社会主义的平等和共享思想之中，强调博爱情感。科恩与罗尔斯各自的成长和生活经历一定意义上注定了他们最终的基本立场，而基本立场的不同也一定意义上决定了各自对博爱本身的理解的不一致。虽然科恩在一定程度上误读了罗尔斯的思想，但他对罗尔斯的整体批判在客观上也非常有助于我们对二人思想的理解和把握。

李石②讨论了罗尔斯和诺奇克对平等与嫉妒之关系的论述。他认为，罗尔斯对于平等与嫉妒的讨论重点回答的问题是，平等主义的诉求仅仅是出于嫉妒心理吗？对于这一问题，罗尔斯回答说，绝对平等主义的要求是出于嫉妒，而作为公平的正义的平等主义诉求则并非出于嫉妒，而有其独立的依据。而诺奇克的讨论则回答了另一个问题，即社会与经济的不平等必然引起嫉妒吗？按照诺奇克的说法，社会与经济的不平等状况不会必然引发嫉妒。要想消除嫉妒，我们可以建立一个更加宽容、多元的社会，以使才华各异、志趣不同的人们能在一个兼容并蓄的社会中获得自尊和自信。

还有学者分析了罗尔斯的正义理论在其他哲学家思想中的传承与发展。杨礼银③梳理出了一条从罗尔斯的分配正义理论，经哈贝马斯的话语正义理论，再到弗雷泽的三维正义理论的发展路径。这条路径发展和演变的基本逻辑就是：在“什么的正义”问题上，从追求普遍公平的实质正义，向追求参与平等的程序正义转变；在“谁的正义”问题上，从追求统一价值目标而采取统一行动的大多数人、共同体的成员资格或国家公民，向追求多样化价值目标而进行话语交往的多元共同体、公众或个体转变；在“如何正义”问题上，从以经济再分配为根本，向以经济再分配、文化承认与政治建构并重转变。在正义理论的这一发展过程中，民主对于正义的构成作用日益凸显，成为正义制度合法性的基础。

---

① 勾瑞波：《论正义与博爱的关联性：科恩和罗尔斯的意见分歧》，《伦理学研究》2015 年第 4 期。

② 李石：《平等与嫉妒：在罗尔斯与诺奇克之间》，《伦理学研究》2015 年第 4 期。

③ 杨礼银：《从罗尔斯到弗雷泽的正义理论的发展逻辑》，《哲学研究》2015 年第 8 期。

（四）对罗尔斯正义理论的批判

也有不少学者对罗尔斯的正义理论进行了批判，而批判的重点主要在于罗尔斯所设定的原初状态、优先规则、差别原则以及无知之幕等。

王嘉①对罗尔斯“原初状态”的设定进行了考察与批判。他认为，罗尔斯的原初状态设置虽然在形式上超越了休谟和斯密的公正的观察者以及霍布斯的利己主义视角，但道德主体单纯在此视角下，仍然无法作出超越自利和利他的、具有普遍意义的选择。这一困境如同在《国富论》和《道德情操论》之间所表现出的“斯密问题”一样，也许远远超出道德（政治）哲学的范畴，需要用更加具体、更加实证的方法来探讨自我和他人之间的利益平衡问题，即正义问题。单纯形式化的普遍化视角的设置，对于解决自我和他人之间（即人与人之间）的正义问题并无帮助，更无法从中推导出有利于某个特定群体的差别原则，最终只是一种“超然”于自利和利他之外的思维“幻象”。

李石②探讨了罗尔斯正义理论中的“优先规则”问题。他指出，“优先规则”是罗尔斯正义理论的核心组成部分之一，在理论结构上起到规定正义的两条原则以及第二条正义原则中的机会平等原则与差别原则之间的先后顺序的作用。但是，罗尔斯“优先规则”所规定的“自由的优先性”原则在论证和解释中存在着困难；而且，“优先规则”与“差别原则”之间也存在有矛盾，“差别原则”的应用使得“自由的优先性”无法在罗尔斯的正义理论中得到一以贯之的执行，而这正是在寻求平等的过程中自由受到侵犯的根本原因。正是基于上述原因，当罗尔斯试图以“差别原则”平衡社会中各种人的利益以保证最基本的平等时，就不可避免地会侵犯人们的某些基本自由。总之，在罗尔斯的理论中，自由和权利的“优先性”并不像他自己所认为的那样得到了确立。

李石③还对罗尔斯差别原则进行了推导与质疑。他认为，罗尔斯第二条正义原则的第一部分——差别原则，其论证依赖于订约者在原初状态下对“最大最小原则”的应用。然而，理论和实验两方面的证据都向我们表明，原初状态下订约者并不必然遵循“最大最小原则”来选择分配方案。只有在设定订约者具有“保守”或“讨厌冒险”的心理特质的条件下，订约者才会遵循最大最小原则，而这一设定又必然与罗尔斯对“原初状态”和“无知之幕”的设定相矛盾。因此，在差别原则的推导上，罗尔斯除非陷入自相矛盾的境地，否则就无法得出“社会和经济的不平等安排应使得社会中的最不利者利益最大化”的正义原则。

---

① 王嘉：《在自利与利他之外——论罗尔斯“原初状态”道德视角的超越与困境》，《江苏社会科学》2015 年第 5 期。

② 李石：《论罗尔斯正义理论中的“优先规则”》，《哲学动态》2015 年第 9 期。

③ 李石：《罗尔斯差别原则的推导与质疑》，《道德与文明》2015 年第 4 期。

周志发[①]对罗尔斯的正义论进行了批判与重建。他认为，罗尔斯“公平的正义论”看似精致，但其正义原则却并不能解释“多元赋权、多元分配的社团”组成的社会，因为罗尔斯创造了人为的“无知之幕”，却没有发现真正的“无知之幕”，即人类在探索大自然与人类社会关系之时，是通过试错法去发现的。这使得罗尔斯的理论脱离了人类丰富多彩的实践。罗尔斯热衷于构建人为的“无知之幕”，却缺乏对试错法与试错权的理解，忽视了真实的“无知之幕”，因而他只是从先验的权利出发建构正义论，故只能在“子权”的层面上建构正义原则。

五、对社群主义思想的分析

20 世纪 80 年代，社群主义在批评新自由主义的过程中逐渐发展起来，进而成为当代西方最有影响的政治思潮之一。2015 年，学者们不仅从整体的角度对社群主义思想进行了概述性的介绍，还详细探讨了社群主义者在公共利益、人权等具体问题上的观点及主张，并运用社群主义的基本思想对现实问题展开了探讨。总体而言，对于社群主义思想的研究可分为三个方面：第一，对社群主义整体思想的介绍；第二，对社群主义具体观点的阐述；第三，对麦金太尔社群主义思想的研究。

（一）对社群主义整体思想的介绍

学者们通常从“社群主义与自由主义之争”的角度出发，来阐述社群主义的基本观点与主张。

俞可平在其著作《社群主义》[②] 中指出，社群主义是当代西方政治哲学的最新发展，它是在批评新自由主义的过程中产生的。社群主义与新自由主义形成了当代西方政治哲学两相对峙的局面。社群主义是个人主义极端发达的产物，是对个人主义不足的弥补。它的价值只有在自由主义和个人主义极端发达的前提下才得以凸显，它自己的不足也只有通过自由主义才能得以补偿。离开发达的自由主义就无法真正理解社群主义，离开自由主义谈论社群主义就会发生时代的错位，这种错位的后果很可能是危险的。社群主义似乎类似于集体主义，但对社群主义进行研究却可以预示未来社会的分化方向。

应奇[③]介绍了社群主义与自由主义之间的争论。他指出，自由主义—社群主义之争是英美政治哲学众声喧哗中的一场独特且有广泛影响力的学术争论。它如同以往围绕现代性之两面性所展开的种种争论一样，引起了相关各方殊异的反应。斯蒂芬·加

① 周志发：《罗尔斯“正义论”的批判与重建》，《学术界》2015 年第 1 期。

② 俞可平：《社群主义》，东方出版社 2015 年版。

③ 应奇：《从伦理生活的民主形式到民主的伦理生活形式——自由主义—社群主义之争与新法兰克福学派的转型》，《四川大学学报》（哲学社会科学版）2015 年第 4 期。

德鲍姆地区分了三种不同的社群主义主张以及三种不同的社群主义论辩；在哈贝马斯的率先垂范下，介入自由主义—社群主义之争一度成为新法兰克福学派内部的一种时尚；韦尔默汲取了实用主义在真理问题和民主问题上的合理洞见，综合了自由主义与共和主义（包括社群主义）的政治传统，进一步完善了批判理论的规范基础。

（二）对社群主义具体观点的阐述

对于公共利益的强调是社群主义思想的一个基本特点。马晓颖①对社群主义的公共利益思想进行了考察，认为在利益问题上，共同体主义以公共利益为价值取向。尽管共同体主义者对公共利益缺乏一个统一的概念，但他们所说的公共利益都指向共同体的普遍善、共同善。也正是在这个意义上，他们对公共利益优先的论证，主要基于“共同体的共识”。共同体主义者强调公共利益优先，但同时也强调“我”的利益与他人和集体的利益是一致的。总体来看，共同体主义者反对个人利益至上的个人主义，强调整体利益高于个人利益，认为个人利益就包含在整体利益之中。只不过，他们对公共利益的疾呼，并未上升到行为准则的高度。

社群主义视阈下的人权问题也是学者们关注的焦点。谭融、马正义认为②，社群主义人权观有其悠久的历史渊源，是对20世纪后期西方各国国家职能弱化和社会不公平加剧进行理论反思的产物。它强调权利的社会性和社群的人权主体地位，在权利与责任的关系方面强调共同的善，以求在个人和集体、权利与责任之间寻求平衡，重构个人与群体的关系。社群主义人权观弥补了自由主义人权观的不足，引发了人权理论不同范式间的对话，成为第三代人权理论的重要铺垫，为发展中国家的人权道路提供了启示。

华雨③认为，少数人权利问题的提出已有时日，而当代西方自由主义与社群主义的论争中产生的大量学术推演和理论构建无疑为少数人保护机制提供了可资借鉴的智识资源。作为争论的后果，其在权利来源及正当性、一般及特殊权利保护形态、群体道德共享性、公民参与权等方面均有重要理论贡献。社群式少数权利逻辑指出了自由主义理论的多重理论困难，但在某种程度上说仍无法逃离自由式建构的基本假设。金里卡总结了其间的争论点，并运用多元自由主义的理论分析少数群体权利的正当性问题，提出了一种多元文化的公民权理论，从而形成了一套内含于自由主义框架内族裔问题的少数人权利保护的理论体系。

---

① 马晓颖：《当代西方社群主义的公共利益思想》，《常州大学学报》（社会科学版）2015年第16卷第2期。

② 谭融、马正义：《论社群主义的人权观》，《理论与现代化》2015年第5期。

③ 华雨：《社群主义冲击下的少数人权利保护之嬗变——以自由主义和社群主义争论为视角》，《云南大学学报》（法学版）2015年第28卷第2期。

（三）对麦金太尔社群主义思想的研究

学者们还对麦金太尔这一社群主义代表人物的思想展开了研究。

姚大志①认为，麦金太尔的思想可以分为两个部分，一是对自由主义的批判，二是提出他自己的社群主义。这两个部分的连接点是他的共同体观念：一方面，麦金太尔批评自由主义是个人主义的，它们以个人而非共同体为基础，因此注定是错误的；另一方面，他提出了自己的社群主义以对抗自由主义，而这种社群主义是建立在共同体观念的基础之上的。具体而言，他的自我理论主张共同体优先于个人，反对自由主义的个人主义；他的道德理论主张共同体的善优先于个人的权利，反对自由主义的“权利优先于善”；他的正义理论在分配正义的问题上坚持应得原则，反对自由主义的平等原则或权利原则。

程伟②分析了麦金太尔社群主义思想的道德意蕴，认为麦金太尔主张恢复和重建社群的理论诉求为我们反思道德问题，特别是道德教育回归社群生活贡献了一些新的思路。麦金太尔认为现代西方社会的道德危机就是启蒙运动对道德合理性论证失败的结果，而启蒙运动道德筹划的失败正是道德普遍主义的失败。现代社会是处于德性之后的社会，规则已成为了道德的中心，而要想恢复德性传统，只有回归传统社会的社群。因此，麦金太尔主张回归古典社会亚里士多德的德性伦理，重建传统社会的社群，试图以此拯救西方社会的道德危机，并在吸收亚里士多德思想精华的基础上，提出了自己的德性伦理观。

六、对其他伦理学家思想的介绍

学界除了对以上五个方面的内容进行了研究与讨论之外，还对其他几位伦理学家的思想进行了阐释与探讨。长期以来，摩尔、罗尔斯、麦金太尔等西方著名伦理学家的观点和思想一直是国内学者研究与讨论的焦点，而一些知名度相对较低的伦理学家则未受到同等程度的关注与重视。在 2015 年，虽然有不少学者致力于介绍或批判其他伦理学家的理论，但从整体上来看，在现代西方伦理学这一领域内依然还存在着大量的研究空缺有待填补。

曹成双③为吉尔伯特·哈曼所提出的道德相对主义做出了辩护。他主张，哈曼的道德相对主义是一个融贯的道德理论体系，它能够应对各种批评和质疑。在哈曼看来，道德不是迷信和幻影，它是自然世界中的一员。世俗社会的道德并不会被相对主

---

① 姚大志：《麦金太尔的共同体：一种批评》，《哲学动态》2015 年第 9 期。

② 程伟：《走向社群生活的道德教育——麦金太尔社群主义思想的道德意蕴及其启示》，《徐州工程学院学报》（社会科学版）2015 年第 30 卷第 2 期。

③ 曹成双：《吉尔伯特·哈曼的道德相对主义理论辩护》，《伦理学研究》2015 年第 3 期。

义所消解，在自然主义的世界中，它将得到很好的保留。而且道德只有在相对主义的解释下，即在不同社会的习俗和传统中，才是有意义的。哈曼也不认为道德相对主义会导致完全的怀疑论，因为他认为存在着相对于任何道德框架都是有效的道德主张。这些客观的道德主张并不是其相对主义论题的必然推论，而只是碰巧的事实而已。而且只有相对主义对它们的解释才能使得它们拥有合法的道德知识地位。

杨凡[①]详细阐释了哈贝马斯商谈伦理的哲学内涵，并对其从哲学理论向社会科学实证研究过渡的过程进行了梳理，重点分析和评估了近20年来一些堪称典范的中程理论研究。他指出，就学界目前的状况来看，在商谈伦理哲学与协商民主实践之间依然存在着非常大的学科张力，缺乏足够的中程理论来沟通两者。在寻找合适的中程理论的过程中，应该更多地以包容性的学科视角去看待各种张力：一方面，哲学家不能对任何实证的挑战不屑一顾，仅从概念到概念进行形而上的争论；而社会科学学者也应在澄清概念的基础上，运用实证研究的方法对理论问题做出更多回应。另一方面，在实证研究的方法上，定性研究应该借鉴定量研究指标的细致化与多元化，而不应该仅仅用简单的描述性话语来说明协商的特征；而定量研究则应该认识到，抽象的概念和价值是没有办法完全客观数字化的，更不应当为了迎合数字化的需要把主观概念削足适履地划分成标准的刻度。

张汉静、王江荔[②]着重阐述了伊安·巴伯的伦理学思想。在巴伯看来，科学与哲学是伦理学的重要基础。从科学来看，虽然科学的内在价值无法扩展为一般的社会伦理，从进化论生态学引申出的伦理原则也是无效的，但无可否认的是，重要的伦理价值是内在于科学的。通过提供可信赖的对决策后果的评估、形成关于世界和人类地位的世界观等形式，科学都在影响着伦理学。从哲学上来讲，在功利主义与正义原则的相互补充、社会利益与个体权利的相互平衡、消极自由与积极自由的相互协调等方面，哲学能够帮助我们澄清评价技术选择的伦理原则。在伦理学的构建过程中，科学与哲学通过人类行为后果的评判标准的选择、相互冲突的价值观的平衡等方式，为伦理学提供了必要的基础。

胡光、袁军[③]以马克思主义的基本观点为准绳，对彼得·辛格的人性论进行了探讨与批判。他们认为，辛格的人性思想是以动物和自然界为逻辑起点的，但他的这种思想理路严重贬低了“人”的主体地位，消解了“人”的概念。具体而言，其人性论主要存在以下四个方面的局限性：第一，消解了人的主体性，否定人的实践性；第二，强调人的自然性，违背人的社会性；第三，宣扬人的感性，忽视人的理性；第

---

① 杨凡：《寻找中程理论——哈贝马斯商谈伦理的实证维度》，《华东师范大学学报》（哲学社会科学版）2015年第1期。

② 张汉静、王江荔：《科学与哲学是伦理学的必要基础——伊安·巴伯的伦理学思想探析》，《现代哲学》2015年第3期。

③ 胡光、袁军：《彼得·辛格人性论的局限性》，《学理论》2015年第19期。

四，强调人的生物性，否认人的阶级性。

周兮吟[①]以“伦理问题”的真正关切为线索，系统地展开了德勒兹哲学对于规范伦理学的几个重要概念预设（道德规范、自由意志与善恶判断）的批判。她指出，德勒兹的伦理学是一种注重本体生存表达、强调欲望的生产与自我肯定、拒斥道德判断的描述性的伦理学。它基于“存在的表达”的逻辑，根据我们遭遇的伦理问题，描述我们的生存模式。如果说规范伦理学关注的是我们“应该”如何，德勒兹哲学的伦理面向关注的则是“我们的身体能如何”以及“我们可以成为怎样的人”。其伦理学通过对内在存在模式及其关系的描述，取代了一般道德性学说及其规范性的“应当”。

郭兴利[②]介绍了阿玛蒂亚·森的不平等理论。阿玛蒂亚·森认为，现代社会中的几种典型的平等理论（功利主义的效用平等观、罗尔斯的基本善平等观、诺齐克的权利平等观、德沃金的资源平等观）均存有对不平等的遮蔽之不足。通过“能力评价体系”，阿玛蒂亚·森说明了不平等实质上是个体的不同等的实现美好生活的能力，其内容主要包含“生活内容”“能力”与“自由”等范畴。阿玛蒂亚·森的能力不平等观的重大现实价值，就在于其将有利于人们用更宽广的视野来认识不平等问题，并要求政府行为与公共政策不再仅仅以增加个体收入为中心，促使人们更加认识到参与是发展的重要目标。

张容南[③]重点介绍了查尔斯·泰勒的道德思想，尤其是其对于现代道德哲学的反思与批判。泰勒认为，现代西方道德哲学只狭隘地关心指导行为的原则、戒令或标准，而没有意识到道德根源和超越性维度的重要性。其对于现代主流道德哲学的批评，归根结底是对于无求于外的人本主义内在框架的批评和质疑。他竭力表明，内在的框架不是一个社会学意义上的事实，而是被建构出来的一种社会想象、一种信念的框架。内在的框架虽然肯定了人类日常生活的幸福，却无法穷尽生命的意义，满足人类对完满性的追求。因此，明智的选择不是对内在的框架做一种封闭的解读，而是将它阐释为向超越性开放的一个背景框架。

---

① 周兮吟：《伦理问题对道德规范的僭越——德勒兹伦理学初探》，《学术界》2015 年第 3 期。

② 郭兴利：《论阿玛蒂亚·森的不平等理论及现实价值》，《华中科技大学学报》（社会科学版）2015 年第 29 卷第 1 期。

③ 张容南：《查尔斯·泰勒对现代道德哲学的反思》，《江苏社会科学》2015 年第 4 期。

第八章　2015年应用伦理学一般问题研究报告

曹　刚　张丽娟

应用伦理学是一个开放的理论领域，随着人们的生活在更广阔和多元的现实层面上展开，不断产生新的道德冲突。从互联网的发展到大数据伦理的勃兴，从气候变化到道德责任的考量，从全球化进程到世界伦理及国际伦理的论争，都进一步拓展了应用伦理学的理论领域。对这些热点和前沿问题的探索，展现了应用伦理学的基本特点。此外，2015年学界对应用伦理学视野中人的问题，多元价值下道德共识问题以及责任伦理等一般问题进行了深入的思考和研究，从而进一步丰富了应用伦理学理论体系。

一、应用伦理学前沿问题

随着技术的进步和社会生活的变迁，当代应用伦理学的发展呈现新的态势：一是当代应用伦理学研究中的交叉学科研究所衍生的跨学科性；二是关注现实道德问题所呈现出的实践性；三是多元化态势下的争歧，[①] 且面临各种前沿性问题提出的挑战。

（一）大数据伦理

大数据是科学技术的产物，让人类进入真正的信息时代，不仅改变了人类生活的物质世界，更引起了主观世界的思维革命，对人类的价值观念以及伦理道德产生了全方位的影响。因此，黄欣荣认为必须从本体论、认识论、方法论、价值论和伦理学五条路径对大数据进行全方位的研究，以便构建一个比较完整的大数据哲学研究体系。[②]

对大众来说，大数据带来的最现实的问题是隐私的泄露与保护。探究隐私问题的意义在于它关乎人的权利问题。薛孚、陈红兵认为，大数据引发了不同于以往的隐私

---

① 郑根成：《应用伦理学基础研究概况》，《井冈山大学学报》（社会科学版）2015年第4期。

② 黄欣荣：《大数据哲学研究的背景、现状与路径》，《哲学动态》2015年第7期。

伦理挑战，这种新挑战表现在数据挖掘、数据预测和更全面的监控等方面。导致隐私伦理问题的技术原因是海量数据的共享与挖掘，其社会性后果是主体身份的数据化。问题的现实性根源在于数据共享平台中各利益相关者的利益多样性，以及个体观念与相关行为的转变。通过提高数据用途透明度、调整个人隐私观念、搭建共同价值平台、寻求合理的伦理决策，提高价值与行为的一致性是问题的解决之道。[①] 吴晓蓉认为，个人网络空间必须保有隐私权，网络空间安全建设应遵循以下几个伦理原则：一是确立网络主权原则；二是国家安全利益优先原则；三是公民网络隐私权合理期望原则。[②]

朱锋刚、李莹则认为，大数据为伦理世界带来的最大的改变就是确定性的终结。现代技术遮蔽了生活世界中其他维度的生存空间，塑造着伦理情景的格局。伦理情景的不确定性消解，开放性和不确定性成为其新的特征。随着伦理客体的隐匿未知，主体的义务、责任、权利甚至自由的基本内涵变得不确定。伦理情景的不确定性的出现正是源于大数据时代的来临。[③]

关于大数据伦理问题产生的原因和对策，安宝洋、翁建定从三个方面分析成因：虚拟人格异变是网络信息伦理缺失产生的主体根源，大数据技术的负效应是其产生的客观条件，而规约机制匮乏则是其产生的社会背景。[④] 在大数据时代，要确立共有的价值准则和伦理底线，重构理性化的公共话语空间和虚拟社会新秩序，为此有学者提出了大数据时代网络信息伦理治理原则：人道、无害、同意、公正、共济。[⑤] 徐铁光探讨了网络舆情管理中伦理问题的表现、成因和对策。网络舆情管理主体、客体以及主客体之间都存在伦理失范问题。网络舆情管理中伦理问题的成因主要涉及转型、观念、技术和治理等方面。我们应当以网络核心道德价值观为指导，实现网络舆情善治。[⑥]

（二）气候伦理

当今世界，环球同此凉热。气候变化的全球性特征决定了其本质是一个伦理问题。地球上一部分人的奢侈排放引起了气候变化，却对另一部分人造成了伤害，这是不道德的，可以说气候变化在一定程度上加剧了全球的不平等。因此，气候伦理学逐渐兴起，引起了国内外学者的关注。

徐保风从权利与义务对等的角度，分析了气候变化危机现状的根本原因。人类社

① 薛孚、陈红兵：《大数据隐私伦理问题探究》，《自然辩证法研究》2015 年第 2 期。

② 吴晓蓉：《网络空间安全建设的伦理思考》，《华南师范大学学报》（社会科学版）2015 年第 5 期。

③ 朱锋刚、李莹：《确定性的终结——大数据时代的伦理世界》，《自然辩证法研究》2015 年第 6 期。

④ 安宝洋、翁建定：《大数据时代网络信息的伦理缺失及应对策略》，《自然辩证法研究》2015 年第 12 期。

⑤ 安宝洋：《大数据时代的网络信息伦理治理研究》，《科学学研究》2015 年第 5 期。

⑥ 徐铁光：《网络舆情管理的伦理问题及其对策》，《伦理学研究》2015 年第 3 期。

会必须面对三对权利和义务，即人类生存的权利与人类对自然界保护的义务；发展中国家发展优先的权利与发达国家对发展中国家援助的义务；当代人类发展的权利与保障后代人类生存的义务。因此，造成气候变化危机现状的根本原因恰恰是人类在生产生活中对这些权利和义务造成的不对称。①

关于如何应对气候变化，国内外学者各自进行了理论探讨。姚新中通过对《礼记》中“天地”概念的考察，认为可以确立“天地”的本体价值，人在“天地”中的地位和人对“天地”的责任，重新建立我们对“天地”的敬畏之心和责任感，驳斥完全从个人的权利出发来看待自然环境和气候变化，构造一种新型的生态天地观，从而为全球气候问题的根本解决提供一个中国价值思路。② 白彤东则认为，泛泛地说中国的天人合一思想能够解决环境问题，在学术上不严谨，并且没有考虑实际政治运作的困难与问题。《道德经》里提出的自然无为的解决方案，最终是要求人类做出巨大的牺牲，因此也不是解决环境问题的现实办法。从先秦儒家的一些思想出发，我们可以给出独特而有益于解决环境问题的一套观念。并且，儒家的混合政体与天下体系，还可以在制度操作层面，实现对有关气候与环境的良好政策之制定的政治困局的解决，是一套结合理想与现实的中道。③

卡门·贝莱奥斯－卡斯泰罗则认为，气候变化危机呼吁学者们超越学科偏见，其中一个偏见包括伦理学严格的个体主体特征。我们惯于在道德主体与其行为的破坏性结果之间建立因果联系。但对气候变化而言，将权利侵犯与个体行为者的行为联系起来是不容易的。因此，我们应该从合作的角度重新构建道德责任。从这种意义上讲，个体若仅仅由于他们未能合作来避免损害，那就应当对损害他人负有责任。对个体而言，合作关乎更多的是义务而非权利，从根本上讲，它关系到在家庭和公共领域培养新的生态习惯。④

关于确定应对气候变化责任主体的伦理原则问题，史军、胡思宇讨论了历史责任原则、污染者付费原则、受益者付费原则，认为这三种常见的原则在实践中都会遭遇一些反驳与困境，难以获得普遍接受，阻碍应对气候变化的国际合作。由此，提出了能力原则：谁有“付费”能力或应对气候变化的能力？通过比较能力原则在实践中的应用，认为能力原则具有更大的包容性、现实性，可用于确定不同责任主体在不同

---

① 徐保风：《气候变化危机现状的原因探析——基于伦理学维度》，《武汉理工大学学报》（社会科学版）2015 年第 5 期。

② 姚新中：《气候变化与道德责任——〈礼记〉》中“天地”概念的当代伦理价值》，《探索与争鸣》2015 年第 10 期。

③ 白彤东：《天人合一能够解决环境问题吗——气候变化的政治模式反思》，《探索与争鸣》2015 年第 12 期。

④ ［西班牙］卡门·贝莱奥斯－卡斯泰罗：《气候伦理的非个体主义特征：支持共同或累积的责任》，曲云英译，《国际社会科学杂志》（中文版）2015 年第 3 期。

时间所应承担责任的比例。①

（三）慈善伦理

随着人类经济社会的不断发展，慈善逐渐成为社会大众广泛关注并积极参与的社会事业。然而，社会如何会产生慈善行为，以及社会为什么会需要慈善行为呢？这无疑就是“慈善何以可能”需要回答的问题。郭祖炎从“财富的本质属性使然、社会运转的内在要求、施助者自身道德认知”三个层面去求索其自在之理。② 周中之则认为文化血脉是慈善伦理的根基。寻找当代中国慈善伦理发展的正确之道，必须研究中国儒家、道家和佛教的文化，把握其慈善伦理的内涵及其特点。儒家慈善伦理以“仁爱”和性善论为基石、以“义以为上”的价值观为支撑，道家慈善伦理以“损有余而补不足”为基石、以善恶报应为支撑，佛教慈善伦理以慈悲为核心、以因缘业报说为支撑。尽管三家特点不同，但它们都融合在以儒家为主导的传统文化血脉中。21 世纪的中国，慈善伦理必须在传统的基础上，在伦理观念、伦理关系和实践形式上加以变革，才能更好地承担起神圣的使命。③

刘妍认为，传统的计划慈善体制打破后，慈善呈现出自由而多元的特点。中国现实社会中存在两类慈善：一是纯粹的慈善；二是带有功利倾向的慈善。为了促进慈善事业的健康发展，既能坚守慈善的伦理本质，又能更好地获取发展的动力，需要对我国慈善事业进行分类。对于不同类型的慈善，要运用有针对性和层次性的引导方式。必须坚持社会主义核心价值观引领我国慈善事业的发展；固守慈善的伦理本质，倡导纯粹的慈善理念；强化企业家的责任意识，提升企业慈善的道德境界；重视慈善法律法规建设，保障慈善走向法治轨道。④

关于企业慈善行为，周中之认为企业家群体是慈善捐赠的中坚力量，研究他们慈善活动的文化动因，对推动中国慈善事业的发展具有重要意义。企业家慈善活动的文化动因包含多种元素，建立在宗法血缘关系基础上的中国传统文化对企业家慈善活动的动因有深刻影响。⑤ 陆奇岸、林津如则认为，企业作为经济实体，其慈善行为往往会在谋利动机的影响下出现不符合伦理要求的情况。然而，企业慈善行为具有伦理合理性的应然性。这种应然性包含在企业慈善行为的本质、特征和功能之中。从本质看，作为道德行为的企业慈善行为应该符合自觉主动性、平等性、非谋利性的利他性等伦理要求；从特征看，企业慈善行为也应该符合慈善内涵所蕴含的普遍仁爱、自觉主动性、非谋利性的利他性等伦理要求；从社会功能看，企业的慈善行为应该符合社

---

① 史军、胡思宇：《确定应对气候变化责任主体的伦理原则》，《科学与社会》2015 年第 2 期。

② 郭祖炎：《慈善何以可能》，《伦理学研究》2015 年第 2 期。

③ 周中之：《慈善伦理的文化血脉及其变革》，《东南大学学报》（哲学社会科学版）2015 年第 6 期。

④ 刘妍：《慈善的分类与道德价值导向》，《东南大学学报》（哲学社会科学版）2015 年第 6 期。

⑤ 周中之：《企业家慈善活动的文化动因》，《道德与文明》2015 年第 2 期。

会保障功能所蕴含的对人的尊严的维护、对社会公平正义的追求、对所有人的仁爱等伦理要求。[①]

(四) 国际伦理

国际伦理是应用伦理学研究的新领域，主要探讨那些跨越国界的伦理与责任问题，即我们对其他国家的人，甚至全人类是否负有道德义务，以及负有何种道德义务的问题。随着全球化脚步的加快，全球环境问题、科技问题、分配正义、人权问题等国际伦理的内容越来越引起学者们的关注。

孙春晨从全球伦理和国际伦理二者的区别出发，阐释了国际伦理的基本内涵。全球伦理是最低限度的伦理，具有最大范围的普遍适用性。国际伦理不是研究理念性的价值规范，也不是研究常识性的全球伦理，而是研究国际政治经济关系中具体的、复杂的伦理问题。相对于全球伦理的道德呼吁与道德愿景，国际伦理更具有现实的针对性和实际的应用价值。国际伦理的行为主体是国家，只有国家才有能力履行国际伦理所要求的道德义务和道德责任。[②]

还有学者从中西伦理思想的角度解读全球伦理。邵显侠从墨家的非攻和兼爱的角度进行阐述，认为在某种意义上，当今世界也类似于墨家所处的战国时代。[③] 温海明则通过对孟子心性论的重新阐释，建构一种全球伦理。在哲学上，孟子的心性论需要从一个动态的缘发关系型状态加以重构，从而能够立足当代儒家社会现实与西方哲学对话；在宗教上，孟子心性的宗教性深度和广度需要在西方宗教性维度的对照下得到确定，从而在中国当代社会的宗教性重构当中成为根本性的宗教精神原点。[④] 陶立霞从康德伦理思想出发讨论了普遍伦理的问题。当康德发问普遍必然性的道德何以可能时，标志着普遍伦理奠基问题的开始。康德以先验的实践理性为基础，实现了道德主体性和普遍性二者之间的沟通，完成了人类寻求普遍伦理的理想。[⑤]

关于人道主义干预的问题，花勇探讨了其新规范和结构性困境。“保护的责任”已经成为人道主义干预的新规范。学者们提出了用“实用人道主义”和“保护中的责任”取代“保护的责任”。“实用人道主义”主张依靠外部力量通过远程精确打击实施干预，这样做既可以实施人道主义保护，又可以使自身损失最小化。“保护中的责任”强调干预过程中的监督和干预过程后的问责，强化安理会的监督作用，明确被授权者的责任。目前，“保护的责任”的支持者认为国际社会的工作重心应当是如

① 陆奇岸、林津如：《企业慈善行为伦理合理性的应然性分析》，《道德与文明》2015 年第 2 期。

② 孙春晨：《全球伦理与国际伦理》，《唐都学刊》2015 年第 1 期。

③ 邵显侠：《论墨家的非攻论与兼爱说——一种全球伦理的视角》，《伦理学研究》2015 年第 1 期。

④ 温海明：《孟子心性论作为当代儒家全球伦理的缘发动力》，《孔子堂》2015 年第 1 期。

⑤ 陶立霞：《普遍伦理的寻求：康德普遍理性主义道德体系的构建与反思》，《东北师大学报》（哲学社会科学版）2015 年第 6 期。

何落实“保护的责任”，将国际社会的共识转变为实际的行动，最佳办法是联合国、地区组织和主权国家协同合作。①

关于国际正义问题，学者们主要集中探讨了罗尔斯的国际正义理论。吴楼平认为，在《万民法》中，罗尔斯将正义理论从国内领域向国际领域扩展时，放弃了差别原则。这种做法招致世界主义者的质疑，被视为前后观点不一致。实际上，在其理论的转向过程中，罗尔斯不再预设封闭的世界合作体系，而是从尚不充分的国际合作关系和合理多元论的现实出发，将影响国际正义的主要原因归于国内文化、政治、制度等因素，然后提出较弱意义的作为过渡性原则的国际援助义务，为国际分配正义划定界限。罗尔斯前后观点的不一致并没有对他的正义理论整体的内在逻辑造成冲突，真正的问题在于他对多元论现实的过分强调，从而使万民法止步于国际正义。但正是他对多样性的重视，使我们在继续推进其正义理论时须更加谨慎、合理。②

高景柱则认为，世界主义者对罗尔斯的国际正义理论的批判主要侧重于罗尔斯忽视了全球背景不正义的问题、不应该以“人民”为道德关怀的终极对象、给定的人权清单过于单薄、对非自由的人民过于“宽容”和不应该拒斥全球分配正义等方面。以塞缪尔·弗里曼等人为代表的罗尔斯的辩护者回应了世界主义者对罗尔斯的国际正义理论的批判，这种回应虽然有助于澄清罗尔斯的国际正义理论，但是并没有成功回应世界主义者对罗尔斯的国际正义理论的诘难。③

关于民族主义与世界主义的价值诉求问题，学者们也积极进行了讨论。俞丽霞讨论了世界主义视野中的忠诚与认同问题。世界主义为人们思考和解决全球性问题、正确处理自己与世界上其他地方的人们的关系、引导人们在这个世界上共同生活提供了思想资源。如果人们坚持对道德和正义的忠诚，对整个人类的忠诚，并且正确地看待文化、国家以及认同，那么世界主义与地方性忠诚（如爱国主义）、文化多样性以及文化认同并不必然处于冲突之中，相反是相互促进的。一种动态、开放的世界主义有助于促进公平的全球背景，而只有在公平的全球背景下，我们才能合理地认识、维持以及追求地方性忠诚、文化多样性以及认同。④ 刘擎则从“天下”观构建了新世界主义。新世界主义的核心论题是，为后霸权的世界秩序奠定一种跨文化的普遍主义规范基础，通过对“和而不同”“华夷之辨”和“求同存异”等观念的再阐释，探讨中国传统思想对构想跨文化普遍主义的重要启发意义。⑤

此外，朱海林探讨了全球公共健康伦理的问题。全球公共健康伦理是随着全球性

① 花勇：《人道主义干预的新规范及其结构性困境》，《国外理论动态》2015 年第 8 期。

② 吴楼平：《国际正义之限度：援助义务——对罗尔斯拒斥全球差别原则的探源》，《道德与文明》2015 年第 1 期。

③ 高景柱：《罗尔斯的国际正义理论：批判与捍卫》，《同济大学学报》（社会科学版）2015 年第 5 期。

④ 俞丽霞：《世界主义视野中的忠诚与认同》，《国外社会科学》2015 年第 2 期。

⑤ 刘擎：《重建全球想象：从“天下”理想走向新世界主义》，《学术月刊》2015 年第 8 期。

公共健康危机的不断爆发和公共健康国际合作的不断发展，在关于全球生命伦理的讨论中提出来的。作为在公共健康伦理学领域为维护和增进全人类共同健康利益而寻求的一种基本道德共识，全球公共健康伦理不仅有深刻的现实和历史依据，而且有内在的人性基础和文化依据，是维护人类健康的内在道德需要。全球公共健康伦理的建立是在承认和尊重差异性和多样性的基础上寻求普遍价值和道德共识的过程，其建立的方式是以人类健康的公共理性为基础的对话和交流，其推广和发挥作用的方式是倡导。[①] 李红文则探讨了卫生保健的分配正义问题。罗尔斯认为医疗保健的功能在于保证每个公民自由而平等的道德地位，与其相关的具体决策在立法阶段而非原初状态中进行。格林将卫生保健当作社会基本善之一，并确立了卫生保健的平等可及原则，这种理论由于严重修改了罗尔斯正义论的理论框架而难以成功。丹尼尔斯发展了罗尔斯的机会公平平等理论，认为卫生保健应受到机会公平平等原则的约束，以保证每个人都能获得正常机会范围内的公平份额。他的论证成为卫生保健分配正义最为重要的论证之一。[②]

二、人的问题

人是有伦理生命的存在者，这构成应用伦理学可能并可行的基本前提。应用伦理学是面向实践的，在科技迅猛发展与全球化进程日益加速的现代社会，它所专注的现实道德困境和伦理冲突无一不与人权相关，尤其是科技发展对人权的挑战更是引起了学界的热烈讨论。因此，吴灿新认为，人的问题既是应用伦理学研究的前提，也是其研究的核心与根本目的。应用伦理学研究人的问题之根本目的必是社会至善和个体至善。[③]

（一）人的观念

人是道德的载体，也是道德的主体。什么是人，就成为理论工作者所面对的首要问题。甘绍平认为，人与动物的区别在于，人能够通过使用语言和文字，形成一种与感性世界拉开距离的强大的抽象能力，因而人是一种自然生物与文化精神的二元存在。在伦理学看来，人的本质就在于他的这种精神性，而精神性又体现为两个层面：一方面，人是能够自由选择的主体；另一方面，人又是能够道德行动的主体。道德本质上体现为不伤害他人、公正处事和必要时的驰援。作为人的精神性的两个方面，自由是现代道德的奠立基础，道德则为自由的持存和真正实现提供保障。[④]

---

① 朱海林：《全球公共健康伦理的可能性及其限度》，《道德与文明》2015 年第 2 期。

② 李红文：《卫生保健的分配正义：以罗尔斯为中心的考察》，《道德与文明》2015 年第 4 期。

③ 吴灿新：《人的问题在伦理学研究中的意义》，《伦理学研究》2015 年第 6 期。

④ 甘绍平：《伦理学中人的镜像》，《哲学动态》2015 年第 2 期。

杨通进则认为，关于人的观念，不是基于某种抽象的人性论，而是基于接受或分享了某种正义观念的人们对他们所确认的关于人的理念的共识。作为一种特定的人的观念，世界主义公民具有正义感和善观念这两种道德能力，拥有理智理性与合情理性的理念，是自由而平等的道德主体。这样一种人的观念也预制了全球正义的核心理念：全球正义是全球制度的首要美德；个人是全球正义的终极关怀单元；伦理普遍主义是全球正义的伦理基础；倡导平等主义的全球分配正义。作为世界主义公民的人的观念与全球正义理念是紧密相连、彼此印证和相互支撑的。①

郭晓林认为，儒家道德哲学在理论伦理学向应用伦理学的转向中一直缺席，但儒家道德哲学并不缺乏与应用伦理学契合的“人学”因素。孟子用“四心”和“四端”作为人之为人的基本条件，展现了人内在的“心—性—情”这一道德结构，其关于“人”之伦理性的论断与西方的“伦理”观不谋而合，同时也从自然—自由的角度阐释了人内在的道德人格之平等和自主，这与应用伦理学的基本精神颇为一致。特别是“仁”与“人”的内在关联，进一步证明了以孟子为代表的儒家道德哲学能够参与到应用伦理学的理论建构和实践确证中来。②

唐健君则认为人是身体的存在。“身体”问题是现代性思想中的一个重要论域，身体作为伦理秩序的始基，是以身体立法；而伦理作为对身体的规训，又为身体立法。伦理的历史可以说就是一个“修身”的过程，以“理”修“身”的实质是权力通过身体来实施和彰显。对此，以谱系学和女性主义来检视“身体—性别与知识—权力”相互纠缠的历史情状，从而探讨了以现代的从自我关怀出发的身体伦理来取代古代从禁忌出发的道德体系的可能。③ 雷瑞鹏则以技术乌托邦主义为切入点讨论现代性、医学与身体之间的关系。提出了三种分析和解构技术乌托邦主义的进路，并指出各自的局限，重点阐释了以身体的反思为基础的进路。这一进路主要包括两个视角，即现象学视角和社会政治批判视角，分别从这两个视角考察二元论的身体观如何对我们作为涉身主体的自我理解施加影响，并且如何在概念、实践和道德上强化技术乌托邦主义。④

徐艳东以意大利政治哲学家阿甘本为分析对象，认为其“空心人”思想极大地启示了我们对政治权力如何规训人的身体以及文化如何与身体政治发生联系的主题的思考。通过对“脸”的道德形而上学的全新阐发，意大利当代左派哲学家阿甘本将当下社会中人与“脸”、政治与“脸”、物与“脸”的总体关系进行了全新的剖析，并将过去那种只将“脸”作为“工具”以及“部分价值”的传统判断直接倒转过来，第一次把“脸”放置在“打叉的”本体的地位上进行哲学讨论。其关于人是

① 杨通进：《人的观念与全球正义》，《道德与文明》2015 年第 1 期。

② 郭晓林：《应用伦理学视域对孟子“人”的概念的反思》，《哲学动态》2015 年第 2 期。

③ 唐健君：《伦理作为身体规训的契约：为身体立法》，《唐都学刊》2015 年第 1 期。

④ 雷瑞鹏：《现代性、医学和身体》，《哲学研究》2015 年第 11 期。

“脸”、政治是“脸”以及物是“脸”的论说贯穿整个文本，与伦理学的讨论完美地接榫在一起。[①]

（二）人权

应用伦理学是实践性非常明显的学科，它所研究的现实道德问题与人权有着密切的关联。人权是一项道德权利。方兴、田海平认为，人权是为了人自身的生存与发展而平等拥有的基本权利，它适用于一切文化与文明而为所有的社会和文化所遵循。平等和自由是人权的本质属性。从人权的道德意义看，法律保护的人权就是以自由和平等为理据的个人权利。人权伦理涉及法治的伦理正当性，因为受法律平等保护的个人权利才是完整的人权。[②]

孙春晨区分了普遍主义人权观和历史主义人权观，强调人权是具有历史性特征的存在物，这对应用伦理学诸领域人权问题的研究具有重要的启示意义。人权的普遍性意义与人权实现的特殊条件之间存在着一种紧张的关系。普遍主义人权观是当代伦理学研究的一个重要前提，但它存在着解释力弱化、有可能导致权利与义务相分离的局限。历史主义人权观关注不同的文化传统对人权发展和实现的影响，坚持研究人权问题不能脱离历史背景、民族文化和时代境遇的学术立场。应用伦理学研究社会生活诸领域的现实人权问题，其任务不是论证普遍人权的合理性，而是从现实的人出发、从文化多样性的角度、以整体观的方法来理解具体人权存在的多样形态，探究具体人权实现的可能路径。[③]

刘科则认为人权既要满足规范伦理的要求，又要从德性伦理的视角来理解。在当今德性伦理对规范伦理批判的背景下，人权作为规范伦理学的重要观点也遭到了质疑。以往那种从规范伦理学体系建构的人权既有其合理性也有一定的局限性，而德性伦理视角则从人的关系性的本质以及生存境遇等方面对重新理解人权有所启发。人权既需要普遍性和规范性的道德建构，同时也需要从情景本身出发考察人的道德能力以及对人权的具体运用。[④]

韩星从中国传统儒家伦理中为人权理论找到了价值基础，即仁道。儒家以“道”为最高理想价值。儒家之道属于“人道”范畴，其实质即是“仁道”，亦即人之为人的内在本质。儒家的仁道体现在政治上就是“仁政”，即试图建立以仁道为根本的政治形态，张扬道统以与君主专制及官本位相抗衡，但其在两千多年的政治实践中存在很大的缺陷。今天，仁道观念可以成为人权理论的价值基础，以弥补西方人权理论过

① 徐艳东：《“脸”的道德形而上学——阿甘本哲学中的“脸、人、物”思想研究》，《哲学动态》2015年第2期。

② 方兴、田海平：《从人权的道德意义看法治的伦理正当性》，《理论与改革》2015年第6期。

③ 孙春晨：《历史主义人权观与应用伦理学研究》，《道德与文明》2015年第1期。

④ 刘科：《基于德性伦理与规范伦理融合的人权观念探析》，《道德与文明》2015年第1期。

分强调工具理性而忽视价值理性的弊端。①

随着现代科技的发展，对人与自然、人与人、人与机器的关系的原有理解将会失效，对人权问题的讨论和界定将遇到新的困难。王国豫从人权视角审视纳米技术带来的安全伦理问题，认为忽视技术和人类社会中的不确定性会导致有违初衷的、不可逆的后果，造成对基本人权的侵犯。因此，要对纳米技术引发的可能的人权侵犯采取“有罪推定”原则。②

关于与生殖技术相关的生育权问题引起了学界的讨论。任丑认为生殖技术的发展突破了自然生殖的传统樊篱，给生育权利和生育责任带来了前所未有的道德冲击和伦理挑战。生育权利内部的冲突蕴含着生育权利对生殖技术视域的生育责任的诉求。生育责任源自行动者完成事件的因果属性，这意味着生育技术主体必须对其行为后果做出回应。这种回应主要有三大层面：人类实存律令赋予生殖技术的责任、生育技术自身蕴含的责任以及生殖技术应用的责任。因此，我们应当在把握生育权利和生育责任的内涵和二者内在联系的基础上，利用先进的生育技术正当地维系生育权利，勇敢地承担相应的生育责任，进而彰显出崇高无上的人性尊严和道德目的。③ 李隼认为，生育权是国际社会广泛确认的基本人权，围绕生育伦理问题的论争应以个体权利论证为基础，把基本人权作为所有生育伦理诉求的根本出发点。④

（三）机器人伦理

在机器人技术飞速发展的时代背景中，机器人与人类的关系日益密切，由此也引发了一系列伦理问题。王绍源认为，随着人工智能技术的发展，人工物道德行为体日益呈现出高度的“自主权”和“感知性”，使得应用于军事领域、生活领域、科考领域的机器人产生了诸多伦理问题，面对这样一个新兴的应用伦理学领域，需要人们在“道德层级”上对机器（人）进行重新定位，在道德产出与道德接收角色中分析其伦理问题，在扩大的道德参与圈中走出传统人类中心主义伦理学的窠臼。⑤

机器人权利是机器人伦理研究的重要问题之一，近年来引起了许多学者和社会大众的关注。杜严勇认为，从倡导动物权利的思想以及培养人类良好道德修养等角度来看，赋予机器人某些权利是合理的。至少从四个方面可以构成机器人权利研究的可能性与合理性：一是来自动物权利研究的启示；二是包括科技伦理在内的人文科学研究应该具有一定的超越性与前瞻性，而不只是针对科学技术与社会的现状进行反思；三

① 韩星：《仁道——人权理论的价值基础》，《河北学刊》2015 年第 1 期。

② 王国豫、龚超：《伦理学与科学同行——共同应对会聚技术的伦理挑战》，《哲学动态》2015 年第 10 期。

③ 任丑：《生殖技术视阈中的生育权利与生育责任》，《道德与文明》2015 年第 6 期。

④ 江传月、李隼：《非商业性借腹代孕的伦理论证》，《唐都学刊》2015 年第 3 期。

⑤ 王绍源：《机器（人）伦理学的勃兴及其伦理地位的探讨》，《科学技术哲学研究》2015 年第 3 期。

是培养人类良好道德修养的必然要求；四是机器人成为道德主体的可能性与特殊性。机器人应该拥有得到尊重对待的道德权利，但拥有哪些法律权利尚需要进一步深入研究。在赋予机器人某些权利的同时，我们更应该对机器人的权利进行限制。①

关于机器人伦理建构的问题，段伟文根据机器人是否可以发展出人工的道德能动性，认为可分为机器人伦理和机器伦理两种平行的进路：机器人伦理学和机器伦理。机器人伦理关注的是，在机器人没有自主性时，与之相关的人的责任和它们应遵守的伦理准则。机器伦理则试图在技术上构建一个新的伦理愿景，让机器人有可能发展为自主的道德能动者，从而使我们可以教会它们分辨善恶并以符合伦理的行为与人相处。②

三、价值多元与道德共识

当代应用伦理学研究的主旨是寻求人们在现实生活中所遭遇的道德问题，特别是多元价值冲突下道德难题或道德困境的实践解决，它是要在人们所面临的现实道德问题的分析中得出一个关于“如何作为”的结论。甘绍平主张对于应用伦理学研究来讲，最重要的任务是建立一种中立的对话和商谈程序，从而达成一定的伦理道德上的共识，找到解决道德困境的途径。

关于当代应用伦理学的道德推理，郑根成认为是基于反思平衡的道德推理，即道德推理必须在实践问题与道德正当性理论两者间寻求一种“反思性平衡”。道德推理不是一个机械的、单向的一次性推理过程，而是一个有机的、双向互动式的反复运动过程。在这个过程中，它对实际所面临道德问题的解决以伦理理论为基点，它关于行动的结论是一个有其独特的道德意蕴的规范性判断，这决定了其推理进路的伦理色彩。同时，基于反思平衡的道德推理还在关注实践道德问题的促动下反思、发展道德理论。当代应用伦理学的道德推理方法的发展过程完整地呈现了其自身从不成熟走向成熟的过程，并且深刻揭示出：当代应用伦理学实质上是伦理学自身在批判、反思元伦理学进路的基础上向规范伦理学的回归。③

关于构建道德共识的困境，有学者认为其实质是道德相对主义。在现代性的本质思维笼罩下，道德相对主义仅是道德绝对主义的副产品，后现代性解构思维的确立才使道德相对主义有了存在的合法性。超越相对主义要在建立生成性思维的前提下，通过达成道德共识来实现。生成性思维以共生性主体存在为依据，共生性主体是超越道德相对主义的途径。④ 郭萍则认为，人类共同伦理的建构之所以遭遇困难，从理论上

① 杜严勇：《论机器人权利》，《哲学动态》2015 年第 8 期。

② 段伟文：《机器人伦理的进路及其内涵》，《科学与社会》2015 年第 2 期。

③ 郑根成：《论当代应用伦理学方法——基于方法史的考察》，《哲学动态》2015 年第 11 期。

④ 王晓丽：《超越道德相对主义：生成性思维中的道德共识》，《学术研究》2015 年第 8 期。

来说，是由于不同伦理传统之间的对话缺乏应有的观念层级区分。具体来说，不论是形而下的伦理规范及制度层级的对话，还是形而上的信仰及伦理原则层级的对话，都不可能达成共同伦理。这就需要通过厘清观念层级，进入当代人类共同生活的本源情境之中，以此为对话各方的共同场域，从而使不同伦理展开平等对话成为可能。唯有进入当下生活的共同场域，才能对不同伦理规则和原则之间的差异性有更深入的理解；才能发现不同伦理原则之间潜在的共同性，为新的共同伦理的生成提供可能；才能够对现存的伦理规则恰当与否做出有根据有成效的评判。①

袁祖社认为，价值多元的实质是一个如何面对和对待多样性“他者”与“他在性”问题，它直接关涉不同文化与价值主体之间相互沟通的有效性问题。人们思考价值多元问题之“理论范式”的深刻转变：由“公正”本位的契约性价值生存信念转向以“生态和谐”为本、以“生存伦理关怀”精神为核心的文化“公共性”价值追求。

关于解决道德难题，达成道德共识的途径，王习胜从伦理咨商的角度进行探讨。作为一种实践智慧，伦理学不应该是玄思晦涩的抽象理论，而应该切入生活世界，为道德实践提供合法性说明和价值性指向。作为一种实践活动，道德实践不应该只是合目的性的行为，它需要伦理理论就其具体情境中的选择难题和价值期待释疑解惑。伦理咨商是通过对话方式，力图将伦理理论的真理性与道德实践的适宜性结合起来，为道德主体解惑、去苦。② 刘孝友则从方法论的维度探析伦理咨商的方法与原则。伦理咨商活动可以按照“情境呈现—方案构想—智慧抉择—自我调适”等步骤开展，并遵循不伤害、道德导向、沟通协商和情理交融等咨商原则。伦理咨商的目的是要引导人们理性认识并智慧处理社会生活中的伦理道德难题，在重新审视人生的意义和价值的基础上，消解伦理困惑，走出道德困境，开启新的道德生活。③

此外，杨晓从阐释伯林思想的角度出发，全面论证了基于“共通人性”的道德范畴存在的必要性。以塞亚·伯林认为，在我们置身于其中的道德世界存在着诸多不可通约的价值，而个体却不可避免地要在这些不可通约的价值之间做出选择，而造成其他价值不可复归的损失。伯林提出通过“移情的想象力”理解异己文明，使行为者彼此之间以批判的眼光假设或论证其他价值选择的正当性，减少价值观之间的冲突，由此在不同的价值观之间达成一种妥协的共识，维持一种“不稳定的平衡”。④

① 郭萍：《人类共同伦理何以可能——不同伦理传统之间对话的共同场域》，《兰州学刊》2015 年第 2 期。

② 王习胜：《伦理咨商的道德治疗功能》，《哲学动态》2015 年第 4 期。

③ 刘孝友：《伦理咨商的方法论探析》，《道德与文明》2015 年第 3 期。

④ 杨晓：《多元价值的不可通约与多价值之间“不稳定的平衡”——伯林价值多元主义思想探析》，《郑州轻工业学院学报》（社会科学版）2015 年第 8 期。

四、责任伦理

“责任”是应用伦理学的核心范畴之一。随着当代科学技术的迅猛发展，对人的自然本性形成巨大挑战，而当代人类行为后果的不确定性，又使得未来人类被置于一种难以预估的风险之中。为了应对风险社会的挑战，责任伦理的发展及风险伦理的兴起，为解决当代人类社会所面临的道德难题提供了一种新的道德思维。

解琳那分析了责任伦理的逻辑起点和价值追求。责任伦理的逻辑起点即为角色，其要求和指证是达成幸福、体验幸福的重要途径。[①] 顾红亮在现代性语境中对儒家责任伦理概念进行了理论的阐发，并讨论了儒家责任伦理是否可能的问题。该问题包含两个难题：一是如何从儒家的礼教中提炼出具有现代意蕴的责任伦理内涵，使之适用于现代人的生活；二是在日常生活中，如何使儒家责任伦理进一步内化为责任境界或责任人格。[②] 孙戬对责任伦理视域下“帮助他人”的必然性进行了讨论。他认为，提供力所能及的帮助是我们对他人负有的一种责任。从康德绝对命令的演证程序入手，论证“帮助他人”不是行为者基于明智原则在利益换取中偶然为之，而是不可逃脱共享依赖条件的理性存在者其行为的必然性。这种必然性在肯定行为者具有提供帮助的理性能力的同时，也使行为者获得了成为共同体成员的资格。[③]

甘绍平提出了一种超越责任原则的风险伦理。他认为约纳斯提出的前瞻性责任既体现了约纳斯伦理学的特点，也暴露了其弱点。其一，“父母关护子女”的模式并不适于为一种前瞻性的、远距离的、整体性的责任伦理的论证提供基础。从对子女特殊的近爱中，无法推导出对未来世代的普遍责任。其二，前瞻性责任体现为当代人类整体的道德呼吁，在具体实施上难免陷于空疏无力的道德说教。他提出风险伦理，认为当代和后代人的关系是平等公正的关系，决定了风险伦理的底线要求是不伤害和公正对待，而非仁爱。风险伦理以三大行为准则为核心内容，即“行为结果预期最大化原则”“避免最大的恶之准则”“审慎原则”。因此，风险伦理不仅适用于对待未来世代——由于未来人与当代人被视为同等的伙伴关系——也同样适用于对待当代人类。[④]

马越认为风险伦理就是在科技时代背景下关于风险问题的价值取向和行为规范。风险伦理蕴含三个方面的内容：（1）从本质上看，它是道德哲学的一个分支。（2）从特点上看，它针对的是行为后果不确定性、非现实性的内容。（3）从适用范

① 解琳那：《试论责任伦理的逻辑起点和价值追求》，《理论与改革》2015 年第 4 期。

② 顾红亮：《儒家责任伦理的现代诠释与启发》，《河北学刊》2015 年第 3 期。

③ 孙戬：《责任伦理视域下“帮助他人”之必然性探析》，《北京师范大学学报》（哲学社会科学版）2015 年第 6 期。

④ 甘绍平：《伦理学的当代建构》，中国发展出版社 2015 年版。

围上看，它应为人们在行为后果未知的情境中提供可依靠的道德原则。不伤害、公正和审慎便构成了风险伦理的三个核心原则，这三项原则共同呈现了风险伦理的基本理论架构。①

此外，周曦、李树财讨论了构建技术主体伦理的原则及目标。在技术风险社会，技术主体在履行责任时往往会遇到伦理困境，所以技术主体伦理成为技术伦理的重要话题，它是对技术研发、运用以及运用后果等一系列技术过程中技术主体作用的伦理反思。技术主体伦理构建的必要性：人与技术协调发展的客观要求、增强技术主体道德责任的重要途径、构建和谐社会的应有之义。在此基础上，认为明确、可行、合理的技术主体伦理原则对于指导技术主体走出伦理困境极为重要。为此，提出几条原则："人与自然和谐统一""自律与他律相结合""主体愿用（受用）""技术风险即命令"等，以期实现技术价值认同、技术灾难教育素质化及技术德性"经营"的目标，而构建技术主体伦理是真正有效解决技术伦理问题的核心所在。②

---

① 马越：《科技文明时代的风险伦理》，《伦理学研究》2015 年第 2 期。

② 周曦、李树财：《论构建技术主体伦理的原则及目标》，《重庆邮电大学学报》（社会科学版）2015 年第 4 期。

第九章　2015年生命伦理学研究综述

曹　刚　朱　雷

2015年生命伦理学在我国的研究取得了长足的发展。基于生命伦理学的实践性要求，学者们借助我国传统伦理思想的宝贵资源，对一些根本性的理论问题进行反思。生命伦理学研究并不局限于对生命科技和医疗保健领域出现的问题提供对策，更是从整体和谐的文化背景下表达对身体现象的生命伦理关切，诉求于对生命的终极关怀。因此，根据中国传统的医疗生活及生命技术实践的经验，疏解中国生命伦理难题，给予优生、人口老龄化与优死、学生群体的优活等问题更多的思考。同时，对比中西生命伦理学传统思想和现实经验，并把目光投向医疗生活和医疗实践中由技术、伦理与身体三者共同作用所呈现的具体问题，表达对人之生命尊严的关怀。

一、生命伦理学的新发展

生命伦理学出现于20世纪50年代，兴起于60年代，作为一门新兴学科的出现仅仅50多年的时间。对生命伦理学问题的讨论涵盖了生命科学技术的发展、卫生保健组织、辅助生殖技术、基因遗传技术的含义等多方面，其实践性要求我们对生命伦理学概念及其原则本身之间根本性的一些理论问题重新进行反思。2015年度对于生命伦理的重大问题的分析和理论基础的探索方面，出现了不少成果。在汲取西方优秀经验和理论的基础上更加注重贴近中国实际的本土化研究，从我国实际问题出发，积极应对出现的伦理难题。①

邱仁宗指出生命伦理学具有独立的学科地位，从规范性、理性、实用/应用性、证据/经验知情性、世俗性五个方面分析研究了生命伦理学学科的独特性。生命伦理学的适合进路，或者说生命伦理学研究的逻辑出发点是临床、研究和公共卫生实践以及新兴生物科学技术创新、研发和应用中的实质伦理学和程序伦理学问题。生命伦理

① 刘瑞琳、赵群：《中国语境下现代生命科学技术的伦理规制探索》，《医学与哲学》（人文社会医学版）2015年第36卷第1期。

学的研究需要鉴别伦理问题，并用合适的伦理学理论、既定的伦理学原则以及伦理学方法来解决这些伦理问题，得出比较合适的应该做什么和如何做的结果，并依据具体情况将伦理探究的成果转化为行动。①

孙慕义把寓居于德国与法国的生命哲学中的生命道德哲学理论划归为经典生命伦理学，视为后现代复兴的“后现代生命伦理学”的前体，从叔本华开启的现代西方非理性主义思潮和英国的进化论伦理学是其重要的理论渊源之一。生命伦理学的道德相对论，或称生命伦理相对论，应该给予一种借鉴和提示：普遍价值与行动方式的混乱，可以由价值等级排序进行调节，次级相对论或次级相对主义，是一种弱相对主义观点，是一种对于理论锋芒的收敛和隐藏。个体法则理论是对于后现代社会中多元化和个人自由意志的认肯，更是对于实用的、具体的、境遇论的道德生活的精神生命自由的尊重。生命伦理学是生命政治与生命政治文化的一个重要组成部分，而这一文化的目的正是至善的追求，也是人类共同的理想——整全的道德和真全或纯全生活。生命伦理学的任务，就在于建立一种客观和“普世”的道德哲学观念，用人的生命同构的自然，甚至生理学层面的现实真理，使我们的伦理判断服从客观实在。②

此外，孙慕义还认为在“生命伦理学遭遇后现代”的时代主题上，需要对生命伦理学重新定位。他对生命伦理学这一学科是人学的核心内容进行佐证，认为当代最尖锐最具挑战性的现实问题，即保卫生命的价值，只有诉求于生命的终极关怀才可能得到根本解决。而人类文明的最高理想，即寻求真、善、美就是生命伦理学的基石。生命伦理学在某种意义上是伦理化的关于人的生命问题和人的问题的学问，应该是对人的生命状态进行道德追问，对生命的终极问题进行伦理研究，对生命科学技术进行伦理裁判与反省，以及对生命、特别是人的生命的本质、价值与意义的道德哲学解读。生命伦理学的核心不在于对某一种或几种道德理论的应用，而是研究和创制适应于生命本体或生命科学技术发展的道德哲学理论。不仅限于解释与论证生命行为和生命科学技术行为的合道德性，而且必须帮助人们努力认识生命的所有问题或难题，生命现象、生命技术、医药卫生等的伦理问题仅仅是它实践性研究内容之一，对灵性生命和精神生命的哲学化注释，是生命伦理学重要的使命。③

肖巍等探讨女性主义生命伦理学研究的新趋势，也为解决关乎女性健康的一些现实问题提供了新思路。她介绍了女性主义生命伦理学发展的新趋向“女性主义神经伦理学”，认为神经伦理学不仅可以重新诠释疾病与健康、精神疾病与精神障碍、身体与大脑、意识与行为等重要的医学、哲学和伦理学关系范畴，也可以以脑科学为基

① 邱仁宗：《理解生命伦理学》，《中国医学伦理学》2015 年第 28 卷第 3 期。

② 孙慕义：《生命伦理学后现代终结辩辞及其整全性道德哲学基础》，《东南大学学报》（哲学社会科学版）2015 年第 5 期。

③ 孙慕义：《后现代生命伦理学——关于敬畏生命的意志以及生命科学之善与恶的价值图式生命伦理学的新原道、新原法与新原实》，中国社会科学出版社 2015 年版。

础建立生命哲学和生命伦理学的新领域。而对于老年人的精神健康问题，提出从伦理角度思考如何公正地分配养老责任问题，积极地迎接老龄社会的到来。[①]

生命伦理学的新热点问题还包括全球公共健康伦理。朱海林认为作为在公共健康伦理学领域为维护和增进全人类共同健康利益而寻求的一种基本道德共识，全球公共健康伦理不仅有深刻的现实和历史依据，而且有内在的人性基础和文化依据，是维护人类健康的内在道德需要。全球公共健康伦理的建立是在承认和尊重差异性和多样性的基础上寻求普遍价值和道德共识的过程，其建立的方式是以人类健康的公共理性为基础的对话和交流，其推广和发挥作用的方式是倡导。[②]

二、关于生命伦理学理论基础、原则和研究路径方法问题

目前生命伦理学主要以西方话语体系为支撑，业已俗成或通行的主流生命伦理学原则有尊重自主、不伤害、行善（有利）及公正四原则与恩格尔哈特二原则。李元认为结合国外发达国家的经验，参与全球生命伦理原则的讨论，制定适应中国国情的伦理政策路径方法是当今中国生命伦理事业的重大课题。[③] 而孙慕义对业已俗成或通行的生命伦理学原则结构进行重新审视，认为医疗行善或医学善，应该与生命之爱并行，以构成生命伦理学的母体原则或主体原则。可以把行善原则升级为主体原则（母原则），而原有的“自主、不伤害、行善与正义”可以整合为“尊重与自主、公平与正义、有利与不伤害、允许与宽容”四原则，作为生命伦理二级原则或基本原则。“行善”已经作为主体原则，基本原则就没有必要重复，而所有的具体原则都应体现“医疗行善”，只是主体的“善”是总的，是医学总体目标，是理想。而更次一级的原则，即具体的应用原则有：知情并同意、最优化、保密与生命价值原则，即第三级原则。[④] 闫茂伟展开了另一条思路，从中国传统道德哲学的角度看待生命伦理四原则在我国的修改。行善原则和不伤害原则在我国被修改成有利原则和不伤害原则，也被合称为有利与不伤害原则。他认为这种修改的背后蕴藏着深层的中国哲学和道德哲学因素。中国传统道德哲学思想包含了“利物而不害物”的自然法则和“利人而不害人”的道德准则。有利与不伤害原则是传统道德哲学特质的道德智慧体现，更

---

① 肖巍：《探究生命伦理学新趋向与女性健康新思路——南京 2015 年国际生命伦理学高峰会议新视点》，《中国妇女报》2015 年 7 月 7 日第 B01 版。

② 朱海林：《全球公共健康伦理的可能性及其限度》，《道德与文明》2015 年第 2 期。

③ 李元：《美国生命伦理学原则之争对中国伦理政策制定的启示》，《商丘师范学院学报》2015 年第 31 卷第 2 期。

④ 孙慕义：《对俗成生命伦理学原则的质疑与修正》，《医学与哲学》（人文社会医学版）2015 年第 36 卷第 9 期。

有利于在生命伦理学中建构科学的“有利—伤害观”。①

肖健着重分析尊重自主这一生命伦理学的基本原则，相较于康德式的原则自主，密尔式的个人自主观念更能够反映当今社会的广泛伦理共识，且更有利于患者或受试者权益的保护。但是密尔式尊重自主原则需要进一步修正和补充，尊重自主原则强调程序性而非实质性个人自主，尊重自主原则也不等同于不干涉原则。此外，尊重自主并非生命伦理唯一且最高原则，当原则之间发生冲突时，尊重自主并不总享有道德优先权，必须诉诸具体境遇下的道德权衡来解决。② 庄晓平从儒家仁学思想的角度也对自主原则的应用进行了探讨。儒家的仁学思想通过对人的肯定和对人的情感自由的认可体现出自主的力量。而传统医患关系中，医生被要求尊重生命、尊重患者，表明了中国传统文化能够容纳患者自主。③ 对于孙慕义认为的第三级原则，陈化对最主要的知情同意基本原则赋予了新的认识。他指出知情同意是对患者自主权、人格与自由的尊重。作为一种道德原则，形式与质料是知情同意原则的两个向度。但在我国的临床医疗实践中，知情同意具有信息告知的“权威主义”、主体的家庭主义以及操作流程中的形式主义特征，这些特征与知情同意本身的尊重、平等的价值诉求相去甚远。构建中国的知情同意制度，需要开启现代公民教育，加强权利启蒙与责任教育；强化医患信任制度建设，推动知情同意主体间的良性互动；建构独立的第三方干预模式，破解知情同意实践难题。④ 另外，王云岭等人把尊严作为生命伦理学的核心价值观念，认为能够帮助人们对抗工具理性的泛滥并拯救人性的迷失。⑤ 而对于尊严问题，韩跃红认为在生命伦理学语境中人的尊严有三个主要特征：以生命尊严为内核，以人格尊严为外围；属于现代人类中心主义价值观；具有指导化解原则冲突、奠基相关权利、贯通法律和政策等作用，是生命伦理学建制化行动的指南。⑥

我国的生命伦理学研究领域处于上升期，学者们希望借助我国传统伦理思想的宝贵资源，能够更好地指导我国生命科学事业的发展。不同于西方的话语体系，中国传统的哲学、医学理论和医疗实践，尤其是中国人特有的医疗生活史，代表了一种从整体和谐出发的文化传统和文明秩序对身体现象的生命伦理的关切或谋划。田海平指出这种从整体出发的伦理体现了中国传统核心价值观的基本诉求，与从个体出发的西方

① 闫茂伟：《有利与不伤害原则的中国传统道德哲学辨析》，南京国际生命伦理学论坛暨中国第二届老年生命伦理与科学会议，南京，2015 年。

② 肖健：《密尔式生命伦理尊重自主原则辨析》，《自然辩证法研究》2015 年第 31 卷第 12 期。

③ 庄晓平：《中国传统文化何以容纳患者自主》，《昆明理工大学学报》（社会科学版）2015 年第 15 卷第 3 期。

④ 陈化：《知情同意在中国医疗实践中的介入：问题与出路》，《中州学刊》2015 年第 6 期。

⑤ 王云岭、高鉴国：《论“尊严”概念在生命伦理学中的价值》，《昆明理工大学学报》（社会科学版）2015 年第 15 卷第 3 期。

⑥ 韩跃红：《生命伦理学语境中人的尊严》，《伦理学研究》2015 年第 1 期。

价值观及其生命伦理的认知旨趣分属不同的伦理系统。① 目前中国生命伦理学的理论和方法面临两大问题，源于受到西方普遍主义和中国传统文化的双重压迫。普遍主义理解范式遵循“普遍理论—中国应用”之进路，陷入应用难题。“建构中国生命伦理学”的研究范式遵循“中国传统—当代建构”之进路，陷入建构难题。普遍主义理解范式与建构论文化信念之阐释之间的话语断裂，割裂了中国生命伦理学的形态过程中的普遍性和特殊性。他因此认为“形态学”视角可以敞开“跨学科条件、跨文化条件、跨时代条件”的形态学视界，从形态过程的关联性视阈把握人类道德生活和伦理关系的整体、类型和结构化趋势。② 道德形态学的认知范式一方面可以消解西方话语体系的“霸权”，同时可以真实面对中国语境下“一般性话语”和“具体项目”之间的断裂。认知旨趣之拓展的方向在于以一般性话语辨识文化路向与原则进路；以具体项目治理彰显实践理性和实践智慧。陈泽环则是借鉴了西方主流关于生命伦理学的基本理念，相较于比彻姆和邱卓思的世俗生命医学伦理原则，认为阿尔贝特·施韦泽的“敬畏生命”理念具有根本性的地位。而我们应以中国思想关于人与自然、人与人、人与自身的思想为基础，以生命伦理学的基本理念为核心，从生命伦理学的研究路径深入阐发中国思想的贡献，充实当代中国生命伦理学。③

程国斌对当代中国生命伦理学研究路径进行反思，认为当代中国的生命伦理难题的疏解和生命伦理学的建设，须在中国人的医疗生活和生命技术实践的历史经验中获得理解和支持。在对中国传统生命伦理思想和实践的历史路径与当代境况缺乏深入研究的情况下，在理论层面展开的传统重构和现代转化存在着一定的问题和风险。进一步的研究应拓展“医疗生活史”的研究向度，对中国人的生命观、技术观、医疗与社会健康行动和生命伦理思想的历史渊源、演进形态和当代状况做出准确解释，以此为在生命伦理语境中理解“中国问题”、分析“中国现实”并提出“中国策略”提供理论准备。④ 他还认为一旦从伦理制度变成了理性主体的“制作产品”，它就脱离了自己的生成境域。“制作”活动产生的伦理上抽象的普遍性，借此穿越各种不同境域中具体的社会交往活动与行为主体的差异性。由此道德变成一种在理性反思中获得的“知识”而非在伦常习俗中养成的“习惯”。但人的世界是人类自我创造的生命活动的整体伦理境域，只有投身其中并认识到自己的境域化生存与自我创造的潜能，才可能对道德生命本质进行规定、理解和占有。人类需要凭借自身固有的自由创造本质，重建一个让道德可以切近于我们的伦理境域，让道德生命从中不断绽放出来。⑤

---

①③ 田海平：《中国生命伦理学认知旨趣的拓展》，《中国高校社会科学》2015 年第 5 期。

② 田海平：《生命伦理学的中国话语及其“形态学”视角》，《道德与文明》2015 年第 6 期。

③ 陈泽环：《科技与人文之间的生命伦理学——基于文本分析的当代研究反思》，《道德与文明》2015 年第 6 期。

④ 程国斌：《当代中国生命伦理学研究路径反思》，《天津社会科学》2015 年第 3 期。

⑤ 程国斌：《自然、生命与“伦理境域”的创生和异化》，南京国际生命伦理学论坛暨中国第二届老年生命伦理与科学会议，南京，2015 年。

尹洁还对生命伦理学的方法论进行了研究。尹洁指出越来越多的学者认为生命伦理学应被看作实践伦理学而非应用伦理学，这在一定程度上否认了以一种演绎的模式将抽象理论或原则带入具体的生命伦理学问题的方法论。作为替代原则主义以及高级理论，如康德的道德义务论原则、后果论的功利主义原则、基于权利考量的伦理学理论和基于自然法传统的伦理学理论等进行演绎性应用的另一种方案，殊案决疑得以突出个案特征与实践情境，因此在某种程度上展现了其在解决实际问题上立竿见影的效果。但这并不意味着它完全否定了理论的解释力甚至实践意义，可以认为在某种程度上激励了原则主义作为理论和方法自身的反思、修正与发展，其缘由在于道德直观与道德反思总是辩证地相互调节并修正，也即理论存在的意义。①

三、关于生命伦理的优生问题

2015 年度关于生命伦理优生问题的探讨不同于以往的主要围绕生命科技的发展或者医学技术的进步所带来的伦理问题，如对非自然手段诞生胚胎的权利问题、辅助生殖技术、基因技术等。学者们还从现象学的视角对生育本身进行探讨，关注生殖技术视阈中生育权利和责任，以及分辨生命科技发展与生命权利的关系等，展现了对于优生问题更多的思考。

生育究竟是人类身上发生的最自然的事情之一，还是源自于自我意志的创造？朱刚借列维纳斯和儒家的观点，指出列维纳斯割裂了自然与人事，把生育理解为不同于自然关系的人格间关系、不同于自然时间的人格间时间。而在儒家看来，生育无法从万物化生中被剥离，人的生育是“生生之谓易”的直接此在，是“天地之大德曰生”的当下实现。此外，列维纳斯把生育理解为父子关系，坠入隐秘的男性父亲中心主义，这样生育之事的开端仍是自我，即父亲这个“一元”。儒家的生育观既非一元也不是二元，生育所指示的是原本的、始终处于生成之中的且相互构成着的差异性本身，超出一元或二元甚至多元的范畴。并且生育作为一种时间现象，并不像列维纳斯认为的具有断裂不连续、亲辈向子辈的单向流动，对孝所体现出的子亲关系也是在时间维度上不容忽视的。从现象学的实事出发，人类的生育及其相伴而来的亲子关系，与子辈对亲辈的子亲关系不可分割，人在这两种关系的相互激荡中构成自身。②

生育权利是一种生而具有的正当诉求，对这种诉求的回应就是以生育能力为基础的生育责任。在自然生殖的范围内，对于没有生育能力的人来说，其生育权利和

① 尹洁：《生命伦理学中的“反理论”方法论形态：兼论“殊案决疑”之对与错》，《东南大学学报》（哲学社会科学版）2015 年第 17 卷第 2 期。

② 朱刚：《生育现象学——从列维纳斯到儒家》，《中国现象学与哲学评论》2015 年第 1 期。

相应的生育责任不具有真正的道德价值和实在意义。生殖技术的发展突破了自然生殖的传统藩篱，给生育权利和生育责任带来了前所未有的道德冲击和伦理挑战。任丑认为生育权利内部的冲突蕴含着生育权利对生殖技术视阈的生育责任的诉求。生育责任源自行动者完成事件的因果属性，这意味着生育技术主体必须对其行为后果做出回应。这种回应主要有三大层面：人类实存律令赋予生殖技术的责任、生育技术自身蕴含的责任以及生殖技术应用的责任。应当在把握生育权利和生育责任的内涵和二者内在联系的基础上，利用先进的生育技术正当地维系生育权利，勇敢地承担相应的生育责任。[①] 现代的科学的研究对象已经涉及人类自身，并且存在着会对人类身体健康甚至是生命造成危害的可能性。因而当生命科学技术发展到能够对人类生命进行具体实践操作的时候，就必须慎之又慎地加以对待。基因增强、基因改良本质是一个优生学的问题，陈伯礼对广泛应用于生殖技术的基因科技进行了伦理剖析。基因技术介入人类生殖过程来打造理想的孩子，这样让每个人无法复制、无法还原的生命历程改变为预先安排的计划，所有完美的人生都成为预先定制的产品，侵害了下一代的自由选择权和平等权利，人类需要从生命的终极价值角度出发，尊重生命的偶然性。[②] 赵斌也认为需要从全人类福祉出发，努力促成基因伦理学普适性规范的制定，加强对基因技术的国际监管，并对基因技术进行全人类全局性全过程的伦理审查。[③]

基因技术在医学领域的应用使原有的生命伦理学面临极大张力，因为当科学技术的研究对象直接是人类自身时，此时的技术则不再是“中立”的技术或者是“自由”的技术了，有着更多复杂的影响因素需要进行周全与充分的考虑。易晨冉指出人类生命技术存在滥用现象，通过自由选择、设计、买卖、操纵与人的生命相关的遗传信息或人体组织器官等手段和方法改进或创造生命，实为人类生命技术的异化。[④] 对于具有较多伦理争议的人体增强技术问题，江璇认为人类对于由科学技术所引起的社会影响以及所造成的社会后果不仅负有道义上的责任也应该负有实践上的责任。对人体增强技术的研发与应用存在基本的伦理底线，伦理底线同时具有绝对性和相对性，其中不伤害原则是整个人类伦理道德体系中最为基本的、最低限度的伦理原则。[⑤] 而沈风雷对于生命科技发展对生命权利的僭越问题，结合生命权利的伦理分析，认为生命科技发展对于生命权利的僭越有其必然和自身的矛盾。在僭越长存的实质下，以善、美、尊重、公正、公平等作为适度僭越的指引原则是一个较为理性的选择。通过适度

---

① 任丑：《生殖技术视阈中的生育权利与生育责任》，《道德与文明》2015 年第 6 期。

② 陈伯礼：《人类基因增强之禁止的伦理剖释》，《道德与文明》2015 年第 3 期。

③ 赵斌：《探讨从基因伦理论争看新型基因伦理学构建》，《世界最新医学信息文摘》2015 年第 65 期。

④ 易晨冉：《人类生命技术异化及消解路径探析》，硕士学位论文，郑州大学，2012 年。

⑤ 江璇：《人体增强技术的伦理前景》，南京国际生命伦理学论坛暨中国第二届老年生命伦理与科学会议，南京，2015 年。

僭越的方式实现生命科技发展与生命权利之间的动态平衡，运用发展的眼光看待和处理生命科技对生命权利的僭越。[①] 另外，转基因技术给人类社会，特别是在农业生产、粮食出口贸易以及食品加工领域带来了可观的收益。然而转基因作物的安全问题也日益引起了人们的重视。刘超从生命伦理的视角分析，认为转基因技术的探索应遵循生命伦理有利原则的规范，从而正确预判伤害可能性的发生，并采取有力措施进行监管。同时，将无伤原则应用于规范转基因食品的生产和销售，尽量避免转基因食品可预见的危害，或在伤害无法避免时，尽量降到最低程度。[②] 在有关转基因水稻产业化的争论中，转基因水稻的食用安全性、生物安全性等受到社会关注。杨怀中认为转基因水稻的种植和推广有违尊重原则、不伤害原则和公正原则，其产业化的推进应采取审慎的态度。[③]

此外，杨怀中、葛星对辅助生殖及代孕的相关伦理问题进行了探讨。作为辅助生殖技术的重要组成部分，方兴等对冷冻胚胎的伦理属性及处置原则进行探讨。认为冷冻胚胎是具有人格尊严的特殊伦理物。处置冷冻胚胎应当遵循维护社会公益、优先保护人格利益、禁止买卖和有限制的试验研究三个伦理原则。[④] 代孕的相关伦理问题集中在商业性代孕或非商业性代孕是否可以得到伦理辩护。罗维萍等分析了代孕涉及的人的尊严问题。商业性代孕背离了“人是目的”的道德原则，损害了代孕妇女、代孕婴儿的生命尊严、人格尊严以及人类尊严。亲属间的援助性代孕和针对某些特殊不幸家庭的志愿者代孕符合生命伦理原则和人道主义精神。鉴于中国女性丧失生育能力者众多、非法代孕猖獗、代孕妇女和婴儿的尊严和人权受到严重威胁的现状，建议在加大打击商业性代孕的同时，可先行谨慎开放亲属间的援助性代孕。[⑤] 同时，江传月等也认为反对非商业性借腹代孕者的担心是可以化解的，非商业性借腹代孕不违背伦理原则并有积极意义。非商业性借腹代孕需要改变生育伦理观念、达成伦理共识、加强伦理审查等伦理支持。[⑥] 相反，刘东琪对商业型代孕中的尊严与自主性问题进行探讨，认为代孕母亲选择代孕也是行使一定自主性和生育权的体现。代孕母亲的存在已然是一个客观现象，对于是否可以通过商业代孕的形式来解决不孕不育夫妻想要有一个属于自己后代的问题仍然是热议的话题。认为若实行商业型代孕，需要制定相应法律，形成合理的监管机制，建立完整代孕流程并加强合同制的建立，同时充分做好代

---

① 沈风雷：《生命科技发展对生命权利僭越问题研究——基于生命伦理学视域》，博士学位论文，华中师范大学，2015 年。

② 刘超：《转基因技术应用的伦理学探析》，硕士学位论文，云南财经大学，2015 年。

③ 杨怀中、葛星：《转基因水稻产业化的伦理分析》，《江汉大学学报》（社会科学版）2015 年第 32 卷第 3 期。

④ 方兴、田海平：《“冷冻胚胎”的伦理属性及处置原则》，《伦理学研究》2015 年第 2 期。

⑤ 罗维萍、韩跃红：《代孕与人的尊严辨析》，《昆明理工大学学报》（社会科学版）2015 年第 5 期。

⑥ 江传月、李隼：《非商业性借腹代孕的伦理论证》，《唐都学刊》2015 年第 31 卷第 3 期。

孕方面的宣传解释。①

四、关于人口老龄化与优死问题

人口老龄化正逐渐成为世界多国关注的热门话题，也是一直以来生命伦理研究的前沿性课题。老龄化社会凸显了一系列的生命伦理问题，陈爱华认为主要表现为在老龄化社会如何敬老爱老的生命伦理问题，以及如何协调老龄化带来的一系列家庭—社会的生命伦理问题。在构建老龄化社会生命伦理时，需要倡导和弘扬老龄化社会生命伦理德性精神，并使之成为一种身体力行的行动。②

与人口老龄化间接相关的有关死亡的伦理问题。随着医学的进步和医疗设备的发展，患者可以依靠激进的治疗手段（例如生命维持干预措施、化疗药及手术等）延缓死亡，但生命质量很低。有些国家以立法的形式明确了临终患者放弃和拒绝医疗干预，选择自然死亡的权利。我国目前没有关于放弃治疗和自然死亡的明确法律规定，但是社会和学界对于临终患者放弃治疗的问题予以关注。李京儒认为放弃治疗与否是患者的个人权利，不论选择放弃还是选择不放弃，都是符合人性的选择。除了患者的非理性决定，没有权利进行干涉。放弃治疗中最为关键的一点就是尊重患者的自主性，这也是我国医疗行业非常欠缺的，患者的知情权和同意权常常被无形剥夺。应该意识到自主性在医疗行为中的重要地位，认识到尊重患者自主性将很快成为中国未来人文医学发展的重要内容。从临床实践角度来看，保护患者自主性最主要体现在满足患者知情同意的权利。公众应该树立起一种意识：当患者有决定能力时，只有患者本人才能为自己做出医疗决策。即使患者失去决定能力，代替他做决定的人也应该从患者的最佳利益出发，尊重患者可能的选择。③ 对于长期引发争论的安乐死问题，李昶达等对中国安乐死合法化进行了生命伦理学审视。他以主流的生命伦理学四项基本伦理原则作为基本的分析框架进行考量，表示安乐死合法化基本符合该四原则，也是对人生命尊严的重要保障，可以获得伦理辩护。但受我国现实社会条件所限，安乐死存在被滥用或因外在压力而“自愿安乐死”的可能。建议通过深化改革使社会保障体制趋于完善、社会差距趋于缩小、预防滥用的措施趋于完备，那时将安乐死合法化提上议事日程才真正符合生命伦理的精神和原则。④ 与优死问题有密切联系的是器官捐赠问题。阎茹分析了器官捐献的供体短缺问题，认为器官捐献的高社会赞成率与实际

---

① 刘东琪：《关于商业型代孕中尊严与自主性及可行措施的伦理思考》，《法制与社会》2015 年第 23 期。

② 陈爱华：《老龄化社会生命伦理的德性本质》，南京国际生命伦理学论坛暨中国第二届老年生命伦理与科学会议，南京，2015 年。

③ 李京儒：《放弃治疗的相关伦理、法律问题》，硕士学位论文，北京协和医学院，2015 年。

④ 李昶达、韩跃红：《中国安乐死合法化问题的生命伦理学审视》，《昆明理工大学学报》（社会科学版）2015 年第 15 卷第 4 期。

的低捐献率之间的落差，是受到多元化道德观念和个体认识的影响。器官捐献的宣传和推进需深入了解和把握不同道德伦理体系，有针对性地开展工作。①

五、关于学生群体的“优活”问题

生命伦理教育是一种全人教育，是对个体生命展开关怀；是一种精神教育，是对人类生命境界的提升。周波对青少年生命教育进行反思，认为史怀泽的敬畏生命伦理学对青少年生命教育有积极的启示意义。② 胡芮展开高校生命伦理何以可能的话题讨论，她认为这一论题包括高校生命伦理教育现象“存在何以可能”“认识何以可能”“教育何以可能”三个维度。生命伦理教育的哲学合法性是存在论前提，道德教育与生命的辩证关系在认识论上回答了生命伦理教育是什么的问题，高校生命伦理的教育内容和方法揭示了价值论目的。引用黑格尔提出的家庭、市民社会和国家三种形式的伦理实体作类比，认为高校与学生的关系也可比作伦理实体与个体的关系。那么，高校生命伦理教育需要关注受教者个体的现实需要，同时将理想的教育原则和生命现实有机结合起来，唤醒受教育者道德发展意识，引导学生从生活世界走向道德世界。③

徐旭反映自2003年开始大学生校园自杀案、斗殴致残等校园悲剧频频发生，大学生生命观总体呈现冷漠状态，高校大学生的生命伦理意识状况堪忧。他认为需要通过家庭、学校和社会的积极配合，对大学生正确引导，改善大学生生命伦理观的缺失现状，使大学生产生热爱生命、敬畏自然的生命价值观。④ 生命是整体的、完整的，只有学校、家庭、社会等多方合力配合才能更好地促进大学生生命伦理教育的实施。刘大闯指出学校肩负着大学生生命伦理教育的主要责任，应首先加强对生命伦理教育重要性的认识，开设专门的生命伦理教育课程，配备专业的师资力量，完善教师的个人修养，加强学科渗透，丰富、拓展教育的形式，使学生真正受教育、长才干，提升生命的价值。⑤ 杨鲁民进一步认为生命伦理学原则应该贯穿于医疗行为的每一个环节，开展用伦理学观念对实习医师进行循证医学教学，要求学生了解病人价值和证据的伦理性质、临床实践的道德需求，力求使学生在专业素质的培养过程中潜移默化地获取良好的医德修养。⑥ 许颖进一步提出生命伦理教育课程应在高校所有专业开设，

---

① 阎茹、黄海、邱鸿钟：《我国器官捐献供体短缺问题的伦理思考》，《医学与哲学》2015年第36卷第8A期。

② 周波：《史怀泽“敬畏生命”伦理学对青少年生命教育的启示》，《学理论》2015年第18期。

③ 胡芮：《论高校生命伦理教育何以可能》，南京国际生命伦理学论坛暨中国第二届老年生命伦理与科学会议，南京，2015年。

④ 徐旭：《当代大学生生命伦理教育存在的问题及对策研究》，硕士学位论文，沈阳师范大学，2015年。

⑤ 刘大闯：《大学生生命伦理教育研究》，硕士学位论文，苏州科技学院，2015年。

⑥ 杨鲁民、李培杰、薛龙、胡波：《用伦理学观念对实习医师进行循证医学教学探讨》，《青岛大学医学院学报》2015年第51卷第2期。

教育大学生们学会如何平衡生命科学发展与社会伦理安全之间的关系，针对不同专业，体现生命伦理教育的共性与特色。①

另外，学者们也对如何更好地开展生命伦理教育进行了课程改革、教学设计、教材建设方面的研究。杨建兵对高校生命教育课程进行思考，认为生命伦理学目前可以部分行使生命教育的功能。生命伦理学传授生命科学和医学保健知识，行使生命认知功能；生命伦理学的四原则，即尊重自主、不伤害、有利和公正，可以指导生活实践，行使生活指导功能；生命伦理学对健康与死亡的研究和讨论既是一种死亡教育，也可行使生存教育功能；生命伦理学教学的队伍建设、教材编写、教学方法以及课程设计的经验都可资借鉴，行使生命教育的课程孵化功能。② 彭波等提出通过搭建学术科研平台，利用新媒体力量、MOOC 及“翻转课堂”，继承中国本土“大医精诚”的传统中医学教育，探索“包容并蓄、协同创新”的医学生思想道德教育之路。③ 而刘月树指出需要对医学伦理学教材进行改革，要将临床伦理问题作为医学伦理学教材的核心内容，注意将医学礼仪和医学法律知识融入教材内容之中，并且以提升医学生的伦理实践能力和责任意识为目标来构建教材内容。④

六、关于中西生命伦理学传统思想与现实经验的梳理与对比

文化是形成和连接一个社会的纽带，同时也可能是造成一个社会分裂的因素。而文化战争最为普遍地指在同一社会中不同人群间出现的激烈对峙，在众多热点问题上出现不同的观点。王永忠指出文化战争的基督教传统和世俗传统有着长期的纠缠和论争，极大地影响了生命伦理学关注的诸多方面。世俗生命伦理学抽去了人们有关生命伦理决策的终极道德意义，导致一系列伦理失范，而基督教传统在维系生命伦理和保证道德命令的终极性方面意义重大。⑤

他进一步剖析了恩格尔哈特生命伦理学转向的理论成因，认为恩格尔哈特把基督教神学—哲学史中存在的推论式理性归为造成世俗化生命伦理学的缘由。因此提出回到第一个千年的基督教传统——那种注重与上帝联系的灵修的、礼仪的、思索式的、

---

① 许颖：《浅析大学生生命伦理学教育》，《华夏地理》2015 年第 2 期。

② 杨建兵、毕云、李庆、陈绍辉、郭苏平：《生命伦理学的生命教育功能》，《医学与哲学》（人文社会医学版）2015 年第 36 卷第 3 期。

③ 彭波、宋湛、李健：《“大医精诚”协同生命伦理学融入医学生思想道德教育》，《中国医学伦理学》2015 年第 4 期。

④ 刘月树、陆于宏：《医学伦理学教材问题的探析》，《医学与哲学》（人文社会医学版）2015 年第 36 卷第 11 期。

⑤ 王永忠：《文化战争视角下的基督教生命伦理学》，《东南大学学报》（哲学社会科学版）2015 年第 17 卷第 2 期。

默想祷告的东正教，以克服世俗化的挑战，以此为这个时代的生命伦理学带来救赎。[①] 王永忠还从恩格尔哈特的两部著作《生命伦理学基础》及《基督教生命伦理学基础》中，指出他在思想上经历的两次重要的转向。认为前一部提出了一个包容道德多元论的俗世生命伦理学的道德结构，旨在回答如何在道德上约束道德异乡人的问题。由于俗世生命伦理学面临内容和学理传统上的阐释性困难，恩格尔哈特进行了宗教生命伦理学的第一个转向。恩格尔哈特在《基督教生命伦理学基础》中，指出宗教哲学史上推论式理性的局限性，引发转向皈依内心渴望上帝、具有思索性知识、践行苦行和礼仪的伦理体系的东正教，此为第二个转向。从两次标志性的思想转向中，恩格尔哈特表示作为不同文化背景的学者，需要对今天所处的道德困境进行文化诊断，在存在不同意见的时候，可以对善的性质、正义、道德和人的幸福本性进行自由的探究，并采取负责任的行动。[②]

王延光对美国临床伦理实践进行了回顾和思考，认为给我国提供了一定的借鉴。美国的家庭医生制度对患者的医疗十分重要；美国的医院和临床医疗从细节上体现了为患者服务的职业伦理精神；美国临床尊重病患自主性落到了实处；美国的医疗保险制度在一定程度上减少了过度医疗；中美的医疗卫生服务体系都可以有市场机制的参与，但不能偏离为人类解除痛苦的职业方向。[③] Henk A. M. J. ten Have 与 Bert Gordijn 介绍了全球生命伦理学的发展动态。目前生命伦理学已经变成了一种真正的全球现象，对于任何地方和任何人都是重要的。它提供了一个普遍的框架去解释和管理正在经历的变化。但是这个框架的解释和应用应该依据本土环境。也就是说全球生命伦理学从一种抽象的水平看，有一套不同的传统和文化认同的最低限度的标准。从大环境水平看，有很多的努力去根据特定宗教和文化传统阐明更多特定的生命伦理学标准。全球生命伦理学是长时间的多边的思想的表达、考虑协商的结果。[④] 美国医学人文学奠基人佩里格里诺的医学人文思想影响广泛，万旭认为他的研究对生命伦理学的发展方向具有指导性的意义。佩里格里诺的医学哲学体系是建立在对医学实在说理解之基础上的一套基础主义体系，主张在哲学反思的和各医学人文相关学科对话基础上发展生命伦理学。同时，他认为生命伦理学应当回归临床，关注具体临床境遇中具体的那个病人的尊严与价值。万旭认为佩里格里诺的建议对于当今生命伦理学的发展而言是中肯的，方向也是明确的。[⑤]

同时部分学者对中国传统医学生命伦理思想进行了梳理，为现代生命伦理学发展

---

① 王永忠：《门槛时代、推论式理性与恩格尔哈特的生命伦理学转向》，《伦理学研究》2015 年第 2 期。

② 王永忠：《论恩格尔哈特的基督教生命伦理学转向》，《天津社会科学》2015 年第 4 期。

③ 王延光：《美国临床伦理的实践与借鉴》，《中国医学伦理学》2015 年第 28 卷第 2 期。

④ Henk A. M. J. ten Have、Bert Gordijn：《全球生命伦理学》，陈月芹译，《医学与哲学》（人文社会医学版）2015 年第 36 卷第 1 期。

⑤ 万旭：《医学哲学的奠基与生命伦理学的方向：佩里格里诺如何为美国医学人文学把脉》，《东南大学学报》（哲学社会科学版）2015 年第 17 卷第 2 期。

提供了丰富的思想资源。张秋菊认为传统文化中蕴涵的生命伦理思想是中国生命伦理学发展创新的文化渊源，探寻、提炼中国传统文化中珍视生命、众生平等、仁爱精神等朴素的生命伦理思想，这些朴素的生命伦理智慧可以为解决现实伦理问题提供思想启迪，梳理传统文化中丰富的生命伦理思想有利于我国生命伦理学的发展。① 刘剑对中医中的生命伦理思想进行了介绍，认为《黄帝内经》为现代生命伦理学发展提供了有价值的理论资源，其吸收中华传统思想的精气、阴阳、五行学说，构筑整体生命观。强调人应顺应自然、对应自然，以达阴阳平衡，百病不生，展示了“生—命”空间与时间交织的伦理思想。中医生命伦理思想是现代生命伦理学的重要思想渊源之一，可以弥补现代医学技术与道德分裂的缺陷。②

张震和李征宇分别引用儒家生命伦理思想的观点，对现代生命伦理学进行思考。按照张震所言，儒家生命伦理关怀的真正精髓所在是对人伦情感的培育，而不是道德的说教；是体善，而不仅是言善。儒家的生命伦理关怀从本体论奠基开始采取的是“天人一体”这种非对象化的观念，以一种整体化的教育观把教育主体和生活世界及意义世界进行统摄，最终达至天地万物同一的生态人格的构建。③ 李征宇则对儒家生命伦理思想进行解读，认为儒家生命伦理中“天人合一”的整体观有助于人类社会的有序发展，儒家生命伦理中“修身致德”的养生理念有助于排解现代人的生命困惑，儒家生命伦理思想作为理论资源也有助于中国当代医学伦理中困惑的疏解。④ 此外，王富宜介绍了佛教中蕴涵的生命伦理思想，认为典籍和仪式等都是其表达方式。典籍以文字为载体，强调对佛教教义进行哲理和学理性的思考，而仪式以表演为途径，侧重对佛教教义的感悟和体验。⑤

七、关于医疗生活与医疗实践中的伦理问题

中国人的医疗生活与传统生活经验密不可分，如何厘清中国人的传统医学生活经验及其伦理构造，是理解今日中国的医学、医生与医疗伦理生活的关键之一。程国斌认为中国传统医学伦理生活具有一种“随缘构境”的现象学处境或机制，医学道德紧密整合于社会伦理秩序之中。医疗活动既因应于特定的医疗专业需要与社会文化规定灵活选择特定的活动模式，又随着医疗进程的演变而不断修正医患双方的生命体验和道德感知。时至今日中国人的医疗生活仍然延续这一传统特征，对其进行认真的梳

① 张秋菊：《中国传统文化中朴素生命伦理思想的启示》，《中国医学伦理学》2015 年第 28 卷第 3 期。

② 刘剑、刘佩珍：《论〈黄帝内经〉对中医生命伦理思想的奠基》，《东南大学学报》（哲学社会科学版）2015 年第 17 卷第 2 期。

③ 张震：《儒家的生命伦理关怀与生态人格构建》，南京国际生命伦理学论坛暨中国第二届老年生命伦理与科学会议，南京，2015 年。

④ 李征宇：《论儒家生命伦理思想》，硕士学位论文，安徽大学，2015 年。

⑤ 王富宜：《佛教生命伦理的仪式表达》，《东南大学学报》（哲学社会科学版）2015 年第 5 期。

理和研究，从文明形态的高度去整体性地把握当代中国人的生命体验、医疗生活与医学道德传统，从历史形态的视角来审视中国人医疗生活中的传统、现代及其演化进程，超越理性建构起来的制度与话语体系，发掘已经残缺却还顽强持续着的传统伦理经验、情感和行为习惯，才能准确理解今日中国医学生活的真实伦理境况，为困境开出准确的道德药方。①

在当代社会，技术、伦理与身体的关系十分复杂。雷瑞鹏对主导现代医学的技术乌托邦主义范式进行了反思，提出三种分析和解构技术乌托邦主义的进路并指出各自的局限。其中包括尤纳斯的人的规范性概念，卡斯的把医学的本质界定为道德实践来限制技术乌托邦主义的思路，以及以身体的反思为基础的进路，即现象学的视角和社会政治批判视角。他认为需要回到古老的伦理学传统，以此为出发点探寻何种言谈和实践塑成我们的身体，进一步把我们塑成主体。这些言谈和实践是关于我们的身体为何目的存在、痛苦如何与这些目的联系，以及技术化医学如何支持或阻碍这些目的的。解构技术乌托邦主义之后的医学和身体观应该建立在全新的伦理理论之上。②

李杰等对如何实现医疗资源的分配正义问题展开发问。他从资源公平分配的社会意义入手进行探讨，分析了医疗资源的公平分配所蕴含的独特意义，回顾生命伦理学对“医疗资源的分配正义”研究的历史和现状，同时结合当前我国医疗实际，从生命伦理学的视角对此问题尝试进行解答，解决我国医疗资源公平分配问题，必须坚持公民的正义价值方向，必须坚持公众参与的程序原则，必须坚持差别平等的实质性原则。③ 看似医疗公平是医疗资源的分配公正，实质蕴含着人的生命价值的平等、对人的尊严的尊重和人的幸福的实现。这些都是生命伦理的基本价值旨趣。④

此外，杜治政称美德是医学伦理学的重要基础，医生的美德是医学伦理的起点。⑤ 罗光强对其中的医德评价核心语词，如“救死扶伤”“悬壶济世”等的含义与类型进行了厘清，阐明这类语词在历史变迁中展露出来的敬畏生命尊严、坚守医疗正义和追求技术德性的伦理精神。并在当下医学伦理话语背景下进行分析，指出它们的现代性局限，即生命回报的极端化、程序正义的缺失以及评价态度的专制化等，以期使人们在医患关系紧张的历史境遇中仍然能理性地对待传统道德文化，从而促进社会转型时期我国医学伦理学和医疗卫生事业的健康发展。⑥ 蒋艳艳认为在具体医学伦理实践中要坚持回归身体的伦理向导。一方面要求在医学实践中关注与体验具体的活着

---

① 程国斌：《随缘构境：中国医疗伦理生活的空间构型》，《伦理学研究》2015 年第 2 期。

② 雷瑞鹏：《现代性、医学和身体》，《哲学研究》2015 年第 11 期。

③ 李杰、高红艳：《医疗资源的分配正义：谁之正义？如何分配?》，《医学与哲学》（人文社会医学版）2015 年第 36 卷第 11 期。

④ 李杰：《医疗公平的生命伦理意蕴》，《玉林师范学院学报》2015 年第 36 卷第 6 期。

⑤ 杜治政：《医学伦理学的重要基础》，《医学与哲学》（人文社会医学版）2015 年第 36 卷第 9 期。

⑥ 罗光强：《医德评价核心语词的伦理意蕴及其现代性局限》，《医学与哲学》（人文社会医学版）2015 年第 36 卷第 9 期。

的身体，另一方面要求在医学伦理实践中打破仅仅用标准的理性原则进行伦理考量，而要通过对具体身体情境的体验和关怀做出恰当的伦理审视。[①] 何昕尝试探寻疾病叙事中所包含的生命伦理问题以及蕴涵的生命伦理思想。通过疾病叙事的生命伦理研究，尝试从根本上表达出对人的生命的尊严和关怀之情，树立积极健康的生命伦理观，使每一个个体生命的价值和尊严都得以彰显。[②]

---

① 蒋艳艳：《身体转向与现代医疗技术的伦理审思》，南京国际生命伦理学论坛暨中国第二届老年生命伦理与科学会议，南京，2015 年。

② 何昕：《疾病叙事的生命伦理研究》，博士学位论文，东南大学，2015 年。

第十章　2015 年环境伦理学研究报告

李秀艳

2015 年，我国的环境伦理学研究取得了较大进展。学界在对西方环境伦理思想进行批判反思的同时，不断深入研究中国传统生态智慧，尝试建构本土化的环境伦理思想；在环境正义与生态正义问题上，学界从最初只承认人与人之间的环境正义，到开始重视人与自然之间的生态正义问题，并揭示了环境正义与生态正义的差异；环境规范伦理因其理论基石——动物和自然的内在价值等问题一直饱受非议，环境美德伦理大有取代之势。但也有越来越多的学者认识到，环境规范伦理和环境美德伦理是互补的，二者可以取长补短、相得益彰。此外，我国的环境伦理学已经成为推动生态文明建设的重要精神力量，学者们从生态文明的制度设计、生态人格的培养等角度探讨了生态文明建设的相关问题。

一、中国传统生态智慧与环境伦理学的本土化

中国传统文化建立在农业文明的基础之上，蕴含着与自然和谐相处的生态智慧。余谋昌认为，《周易》是中国生态智慧的宝库，在其影响下，形成了不同于西方主客二分哲学的独特易学形式。易学的根本观点“生生之谓易”“天地之大德曰生”，为环境伦理学提供了哲学基础；“一阴一阳之谓道”以阴阳交感的观点思考问题，是环境伦理学的思维方式；“生命各得其养以成”，以“养”和“需”两个概念，表示生命的生存权利，并把它提到“仁”的道德高度；“天地人”三才思想，体现了易学哲学以“人与自然界和谐”为价值目标，同时也凸显了“自强不息，厚德载物”的主体精神。[①] 乔清举揭示了儒家思想“仁”的生态维度，他指出，汉儒的“爱人以及物”，把自然万物纳入了生态道德共同体之中；宋儒的“生生之德”，使“仁”成为万物（包括人）的本体；宋儒的“为天地立心”“与天地万物为一体”，确立了人对

---

① 余谋昌：《易学环境伦理思想》，《晋阳学刊》2015 年第 4 期。

于自然的生态责任。① 乔清举还分析了儒家思想中的动物观，认为儒家从仁心出发，将动物纳入道德共同体的范围，一方面以人为中心，人可以食用动物，这类似于弱人类中心主义；另一方面，天道又高于一切，人利用动物必须遵循天道，这又类似于非人类中心主义。② 姚辛中探讨了《礼记》中的"天地"概念，认为这一概念构造了一种新型的生态天地观，特别强调人对天地万物和保护物种的道德责任，为全球气候问题的根本解决提供了一个中国价值思路。③ 成中英分析了道学中"道"和"气"的内涵，认为现实是通过生生不息（生命创造）、道（事物变化的方式）以及气（事物运动发展的推动力）来构建的。人是自然的一部分，自然也是人的一部分，二者共处于一个统一整体之中。因此，人不能把环境当作客体来控制、搜刮，而是应该维持自然环境的和谐、统一与平衡。④ 谢阳举指出，老子的天、地、人都从属于"道"（"自然"），神圣的、不可逾越的自然天道可以判别和制约过度人化的行为；道家肯定多样性的万物存在着统一性，揭示了自然万物的内在价值；道家的玄德和无为思想，要求人们以"道"（"自然"）为最高指引实现自我超越。因此，道家哲学铸造了中国亲自然形态的文化精神。⑤

中国传统文化中的生态智慧，是中国环境伦理学本土化的重要思想资源。陶火生以张立文先生的和合学为基础，主张以中国生态哲学中的和合精神为根基，与西方生态哲学对话互通。⑥ 陈红兵分析了佛教生态哲学与西方环境哲学的异同，指出佛教生态哲学研究要立足自身，回应现实环境问题，实现与西方环境哲学的优势互补与思想融合。⑦ 杨涯人、邹效维认为，中国传统文化中的"天人合一"思想以人为出发点和归宿，以自然界及其规律为前提和原则，把人与自然看成了和谐统一的整体，从而避免了西方环境伦理学中人类中心主义与非人类中心主义的主客二分思维模式。⑧ 刘福森也认为，中国传统文化和哲学不是主客二分的，而是采用"天、地、人"的三分法，以"道"来解决三者的关系。"道"即"自然"，它存在于天、地、人之中，人和物都被看作自然的；"道"是本体，"德"是按照"道"去行"人之事"，即通过"悟道"达到一种"觉"的境界。因此，在中国传统哲学中，人与自然是一体的，人

---

① 乔清举：《仁的生态维度》，《光明日报》2015年第16期。

② 孙熙国、李翔海主编：《北大中国文化研究》，社会科学文献出版社2015年版，第211—244页。

③ 姚辛中：《气候变化与道德责任——〈礼记〉中"天地"概念的当代伦理价值》，《探索与争鸣》2015年第10期。

④ 成中英：《"道"与"气"理论中的环境伦理学维度》，《南京林业大学学报》（人文社会科学版）2015年第3期。

⑤ 谢阳举：《论道家亲自然传统的环境哲学价值》，《晋阳学刊》2015年第1期。

⑥ 陶火生：《生态和合精神及其当代化》，《南京林业大学学报》（人文社会科学版）2015年第4期。

⑦ 陈红兵：《环境哲学背景下的佛教生态哲学研究》，《南京林业大学学报》（人文社会科学版）2015年第3期。

⑧ 杨涯人、邹效维：《"天人合一"的思维模式与现代生态伦理学的重建》，《南京林业大学学报》（人文社会科学版）2015年第3期。

必须“顺其自然”，以改造万物。[①] 卢风主张以传统文化中的“天人合一”观念，反思现代性中的物理主义与物质主义价值观的弊端。但他认为，传统“天人合一”观是一种高度综合的哲学观念，必须与当代科学对接。环境哲学的本土化是全球化过程中的本土化，因此，我们一方面要从全球着眼，另一方面要直面中国社会的现实，应围绕“生态文明”概念，建构思想体系。[②]

二、环境正义与生态正义

对于环境正义和生态正义这两个概念，学界存在着不同的观点。王韬洋从分配正义和承认正义两个维度阐释了其内涵。一方面，她认为，有限的地球资源和空间与人的无限欲望处于紧张状态，这就要求公平地分配环境利益和环境负担；另一方面，当个体和群体在环境不正义情境下，感到自身的尊严和价值没有得到应有的承认或被蔑视时，就会激起对环境正义的渴望，环境正义就成为一个承认正义的问题。[③] 方秋明分析了戴维·佩珀的思想并指出，佩珀否认深生态学旨在维护自然的“生态正义”，将“环境正义”的本质视为社会正义。[④] 薛勇民、张建辉则强调，环境正义与生态正义是本质不同的概念。环境正义关注的是人的需要，关注环境权利和责任的分配正义，仍局限于传统社会正义的理论范畴。生态正义则关注人类对自然伤害的补偿，注重矫正正义。只有立足于生态正义的理论视角，从整体主义立场看待人类与自然的关系，才能找到人类与自然和谐的正义之路。[⑤] 王云霞考察了环境正义运动和环境主义运动的历史，从实践的视角揭示了环境正义与环境主义的不同。从目标上看，环境主义关注的是自然界或荒野景观，而环境正义要保护的是与人们的日常生活息息相关的“小环境”；从人员构成和组织策略上看，环境主义的成员主要是白人、男性和中产阶级以上的阶层，他们更喜欢用专业的知识和手段，通过法律诉讼等途径来保护环境；而环境正义的成员大多来自少数族裔、有色人种、家庭妇女等草根阶层，他们延续了民权运动的惯常做法，采用游行、请愿、抗议示威等行动来表达环境诉求。所以，环境主义指向的是人与自然的正义关系，即“生态正义”，是非人类中心主义思想在实践中的具体体现，而环境正义指向的是不平等的社会制度，即“社会正义”。[⑥]

---

① 刘福森：《环境哲学本土化的哲学反思》，《南京林业大学学报》（人文社会科学版）2015 年第 2 期。

② 卢风：《论环境哲学的本土化》，《南京林业大学学报》（人文社会科学版）2015 年第 3 期。

③ 王韬洋：《环境正义：从分配到承认》，《思想与文化》2015 年第 1 期。

④ 方秋明：《为什么要从“深生态学”转向“社会正义”——戴维·佩珀的环境正义观论析》，《马克思主义哲学研究》2015 年第 2 期。

⑤ 薛勇民、张建辉：《环境正义的局限与生态正义的超越及其实现》，《自然辩证法研究》2015 年第 12 期。

⑥ 王云霞：《环境正义与环境主义：绿色运动中的冲突与融合》，《南开学报》（哲学社会科学版）2015 年第 2 期。

从人类社会内部来看，环境正义涉及国内环境正义和国际环境正义两个层面。在国内环境正义层面，秘明杰、孙绪民认为，应将国际社会确定的共同但有区别的责任原则，应用到国内环境问题的处理上，主张根据具体的环境状况和社会经济发展水平，确定差别化的环境标准，承担有差别的生态责任。① 国内环境问题上比较突出的就是邻避问题，董军、甄桂分析了邻避现象产生的原因，认为当代社会技术理性的膨胀与技术主体的责任疏失，使得邻避设施存在技术风险，并因此导致了民众的不信任。他们主张基于环境正义原则，从程序正义、分配正义和承认正义三个维度去协商、处理、应对邻避抗争。② 刘海龙也主张从环境正义的角度处理邻避问题：首先，要明确公民的环境权，如环境使用权、知情权、监督权、参与权、请求权等，同时要限制环境权的边界，承认环境要素如水、阳光、空气等的“共用性质”，实现承认的正义化。其次，应推进环境补偿的科学全面，实现分配的正义化；最后，要实现程序的正义化，即将邻避设施建设由“决定—宣布—辩护”模式转变为“参与—协商—共识”模式。③

从国际层面来看，环境正义主要体现为发达国家和发展中国家在环境权责问题上的争议。文贤庆认为，发达国家和发展中国家互相指责，但是归责并不能解决问题，我们应从全球出发，把人类整体的繁荣昌盛作为思考问题的起点，提出一种多维度、多层次的全球性环境正义理论。④ 杨通进指出，全球正义的实现，不仅仅有赖于正义的制度，更有赖于世界主义公民。全球正义是全球制度的首要美德，它以普遍主义为伦理基础，倡导平等主义的分配正义，即通过把资源分配给贫穷的国家及其人民，最终让世界上的每一个人（不论国籍、民族、种族），都能获得大致平等的资源、机会。而与全球正义观念相应的，是具有正义感和善观念这两种道德能力、拥有理智理性与合情理性理念的自由而平等的世界主义公民。作为世界主义公民的人的观念与全球正义理念是紧密相连、彼此印证和相互支撑的。⑤

三、环境规范伦理与环境美德伦理

西方环境伦理学中的规范伦理，力图借助于传统的人际伦理学理论，论证人对自然万物的道德义务。龚晓康从德里达的解构视域出发，批判人类中心主义将理性和语言视为人与动物的根本差异，并将动物排除在伦理之外。在德里达看来，动物与人的

---

① 秘明杰、孙绪民：《环境正义视角下的差别生态责任初探》，《齐鲁学刊》2015 年第 5 期。

② 董军、甄桂：《技术风险视角下的邻避抗争及其环境正义诉求》，《自然辩证法研究》2015 年第 5 期。

③ 刘海龙：《环境正义视域中的邻避及其治理之道》，《广西师范大学学报》（哲学社会科学版）2015 年第 6 期。

④ 文贤庆：《环境保护与世界性的环境正义》，《北京林业大学学报》（社会科学版）2015 年第 3 期。

⑤ 杨通进：《人的观念与全球正义》，《道德与文明》2015 年第 1 期。

差异是多样化的，但人类用“动物”这一单数形式掩盖了动物内部的差别，否认了人类自身的动物性；人类将动物视为沉默的他者，没有认识到动物也在注视着人类，具有回应人类的能力。所以，人类应确立动物平等的道德地位，反对工业化的饲养、屠宰、消费过度及动物试验等，走向人与动物的和解。[①] 郭哓也对人类中心主义持反对态度，他指出“物种民主”是解决生态危机的可能路径，即在承认人类优势地位的基础上，通过限制人类的优势滥用以保证各个物种生存和发展的权利，只有这样才能为环境问题提供一种超越于功利主义和技术主义的解决方案。[②] 柯进华批判了奈斯、德维尔、史怀泽和利奥波德的生物平等主义思想，指出其在理论上缺乏严密论证，可能成为逃避生态责任的借口，在实践中也不具备操作性。他认为，怀特海的哲学是过程深层生态学。怀特海哲学通过广义经验论，确立了非人类存在物的固有价值（事物独立于人类的价值），为人类保护非人类存在物提供了理论基础。[③]

对于自然的价值问题，学界一直存在争议。李培超认为，对自然价值的阐发是环境伦理学建立的支点。价值和事实并不是截然二分的，价值实际上就是人对客观对象的一种依赖关系，事实是客观存在的，但它向人呈现出来的内涵或性状都与人所处的具体“境域”（包括人的心态或情态）有关。所以，任何事实性判断都渗透着人文要素，而要发挥道德的力量也必须关注事实，树立正确的自然价值观。[④] 寇楠楠、姚辛中认为，罗尔斯顿等自然价值论者以内在价值作为环境伦理的基础尚略显单薄，所以，他们以自组织理论为基础发展了自然价值理论，将内在价值分为三个层次：生命体自保的自然价值、利他的族群价值以及自然系统维持自身的稳定、繁荣并演化出更高理性的隐含价值。由此，推出人类对自然生态系统的可持续发展与完整性负有不可推卸的道德责任。[⑤] 郭展义则对自然价值论持反对态度，他分析了罗尔斯顿自然价值论的理论缺陷，认为罗尔斯顿的自然价值是建立在人类体验的基础上的，而价值体验的广度和深度受到时代的局限，所以，无法由价值体验推出充足的环境义务，人们也无法因环境义务的根据而深爱自然；而且，人对自然的理解也离不开文化，人类要保护的是人化的自然，而非文化之外的自然。[⑥]

与自然价值论不同，环境美德伦理提供了另一个解决环境问题的理论向度。陈庆超从实践层面，分析了环境美德伦理的价值。他指出，雾霾的责任归属很难考量，环境美德伦理为解决“雾霾”责任问题提供了宝贵的理论资源。环境美德伦理强调从幸福维度考察生活的完整性，能够给环保行为提供动力和整体性思维模式；环境美德

① 龚晓康：《解构视域下的动物伦理》，《自然辩证法研究》2015 年第 12 期。
② 郭哓：《物种民主：对人类中心主义环境哲学方案的超越》，《科学技术哲学研究》2015 年第 3 期。
③ 柯进华：《过程深层生态学对生物平等主义的超越》，《自然辩证法研究》2015 年第 4 期。
④ 李培超：《环境伦理学视阈下的自然价值叙事》，《伦理学研究》2015 年第 5 期。
⑤ 寇楠楠、姚辛中：《基于自组织系统理论的环境伦理观》，《中国人民大学学报》2015 年第 6 期。
⑥ 郭展义：《论罗尔斯顿的人承负环境义务根据论的不足》，《伦理学研究》2015 年第 5 期。

伦理强调道德德性与理智德性的统一，有利于克服知行脱节、理智与情感分裂等问题；环境美德伦理强调共同体的敦厚习俗与优良法律，为环境保护提供了持久有效的保证。[①] 但是，无论是自然价值论还是环境美德伦理，都各有优缺点。董玲认为，自然价值论为环境伦理学找到了客观的伦理基石，但是，人类很难认同自然界中的其他生物具有与人类相等同的价值地位，环境伦理学的知识合法性遭到了质疑。与自然价值论不同，环境美德伦理将人类的美德视为人与自然和谐共处的伦理基础，刻画了人类与自然共同繁荣的整体图景。但是，环境美德伦理必须借助义务论和功利论等规范伦理。所以，环境美德伦理学不能取代自然价值论，只有与自然价值论环境伦理学相互参照，才能取长补短、相得益彰。[②] 佘正荣也认识到规范论环境伦理学和德性论环境伦理学都存在不足，主张建构一种以德性为主、规范为辅的环境伦理。他认为，规范论的环境伦理学主要用来防恶，而德性论的环境伦理学是崇圣向上的，它激励人们不断地追求生态美德，从而形成感恩自然、关爱众生等善良品质，激励人们选择健康、简朴的生活方式。他还指出，主权国家也不能仅仅做国家利己主义者，必须培育一定的自我牺牲的崇高生态美德，在国际社会建立公平正义的原则，公平分配环境权益和责任。[③]

四、生态文明建设

生态文明是人与自然和谐相处的新的文明形式，建设生态文明是一项紧迫而又艰巨的任务。刘湘溶指出，当前的生态危机实质上是人类存在方式的危机，生态文明建设不仅依赖于人类的文化自觉，需要文化启蒙或思想解放，更需要将其作为系统工程协同推进。[④] 邹平林、曾建平认为，社会主义中国必须将生态文明建设作为一个内在的、重要的和长远的目标予以坚持，必须始终将生态和谐的价值意蕴内化于制度设计与安排当中，这不仅仅是应对环境危机的需要，也是社会主义制度的自我完善与发展。[⑤] 郇庆治指出，从政治要求来看，大力推进生态文明建设，就是在中国共产党的领导下创建一个社会主义的“环境国家”或“生态文明国家”。贯彻落实中共十八届三中全会《决定》关于生态文明制度建设与体制改革的决策部署，是一个全面而深刻的“生态民主重建”进程，而不是简单的“行政扩权”或“制度与政策经济化”过程。[⑥]

---

① 陈庆超：《环境美德伦理视域中“雾霾”的道德责任考量》，《自然辩证法研究》2015 年第 11 期。

② 董玲：《是自然价值，还是人类美德？——兼论环境美德伦理学的合法性及其限度》，《科学技术哲学研究》2015 年第 4 期。

③ 佘正荣：《德性与规范的融合：生态伦理学研究的整体视野》，《岭南学刊》2015 年第 5 期。

④ 刘湘溶：《生态文明建设：文化自觉与协同推进》，《哲学研究》2015 年第 3 期。

⑤ 邹平林、曾建平：《生态文明：社会主义的制度意蕴》，《东南学术》2015 年第 3 期。

⑥ 郇庆治：《环境政治视角下的生态文明体制改革》，《探索》2015 年第 3 期。

生态文明是一项全新的事业，需要人类重新认识自己在自然中的角色。曹孟勤、冷开振指出，人不是自然界的臣民，也不是自然界的主人，而是自然界的看护者。这一身份是生态文明建设主体必然选择的身份，它要求人与自然共生、共荣、共美、共在。① 刘湘溶、罗常军认为，建设生态文明，离不开尊重自然的文化氛围，必须塑造一种具有生态内涵的新型人格，即生态化人格。生态化人格是个体人格的生态规定性，是与生态文明相适应的作为生态文明主体的“生态人”的资格、规格和品格的统一，生态化人格对大自然始终保持感激之心、忏悔之心和敬畏之心。②

建设生态文明，必须改变人们的消费方式。杜早华认为，消费主义的不合理之处，不仅在于它能导致物资匮乏和生态危机，更为根本的则在于它本身就表征着一种充满竞争、对抗、焦虑、不安因而令人难以忍受的病态生存方式。所以，必须消除私有制，消除这一导致竞争与对抗的最终社会根源。③ 周中之认为，推动社会成员消费伦理观念变革，把鼓励消费与引导消费相结合，倡导绿色消费、节俭消费和适度消费，才能为生态文明建设奠定群众基础，实现生态文明建设与经济建设的协调发展。④ 张治中也主张培养现代节约美德，在全社会促成节约的价值共识和行动，实现绿色发展。⑤ 冯庆旭倡导生态消费，并将其界定为以人与自然和谐的生态伦理思想为指导的满足人的基本需求的消费行为，这一界定体现了避免消费破坏生态环境的预防原则，凸显了人的道德地位，体现了对精神追求的重视。生态消费承担的是对未来后代的责任，是一种全新的生活方式和深层的伦理表达方式。⑥

建设生态文明，不仅需要有顶层设计和制度安排，而且需要培养生态公民，还需要在城市建设和城镇化过程中将生态文明理念贯彻到底。周林霞指出，我国的新型城镇化建设，应遵人本伦理和生态伦理的“双向伦理”价值维度，尤其要以生态伦理标准对城镇化实践进行道德考量和评判，兼顾人和自然生态协调发展的双重价值。⑦ 姚晓娜指出，中国的绿色城市建设，需要克服只谋求人类经济发展和福祉的“浅绿主义”和违背生态规律的“伪绿主义”，要有生态整体主义的考量，减少城市化过程中对非人类存在物的影响，实现人类与城市生态圈的共同繁荣。⑧

此外，学界还研究了马克思的生态伦理思想，力图为生态文明建设提供丰富的思想资源。陈金清探讨了马克思关于人与自然关系的生态思想，并分析了这一思想对推

① 曹孟勤、冷开振：《人在自然面前的正当性身份研究》，《自然辩证法研究》2015 年第 12 期。

② 刘湘溶、罗常军：《生态文明主流价值观与生态化人格》，《光明日报》2015 年第 14 期。

③ 杜早华：《消费主义的伦理批判》，《道德与文明》2015 年第 6 期。

④ 周中之：《消费伦理：生态文明建设的重要支撑》，《上海师范大学学报》2015 年第 5 期。

⑤ 张治中：《论基于绿色发展的现代节约美德》，《伦理学研究》2015 年第 4 期。

⑥ 冯庆旭：《生态消费的伦理向度》，《哲学动态》2015 年第 12 期。

⑦ 周林霞：《人与生态：城镇化“双向伦理”维度刍议》，《伦理学研究》2015 年第 6 期。

⑧ 姚晓娜：《生态文明建设中的绿色城市化思考——基于深层生态学的视角》，《南京工业大学学报》（社会科学版）2015 年第 1 期。

进中国特色社会主义生态文明建设的重要意义。[①] 解保军研究了马克思的“人与土地伦理关系”的思想，指出马克思在批判资本主义农业时论述的关爱土地的“好家长”观点和土地养护的生态农业措施等理论，对我们正确认识人与土地的伦理关系，合理利用和保护土地资源具有重要的现实意义。[②] 周光迅、胡倩分析了习近平的生态哲学思想，指出这是对马克思主义生态哲学思想的继承与发展。[③] 可以预见，中国共产党人将继续发展马克思的生态伦理思想，将中国特色社会主义生态文明建设推向新阶段。

---

① 陈金清：《马克思关于人与自然关系生态思想的当代价值》，《马克思主义研究》2015 年第 11 期。

② 解保军：《马克思“人与土地伦理关系”思想探微》，《伦理学研究》2015 年第 1 期。

③ 周光迅、胡倩：《从人类文明发展的宏阔视野审视生态文明——习近平对马克思主义生态哲学思想的继承与发展论略》，《自然辩证法研究》2015 年第 4 期。

第十一章　2015 年法律伦理学研究报告

吴晓蓉

2015 年，学术界主要对法律与道德的关系、法律实践的伦理问题、中国传统法律伦理思想等进行了深入研究，同时也对法律制度的道德性、国外法律伦理思想等相关问题有所关注。

一、法律与道德的关系

法律与道德的关系在 2015 年度依然成为伦理学与法学界共同关注的一个热点话题。学术界从多角度对两者的关系进行了研究与审视，为法治中国建设提供了理论支撑。

对于法律与道德的关系，学术界普遍认为两者是相辅相成的关系。黄宗智指出，道德与法律在中国的过去和现在的结合，不仅在法理层面，也在实践层面。如此的结合是创建一个未来既是现代的也是“中国特色”的法律体系的主要方向和道路。[①] 田文利从历史、逻辑、规范三个维度分析了道德与法律的关系，认为道德与法律不是互相矛盾或互相冲突的，两者是可以互相协调的，通过制度建设使二者达到平衡与和谐，在道德涵养法律的同时，以法律促进道德的普适。[②] 学术界主要从两个方面探讨法律与道德的这种相辅相成关系：一方面，道德是法律的支撑。晏辉认为，伦理精神是法律文化的基础，而不是相反。一个没有伦理精神的法制和法治是不可持续的。但在具体的社会结构中，当伦理精神尚不充分而又不得不保持社会秩序时，法律文化建设就必须先行于伦理精神的建构。然而法治先行会使人产生错觉——法律至上主义或泛法治主义。片面、片段思维乃是国家治理和社会治理中最危险的因素。“长治久安”不仅是一种政治期盼，而且也是社会历史“是其所是”的东西。从社会历史

① 黄宗智：《道德与法律：中国的过去和现在》，《开放时代》2015 年第 1 期。

② 田文利：《道德与法律之和谐解——道德与法律关系的三维解读》，《道德与文明》2015 年第 5 期。

“是其所是”的逻辑着眼，将伦理精神视为体和源，法律文化视为用和流。① 钱颖萍指出，法治文化建设有赖于道德的支撑作用，道德对于法治文化的基础培养以及法治文化的认同都具有无可替代的作用。② 方兴、田海平从人权的道德意义探讨了法治的伦理正当性，认为从人权的道德本性看，法律保护人权的核心，就是保护以“自由”和“平等”为理据的个人权利，此乃法治的伦理正当性之根本。③ 另一方面，法律促进道德建设。岳树梅指出，法律是道德建设的基础、不可替代的内容、不可缺少的品质。法律对促进道德建设有极其重要的动因，法律可以通过立法、司法、执法、守法等环节发挥对道德建设的促进作用。④

法律对道德建设的促进作用使得学术界进一步思考关于道德法律化等相关问题。晏辉认为，道德和法律既相互区别和冲突，同时也相互作用和相互转化。⑤ 陈波等指出，人类怎样至善？又怎样除恶？这既是一个目的问题，也是一个手段问题。为了规范人类社会本身，人类发明了道德和法律两种利器，其目的就是在善恶之间寻找平衡。善恶是人性的一体两面。法律道德化与道德法律化只是呈现在人类面前的理想与现实的镜像化。⑥ 黄各探讨了公交让座立“法”是否合德这一问题，认为“让座”本是高尚的行为，但一经如此“规定”以后，其行为性质就全然变味了。⑦ 谭丽通过检索系统北大法宝中的司法案例来分析道德立法在实践中的运行效果。分析结果表明，指导性道德立法在司法实践中的适用率几乎为零，法官在自由裁量时受到涉及道德立法的法律原则的重要影响，而道德立法中原则性条文的适用情况又取决于其对应的操作性规定是否具体。⑧

法律与道德的关系在社会治理层面体现为法治与德治的关系，对此，学术界普遍持法治与德治相结合的观点。李良栋指出，法治不是万能的，法治建设需要道德建设的支撑和辅助；同样，道德建设需要法律的规范和保障。坚持法律的规范作用与道德的教化作用相结合，是坚持依法治国和以德治国相结合的具体途径和有效形式。⑨ 潘西华指出，全面推进依法治国，是一个需要在法治与德治的双向互动中持续推进的历史进程。法律与道德所具有的同质同向性为这一动态发展进程提供了逻辑起点。在法治与德治的双向互动中，依法治国的社会治理机制得以构建，依法治国的社会道德基

---

① 晏辉：《现代伦理精神与法律文化》，《社会科学辑刊》2015 年第 2 期。

② 钱颖萍：《论道德对法治文化的支撑作用》，《探索》2015 年第 1 期。

③ 方兴、田海平：《从人权的道德意义看法治的伦理正当性》，《理论与改革》2015 年第 6 期。

④ 岳树梅：《法律对道德建设的促进作用研究》，《探索》2015 年第 1 期。

⑤ 黄小军：《法治和德治关系探析》，《云南社会科学》2015 年第 2 期。

⑥ 陈波、王海立：《善恶之间：道德法律化的现实与法律道德化的理想及其相互矫正》，《江汉论坛》2015 年第 2 期。

⑦ 黄各：《“公交让座立‘法’”合德吗？——社会道德建设的个案分析》，《阴山学刊》2015 年第 1 期。

⑧ 谭丽：《道德立法的司法实践效果分析》，《学习与探索》2015 年第 9 期。

⑨ 李良栋：《坚持法律的规范作用与道德的教化作用相结合》，《社会科学研究》2015 年第 2 期。

础得以培育，依法治国的进程得以在动态中全面推进。① 田旭明指出，德法相辅相成的关系和我国数千年来治国理政的经验教训充分证明，德治是良法善治的基石和保障。以德治促进良法善治需要澄清德法关系上存在的误区，以道德滋养法治精神、培育法治文化，以治理道德环境为依法治国营造良好的社会氛围。② 左守秋等指出，德治与法治对社会作用的功能不同、作用机制不同，同时二者又相辅相成，惩恶与扬善相结合，在治理国家中发挥合力作用。③ 程娅静指出，社会文明秩序的实现、社会的和谐稳定是法治与德治相互融合、二者整体功能作用的结果。④ 邓启耀认为，国家治理需德法齐举，只有让崇德重礼和遵纪守法相辅而行，让道德和法制手段兼施，才能推动国家治理有序进行。⑤ 齐强军等认为，在法治国家，把德治建立于法治之上，通过道德规范和法律规范相互作用保障社会治理目标的实现，达到霍布斯追求的人的"自我保全和更为满意的生活"，才是国家的终极目标。因此，"法德并重"社会治理新模式具有理论和现实的合理性，是符合社会发展规律并区别于西方的东方法治观。⑥ 周良书等认为，当下在推进国家治理体系和治理能力现代化过程中，必须致力于"以德养法""以法护德"，贯彻和落实"德法合治"。只有实现他律和自律的结合、道德教化和法治手段的兼施，才能最终以法和德的力量助推中华民族伟大复兴"中国梦"的实现。⑦ 王伟指出，社会主义法治国家建设需要法律与道德相互配合，相得益彰。法律与道德既相互联系又相互区别。法德并济能够不断提升社会治理水平。⑧ 申建林指出，法治与道德的相辅相成是有条件的，法治与道德在性质、发生作用的方式和适用领域等方面存在着区别，只有尊重双方的边界，避免法治与道德的越界滥用，才能发挥两者的互补作用。⑨ 杨伟清在分析法治的核心特征与功用、德治可能具有的不同含义，辨析法治与德治在国家治理中的关系与地位的基础上，得出法治与德治必然是法主德辅的关系的观点，认为法治不仅关乎法律之存废，同样关乎道德之兴衰；若法治不立，则德治难行。⑩

二、法律实践的伦理问题

这是2015年度学术界关注的又一个重要话题，内容主要涉及司法伦理、执法伦

① 潘西华：《在法治与德治的双向互动中推进依法治国》，《江西社会科学》2015年第1期。
② 田旭明、陈延斌：《德治：良法善治的基石和保障》，《道德与文明》2015年第4期。
③ 左守秋、刘立元：《德治与法治社会功能的差别性及互补性》，《人民论坛》2015年第26期。
④ 程娅静：《社会治理现代化视角下德治与法治的关系辨析》，《人民论坛》2015年第14期。
⑤ 邓启耀：《无法则德难保无德则法不行——历数以德治国的不同层面》，《人民论坛》2015年第2期。
⑥ 齐强军、王军伟：《论"德治"的法治基础及作用机理》，《社会科学家》2015年第3期。
⑦ 周良书、薛明骥：《论中国共产党法德并举的国家治理》，《中共贵州省委党校学报》2015年第6期。
⑧ 王伟：《法德并济：社会治理的最优选择》，《齐鲁学刊》2015年第6期。
⑨ 申建林：《法治建设与道德建设相辅相成的内涵解读》，《人民论坛》2015年第2期。
⑩ 杨伟清：《法治与德治之辨》，《道德与文明》2015年第5期。

理和守法伦理等方面。

（一）关于司法伦理

曹刚通过对替代性纠纷解决方式（ADR）、马锡五审判方式和诉讼调解制度的性质、功能以及道德合理性分析，为诉讼调解进行伦理辩护。诉讼和调解是解决纠纷的两种基本方式，两者之间有三种不同类型的结合方式，即把调解视为外在于诉讼并成其为补充的 ADR 类型、把调解视为诉讼基本纲领的马锡五审判方式、把调解置于诉讼过程中的诉讼调解制度，不同的类型有其不同的道德合理性。① 李延舜认为，司法改革不仅要关注司法的独立性、去行政化等方面，也要关注司法过程中的道德参与及其法律方法。道德参与司法必须遵循实质原则与形式原则。②“彭宇案”等的判决表明，司法强制提升道德并未取得预想的效果。其根本原因在于法律的功能是止人为恶而不是劝人向善的，在于法律中的“人”只能是“普通人”，在于道德的提升本质上是靠制度而不是宣传与说教。当然，司法裁判也有“教育”功能，但这种“给力”判决的作出需要秉持个案化等原则。③ 王韵洁等对南京国民政府时期司法官员的职业道德特点进行了探讨，指出南京国民政府时期司法官员职业道德取得了一定的成绩，但是实践背离文本的情况却是常态，司法权在夹缝中求生存的现实使得司法官的职业道德建设成为无源之水，司法官职业道德随着国民政府的日益溃败而江河日下。④

刘用军等对刑事司法中的伦理问题进行了研究。刘用军指出，当今冤错案的形成，不仅有执法不严的因素，也有司法者人格不完善的因素。无论是观念还是实践层面，西方法治并非不重视司法者和执法者的道德人格因素，对于西方法治道德人格的建构和维持，基督教精神及其伦理规范发挥了基础性作用，至今仍构成西方法治人格的核心要素。而改革开放以来我国的法治建设不仅忽视了现代司法者人格因素的作用，也明显缺乏对传统儒家伦理的现代转换和有效借鉴，因而一定程度上造成了一些司法者、执法者道德人格标准的迷失，昧着良心司法、执法构成当前一些刑事冤错案的共同特点。借助于传统儒家伦理强化司法者人格建设，是未来防范冤错案、深化法治、实现法治国的现实需要。⑤ 廖大刚指出，刑事司法职业者既是公务员又是刑事司法专门工作者，其职业伦理观应结合这双重角色加以界定。从公务员这一角色而言，刑事司法职业伦理观应包括忠诚原则等内容；从刑事司法专门工作者这一角色而言，刑事司法职业伦理观应包括依法独立原则等内容。⑥

---

① 曹刚：《诉讼调解的伦理辩护》，《道德与文明》2015 年第 5 期。

② 李延舜：《司法改革中的道德话语》，《云南社会科学》2015 年第 2 期。

③ 李延舜：《司法提升道德的限度及原则》，《河南财经政法大学学报》2015 年第 4 期。

④ 王韵洁、侯逾婧：《南京国民政府时期司法官职业道德探析》，《人民论坛》2015 年第 32 期。

⑤ 刘用军：《论法治对传统儒家伦理之道德人格的借鉴——以刑事冤错案为展开》，《山东科技大学学报》（社会科学版）2015 年第 2 期。

⑥ 廖大刚：《社会角色与刑事司法职业伦理观》，《国家检察官学院学报》2015 年第 2 期。

宋远升等对律师伦理问题进行了研究。宋远升指出，法律职业领域，基于现代诉讼技术化、程序化及商业主义发展的影响，传统律师的职业伦理被以数理计算或者机械操作的方式破解。法律市场竞争的激烈态势使得现代律师往往忽视其职业伦理的作用。同时，在律师职业伦理自身方面，也存在着诸多价值取向各异之冲突。因此，应坚持实用主义伦理的做法，在底限伦理基础上建构我国律师职业伦理的框架，同时权衡律师职业伦理的各种具体冲突，从而建构我国刑辩律师职业伦理冲突及解决机制。① 孙鹏等指出，律师职业伦理的缺失凸显法学教育与法律实践的脱节，具体再现为法学教育中“法律职业伦理”教育的培养目标等与法律职业伦理塑造相互脱节，法学教育必须通过确立职业伦理教育在法律卓越人才培养中的地位等来重塑法律职业伦理。②

龙宗智等对检察伦理问题进行了研究。龙宗智指出，检察机关应当秉持客观义务，从客观义务伦理的内在要求和现实状况来建设检察机关伦理道德，并重点关注正义精神、公平意识、公益之心、法治信仰和诚信伦理。③ 李文嘉指出，检察官伦理内容包含责任伦理、德性伦理和信仰伦理三个方面，正规的法学教育和职业培训等是检察官伦理得以养成的主要路径。④ 吕家毅分析了检察官职业道德的主体性、实践性特点，揭示了检察官职业道德的内涵与本质，对检察官面临的角色困境等问题提出了建议。⑤ 毕亮杰等指出，侦查不公开作为一项司法伦理，侦查活动的内容和程序原则上不应公开，只有在特殊情况下，才可以在适当范围内向社会公开。侦查不公开的规范对象是侦查机关以及负责监督侦查活动的检察机关，其实现需要有相应的司法伦理规范等。⑥

柴鹏等采用实证研究方法分别对法律职业伦理现状、法官职业道德教育现状进行了研究。柴鹏所在课题组为考察法律职业伦理规范与腐败遏制的现状，采取问卷调查的方式，选择北京等 9 个省市进行调研。调研显示，法律职业群体，尤其是律师遵守职业伦理状况不容乐观，实践中存在律师乱收费现象等，这些行为对法律职业群体的形象产生影响。通过加强法律职业伦理教育等方式加强法律职业伦理的培育，能够促进法律人的职业化和法治建设。⑦ 张中斌等以山东某市法院的调研数据为样本对法官职业道德教育现状进行了研究。调查显示，法官职业道德教育的现状不容乐观，一是法官职业道德方面存在职业道德认知与实践行为上存在落差等问题；二是法官职业道

---

① 宋远升：《刑辩律师职业伦理冲突及解决机制》，《山东社会科学》2015 年第 4 期。

② 孙鹏、胡建：《法学教育对法律职业伦理塑造的失真与回归》，《山西师范大学学报》（社会科学版）2015 年第 1 期。

③ 龙宗智：《检察官客观义务与司法伦理建设》，《国家检察官学院学报》2015 年第 3 期。

④ 李文嘉：《检察官伦理的养成》，《国家检察官学院学报》2015 年第 6 期。

⑤ 吕家毅：《检察官职业道德解读》，《中国检察官》2015 年第 4 期。

⑥ 毕亮杰、周长军：《论作为司法伦理的侦查不公开》，《广西社会科学》2015 年第 4 期。

⑦ 柴鹏：《法律职业伦理现状及其培育——以实证调研数据为基础》，《证据科学》2015 年第 2 期。

德教育方面存在对法官职业道德教育的重要性认识有待提高等问题。在此基础上，他们分析了法官职业道德教育存在问题的原因，探讨了法官职业道德教育的具体实践路径。①

（二）关于执法伦理

杨世昌指出，警察权仅靠外部控制效果很不理想，作为一种内在的制约形式，道德羁束能动地成为管控、制衡警察权力的重要路径，激勉和调整警察的理性道德认知等是建构约束警察权力机制的有效方式。② 卢军从本质、主体、结构、机制四个维度探讨了警察职业伦理精神，指出警察职业伦理精神作为警察群体共同的理想境界和精神追求，是警察职业行为理念、价值取向和职业伦理规范的总和，是警察职业精神的核心，更是警察职业化建设的灵魂。③ 王传礼探讨了人民警察职业道德的内在意蕴、意义及人民警察职业道德建设的现实路径。④ 刘子宜从动力、价值、发展三个维度来探讨警察职业道德教育，认为以人为本是动力维度，促进人的全面发展是价值维度，理论联系实际是发展维度。⑤ 罗书川通过检视上海“钓鱼执法”事件，梳理出我国行政执法的非伦理现状，归纳其症结所在，提出了塑造行政执法伦理的路径。⑥

（三）关于守法伦理

曹刚认为，“法治”是体现一个民族的传统伦理精神的国家治理和社会治理的良好机制，而不是一个普适的抽象模式。因此，当代中国的法治建设必然包含着法治本土化的过程，而中国人的传统守法观是其中的重要议题。基于此，他探讨了传统守法观的三个层面，即守法是一种教养，脸面和报应是守法的心理基础和行为逻辑，守法的境界包括从自在到自由的三层境界。⑦

三、中国传统法律伦理思想

中国传统法律伦理思想作为现代法律伦理思想的源头和根基，学术界主要围绕中国古代法律的价值观念与伦理精神、中国传统文化中的德法关系、中国古代社会治理

---

① 张中斌、陈希国：《反思与回应：法官职业道德教育现状探析与实践路径——以山东某市法院的调研数据为具体分析样本》，《山东审判》2015 年第 1 期。

② 杨世昌：《法治语境下以道德伦理羁束警察权力的思考》，《净月学刊》2015 年第 5 期。

③ 卢军：《警察职业伦理精神的多维度探析》，《四川警察学院学报》2015 年第 6 期。

④ 王传礼：《论人民警察职业道德建设》，《北京警察学院学报》2015 年第 1 期。

⑤ 刘子宜：《论警察职业道德教育的三重维度》，《净月学刊》2015 年第 2 期。

⑥ 罗书川：《试论我国行政执法的伦理建设——基于对上海“钓鱼执法”的伦理检视》，《云南开放大学学报》2015 年第 2 期。

⑦ 曹刚：《法治、脸面及其他——中国人的传统守法观》，《山东社会科学》2015 年第 12 期。

中的礼法关系、伦理义务法律化及宋代士大夫法律品格等问题进行了挖掘与反思。

强昌文等对中国古代法律蕴含的价值观念、伦理精神等进行了研究。强昌文指出，任何法律的生成都有自己的伦理根基，不同的伦理观和伦理类型使法律的演化和生成体现为不同的特点。家族伦理、等级伦理、神人伦理和和合伦理构成了传统伦理的几个比较稳定而且相互关联的基本特征，它们共同确定了与之相匹配的法律类型。① 钱宁峰指出，中华法系在结构上始终具有德刑、礼法关系形式的人伦法特质，在历史形态上有常态和变态之分。尽管中华法系在形式上已经不复存在，但是从法律文化传统来看，其依然具有现代意义。这就需要重新阐发“德”和“法”的内涵，才能重新理顺不同法律传统在当代中国法治建设中的定位，进一步理解“以德治国”和“依法治国”相结合所具有的价值。② 如何构建与中国古代法律文化相承接的伦理价值体系？周斌认为，依据法理学的概念范畴以及中国古代伦理型社会特质加以推演，生成中国古代法律伦理价值体系的核心要素——伦理秩序与伦理正义，这是伦理价值体系建构的基本路径。根据中国古代法律内在的“仁、礼、法”的法理逻辑演化，对中国古代法律所反映的伦理秩序与伦理正义施以逻辑证成，这是伦理价值体系的衍生理路。③

张启江等对中国传统文化中的德法关系进行了研究。张启江指出，“德法之辩”是中国传统社会一种重要的文化现象。通过它我们可以知晓中国传统社会曾经在国家治理模式、法律制度体系构建方式、法律意识培育途径以及政权合法性建构逻辑等问题上所做出的选择与坚守。尤其是在春秋战国时期，各方围绕着它的方向、内容以及主题价值上所出现的激烈争辩，几乎奠定了这一文化现象贯穿整个中国传统社会的基本格调，对于中国传统社会几千年的国家治理模式与法律制度特质产生了深刻的影响，这一影响力至今依然若隐若现。④ 张晋藩指出，在中华法文化中，德法互补不仅是法文化的核心内容，也是其精华之所在。在中国古代，德的功用之一在于以德化民，在于唤起民的内在的正直天性，使民远恶迁善，使人心纳于正道的规范。以德化民不仅表现为内在的化人性之恶，也表现为外在的化不良之俗。然而，纯任德化还不足以安民立政、禁暴止邪，推动国家机器正常运转，必须辅之以政刑法度。因此，历代统治者都奉行“法为治国之具”的主张，由皇帝亲掌国家立法和司法，形成了一系列具体的立法和司法原则。⑤ 武占江对儒家的“德治”思想进行了梳理。儒家“仁政”“王道”思想中有伦理道德优先、以伦理超越法律治理的含义，这是儒家思想的理想主义层面。但是在实际运行过程中，儒家伦理的贯彻实施须以各种制度为凭依，

① 强昌文：《论中国伦理传统特点及其对法律的影响》，《政法论丛》2015 年第 6 期。
② 钱宁峰：《德法互摄：中华法系的特质和现代意义》，《唯实》2015 年第 12 期。
③ 周斌：《中国古代法律的伦理价值体系》，《兰州大学学报》（社会科学版）2015 年第 4 期。
④ 张启江：《中国传统社会“德法之辩”的初始阶段及其价值主题》，《时代法学》2015 年第 3 期。
⑤ 张晋藩：《论中国古代德法互补的法文化》，《中共中央党校学报》2015 年第 5 期。

以法律治理手段为保障。董仲舒承认了法律在构建国家制度以及维系社会秩序中的作用，将儒家的价值观熔铸在各种制度与法律体系之中，将政治、制度、法律儒家化、价值化。汉武帝的“独尊儒术”政策实际上也是将道德治理与法律治理有机结合，这是中国古代德治与法治关系的实质。[①] 关健英等在回顾先秦及秦汉德治法治关系思想、剖析儒家的君德论、挖掘其中批判现实的思想成分的基础上，认为在中国建设法治国家、推进法治进程的今天，更应该关注德治，而不应摒弃德治，患上制度迷恋症。[②] 徐晓光梳理了王阳明“德先法随”的思想。王阳明主张教化，认为教化是长治久安的上策；但同时也重视刑罚，认为刑罚是改革风俗必备手段。正统法律思想中的“德刑并用、礼法结合”在王阳明个人的法律实践中收到了明显的效果，这对当今“依法治国”与“以德治国”相结合的实践会有一定的启示意义。[③] 郑文宝对孔子的德刑观进行了解读，指出孔子德刑观承前启后。与前人不同，孔子跨越运象以思阶段，形成完整的形上体系；同时又统领后来者，后儒在德刑之“神”、之“形”上都在沿用、传承孔子之所创。表达方式上，孔子首创直接对比方式，将德、刑直接对比，更利于观点的表达、理解和接受，当代中国道德建设便是缺少类似于此的精练表达和内容阐释；孔子还开了从心理层面诠释德主刑辅的先河，增强了德主刑辅观点的可信度，当下中国道德建设亦应重视伦理道德的心理属性，切忌按经济操作手法来建设道德；最为主要的是孔子在德与刑之间植入了“礼”这个制度性规范，通过礼这个“制度”来保障道德精神在现实生活中的实现，中国封建社会悠久而成功的德治典范便是归功于此，当代中国道德建设也应借鉴于此，将“德治”的软实力通过“德制”这个硬措施来保障和实现。[④] 张梅在分析“春秋决狱”出现和存在的政治、社会、经济基础及思想文化背景的基础上，指出“春秋决狱”是把双刃剑，其所体现的衡平理念及温和的办案方式，对当今中国的法律发展与完善具有重要的借鉴意义。[⑤]

王建芹等对中国古代社会治理中的礼法关系进行了研究。王建芹指出，就社会治理文明历史传承而言，西方法治文明大厦是建立在其特殊的历史文化背景特别是基督教神学及其衍生的思想成果之上，并形塑出西方法治今天之样式。而华夏文明之“礼治”传统及其伦理哲学在历史上与西方具有不同的发展背景及文化特征，以儒家思想为主流意识形态的华夏治理文明呈现出重于“德”而轻于“法”的制度及文化表现。如何处理好华夏文明深厚的历史积淀与现代法治文明的文化融合，实现德治与法治的有机结合与辩证统一，特别是认真汲取中国古代治理文明中重视“礼法合治”

---

① 武占江：《儒家德治的实质与启示——以两汉为中心的考察》，《道德与文明》2015 年第 2 期。

② 关健英、王颖：《法治与德治：思想史的视角及现代审视》，《齐鲁学刊》2015 年第 6 期。

③ 徐晓光：《王阳明“德先法随”思想简论》，《贵州师范大学学报》（社会科学版）2015 年第 3 期。

④ 郑文宝：《孔子德刑观的审视与解读》，《伦理学研究》2015 年第 3 期。

⑤ 张梅：《春秋决狱：道德与法律耦合的现代价值》，《牡丹江大学学报》2015 年第 12 期。

思想的有益成果，对于建设中国特色社会主义法治国家大有裨益。[①] 孙春晨指出，“礼”是儒家文化中的核心概念之一，周公将祭祀之“礼”发展为维护宗法等级制度的行为规范以及国家治理的典章规定和礼节仪式，先秦儒家传承周礼并加以改良和创新，形成了对中国传统社会影响深重的儒家礼制。礼制体现了王权至上等中国传统文化的因素，具有“经国家，定社稷，序民人，利后嗣”的强大社会功能。“仁”是儒家礼制的道德基础，“德主刑辅”“为政以德”和“隆礼重法”构成了儒家礼制的德法关系观。当代中国的法治建设需要充分吸收儒家礼制传统中的有益养分，强化法治的道德支撑、尊重民间习惯法、塑造权利与义务相统一的法治文化。[②] 郭清香从实然与应然双重维度对近代新法家礼法之辩进行了梳理：从实然的层面看，承认二者在历史上均起到维护专制、压抑个性的作用，应当加以批判和反思；在应然的层面，他们认为法治与礼治不必然引发专制，并且他们努力为其寻找超越社会制度的基础，这就是应然之道。[③] 李拥军对清末“礼法之争”背后隐藏着的社会文化方面的问题进行了剖析，指出清末的“礼法之争”背后实际是主权和“国本”之争，是进化理性和建构理性之间的冲突，是“中国国情论”和“普适经验论”之间的碰撞。这些问题虽发生在当时，但仍及于现在，引发了关于对当代中国法律主体性的思考。认为中国需要建立自己的文化自信和制度自信，中国的法律和制度需要有自己的主体性，而这种主体性的要素应首推亲伦传统。[④]

张芃等对伦理义务法律化、宋代士大夫法律品格进行了研究。张芃等指出，在传统礼治思想统摄下，伦理义务法律化是我国古代义务立法的显著特征。礼治作为立法的基本指导原则，具有差别性、规范性和理想性特征，是伦理义务法律化的逻辑前提和理论根基。伦理义务法律化主要表现为君臣义务、亲属义务和邻里义务，其中亲属义务又包括婚姻义务等。伦理义务法律化使具有理想性的礼治思想丧失了独立品格和批判力量，在实践中也消弭了道德自律和自我反省，压抑了人性并阻碍了社会的发展。[⑤] 张本顺等对宋代士大夫群体法律品格进行了解读。宋代士大夫形成了“争诵律令”的习法风尚，树立了“在在持平如衡，事事至公如鉴”的司法公正理念，践行了“田婚之讼，惟以干照为主”以及“金科玉条，凛不可越”的依法审断精神。即使在涉及血缘或姻缘关系的家产讼案中，情理亦难以颠覆法律。宋代士大夫群体的法律品格彰显了中国传统司法公正性、确定性的真实面相；昭示了法律随社会变动而变动的法律哲理，为我们深刻认识宋代司法的近世化转型，乃至匡谬学界所谓古代

---

① 王建芹：《中国特色社会主义法治还需关注其道德内涵——中国古代治理文明中“礼法合治”思想的启示》，《哈尔滨市委党校学报》2015 年第 1 期。

② 孙春晨：《儒家礼制与当代中国法治》，《山东社会科学》2015 年第 12 期。

③ 郭清香：《实然与应然：中国近代新法家礼法之辩的双重维度》，《道德与文明》2015 年第 5 期。

④ 李拥军：《法律与伦理的“分”与“合”——关于清末“礼法之争”背后的思考》，《学习与探索》2015 年第 9 期。

⑤ 张芃、张熙惟：《中国传统伦理义务法律化探析》，《孔子研究》2015 年第 1 期。

“伦理司法”旧说，皆提供了一种崭新的视角；同时，对于当代转型时期“法治中国”的建设亦不乏历史的启迪与自信。[①]

四、法律制度的道德性

2015 年度学术界主要对婚姻家庭法、能源法与环境法的道德性问题进行了研究。

薛宁兰指出，学界对于婚姻家庭法作为民法有机组成部分的论证相对成熟，但对于婚姻家庭法伦理与财产法伦理的内涵及其区分揭示得尚不充分，致使婚姻家庭法特性被财产法规则掩盖，出现了对夫妻财产关系的法律适用简单依照财产法规则处理的现象。家庭与市场是两个不同领域，应遵循不同的伦理准则与道德规则，调整这两类关系的法律也各有其特性。婚姻家庭法伦理源自人类维系自身繁衍和家庭和谐有序的内在需求。在当代，它以亲属间互敬互爱、相互扶助、无私奉献为原则，蕴含着尊重生命等内涵。这些既丰富着民法公序良俗原则的内涵，又与民法财产法所崇尚的，体现交易伦理要求的公平竞争等原则有别。婚姻家庭法因此在民法体系中具有相对的独立性，是民法的特别法。[②] 王歌雅指出，抗日边区婚姻立法，承载着自由意志追求与道德责任承担，是将婚姻立法与自由意志、道德责任完满结合的立法典范。其内蕴的自由意志，在于实现自由价值表达、自由权利选择、自由责任承担；其内蕴的道德责任，在于倡导男女平等、力主人格独立、维护民族大义。[③]

屈振辉分别对能源法与环境法的道德性问题进行了研究。能源伦理关系表现为节制、效率、秩序、清洁和永续利用等多重维度，分别属于经济伦理、科技伦理、政治伦理、生态伦理和可持续发展等不同伦理范畴，表达了节约、增效、安全、环保和可持续利用等伦理诉求。能源法的各种伦理诉求最终都可以概括为永续利用，因此，能源法应当归入可持续发展法之列。[④] 人类伦理观的不断演进是环境法自其产生以来历经许多发展变化的推动力。从最初的契约伦理开始发展到后来的社会伦理，再从当代的生态伦理转向尊重生命的生命伦理，环境法正是遵循人类伦理观念的这种嬗变轨迹，而不断实现其自身由内涵及外延的变革与革命。[⑤]

五、国外法律伦理思想

2015 年度学术界主要对哈特、富勒、德沃金、博登海默、黑格尔的法律伦理思

---

① 张本顺、刘俊：《“推究情实，断之以法”：宋代士大夫法律品格解读——兼论中国古代伦理司法说之误》，《西部法学评论》2015 年第 3 期。

② 薛宁兰：《婚姻家庭法定位及其伦理内涵》，《江淮论坛》2015 年第 6 期。

③ 王歌雅：《抗日边区婚姻立法的自由意志与道德责任》，《中华女子学院学报》2015 年第 2 期。

④ 屈振辉：《试论能源法的伦理之维》，《西南石油大学学报》（社会科学版）2015 年第 4 期。

⑤ 屈振辉：《伦理观的嬗变：环境法演进之动力研究》，《温州大学学报》（社会科学版）2015 年第 1 期。

想进行了研究。

龚群就哈特所提出的法律与道德相分离以及实然法与应然法相区分的观点，对“哈特是怎样表述这一观点”“哈特真的是赞成法律与道德相分离吗”等问题展开了研究：边沁基于功利主义的立场，从普遍主义的观点提出实然法与应然法相分离的观点成为哈特的出发点，哈特强调无论任何法律，法律就是法律而不是道德。然而，哈特等法律实证主义者确实把法律看成是与道德相分离而没有关联的吗？实际上，哈特一方面强调法律与道德在存在形态上的分离，但同时也认为这两者之间有重合之处。如果人们过于夸大这两者的区分，就会导致无论是对于法律还是对于道德都有害的观点。①

内在道德在富勒法律理论体系中处于核心位置，是其理论成败的关键，如果不能准确理解此概念，那么对其法律思想就可能断章取义而产生误解。正是基于如上考虑，王志勇围绕内在道德展开论述，不但试图澄清这个概念，而且希望能够捍卫富勒的自然法立场。他指出，作为法体系的内在道德，是现代自然法复兴的产物。理解内在道德的关键在于揭示其可能蕴含的形式维度与接受维度。从当代自然法和法律实证主义争论的情况来看，形式维度的内在道德证明了法体系中包含必然的道德，在这个层面上打击了“分离命题”，接受维度的内在道德却可以和实证主义的“来源命题”兼容。由此，富勒的程序自然法进路或许可以提供一种超越传统自然法和实证主义框架的新法哲学可能。②

徐晨从德沃金所提出的“建构性诠释”这个概念来重新审视、理解关乎法律与道德的诸多争议：针对法律实证主义者在这个问题上所坚持的“分离命题”，德沃金认为此种“语义学之刺”以不必要的方式限制了法律语言的灵活性，而正确看待法律与道德关系的则应当是他所谓的“诠释性态度”。由此种态度衍生出的特定“法律概念”及其“概念延伸”与“道德”正因为其内容取决于彼此所以才成其为“不同”。而此种关联与差异又将提供一种新的模式，以便于更好地理解法理学关于“恶法亦（非）法”的经典难题以及处于不同文化和历史背景下的特定法律实践。③

蒋青兰对博登海默法伦理思想的主题进行了解读。博登海默不停留在抽象的学理层面来辨析法律与道德的关系，而是立足于现实生活的基础上来探讨法律对人的价值实现的意义。基于此，他提出了法律的三大目的，即助推人的价值实现、促进和平的实现和调整相互冲突的利益关系。法律这三大目的是统一的，人的价值实现是法律目

① 龚群：《哈特法律与道德的关系论》，《伦理学研究》2015 年第 6 期。

② 王志勇：《法律的“内在道德”的两个维度——再访富勒自然法思想中的一个核心概念》，《华东政法大学学报》2015 年第 4 期。

③ 徐晨：《理解“法律与道德”关系的“建构性诠释”视角》，《上海交通大学学报》（哲学社会科学版）2015 年第 3 期。

的的最终价值圭臬。①

陈翔探讨了黑格尔法伦理思想呈现出的三种面相：以共同的国家权力出现的国家伦理，以规定的法权状态出现的家庭伦理，以教化的道德世界出现的个体伦理。这“三种面相”的逻辑关系为：国家伦理是未来的指向进路，家庭伦理是外在的事实进路，个体伦理是内在的情感进路，这三者有机统一于黑格尔法伦理思想的精神内核。在当代，黑格尔法伦理思想的三种面相与伦理精神一体，构成以实践思维方式关注现实、改变世界的特殊品性。②

---

① 蒋青兰：《博登海默对法律助推人的价值实现的论证》，《伦理学研究》2015 年第 1 期。

② 陈翔：《黑格尔法伦理思想的“三种面相”》，《学术交流》2015 年第 1 期。

第十二章　2015 年经济伦理学研究报告

张　霄　周雅灵

2015 年的经济伦理学研究领域依然十分全面，既有马克思主义经济伦理学问题，也有中国传统经济伦理问题和西方经济伦理问题。经济伦理学研究朝着应用伦理学的方向逐渐深入，不仅研究的问题越来越具体，研究方向的跨学科性质也越来越明显。经济伦理学研究的整体水平正在不断提高。

一、斯密问题与经济人假设

众所周知，亚当 · 斯密问题一直是经济伦理学研究的经典问题。这个问题不仅关系到人性善恶的基本取向，也关系到对经济伦理模式的理解。斯密问题已然成为经济伦理学研究领域历久而常新的话题。

张春敏认为，当代西方主流经济学把经济学看作技术科学。经济学主要依赖数理和形式逻辑的推演，丢弃了历史分析和制度分析的因素，成了“黑板经济学”。经济学数学化的前提是“经济人”假设的数字化和工具化。“经济人”思想自产生以来，从有机化、概念化、数字化到裁剪化，经历了四个阶段。“经济人”假设的每个阶段反映的都是经济学家个体论述和社会历史总体发展的统一。以“经济人”假设的发展阶段分析为切入点，可以准确把握近现代西方经济学发展的基本脉络和特征，发现其存在的方法论问题，认识其本质，为经济学的创新提供参考。①

王国乡和李高阳认为，在国际斯密学研究领域，“斯密问题”既被从不同视角解读的众多研究者证明为伪问题，也被有些人认为是永远无法解决的问题。归根结底，“斯密问题”的问题之源在于斯密本身，在于斯密对道德的认知和判断、对经济道德的忽视、对经济人和道德人的割裂及对经济学与伦理学的割裂，此即“伦理学只讲道德”“经济学不讲道德”的斯密传统。道德的定义是自主不损人，存在两种道德，

---

① 张春敏：《“经济人”假设的阶段性分析》，《河北经贸大学学报》2015 年第 1 期。

即经济领域的经济道德和非经济领域的人格道德。经济人是道德人，经济学必须讲价值判断，要建立把经济学和伦理学融为一体的既讲道德又讲效率的“经济伦理学”，如此才能从根源上终结斯密问题和斯密传统。继而针对斯密问题在中国的表现——“茅于轼问题”进行分析，首先介绍《择优分配原理》的微观经济学原理所支持的道德观；其次指出《中国人的道德前景》强调的道德观；最后指出二者的矛盾，并再次以终结斯密问题的道德理论破解之。①

张严和孔扬认为，斯密在《道德情操论》中把人们社会行为的基础归结于同情，而在《国富论》中却把人们社会行为的基础归结于自私。这个矛盾后来便衍生为经典的“亚当·斯密问题”，流传颇广。他们认为，现阶段，在我国社会主义市场经济大背景下，亚当·斯密基于个人主义的利己主义——自爱原则，对于培育公民及法人等利益主体的创造理性、独立理性和契约理性，进而发展社会生产力、实现现代化目标，仍具有一定的启示意义。其一，关于创造理性的培育功能及其现代化意义。其二，关于独立理性的培育功能及其现代化意义。其三，关于契约理性的培育功能及其现代化意义。②

李怀和赵万里认为，仅靠“经济人”假说并不能圆满地解释现实和人类的所有行为。人离不开制度，同样，制度需要以人的存在为基础。正是基于人与制度的互动关系，才使人类社会处于一定的秩序框架内而不断地发展。因此他们认为“制度人假说”更好地解释了人类的部分行为，它将制度作为内生变量考察人与制度的互动机理。“制度人”按照“个体行动法则”行事。在合理的制度下，“制度人”机制将使人类社会走向有序、和谐、快乐与幸福。越是成熟的社会，制度理性就越强。制度文明是人类文明和社会进步的主要标志，制度是解释经济增长和社会发展的最终根源。因而该文预言，未来人类社会的文明与进步取决于制度文明的实现程度，而制度文明实现的程度又取决于“经济人”向“制度人”转化的程度。但愿我们的努力能够成为人类文明与社会进步的阶梯。③

张卓从管理制度观的角度研究了“经济人”假设，认为“理性”制度观主导了经验管理进入“科学设计”的制度管理的变革，也为管理理论与实践的变迁与发展提供了重要的可供参考的逻辑镜像。以人的经济理性为前提的分析逻辑在解释一些管理现象上具有不言而喻的直观功效，具有推动管理结果产出的某种特定功能。但同时，它也遭到了多重批评，正是由于经济人假设生成的管理制度观过分强调“硬制度”要素而受到持续性批评，才使管理领域有了关于制度价值讨论的最初参照，进

---

① 王国乡、李高阳：《“斯密问题”的终结——兼论“茅于轼问题”的破解》，《社会科学战线》2015 年第 4 期。

② 张严、孔扬：《“亚当·斯密问题”的哲学反思与时代意义》，《社会科学战线》2015 年第 3 期。

③ 李怀、赵万里：《从经济人到制度人——基于人类行为与社会治理模式多样性的思考》，《学术界》2015 年第 1 期。

而激发了后继者管理制度思维逻辑建构的热情。只有多学科嵌入形成的多维人性假设主导的管理制度哲学的人本追求，才会形成理论与实践经久不息的巨大洪流。这应该是我们重新反思“经济人”假设的管理制度观的现实意义所在。①

陆建德从亚当·斯密的伦理学体系对“经济人”进行了研究。他指出，“经济人”是我国近十几年来非常流行的概念，这大概是经济学界一些崇拜亚当·斯密的社会活动家们的功劳。但是《牛津大辞典》（OED）第二版没有将常见的“homo economicus”（拉丁文“经济人”）收入，第一版增补部分收有“economic man”的词条，例句都取自19世纪后半叶及以后的著作。亚当·斯密本人并未提出“经济人”的说法，但后人往往将他理解成“经济人”利己主义本性的捍卫者。我们不妨通过他本人的伦理学来戳穿“经济人”的神话。②

陈小燕将“经济人”进一步扩展为“双重经济人”，她指出，从生态文明的层面，基于“双重经济人”的人性假设，提出构建合理的生态文明制度，包括他律性制度（硬制度）和自律性制度（软制度），规范和引导人们的行为，以期为解决“公地的悲剧”困境提供新的视角和思路。③

二、马克思主义经济伦理思想

从马克思主义理论出发研究经济伦理是中国经济伦理学发展的原生形态。这种研究范式一直以来都不乏支持者，也是经济伦理学研究领域的一个主要方向。2015年，这方面的研究依然活跃，研究成果多于往年，研究水平不断提高。

（一）对经典作家文本的经济伦理学解读

贺翠香从《1844年经济学哲学手稿》出发分析了马克思的经济思想。他指出，《手稿》的内容、写作《手稿》时的阅读笔记和摘要、原始顺序版的再现，都说明马克思劳动概念的基本含义是私有制下的异化劳动。马克思早期思想中出现的劳动—实践—生产的形式跳跃不影响其历史唯物主义的基本原则。马克思的劳动观涵盖当时的国民经济学、黑格尔辩证法、左派黑格尔人物的思想观点、科学社会主义等思想。哲学与政治经济学的交融是其劳动观的独特之处。他还指出，政治经济学和哲学的交融，使得马克思的劳动观既现实、彻底——从工人的异化劳动出发，追溯到私有财产产生的根源；又给人希望和行动的方向——废除私有制，实现全人类的解放。其中，

---

① 张卓：《管理制度观“经济人”假设的逻辑镜像》，《行政论坛》2015年第5期。

② 陆建德：《虚拟的“经济人”——从亚当·斯密的伦理学看“经济人”的神话》，《企业研究》2015年第11期。

③ 陈小燕：《以生态文明制度化解“公地的悲剧”困境——基于“双重经济人”的视角》，《理论导刊》2015年第10期。

“私有财产的主体本质是劳动”的命题最为集中体现出马克思哲学和经济学思想交融的特色。马克思厌恶从抽象的、思辨的观念出发来思考问题，他更愿意从现实的、物质的问题出发来探查社会。所以，他不可能从有关人的本质的抽象规定出发，来探讨工人的异化劳动问题，尽管其中暗含着一些关于人的形而上学前提。①

余达淮认为，《1844 年经济学哲学手稿》蕴藏着马克思对历史之谜的历史唯物主义解答。它是马克思对经济问题初步的、辩证的、实践的认识。马克思有着自己的合于社会规律的道德理想，即每个人的自由发展是一切人的自由发展的条件。马克思揭示了资本的文明，资本使人获得了政治的自由，解脱了束缚市民社会的桎梏，把各领域彼此连成一体，创造了博爱的商业、纯洁的道德、令人愉悦的文化教养。马克思从未放弃异化的概念。在《1857—1858 年经济学手稿》和《资本论》中，马克思把异化的反过来统治人的劳动产品，通过生产的社会化形式，转化为剩余劳动进而转化为剩余价值，从而揭示资本攫取剩余价值的本质。资本作为生产关系，它的伦理内涵表现在：平等地剥削劳动力，是资本的首要的人权。资本不仅表现为社会关系，也体现为某种意识和观念；资本促进秩序和规则的培育，也发展出现代平等、自由、信用等概念；资本关系及其伦理在人类发展当中只是一种暂时性的存在。②

石佳和王庆丰从《资本论》出发对马克思的商品概念革命进行了研究，他们指出，在《资本论》中完成一场术语革命的马克思，从未改变他作为一位伟大革命家的初衷，在《1844 年经济学哲学手稿》中就已经着重强调的异化概念，到了《资本论》，凭借着熔铸于商品概念之中的哲学内涵，而得到了具有充实内容的解释，其理论精神得到了彻底的贯彻，随之探索出一条改变人们现有的异化生存方式的历史道路——瓦解资本逻辑。马克思赋予商品范畴以全新的哲学内涵，使其成为依托经济外壳言说现代人存在方式的哲学话语，即富有了关于人本身的道义论、存在论、价值论维度，而非仅仅作为“物”而到场。随着对商品二重性及其蕴含的劳动二重性的分析，马克思深入资本主义生产方式的内在矛盾中，找到了造成人的异化的社会历史根源，揭示了隐藏在资本主义财富积累背后的社会关系的阶级性和对抗性。通过对商品范畴的哲学内涵的讨论，我们看到，马克思赋予经济术语以革命性内涵，这是马克思思想的时代性与人类性的最好体现，也是认清《资本论》——政治经济学批判——与马克思主义哲学的一致性关系的有效理论途径，因而也是当代马克思主义哲学研究中的一个至关重要的课题。③

---

①　贺翠香：《马克思〈1844 年经济学哲学手稿〉中的劳动概念探微——从 MEGA2 的视角看》，《黑龙江社会科学》2015 年第 2 期。

②　余达淮：《资本的道德与不道德的资本——从〈1844 年经济学哲学手稿〉谈起》，《马克思主义与现实》2015 年第 4 期。

③　石佳、王庆丰：《商品概念的术语革命——马克思〈资本论〉的哲学意义探析》，《南京社会科学》2015 年第 11 期。

（二）马克思主义、正义与经济伦理

韩立新从马克思的思想出发，研究了马克思的劳动所有权和“正义观”。他指出，劳动所有权、按劳分配和“交换的正义”是资本主义所承诺的正义。成熟时期的马克思曾以“领有规律的转变”理论揭露了这一正义的虚伪性，即它所标榜的是“劳动和所有的同一性”，但它所实现的却是“劳动和所有的分离”。许多分析马克思主义者之所以在回应自由主义的挑战时表现得软弱无力，甚至怀疑马克思剥削概念的合法性，其原因之一就在于没有认识到“领有规律的转变”理论同时也是马克思的正义理论。[①] 他系统地分析了什么是所有权、“领有规律的转变”与资本主义的非正义以及剥削的非正义性。

崔朝栋和崔翀分析了马克思的分配理论。他们指出，直到今天，政治经济学界及政治经济学教科书大都还受传统分配理论的影响，把按劳分配看作社会主义公有制经济中所特有的分配原则，把按生产要素分配与私有制经济密切联系起来，甚至把在公有制经济中就业的劳动者的劳动收入与在非公有制经济中就业的劳动者的劳动收入也严格区别开来和对立起来，认为前者属于按劳分配收入，是劳动报酬，后者不是按劳分配收入和劳动报酬，而是属于按生产要素分配中的按劳动贡献分配或劳动力价值，虽然具有必然性，但是不具有合理性。甚至把我国目前收入分配差距过大的根源也归罪于按生产要素分配（包括其中的按劳动贡献分配）。[②]

马桂花认为，马克思的分配正义论学说内容很丰富：以分配从属于生产为逻辑起点，揭露了资本主义经济学者把二者分割为两个毫不相关独立领域的错误观点；以生产资料所有制为理论重心，批判了以生产资料私有制为基础的资本主义生产方式；以科学性与人文性相统一的价值取向，指出了推翻资本主义私有制社会，建立共产主义公有制社会的分配正义途径。研究马克思的分配正义思想，对当前我国的分配制度改革有一定的启示。她首先分析了分配从属于生产是马克思分配正义论学说的逻辑起点；其次指出生产资料所有制是马克思分配正义论学说的理论重心；最后她认为，科学性与人文性的统一是马克思分配正义论学说的价值取向。

（三）马克思主义、社会再生产与经济伦理

王时中认为，凯尔森在“自然法学说”与“法律实证主义”的左右夹击中提炼且论证了“纯粹规范”的自主性，并基于此批评马克思陷入了“意识形态”与“现实”的双重混淆：一方面误将“法律的现实”视为经济基础所决定的“意识形态”，

① 韩立新：《劳动所有权与正义：以马克思的“领有规律的转变”理论为核心》，《马克思主义与现实》2015 年第 2 期。

② 崔朝栋、崔翀：《马克思分配理论与当代中国收入分配制度改革》，《经济经纬》2015 年第 3 期。

另一方面又误将社会主义的"意识形态"视为"现实的科学"。但实际上，凯尔森误解了马克思展开"资本逻辑"的理论坐标与表述形式，同时，由于他将康德的先验方法引入实在法时否定了"应然"层次的客观性，因此无法为"纯粹规范"确立恰当的逻辑形式并陷入了"规范非理性主义"。通过考察凯尔森"规范逻辑"的内在困难可以发现，在处理"特殊的对象"与"特殊的逻辑"之间的关系问题上，马克思基于"生产一般"的抽象所构造的"资本的逻辑"依然具有极其重要的意义。①

许斗斗分析了马克思的生产、技术和生态之间的关系，认为马克思的生产理论强调社会生产是在具体生产方式下进行的，资本主义的生产方式只能使社会生产破坏生态环境，科学技术在资本主义生产方式下，只能成为征服自然、控制自然并使人更加异化的手段；无产阶级在本质上代表着人类发展的先进性和未来趋势，因而在全球化的人类生态危机中必将能够承担消除危机的历史责任。在马克思的生产、技术等理论中始终蕴含着人与自然、人与社会相互协调的生态思想。马克思丰富的生态思想是建立在对资本主义生产方式和私有制批判的前提下，并通过无产阶级的革命实践来完成的，换言之，在特定时代的语境下，马克思的生态思想是以一种批判和否定资本主义私有制的方式来呈现的。②

潘萍对生产方式下的性别压迫进行了分析，他指出，恩格斯将性别压迫类同于阶级压迫，高度概括了二者基于阶级—性别等级制度的长期存在而被遮蔽了的本质之间所存在的高度相似性，即类质性。而在当代，若要正确理解恩格斯这一类比的科学性，则必须在对妇女所受压迫展开一般的阶级分析基础上，充分认识资本主义生产方式的父权性质所造成的阶级—性别连锁压迫是促使当代妇女产生"阶级式联动"的外部压力，资本主义生产方式中的异化劳动所造成的妇女的特殊"异化"体验则是她们超越内部巨大阶级差异、创造和维护"妇女阶级意识"的内源基础。③ 张江伟就消费和生产伦理进行了分析，他指出，不同于新古典的形式化看法，凡勃伦认为，资本主义体系是一个建立在炫耀性消费心理和掠夺性的工作伦理之上，并通过对人的德性和品格的塑造而不断地再生产出相应的伦理价值而维系和保存自身的体系。他仔细分析了凡勃伦的论述，指出凡勃伦的分析存在不少缺陷：首先，他看到了资本主义体系可能存在的一些问题，但是其批评总体上是粗暴的；其次，他的修辞是印象式的，而不是分析式的；再次，他对资本主义的批评即使合理，也只是第二性的。然而不可否认的是，凡勃伦的印象式的观点，有着技术性的经济学所不能取代的优点。它使得良好的市场经济的伦理基础的问题更为清晰地呈现在读者面前，为他们观照自己的所

---

① 王时中：《从"生产"到"规范"——以凯尔森对马克思的批评为视角》，《天津社会科学》2015年第3期。

② 许斗斗：《论马克思的生产、技术与生态思想》，《马克思主义研究》2015年第5期。

③ 潘萍：《论资本主义生产方式下的性别压迫与阶级压迫——基于马克思主义的阶级分析法》，《中华女子学院学报》2015年第4期。

处社会提供宝贵并且不失深刻的参照点。得体的商业社会或者资本主义社会需要建立在人道和自然的消费和生产伦理之上。否则，人类一定会败坏自身所处的社会以及自身的幸福。当市场原教旨主义完全相信市场的非人格化力量的正面影响的时候，凡勃伦警示我们：市场的非人格化力量的背后本质上是具有特定伦理品质的人在发挥作用。后者的品格和选择决定市场本身的运行，以及它是否服务于公共福利这一目标。①

詹明鹏对马克思的消费理论进行了分析，他指出，马克思从人类社会历史发展的视角阐述了其消费思想，形成内容丰富的消费理论。他认为消费与生产既同一又互为中介，两者相互依存；资本主义前各社会的消费是生产的直接目的，而资本主义社会的消费不再是生产的目的，它和生产一同成为资本增值的要素和过程，是人的非自由的消费；只有共产主义社会的消费才是人的本真需要，它充分满足人的消费需要和社会公共消费积累。马克思主义消费理论为我国正确处理消费与生产、消费与社会积累的关系以及在国际上建立我国消费话语系统都有重要的理论价值和实践意义。马克思分析了人类社会一般意义上的消费及其与生产的关系，阐述了不同社会形态下的消费，揭露资本主义社会的消费作为资本循环和再生产过程的要素如何发挥作用，指出资本主义社会生产和消费之间的必然矛盾，指明共产主义条件下的消费才属于人类的真正消费，是人的本真需要。虽然马克思的消费理论形成于一百多年前，但对指导我国处理好消费与生产、积累的关系，以及建立我国的消费话语系统有重要的理论价值。②

龚天平和李海英就经济交换的伦理价值进行了研究，他们指出，经济交换是人类所特有的、历史悠久的一种经济活动，在市场经济条件下，它又构成市场经济的核心环节。以交换视角看市场经济，市场经济就是一种交换经济，经济主体的生产只有通过交换才能实现其价值，从这一意义上说，交换决定着经济主体的效益，从而也决定着市场经济的成败。但是，从历史唯物主义角度来看，经济交换本质上并不是一种简单的物与物的转移，它实质上反映着人与人之间的以经济关系为基础的社会关系。从表象上看，交换是经济主体之间的物品互换，但实质上是它们之间的利益交换、权利让渡。因此，交换包含着深刻的伦理内涵，对经济社会生活具有重要的伦理价值，具有特殊的道德规则。笔者试图从经济伦理学角度论述经济交换的伦理意义，揭示其道德规则。③

---

① 张江伟：《对资本主义消费和生产伦理的分析与批判——读〈有闲阶级论〉》，《浙江社会科学》2015 年第 4 期。

② 詹明鹏：《马克思的消费理论及其当代价值》，《求索》2015 年第 10 期。

③ 龚天平、李海英：《论经济交换的伦理价值及其道德规则》，《河海大学学报》（哲学社会科学版）2015 年第 2 期。

（四）劳动价值理论的经济伦理学含义

孙宇认为，马克思劳动价值论作为揭示商品内在矛盾的科学理论，能指导我们解决现实经济中出现的各种问题，我们要深入探讨和研究马克思劳动价值论，进一步理解它的真正内涵。在目前市场经济发展的热潮中，我们应该对马克思的劳动价值观重新进行思考，要使劳动价值观与时俱进，要充分认识到劳动创造价值的重要性，换言之，生产过程中要将劳动者的体力和脑力的支出等同起来。马克思认为在价值形成过程中，活劳动是创造价值的重要条件，而活劳动是人自身价值的外在体现和肯定，人是受思想控制的，故要充分提高人自身的思想道德文化来提高活劳动价值，让活劳动创造价值的思想观念深入人们的生活中去，从而为社会创造更多的财富。①

马莎莎和刘冠军认为，雇佣劳动理论是马克思经济理论的重要组成部分，是研究政治经济学的基础。虽然马克思在其毕生的研究中并未发表过系统论述雇佣劳动理论的专著，但雇佣劳动理论在马克思思想史中占有绝对重要的地位是被学术界广泛认同的。马克思雇佣劳动理论从概念提出到理论完善经历了相当长的过程，这个不断完善的过程贯穿于马克思思想史的发展过程中。马克思从对“雇佣劳动”的探讨开始，研究资本主义世界的经济关系，研究资本主义社会的变迁，并在此基础上对未来社会雇佣劳动发展作出了理论预设。②

张雷声和顾海良认为，劳动价值论是马克思主义理论的重要组成内容。马克思关于劳动价值论的研究过程，是一个由怀疑到靠近、肯定，再到创新的发展过程，也是一个在经济学研究中创立、运用唯物史观、实现了劳动价值论与唯物史观内在结合的过程。考察这一过程，使我们在走向历史深处中可以通过方法的整体性和逻辑的整体性，把握到马克思劳动价值论研究的历史整体性，真正去理解马克思、解读马克思的思想。③

谭泓重释了马克思主义劳动伦理观。他指出，资本在以其巨大推动力创造现代文明的同时，在资本逐利性的本质推动下资本逻辑与生产逻辑、技术逻辑联姻共同吞噬生活逻辑成为现代社会的奇特景观。即使在社会主义市场经济体制下资本逻辑的利润最大化追求并没有改变，在全球经济发展的背景下，由于资本趋利的自然本性，几乎所有的现代重要事件都与资本逻辑紧密相关。引导人们重视生活逻辑，扬弃资本逻辑、实现资本逻辑与生活逻辑的统一，是马克思劳动伦理观的当代价值。④ 他强调了马克思“畸形劳资”伦理观的本质内涵、马克思“体面劳动”伦理观的追求渊源以

---

① 孙宇：《马克思劳动价值观在高校思想政治教育中的启示》，《中国教育学刊》2015 年第 S2 期。

② 马莎莎、刘冠军：《马克思雇佣劳动理论及其历史贡献》，《兰州学刊》2015 年第 3 期。

③ 张雷声、顾海良：《马克思劳动价值论研究的历史整体性》，《河海大学学报》（哲学社会科学版）2015 年第 2 期。

④ 谭泓：《马克思劳动伦理观的当代阐释》，《中共中央党校学报》2015 年第 2 期。

及马克思劳动伦理观的当代阐释。

徐海红评述了马克思劳动思想研究。他指出，劳动是马克思历史唯物主义的基石。学界的研究成果丰硕，但也存在着一些不足：第一，在研究背景上，对西方传统哲学和现代哲学与马克思劳动哲学之间的关系进行的研究较多，但对中国传统哲学与马克思劳动哲学之间的关系研究得不够。第二，在研究内容上，对马克思劳动概念、地位、价值、异化和解放思想的研究偏重文本解读，与当今社会现实结合不够。第三，在价值取向上，对马克思劳动价值的探讨，偏重于挖掘劳动对人的意义和价值，对自然所具有的价值探讨不多。马克思劳动思想的研究要注重与中国传统文化和社会现实相结合，积极探讨契合当代中国发展所需要的劳动概念和价值追求，对西方哲学理论中的劳动理论予以反思和回应。不仅要关注什么样的劳动创造财富，还要关心人类怎样劳动才能与自然和谐相处。人与自然是一个整体，只有人与自然在劳动过程中都得到解放，每个人自由而全面的发展才能真正得到实现。①

周晓梅和宋春艳认为，马克思的劳资关系理论对于研究我国私营企业劳资关系问题有着重要的指导意义。私营企业中资本占有劳动具有双重属性，私营企业中资本对劳动强制不会发展为社会的强制，私营企业主与工人之间是具有中国特色的人与人之间的关系，这为我们研究私营企业劳资关系的和谐性与对立性提供了理论基础。他们认为，我国现阶段私营企业的劳资关系的实质及其特征为我们研究私营企业劳资关系的和谐性与对立性提供了理论基础。目前，我国私营企业的劳资关系矛盾表现形式多样，并且在数量上有不断上升的趋势。这必然会对私营企业的持续健康发展和社会主义和谐社会的构建产生不利影响。因此，可以充分发挥社会主义制度的优越性，积极促进私营企业劳资关系的和谐发展。他们同时还就这一问题提出了五条合理性的建议。②

（五）其他

苑鹏就马克思、恩格斯的合作制与集体制进行了分析，他指出，合作制与最终实现生产资料全社会所有制具有内在的一致性。在马克思、恩格斯的所有制理论中，集体所有制等同于全社会所有制；在马克思、恩格斯的话题体系下，集体所有制与社会所有制、国家所有制的概念是相同的，两者是交叉使用的。马克思、恩格斯的“集体”概念是指生产者作为自由人的共同体，并不存在剥夺了个人所有权的合作社的集体所有制。他梳理了马克思、恩格斯有关所有制和合作制理论的经典文献，对合作制与集体所有制的基本内涵及其相互关系做了探索性的阐释和分析，指出马克思、恩

---

① 徐海红：《马克思劳动思想研究述评》，《南京林业大学学报》（人文社会科学版）2015 年第 4 期。

② 周晓梅、宋春艳：《马克思劳资关系理论视域下的我国私营企业劳资关系问题研究》，《河北经贸大学学报》2015 年第 3 期。

格斯的“集体”概念是指生产者作为自由人的共同体。此外，在马克思、恩格斯的话语体系下，集体所有制与社会所有制、国家所有制的概念是相同的，且是交叉使用的。①

何悦就马克思的生态经济理论进行了研究和分析，她指出，马克思生态经济理论是以生产关系为研究对象，以生产关系与生态系统互动为研究内容，以生产方式的生态化改造为主要研究目标的理论体系。当下，在推进新型城镇化的大背景下，应抓住社会与经济变革的时机，学习并运用马克思生态经济理论来指导我国生产方式转变以及生产关系改造。他指出，转变经济发展方式，主要内容是转变经济增长模式，优化产业结构，实现经济的可持续发展，而本质上是对当下经济生产方式和社会生产关系的再定位与再调整。要实现马克思生态经济理论构想，除了以生态产业化、循环经济等为主要方式外，实现生态城镇化建设，更重要的是实现人与人之间生产关系的生态化。而要实现经济发展方式的转变，就要从人与社会的关系入手，以生态经济关系的建立，带动生态社会关系的建立，促进人的健康发展，最终形成人与自然和谐的经济发展方式。②

孟捷和冯金华就部门内企业的代谢竞争与价值规律进行了研究和分析，他们试图把演化经济学的视角纳入马克思的理论模型，提出以知识生产的组织形态为中介，不同企业可以采用不同的技术或不同的生产方式来生产属于一个部门的产品。该文在劳动价值论的基础上构建了一个部门内竞争的动态层级结构的模型，探讨了价值规律在这种竞争结构里得以实现的新形式。在此基础上，他们还从劳动价值论的视角定义了企业的竞争优势，并与波特的竞争理论进行了比较；同时还进一步分析了代谢竞争在部门内可能存在的三种主要类型。他们认为，在概念上得以明确的这种代谢竞争，在现实里对应着各种具体而复杂的形态。而这些具体形态只能通过进一步的历史和制度研究，才能获得透彻的理解。③

三、中国传统经济伦理

近些年来，在中国传统经济伦理研究领域，学者们除了研究古典人物的经济伦理思想之外，把传统经济伦理思想用于现代经济伦理问题的研究也越来越多。从传统文化中汲取现代经济伦理学研究的思想资源和经济伦理实践的方法，已经成为经济伦理学研究领域一个欣欣向荣的学术生长点。

原理从儒家传统德性出发，认为道德体系是文化价值体系中一个至关重要的部

---

① 苑鹏：《对马克思恩格斯有关合作制与集体所有制关系的再认识》，《中国农村观察》2015 年第 5 期。

② 何悦：《马克思生态经济理论中国化困境与展望》，《中国人口·资源与环境》2015 年第 11 期。

③ 孟捷、冯金华：《部门内企业的代谢竞争与价值规律的实现形式——一个演化马克思主义的解释》，《经济研究》2015 年第 1 期。

分，文化对道德的影响是巨大的。尽管儒家德性观在某些方面和西方的德性观有着非常相似的部分，但是传统儒家对某些德性的理解，则具有文化的独特性和重要性。在进行中国本土伦理领导的研究过程中，必须将其置于中国的文化语境之内，因为中国是一个重视伦理道德的国度，在管理中依然提倡魅力型的德行领导，儒家的德性观并未过时。儒家的德性原则并非空洞和抽象的，而是一种实践智慧，是一种立身处世、学以为人的艺术，这对指导领导者在领导实践中不断提升内在品德修养、对道德原则信守、对是非善恶进行判断非常重要。儒家德性领导力的构建也可以为其他文化中的管理者和领导者提供有益的洞见。①

吴云就儒家的价值信仰进行了研究，他指出，现代性“道德谋划”的失败，使得社会“伦理共契”碎片化，道德观念之一致性的丧失，成为最为深刻和危险的现代性危机。究其原因：其一，改革开放经济加速转型而导致的经济理性，其巨大的宰制作用，使得人的意义世界消退。其二，单子化的单一个体所组成的现代社会失去了可能整合的社会认可，社会阶层、贫富差距、生活方式、态度意识的“碎片化”便成为不可避免的现代性后果。其三，道德义务论者片面强调道德的内在动机性，忽视“道德心理”的相互性，“正义动机的条件性和不稳定性在无法律保障其相互性的”环境下显现出来。这样在道德发生的客观外部机缘和道德主体的内部机缘的双重层面产生了危机，不同的文化共同体中产生了“共鸣”——信仰危机、道德信仰危机。②

张铁军、王帅奇和王帅帅就儒家消费伦理思想进行了研究，他们指出，在当前我国的社会主义市场经济发展过程中，以消费主义为代表的伦理思想对社会主义市场经济消费伦理的冲击不容小觑。对儒家传统消费伦理进行分析，去其糟粕，取其合理消费伦理价值内核，对社会主义市场经济的消费伦理构建具有重要意义。③ 他们分析了儒家消费伦理思想的基本内容，消费主义带来的社会主义市场经济消费伦理困境以及儒家经济伦理思想在社会主义市场经济中的价值。

曾春海从儒商出发对企业伦理进行了研究，文章先对西方“现代性文化”之本质作扼要引述，强调杰出的企业取决于企业的精神文化，文中追溯先秦儒家的基本伦理观念，特别论及荀子重视合乎公义的职能分工及报酬正义；强调社会的和谐和共同幸福；标榜了当代的儒商风采，介绍了两岸儒商如何本着儒家伦理的核心价值，创造了一流的企业以及尽善了对社会的责任。他认为，现代化的企业经营特别强调理论理性和工具理性的理性化元素，制度理性是西方企业的精髓。然而，工具理性的蓬勃发展，使西方以科技或经济成长指标为单向指标的西方企业，易忽略价值理性的人文元素，偏执于误认人类文明的价值仅在于物质的丰饶和科技的单边性发展。因此，现代

① 原理：《基于儒家传统德性观的中国本土伦理领导力研究》，《管理学报》2015 年第 1 期。

② 吴云：《论儒家思想中的价值信仰及其实践性》，《河南社会科学》2015 年第 12 期。

③ 张铁军、王帅奇、王帅帅：《儒家消费伦理思想及其在社会主义市场经济中的价值探析》，《商业经济研究》2015 年第 4 期。

化的偏向发展也产生无法评估的负面现象。因此需要有识之士提出危机感的呼唤和深切的批判与可能的修正方向。①

崔会敏就孝廉思想研究了义务论与功利主义，他指出，中国传统文化本质上可称为“孝的文化”。中国传统孝文化的含义有狭义和广义两种，狭义的孝指子女对父母的奉养和遵从；广义的孝把子女对父母的奉养和对国家的忠诚联系起来。现代人对孝的观念在狭义上没有本质变化，大都认为孝就是要照顾老年父母的日常生活。但中国人对于传统孝文化的认同感有所下降。在传统社会，老人是家庭和社会的权威，但在工业文明的冲击下，科学理性逐渐代替了传统的权威。从对行为主体的规范性来看，孝文化和廉洁文化有着共同的伦理基础——义务论。正是这个伦理基础，将孝文化与廉洁文化紧密结合起来。“义务”概念意味着人类行为在道德上的善不是出于爱好或利己之心，而是出于道德本身，即纯粹出于义务的行为是出于对某种形式原则的敬重。义务论者认为由特殊关系产生的特殊义务对我们的行为施加了约束，“道德律对于每一个有限的理性存在者的意志来说则是一条义务的法则，道德强迫的法则，以及通过对这法则的敬重并出于对自己义务的敬畏而规定他的行动的法则”。也就是说，义务常常与人类的欲望与情感相抵触，因此需要德性去克服那些违反道德法则的企图。②

何艳和马立智两位学者就墨子的思想进行了研究，他们指出，墨子正是站在小生产劳动者的角度，深知物质财富积累不易，提倡“节用、节葬、非乐”来表达自己崇尚俭约的主张。相比于当下的中国，经过多年的改革开放，生产力上获得了巨大发展，不再是墨子时代物质匮乏的情景，我们可以也应该拥有比墨子时代更好的物质生活。但由于提出背景的相似性，在避开不合时宜的、过于劳苦自己的禁欲主义生活方式的同时，勤劳和适度消费依然应该保持着应有的价值。在这种理性的消费模式中，可以更好地体现人与人的平等，更好地弥合高校的各种矛盾，实现“兼爱”的伦理理想，以提升整体的民族素质。在构建高校理性的“节用”的消费模式中，“上行下效”是必须注意的。高校的最高管理层能否做到“节用”式消费将直接影响到普通师生员工的消费习惯和消费模式。此外，设计到位的各种节约消费制度是保证高校“节用”消费模式能否最终形成的关键性因素。③

张再林就经济伦理范式进行了研究，他指出，泰州学派思想运动是处于中国古代历史转型期的晚明时期最重要的社会思潮之一。一方面，它一反宋明理学的鲜明而激进的功利主义取向，使其可被视为“中国近代资本主义思想的萌芽”；另一方面，它

---

① 曾春海：《儒商与企业伦理》，《湖南大学学报》（社会科学版）2015 年第 3 期。

② 崔会敏：《孝与廉的伦理基础及现代重建——基于义务论与功利主义的对比视角》，《道德与文明》2015 年第 1 期。

③ 何艳、马立智：《墨子思想在构建和谐高校中的价值思考——以“兼爱”“节用”和“非命”为例》，《中国教育学刊》2015 年第 S2 期。

对源于周礼的中国文化“家本主义”思想资源的深入发掘，又使其体现为对中国古老的伦理本体传统的历史回归。因此，正是这种经济学思想与伦理学思想两者的携手共进、相映成趣，使泰州学派思想得以统摄会通“义”“利”，堪称中国传统经济伦理思想中的一座有待开采的精神富矿；同时，也使我们循这种“义利双行”路线对泰州学派思想进行研究，这既是对中国传统文化中是否有普世的经济伦理这一“韦伯式问题”的回应，又是对中国传统经济伦理的真实面目的一种去蔽和揭秘，并最终使有别于西方式的“神本主义”的经济伦理的、一种中国式的“家本主义”经济伦理范式在当代学说中有可能真正奠定。①

四、企业社会责任

企业社会责任问题是2015年经济伦理研究的焦点。

李小平就国有企业的责任困境进行了研究，他指出，企业既是经济责任主体又是社会责任主体，在履行经济责任问题上，企业的目标、路径都十分明晰；但在履行社会责任问题上，企业自身却存在不少困惑，甚或出现一些乱象。他基于权属的公共性，对我国国有企业在履行经济责任与社会责任时的伦理困境进行了分析，并从企业伦理学角度探寻了国有企业突破伦理困境的实现路径：确立以商业价值为伦理基础；明确以限度生存为伦理边界；强调以生态协调为伦理秩序；突出以国家利益为伦理归宿。其中，国有企业遵循商业价值是基于企业的一般属性，遵循国家利益是基于其公共属性，二者互不排他、协调统一。②

陆奇岸和林津如从企业慈善行为的角度进行了分析，他们指出，企业慈善行为是指企业为增加人类的福利，自愿地将其有权处分的合法财产赠送给社会中遇到灾难或不幸的人，不求回报地提供帮助和救济，开展社会公益事业的行为。企业慈善行为无论是从其本质、特征还是从其功能方面来看，都蕴含着与之相应的特定伦理要求。企业的慈善行为应该符合这些特定的伦理要求，即企业的慈善行为具有伦理合理性的应然性。然而，企业作为经济实体，其从事慈善行为的动机很难摆脱谋利性。在谋利动机影响下的企业慈善行为往往会缺乏自觉主动性而导向功利性取向。为此，基于慈善行为本身的视角，从理论上探讨企业慈善行为为何应该符合特定的伦理要求以及应该符合哪些伦理要求，具有重要的理论和现实意义。③

潘国英认为，企业社会责任问题不仅是一个经济学问题，也是一个社会学问题。

---

① 张再林：《一种中国式的“家本主义”经济伦理范式的奠定——泰州学派经济伦理思想研究》，《陕西师范大学学报》（哲学社会科学版）2015年第1期。

② 李小平：《国有企业的责任困境与伦理学突围——基于公共性视域》，《西南民族大学学报》（人文社会科学版）2015年第3期。

③ 陆奇岸、林津如：《企业慈善行为伦理合理性的应然性分析》，《道德与文明》2015年第2期。

对它的内容与范围，学术界有多种不同的界定与划分，该文认为广义的企业社会责任包括经济责任、法律责任、环境保护责任、道德伦理责任和慈善公益责任。上述各种责任之间既相互影响、相互促进，也存在一定的矛盾关系，实质上是利益相关方的利益关系博弈过程。企业履行社会责任的能力，受多重因素制约与决定。企业履行社会责任的经济社会效应至关重要，意义非凡。为使企业更好地履行其社会责任，更好地使经济社会健康可持续发展，需要将企业社会责任建设制度化、法律化。①

叶志科和申传泉就企业社会责任义利模型进行了研究，他们指出，义利观是儒家的基本价值观，在许多方面对现代企业的经营和管理都产生重大的影响。我国目前有关义利取向和企业社会责任的研究主要集中于将中国传统的四大义利观（即重义轻利、义利并重、重利轻义和义利俱轻）与四种企业社会责任（即经济责任、法律责任、伦理责任和慈善责任）进行关联性研究，即只是单纯地将经济责任划分为利的范畴，或者将经济责任和法律责任划分为利的范畴，其他责任归为义的范畴。然而，实际情况是企业履行起码的经济责任行为时，也会包含“义”取向，因为盈利才是企业更高层次的社会责任；当企业履行慈善责任时，也有可能只是为了达到营销口碑的效果，其真实目的是获利。他们基于企业社会责任这一视角，提出企业社会责任义利模型以纠正上述简单的划分方式，详细分析义利取向对企业社会责任履行的影响。②

五、其他问题

王露璐就伦理视角下中国乡村社会变迁中的“礼”与“法”进行了研究，她指出，中国传统乡村社会以自给自足的生产方式和相对封闭的生活方式为基本特征，在此基础上产生了具有自身特色的乡村伦理关系、道德生活样式和对人与人之间公平、公正关系的基本理解。伴随着“乡土中国”向“新乡土中国”的转变以及乡村社会市场化、信息化程度的提高和公共生活空间的扩大，历史上维护乡土社会秩序的礼治在今天越来越不足以充分料理愈加复杂的乡村利益关系和社会矛盾，传统的对于公平、公正的理解也不断受到冲击与挑战，而体现着新的秩序与公正性的法治虽进入乡村却仍遭遇诸多困难。因此，厘清中国乡村社会变迁中礼治和法治的关系，把握其在当前的基本态势并实现两者的互动与整合，对于转型期乡村社会的秩序维护和社会和谐，确立一种新的涵盖道德与司法领域的适合中国国情的公正观，以及实现“全面推进依法治国，建设社会主义法治国”之宏旨，有着重大的理论和现实价值。③

---

① 潘国英：《企业社会责任内涵之我见》，《当代经济研究》2015 年第 11 期。

② 叶志科、申传泉：《企业社会责任义利模型》，《企业管理》2015 年第 5 期。

③ 王露璐：《伦理视角下中国乡村社会变迁中的“礼”与“法”》，《中国社会科学》2015 年第 7 期。

周中之认为，生态环境问题是中国社会发展面临的重大课题。面对资源约束趋紧、环境污染严重、生态系统退化的严峻形势，加强生态文明建设已经成为刻不容缓的全局性的重大课题。大力推进生态文明建设，建设美丽中国，已经形成共识，然而如何推进生态文明建设，却需要深入研究。“生态文明建设”涉及面广，是一项系统性的大工程，需要多方面的支持。生态文明建设不仅是制度建设、政策调整的问题，还有更为基础性的工作，就是消费伦理观念的革命。没有消费伦理观念的革命，就没有生态文明建设。①

王淑芹就社会诚信建设进行了研究，她指出，由传统德性诚信到现代制度诚信，从伦理学理论发展来看，是与传统德性伦理向现代制度伦理研究范式转化相一致的。具言之，现代社会，伦理学研究范式发生了重大变化，从德性伦理学转向了规范伦理学。德性伦理原则的抽象性、向善的倡导性、自律性等，难以应对多元价值文化视域下道德标准的多重性、模糊性和价值排序的矛盾性，难以有效协调市场经济复杂、多样、尖锐的利益关系。新的社会形势需要社会提供一种解决伦理冲突与利益矛盾的标准化的范式，显然，具有规范性和强制性的法律、法规、规章等制度顺当此任。所以，伴随制度伦理主导地位的确立，社会诚信建设也由传统德性诚信转向了现代制度诚信。遗憾的是，学界对此转向的具体原因尚缺乏系统性的分析和阐释，而中国社会诚信建设类型和路径的选择，尤为需要提供制度诚信建设合法性的理论支持。②

周建军与刘颜就房价的经济伦理问题进行了分析，他们指出，从东、中、西部的实证结果来看，房价与收入差距均呈正向变动关系，与前面的理论一致。从房价波动收入分配效应的影响程度来看，东部地区房价对收入差距的影响最为明显，而中部和西部地区房价波动收入分配效应相对较弱，这主要归因于地区经济发展不平衡。受自然资源及历史环境因素的影响，在机会公平和过程公平的基础上，国家允许一部分地区或城市通过市场机制实现率先发展，另外，政府要通过宏观调控政策及道德伦理规范，调节区域发展的不平衡，抑制房价波动收入分配的中观效应，体现结果公平，实现经济利益与社会利益的协调发展。③

王泽应对共同富裕的经济伦理学内涵进行了研究，他指出，共同富裕既是社会主义的内在本质，又是社会主义的价值目标和价值追求，集社会主义的目的价值和手段价值、内在善与外在善于一身，要求从动机上确立其根本善和基本善的伦理合理性，

---

① 周中之：《消费伦理：生态文明建设的重要支撑》，《上海师范大学学报》（哲学社会科学版）2015 年第 9 期。

② 王淑芹：《社会诚信建设的现代转型——由传统德性诚信到现代制度诚信》，《哲学动态》2015 年第 12 期。

③ 周建军、刘颜：《基于经济伦理学视角的房价波动收入分配效应分析》，《湘潭大学学报》（哲学社会科学版）2015 年第 1 期。

从机制、过程和实践上确立其行为善和制度善的伦理价值，从目的、目标和理想上确立其终极关怀和价值目标的至善意义。共同富裕是社会主义之为社会主义的伦理合理性的集中表征，是社会主义制度建构、体制改革的依据和目的理性，也是社会主义全体国民必须努力去追求、去践行的伦理价值观念。①

乔洪武对西塞罗经济伦理思想进行了探析，他指出，西塞罗的经济伦理思想由公平正义观、义利观和财富观三部分组成，公平正义观强调了公平正义在国家和社会中重要的基础性地位，回答了公平正义的内涵、标准以及如何确保公平正义的实现等问题。义利观认为在理想道德境界下是只有义而无利的，因为真正有利的无不同时也是合乎义的，义利实现了完全的统一，但在现实道德层面，是既有义又有利存在的，而人们在争取自身利益的同时也必须服从义的调整。财富观肯定了财富的正面价值，但认为财富并不是善的本质内涵的构成部分，在应该采取何种手段来获取和增加财富、应该采取什么途径或制度来保护财富、应该采取什么方式来使用财富等问题上，存在善恶之分，财富若使用得好可以通往至善，若使用得不好也可以通往至恶。②

靳凤林就市场与政府的互动进行了研究，他指出，市场与政府的伦理关系是经济学争执不休的永恒难题。为了保持市场经济的长期繁荣，市场与政府都要遵循基本的伦理规则。市场主体和政府主体各自享有自身权利，同时履行彼此应尽的义务，才能形成良性互动。从经济伦理学的视角，她纵向扫描西方国家实行市场经济制度以来，其主要经济学家关于市场与政府伦理关系的各种主张，并且结合当代西方主流经济学派的相关争论，提炼出处理两者关系的基本伦理规则。以此为基础，深入剖析当代中国发展社会主义市场经济、处理市场与政府伦理关系的特殊性伦理规则。③

余达淮、赵苍丽和程广丽论述了经济伦理学的理论基础和时代主题，他们指出，进入21世纪以来，全球化已经成为中国经济伦理学发展的当然背景。因此，由全球化而引发全球范围内经济伦理学的发展就成为一种必然。然而，在这种背景下，建设一个统一开放、竞争有序的市场体系，重新审视经济伦理学的研究内容、研究主题、研究方法，无疑需要制定与之相适应的中国气派、中国价值的经济伦理学话语体系。④ 他们梳理了经济伦理学学科概念的创建；总结了经济伦理学的理论基础；提出了经济伦理学的时代主题：1. 经济全球化进程中的伦理问题；2. 金融危机引发的经济社会各个领域及各种主题的伦理问题；3. 经济伦理问题研究的政治维度。

乔洪武和李新鹏就巴泽尔的功利主义经济伦理思想进行了研究，他们指出，巴

---

① 王泽应：《共同富裕的伦理内涵及实现路径》，《齐鲁学刊》2015年第2期。

② 乔洪武：《至善至恶视域中的公正、义利和财富——西塞罗经济伦理思想探析》，《华中师范大学学报》（人文社会科学版）2015年第6期。

③ 靳凤林：《市场与政府良性互动的伦理规则》，《中共中央党校学报》2015年第1期。

④ 余达淮、赵苍丽、程广丽：《经济伦理学的理论基础和时代主题》，《江苏社会科学》2015年第1期。

泽尔的经济伦理思想是功利的、实证的、动态的、演化的，无论是在个人层面，还是在国家层面都是功利主义的，这在新自由主义代表人物中独具特色。其经济伦理思想主要包括以下三个方面：一是功利的权利界定，权利是一种处置资产的能力，人本身也是一种资产，交易成本约束决定了权利的边界和权利界定的不完全性。二是功利计算的价值，价值是一种实证主义的客观价值，功利标准提供了脱离于人的主观评估的客观标准，人权与产权的价值可以通约。三是统治者、臣民、疆域构成了国家，统治者和臣民都依据功利计算的结果作出决策，国家成为掠夺者还是保护者的关键在于是否建立了有效的集体行动机制。①

① 乔洪武、李新鹏：《论巴泽尔的功利主义经济伦理思想》，《伦理学研究》2015 年第 5 期。

第三篇

道德实践

第一章　2015 年社会道德建设评述

李茂森

一、序言

实现中华民族伟大复兴，需要深入推进社会道德建设。党的十八大以来，全社会积极培育和践行社会主义核心价值观，切实加强道德建设，提升社会公德、职业道德、家庭美德和个人品德，取得了显著的成效。社会主义核心价值观作为我国当代意识形态的本质体现，要发挥它应有的社会功效，最重要的渠道就是要转化为道德规范，通过道德规范的调节作用发挥它应有的导向功能。道德是社会的精神力量，调整着人的社会行为，广泛渗透于政治、法律、宗教、艺术等活动之中。道德存在于社会日常生活中，道德规范具有很强的实践性。在现实生活中，道德要求为个人如何调节社会整体利益提供了道德准则的价值尺度。然而，道德制约不是诉诸国家机器和惩罚手段等强制力，主要是以传统习惯、舆论宣传、批评教育、学习感悟等自律的方式实现的，重在培养人们的道德情感和善恶判断能力。我国的道德建设为实现“两个一百年”奋斗目标和中华民族伟大复兴的中国梦提供着强大的精神力量。

我国的社会道德建设是精神文明建设的核心。2015 年新年伊始，全国宣传部长会议于 1 月 5 日至 6 日在北京召开。中共中央政治局常委、中央书记处书记刘云山出席并讲话，强调要顺应党和国家事业发展新要求，扎实做好宣传思想工作，为全面建成小康社会、全面深化改革、全面依法治国、全面从严治党提供有力思想舆论支持。同时召开的是全国文明办主任会议，会议总结了 2014 年全国精神文明建设工作取得的成绩和进展，围绕培育和践行社会主义核心价值观这条主线，对 2015 年精神文明建设工作作出部署，强调了以下工作重点任务：

（1）重在理论武装，学好、用好习近平总书记关于精神文明建设的重要论述。

（2）突出三大创建，切实把文明城市、文明村镇、文明单位作为贯穿融入核心价值观的主战场。

（3）抓好未成年人思想道德建设、道德模范学习宣传、公益广告制作刊播和文明网阵地建设四项工作，持续深化核心价值观教育实践。

（4）注重改革创新，着力推进文明旅游法治建设、志愿服务制度化、诚信建设制度化三项工作。

（5）在提高宏观谋划能力、实际调查能力、改革创新能力、法治思维能力、探索规律能力“五个能力”上狠抓班子和队伍建设。

2015 年是全面深化改革的关键之年，是全面推进依法治国的开局之年，也是“十二五”规划的收官之年。各级党委、政府都在深入贯彻党的十八大和十八届三中、四中全会精神，贯彻习近平总书记系列重要讲话精神，贯彻全国宣传部长会议精神，以培育和践行社会主义核心价值观为工作主线，着力在理论武装上真学真用，着力在群众性创建活动上突出价值内涵，着力在思想道德建设上务求实效，着力在三项创新性工作上深化拓展，着力在干部队伍建设上严格要求。各级党委政府十分重视精神文明建设评选表彰工作，把这项工作作为落实核心价值观的重要契机，继续修订了《全国文明城市测评体系》和《未成年人思想道德建设工作测评体系》，研究制定了《县级文明城市测评体系》，力争把四中全会关于一手抓法治、一手抓德治，加强法治教育、诚信建设，推动普法和法律服务志愿者队伍建设等要求充实到精神文明创建之中，以文明创建为法治中国提供道德支撑。

（一）突出三大创建，抓好落实实践

2015 年，各地在精神文明建设中把文明城市、文明村镇、文明单位作为贯穿融入核心价值观的主战场，不断提高精神文明创建水平，引领推动核心价值观落地生根。

党和国家领导人高度重视社会主义精神文明建设。2015 年 2 月 28 日下午，中共中央总书记、国家主席、中央军委主席习近平在北京亲切会见第四届全国文明城市、文明村镇、文明单位和未成年人思想道德建设工作先进代表，并发表重要讲话。党的十八大后，习近平总书记多次指出，人民对美好生活的向往就是我们的奋斗目标。我们要全面建成惠及十几亿人口的小康社会，就是既要让人民过上殷实富足的物质生活，又要让人民沐浴良好社会风尚、享受丰富多样的精神文化生活。接见活动结束后，全国精神文明建设工作暨学雷锋志愿服务大会召开，中共中央政治局常委、中央书记处书记、中央文明委主任刘云山出席会议并讲话。刘延东参加会见并在大会上宣读表彰决定，刘奇葆参加会见并主持会议，栗战书参加会见。武汉市、南昌市、哈尔滨市、合肥市、西安市、沈阳市 6 个省会城市，威海市、潍坊市、广安市、许昌市、东营市、镇江市、绍兴市、濮阳市、岳阳市、金昌市、三明市、铜陵市、珠海市、株洲市、芜湖市、宝鸡市、无锡市、佛山市、泰州市、泉州市、温州市、漳州市 22 个地级市，上海市奉贤区、北京市海淀区、重庆市南岸区、天津市河西区等 6 个直辖市城区，济源市、石河子市 2 个县级市等 34 个城市（区）被评为第四届全国文明城市（区）。

三大创建涵盖了人们生活和工作的基本领域，在这些领域落实社会主义精神文明建设，是人民群众的殷切期盼。随着我国人民物质生活水平持续提高、人民精神文化需求日趋旺盛，关注和参与道德建设、文化建设的热情空前高涨，更加迫切地追求民生指数、幸福指数，盼望整个社会更有信仰、更有道德、更有文化、更有美好的理想追求。但社会道德现实和精神生活还不能满足人们的需要，有的地方公共文化设施阵地不足、服务水平不高、群众参与不便；有的城市规模过度扩张，生态恶化、环境污染、人文氛围淡化；在思想大活跃、观念大碰撞、文化大交融的背景下，道德失范、诚信缺失的事常有发生，有的人世界观、人生观、价值观扭曲，是非、善恶、美丑界限混淆。人民群众对提升公民文明素质、树立良好社会风尚的愿望十分迫切。社会主义精神文明建设要切实满足人民群众的期望，把社会主义道德理念落实在人们的生活和工作中。

（二）化社会主义核心价值观为行动

我国社会道德建设的重要任务是把社会主义核心价值观化为人们的行为，增强社会的文化力和软实力。这就需要我们在社会道德建设中提高核心价值观宣传教育的方法技巧，做到润物无声，使核心价值观以潜移默化的方式渗透到人们的思想和行为中，成为全社会的价值认同和思想共识。

2015 年 3 月 4 日，为贯彻落实中共中央办公厅《关于培育和践行社会主义核心价值观的意见》（2013 年）和《关于深入开展学雷锋活动的意见》（2012 年）精神，在“3・5”学雷锋日前夕，中宣部向全社会公布了第一批 50 个全国学雷锋活动示范点和 50 名全国岗位学雷锋标兵。涵盖了社区、农村、企业、学校、机关、窗口单位等基层单位，覆盖了各行各业、各个领域、各条战线，在全社会发挥了模范传承雷锋精神、带头践行核心价值观的示范引领作用。命名公布这批示范点和标兵，目的是组织推动各地各部门学习借鉴学雷锋活动示范点的先进经验、学习宣传岗位学雷锋标兵的先进事迹，运用榜样的力量不断深化拓展岗位学雷锋活动、推进学雷锋活动常态化，使这项工作更加多样化、具体化，让雷锋精神渗透到人们生产生活的各个方面，用雷锋精神的强大感召力促进社会主义核心价值观建设落细落小落实。各地各部门把岗位作为学习践行雷锋精神的重要平台，把岗位学雷锋作为学雷锋活动的基本形式，大力倡导爱岗敬业的职业精神，广泛开展各具特色的学习实践活动，动员和引导各行各业干部群众认真做好“八小时手上事”、积极培育和弘扬社会主义核心价值观，涌现出一批工作开展得好的基层先进单位和岗位学雷锋先进个人。

2015 年 4 月 16 日，中央宣传部负责同志就印发《培育和践行社会主义核心价值观行动方案》（以下简称《行动方案》）答记者问，就出台《行动方案》的重要性和必要性，培育和践行社会主义核心价值观需要把握的工作要求和《行动方案》主要活动安排等问题进行了比较详细的回答。《行动方案》提出了 15 项重点活动项目，主要有：爱国主义教育活动、群众性精神文明创建活动、学雷锋志愿服务活动、诚信建设制度化、节俭养德全民节约行动、公正文明执法司法活动、平安中国建设活动、民族团结进步创建活动、文明旅游活动、全民科学素质行动、扶贫济困活动、爱国卫生运动、文明办网文明上网活动、公众人物"重品行、树形象、做榜样"活动和"三严三实"教育活动。

全社会一致认为，培育社会主义核心价值观必须植根民众生活沃土，融入人们的生产生活和工作学习。道德建设要坚持改进创新，善于运用群众喜闻乐见的方式，搭建群众便于参与的平台，开辟群众乐于参与的渠道，持续推动社会主义核心价值观不断转化为社会群体意识和人们自觉行动。从各地道德建设成功实践来看，活动之所以在民众中引起强烈共鸣，关键是这一系列教育实践活动都回归民众生活实际，立足于本地经济社会发展和人民生活水平改善需要，利用地方固有的文化资源和精神文明建设资源。各地展开的"好人文化"建设立足于本地好人事迹，得到大众的广泛支持和积极参与，推动了社会主义核心价值观的大众认知认同。

（三）培育积极向上的社会道德机制

个人的思想和行为与社会的道德要求有密切的关系。全社会在 2015 年的道德建设中，把诚信建设和志愿服务制度化作为有力抓手，培育积极向上的社会道德机制。

诚信建设制度化促进了对失信行为的有效治理。各地在全力推进诚信建设制度化中，与国家发改委等部门联手抓信用体系建设，与最高法院等 8 部门联合推出惩戒"老赖"措施，已限制 100 余万人次"老赖"乘坐飞机和火车软卧，让失信者受限，社会反响良好。陕西等 12 个省市出台了信用建设地方法规，上海建立覆盖 2500 多万自然人和 130 多万法人的信用信息服务平台，江西在 20 多家媒体发布"老赖"惩戒令，无锡将 25 家失信企业登上街头大屏幕，150 多个城市建立了诚信"红黑榜"发布制度，都收到了扬善抑恶的良好效果。

志愿服务制度化推动工作常态化、长效化。以习近平总书记为志愿服务团队做三次重要批示和李克强总理亲切看望青奥会志愿者为东风，各地把学雷锋活动与志愿服务有机结合，把弘扬雷锋精神与倡导志愿精神有机结合，赋予志愿服务工作新的时代内涵。随着社会服务越来越社区化，各地各部门按照中央文明办《社区志愿服务方案》（2014 年），把社区作为开展服务主要场所，以帮扶困难群众为重点，贴近了群众生活，贴近了服务对象，贴近了社会需求。北京市委、河北省委、贵阳市委出台文件推动共产党员进社区开展志愿服务，中国志愿服务联合会举办会员单位秘书长培训班，上海徐汇区建立"企业联盟"引导文明单位志愿服务进社区，广东佛山建立完善社区志愿服务回馈制度，江苏镇江做好各类志愿者分层培训等，都收到了好的效果。全国统一了学雷锋志愿服务名称、统一了社区志愿服务工作流程、统一了中国志愿服务标识，初步形成了由中央文明委统筹、中央文明办牵头，教育、民政、文化、文联、总工会、团中央、妇联等部门密切协同、统分结合的工作机制，着力创建中国特色志愿服务制度。

社会道德建设是一个不断发展的过程，对出现的新问题要有新的解决思路。2015年6月8日，由中宣部、中央网信办联合主办的网络公益活动推进会在北京召开，全国80家网站和互联网企业在会上签署了《共同推进网络公益倡议书》，并表示要以社会主义核心价值观为指导，自觉把发展网络公益事业作为互联网行业履行社会责任的重要方式，加强信息公开和网络公益宣传，不断推动网络公益事业发展壮大。2015年8月14日，由中宣部、中央文明办、中国记协联合举办的“抵制网络低俗语言、倡导文明用语”专题座谈会在北京召开，国家语言文字工作委员会、国家新闻出版广电总局等单位有关负责人、中央和北京市新闻单位、网站以及社会有关方面代表和学者40余人出席座谈会，中国记协、首都互联网协会在座谈会上发布《抵制网络低俗语言、倡导文明用语倡议书》，号召新闻媒体和网站负起主体责任，净化语言传播环境。2015年9月24日，中宣部、中国记协召开新闻道德委员会试点工作交流研讨会，要求全国各省区市2015年内都要建立省一级新闻道德委员会。

可见，社会道德建设的参与者不是社会上的一部分人，而是全体社会成员。这就要求道德建设要多角度、多视野地看待、研究和组织创建活动，运用跨界思维，采取新兴媒体与传统媒体结合、网上网下联动、系统内资源和系统外资源共享等手段，做到地区全覆盖、领域全覆盖、人员全覆盖，让全体社会成员既是参与者，也是受益者。

二、全面创建文明城市活动

全国文明城市，是中央文明委授予“五个文明建设”协调发展的城市最高综合性荣誉称号，是践行社会主义核心价值观的排头兵，是一个地方经济社会发展水平的集中体现，也是一个城市最有价值的无形资产和最具竞争力的金字招牌。继2014年文明城市评选年之后，2015年各地坚持用社会主义核心价值观引领精神文明建设，发挥文明城市评选的导向作用。《全国文明城市（地级以上）测评体系》（2015年）由3大板块、12个测评项目、90项测评内容、188条测评标准构成。第一板块为牢固的思想道德基础，含理想信念教育、社会主义核心价值观建设、培育文明道德风尚3个测评项目；第二板块为良好的经济社会发展环境，含廉洁高效的政务环境、公平正义的法治环境、诚信守法的市场环境、健康向上的人文环境、有利于青少年健康成长的社会文化环境、舒适便利的生活环境、安全稳定的社会环境、可持续发展的生态环境8个测评项目；第三板块为长效常态的创建工作机制1个测评项目。中央文明办认真落实中央领导同志的重要批示精神，按照关于把文明城市建设成培育践行社会主义核心价值观排头兵和关于要建立文明城市退出机制的要求，着力整改党的群众路线教育实践活动中各地对文明城市评选工作反映的问题，力戒形式主义，积极回应基层关切，落实了重在思想道德建设的根本任务。全国提名城市开通12345市民热线，为市民提供便捷的监督和反映渠道，重视小社区、小项目、小工程，规划建设了一大批小菜场、小绿地、小公园，更加关注背街小巷、城中村、城郊结合部脏、乱、差治理和净化美化，着力打造便民生活圈，利民惠民的导向更加明确。

（一）发挥社区的载体作用

城市社区精神文明建设是提高市民素质和城市文明程度的重要环节，也是衡量城市精神文明建设水平的重要标志。城市社区是道德建设的重要场所，具体生活环境的建设水平能够有目共睹，道德建设的水平则需要人们能够用心感受。因此，各地在创建文明城市的活动中，重点是以为人民服务为核心的社会主义道德建设。社区作为非功利性的社会共同体，不应以经济利益为纽带，应该通过教育、引导、规范、管理等一系列手段，使社区居民树立对社会公益精神、奉献精神、慈善精神、互助精神的自觉追求意识，培养“社区是我家，人人为大家”的认同感。

文明社区作为物质文明建设、精神文明建设、政治文明建设、社会文明建设和生态文明建设的共同成果，它的建设内容应是多方面的，它的创建标准应是综合性的指标体系。社区的物质文明建设是改善群众生活环境、提高群众生活质量的必不可少的条件。这包括能够满足居民群众不断增长的精神文化生活和物质生活需求的基础性设施建设，包括道路交通、住宅建筑、环境卫生、商业网点、文化设施等一系列硬件建设。这些建设都需要一个发展的过程，譬如在垃圾处理方面，过去是垃圾收集、中转处理，现在更高的要求是垃圾分类收集处理；在文化学习方面，过去可能是简单的宣传栏、阅报栏、图书室、娱乐室，现在则是开放的图书馆、文化馆、博物馆、各种研究会。这有助于形成“崇道德、尚礼仪、讲文明、树新风”的良好风尚。

一般来说，创建“幸福社区”已经成为人们的共同追求。人们希望社区的道德风尚好，人们自觉遵守社会公德、家庭美德、职业道德，抵制陈规陋习，逐步形成团结互助、平等友爱、共同前进的人际关系。人们希望治安秩序好，严格管理流动人口，无重大刑事案件和治安案件，无“黄、非、赌、毒”等丑恶现象和封建迷信活动，民事纠纷调解及时、效果好。人们希望生活服务好，有方便的托幼、餐饮、理发、诊病、修理等服务，有特殊的家政服务、鳏寡孤独及特困户的救助等。

社区是志愿服务和道德宣传的基础场所。在道德建设的实践中，许多社区以社会公德、职业道德、家庭美德、个人品德建设为重点，推进“社区好人”活动。许多社区通过召开座谈会、专题讲座、经典家风家训诵读比赛，提高群众的参与率；通过“好家风、好家训”创建活动，进一步推进“十佳道德模范”“十星文明户”“文明家庭”“好媳妇”“好婆婆”等评选，促进“好家风、好家训”创建活动常态化。这对于丰富人们的社区生活、提高人们的社会归属感有很大的作用。

（二）提升宣传教育的实效

宣传教育应该成为社会舆论传播的主导权。这在用主流思想引领社会思潮，扬善抑恶，引导民意方面有着巨大的作用。特别是在人口聚集的城市，结合特定的生活主题和人们关心的问题，开展多维度宣传，营造浓厚社会氛围，成为社会道德建设不可缺少的条件。

2015 年 5 月 14 日，在 2015 年国际家庭日到来之际，全国妇联在人民大会堂举行全国“最美家庭”揭晓仪式，隆重揭晓全国“最美家庭”荣誉，号召开展“好家风、好家训”宣传引导工作，通过优秀的家风家训引导人们自觉履行法定义务、社会责任、家庭责任，凝聚向上向善的正能量。同时，将挖掘、传承、践行好家训、好家风与“文明家庭”创建、“星级文明户”创建结合起来，通过家风家训的传承和发展，激发蕴藏在人们心底的道德意愿和道德情感，引导大家从自身做起、从家庭做起，守规矩、讲道德、重家风，从而增强认知和认同，使“家风、家训、家规”这一优秀传统文化成为人们立身处世、持家治业和道德教育的传家法宝。

2015 年 7 月 24 日，中央文明办在安徽合肥召开网络精神文明建设工作座谈会，强调深入学习贯彻党的十八大和十八届三中、四中全会精神，深入学习贯彻习近平总书记系列重要讲话精神，大力培育和弘扬社会主义核心价值观，大力加强和改进网络精神文明建设，进一步唱响网上主旋律，推动精神文明建设不断取得新的进展和成效。2014 年 7 月 22 日中国互联网信息中心发布的《中国互联网络发展状况统计报告》显示，截至 2014 年 6 月，我国网民规模达 6. 32 亿人，手机网民规模增长到 5. 27 亿人，这就意味着网络信息能够影响近一半的中国人口。对此，必须重视网络媒体的运用，加强对网络的监管，肃清网络谣言，扩大正面宣传，让群众了解党员干部在为民务实清廉方面的新变化，增加群众对政府和党员干部的信任；巩固和壮大主流思想舆论，大力宣传社会主义核心价值观，使之成为全体人民的共同价值追求；深入开展网上“讲文明树新风”活动、精神文明创建活动和网络公益、网络文明传播活动，大力倡导网络文明新风；积极拓展“两微一端”阵地，做好“微传播”文章，推动“个性化”信息服务，引导广大网民特别是青少年踊跃参与“微公益”，传播“微文明”，汇聚“微力量”，共同营造社会文明风尚。

各地加强重点部位的宣传提示，在主次干道、商业大街、公共场所、交通工具、大型商场、建筑围挡等媒介持续刊播“图说我们的价值观”公益广告；制作文明旅游公益宣传片、提示语等，在机场、火车站等醒目位置设置的电子屏、告示栏、宣传展板等上面，播发文明旅游宣传内容，增设文明习惯提示牌，营造出浓厚的文明城市生活氛围。各地努力让公益广告“美起来”，站位百姓视角，精巧构思、精美设计，推出思想性、艺术性、观赏性有机统一的佳作；要让广告“动起来”，运用现代科技手段，把图片、绘画、雕塑等静态作品视频化、动态化，推出更多适应微博、微信、微视、微电影等方式传播的广告；要让广告“活起来”，兼顾南北东西文化，突出地方民族风格，贴近生产生活场景，让人百看不厌，起到潜移默化的教育作用。有关部门协调国家工商总局、新闻出版广电总局等部门制定《公益广告促进和管理暂行办法》，把公益广告宣传纳入日常业务监管之中，推动公益广告财政扶持政策、税收优惠政策和相关激励政策，使公益广告工作有法可依。

（三）制定具体的社会规范

秩序润德。各种具体的社会规范是道德要求的重要内容。多年来，各地通常的做法是组织编发《市民文明手册》，在车站、广场公园、商场超市、服务大厅等公共场所设置文明提示标识。随着社会发展条件的改善，一些老大难问题逐渐得到解决，如公共场所的禁烟问题、游客不文明行为的问题。

关于禁烟的规范要求。早在十多年前，许多地方就出台了公共场所禁止吸烟的相关规定。规定中明确指出，包括火车站、汽车站、大型商场、网吧在内的多种场所禁止吸烟。中共中央办公厅、国务院办公厅 2013 年 12 月 29 日印发了《关于领导干部带头在公共场所禁烟有关事项的通知》，要求各级领导干部不得在学校、医院等公共场所吸烟，在打造无烟党政机关的同时，各级党政机关公务活动中也严格实行“无烟化”。直到 2015 年，我国还没有一部专门的控烟法规，有关禁止公共场所吸烟的规定多出现在有关法律法规相关条款或细则中。2015 年 6 月 1 日起正式施行的《北京市控制吸烟条例》将吸烟侵犯他人健康权利的行为明确定性为违法行为，明令所有公共场所、工作场所的室内区域以及公共交通工具内全面禁止吸烟，被称为“最严控烟条例”。

治理游客不文明行为的规范要求。2014 年是贯彻习近平总书记重要批示，推动文明旅游工作力度最大的一年，各地认真落实中央领导同志批示，组织开展了“文明旅游、礼貌乘车”活动，有关部门与外交部、公安部、中央台办、港澳办、商务部、交通运输部、国家旅游局等 8 部门组成 5 个督查组，对 10 个重点省市区文明旅游工作进行督导，深入办证大厅、旅行社和口岸调研，督促各地把好护照关、组团关、出境关、交通关、落地关、行程关“六关”，推进工作关口下移。各地各有关部门开展导游、领队培训，抓住了文明旅游的关键，把工作向公交站点、景区景点、社区基层推进延伸。2015 年 4 月 6 日，为建立文明旅游长效工作机制，国家旅游局依法制定的《游客不文明行为记录管理暂行办法》即日施行，全国游客不文明行为记录管理工作同时开展。游客不文明行为记录信息保存期限为一至两年，期限自信息核实之日算起。根据该办法，游客不文明行为指旅游活动中因扰乱公共汽车、电车、火车、船舶、航空器或其他公共交通工具秩序，破坏公共环境卫生、公共设施，违反旅游目的地社会风俗、民族生活习惯，损毁、破坏旅游目的地文物古迹，参与赌博、色情活动等而受到行政处罚、法院判决承担责任，或造成严重社会不良影响的行为。游客不文明行为记录形成后，旅游主管部门要通报游客本人，提示其采取补救措施，挽回不良影响，必要时向公安、海关、边检、交通、人民银行征信机构通报。2015 年 5 月 7 日，《游客不文明行为记录管理暂行办法》施行后首批全国游客不文明行为记录公布，大闹亚航、强行打开飞机应急舱门、攀爬红军雕塑照相三起不文明事件的四名当事人“上榜”。

三、深化文明村镇创建活动

美丽的田园风光、山水景色，是农村区别于城市的显著特征。民风不够好和环境脏、乱、差是当前农村存在的两个突出问题。以美丽乡村建设为载体，进一步加强民风建设和环境整治，是近年来全国农村精神文明建设工作经验交流会的重要课题。2015 年 8 月 14 日，全国农村精神文明建设工作经验交流会在浙江湖州召开，中共中央政治局委员、中宣部部长、中央文明委副主任刘奇葆出席会议并讲话，强调要深入贯彻落实习近平总书记系列重要讲话精神特别是关于美丽乡村建设的重要指示精神，秉持“绿水青山就是金山银山”的发展理念，牢牢把握培育和践行社会主义核心价值观这个根本任务，以美丽乡村建设为主题，深化文明村镇创建活动，以精神文明建设的新成就扮亮美丽乡村和美丽中国。社会实践证明，良好的生态环境和生产生活条件既直观反映农村的文明程度，也必然促进农民良好文明行为习惯的养成，从改善环境着手，最容易取得立竿见影的效果，增强广大农民投身美丽乡村建设的吸引力和内在动力。各地围绕农村经济社会发展大局和社会主义新农村建设总体目标，统筹安排部署农村精神文明建设工作，使农业生产、农村生态、农民生活、文化环境都得到显著提升。

（一）推动乡风民风建设

建设美丽乡村，在思想上要把社会主义核心价值观贯穿到农村精神文明建设之中，提高人们的精神面貌。文化是农民过上美好幸福生活的重要内容，是社会文明程度和群众生活质量的重要标志。各地乡村坚持从大处着眼、细处入手、基础抓起，抓好贯穿结合融入，以形式多样的活动载体引导农民群众理解、接受社会主义核心价值观，并转化为自觉追求和行动。具体经验可以总结为以下六点。

一是广泛宣传普及社会主义核心价值观。各地广泛开展“我们的价值观”讨论，结合普及核心价值观，研究提炼清正、务实、崇学、善为、孝悌、和谐等地方乡土精神，根据群众身边的新闻事件和社会现象，以事论理，以小见大，营造良好的社会氛围，增加社会群体的凝聚力。各地围绕核心价值观的 24 字方针，制定《村规民约》，并辅之以“说事”“办事”“议事”“评事”等自治协商机制，建立起家风劝导员、村风巡视员、民风督导员等队伍，倡导和约束日常行为；积极推进全区社会信用体系建设，开展重点领域诚信道德教育，建立“诚信红黑榜”，定期发布“老赖”黑名单。

二是开展家风建设活动。广泛开展好家风建设活动，抓好宣传教育、征集评选、展示推广等各个环节，引导大家寻家风、“晒”家训，让好家风好家训代代相传，通过家风家训强化农民的道德感，汇聚社会的正能量。同时，把好家风、好家训与“五好文明家庭”“星级文明户”创建结合起来，广泛开展寻找“最美家庭”活动，弘扬家庭文明新风，把民风建设细化到农村日常生产生活各方面。2015 年 6 月 12 日，中宣部、全国妇联在山西运城市雷家坡村举行“弘扬德孝文化，践行核心价值”现场交流会，强调要大力弘扬中华孝道，持续深化家风家教培育，引导全社会注重家庭、注重家教、注重家风，发扬光大中华民族传统美德，推动社会主义核心价值观在家庭里生根、在亲情中升华。

三是广泛开展道德模范、身边好人和“最美系列”等各类评选活动。各地在开展“道德模范走基层”活动时，用道德模范的先进事迹传播正能量，用道德模范的崇高精神影响带动群众，真正使宣讲活动热在基层、热在群众，吸引广大群众积极参与到学习宣传道德模范活动中来，提高宣讲的思想感染力和教育说服力，收到可亲、可敬、可信、可学的效果。坚持群众评、评群众，形成见贤思齐的良好氛围。开展乡风评议活动，把移风易俗作为乡风评议的重点，着力解决农村社会风气方面存在的问题，不断激发人们的道德自觉。

四是建立农村志愿者组织。以农村社区为基本平台，广泛开展“邻里守望”志愿服务，弘扬奉献友善新风，把关爱留守儿童、留守妇女、留守老人，关爱因病祸导致的不幸家庭、单亲家庭子女作为重点，互帮互爱、守望相助，营造见义勇为和乐于助人的社会风尚。

五是培育弘扬新时期乡村文化。各地在积极开展各类“送文化”“文化走亲”和“我们的节日”活动的基础上，大力开展“千镇万村种文化”活动，并通过加强基层文化产品供给、基层文化阵地建设、基层文化活动开展和基层文化人才培养，把送文化与种文化、育文明紧密结合起来，不断满足农民群众对精神文化的新需求、对精神文明的新期盼。各地认真落实奇葆同志关于大力弘扬乡贤文化的指示，把乡贤文化与传承好家风好家训、创建文明村镇结合起来，贯穿到美丽乡村建设之中。对当地农村历代名贤积淀下来的思想观念、文化传统、文史典籍进行挖掘整理，延续传统乡村文脉，培育富于地方特色和时代精神的乡贤文化，增强农村的文化吸引力和凝聚力。鼓励企业家、华侨、专家学者、文艺人士等各界成功之士情系桑梓、回报乡亲，支持美丽乡村建设。

六是加强对传统古村落、古民居、古建筑的保护。整体推进古建筑与村庄生态环境的综合保护、优秀传统文化的发掘传承，教育引导广大农民珍惜先人遗产，保护利用历史建筑，提升改造现有建筑，整治拆除破败建筑，规划新建特色建筑，确保以

“乡愁”记忆凝聚人心，确保将文化遗产传承给子孙后代。各地保护与开发古村落、古民居、古建筑等，突出美丽乡村游的亮点。

（二）规划设计美丽乡村

习近平总书记指出，“好的村庄规划是凝固的艺术，历史的画卷。”各地坚持以科学规划为前提深化美丽乡村建设。在农村人居环境改善方面，主要的挑战是农村危房改造、农村生活污水治理工程和保护传统村落和民居。各地在硬件建设上抓环境整治，从改路、改水、改厕、旧村改造入手，改善农村基础设施，大力实施乡村清洁工程，治理环境污染。中央文明办一局在《打造美丽乡村建设“升级版”，持续深化农村精神文明建设——关于浙江省桐庐县、安吉县、长兴县农村精神文明建设的调研报告》中论述了浙江省美丽乡村建设的主要成效：浙江省 97% 以上建制村实现生活垃圾集中收集处理，79% 以上农户家庭实现卫生改厕，65% 以上建制村开展了生活污水治理，全省行政村等级公路实现“村村通”，广播实现“村村响”，用电实现“户户通、城乡同价”，客运班车通村率达到93%，安全饮用水覆盖率达到97%，农村有线电视入户率达到91%，养老服务覆盖近 70% 建制村，乡镇卫生院标准化建设达标率 99%，农民群众切实享受到美丽乡村建设的丰硕成果。美丽乡村已经成为浙江的“金名片”，“绿水青山就是金山银山”的理念已深入人心，各方共建美丽乡村的格局基本形成。

农村环境脏、乱、差最突出的问题是农村生活垃圾和污水处理，这是改善农村人居环境最迫切需要解决的问题。浙江省的做法是，从实施“千村示范万村整治”工程入手，大力改善农村环境面貌，打造出一批村庄秀美、山水壮美、人文醇美、生活和美、村容洁美、经济富美的美丽乡村。具体措施有以下几点。

一是把连片推进农村环境综合整治作为重点。注重从根源上、从区域上解决农村环境问题，联动推进区域性路网、管网、林网、河网、垃圾处理网和污水处理网等一体化建设，全面开展高速公路、国道沿线、名胜景区、城镇周边的整治建设和整乡整镇的环境整治。

二是推进城乡生活垃圾处理一体化。在完成“户集村收、乡镇中转、县城处置”的城乡生活垃圾一体化处理基础上，积极开展生活垃圾资源化、减量化处理，并注重抓好日常维护和管理。桐庐县在全国率先推行垃圾分类收集处理行政村全覆盖，所有行政村启动农村生产生活垃圾资源化处理工作，推动生活垃圾资源化综合利用，将垃圾粉碎发酵变成有机肥，在促进垃圾资源化利用的同时，使村容村貌变得更加整洁漂亮，促进村民生活观念的转变。

三是把治理农村污水作为美丽乡村建设的主要载体和深度延伸。制定实施农村生活污水治理长效管理办法，首创农村生活污水数字化管理平台、移动导航巡查和快速监测反馈系统，用“生态疗法”治理农村污水，用人工湿地装点乡村环境，倒逼农村生产方式、生活方式、建设方式转型升级，并力争再通过3至4年的努力，实现所有行政村及规划保留自然村生活污水治理全覆盖，让广大农村水变干净、塘归清澈，重塑江南水乡的韵味。

四是形成常态长效的保洁机制。桐庐县建立由1700多人组成的农村环卫保洁队伍，各村对保洁员定岗、定责，制定考核机制，并发挥老干部、妇女组织作用，成立卫生督查小组，长效保洁队伍得到了加强。桐庐县环溪村大力开展庭院整治、清洁环溪“红黑榜”评比等活动，提升村民清洁卫生意识，使环卫工作从几个保洁员的工作发展为全村村民的自觉行动，从单一的清洁工作提升为整洁、绿化、美化、亮化的综合性工作，从行为习惯的养成发展为村风民俗优化的精神工程。

五是完善美丽乡村环境评价标准。长兴县推出美丽乡村建设“十有十无”标准，即：有村庄建设规划，无乱搭乱建建筑；有垃圾收集设施，无散乱堆积垃圾；有道路硬化管护，无泥坑杂草路面；有绿色整洁河岸，无淤塞臭水河沟；有污水处理系统，无直排外溢污水；有村庄庭院绿化，无乱堆乱放杂物；有统一路灯照明，无村庄主路盲区；有美观整洁墙面，无破旧危险房屋；有标准公厕户厕，无露天茅厕粪坑；有长效管理机制，无失管漏管现象。这些标准接地气、不烦琐，百姓看得懂、做得到，让美丽乡村建设有据可依、有章可循、便于考核。

实践证明，美丽乡村建设改变了政府和社会对农村精神文明建设的认识，扭转了过去重视城市建设、忽视农村建设，重视经济发展、忽视社会进步的偏差。各部门都把自己的工作职能延伸到农村，使农村精神文明建设获得了前所未有的重视，形成了工作的整体合力和良好氛围。

（三）坚持统筹城乡发展

城乡共建文明是推动城乡发展一体化的重要途径，也是当前推进农村精神文明建设的重要抓手。农村精神文明建设要有一个大的改观，就要按照中央关于统筹城乡发展的基本方针，加大以城带乡、城乡共建的力度，促进城乡两个文明建设统筹协调发展。

2015年8月，全国农村精神文明建设工作经验交流会在浙江湖州举行，对进一步做好农村精神文明建设工作做了部署。2015年10月27—29日，中央文明办专职副主任夏伟东同志到江苏省张家港市、浙江省湖州市调研精神文明建设工作。在张家港召开的座谈会上，夏伟东指出，二十多年来，张家港市始终坚持“一把手抓两手，两手抓两手硬”，在创建惠民、常态长效、城乡一体等方面成效显著，张家港的文明城市建设“看得见、摸得着、有厚度”，获得全国文明城市“四连冠”实至名归。当前精神文明建设要牢牢把握和贯彻落实习近平总书记系列重要讲话精神，做到物质文明和精神文明建设协调发展，人民群众的物质生活和精神生活水平同步提升，着重抓好学习贯彻中共十八届五中全会精神，认真谋划“十三五”规划，把文明创建融入全面建成小康社会的工作中。在湖州调研期间，夏伟东指出，近年来，湖州市在“绿水青山就是金山银山”重要思想指导下，牢牢把握培育和践行社会主义核心价值观这个根本任务，以美丽乡村建设为主题，大力推进农村精神文明建设工作，取得了丰硕的成果，走在了全国前列。

各地顺应城镇化进程，推动文明村镇、文明集市、文明小城镇创建；广泛开展城市文明单位与农村结对共建，大力帮扶农村文化建设，有效推进城市反哺农村、以城带乡文明建设。各级党委、政府对以城带乡、城乡共建十分重视，积极探索实践，发挥城市和农村两个方面的优势共同建设美丽乡村，有力推动了城乡一体化发展。具体做法，一是开展“双万结对共建文明”活动，充分发挥城市文明单位在观念、人才、文化、资金、管理和文明创建等方面的优势，带动农村发展。结对文明单位为结对村提供扶持资金，帮助修建文化活动场所，赠送图书，联合开展文化活动，有效促进了农村经济社会发展。二是开展系列文明创建活动。扎实开展浙江省文明县创建活动，精心设计覆盖县域、城乡联动的创建载体，让城乡文明整体推进、整体提升。大力开展文明村镇、文明户创建活动，修订完善测评体系，突出环境面貌和日常秩序管理，并结合星级文明户、学习型家庭、文化示范户、幸福家庭、绿色家庭等创建，努力培育农村文明新风。三是用统筹的思路和办法推动工作。把城市和农村精神文明建设同安排、同布置，着力推进基础设施向农村延伸、公共服务向农村覆盖、现代文明向农村辐射，改变农村精神文明建设相对滞后的状况。

文明村镇创建活动使农村精神风貌和农民文明素质发生了深刻变化。通过改善农村基础设施，配套实施素质提升工程，建设农村文化礼堂等基层文化阵地，科学规划意识、保护环境意识、公共卫生意识和社会公德意识成为共识，一些陈规陋习和不良习俗得到改变，人际关系、邻里关系得以改善，改善了乡风民风，促进了农村和谐稳定。从更深层次的理论意义上看，乔法容和张博在《当代中国农村集体主义道德的新元素新维度——以制度变迁下的农村农民合作社新型主体为背景》（载《伦理学研究》2014 年第 6 期）一文中认为，“经历 30 多年的农村改革开放，中国农村的生产方式、经济结构、社会组织发生了深刻变迁，由农民自愿组织形成的新型农村经济专业合作组织的发展壮大，为集体主义道德增添了新元素，彰显了新的价值维度和样态，如平等、互利、公平、自由，如契约精神、协商意识、与个人利益有机结合的合作利益观，农村集体主义道德不仅回归理性而且发生了前所未有的新跃升。当然，当代中国农村集体主义道德仍带有典型的阶段性特征。随着时代进步，集体主义作为一个开放的动态的道德原则，会随着时代的脉动呈现出日益丰富的变革过程。即使是同样的原理、原则与要求，其具体内涵也在不断变化，但其在本质上仍是传统集体主义道德的继承与弘扬。”

四、在全社会创建文明单位

文明单位的创建活动是精神文明建设的细胞工程。文明单位创建的基本要求是，组织领导有力，创建工作扎实；思想教育深入，道德风尚良好；业务水平领先，工作实绩突出；管理科学规范，社会秩序安定；环境整洁优美，文体卫生先进。2015 年 7 月 15 日，中宣部在河南省濮阳市召开“全民敬业行动”工作经验交流会。会议强调，要认真学习贯彻习近平总书记系列重要讲话精神，按照《培育和践行社会主义核心价值观行动方案》部署，广泛组织开展“全民敬业行动”，大力弘扬敬业价值理念，推动社会主义核心价值观建设系统化、具体化。各地广泛开展具有行业特色、职业特点的创建活动，着力形成行业规章，选树一批文明单位、文明行业创建标兵。同时，要把创建触角延伸到新经济组织、新社会组织和科技创新单位，把“三新”的活力转化成创建的动力，使“三新”的企业文化、单位文化与社会主义核心价值观同向同行。

（一）企业的内部管理和绩效

文明单位的创建活动有利于企业的内部管理和绩效提升，是形成我国社会主义企业文化的必由之路。企业的存在价值取决于其产品与服务，但企业竞争的深层次是企业文化力的竞争。企业文化所包含的企业价值、经营理念、行为规范、品牌传承等特征，都是企业在长期生产经营过程中、在社会认可中逐步形成的。文明单位创建就是为培育现代中国企业文化的基础工程，为企业发展提供精神动力、智力支持、思想保证，形成良好的舆论环境，更好地促进物质文明建设。

各地要求文明单位管理水平领先，工作实绩突出。要始终坚持以经济建设为中心，以全面建成小康社会为目标，解放思想，与时俱进，加快发展。生产经营单位积极适应社会主义市场经济的发展，改革进取、文明生产、诚信经营、科学管理，经济效益和社会效益稳步提高，主要经济指标居于全市同行业前列。党政机关和执法部门廉洁高效、办事公道、依法行政、执政为民，重大决策主动公开，群众满意度高。服务性单位工作规范、周到细致、优质高效，业务工作处于全市同行业领先水平。乡镇（村）经济发展成效显著，农民收入逐年增加，生活水平不断提高。

文明单位要促进社会秩序安定。民主管理制度健全，认真落实企务公开、政务公开、村（居）务公开等办事公开制度，保障人民群众的合法权益。社会治安综合治理措施落实有力，民主法制教育经常化、制度化。领导干部无违法违纪案件，人民群众无严重违法违纪案件及刑事案件，单位、村镇（社区）无重大安全质量责任事故，无“黄赌毒”等丑恶现象，无封建迷信及邪教活动，生产及加工企业建立切实有效的环境管理体系，环保工作达到国家标准。

文明单位创建拓宽了企业管理的思路。全社会开展“讲文明、树新风”活动，要求各单位内外环境清洁整齐，落实卫生防疫制度，无脏、乱、差现象，搞好绿化、美化和亮化，积极创造良好的工作生活环境。“文明餐桌行动”以宾馆、饭店、酒店等各类餐饮企业以及各类党政机关、学校、企事业单位食堂为重点，大力推进“文明餐桌行动”，将节约行动、控烟行动和酒后禁驾行动落到实处。这就以潜移默化的形式，通过良好的社会文化氛围，提高人们的思想道德素质。

（二）企业的社会责任和贡献

企业的社会责任和社会贡献在我国的精神文明建设中具有丰富的内容和现实紧迫性，对于改造人的世界观、价值观和人生观，促进社会风气的根本好转具有非常积极的意义。

2015 年 6 月 15 日，国务院食品安全办联合中央文明办、教育部、工业和信息化部、公安部、农业部、商务部、国家卫生计生委、国家工商总局、国家质检总局、国家新闻出版广电总局、国家食品药品监管总局、国家互联网信息办公室、中国保监会、国家粮食局、共青团中央、中国科协、中国铁路总公司共 18 个部门，在北京正式启动 2015 年全国食品安全宣传周活动，活动主题是“尚德守法，全面提升食品安全法治化水平”。宣传周期间，有关部委以每天举办一个“部委主题日”的形式，先后开展法律法规宣讲、道德诚信教育、科学知识普及、科技成果展示等 70 多项食品安全主题宣传活动。

2015 年 10 月 14 日，中共中央政治局委员、中央书记处书记、中宣部部长刘奇葆调研文艺界开展“深入生活、扎根人民”主题实践活动的情况，强调要深入学习贯彻习近平总书记在文艺工作座谈会上的重要讲话精神，扎实开展“深入生活、扎根人民”主题实践活动，推动广大艺术家到基层去、到人民群众中去，不断增进对人民的感情，坚持以人民为中心的创作导向，用生活之源育艺术常青，创作更多群众欢迎的精品佳作。

2015 年 10 月 20 日，繁荣发展社会主义文艺推进会在北京召开。中共中央政治局常委、中央书记处书记刘云山出席会议并讲话，强调要深入贯彻习近平总书记在文艺工作座谈会上的重要讲话精神，贯彻党中央关于繁荣发展社会主义文艺的意见，提高思想认识，强化文化担当，深化落实措施，巩固文艺繁荣发展的良好局面。此前，《中共中央关于繁荣发展社会主义文艺的意见》下发，主要包括六方面内容：做好文艺工作的重大意义和指导思想，坚持以人民为中心的创作导向，让中国精神成为社会主义文艺的灵魂，创作无愧于时代的优秀作品，建设德艺双馨的文艺队伍，加强和改进党对文艺工作的领导。

2015 年 12 月 18 日，由中央宣传部、国家新闻出版广电总局主办，中央人民广播电台承办的全国广播电台深化社会主义核心价值观宣传工作会议在北京举行，与会人士就如何更好发挥广播电台在传播社会主义核心价值观方面的作用进行了交流探讨。全国广播电台相关负责人从传播广播节目、推进媒体融合、公益广告等各个方面，介绍了各自的做法和经验。大家认为，要发挥广播电台的作用和独特优势，讲好中国故事，传播好中国声音，弘扬中华民族传统美德，维护社会公平正义，更好传播社会主义核心价值观，使社会主义核心价值观在全社会蔚然成风。

2015 年 9 月 14 日，国家发改委、国家工商总局、中央文明办、最高法、教育部、工信部等 38 个部门联合签署了《失信企业协同监管和联合惩戒合作备忘录》并印发实施。

2015 年 12 月 17 日，在上海企业社会责任与诚信建设工作交流会上，上海市文明办发布了《上海市文明单位社会责任建设报告》，该市 3600 余家文明单位完成了 2014 年度社会责任报告的编写和提交，报告发布率首次达到 100%。近年来，上海市文明办联合多家单位开展“上海企业诚信创建活动”，目前，全市已有 220 多家行业协会建立本行业“企业诚信创建办公室”，累计有超过 26500 家次企业签订了《企业诚信经营承诺书》，通过在东方网、上海文明网和上海诚信创建活动官网开设的活动专区进行网上公示，向社会承诺并向社会公示，形成了上海万家企业诚信建设的示范群体。

五、有效落实校园文化建设

各级学校是思想道德建设的重要阵地。教育部 2015 年度学习贯彻习近平总书记重要批示精神，贯彻落实刘云山同志重要讲话精神，以严的要求、实的作风，把师生思想道德建设不断引向深入，指导各地各校以多种形式广泛宣传全国道德模范的感人事迹和高尚品德，发挥道德模范的辐射引领作用，努力使师生思想道德建设走在公民道德建设的前列。校园文化的培育需要一个长效机制。各级学校培育选树一批可亲可信、可敬可学的优秀榜样，用身边事教育身边人；紧扣培育和践行社会主义核心价值观这个主题，把学习道德模范融入教育教学全过程，落实到课堂教学、社会实践、志愿服务等各环节；继承发扬中华优秀传统文化和传统美德，在中小学广泛开展“少年传承中华传统美德”活动，在高校深入开展“礼敬中华优秀传统文化”活动，把美德教育有机融入文明校园创建。

（一）校园文化建设的重要性

思想道德教育是贯穿校园文化建设的红线，是学校党建的基础工作，在教育活动中占据重要的位置。2014 年 12 月 28 日至 29 日，第 23 次全国高等学校党的建设工作会议在北京召开。中共中央总书记、国家主席、中央军委主席习近平作出重要指示强调，高校肩负着学习研究宣传马克思主义、培养中国特色社会主义事业建设者和接班人的重大任务。加强党对高校的领导，加强和改进高校党的建设，是办好中国特色社会主义大学的根本保证。习近平指出，办好中国特色社会主义大学，要坚持立德树人，把培育和践行社会主义核心价值观融入教书育人全过程；强化思想引领，牢牢把握高校意识形态工作领导权；坚持和完善党委领导下的校长负责制，不断改革和完善高校体制机制；全面推进党的建设各项工作，有效发挥基层党组织战斗堡垒作用和共产党员先锋模范作用。各级党委和宣传思想部门、组织部门、教育部门要加强对高校党的建设工作的领导和指导，坚持党的教育方针，坚持社会主义办学方向，加强和改进思想政治工作，切实把党要管党、从严治党落到实处。

然而，校园文化建设近年来遇到了一些问题。有些学者认为很多学校在办学中跟风，是缺乏文化自觉、文化沉稳的典型表现。“在竞争文化的熏染下，求学的过程实际上已经变成了血腥竞争以获取最大利益的过程。对此深有体会的家长，从小向孩子灌输的就是竞争性的价值观，想尽一切办法让自己的孩子上最好的学校，获得最好的教育经历，找到最好的工作，挣到最多的钱。而学校很好地利用了这一点，让每个孩子都置身于一场无情的障碍赛中，失败了就会受到找不到工作，无法在社会中立足的惩罚。这样一来，学校就变成了竞技场，教育活动也就缩水为竞赛的组织与评判。于是，输和赢，成功与失败，一出出悲喜剧便不间断地上演。”（高德胜：《回到学校文化自身》，载《中小学德育》2015 年第 2 期）

学生作为道德主体，有其自身生长的规律。人生中要掌握的道德，不是一种简单的互惠关系，而要融入生活赖以存在的更复杂的社会结构；集体生活是社会结构的核心部分，集体生活的形式是决定人生价值的重要变量。中小学“成人化”的道德教育存在知识传授形式化，缺少培育青少年实践能力的问题；应试教育的冲击和各门学科在考试中的高比例占用，使道德知识不仅失去了理论优势，也失去了实践勇气。这就造成了知识与德性的脱节，让人们在社会实践中不愿意承担道德责任。因此，各地进一步完善学校、家庭、社会三结合教育网络，开展“争做美德少年”“童心向党”和创建文明校园、文明班级、文明宿舍活动，引导青少年系好人生的第一粒扣子。

（二）校园文化建设是生活工程

中央文明委每年召开一次未成年人思想道德建设专门会议，要求各地从“爱学习、爱劳动、爱祖国”活动入手，从孝敬、友善、诚信、节俭教育切入，学校、家庭、社会三者相结合，未成年人思想道德建设工作具体扎实。

2015 年 5 月 28 日，在“六一”国际儿童节来临之际，中宣部、中央文明办向西部 12 个省（区、市）和新疆生产建设兵团的部分小学和幼儿园赠送了一批《中华是我家》优秀童谣图书，为广大少年儿童送去了一份节日礼物。自 2009 年以来，中宣部、中央文明办、教育部、团中央、全国妇联连续开展了五届优秀童谣征集推广活动，并将征集的优秀童谣汇编成《中华是我家》图书，受到广大幼儿园、小学师生的欢迎。

从5月29日至6月7日，“六一”国际儿童节期间，中央文明办、教育部、共青团中央、全国妇联、中国关工委联合开展“学习和争做美德少年”活动，宣传、展示百名美德少年事迹，引导未成年人学习身边榜样，争做最美少年，以实际行动培育和弘扬社会主义核心价值观。

2015年8月25日，中央宣传部、教育部联合下发通知，强调要在今年秋季利用新生教育、入学教育的契机，以“勿忘国耻 圆梦中华”为主题，在大中小学校组织开展“开学第一课”活动，广泛进行抗战历史、抗战精神教育，引导广大青少年铭记历史、缅怀先烈、珍爱和平、开创未来，传承弘扬伟大的抗战精神，积极培育和践行社会主义核心价值观，树立崇高理想信念，勤奋学习、崇德向善，在实现“两个一百年”奋斗目标、实现民族复兴中国梦的伟大实践中创造自己的精彩人生。

2015年9月29日至10月8日，中央文明办、教育部、共青团中央、全国妇联、中国关工委共同举办了全国未成年人“向国旗敬礼”网上签名寄语活动。活动依托中国文明网、央视网和中国未成年人网开展，以庆祝中华人民共和国成立66周年为契机，结合纪念中国人民抗日战争暨世界反法西斯战争胜利70周年，组织引导广大未成年人在网上面向国旗敬礼并签名寄语，参与网下教育实践活动，学习和弘扬伟大的抗战精神，学习和弘扬伟大的爱国主义精神，培育和践行社会主义核心价值观，培养和树立听党话、跟党走的信念，抒发热爱祖国、祝福祖国的情感，表达为实现民族复兴中国梦努力学习、全面发展的远大志向。10天活动期间，参与向国旗敬礼人次达8600万，网上留言寄语315万余条。

教育部大力发展农村教育，积极推动农村精神文明建设取得新进展。具体做法是，提高办学条件，建设农村美丽校园；加强教师队伍，充实农村人才资源；提升教育质量，助力农村学子圆梦；强化学校德育，引领农村道德风尚；加大儿童关爱，培育农村新生力量。

六、让道德模范来鼓舞人心

树立道德榜样，实现道德教化，是我国传统文化的一大特征。道德榜样的事迹让人们喜闻乐见，使道德教化的外在形式转化为人的内在德行，从而使人内心的崇敬之情得以寄托。经党中央批准，2007年以来，中央宣传部、中央文明办、解放军总政治部、全国总工会、共青团中央、全国妇联每两年评选表彰一届全国道德模范。2013年9月26日，习近平总书记亲切接见第四届全国道德模范及提名奖获得者并发表重要讲话，深刻阐明道德力量在实现国家富强、民族振兴和人民幸福过程中的重要作用，充分肯定全国道德模范评选表彰工作，对于发挥道德模范榜样作用、大力推进社会主义核心价值观建设提出明确要求。到2015年，各地区各部门深入学习贯彻习近平总书记重要讲话精神，广泛宣传道德模范先进事迹，大力弘扬道德模范崇高精神，凡人善举层出不穷，形成了崇尚道德模范、学习道德模范的浓厚氛围，积极健康向上的社会道德主流更加巩固。

（一）榜样辈出的时代

2015 年 1 月 14 日，中央宣传部在中央电视台向全社会公开发布“时代楷模”文朝荣和李超的先进事迹。贵州省毕节市赫章县河镇乡海雀村党支部书记文朝荣 30 多年如一日，始终牢记党的根本宗旨，以愚公移山的精神，带领干部群众把“苦甲天下”的穷村子带上了“林茂粮丰”的致富路，为当地群众办了大量好事实事。鞍钢集团鞍钢股份公司冷轧厂 4 号线设备作业区作业长兼党支部副书记李超 25 年如一日，始终坚定“技术报国”理想信念，把实现个人梦与中国梦紧密相连，勤学不辍、苦练本领，干一行、钻一行、精一行，主导完成多项国内外首创、国际领先的技术改造革新项目。二人的感人事迹赢得了人们的信任和爱戴。

2015 年 3 月 2 日上午，生前系上海市高级人民法院副院长的邹碧华同志先进事迹报告会在人民大会堂举行。报告会前，中共中央政治局常委、中央书记处书记刘云山亲切会见报告团成员，代表习近平总书记，代表党中央，向邹碧华亲属表示慰问，并颁发中央组织部追授邹碧华同志的“全国优秀共产党员”证书。此前不久，中共中央总书记、国家主席、中央军委主席习近平对邹碧华同志先进事迹作出重要批示指出，邹碧华同志是新时期公正为民的好法官、敢于担当的好干部。他崇法尚德，践行党的宗旨、捍卫公平正义，特别是在司法改革中，敢啃硬骨头，甘当“燃灯者”，生动诠释了一名共产党员对党和人民事业的忠诚。广大党员干部特别是政法干部要以邹碧华同志为榜样，在全面深化改革、全面依法治国的征程中，坚定理想信念，坚守法治精神，忠诚敬业、锐意进取、勇于创新、乐于奉献，努力作出无愧于时代、无愧于人民、无愧于历史的业绩。

2015 年 3 月 8 日，在“三八”国际妇女节到来之际，中宣部、全国妇联在中国网络电视台向全社会公开发布李元敏、梁芳、董明珠、王桂云、王焕荣、秦开美、王丽萍、章金媛、次仁卓嘎、柳清菊 10 位全国“最美女性”的先进事迹，充分展示了当代中国女性自尊、自信、自立、自强的优秀品格，她们不愧为传承中华民族传统美德的典范，不愧为践行社会主义核心价值观的模范。

2015 年 4 月 8 日，中央宣传部、公安部在中国网络电视台向全社会公开发布王聪颖、宝音德力格尔、关吉文、薛军毅、孙长江、王保军、胡敏、刘永超、黄墁、尤武健 10 位“最美基层公安民警”的先进事迹。他们来自不同地区、不同民族、不同警种，长期扎根基层一线，以满腔热情为人民群众服务，他们中有的倾心营造和谐警民关系，有的自觉维护民族团结，有的全力保护群众生命财产安全，有的甚至献出了宝贵的生命。他们的先进事迹和崇高精神，展现了新时期人民警察对党无限忠诚、对群众无比热爱、对事业执着追求的高尚品格，用实际行动践行了“人民公安为人民”的庄严承诺，赢得了人民群众的衷心赞誉和爱戴，树立了新时期人民警察执法为民的良好形象，不愧为践行社会主义核心价值观的模范。

2015 年 4 月 28 日，庆祝“五一”国际劳动节暨表彰全国劳动模范和先进工作者大会在人民大会堂隆重举行。习近平同志在讲话中强调，纪念全世界工人阶级和劳动群众的盛大节日——“五一”国际劳动节，表彰全国劳动模范和先进工作者，目的是弘扬劳模精神，弘扬劳动精神，弘扬我国工人阶级和广大劳动群众的伟大品格。大会表彰了党中央、国务院决定的白永明等 2064 名全国劳动模范，吴甡等 904 名全国先进工作者。

2015 年 6 月 10 日，中宣部、全国妇联向全社会公开发布汪宝柱等 10 户全国教子有方“最美家庭”的先进事迹。汪宝柱、刘世昌、刘聪玲、林双凤、王克华、刘时粘、何利群、意西泽仁、吕昕烛、贺俊花 10 户全国教子有方“最美家庭”，崇尚家庭美德、注重家庭教育，悉心建设家庭这个人生的第一所学校，用优良家风涵养子女心灵，用言传身教促进子女成长。

2015 年 6 月 26 日，中央宣传部在中央电视台向全社会公开发布“时代楷模”汪勇和毛丰美的先进事迹。

2015 年 9 月 15 日，第四届全国中青年德艺双馨文艺工作者表彰大会在北京举行。中宣部、人力资源和社会保障部、中国文联共同授予丁寺钟等 54 名艺术家“全国中青年德艺双馨文艺工作者”荣誉称号。

2015 年 10 月 13 日下午，第五届全国道德模范座谈会在北京召开。座谈会上传达了中共中央总书记、国家主席、中央军委主席习近平近日就评选表彰道德模范作出的重要批示，批示向受表彰的全国道德模范致以热烈祝贺和崇高敬意，深刻阐述了评选表彰道德模范的重要意义，就深入开展宣传学习道德模范活动、深化社会主义思想道德建设提出明确要求。座谈会上宣读了表彰决定，王福昌等 62 名同志被授予第五届全国道德模范荣誉称号，廖理纯等 265 名同志被授予第五届全国道德模范提名奖。当晚举行了隆重的授奖仪式。

2015 年 10 月 23 日，中央宣传部、中央组织部、中央文明办等部门联合下发通知，在全国开展宣传推选 100 个最美志愿者、100 个最佳志愿服务项目、100 个最佳志愿服务组织、100 个最美志愿服务社区等志愿服务“四个 100”先进典型活动。开展这项活动，是褒扬嘉奖志愿者的重要举措，有利于培育和践行社会主义核心价值观，推动形成和谐友善的人际关系；有利于广泛宣传最美志愿者的感人事迹和最佳志愿服务组织的时代风采，展示最佳志愿服务项目的积极成效和最美志愿服务社区的良好形象，增强志愿者的积极性和荣誉感，让人们学有榜样、见贤思齐；有利于大力弘扬奉献、友爱、互助、进步的志愿精神，培育志愿文化，引导志愿服务由心而生，营造向上向善、互帮互助的浓厚社会氛围。

（二）志愿服务献爱心

2015 年 3 月 30 日，中央宣传部、中国志愿服务联合会在中央电视台向全社会公开发布“时代楷模”浙江省皮肤病防治研究所上柏住院部医疗队和武汉长江救援志愿队的先进事迹。前者是一支以青年人为主体的医疗团队，主要承担麻风病治愈畸残者的医疗、护理、康复以及重症现症麻风病人的救治工作。他们十年如一日坚守在偏僻、艰苦的山村，甘于寂寞、无私奉献，为我国麻风病防治事业作出了积极贡献，树立了新时期医务工作者的崇高形象。后者是一支由业余冬泳爱好者组成的志愿者队伍，目前人数已从成立之初的 100 余人壮大到 1150 人。广大队员发扬奉献、友爱、互助、进步的志愿精神，恪守行善立德的志愿理念，不计得失、不顾风险，长年累月值守江边，挽救了数以百计的生命和家庭，用善行义举诠释了人间大爱，谱写了一曲志愿服务的壮美乐章。

2015 年 3 月 24 日，中宣部、中国志愿服务联合会联合在西安召开社会主义核心价值观建设与学雷锋志愿服务工作座谈会。中国志愿服务联合会会长刘淇出席会议并讲话。中国志愿服务联合会负责人在会上宣读了《关于命名首批“全国志愿服务示范团队”的决定》，与会领导为被命名的志愿服务团队代表颁发牌匾、为首都医学专家代表颁发中国志愿服务联合会个人会员证书。

2015 年 12 月 5 日，在第 29 个国际志愿者日到来之际，中央文明办正式向全社会发布中国志愿服务标识——“爱心放飞梦想”。全国各级各类志愿服务组织在开展各类重大活动时，均应统一使用中国志愿服务标识；在开展具有自我特色的志愿服务活动时，要突出全国统一的标识，打出中国志愿服务品牌。同时，中共中央宣传部、中央文明办、中国志愿服务联合会在中国网络电视台向全社会公开发布叶如陵等 11 个“最美志愿者”的先进事迹。

我国的志愿服务体系在党和国家的支持下已经形成了庞大规模，共产党员和共青团员的参与起到了决定性的中坚作用。2015 年 8 月 27 日，中央文明办、民政部、共青团中央联合下发推广应用《志愿服务信息系统基本规范》(以下简称《基本规范》)的通知，明确各地文明办、民政部门、团委和各志愿服务组织要以推广应用《基本规范》为契机，加快推动志愿服务信息系统建设。要通过举办培训班、研讨会等形式，加大《基本规范》的宣传普及，组织志愿服务管理人员、信息系统开发建设人员、运营维护人员等相关人员进行培训学习，全面了解掌握《基本规范》的具体内容和基本要求。民政部等部门将依据《基本规范》，将全国志愿者队伍建设信息系统升级改造为全国志愿服务信息系统，提供给各地区、各部门和志愿服务组织无偿使用，尽快实现全国志愿服务信息系统的互通互联、信息共享。该《基本规范》是我国志愿服务信息化建设领域第一个全国性行业标准。各地在开展志愿服务的工作中，努力提升服务质量，促进服务的项目化、品牌化发展，推进制度化、常态化。

（三）道德模范的评选

2015 年 4 月 30 日，中央宣传部、中央文明办、解放军总政治部、全国总工会、共青团中央、全国妇联六单位召开电视电话会议，启动第五届全国道德模范评选表彰活动。会议指出，全国道德模范推荐评选活动旨在用道德模范的先进事迹和崇高精神引领社会价值取向，激发广大人民群众投身道德建设，积聚社会发展正能量，为落实“四个全面”战略布局提供有力道德支撑。会议要求，要坚持高标准评选道德模范，突出评选的权威性、先进性、示范性；广泛发动城乡基层的候选人，坚持群众路线，把推荐重点放在企业、学校、社区、村镇、连队等基层单位；严谨有序地做好评选组织工作，过程要真实可靠，坚持公平公正，确保评选结果具有高度公信力。

2015 年 6 月 24 日至 7 月 22 日，由中宣部、中央文明办等 6 部门组织的第五届全国道德模范评选表彰活动在各地和军队系统推荐的基础上，主办单位审核确定了本届全国道德模范候选人，并进行全国公示。主办单位在《人民日报》《解放军报》《光明日报》《经济日报》《工人日报》《中国青年报》《中国妇女报》和中国文明网、人民网、新华网、光明网、中国经济网、中国网络电视台、中国青年网、中国广播网、中国军网、中工网、中国妇女网等报纸和网站同步刊登候选人事迹；同时在中央人民广播电台、中央电视台进行滚动展播。公众如对所公示候选人有意见建议，可向全国活动组委会办公室反映。据悉，各省、自治区、直辖市、新疆生产建设兵团和解放军总政治部按照严谨有序、公开透明、规范操作要求，经过逐级推荐、层层审核、媒体公示等环节推荐候选人，全国活动组委会对各地及军队系统推荐程序和候选人资格、事迹进行了认真审核，报经中央文明委领导审定，公示第五届全国道德模范候选人 327 名。其中，助人为乐类 71 名、见义勇为类 63 名、诚实守信类 63 名、敬业奉献类 71 名、孝老爱亲类 59 名。

2015 年 10 月 13 日，中央文明委决定，授予王福昌等 62 名同志第五届全国道德模范荣誉称号，授予廖理纯等 265 名同志第五届全国道德模范提名奖。第五届全国道德模范提出了《汇聚向上向善的强大道德力量》倡议书，内容如下。

同志们，朋友们：

今天，我们光荣当选第五届全国道德模范，学习习近平总书记重要批示，受到刘云山等中央领导同志亲切接见，深切感受到党和人民对道德模范的关心厚爱。我们将珍惜荣誉、再接再厉，矢志不渝践行社会主义核心价值观，尽己之力助推社会文明进步。当前，全面建成小康社会进入决定性阶段，中华民族比任何时候都更加接近民族复兴的目标，实现这一伟大梦想，需要全体中华儿女更好构筑中国精神、中国价值、中国力量，为中国特色社会主义事业提供源源不断的精神动力和道德滋养。为此，我们发出如下倡议：

我们一起点亮信仰明灯，坚定共同理想信念。紧紧团结和凝聚在中国特色社会主义旗帜下，不断增强道路自信、理论自信、制度自信，深入学习贯彻习近平总书记系列重要讲话精神，坚定不移做协调推进“四个全面”战略布局的拥护者、实践者，同心同德、团结奋斗，促进改革发展、维护社会稳定，推动社会主义现代化建设事业不断取得新的伟大胜利。

我们一起坚守价值观自信，构筑共同精神家园。认知认同并自觉践行社会主义核心价值观，坚持正确的价值目标、价值取向、价值准则，弘扬“真善美”，贬斥“假恶丑”，让主流价值成为全体社会成员的共同遵循和行为坐标，生成固本培元、凝魂聚力的强大力量。

我们一起高扬道德旗帜，陶冶高尚品德情操。弘扬中华传统美德，弘扬时代新风，向往追求讲道德、尊道德、守道德美好生活，向英雄模范学习，与身边好人同行，争做助人为乐、见义勇为、诚实守信、敬业奉献、孝老爱亲的模范，用点点滴滴的凡人善举营造崇德向善、见贤思齐、德行天下的社会风尚。

我们一起涵养文明习惯，共同维护国家民族良好形象。树立与现代生活相适应的文明意识，培育遵德守礼、谦和包容的文明素养，在公共生活中讲礼貌、知礼仪、重礼节，热情参与文明城市、文明村镇、文明单位、文明家庭创建活动，促进社会文明程度不断提升，使“礼仪之邦”成为当代中国的亮丽名片。

我们一起发扬实干兴邦精神，全身心投入圆梦中国火热实践。把人生理想融入国家富强、民族振兴、人民幸福的伟业之中，干一行爱一行、钻一行精一行，掌握真才实学，练就过硬本领，在本职岗位上奏响人生最精彩的乐章，为实现“两个一百年”奋斗目标和中华民族伟大复兴的中国梦而不懈奋斗！

可见，道德榜样的评选活动要挖掘事迹突出、示范作用强、群众口碑好、社会影响大的道德模范。这本身就是重要的宣传教育过程，各地广泛开展宣传报道，在全社会营造尊重、学习、关爱、争当道德模范的良好氛围，推动好人好事大量涌现，善行义举层出不穷，在全社会形成向上向善的强大力量。

七、结语

社会的道德机制是社会生活和社会善治的根本保障。随着现代性社会的发展，人们越来越重视合理的道德机制，在法律法规、政策政令、纪律规范等方面维护社会的良风美俗和各种主体利益。人作为道德主体，不是孤立存在的，始终是和各种群体相联系的，始终协调个人和集体的利益关系。人们在生活中需要满足个人的需求，为生活的再生产提供保障，与他们所追求的目标达成最大程度的契合。社会的道德机制为人们的幸福生活提供必要的社会可靠度。习近平总书记指出，一种价值观要真正发挥作用，必须融入社会生活，让人们在实践中感知它、领悟它；要注意把我们所提倡的社会主义价值与人们日常生活紧密联系起来，在落细、落小、落实上下功夫。

（一）把创建活动融入生活

党的十八大以来，党中央高度重视精神文明建设。习近平总书记多次作出重要指示，提出明确要求，强调要始终坚持物质文明和精神文明“两手抓、两手都要硬”，推动社会主义精神文明和物质文明全面发展；强调只有物质文明和精神文明建设都搞好，国家物质力量和精神力量都增强，全国各族人民物质生活和精神生活都改善，中国特色社会主义事业才能顺利向前推进；强调实现中国梦，是物质文明和精神文明均衡发展、相互促进的结果，是物质文明和精神文明比翼双飞的发展过程，没有文明的继承和发展，没有文化的弘扬和繁荣，就没有中国梦的实现；强调要把社会主义核心价值观的要求融入各种精神文明创建活动之中，吸引群众广泛参与，推动人们在为家庭谋幸福、为他人送温暖、为社会作贡献的过程中提高精神境界、培育文明风尚。

我们在道德建设中把创建文明城市、文明村镇、文明单位作为弘扬社会主义核心价值观的主战场和排头兵，运用多种方式和渠道，推动社会主义核心价值观叫响做实、落地生根。各地广泛刊播“讲文明树新风”公益广告和“图说我们的价值观”，面向广大干部群众开展诚信、孝敬、勤俭和礼仪教育，既利用好春节、清明节、端午节、中秋节、重阳节等传统节日，又利用好“七一”“八一”“十一”和抗日战争胜利纪念日、国家公祭日等重要活动，在全社会特别是青少年中广泛开展爱国主义教育，大力传承和弘扬优秀传统文化、优良美德，使社会主义核心价值观与人们的生产生活结合起来，进城市、进农村、进企业、进社区、进学校、进网络，做到人民群众日用而不觉。

（二）社会要让好人有好报

“好人”是最朴素的褒奖词汇，包含着为人正派、乐善好施、团结互助、仁爱宽容、见义勇为等优良品德。“老人跌倒不敢扶”等现象，既是道德缺失，也是法律错位。社会只有善有善报，才能营造出崇德向善的氛围；只有让行善者不吃亏，才能确立人们的道德底线；只有让道德模范有光彩、有尊严，才能有效地弘扬社会正能量。各地正形成尊崇好人、礼遇好人、学习好人、争做好人的“好人文化”，努力形成尊老爱幼、扶贫济困、礼让宽容、互助友爱的社会风气，形成人人参与道德建设、人人共享道德建设成果的生动局面，使社会主义核心价值观倡导的文明、和谐、敬业、诚信、友善等价值理念更加深入人心。

社会道德建设是惠民工程，必须具有群众性和公益性，谋利民惠民之实。社会道德建设推动各地各部门多办好事，创造优美环境、优良秩序、优质服务，不断改善城乡环境面貌和群众精神风貌，大力倡导生态文明理念，着力整治脏、乱、差现象，保护绿水青山，保护历史文化名城名镇和古村落古民居，突出文化惠民，让人们享受到更加丰富、更有品质的现代精神文化生活。相反，对于那些出现严重违纪违法和重大环境污染、安全生产事故的单位和个人，严格执行“一票否决”，使社会道德建设工作真正通得过民心关、舆论关和法纪关。

（三）社会道德建设是党和国家的工作之重

我国社会主义精神文明建设的实践证明，社会道德建设需要党和国家的政策支持。社会是个体生活的环境，社会的运行机制时刻影响着个体的道德行为。道德是一种社会现象，需要个体和社会的互动平衡，不是单靠哪个人的觉悟而形成的个体特征。我国改革开放以来，社会主义精神文明不断促进着社会发展，其内容和方法不断适应经济发展和社会转型的新要求，积极创新体制机制，使工作既有连续性又富有创造性。中共十八届三中全会审议通过的《中共中央关于全面深化改革若干重大问题的决定》指出“科学的宏观调控，有效的政府治理”是“发挥社会主义市场经济体制优势的内在要求”，要求坚持综合治理，强化道德约束，规范社会行为，调节利益关系，协调社会关系，解决社会问题。显而易见的事例是，美丽乡村建设，靠一家一户解决不了，靠一村一镇的力量也不够，必须由党委政府牵头，各部门广泛参与，充分调动农民群众的积极性主动性，统筹规划，整体行动，整合社会各方的力量才能逐步深化美丽乡村建设。

党和国家的威望也在社会主义精神文明建设中不断提高。改革开放后，出现了一些领导干部权力腐败、官僚主义、特权享受、脱离群众、失职渎职等违背公共利益的现象，人们对社会的道德状况忧虑不满，强烈要求有效地进行社会道德建设。党和国家的宗旨就是全心全意为人民服务，广大党员干部在工作中不断提高自身的思想觉悟和道德素质。道德建设的实践证明，党和国家代表了人民的利益，在国家治理、政府治理、社会治理等方面表现了强大的公信力和执行力，社会公共政策深得人心，社会主义核心价值观逐渐成为个体的道德价值取向。

总之，我国的社会道德建设在改革开放新时期蓬勃兴起，群众基础深、社会影响广，在改善城乡生活环境、提高社会文明程度等方面发挥了重要作用。当前，全党全国人民正沿着党的十八大确立的奋斗目标阔步前进。社会道德建设必须把握新的历史方位，适应新的战略布局，大力培育和弘扬社会主义核心价值观，为推进中国特色社会主义伟大事业作出应有贡献。

第二章　2015 年道德事件

肖群忠　吕　浩

一、党和政府关注问题

（一）第五届全国道德模范评选表彰

为充分展示社会主义思想道德建设丰硕成果，充分展现我国人民昂扬向上的精神风貌，进一步凝聚全国各族人民团结奋进的力量，2015 年 4 月，启动举办第五届全国道德模范评选表彰活动。2015 年 10 月 13 日，中央精神文明建设指导委员会发布《关于表彰第五届全国道德模范的决定》。中央文明委决定，授予王福昌等 62 人第五届全国道德模范荣誉称号，授予廖理纯等 265 人第五届全国道德模范提名奖。

中共中央政治局常委、中央文明委主任刘云山会见了第五届全国道德模范和提名奖获得者并在座谈会上讲话。刘云山指出，习近平总书记的重要批示深刻阐述了评选表彰全国道德模范的重要意义，就深入开展道德模范宣传学习活动、深化社会主义思想道德建设提出明确要求，充分体现了对道德建设的高度重视，要认真学习领会、很好贯彻落实。刘云山说，道德模范是时代的英雄、鲜活的价值观，推进道德建设，要用好道德模范这一“精神富矿”，发挥先进典型引领作用，更好激发实现中华民族伟大复兴中国梦的强大正能量。要坚持围绕中心、服务大局，坚持重在建设、立破并举，坚持党员领导干部带头，推动形成讲道德、尊道德、守道德的社会环境。

刘云山强调，学习道德模范，贵在知行统一、身体力行。要认真学习道德模范的崇高精神，牢固树立中国特色社会主义共同理想，自觉践行社会主义核心价值观，像道德模范那样对待社会、对待他人、对待自己，把良好道德情操体现到日常工作和生活之中。要做好贯穿融入的工作，把思想道德这个“魂”与经济社会发展这个“体”贯通起来，融入经济、政治、文化、社会、生态文明建设和党的建设之中，融入国民教育、社会管理和公共服务之中，融入家庭、家教、家风建设之中。要在落细落小落实上下功夫，大处着眼、细处入手，潜移默化、久久为功，让道德理念具象化、大众化，更好地为人们所接受和践行，确保道德建设取得看得见、摸得着的效果。

道德模范评选充分展示社会主义思想道德建设丰硕成果，充分展现我国人民昂扬向上的精神风貌，进一步凝聚全国各族人民团结奋进的力量。

（转自《第五届全国道德模范评选表彰专题》，央视网：http：//news. cntv. cn/special/fifthmf/。）

（二）树立道德“高线”，划清纪律“底线”

2015 年 10 月 12 日，中共中央政治局召开会议，审议通过了党内两大法规——《中国共产党廉洁自律准则》《中国共产党纪律处分条例》，以道德为“高线”，以纪律为“底线”，进一步扎紧了管党治党的“笼子”。这次对党内两大法规的修订，一个旨在树立道德的“高线”，一个旨在划清纪律的“底线”。准则紧扣廉洁自律主题，重申党的理想信念宗旨、优良传统作风，坚持正面倡导、重在立德，为党员和党员领导干部树立了看得见、摸得着的高标准，展现了共产党人的高尚道德情操。

党中央陆续开展了党的群众路线教育实践活动和“三严三实”专题教育，党员干部的整体风貌的确焕然一新，吃拿卡要少了，办事态度也好了，公器私用少了，看似守住了“底线”。可守住“底线”只是最起码的要求，仅仅在“底线”处“徘徊”，很容易再次堕入“底线”之下。因此，守住“底线”更要坚持“高线”。“底线”约束是外因，思想“高线”才是内因。无论纪律要求、廉洁勤政的制度设计还是党组织的教育和提醒，都是来自“底线”的约束，能否起作用，关键要看思想“高线”。思想“高线”生了锈，“底线”约束也很难产生化学反应。由此观之，理想信念宗旨才是最为紧要。理想信念是共产党人精神上的“钙”，没有理想信念，理想信念不坚定，精神上就会“缺钙”，就会得“软骨病”，就会没有骨气，就经不起诱惑，政治上变质，经济上贪婪，生活上堕落。从严治党，最重要就是要在理想和信念上从严，就是往思想熔炉中加柴添火，打好理想之铁、炼出信念之钢，思想上返璞归真，党性上固本培元，才能从容面对功名利禄，续写共产党人的华丽篇章。

（转自《树立道德的“高线”，划清纪律的“底线”——中央政治局会议“一揽子”通过党内两大法规》，《新华每日电讯》2015 年 10 月 13 日。）

（三）共青团重议“共产主义信仰”

2015 年 9 月 21 日，共青团中央官方微博发布题为《信仰》的网文：“对于我们共青团人来说，共产主义既是最高理想，也是实现过程。”并发起话题“我们是共产主义接班人”。

没有信仰的人，是可悲的；不能坚守信仰的人，是可怜的。信仰是什么？信仰是我们一直为之追求而终不言弃的精神力量。什么时候，我们都不能忘了自己从哪里来、将往何方去。当国门开放后，西方的思潮、文化、物质一股脑地进来，有时确实容易眼花缭乱，若是看花了眼、站软了腿，信仰也会为之崩溃。信仰，不仅是追求美好的将来，而且要知道如何正确地追求将来。公务员，就要坚持为人民而服务；警察，就要坚定地维护社会稳定；共产党员，就要执着地坚持共产主义，敢于把这块牌子亮出来；老百姓，也要坚持诚实守信朴素生活。不忘初心，善作善成。

（转自《信仰》，共青团中央官方微博，http：//weibo.com/u/3937348351？refer_flag=1005052113_ 。）

（四）慈善立法

2015年11月30日，慈善法草案首次提请全国人大常委会审议。从2005年民政部提出立法建议至今，我国首部慈善领域的专门法律终于提交审议。慈善法草案诸多规定对规范人们的慈善行为有着明确的规定，为人们更好地做慈善事业进行了"顶层设计"。

"郭美美事件""尚德诈捐门""中非希望工程""'慈善妈妈'敛财事件"……这些事件的曝光，伤害的不只是真正需要救助的困难群体，更是那些默默行善、想要施善的人。存在这些问题的原因，一方面是高举"慈善"的大旗，更能打动富商财团，借机敛财；另一方面是利用大众心理，大张旗鼓帮助弱小，达到名利双收的目的；归根结底是因为没有法律约束，这种恶行被揭露后大多是名誉受损，相对"成本"低廉。因此，急需一部关于慈善的法律，对当前慈善事业中的"伪善"行为形成刚性约束。

在慈善法草案中，我们可以看到针对社会现实问题，体现出"善治"的初衷和本义。比如，草案规定"开展慈善活动，应当遵循合法、自愿、诚信、非营利的原则，不得违背社会公德，不得损害社会公共利益和他人合法权益"。再比如，还规定了"慈善组织以及有关部门应当依法履行信息公开义务。慈善信息公开应当真实、完整、及时，不得有虚假记载和误导性陈述"，等等。一系列规定，目的正是将慈善置于阳光之下，将爱心装进"透明口袋"中，也很好回应了"善有善报"的社会期望。

（转自《慈善法，终于来了——聚焦首次提交全国人大常委会审议的慈善法草案》，《光明日报》2015年11月2日。）

（五）"师德"一票否决制

2015年12月7日，教育部召开发布会，介绍《国家中长期教育改革和发展规划纲要（2010—2020年）》实施五年来教师队伍建设情况。专家表示，未来我国将在“重师德”等方面进一步下大力气，将师德教育贯穿教师培养、岗前和职后培训、管理的全过程，将师德表现作为岗位聘用、职称评审、评优奖励等的重要指标，实行一票否决。严格师德惩处，对于违反师德行为发现一起、查处一起，从根本上遏制违反师德行为的发生。

教育部教师工作司负责人表示，未来教师工作重点之一是全面推开中小学教师资格考试和定期注册制度改革，师德上有偏差的老师一律一票否决。虽然教育部此前已经明确“体罚学生”“收受礼金”等违反师德的十种行为，但是很多家长为了保证自家孩子在学校里享受到教师的“另眼相待”，请老师外出旅游、喝茶、按摩等变相贿赂行为也是层出不穷。身为教师，接受这样的行为是不允许的，各地需要健全举报机制和渠道，对这一行为进行监督。有些地方的教师置教育部门的命令于不顾，搞有偿补课、向学生推销商品，甚至直接索要钱物；有的教师作风粗暴，动辄打骂、体罚学生……凡此种种，严重损害了教师的职业形象，不少人慨叹师德已成为稀缺品质。

教师的行为具有不同寻常的示范性，其一言一行、一举一动都会对学生的道德水准产生直接影响，所以教师更应该恪守师德。为此需要有完善的监督执行配套措施。比如查处违规补课收费、有偿家教等，首先要设立专门监察队伍，主动出击对该行为进行明察暗访，而不是仅靠群众投诉获取线索。当然，解决师德问题不是仅靠惩罚就能完成的，必须从日常中对教师的行为给予严格监管，使教师们在内心真正以违反师德行为为耻，这才是最终目的。

（转自《教育部推出师德“一票否决”制》，《北京晨报》2015年12月8日。）

（六）加强安全意识教育

2015新年钟声敲响，安全警钟紧跟其后，如此响亮，如此痛彻心扉。2014年12月31日23时35分许，上海外滩陈毅广场发生民众拥挤踩踏事故。官方通报已致36人死亡、47人受伤。

事故发生后，令人感到安慰的是，警方迅速出动救人，围成“环岛”引导人流。习近平总书记对踩踏事件作出重要指示，李克强总理也就事件处置作出批示。上海主要领导也第一时间去探望伤者，并要求全力做好伤员抢救和善后处置等工作。令我们感动的是，陌生人纷纷伸出援手，有合力维持秩序阻止事态恶化的，有做现场急救的，有帮助送往医院的。

我们必须警醒的是，事故没有“完全的意外”。俗话说，绊人的桩不在高。著名的海恩法则也告诉我们，每一起严重事故的背后，必然有29次轻微事故和300起未遂先兆以及1000起事故隐患。事故发生前，一部分人推搡起哄、无序对流、楼上撒钱等举动，也许是一时冲动，或许是一时兴起，他们并没有意识到自己的行为会令他人处于危险中。然而悲剧告诉我们，在人群聚集的地方，再小的行为品格也与公共安全紧密联系，不得不慎。

我们还要反思的是，该如何让安全意识、秩序意识深植国民心中。从事故中可以看出，有时候，无知比灾难更可怕。这也提醒我们，安全教育，从娃娃抓起，应由“应急课”变为必修课。如果每一名孩子都学会安全避难、人工呼吸、心肺复苏、大动脉止血等最基本的安全技能，当他们成年走向社会之后，这些知识和技能能够挽救多少人的生命。

（转自《上海外滩拥挤踩踏事件调查报告全文》，人民网：http：//politics.people.com.cn/n/2015/0121/c1001－26424342.html。）

（七）新闻道德委员会成立

2015 年 12 月 29 日，中国记协新闻道德委员会成立大会如期举行。除个别省份外，新闻道德委员会工作已在全国各省（区、市）全面推开，全国和省一级新闻道德委员会工作架构初步形成。

会议指出，建立新闻道德委员会是新闻战线深入学习贯彻习近平总书记系列重要讲话精神、贯彻落实“四个全面”战略布局的重大举措，是新闻战线落实党管媒体原则、坚持以人民为中心工作导向的重要探索。新闻道德委员会将把各级各类新闻媒体和从业人员纳入监督范围，通过新闻评议、媒体道歉、通报曝光等方式，在加强职业道德建设、治理新闻界突出问题方面发挥更大作用。

中华全国新闻工作者协会党组书记翟惠生在会议上讲道，“新闻媒体既要监督社会，也要接受社会各界的监督，这才是公平正义的体现。中国记协成立新闻道德委员会，就是要引导新闻工作者要把规矩、道德放在前面，在进行法制报道时讲历史、讲文化、讲科学，把法治理念用老百姓听得懂、记得住的语言传播出去”。

新闻报道的伦理争议一直困扰着传媒业。种种失范现象，不仅有传统媒体黄金时代业已存在的争议性采编手法，也有对真实准确这一新闻伦理首义的挑战，还有新传播环境下出现的新争议。新闻道德委员会的成立，是国家对这一问题的重视，新闻报道的伦理性和规范性，不仅能把新闻行业从争议和质疑中解脱出来，更能正确引导人们的道德行为，具有重要意义。

（转自《中国记协新闻道德委员会成立》，中国记协网：http：//news.xinhuanet.com/zgjx/2015－12/29/c_ 134961630.htm。）

（八）“标题党”严重违犯新闻真实原则

2015 年 10 月，“标题党”现象受到猛烈抨击，尤其是网易新闻被视为“典型”。

2015年10月10日，一篇题为《别人的标题VS网易的标题》的文章被网络媒体大量转载，它对“标题党”的批评矛头直指网易新闻，通过两两对比的方式，罗列了网易新闻与新华网、新浪网、中国新闻网、解放军网、凤凰网等对同一篇文章的不同标题处理，例如解放军网一篇文章题为《你休你的假，我蹲我的点》，讲述北海舰队某训练基地某司令员，让原本准备推迟休假以完成接待任务的士兵按时回家的事情，但网易的标题却为《部队为让领导吃饭更可口推迟炊事员休假》。

2015年10月16日，《人民日报》总编室官方公众号“一撇一捺”上发表原创文章：《党报的标题，被网易改成了啥?》，用一个个具体案例诠释了“有人说，世界上有两张《人民日报》，一张是正常的，另一张是经过网易‘翻译’过的”。同日，《人民日报》（海外版）的文章《“标题党”也该被禁赛》，再次提及“一家被网友立作‘标题党’典型的门户网站”在饱受批评后，仍将“标题党新闻”置于首页显著位置，遭网友“打脸”。文章提出，以“标题党”麻醉、欺骗读者，攫取利益的媒体是否也该被禁赛、被惩罚呢?

“标题党”是一种新闻失范现象早已是共识，就连这次饱受诟病的网易也曾制作专题《“标题党”的穷途末路》，提出要打倒“标题党”。因为“标题党”的误导和欺骗性背离了新闻的真实性原则；而在转载过程中，肆意篡改其他媒体的标题，也是对原创媒体及作者著作权的一种侵害。

（转自《中国记协新闻道德委员会成立》，《光明日报》2015年12月30日。）

二、社会正能量道德事件

（一）《穹顶之下》关注环境伦理

2015年2月28日，柴静的新作——大型空气污染深度公益调查《柴静雾霾调查：穹顶之下》首发，柴静也现身接受媒体专访。她透露，促使她展开调查的原因是，还没出世的女儿便患有肿瘤，从一出生就接受手术，“在照顾她过程中，对雾霾的感受变得越来越强烈”。整个调查在网络上引起了很大的轰动，引发网友热议。

公众是空气污染治理的核心力量，要以公民的名义行动起来。从完善立法到调整公共政策再到调适公民个人作为，充分发挥每一个人、每一个机构、每一个组织“心底有爱情”的力量，改变我们的大气环境，进而改善我们的生存环境。让孩子不再一出生就罹患疾病，让全球每年35万至50万人早死这样惨烈的数字消失，让雾霾成为历史，这是宿命，也是责任。

以前我们会说向沙漠进军，向太空漫步，现在却被雾霾打得措手不及，难道我们未曾发现它吗？不是的，每个人都看见了，可怕的是都当作并未发生，我们不缺少随声附和与阿谀奉承，缺少的恰恰就是赤裸裸的较真精神。

《穹顶之下》引发了广大网友的热议，有赞美也有质疑，但抛开这些不论，这种较真和敢于揭露社会问题的精神，值得赞扬。社会是我们大家的，只有每个人都勇于站出来揭露问题，社会才能在不断的改善中进步发展，我们才能生活在更好的环境中。

（转自《柴静雾霾调查：穹顶之下》，爱奇艺：http：//www. iqiyi. com/a _ 19rrhb0549. html。）

（二）“英雄保卫战”

近年来，历史虚无主义沉渣泛起，网络上屡屡发生恶搞英雄、诋毁英雄、抹黑英雄的事件。2015 年 5 月起，一场以中央主流媒体为主干，社会各界、各媒体、网络意见人士积极参与的“英雄保卫战”打响。

抹黑英雄的事例很多，诸如所谓“刘胡兰之死揭秘”“董存瑞是编造的”“黄继光堵枪眼是假的”等。这些网络“闹剧”搞得舆论哗然，世人侧目，令普通群众真假难辨。

对恶搞英雄的丑行，我们必须提高警惕，冷静观察，查找根源，制定对策。恶搞英雄，有的是某些人为了“搏出位”，利用网民跟风猎奇、“娱乐至死”的心态，炮制出耸人听闻的“内幕”，消费崇高，兜售“头条”；有的则是某些别有用心的人，为了达到不可告人的目的，通过恶搞英雄、抹黑英雄，歪曲历史，发出与社会主义核心价值观相悖的杂音、噪声，从而挑战传统、危害社会。对此，无论是报刊图书，还是广播影视，抑或各种新媒体，都要旗帜鲜明地站在维护意识形态安全的高度，有理、有利、有节地给予果断回击。

“英雄保卫战”的出现，证明主流媒体、各界人士都已经认识到恶搞英雄的恶劣行为，搞笑和调侃是人们生活中的情趣和幽默，但是也应注意恶搞和调侃的对象以及度的把握。英雄代表了我们国家的历史和中国人民的精神意志，不容恶搞。“灭人之国，必先去其史。”这是龚自珍讲的一句话，我们可以对历史提出疑问和新的看法，但是纯粹为了哗众取宠的恶搞抹黑则是不允许的。“英雄保卫战”的情况代表了大部分人还是尊重英雄、热爱英雄的，这是我们值得欣慰的地方，英雄是我们的榜样，应当被铭记。

（转自《打赢英雄保卫战刻不容缓》，国防部网：http：//www. mod. gov. cn/edu/2015 –12/05/content_ 4631689_ 2. htm。）

（三）救火英雄

杨小伟、傅仁超、张晓凯、侯宝森、赵子龙，这 5 个响亮的名字来自哈尔滨的消防中队，他们中最大的 22 岁，最小的 18 岁，他们把生命留在了北国的烈焰中。

2015 年 1 月 2 日 13 时许，哈尔滨道外区太古街一间日杂仓库发生火灾，消防官兵火速投入救援。21 时许，建筑上部突然发生垮塌，引发大量建筑构件砸落，在下方的 5 名消防员瞬间被打砸挤压，全部牺牲。此次事故，549 户居民及临街商户群众 2000 余人均被成功营救疏散，无一伤亡。

1 月 8 日，5 名烈士的追悼大会举行，哈尔滨举城送别。烈士灵柩途经哈尔滨多条主要街路，大量市民汇聚沿途自发送别，路桥两侧许多商户、环卫工人、私家车主自发悬挂了“英雄一路走好”“向英雄致敬”等条幅。

火场，有多少次出生入死，就有多少次勇往直前，废墟里他们与烈焰搏斗，从不退缩。

英雄并不只有我们从小学习的黄继光、董存瑞、江姐等，英雄存在于我们身边，英雄并不一定要有多么耀人的功绩和才能，需要的，是一颗舍己为人、大爱无私的心。

毛泽东同志说过：“要奋斗就会有牺牲，死人的事是经常发生的。但是，我们想到人民的利益，想到大多数人民的痛苦，我们为人民而死，就是死得其所。”在战争年代，董存瑞舍身炸碉堡；黄继光舍身堵机枪……“为人民而死”的英雄不计其数；在和平年代，欧阳海舍身拦惊马，苏士龙让出“生命之绳”救人……“为人民而死”的烈士数不胜数。在哈尔滨“1・2”火灾中，救火牺牲的五位烈士，像无数先烈那样，为了大多数人民的利益，献出了宝贵的生命。他们用鲜血和生命写就了对祖国和人民的忠诚，同样死得其所。

因为有了他们的付出和牺牲，才有了我们的幸福和安宁。因此，我们不能忘记：消防官兵的担当，给了我们安全保障；农民的担当，给了我们充足粮食；工人的担当，给了我们丰富物质；解放军的担当，给了我们牢固国防；警察的担当，给了我们社会安宁；科学家的担当，给了我们“两弹一星”……现在，全国人民正在全力建设美丽中国，每个人都应该勇于担当。我们缅怀英烈，就是要化悲痛为力量，向英烈那样，爱岗敬业，敢用鲜血和生命写担当。

救火英雄走了，不可能复生。但是他们“连死都不怕”的精神永远是鼓舞我们前进的动力。我们要认真做好本职工作，用“连死都不怕”的精神，去克服一切困难，担负起自己该担负的责任，“踏着他们的血迹继续前进”，为实现中华民族伟大复兴的中国梦而努力奋斗。

（转自《致敬》，《人民日报》2015 年 1 月 4 日。）

（四）“男神”潜水员

那是使人身体冰凉的江水，那是能见度很低的江底，那也是牵动着全国人民心的地方。一个“90后”小伙，毫不犹豫地将自身潜水装备套在被困者身上，自己却险些被暗流卷走。

2015年6月1日深夜，“东方之星”客轮在长江湖北段倾覆，450余人不幸落入水中。24岁安徽小伙官东跟随救援部队抵达现场，身为潜水员的他主动请缨第一个下水，先后救出两名被困者。当他双眼通红、满头油污地冲出水面时，赢得了现场的掌声和尊敬。被救船员曾回忆称，在被困近20个小时后几近崩溃，正是官东的出现，让已处绝境的他重新看到生的希望，看到黑暗中的灯光。

官东事后接受采访时表示，“当时一点都不犹豫，是本能反应吧，但现在想想也是蛮怕的。”官东舍己救人的壮举感动了无数人，李克强总理称赞他很了不起，网友们称他为“真男神”，他还被授予一等功。

其实还有很多像官东一样的潜水员，他们通宵达旦，分秒必争地下水搜救，只为能搜索到任何生命的奇迹。即便很多时候，只是找到遇难者的遗体，但是他们并没有放弃，因为沉船结构复杂，理论上还有“气穴”的存在，只要有生命的存在，只要有一线希望，他们就要尽百倍努力去救援。

滚滚长江水在无情地吞噬着一个又一个生命，但却无法吞噬潜水员对生命的搜寻；狂风暴雨可以掀翻客船，但却不能阻挡住所有救援力量昼夜不断的坚持；重重困难之下的永不放弃，更加凸显生命的重量。我们守望生命奇迹的出现，就是对生命的最大尊重。

（转自《“在最危急的那一刻，我只想着赶紧救人”——90后潜水员官东英雄义举感动网友》，新华网：http：//news. xinhuanet. com/photo/2015 -06/04/c_ 127879798. htm。）

（五）中国好邻居

“楼要垮了，大家赶紧跑!”楼道内一对夫妇凌晨穿着睡衣，趿着拖鞋奔走疾呼，他们不顾正在开裂的墙壁，踩过楼体掉落的石灰，一户户敲门叫醒邻居。半个小时后楼体轰然倒塌，68名住户无一人伤亡。他们就是被网友赞为“中国好邻居”的姬远奎、骆开素夫妇。

6月9日凌晨2点左右，贵州遵义汇川区高桥镇鱼芽社区河边组一栋7层居民楼发生垮塌，幸运的是，全楼住户均已提前撤离到安全地带，无人受伤。事发前半个小时，姬远奎夫妇发现自家房屋出现裂缝，于是奔走通知，冒着危险叫醒同楼邻居，使全楼人员死里逃生。

骆开素和她的丈夫都是普通人，可他们的举动却并不普通，这种关键时刻所表现出来的善也绝非灵光一现。可以说，如果没有对于生命的尊重，没有一种人间大爱，我们很难想象骆开素夫妇能够做出这样的义举。勿以善小而不为，勿以恶小而为之。骆开素夫妇的善来自人格的力量，来自做人的修养。从某种意义上讲，我们这个社会就是需要这样来自普通人的感动，来自普通人的善意。

灾难面前，每一个人都有趋利避害的想法，人性自私和丑陋的一面往往也暴露无遗。然而也只有在灾难面前，我们才更容易发现一个人的善与恶、好与坏。地震中逃跑的“范跑跑”之所以被人批判，不只是职业操守出了问题，更是做人出了问题。对于很多人来说，骆开素夫妇的行为似乎有些“傻”，然而如果没有这种“傻”，68户居民又怎么会安然无恙？

楼坍塌，家不在，但人与人之间的温情正能量，却坚如磐石。姬远奎夫妇的与邻为善、助人为乐行动值得点赞。

（转自《英雄夫妻生死瞬间不惧危难两进两出勇救 68 人》，央视网：http：//www. wenming. cn/sbhr_ pd/hr365/jyyw/201511/t20151105_ 2950806. shtml。）

（六）身残志坚、做人风骨

在一家普通的木材加工厂里，她跪在地上工作，休息间隙跟工友有说有笑，丝毫没有因身残而羞愧。她说做人要有骨气，不靠天不靠地，要靠自己挣生活。

她叫胡凤莲，今年 50 岁，是广西龙胜各族自治县江底乡围子村塘心组人。她 6 个月大时不慎烧伤，只能靠膝盖跪着走路。2006 年 8 月开始，她包好双腿，到县城打工，即便走 500 米腿都会痛，她依然坚持靠自己养活自己。

从胡凤莲身上，我们看到了做人的骨气。她说，她从来没想过去乞讨。因为她深信，自己没有脚，但有手，有手就有力气，就能养活自己。见她举步维艰，有关部门曾帮她装假肢，但却不合适。她宁愿跪着去打工，也不麻烦政府和其他人。

同样，胡凤莲身上还有着对人生的乐观。面对悲惨的命运，胡凤莲从来没觉得老天不公平，只觉得亏欠了自己的孩子；面对残疾的身体，她丝毫没有自卑，因为她觉得她和正常人没有什么区别；面对贫苦的生活，胡凤莲总是乐观去面对，不论走到哪里，她都笑哈哈的。

胡凤莲用坚强照出了个别人的渺小。有多少肢体健全的成年人藏起胳膊、藏起腿装残疾人去大街上乞讨。又有多少正常人大学毕业了仍在家里当“啃老族”，对比一个没有腿的人，他们才是真正的残疾人，是心理上的残疾。

胡凤莲用行动告诉我们，人生需要乐观和骨气，不因一时的失意和挫折而消沉，应该积极面对一切，解决困难，走出自己精彩的人生。

（转自《坚强姐跪着打工　胡凤莲老公出走女儿外嫁后进城求生》，《桂林日报》2015 年 1 月 28 日。）

（七）大学生的爱心

2015 年 1 月 11 日下午，在青岛开发区某商场门前、濠南头民工市场集散地，青岛大学生打出了“青岛谢谢你——青岛大学生现场免费为农民工买票”的横幅。

这批学生来自山东科技大学，大都来自农村，他们深知过年回家对农民工多重要，也知道买票回家多么不容易。农民工很多并不懂怎样操作网上订票和电话订票，学生们在现场登记了不少农民工的购票意向，抢到票后，他们会及时把票送到农民工身边。

当代大学生已经不再仅仅关注书本上的知识，而是越来越多地关注社会，关注社会问题，关注弱势群体，尽己所能为社会作出贡献。实际上，“大学生免费为民工买票”献出的是爱心，更是一种责任担当。因为透过他们的这一举动，人们欣喜看到了他们履行社会责任的主人翁意识、设身处地为他人着想的仁爱情怀，这些都是年轻人应具备的优秀品质。

当代大学生很多都是独生子女，无论是来自农村的，还是来自城市的，都曾经是家庭中的“小皇帝”“小公主”。可以说，这些大学生身上寄予了家人太多的关爱和呵护，而对他人的回报，恐怕他们当中很多人并没有太多的“准备”，而当走进大学校园，在学习科学文化知识的同时，也一并学会了感恩和回报，这的确值得称赞。尽管是力所能及的举手之劳，尽管行动中带着几分稚气，然而却体现了一种无愧于“大学生”这个称号的责任担当，这也是学校、家庭、社会所乐见的。

（转自《青岛谢谢你——青岛大学生免费为民工买票》，中国经济网：http：//district. ce. cn/newarea/roll/201501/12/t20150112_ 4318616. shtml。）

（八）歌星姚贝娜捐赠器官续写生命

2015 年 1 月 16 日 16 点 55 分，著名青年歌手姚贝娜因乳腺癌复发，停止了心跳，年仅 33 岁，由她演唱的《甄嬛传》主题曲《红颜劫》仍然还回响在耳边。

姚贝娜生前曾留下遗愿捐献自己的眼角膜。目前，她的眼角膜已成功帮助 3 名患者恢复光明，余下的眼角膜还可以帮助 4 个人。姚贝娜有一双美丽的眼睛，这更是一双善良的眼睛，她的生命虽短暂，但却如星星般璀璨。

美国宇航局网站上这样介绍姚贝娜：“姚贝娜（1981—2015），一位才华横溢又充满勇气的中国女歌手，曾因在流行音乐方面的造诣屡获奖项。她有一首歌叫作《心火》，讲述她与癌症抗争的故事。不幸离世后，她捐献出了自己的眼角膜。”

器官捐献不仅帮助了需要帮助的人获取新生和希望，同时对于捐赠者来说也是生命另一种方式的延续。器官捐献已经越来越多地得到认可，由于意外或者疾病死亡，捐献器官的新闻也越来越多地被曝光。这是中国年轻人对于陈旧生命观念的重新反思，也得益于像姚贝娜这样的公众人物的表率作用。对于姚贝娜义举的肯定，据

NASA 网站公布的信息显示，第 41981 号小行星已经被命名为“姚贝娜”（Yaobeina），这颗小行星由香港业余天文学家杨光宇在 2000 年 12 月 28 日发现。

（转自《“姚贝娜”成为一行星名字，获美宇航局赞美》，搜狐网：http：//mil. sohu. com/20150409/n411014860. shtml。）

（九）两位医生的责任担当

2015 年 10 月 10 日下午 3 点多，78 岁的老奶奶顺国珍在家附近公园散步的时候，突发急性脑梗塞。将老奶奶送到医院后没有手机的老伴心急如焚，为了第一时间通知儿女，在交完了 800 元急救费用后，没有在医院留下任何联系方式，就匆匆回家打电话、取医保卡了。但是他没有想到，病情危急的老奶奶马上需要手术，而这个手术必须是由家属或者关系人签字的。老奶奶的主治医生李强医生和急诊医生张永巍医生，为了能够在第一时间为患者手术，在无法联系到任何亲属且没有确认收到任何手术费用和保证金的情况下，毅然为患者代签了手术同意书，并最终挽救了患者的生命。

在采访中，两位医生都表示：“这是件小事，救人要紧。”他们表示，对这种脑卒中病人，抢救的机会稍纵即逝，每推迟一分钟，坏死的组织都会不断增多，所以必须争分夺秒。长海医院神经外科主任刘建民说，医生替家属代签字的事，在 20 年前是很常见的。不过，近年来这种情况已经很少了，主要是医患之间相互信任度降低了。几位年轻医生说，希望通过自己的努力，使得医患关系能够更和谐。

近几年，医患关系紧张，医闹、黑医等新闻层出不穷，让医生和病人双方都缺乏信任，而要真正解决这些问题，就需要相互的信任，像两位医生这样，将治病救人放在首位，坚守医生的最高职责。

（转自《“如果有什么事就由我俩承担!”》，搜狐网：http：//mt. sohu. com/20151018/n423525566. shtml。）

三、社会不道德事件

（一）优衣库不雅视频事件

2015 年 7 月 14 日晚，微信朋友圈里疯传“三里屯优衣库试衣间爱爱”的消息，并且附有不堪入目的照片。由于事涉不雅，微博上相关的视频与微博段子已被平台方删除，话题也没有上微博热搜榜。

2015 年 7 月 15 日上午，优衣库官方第一时间回应，坚决否认营销炒作，并提醒消费者正确与妥善使用试衣间。15 日下午，国家互联网信息办公室约谈新浪、腾讯负责人，责令其开展调查，对涉嫌低俗营销等行为进行严厉查处。15 日晚，北京警方带走包括优衣库不雅视频男女主角等 5 人进行调查。

随着微信、微博等网络社交工具的流行，信息的交流变得异常方便，但同时也带来了隐患，交流的信息如果不进行严格监管，就会再次出现不雅视频疯传的情况，这次事件中，微信和微博等社交工具也负有一定责任，作为用户过亿的社交平台，如果不能很好地控制传播信息的健康性，势必会造成淫秽、暴力等信息的广泛传播。

但归根结底，还是炒作的问题，越来越多的人为了某些利益而进行炒作，炒作的尺度也不断突破。如果利用互联网大肆传播淫秽、不雅等视频，为色情文化的泛滥推波助澜，长此以往不仅破坏了社会文化，污染社会群体的精神生活，还威胁到社会健康向上的精神支柱，进而使社会失去大批年轻人，失去最有活力的社会生产力，将是一场悲剧。

（转自《上传不雅视频者被刑拘》，《北京晨报》2015 年 7 月 20 日。）

（二）女司机被打事件

2015 年 5 月 3 日下午，成都市三环路娇子立交桥附近发生一起打人事件，卢女士在驾车前往三圣乡途中，因行驶变道原因在娇子立交桥被张某驾车逼停，随后遭到殴打致伤。事件视频在网络上发布后，人们先是对男司机张某下手之狠表示震惊。然而，当张某行车记录仪的视频出来以后，舆论又转而谴责女司机卢某开车太没规矩、太危险。她先是在几秒钟的时间里连续变道两次，直接从张某的车前切了出去，又压着实线下了主路，明显是违章驾驶。

舆论随着调查的深入而出现反转，从最初对男司机一边倒的声讨，转变为对女司机的质疑和批评。当然，不管怎么说，两个人都犯了不同的错误，男司机因为被逼停，恼羞成怒后对女司机出手，而且下手颇为狠重，女司机则是无故变道，把他人的安危置之不顾，两人的行为都应当受到批评。“路怒症”引发的交通事故时有发生，如果能在开车时候保持一份良好的心态，交通事故会减少很多。“路怒症”的出现是社会整体浮躁的结果，人们为了赶路而紧踩油门，遇到别人阻挡便怒从心头起，开始赌气般地追逐和互相阻挡，殊不知真出了事故，耽误的还是自己的时间。

（转自《惊天逆转　成都被打女司机如何从舆论天堂掉入地狱?》，新浪网：http：//news. sina. com. cn/c/zg/jpm/2015 - 05 - 05/18211000. html。）

（三）青岛“天价虾”

2015年10月4日21时56分，四川广元游客肖先生通过新浪微博@用户5717486224（后更名为@国庆青岛海鲜宰客事件）发文称在青岛一大排档吃海鲜被宰。原本38元一份的虾，结账时老板说是38元一只，蒜蓉大虾一份吃了1520元。青岛相关职能部门处理该事时“互踢皮球”，他为尽快脱身付了800元。10月5日，“青岛天价虾”事件引爆网络。

人无信则不立，处在社会主义市场经济的商家也是，商家经营要以诚信为本，顾客是上帝。而新闻中的青岛市乐陵路92号的“善德活海鲜烧烤家常菜”却背离了自己招牌上“善德”两个字，“善德”应该是与人为善的道德，善良而有道德。对于一个餐馆经营者来说，无论是“诚信”还是“善德”都应该是他的立足之本、生存之基。只有赢得信誉才能在市场竞争中占有一席之地。诚信才是生意兴隆的保障和关键所在，诚信是价格上的公正公道，也包括材料上的“童叟无欺”，反之如果不讲诚信，就会让它的形象大打折扣。古语云“人无信则不立”“言必信，行必果”都是要求树立诚信观念。明明是38元一盘的大虾，等顾客吃完了老板就改口38元一只，这就严重背离了诚实守信的经营理念。而用棍棒威胁顾客这种行为更是与善背道而驰，这样不诚信的商家只能害人害己，自食其果。

游客被宰，无奈选择报警，而警察到场后却称，这种事情他们管不了，吃饭出现的纠纷属于价格纠纷，他们没有执法权，建议给工商部门打电话，然后便离开了。其实这样的价格纠纷，警察可以帮助当事人协商解决，而不是一走了之的。至于后来餐馆老板用棍棒威胁的方式来让顾客交钱，就属于敲诈、勒索以及威胁他人人身安全了，这种不公平甚至涉嫌违法的行为应该属于警察的管理范畴了。物价部门以“现在市场价都放开了，我们也不好处理”这样一句话来应对这起消费价格纠纷，显然有着诸多不妥，不免有点不作为之嫌。这在一定程度上对青岛“天价虾”起着推波助澜的作用，一直等到事件引起全国轰动后才去解决，说明我们相关机构在执法过程中的行为有待改进。

（转自《青岛工商调查“大排档天价虾”》，《北京青年报》2015年10月6日。）

（四）毕福剑不雅视频

4月7日上午，一段长1分18秒的视频把著名主持人毕福剑推上了风口浪尖。视频中，毕福剑在一次饭局中即兴清唱京剧《智取威虎山》选段，一边唱还一边加入点评。不过，点评的内容却让人大跌眼镜，不仅丑化革命先辈与革命领袖，更夹杂了许多不堪入耳的污言秽语。这一事件引起了轩然大波，影响恶劣。

事后对毕福剑的处理也引发众多网友的讨论，很多人为其鸣不平，认为错不至此。但我们应该意识到一点，毕福剑作为公众人物，即使在酒桌之上也应当注意自己的言行，明白自己公众人物的影响，其次，酒醉并不是调侃辱骂他人的理由和借口，况且还是以革命先辈为调侃对象，在调侃中进行辱骂，本身就是一件让人无法轻易原谅的事情。调侃也要注意对象和尺度，不能总以革命先辈为笑料。

无论如何，毕福剑事件终究会过去，我们不应以“局外人”的心态围观热闹，而是应当以此事为镜，反观自身。毕福剑事件反映了体制内少数人思想政治素质不过硬，纪律作风涣散，存在蜕变腐化的可能。因此更加要爱惜名声，时刻严格要求自己，维护好自身形象，做到正身、慎言、严行。

（转自《公众人物的“说话之道”》，《光明日报》2015 年 4 月 18 日。）

（五）姚贝娜去世报道引发新闻伦理争议

2015 年 1 月 16 日下午，歌手姚贝娜因病不治去世，而最先报道姚贝娜去世消息的南方一家报纸，因被曝出三名记者为抢独家伪装成医护人员潜入太平间拍摄的行为也陷入争议。该事件随即引发了轩然大波，有关媒体伦理的讨论也在网络引发口舌交战。

《人民日报》对此评论：这个充满活力的转型社会，有着最丰厚的新闻土壤，也有着最激烈的新闻竞争。正因此，尤需要媒体人不唯眼球是取、不唯点击是崇，有更多“建设姿态”、更多“责任意识”，方能更好推动社会前行。以姚贝娜去世报道为例，与其无所不用其极去偷拍手术，不如关注她捐赠眼角膜，呼唤带动更多善行。

姚贝娜之死引发了媒体报道明星死亡的伦理之争，也引发了社会公众与媒体人如何相互理解的思考。围绕这一事件，新闻业界和学界进行了广泛而深入的讨论。记者守候在病房前，是一种敬业精神的体现，也是在履行记者的职责；未经允许进入太平间拍摄死者照片，则突破了新闻报道职业道德的底线，是对死者的不尊重。这件事让媒体更清楚地意识到了新闻报道的底线，媒体的报道应当是追求社会公共利益最大化，不应为了追求新闻轰动效应而违背报道伦理。同时也提醒社会公众，要对记者这个行业有更深入的了解，记者的付出也需尊重。

（转自《“姚贝娜事件”之问：记者怎样报道死亡》，《新闻晨报》2015 年 1 月 18 日。）

（六）“僵尸肉”报道的新闻伦理问题

2015 年 6 月 23 日，新华网刊登一篇题为《走私“僵尸肉”窜上餐桌，谁之过?》的文章，指出一些走私冻肉“肉龄”竟然长达三四十年。随后的 6 月 30 日，新华网以《揭开冻品走私利益链：竟有冻品封存于 1967 年》为题，对海关总署打击走私冷冻肉行动再次进行报道，虽然这次没了“僵尸肉”的说法，但提及“此前南宁市警方在查获一批走私冻品时，发现其中一些鸡爪包装袋上印制的包装日期竟然是三四十年前，其中时间最长的包装日期显示封存于1967年7月9日”，有记者提出质疑。接下来剧情发生各种反转，其间，国家食品药品监督管理总局、海关总署、公安部发出通告，查获的走私冷冻肉品中，有的查获时生产日期已达四五年之久。

“僵尸肉”事件出现“剧情反转”，关键就在于事实真相仍暧昧不清。而且“僵尸肉”一词及其所披露的问题实在骇人听闻，远超出人们的正常想象。从消费者心理来讲，人们对那些“负能量”过大的信息，往往不愿直面对待，而是采取消极回避甚至刻意加以否认。是的，人们都希望听到“好消息”，而不是“坏消息”。虽说这些年来，在食品安全领域，从“地沟油”到“毒奶粉”事件，人们已见识不少耸人听闻的现象，但关于“僵尸肉”的报道，仍然让许多人难以相信，又一次刺激了消费者脆弱的神经。

新闻报道不是文学创作，不允许虚构，也不能随意想象和夸张，真实客观是新闻报道的核心，这是毫无疑问的；然而，强调真实性与注重报道的生动性并非不可调和的，在确保新闻事实不失真的前提下，运用各种表现手法追求新闻报道的生动性和报道效果的最大化，同样是一名优秀新闻人应该做的。

（转自《“僵尸肉”报道带来的新闻伦理思考》，《视听》2015年第10期。）

（七）新闻敲诈

2015年4月，国家新闻出版广电总局向社会通报了对21世纪网、《理财周报》和《21世纪经济报道》新闻敲诈案件的行政处理情况，其中21世纪网被责令停办，《理财周报》被吊销出版许可，《21世纪经济报道》被责令整顿。

新闻敲诈，是由马克思最早提出并使用的一个术语，专指报刊利用最先获得信息的优势，晚发新闻而在交易所牟取暴利的行径；或者指报刊提前发表尚没有成为事实的消息，从而在交易中获利的行径。媒体在当下市场压力和商业竞争之中，很容易从“社会公器”滑向“商业机器”，从“利益集团的监督者”变成独立的利益集团。

新闻敲诈对媒体公信有极大的损害，该行为扭曲了媒体最重要的社会功能，或者说背离了公众对媒体最基本的角色期待。从公众角度来说，公众对媒体的最大期待也在于媒体能够及时传播真实可靠的信息，充当“社会雷达”“社会守望者”的角色，并进行舆论监督，维护社会正义。部分新闻从业者和媒体机构以负面报道威胁报道对象，以有偿新闻为报道对象“涂脂抹粉”，使信息传播变异为牟利，舆论监督变异为敲诈勒索，等于愚弄、欺骗了公众。

新传播环境下融媒体的新闻生产秩序，大规模业余化生产下的新问题，都为传媒伦理的遵守带来挑战。而媒体人经济犯罪案件频发，有偿新闻的“潜规则”屡禁不止，传统媒体低级差错不断，都在不断消解着媒体公信力，也让新闻业的转型变得愈发困难。

（转自《〈21世纪经济报道〉被责令整顿》，新华网：http：//news. xinhuanet. com/2015 -04/30/c_ 1115147071. htm。）

第四篇

论文荟萃

【如何看待我们自身的传统文化】

万俊人　《人民日报》2015 年 12 月 1 日

如何对待传统文化？如何承托中华优秀传统文化的精神命脉？这是近代以来纠结于国人心头却又尚未真正解决的文化问题。如何“古为今用”，如何将传统文化中的“精华”转化为当代文化的精神资源，至今仍是开放的课题。能够拥有五千多年绵延不绝的文明历史和文化传统是中华民族的幸运，但近代以来却出现了消极甚至简单否定传统文化的心态，值得反思。如果我们循着“西方现代性逻辑”，文化自信与优秀传统文化的赓续便难以确立。

马克思的“批判地扬弃”、韦伯关于新教伦理与资本主义精神内在关联的分析启示我们：任何关于传统文化的认识和理解，不仅要遵循文明与文化相互启发、相互印证的历史辩证法原则，而且要关注传统文化的价值取向和精神品格。唯如此才能了解传统文化及其传承的历史意义和内在价值。

中华传统文化是一个以儒学为主导、儒释道三位一体的悠久而宏大、多样而融贯、古老而常新的文化体系。这一文化体系是一个孕育着丰富多样性的文化母体，具有巨大的文化包容性、亲和性与融合力。这也可以解释，为何中华传统文化能够历经五千年风霜雪雨而薪火不灭、面对无数次挑战冲击而不失自我和自信。对这样一个兼容整合多样性的文化系统的合理传承，也应坚持兼容整合多样性的立场和方法。

【2015 年中国伦理学更接地气】

王小锡　《中国社会科学报》2016 年 1 月 12 日

2015 年中国伦理学在中央马克思主义理论研究和建设工程的引导和影响下，立足理论创新，关注学科应用价值及其实践路径，使伦理学学科体系建设更趋完善，在经济社会发展进程中的话语更为清澈响亮，在中国哲学社会科学领域的影响力和融合力也越发增强，这集中体现在“接地气”的学科理论创新上。一是探寻社会主义核心价值观的认同路径和实践方式。学者们认为，践行社会主义核心价值观，在具体举措上，要注重空间文化建设；紧密结合广大民众的生活实际；汲取创造转化中华优秀传统文化营养，使之成为社会主义核心价值观的精神元素。二是探寻完善社会治理的伦理道德理念及实现手段。完善的社会治理需要道德渗入，充分发挥道德“隐性制度”的作用。三是探寻马克思主义道德哲学观的依据。研究认为马克思主义道德哲学不仅在人们言谈事实的意义上是存在的，而且在客观的学理意义上也是存在的。四是探寻摆脱伦理或伦理学困境的学术研究方法。认为道德研究要接地气，应深入社会生活实践，有针对性地开展社会调查，揭示社会生活的现实问题及其原因，从当代中国社会“伦理精神”与当代中国伦理学研究的互动与节律的关联语境中，通过多视域、多学科交叉、多面透视的“互镜式”学术探讨，寻求当代中国伦理学研究和摆脱道德困境的新策略、新路径。

【马克思对古典自由主义公平正义观的反思和超越】

何建华 《伦理学研究》2015 年第 5 期

作为历史唯物主义的创立者，马克思并没有把探讨公平正义的内涵和原则作为自己的理论使命，而是始终站在无产阶级立场上积极寻求实现社会公平正义的途径。对于当时盛行的自由主义公平正义观，马克思肯定了其历史作用，但同时批判了这种公平正义观的抽象性和形式性。当然，马克思对古典自由主义公平正义观的看法不是一成不变的，在其一生的理论著述中，马克思对古典自由主义公平正义观经历了一个追求、反思、批判和超越的过程。马克思是以唯物史观为方法论原则剖析当时社会上流行的各种公平正义观，所以不难理解他将抽象的公平正义观嘲讽为“意识形态的胡说”。当然，马克思所拒斥和批判的是资产阶级自由主义正义观，而不是作为人类普遍价值的正义追求。相反，马克思的理论著述中有着丰富的公平正义思想。正是在反思和批判的基础上，马克思依据历史唯物主义的方法论原则，从现实的个人和现实的社会关系出发，深刻地揭示了正义的社会历史依据，并在批判现实的基础上提出了自己的公平正义思想——共产主义的理想。这对我国现阶段构建公平正义理论具有重要启示。

【利他主义与道德义务】

姚大志 《社会科学战线》2015 年第 5 期

当我们以道德的观点观察中国社会时，经常看到这样令人困惑的现象：在观看或聆听某位英雄或道德模范所做出的非凡善举时，人们被感动得泪流满面；但是在自己的现实生活中，他们却不肯做一些举手之劳的善事。这些举手之劳的善事是普通的道德义务，人们却轻于履行。更深层的问题在于，也许对很多人来说，面对利他主义行为时的顶礼膜拜正是对自己平时不履行道德义务的心理补偿。各种文化传统中的道德楷模通常都是典型的利他主义者。与其相比，道德义务是每个人都必须履行的。一个人只有履行了自己的道德义务，他才能算作社会的合格成员；一个社会只有其大多数成员都履行了他们的道德义务，这个社会才会有健康的道德秩序。利他主义的行为与履行道德义务的行为都是道德的，在这种意义上，它们都是我们应该去做的事情。无论在理论上还是实践上，最重要的道德问题是道德义务的履行。如果这样，那么问题的关键在于利他主义与道德义务的区分。如果我们没有区分开利他主义与道德义务，把利他主义看作人们的一种道德义务，那么这会产生两个问题：首先，它会使人们在对利他主义顶礼膜拜时更容易逃避自己应尽的道德义务，正如我们在现实生活中经常看到的那样；其次，也是更重要的，它会给人们增加过重的道德负担，并且引起道德与幸福生活之间的冲突。

【第一哲学作为伦理学——以斯宾诺莎为例】

邓安庆　《道德与文明》2015 年第 3 期

整个西方哲学的历史可以看作一部“形而上学”与“伦理学”的关系史，作为“第一哲学”的形而上学本来具有伦理学的旨意和目标：自从苏格拉底实现了哲学的伦理学转向之后，哲学实际上就是伦理学，探讨的核心问题已经从宇宙（自然）的统一性转向人类的良善生活如何可能的问题。但是直到柏拉图那里，哲学和伦理学都是不可分的，乃至于黑格尔说柏拉图的《理想国》本身就是对希腊伦理本性的探讨。亚里士多德第一次对人类所有知识进行了“学科分类”，哲学作为“科学之女王”统率一切知识，但“哲学本身”也区分出“理论知识”、实践知识和制作的知识。于是，作为哲学中最理论化、最思辨的“第一哲学”就与作为实践性的“伦理学”分离了。但“实体论”在斯宾诺莎那里，“存在”的本质被置于“实存”中重新思考，而“自因”的“实存”作为神或自然的“自由”存在的存在论意义获得了肯定，因而人作为神的存在样态的伦理意义也能在这种实体论的存在样式中得到重新思考。因此，“实体论”作为“伦理学”不是斯宾诺莎《伦理学》的一个部分，而是其从存在论意义上对第一哲学作为伦理学之命题的原创性思想，这一思想对于我们重新思考第一哲学与伦理学的关系具有里程碑式的意义。

【中西正义观之比较】

邓晓芒　《华中科技大学学报》（社会科学版）2015 年第 1 期

中国先秦的“义”和古希腊的“正义”，虽然都是维系一个社会的核心理念和价值，但在其源头上却有如此多的差异，究其本质来看，这种差异主要源于以下几个方面。1. 中国古代对于义的理解是建立在人性本善的前提下的，体现为在既定等级框架之下人与人之间的互相帮助和扶持，必要时可以牺牲个人成全集体；古希腊的正义则是建立在私有制的基础上的，体现为人与人之间以人性恶和人性自私为原则的一种等效的相互制约。2. 中国古代的义是主观内心的道德标准，带有天经地义的固化性和具体执行中“潜规则”式的偶然性、随意性和不确定性；古希腊的正义则是人对他人的客观行为准则，表现为法律条文的客观严密性、可操作性和根据现实情况变化的可修改性。3. 中国古代的义是情感上的合适、相宜，是人际关系中一种无形的礼数和情理，靠人们在日常待人接物中长期潜移默化的体验和熏陶来掌握；古希腊的正义则是诉之于理性的普遍性的公平原则，构成一门通过学习和思考来理解和掌握的政治“科学”，排斥个人情感。4. 中国古代的义是天道在人间的直接体现，有天人合一的宇宙观作为形而上的基础；古希腊的正义则是人间行为准则对神的理念的间接模仿，在人法和神法之间拉开了无法跨越的距离，就人法而言则具有可批判性。5. 中国古代的义是在家庭和家族中按照血缘差等关系所做的一种制度设计，并自然扩展为国家体制的类比结构；古希腊的正义则是在预设陌生人之间人人平等的前提下个人利益的一种平衡，并以此为基础来设计国家城邦在技术上效果最好的组织方案。6. 中国古代的义只是各种德目如仁、义、礼、智、信中的一项，而且通常并非最重要的一项；古希腊的正义则是“一切美德的总汇”，是一切道德的核心，只有它是可以与神相通的。

【全球伦理与国际伦理】

孙春晨　《唐都学刊》2015 年第 1 期

全球伦理是最低限度的伦理，具有最大范围的普遍适用性。国际伦理是指国家之间在涉及政治、经济、文化以及军事等交往性事务和活动时所应遵守的伦理原则和道德规范，是各个国家所认同的普遍性价值观和伦理观在国际事务中的具体运用。虽然全球伦理与国际伦理有着不可分割的密切联系，但二者之间的区别也是明显的。全球伦理的行为主体既可以是一个国家、一个组织，也可以是独立的个人，国际伦理主体是人格化的主权国家；全球伦理前提条件是在多元文化共存的人类社会中存在着某些为全人类所共同享有的伦理文化，而国际伦理就没有这样纯粹，在国际伦理纷争中，利益与道德之关系始终贯穿其中；从全球伦理涵盖的内容看，它无意主动插手国际关系事务，也无力协调国家和地区之间基于利益的道德争端。国际伦理调节的范围非常广泛，国际政治伦理、国际经济伦理、国际环境伦理、国际战争伦理等都是国际伦理关注的领域。国际伦理与全球伦理在伦理行为的主体、伦理发展的基础以及伦理调节的手段等方面有着严格的区别。相对于道德呼吁和道德愿景式的全球伦理，国际伦理更具有现实的针对性和实际应用价值。

【公平是一种实质正义——兼论罗尔斯正义理论的启示**】**

李德顺　《哲学分析》2015 年第 5 期

中国与西方关于“正义”价值的传统理念之间有着细微的差别。西方传统注重从“实然”看“应然”，多“以正为义”；中国传统思维注重从“应然”看“实然”，多“以义为正”。但这并未遮蔽“正义”概念本身蕴涵的矛盾和冲突，“正义”的内涵和指向需要重新说明。通过重新思考罗尔斯正义理论的目标和指向，结合人类追求正义实践的历史考察，一种重新理解和界定“正义”的观点将从如下现实出发：在经历了欧洲中世纪和中国古代的等级制人身依附阶段以后，近代和现代社会所面对的正义模式，事实上形成了“以自由为核心的正义观”与“以公平为核心的正义观”两种基本类型。前者是整个资本主义历史所证实的核心价值观念，后者则是社会主义所据以立论并追求的价值观念。二者之间具有历史发展的先后阶段性联系，而非彼此对抗、绝对排斥的关系。可以用如下尺度来最终界定公平与不公平：每一个个体所担当的权利与责任是否统一？能够一致起来的，即为实质的公平；反之则不公平。为此需要改变由来已久的强权政治格局——权利与责任相分离，民主沦落为权势者博弈的工具，为构建新的正义体系提供契机，在多元文化之间就如何缔造当代和未来的“公平正义”达成新的共识。

【中国社会转型期面临道德问题的解读与思考】

葛晨虹　《齐鲁学刊》2015 年第 1 期

当下中国社会诸多道德问题以及社会问题，有复杂的社会原因，转型期社会特有的无序化、个体化、碎片化、价值紊乱、制度管理缺少细节跟进等，是其深层原因。变革转型的过程既是发展的机遇期，也是各种问题的多发期。社会从原有“有序”走向新的有序过程中，会出现一种阶段性“无序”。在“耗散结构理论”视野中，社会变化就是从有序到无序再到新的有序的发展过程。当下凸显的许多问题和矛盾，也和转型期人们心灵面临的挑战有关。市场经济和现代化带给人们诸多物质满足的同时，也带来某些心灵秩序的“碎片化”和“无意义感”。因此有人把此类问题称作“现代性的道德困境”。同时，随着现代市场转型中传统社会结构的解构，人际关系建立在了一种陌生人的利益关系基础上，体现为一种现代性的公共交往。这类问题的解决，很大程度上有赖于友爱德性即公共精神的普遍化。以“道德冷漠”“低信任度”为代表的转型期道德困境根源之一，即缺乏“公共精神”或公共德性。国家上下在社会治理思路方面现已进入系统治理、制度治理语境之中。我们在大力强调制度治理的同时，千万勿忘人的心灵及公共德性的建设。社会秩序应是“制度规则秩序”加上“心灵道德秩序”才能真正生成。

【社会主义核心价值观大众认同的有效路径】

陈延斌、田旭明　《马克思主义研究》2015 年第 4 期

增进人民大众对社会主义核心价值观的认同，提升核心价值观在民众心中的吸引力、亲和力与感召力，就必须使核心价值观“接地气”，与地方道德文化资源开发利用相结合，与普通民众心理意识、生活实践、风俗习惯以及自主探索的教化方式方法相契合。近年来各地围绕培育和践行社会主义核心价值观，开展了一系列道德建设活动，推动核心价值观入耳入脑入心，优化了党风政风民风，使核心价值观更加融入群众生活，也为地方经济社会发展注入了新活力，增强了社会主义核心价值观凝聚力。培育和践行社会主义核心价值观是一项长远而持久的铸“德”工程，需要不断探索新模式、新方法，以保证社会主义核心价值观从“抽象理论王国”走入“民间万家灯火”，转变为民众自觉的价值取向和行为准则。地方乡土气息浓重，“看似平凡最奇崛”，于朴素中蕴含着实现核心价值观在基层群众中“内化于心、外化于行”的鲜明启示：第一，以社会主义核心价值观引领、整合大众精神文化资源；第二，培育社会主义核心价值观必须植根民众生活沃土；第三，

增强社会主义核心价值观建设实效需要构建党和政府与人民大众的共振机制；第四，载体与方式方法创新是实现社会主义核心价值观大众化的重要手段；第五，进一步深度凝练社会主义核心价值观以促进其更好传播和认同。

【当前中国伦理道德的“问题轨迹”及其精神形态】

樊浩 《东南大学学报》（哲学社会科学版）2015 年第 1 期

当今中国社会伦理道德问题的解释和解决，期待“问题意识的革命”，其要义是由精神世界中“道德的独舞”，进入对伦理道德的“问题轨迹”的哲学诊断及其精神形态的追究。三次持续调查的海量数据显示，当今中国社会呈现“道德问题—社会信任危机—伦理上的两极分化”的“问题轨迹”，个体道德问题向群体道德问题的积聚，群体道德问题演化为伦理存在和伦理认同危机，伦理存在和伦理认同危机深化为伦理上的两极分化，是“问题轨迹”的精神节点。人的精神世界中逻辑与历史地内在分裂为伦理上两极分化的可能性：“单一物”与“普遍物”的“伦”的两极；“高贵意识”与“卑贱意识”的“理”的两极；“贪民”与“贱民”的人格的两极。一旦现实条件具备，可能便转化为现实。现代中国社会伦理道德的精神哲学形态，不是西方式的伦理形态和道德形态，而是伦理与道德一体、伦理优先的“伦理—道德形态”，它是与传统一脉相承的“中国形态”。在伦理上两极分化已经发生并且还在发生的背景下，必须将“道德问题意识”推进为“伦理问题意识”，建立“伦理—道德问题意识”，达到伦理—道德的精神哲学形态的理论自觉和理论建构。

【君子固穷：比较视域中的运气、幸福与道德】

宋健 《华东师范大学学报》（哲学社会科学版）2015 年第 6 期

“君子固穷”，不仅在摹写道德境遇（“命运”抑或“时运”），而且规范着道德品格（知、情、意的统协）。儒家与康德伦理学深具“道义”色彩，视道德为责任与目的而非谋求幸福的手段；但两者的不同之处在于：就运气而言，康德为求道德的必然性，分别从现实与理想两个层面夹杀运气；儒家将厄运升华为忧患意识，进而构成道德实践的动力。就幸福而言，康德在现实层面疏离幸福，仅把“德福一致”安放在“灵魂不朽”与“上帝存在”的公设之中；儒家同样承认经验世界的幸福有其偶然性，但“德福一致”并不一定只是抽象的玄谈，可在“成己成物”的人生境界中具体实现。

【孔子言论的“第三方”立场及其多元诉求——以孔子德论的向度解析为中心**】**

叶树勋 《孔子研究》2015 年第 2 期

在孔子的观念重塑下，殷周以降盛行的“德”思想已从统治者用以自我解释的政治工具转变为儒者群体对公共秩序的伦理规设。透过观念新意义的发掘，可探寻到其间蕴含的言论立场的改变与价值诉求的变化。孔子言论中的“德”主要表现出三种向度的诉求，分别是针对统治阶层的德政规劝、面向普通民众的德教期待以及儒者群体的德性自觉，而这三种向度之间又具有紧密的内在关联，一并体现了“道德第三方”对天下秩序的普遍关切。思想言论的第三方立场及其引发的价值诉求的多元化，是我们探讨孔子学说需要重视的问题。

【孔子怎样解构道德——儒家道德哲学纲要**】**

黄玉顺　《学术界》2015 年第 11 期

孔子没有后儒那种形上学的“德性”概念。孔子所谓“德”有两种用法，一是“至德”，是比道德更根本的精神与原则；二是现代汉语“道德”的含义，就是对既有伦理规范的认同与遵行。换言之，道德的前提是社会规范，也就是“礼”。但在孔子看来，“礼”并不是一成不变的，而是可以“损益”变革的；道德体系随社会基本生活方式的转换而转换。这就是孔子对道德的解构，其目的是建构新的道德体系。这种转换的价值根据是“义”，即正义原则：道德转换必须顺应社会基本生活方式，这就是适宜性原则；同时，道德转换根本上是出于仁爱精神，而且不是“差等之爱”，而是“一体之仁”的“博爱”，这就是正当性原则。由此，儒家道德哲学原理的核心理论结构是：仁→义→礼。根据这套原理，现代生活方式所要求的绝不是恢复前现代的旧的道德规范，而是建构新的现代性的道德体系。

【论当代中国道德体系的构建】

江畅、范蓉　《湖北大学学报》（哲学社会科学版）2015 年第 1 期

构建当代中国道德体系，是构建当代中国价值体系、全面深化改革、实现中华民族伟大复兴的“中国梦”的必然要求，也是克服我国当前令人担忧的道德问题的紧迫需要。构建当代中国道德体系的现实基础是社会主义市场经济、民主政治和法治，其理论基础是马克思主义，而中国传统文化是它的历史资源。当代中国道德规范体系是一种以和谐主义为价值取向和核心内容，以共赢、公正、负责为基本原则，以爱国、敬业、诚信、友善、敬畏、永续为基本规范，以“义”“忠”“孝”为基本要求的道德规范体系。构建这种道德体系亟待进一步解放思想，更新道德观念，特别是破除国家是道德立法者、人民是道德守法者的观念，确立所有道德主体都既是道德立法者又是道德守法者的观念；破除道德意味着自我牺牲的观念，确立道德是有利于人更好生存的生存智慧的观念；破除个人与他人、个体与整体在价值上相互对立的观念，确立他们可以实现价值共赢的观念。

【人伦理念的普世意义及其现代调适——略论现代儒门学者对五伦观念的捍卫与重构**】**

唐文明　《道德与文明》2015 年第 6 期

现代之前，历代儒者都非常重视人

伦的价值，都从人禽之辨、夷夏之辨、文明与野蛮之辨三个层次来理解人伦的意义。现代以来，部分思想比较清醒、立场比较坚定的儒门学者也强调人伦的重要性，并试图通过接纳现代自由观念而对人伦进行现代性重构。在此思路上的两个要点是：一方面，在现代调适过程中，人伦中的支配性因素不应当因为接纳现代自由观念而被完全放弃；另一方面，孝有统摄五伦的意义，所以人伦的现代性重构仍将以孝为核心，而中华文明也能够被合理地概括为一种“孝的文明”。

【儒家伦理规范体系建构的原则和方法——以“三礼”为中心的分析】

王文东　《江西师范大学学报》（哲学社会科学版）2015 年第 1 期

特定社会或一定伦理学系统中的伦理规范体系之内容、形式如何，在一定意义上取决于构建伦理规范体系的原则和方法，因此一个完善的伦理规范体系首先要有一套完善的构建伦理规范的原则和方法。“三礼”（《仪礼》《周礼》和《礼记》）是儒家规范伦理学的重要文本，其中既蕴含着伦理规范体系得以建构的、具有最大普遍性的一般原则，同时还包含着在礼仪道德生活中具有针对性的行之有效的可适用的特定方法。这些原则有四个方面，即取法天道、因循自然；比拟象征、阴阳互补；以本定末、本末一体；立中制节、因顺人性；而合于“时”“顺”“体”“宜”“称”则是其五个方面的特定方法。它们综合反映了传统社会伦理生活之客观必然性和应然性，在一定意义上具有相对的合理性和正确性，可为中国特色的伦理规范体系的建设提供有益的借鉴。

【先秦“德”义新解】

孙董霞　《甘肃社会科学》2015 年第 1 期

“德”是先秦时期一个极其重要的概念范畴。在梳理对先秦之“德”的研究资料的基础上，可以得到对“德”造字本义的一种新的解释：“德”观念源于上古人们的“能力”崇拜，“德”字的产生源于人类社会对于一种特殊的“能力”：“政治控驭能力”的需要。“德”之初义就是“政治控驭能力”和“权威影响力”。从“德”的字形结构、音韵训诂和文献用例等方面可以证明“德”字是古代君王通过“巡省”方式树立自己的权威影响力的反映。

【孔子的“一贯之道”与心身秩序建构】

董平　《道德与文明》2015 年第 5 期

孔子的“一贯之道”，具体展开了二重维度：一是孔子对尧舜三代以来历史文明核心价值理念之传承的一贯性，二是孔子在其思想的完整结构之中对这一价值理念之贯彻的一贯性。此二重维度上的“一贯之道”，作者认为实即是《论语》的“允执其中”。“中”即“皇极”，即天道，即性，即“仁”，是为“中体”。“忠”以“正心”为义，“恕”以“如心”为义。“忠”借内省过程使本在之“中体”得以自觉建立，是为内在精神活动意义上的“允执其中”；“恕”借经验活动使“中体”得以展布流行，是为外向行为实践意义上的“允执其中”。以“仁”为中体，以“忠”“恕”为中体得以内在建立与实践展开的二重维度，孔子不仅继承了三代以来的“一贯之道”，而且切实地重建了个体的心身秩序。“仁”的哲学，即是“中”的哲学。

【忠恕之道与道德金律：从“学而时习之”章谈起】

章林　《孔子研究》2015 年第 4 期

在当代关于“金规则”的讨论的背景下，通过对《论语》“学而时习之”章的解读，对“忠”“恕”的内涵及其关系作进一步思考。“忠”表示的是由“尽己”而“推己”的过程，强调的是“己欲立而立人”“己所欲，施于人”；“恕”表示的是由“推己”而“返己”的过程，强调的“己所不欲，勿施于人”。同普世主义直线型路径不同，“忠恕”是一个由自身开始，又返回到自身的圆环式进程。恕道在“推己”的过程中遇到“异己”从而返回到自身的过程并不是一次消极的撤退，而是要返身自省，从而更进君子之德。

【《中庸》四重美境的道德向度探析】

洪燕妮　《道德与文明》2015 年第 1 期

道德生命的进趋必然透出美的意趣来。儒家在关注伦理、上达天道的过程中，自然而然地展现出超越美、人性美、规范美以及行为美之四重与道德生命融合的美境来。《中庸》文本中即对此四重美境具有诸多呈现。此四重美境合而为一个整体，系统地展现了《中庸》的道德精神生命内涵。分析《中庸》四重美境所展现的道德向度，既可以较为全面地把握《中庸》的整体思想要义，也可以从侧面展现《中庸》的道德内涵，进而更加明确儒家的道德品格。

【儒学：本然形态、历史分化与未来走向——以“仁”与“礼”为视域】

杨国荣　《华东师范大学学报》（哲学社会科学版）2015 年第 5 期

儒学的原初形态表现为“仁”与“礼”的统一。“仁”首先关乎普遍的价值原则，并与内在的精神世界相涉。在价值原则这一层面，“仁”以肯定人之为人的存在价值为基本内涵；内在的精神世界则往往取得人格、德性、境界等形态。相对于仁，“礼”更多地表现为现实的社会规范和现实的社会体制。就社会规范来说，“礼”可以视为引导社会生活及社会行为的基本准则；作为社会体制，“礼”则具体化为各种社会的组织形式，包括政治制度。从“仁”“礼”本身的关系看，二者之间更多地呈现相关性和互渗性，后者同时构成了儒学的原初取向。作为历史的产物，儒学本身经历了历史演化的过程，儒学的这种历史演化，同时伴随着其历史的分化，后者主要体现于“仁”与“礼”的分野。从儒学的发展看，如何在更高的历史层面回到“仁”和“礼”统一的儒学原初形态，是今天所面临的问题。回归“仁”和“礼”的统一，并非简单的历史复归，它的前提之一是“仁”和“礼”本身的具体化。以“仁”与

"礼"为视域，自由人格与现实规范、个体领域与公共领域、和谐与正义相互统一，并赋予"仁"和"礼"的统一以新的时代意义。对儒学的以上理解，同时体现了广义的理性精神。

【王夫之"古今之通义"的深刻内涵与价值建构】

王泽应 《船山学刊》2015 年第 3 期

"古今之通义"是王夫之道义论伦理思想的重要范畴和命题，它与"一人之正义"与"一时之大义"一起构成王夫之义范畴的有机体系；并在其中起着引领、规范和宰制"一人之正义"与"一时之大义"的独特作用，成为最高层级的义范畴和义判断。"古今之通义"聚焦中华民族的整体利益、根本利益和长远利益，挺立的是中华民族的核心价值观和道统精神，构成中华民族的道德慧根、价值基点，因而是属于至善和粹然而善的根本性价值或终极价值。它维系着中华民族的精神命脉，渗透在中华民族的伦理血液之中，成为中华民族薪火相传的伦理基因和价值动原。

【由君子"恒德"到"观其德义"——《易传》和《帛书易传》的心性观比较】

朱金发 《哲学研究》2015 年第 7 期

"心性"范畴的理论内涵，是儒家学术思想的核心。据现传《易传》可知，先秦时期儒家学者在阐释《周易》时，强调仁义之道源于天地之道，肯定人的道德精神的作用；这种思想以"恒德"说为核心，主张通过体认天地恒常之道实现道德精神的社会价值，但是《易传》对天地之道与道德精神的社会价值之间的关系并没有进行系统的论述。长沙马王堆汉墓出土的《马王堆帛书周易经传》为我们补足了这一理论缺环。其内容着重德义精神，重视人的道德自觉和道德实践；其中的阐述和传世《易传》一起构建起了先秦儒家《易》学的完整理论体系。

【《周易》谦卦与《圣经》的谦德观】

朱展炎、曾勇 《湖北大学学报》（哲学社会科学版）2015 年第 4 期

《周易》与《圣经》作为中西文化颇具代表性的两部经典，都对谦之德进行了详细的论述。在行谦之因、行谦之体、行谦之用上，体现了或同或异的伦理、哲学和神学意蕴。在行谦之原因上，两种谦德观都着重阐释了行谦背后所具有的形上因素。在行谦之主体上，《周易》侧重于"君子"这一人格形象，凸显人的主体性，而《圣经》则指向于耶稣基督这一神圣形象，体现人之顺从性。在行谦之效用上，两者都肯定了行谦所具有的现实意义。

【儒家"三纲"伦理的现代反思】

欧阳辉纯 《孔子研究》2015 年第 1 期

"三纲"的内容是"君为臣纲、父为子纲、夫为妻纲"，是传统儒家道德体系的"总纲"，自产生之日起就受到人们的误解和批评。一些人认为，"三纲"体现的是统治与被统治、压迫与被

压迫的关系。这是一种误读。其实，“三纲”体现了儒家“仁义”和“仁爱”的伦理精神，目的是协调社会秩序，其本质内涵是从整体利益出发，体现小我服从大我、个体服从全体、部分服从整体的“抽象理想”的道德原则和伦理秩序。因此，我们在全面建设小康社会的社会实践中，在实现中华民族伟大复兴的“中国梦”的视野下，应该抛开片面的、单一的思维模式，全面地审视“三纲”，从中汲取合理的价值资源，这对于中国特色社会主义道德建设是大有裨益的。

【孟子“性善论”的价值意蕴及其对社会治理的意义】

刘敬鲁　《复旦学报》（社会科学版）2015 年第 2 期

孟子“性善论”对人性所作的善的判定是一种“价值事实”认定，其理论是一种未区分价值与事实、形而上与形而下的特殊类型的价值理论，或者说是一种价值范导性质的事实存在理论。这可以从“性善论”所明确指出的“诚者天之道”这一本体论判断、所认定的“人的心中天然存在着善的要求”这种价值实质、所隐含的“思善为善”是人的价值职责等方面得到证明。孟子之所以认为人心的四个维度是善的，是因为他洞见到了人是家庭、邻里、国家、天下等各种共同体中的社会共存者这一深刻事实，体悟到了社会共存这一基本价值对于人们行为的本质要求，包括在恻隐之心维度上人际相互关爱、在羞恶之心维度上对人们共存情感的理性引导、在辞让之心维度上人们的交往和谐、在是非之心维度上人们社会合作的理性判断等。在人性善的实现路径方面，孟子的“性善论”的确强调从个体修身出发进而达到齐家、治国、平天下，同时也包含着反向的即从后三个方面看个体修身的价值视野。孟子性善论的价值意蕴，在根本方法论、人学价值取向、安身立命归依、社会秩序建构、目标实现之用等方面，对于社会治理特别是建构理想的社会共同体、激发全体社会成员主动向善的巨大潜能、自觉实现道德成长和共同福祉，具有极其重要的现实指引意义。

【性善：“伦理心境”还是“自然倾向”】

王觅泉　《道德与文明》2015 年第 6 期

如何理解和评价孟子性善论，历来众说纷纭，杨泽波教授的“伦理心境”说是对孟子性善论的一种代表性诠释，他最近以“人性中的自然生长倾向”说补充和发展了这一诠释。杨泽波教授将“良心本心”视为孟子性善论的根据，并主张，良心本心并不是先天的或先验的，而是一种“伦理心境”。所谓“伦理心境”，是伦理道德领域中社会生活和智性思维在内心的结晶，是人处理伦理道德问题时特有的心理境况和境界。人性中道德方面的“自然生长倾向”是指，一方面人自然会发展出亲子之爱和恻隐之心等道德情感，另一方面人有一种反思和理解“善”，从而在自觉的状态下选择和践行“善”的能力，一种出于道德上的应然性而行动的能力。杨泽波先生似乎将“人性中的自然生长倾向”和“伦理心境”视为良心本心的两个相互独立的来源，前者“来自天生，是人的自然属性”，后者“来自社会生活和智性思维，来自后天养成，是人的社会属性”。他更重视后者，坚持认为“伦理心境是性善论研究最为重要的部分。杨先生似乎特别强调社会生活对“伦理心境”的决定作用，而对“社会生活”本身，特别是其中道德内容的来源问题反思不足。社会生活中的道德内容不是自成一体的存在，“伦理心境”不只是社会生活在心灵中反复印刻的结果，它们都以“人性中的自然生长倾向”作为基础。据此，性善既是性本善，也是性向善，合言之是性本向善。性善是自然、经验的，而非超自然、先验的。性善有一个包含着情感和理性的立体架构。

【肯定情欲：荀子人性观在儒家思想史上的意义】

颜世安 《南京大学学报》（哲学·人文科学·社会科学）2015 年第 1 期

荀子人性观的基本见解是肯定情欲。“性恶”说晚出，不代表荀子本来人性观。荀子肯定情欲的思想史背景，是早期儒学有戒备情欲的意识，孟子性善论即其代表。性善论以人性本质为善，情欲只是人性中的“小体”，却会“以小害大”，因此是人性中的危险之源。对情欲的戒惧是早期儒学的共同意识。荀子肯定情欲，认为良好政治不用“去欲”“寡欲”，这是儒学情欲观的一个翻转。这一思想转变背后是政治观念演变。孔、孟主张德治，士君子修身成德是良好政治的根基。民众衣食住行的欲望是正当的，可是士君子修身成德，情欲却是危险之源。早期儒学戒备情欲不是针对民众，是针对士君子立德。荀子肯定情欲的理据是礼治思想，认为良好政治的根基是以礼“明分使群”。在“分”之内，情欲有合理的空间，不必小心戒惧。因此荀子各篇论政，皆以情欲为礼义的正当基础，并多次批评戒备欲望的说法。孟学、荀学两种情欲观，前者内含人性幽暗意识，后者却消解此意识。这两种情欲观在儒家思想史上有长远的影响。宋明理学主孟学，对“人欲”及隐伏其中的内在黑暗有深刻的警觉。清代反理学的思潮重新肯定情欲，汲取荀学资源却不言宗荀，以重新解释孟子为肯定情欲的理论根据，结果在有关情欲问题的紧要处不得不暗中曲解孟学。戴震便是如此。

【中国传统德育中的“人伦日用”及其当代启示】

王易、张泽硕 《伦理学研究》2015 年第 5 期

“人伦日用”是中国传统伦理型社会的特定表征。“人伦日用”就是指在传统生活中，老百姓自觉地将道德观念和道德规范系统贯彻于他们的日常生活的方方面面，内化于日常生活之中，使之成为引导百姓生活的思维方式、价值观念的一种过程或生活状态。“道在人伦日用间”表现为老百姓在个体生存方面的衣食住行、家庭生活方面的日用器

物、人际交往方面的礼尚往来、社会活动方面的节日庆典总是处于伦理道德规范指导之下，展现出合乎礼法的外在状态，百姓这种伦理道德生活构成了“人伦日用”最为深刻的文化内涵。“人伦日用”基本特点是：重复性思维和实践的生活方式、人情世界的生活图式特征、注重礼仪教化、日用而不知。中国传统德育中的“人伦日用”启示我们：第一，注重思想政治教育目标设定的内隐性；第二，注重思想道德教育途径的多样性；第三，建立和维护思想政治教育机制的长效机制；第四，强调思想政治教育过程的生活化。

【礼乐教化：古典儒家人文主义教育理念诠释】

杨柳新　《孔子研究》2015 年第 5 期

《周礼》和《学记》是集中而全面地展现古典儒家教育理念的经典文献。《周礼》和《学记》呈现了一种具有突出的德性精神的人文主义教育传统。儒家人文主义教育理念植根于古典儒家礼乐文明的理想。礼乐文明的两大支柱为，礼乐政治与礼乐教化，二者的关系表现为，政教一体，教体政用，教本而政末。礼乐教化具有全民普及和终身学习的特点。作为礼乐教化的普遍的教育，是古典儒家社会生活和文化再生产的轴心，而作为教育机构的学校，是个人的成德之学与社会的礼乐文明相统一的文化载体，是一个经典、六艺、圣贤、先师、师生、君臣汇聚的场域，其所传承的是修身齐家治国平天下的“内圣外王”之道。学校教育与社会教育是紧密融合的。古典儒家教育从根本上指向一个关于人的天性、人类文化和人际伦理的世界。“学”的核心在于人伦道德方面的自我觉悟，学习的目的在于自我人格的塑造，通过人伦日用的历练与文化教育的熏陶成为能够“化民易俗”的圣贤君子。古代学校教学的内容当属于儒家的“六艺”和“六经”之学，而其核心是“礼”。《周礼》和《学记》所代表的古典儒家人文主义德性教育理念，与现代盛行的功利主义理性教育理念形成了鲜明对照，从中我们可以发现对治现代教育诸多困境的丰富的启示。

【先秦儒道两家论“人之为人”与“做人起点”的不同进路】

吴根友　《哲学研究》2015 年第 3 期

先秦儒道两家论“人之为人”“做人起点”有着不同进路。孔子将“仁”的德性看作“人之为人”的本质属性，孔子及其弟子将在家庭中实践孝悌之伦看作实践仁德的出发点，进而看作建构良序社会的出发点。孔子及其弟子对“人之为人”与“做人起点”两个问题的思考，体现了先秦儒家重视人的道德行为与良序社会的内在关系。与儒家的这一思考路径相反，道家创始人老子及其重要继承、发扬者庄子，更加重视“道序”的作用，以及人对“道序”遵守的重要性。在“人之为人”的问题上，道家提出每个人都应当“尽性”，在“做人的起点”上，更重视个人生命之于政治活动的基础作用，认为理想的政治与社会应当奠定在尊重每个人的个体生命的基础之上。儒道两家对上述两个问题提出的理论回答并非完全过时，而是不够充分。儒家要求人在具体的、正常的家庭生活中培养人的善性，在具体方法上是有效的，也是正确的，只是不很充分。道家提出的“尽性”思想虽然是抽象的，但具有理想性，能不断鼓励人向更好的目标奋进。

【儒家从“修身”到“成圣”的理论“奇点”】

冯晨　《道德与文明》2015 年第 4 期

儒家“修身”之“身”有两层含义：“体察本心”和“身体力行”。在此意义基础上的“修身”具有两方面的意义：培养德性；把德性恰当地运用于生活。在儒家看来，圣人是拥有德性并恰当而娴熟地运用德性的典范，因此，“成圣”就成为“修身”的最终目标。但是在儒家的工夫论中，道德的主动性与道德落实的能力之间需要一个转化点，否则从道德动机到道德行为就难以顺利实现。儒家特别重视的道德情感作为这一转化点，保证了“修身”到“成圣”的可行性。道德情感是仁心对具体伦理情景的反应，为人们的伦理行为的选择提供一种可靠的依据。但也应该注意分辨道德情感与私情私欲，要反观内心，让内在的道心、仁心呈露。由于道德情感是仁心的最直接之表达，同时情感又与现实的情境密切关联，因此，道德情感就能够把内心的道德动机和道德行为方式紧密结合起来。运用道德情感不是一种理性反思，而是一种与道德有关的直觉。这种直觉联结内在的道德要求与现实的行为方式，使得仁义之德转化为日用之行变得自然而然。

【论先秦儒家与法家的成德路径——以孔孟荀韩为中心】

宋洪兵　《哲学研究》2015 年第 5 期

先秦时期，儒家对如何成德的问题做了深刻的阐释。法家亦强调成德，只不过成德路径与儒家有所不同而已。先秦儒家与法家的成德思想有“由内而外”及“由外而内”两种类型，前者包括孔子之“循亲成德”与孟子之“循心成德”路径，后者包括荀子之“循礼成德”与韩非子之“循法成德”路径。“由内而外”之思路，强调道德意愿与道德行为、私德与公德、个人道德与社会整体道德之间的连贯性，核心在于“内源性”道德意愿之培育。“由外而内”之思路，主张外在行为规则体系之重要性，由道德行为之养成而塑造道德意愿，由公德之规训而成就私德之完善，由社会整体道德水平之维护而营造个人道德实现之氛围，核心在于“外塑型”道德意愿之养成。孔孟以“内源性道德意愿”为根基的由内而外思路和荀韩以“外塑型道德意愿”为核心的由外而内思路，均有其合理性与正当性。社会生活是复杂多样的，任何一个美好的社会，均离不开两种成德思路的良性互动。两种成德思路具有互补性，但在对人性的认识上存在着理论冲突。唯有跳出人性善恶的思维怪圈，将人性视为一个复杂多元的存在，既维护人天然的内在道德意愿，同时又加强外在规则的健全与完备，以培养人们的外塑型道德意愿，才能真正实现人们心目中的理想社会。

【荀子道德理想简析】

刘晓靖　《道德与文明》2015 年第 4 期

荀子道德理想以及道德理想人格是建立在其人性论的基础之上的，同时又与社会理想紧密相关，道德理想为社会理想的实现提供精神动力，而道德理想人格则是人们效仿的楷模。在人性论上荀子继承了孔、孟人性“相近”的观点，但比起孔、孟，荀子特别强调了人人都具有趋“恶”的本性，因此有必要对人性进行节制与改造，“礼法”“礼义”的出现是圣人自觉改造自身的原始本性的结果。“礼”是划分贵贱、贫富、长幼等级差别的政治、经济、伦理制度及行为规范。“义”是处理封建等级、伦理关系的准则。荀子的社会理想是“一天下”，结束诸侯割据、建立大一统封建帝国。而只有施行礼义才能避免人性中恶的倾向的实现、满足人的生存需要，保证人们的利益，才能实现天下统一。荀子所提倡的理想社会，也是施行礼义的社会。荀子建立了以“礼义”为核心的社会道德价值体系，并以“礼义”为核心设计了“圣人”“君子”等道德理想人格形象。“圣人”人格的突出贡献是在努力改造自身的基础上制定礼义法度，从而为人类群体的建立和有序运行，为人类各种关系的建立、维护，为人类的生存、发展提供保障。而“君子”的突出特点则在于对“礼义”的学习、贯彻和维护，具有为“礼义”而献身的牺牲精神。

【儒家政治伦理思想架构及其现代价值】

徐红林　《武汉大学学报》（哲学社会科学版）2015 年第 2 期

儒家政治伦理思想是中国传统政治伦理的主流和“常道”。在长期的历史发展中，儒家政治伦理逐渐形成了以礼仁、民本、中庸、和合、忠孝等为主要内容的政治伦理架构。儒家政治伦理思想的特点表现为：政治伦理化和伦理政治化、重义轻利，同时还是一种以“仁”为核心的德性政治以及以“爱有差等”的仁爱伦理。然而，在现代社会，随着现代性而出现的政教分离、历史进步主义和道德相对主义的现代意识，对儒家政治伦理的生存和发展构成了挑战。现代人应以谦卑的或者至少是平等的姿态对待传统的儒家伦理，我们要极力克服现代人的狂妄和历史进步主义，对待古典文化我们要“如其所是”地理解和阐释它，这样才有可能从中汲取智慧，并还儒家伦理以本来面目。如经分析可知导致儒家政治伦理式微的三个公设：政教分离、历史进步主义和道德相对主义未必能经受详密的论证和考验，儒家政治伦理中民本思想与人本政治的契合、和合思想与和谐思想的契合、个体精神自由与制度架构下的社会自由之契合、仁爱与博爱之契合等积极内容，给我们正确认识儒家伦理思想以及古为今用打开了一扇可行之门。因此，只有对现代意识进行解构，重新恢复古典与现代的对话与和解，还儒家政治伦理以本来面目，才能实现儒家政治伦理的现代价值。

【论孟子的政治哲学——以王道仁政学说为中心**】**

郭齐勇 《中原文化研究》2015 年第 2 期

王道与仁政是孟子作为政治正当性的最高标准，具有超验、普遍的意义。孟子在战国中期的政治批判中，提出以民为本位的仁政学说，把仁政规定为养民、安民与教民之政，特别关心老百姓的生命与生活，强调政府有责任给农户以土地宅园，制民之产，经田界，轻徭薄赋，不嗜杀人，对社会最不利者予以最大关爱，并对民众加强教育，主要是人伦教化，提升道德。关于政治权利的限制和转移方面，首先在权源问题上，孟子认为天子、诸侯的权力乃“天与之”，不是私产，不能私相授受；其次，然天意取决于民意，民心向背最为关键，亦是政权转移的关键。因此，他强调民贵君轻，尊贤使能，尊重民意与察举，肯定明堂议政，以及在权力转移上的罢免与革命。仁政也是德治，孟子的仁政学说既强调执政者德性的重要，又强调执政者以民为本的理念，强调仁政的一切施设皆是为民而设，百姓之生计及其礼乐教化既是政治的起点，亦是其最终的目标，是故在此基础上深化了民本思想。孟子是暴政、霸道的严厉批判者，其言行中凸显了儒家的人道主义精神与以德抗位的传统。

【从“天下为公”到“民胞物与”——传统公平与博爱观的旨趣和走向**】**

向世陵 《中国人民大学学报》2015 年第 2 期

“天下为公”作为一种思想资源和政治范型，在讲求公平和博爱的意义上一直存在于中国社会。博爱由于其内含的人己关系的公平，为公天下注入了最为深厚的情感资源。

从人的自然生成及气与性结合的层面出发，人们可以超越现实具体的差别，寻求观念和抽象的平等。宋代理学的兴起，气化的普遍性、仁心的包容性和天理的统一性成为其最明显的标志。它们为公天下理念和博爱情怀的深化推广以及在形而上层面阐扬其价值蕴涵，奠定了最为重要的本体论的基石。从理论的推进来说，北宋张载提出的“民胞物与”说走出了至关紧要的一步，使公平和博爱跨越血亲“小家”走向同气同性的“大家”。人与己如能放在同一的公平尺度上予以考量，德性的关爱普遍播撒，定会得到天下民心的呼应和顺从。公平主要不是从动机，而是从效果——疏通执滞、宽慰心灵而最终“太和”的角度去理解。在儒家的思想资源中，爱人一直被置于国家政治运作的优先地位。有常心爱人爱物，己亦会被人物常爱，爱的公共性和互惠性品格得以充分彰显。

【“为政以德”与“无为而治”——《论语》集译三则**】**

黎红雷 《齐鲁学刊》2015 年第 1 期

“无为而治”是儒、道、法三家的

共同理念。所谓“无为而治”，其实就是领导行为“最小—最大”原则，即如何以最小的领导行为取得最大的领导效果。在这一点上，儒、道、法三家恐怕都无异议。这里的关键在于什么是“最小”，三家的理解就不一样了。道家所理解的“最小”是“道法自然”，因而主张以清静无事来达到无为而治；法家所理解的“最小”是“中央集权”，因而主张以君主专制来达到无为而治，而儒家所理解的“最小”是“为政以德”，所以用道德教化来达到无为而治。儒家的进路在于，以“为政以德”为起点，这是孔子治国之道的基本原则。在孔子看来，治国者讲求道德，注意自己的道德修养，就能起到上行下效的作用，带动整个社会道德水平的提高。以“道之以德”为程，孔子强调为政要以道德教化为根本，而不应该片面强调刑罚杀戮。这就是所谓“善人为邦百年，亦可以胜残去杀矣。”“道之以德”与“齐之以礼”互为表里，密不可分。最终达到“无为而治”的目的，此处的“无为”主要是指价值导向，精神指引。在儒家看来，领导者只要搞好个人的道德修养和对下属的道德教化，就可以一以驭百，坐以待劳，“垂衣裳而天下治”。

【道德制度化建设路径探微——基于孔子对“礼”的实用主义建构**】**

郑文宝　《道德与文明》2015 年第 2 期

春秋末期，孔子传承周的礼治“方式”，创立了德为先导、礼为核心、刑为后盾的德治路径，用礼填补了德与刑二元对垒之下的真空地带，通过制度性的礼来保证道德精神在现实生活中的作用。孔子在履任中都刑职时，实证了这种方式的可行性与正确性。孔子的法宝既不是精神性的道德说教，也不是令人不寒而栗的刑法制裁，而是介于两者之间的礼——有说教意味却又以强制为主，有惩罚功能却又不具有恐怖色彩。同时，孔子的礼治并非自己在孤军奋战，而是有德、礼、刑三者共同的参与，在多种社会治理路径中，孔子主张必须以德为先导，只有当德失效时，才有齐之以刑和齐之以礼两种保障方式跟进，而孔子欣赏的则是后者。在中都履历刑职时，孔子没有齐之以刑，反而齐之以礼，才取得了“四方皆则之”的良好效果。这一道德建设路径实现了道德的虚功实做，有效地突破了道德建设乏力的窘境，一直为后世所推崇和传承，更应该为我们今天所借鉴——通过制度方式（不是德也不是法）把个人品行与个人的前途和命运紧紧捆绑在一起，借以强化道德的约束作用，使道德的力量不再疲软，同时又不会产生对刑的恐慌。

【先秦儒家角色伦理治理思想论略】

李雪辰　《道德与文明》2015 年第 6 期

先秦儒家继承了西周以来的德治思想，对社会生活领域内的不同角色提出了相应的伦理规范，并规定了人们在实际社会生活中所处的地位及应当履行的角色责任和义务，从而形成了具有鲜明角色伦理特征的社会治理模式。简言之，先秦儒家角色、伦理治理思想的理论逻辑大体上包括三个层面，即以“亲亲”为基础的家庭治理、以“仁民”为核心的国家治理和以“爱物”为原则延伸至自然界的社会治理。孟子和荀子继承了孔子的角色伦理治理思想，分别从性善论和性恶论的立场为儒家角色伦理治理提供了形上学的依据。孔子提出了“正名”思想，在孔子看来，所谓“正名”，一是确定每个社会成员在社会生活中的角色定位；二是明确每个社会角色在相应的社会伦理关系中应当履行的权利和义务。孔子将正名作为治理“礼崩乐坏”的社会局面的第一要务，目的是使不同等级的人们各安其位，各尽其职。孟子通过区分“天爵”与“人爵”的概念，发展了孔子的“正名”思想。而荀子则从“分”的角度发展了儒家的名分思想，经过孟子和荀子的发展，为先秦儒家角色伦理治理指明了现实途径。

【中国古代的“礼法合治”思想及其当代价值】

丁鼎、王聪　《孔子研究》2015 年第 5 期

礼和法都是人们的行为规范。礼依靠道德教化的方式引导人们遵守社会规范，而法则依靠强制力使人们遵守礼的有关规范，从而达到社会安定有序的目的。“礼”与“法”（刑）相辅相成，共同构成了中国古代社会治理的两大基石。“礼法合治”思想的产生有其深厚的思想基础，其奠基于春秋战国时期以孔子为代表的儒家学派，孔子虽然极力推崇礼治、德治，但在他的思想中已经蕴含着“礼法合治”的萌芽，如“道之以政，齐之以刑，民免而无耻；道之以德，齐之以礼，有耻且格。”在孔子的思想认识中，作为治国的工具，除了礼之外，还有刑。这里所谓的刑，实际上就是法。后经战国末期儒学大师荀子的推阐，其影响进一步扩大。“礼法合治、德主刑辅”思想在汉代，尤其是在汉武帝“罢黜百家，独尊儒术”之后，由思想理论落实为政治实践，标志着儒、法两家思想经过长期的斗争与融合终于形成了一套行之有效的治国方略。此后，虽然朝代更迭，但“礼法合治”思想基本上为后世所继承发展。“礼法合治”的思想和实践可以为我们今天构建和谐社会提供宝贵的政治智慧和法律资源。

【古今官德理论比较——论官德建设的路径选择】

杨子飞　《武汉科技大学学报》（社会科学版）2015 年第 5 期

在古今道德哲学之争的背景下考察了官德建设的路径选择及其优缺点。从官德建设的必要性来看，现代更强调的是制度建设，道德最多起辅助性作用，而古代则把官员道德建设放在了政治实践的首要位置；从官德建设的主体来看，现代更注重公务员外在的行为，做人与做官是分离的，而古代更注重政治家内在的人格，做人与做官是合一的；从官德建设的路径选择来看，现代把官员行为的正当性放在首位，以确保公务员行为的可控性，而古代把官员的内在幸福放在首位，以确保政治家道德建设的内在动力；从官民之间的利益关系来看，现代把这两者看成是内在对立的，而古

代能够在官员自身内部实现官民利益的和谐一致，这就与为人民服务的宗旨高度吻合了；从官员的德能关系来看，现代把能力排除在道德的范围之外，而古代可以确保德能的高度统一，这就使得优秀的官员能够适应转型期社会的综合要求。从以上这些关键性问题看来，古典和现代道德哲学都分别适应了不同的社会需要，前者适应了社会对于领导者整全性、灵活性的能力的需要，后者则适应了社会对公务员专业性、程序性的素质的需要。清楚地认识到这两者之间的不同以及它们各自的优缺点，将大大有助于我们有区别、有针对性地展开官员道德建设。

【明清时期苏州家训研究】

王卫平、王莉　《江汉论坛》2015年第8期

明清时期苏州家训兴盛的原因有三点：修谱促进了家训的发展；经济发展为修谱立训提供了基础；文化发达形成修谱立训的氛围。内容主要体现在修身观、治家观、训子观和社会观等方面。修身观有养生之道（养心和养气）和品性之道（敦厚德）。治家观包括“治人”和“治生”两个方面。治人主要处理的是父子关系、兄弟关系和夫妻关系。“农本商末”的观念在明清时期的苏州受到了重大的冲击，农耕不再是唯一的治生之道，工商亦可为生理之途。训子观颇为灵活，要根据子孙的贤愚程度作出安排。读书入仕是教育子孙的主要目的，但对资质较差的子孙却要教会他谋生的技能。社会观有三点：其一，要早日、足量完成国课，以完成国课为第一要务。其二，要行善积德，怜寡恤孤。其三，要戒赌博。因此，苏州诗礼传家、工商皆本、行善积德的家训特点，值得现代家庭建设借鉴和学习。

【浙江家风家训的历史传承和时代价值】

陈寿灿、于希勇　《道德与文明》2015年第4期

浙江的家训是直接站在社会承担者的角度上强调一个家族的成员应该具有的对于社会有内在和外在精神，颇有为生民立命般的士大夫精神。浙江家训的内容主要表现在四个方面：其一，浙江家风家训秉持“平民”立场，注重“事功”“效用”。通过对历史的梳理，他们认为浙江从未产生过全国性的政权，因此具有平民色，如《钱氏家训》在“亲民”的基础上还加上了“爱民”“恤民”的元素，并且多数家族认为读书为人最重，入仕次之。但是，没有全国性政权是否是“亲民”的充分条件，尚需证明。其二，浙江家风家训发扬光大了原始儒家精神，恪守内在道德义务。其三，浙江家风家训更注重道德践履，强调“知行合一”。其四，突出理智德性支撑道德德性，在浙商家风家训中尤为显著。

【论王夫之的婚姻伦理思想】

仇苏家、郑根成　《滁州学院学报》2015年第8期

王夫之的婚姻伦理的基本内容归纳为三个方面：其一，“族类必辨”的民族性要求。王夫之是反对异族通婚的，原因是文化差异。王夫之认为，别的民

族与华夏族不同的地方不在于种族，而在于“礼”，如果异族通婚，必将导致“风俗以蛊，婚姻以乱，服食以淫”。同时，作者认为，王夫之反对异族通婚还出于异族对华夏的威胁。其二，“才质必堪”的相称性要求，有两层含义，第一层含义：婚姻当事人的道德能力和内在品性到达一定标准。王夫之将“才”解释为人的能力，特别是道德能力，指出善恶的关键在于是否尽其才，肯定了道德能力对于人的情感和行为的控制能力；将“质”解释为人的素质特别是道德品质等，以笛喻质，说明道德品质是人之为人的重要标志。第二层含义：婚姻当事人的道德教育背景（包括家庭背景、成长环境等）要接近。其三，“年齿必当”的婚龄要求，包含两层含义：一是指男女结婚年龄要适当；二是指夫妻年龄要相当，即婚龄差适合。这既关涉个人生理心理的成熟，也关涉个人价值与社会价值的统一。

【周代孝观念的危机与变革】

陆杰峰 《湖北工程学院学报》2015 年第 7 期

西周的孝观念以祭祀祖先为核心，强调对远祖的尊崇与对宗子的权力与职责的确立。随着旧有社会制度的解体，孝观念也不可避免地遭受严重的冲击。在新的反思中，子女对父母的爱的情感日渐取代祭祀成为孝的合理性基础，直接给予子女以生命的父母日渐取代祖先成为孝的主要对象，自我圆成的构想日渐取代以宗子为核心的宗法制度成为孝的言说方式。

【传统孝道的规范性来源及其现代启示】

卢勇 《东南学术》2015 年第 3 期

孝道的规范性是指孝道作为行为指示系统在社会生活中的效力，孝道的三个规范性来源：其一，权威力量的正面影响（天、地等神秘力量的正面影响；外在制度的强制性规定）。其二，孝道规范体系自身的合法性（孝道的内容契合社会的需要，对社会的稳定有重要作用；孝道的内容体现以“仁”为核心的儒家伦理原则）。其三，主体对孝道观念的认同度（善良之心是孝道的源泉；内省吾身是孝行的理性确认）。

【亲子之情探源】

黄启祥 《文史哲》2015 年第 4 期

真正让亲情发生的是意识到的血缘关系，它是一种意识性的或精神性的而不是纯粹生理遗传意义上的血缘关系。对亲子关系的相信造成了养育行为自身的“意向”结构，即我将那个孩子“作为”我的孩子来养育。一旦亲子关系确认，父母本能的慈爱就会自发地作用于子女，子女也会亲近和热爱父母。这种相互认同的血缘之情的观念形成，其影响力甚至大于血缘关系本身。但是，这种情况只是普通的家庭关系，并不包括类似于收养关系的家庭。然后，慈爱与孝爱的不对称性成了孝敬之情的现实根据，这得从两个方面进行分析：一是慈爱与孝爱同源同构，孝与慈处于一个互相关联的结构之中。孝之为孝，必须借助慈来理解；二是慈爱与孝爱的不对等性，亚里士多德、蒙田、黑格尔等哲学家都认为慈爱大于孝爱。

【孺慕之孝：上古中国礼俗中“亲前不称老”和代际交换】

李志刚 《孔子研究》2015 年第 4 期

孝子终父母一生是“永远的幼儿”，在言语、衣着与行为上，均存留“年幼”时的痕迹，以反衬父母未曾衰老而眉寿永久；双亲逝后，在哭仪、称谓上又效仿婴儿态，追慕父母永逝而沉痛难再。孝子丧亲如“婴儿失母”，不言或少言以行“三年之丧”，实质是在模拟或重现“子生三年”的情况。古人对孝的推扬，有意无意地走上了“返老还童”之路，颇有老莱子彩衣娱亲之感。

【孔子孝政思想推衍的路径逻辑】

谷向伟 《西北民族大学学报》2015 年第 5 期

孟懿子问孝，孔子答曰：“无违。”并解释为“生，事之以礼，死，葬之以礼，祭之以礼”。自孟献子之后，孟孙氏家族逐渐形成好礼乐，尚德义，倡俭朴，重古训和文献的家风，而且至少延续了七代人（孟献子、孟庄子、孟孝伯、孟僖子、孟懿子、孟武伯、孟敬子等），前后长达 170 多年的时间。并且，孟懿子身为鲁国三桓之一的继承人，除了要躬行为子之孝外，更要恪守君臣之道和次于君臣的大夫家臣之间的上下级之道。因此，孝既是人伦问题，也关乎君臣大义，子之孝是臣之义的前提和基础，二者对象不同，精神一致，这就形成了“礼—孝”的关系。

【论中国传统孝道对德行、规范与制度的整合及其历史经验】

王文东 《湖北工程学院学报》2015 年第 9 期

何休阐述不同性质的礼制全面渗透了孝道思想：第一，以“礼”建“孝”，认为“亲亲”“尊尊”“亲疏各得其序”“明父子”之道，皆为述礼之言，隐含着“礼”对宗法、宗庙、继承制度同体一贯之维护与推重，意在表明对构成孝德基础与前提的宗法制度的肯定，孝德与规范、制度的深度结合更具现实性、必然性。第二，孝、忠一体，即亲子之伦是宗法之要素，而宗法则基于家、国一体，故视亲亲、尊尊为一体，由此使表“亲亲”之孝与表“尊尊”之忠连为一体，互为补充，两者于伦理秩序之功能如鸟之双翼，车之两轮。

【古典政教中的“孝”与“忠”——以《孝经》为中心】

陈壁生 《中山大学学报》2015 年第 3 期

以《孝经》古注为依据，可以发现《孝经》在人伦上主张父子与君臣完全分开，在道德上认为忠、孝不可混为一谈。所谓“移孝作忠”，实质上是针对士这一阶层移事父之敬去事君，才能做到忠。强调的是“士”这一对象，因为，君主、诸侯与士大夫是世袭继承，只有士是通过选举制选拔出来的，在成为士之前，一个人在家事父孝、事兄悌，但没有事君、事长的经验。在家事父孝、事兄悌，都是根于天然的爱敬之情，自小养成。“以孝事君则忠”一语，强调的是士刚开始从事政治，断父子之私恩，行君臣之公义之后，自然从事父过渡到事君。

【略论荀子的孝道观】

杨孝青　《重庆科技学院学报》2015 年第 4 期

明确给出忠孝优先性的当属荀子。在父子关系上，他推崇“从义不从父”。首先，他提出不孝不能立身。其次，他提出在三种情况下可以从义不从父，即从命则亲危，不从命则亲安，孝子不从命乃衷；从命则亲辱，不从命则亲荣，孝子不从命乃义；从命则禽兽，不从命则修饰，孝子不从命乃敬。在君臣关系上，他推崇“从道不从君”。首先，他提出忠大于孝，即“君者国之隆也，父者家之隆也。隆一而治，二而乱。自古及今，未有二隆争重而能长久者”。君恩大于父恩，所以“忠”大于孝。其次，从道不从君。所谓“从道”，在荀子看来就是“隆礼”，君主应该王霸并用。

【仁义直道与情理圆融】

刘克　《孔子研究》2015 年第 2 期

通过对以西汉为主的壁画和铭文的研究，可以发现亲亲相隐是对血缘亲情的维护，亲属之间的相互保护是率真的表现，是对人性的尊重，“隐而任之”兼顾了亲情和公义，是亲亲相隐中的责任担当。那么，“隐”的边界又是什么呢？儒家的要求是“门内之治恩掩义，门外之治义断恩”，孔颖达“简”“匿”并举，从情理并重的立场出发，主张小错可赦，并鼓励孝子为尊亲“隐而任之”，对于大恶则要“犯颜”，不准包庇隐匿。血亲复仇与亲亲相隐是孝悌思想的两个重要侧面，同根相生，统治者对这两种现象也持鼓励态度。儒家从孝悌和亲亲观念出发，肯定和强调血亲复仇的合理性，认为复仇壮举是子女对父母养育之恩的反哺。

【周易君子学与古典生命伦理观的奠基】

李咏吟、陈中雨　《湖南师范大学社会科学学报》2015 年第 6 期

从《周易》乾坤两卦德、八卦德、六十四卦德和九卦德出发，可以集中梳理“周易君子学”，进而解释“天地之大德”。梳理“周易君子学”需要从两个方面出发：一方面要追溯《易经》中“君子”概念的具体语境及其意义。通过乾卦和坤卦的卦辞，我们知道，周易君子学所要强调的是：若遇吉利之事当喜，但要保持警惕；若遇不吉利之事当止，更要保持警惕，择时而动，《易经》也在这朴素的生命原则上进行了三点延伸。另一方面要追溯《易传》中“君子”理论的建构及其意图。即《易传》对《易经》的细化和哲理化。在“周易君子学”的基础上，作者对“生生之大德”进行了解释：首先，“生生之大德”基于天地的生命德性，天地之大德即为“生生”，它仁慈地提供一切生命自由的力量。其次，“生生之大德”是中国伦理学最伟大的生命存在信仰，一切必须为了生命存在而不能导向生命的死亡。最后，“生生之大德”是最符合一切生命存在要求的伟大德性。

【道家人文医疗及其现实意义】

詹石窗、李冀　《河北学刊》2015年第6期

无论是原初道家、古典道家，还是制度道教，都以“道”为其思想体系的基石，而以“德”为修身养性的纲领。宇宙万物皆发生于“道”而滋养于“德”，故“尊道贵德”既是宇宙的本有法则，也是万物生生不息的根据。在“道观”的过程中，道家学派不仅看到了人类个体与人类社会整体的诸多病态，而且提出了颇具特色的身心治疗与社会治疗的思路、方案。在理论方面，道家既提出了“知足”与“知止”的警告，又提出了针对具体的个人和社会弊病的方案：第一，针对狂躁不安的病态，提出了“三去”初疗方，“三去”是指“去甚、去奢、去泰”。第二，针对“病体初愈”的状况，提出了“三宝”再疗方，“三宝”指“慈、简、不敢为天下先”。第三，针对病体康复而未强健的情形，提出了“七善”滋养方，“七善”指“居善地，心善渊，与善仁，言善信，正善治，事善能，动善时”。

【儒道二家生死观之比较与相互渗透】

费艳颖、曹广宇　《贵州社会科学学报》2015年第10期

儒道的生死观既相互区别，也相互渗透。首先，儒、道二家的生死观各有所重：儒家观死，死中见礼；道家观死，死中见道。儒家之死，死要文明，其死也安，其死也正；道家之死，死得自然，其死也物化。儒家死而不休，死的是形体，不死的是道德精神；道家死而不亡，死的是个体生命的有限性，不亡的是群体生命，死的是自然之气散，不亡的是大道的永存。其次，二者仍有许多相通之处：二家的死亡观都具有人生价值的意义；对人生的死亡观都持一种自然而达观的态度；都注重将“生”与“死”密切联系来观解死亡；对当代中国人理解死亡、把握死亡并形成自己的生死观都具有重要的启发和教育意义。

【人的二重需要视野中的生态环境意识】

唐凯麟、易岚　《湖南大学学报》2015年第3期

作为物质属性与精神属性的统一体决定了人有物质需要与精神需要的双重性。人的需要的无限开启，是由人之存在的精神性、自由性引起的，精神需要的无限发展可能将人引向一个可以遐想的美好未来，而物质需要的无限发展却会造成对自然环境的巨大破坏，因此，必须认识到需要与生态的自洽，意味着人必须成为一个物质需要有限而精神需要无限的存在者，换而言之，就是要在满足人之基本物质需要的条件下着力于其精神世界的开发，促进人的全面发展。在对待物质需要方面，他们提出三点建议，即树立物质需求的生态有限、有度、合理意识。

【论仁爱思想的生态伦理意蕴及其当代意义】

薛勇民、马兰　《学习与探索》2015年第3期

从儒家“仁爱”思想出发，可以推

出生态伦理的内涵和逻辑建构：他们认为，仁爱不仅具有仁民爱物（仁爱的生态维度和内在诉求）、生生大德（仁爱的生生之意和道德价值的最终本源）、万物一体（仁爱的整体主义生态伦理本质）的深刻生态伦理内涵，也具有从人际道德向生态道德扩展的推理方式（亲亲而仁民，仁民而爱物，由人及物，推己及物，类比外推，认为动物与人具有相似情感的心理，对生态保护产生了深远影响，昭示人类更应发自内心地去珍爱万物、保护生命）、爱有等差的道德递推原则（在肯定人具有最高价值的同时，也强调要把仁爱关怀推及至物，肯定了无机物、植物、动物在自然的进化链上具有高低不同的自身价值）以及人类价值与自然价值统一的生态伦理建构逻辑。由此，可以得出具有生态意义的现代启示：遵循人与自然协调发展的原则，维护生态系统的平衡；恪守仁爱万物的生态理念，树立对自然的友好态度；树立人对自然合理利用的价值观，实现人类社会的可持续发展；完善个人的人格修养，保护环境从自身做起。

【孟子的宗教生态思想】

刘伟　《孔子研究》2015 年第 5 期

从“乐山乐水”和“仁民爱物”看，孔孟的生态幸福观的基本蕴涵包括自然向度的生态幸福观和社会向度的生态幸福观。自然向度的自然观表现在两个方面：其一，孔孟的生态幸福观是一种对“直观山水”的审美体验；其二，将幸福视域扩大到自然的精神领域，寻求人与自然在精神上的感应和共鸣，把握自然美的“真精神”，即学习自然美所具有的人的精神的意义。社会向度的幸福观也表现在两个方面：其一，从先民的幸福离不开对自然条件的依赖上看，孔孟敏锐洞悉了先民为追求幸福而展开的保护环境的行动背后的心理动机。即先民若不做到“以时行事”，就不得有所养，更没有所谓的幸福生活。其二，从民众的幸福离不开对自然界的摄取看，只有做到保护自然资源及“用之有节”，才能保证农业社会幸福追求的可延续性。同时，孔孟生态幸福观是“以人为中心的”，但其本质是一种超越人类中心论的幸福观。

【两汉时期的环境伦理初探】

李文涛　《唐都学刊》2015 年第 1 期

两汉时期，随着人口增长，人地矛盾开始出现。在先秦环境伦理思想基础上，两汉时期的环境伦理思想得到进一步发展，包括顺应天时（贾谊、晁错、司马迁等均提出要顺应四时）、取之有时（春夏为万物生长的季节，秋季是成熟的季节，才可以合理地获取，董仲舒提出了“中天意”）、用之有节、仁及万物与戒杀护生（道家将此思想与预定寿命联系在一起）、因自然之性（贾让提出迁移一些居民，拆毁一些堤防，使河水的流向恢复自然之性；张戎水道自利的治河思想；黄璜认为应该恢复黄河故道）等内容。

【从道德想象到伦理实体——近代“中华民族”形态嬗变的思想史考察**】**

胡芮　《云南社会科学》2015 年第 4 期

通过道德想象和道德实体可以厘析

近代“中华民族”的形成。首先，作者将道德与想象联系在一起，认为中国传统民族观孕育于农业文明基础之上，集体协作的生产方式促使共同体意识较早出现，“华夷之辨”更是坐实了中国民族在先秦就已经确立的历史事实。但是，进入近代以后，以民族国家为组织形式的西方文明给中国传统文明造成了极大的冲击，动摇甚至解构了数千年中国传统的民族观念。随后，可以从伦理实体的角度来解释近现代“中华民族”。在民族意识方面，采用了费孝通从“自在”到“自觉”的提法；葛兆光认为民族意识产生的直接目的是建立独立国家，享受主权。因此，近代形成的“中华民族”是与“民族”概念不同的“国族”，“国族”概念是在一个国家疆域内部，将不同民族或族群想象为一个实体，将这个实体称为“国族”，也标志着民族观念由“道德想象共同体”发展为“伦理实体”的阶段。

【张君劢“修正的民主政治”】

伍本霞　《湖南科技大学学报》2015 年第 1 期

张君劢是最与政治接近的现代新儒家的代表之一，作者对他的“修正民主政治”提出质疑。在自由和权利方面，张君劢认为，自由是对个体而言，重在个人的自由发展以及生命财产等权利的保护；权利是对政府而言，重在政府的行政效率。但是，在他看来，国家相对于个人具有优先性，不是国家服从个人，而是个人服从国家，即所谓“不应以个人驾国家而上之”。而这一理论本身就是理论的本末倒置，自由与权力，自由是第一位的，是目的性的，人类一切政治的和文化的创获，都是以自由为目的的。在政治与经济方面，张君劢认为，在政府权力和个体自由之间，还涉及社会公道的问题，而社会公道主要涉及经济方面，只有“计划经济”才是可行的。但是，市场经济才适应工业社会，专家也不可避免地受到权力的影响。在政治和文化方面，伍本霞认为张君劢骨子里信奉的是传统的儒家学说，张氏试图借助儒家的“内圣”之学开出“外王”之说，但是这忽略了政治与文化本身的关系。而儒学一方面对专制统治和暴政持批评态度，另一方面又是专制统治得以存在和延续的理论根据。张氏的处理无法解决二者之间的矛盾。这些使得他的目的难以完成。

【论中华民族近代道德生活的变革】

李培超　《湖南师范大学社会科学学报》2015 年第 5 期

在把握近代中华民族道德生活的特质时，可以从“常态”“量变”和“质变”三个维度上来展开分析。首先，历史是有连续性的，这是历史的最基本的属性，改革或革命的节奏中仍然有不变的东西存在，这就是生活的“常态”。其次，历史也是具有延展性的，因而发展、变化也必然是历史的属性，但是其演化路径和价值取向并没有发生转折性的改变，我们可以把历史中的这种变化称为“量变”。再次，近代中华民族道德生活史是一段充满了“道德变革”或“道德革命”意蕴的历史，即近代中华民族道德生活的场域中充满了许多新的、与传统道德生活格局不契合或不一致的“新质”元素，因而，研究中华民族近代道德生活就需要检视和发现其中的“质变”，发现中华民族道德生活在近代发生的重大转折。历史具有连续性和延展性，因此，也应在发展中看待道德生活。

【道德中国还是专制中国】

汪行福 《学术月刊》2015 年第 10 期

中国形象在西方先哲的眼中经历了“之”字形的认识路径，即“道德中国”到“专制中国”再到“文明国家”。正确看待中国传统需要古今中西的全方面视野，儒家传统中包含着某些超越习俗和族群的普遍主义道德和政治规范，但缺少成长为现代道德和现代法治国家所需要的个人自主意识和普遍法治意识。黑格尔强调古今差异对文化差异的优先性，给我们提供了正确看待中国传统的重要原则。因此，在以个人自由和政治自由的自我决定的实现为最高目标的前提下，才能全面地认识传统智慧。

【传统与现代化的再思考】

姚新中 《北京大学学报》2015 年第 10 期

全面理解的现代化必须以传统为基础同时又超越传统：既继承传统也改造传统；这样的现代化既是地方的也是全球的。通过分析传统与现代的三种模式或模型（第一种模式是传统与现代的断裂与对抗模式；第二种模式是“长现代化”，认为现代化是一个绵延的扩展，是一个不断演化、不断修正同时不断提高的过程，即从轴心文明到区域文明再到全球文明；第三种模式是传统与现代的循环的复杂模式，即一方面，“借来的”现代价值作用于传统，依此对传统进行反思和改造；另一方面，经反思而“过滤”了的传统反过来又施加于现代化进程。）应把传统与现代看作一个和而不同的有机体，反对把传统与现代化割裂开来的两种极端观点，即一是以现代来否定传统的历史虚无主义，二是以复兴传统为名对抗或排斥现代的价值保守主义。方德志站在传统儒家情感学理的路径上，认为认识传统儒家文化，首先要对人的情感能力作一番学理上的批判，使人作为一个“情感的存在者”来阐述认知的特殊结构，并且传统儒家的现代化要以“自由”和“幸福”作为最高导向。

【哲学的伦理化与现代性重塑】

侯才 《北京大学学报》2015 年第 3 期

哲学已经进入了道德伦理之域。首先，由于认识的重心向人自身存在的迁移，人自身存在的意义和价值问题愈益进入哲学的视野。其次，就哲学与诸种社会意识形式的关系来说，精神性因素在社会生活和历史发展中的作用日益突出。随着人对地球的作用大于自然的作用，现代化理论的建构也就迫在眉睫，而目前现代性最大的危机的根源是人这一主体自身的需要和欲望恶性膨胀的结果，是人未能成为自身的需要、欲望的主体的结果。因此，必须重塑价值观和重构价值体系，为人的欲望和需要立法，成为现代性建构的核心内容。

【从“民本”到“人本”】

王远　《社会科学辑刊》2015 年第 5 期

中国社会保障制度传统与现代的变迁，阐释了“民本”思想向“人本”思想的转变。传统的社会保障思想主要体现在人与天、人与人和人与法等方面，即在人和天的关系上所表现出来的“受命于天”的责任观，并由此形成了“顺天保民”的社会保障理念；在人和人的关系上所表现出来的“爱有差等”的仁爱观，并由此形成了以“宗族血亲”为核心的社会保障结构；在人和法的关系上所表现出的“礼治高于法治”的社会治理观，并由此形成了重德轻法的社会保障执行机制。但是，从明清之际开始，伴随中国现代化、全球化的进程，以儒学精神为核心的社会保障的思想传统走入剧烈变迁的轨道。概括说来，这种变迁以对人的理解为核心，在儒学、西方近代人学和马克思主义三种思潮的相互碰撞中逐步实现了对人的全面理解，最终在马克思主义关于人的全面发展的思想指导下基本实现了从“民本”到“人本”的转化。

【从“友爱”到“友善”】

揭芳　《云南社会科学》2015 年第 2 期

儒家友德对于救治社会的个体化带来的个体人际冷漠、社会疏离、身心失衡等道德问题乃一剂良方。它鼓励个体将他者视为生活中的伙伴，以友善互助为基准形成良性的互动关系；强调个体在关注自我的同时需兼顾社会公义，要以社会规范为普遍的价值标准，尊重公共利益；主张个体应积极借助他者的力量，与他者互相激励和引导以追求高尚的人生境界。这需要儒家友德由“友爱”向“友善”转化。其原因在于爱的情感或许在比较熟悉、关系密切的熟人之间能够产生，但是在知之甚少、不太了解甚至是素昧平生的个体之间是很难产生的。所以爱的情感还需要向善意转变，以善意拉近彼此间的距离。相互间的善意更能适应现代社会，对于陌生人，个体不一定都能做到关爱，但是心怀善意相对来说却是比较容易做到的。

【伦理视角下中国乡村社会变迁中的“礼”与“法”】

王露璐　《中国社会科学》2015 年第 7 期

“通过法律途径解决”所代表的法治秩序、“找熟人解决”所倾向的传统礼治秩序和以“找村委会或村党支部解决”为表现的新型礼治秩序，共同构成了当前我国基层农村的利益纠纷解决的基本路径。通过对“秋菊打官司”的考察，发现礼治与法治将在相当长时期内呈现既共生又紧张的关系。就其共生性而言，一方面，在转型期的乡村社会，法律必然成为国家控制和管理社会最重要的工具和手段，礼治秩序则是在法律留给乡村自治和自主运行的限度下发挥作用；另一方面，礼治秩序仍有其存在的现实合理性和发挥作用的空间。就二者的紧张性而言，一方面，强行建构的法治秩序缺乏足够的认同基础，且遮蔽了礼治秩序应有的积极意义；另一方面，由于法律无法涵盖乡村社会生活的所有层面，这既为礼治秩序发挥作用留下了一定空间，也导致一些明显与法律法规或现代法制精神相悖的陋习得以继续存在并产生影响。据此，文章提出了几点调和二者的建议：第一，通过“法”对“礼”的确认，允许那些积极、合理的乡村礼治规则经过一定程序被认可并上升为国家法律或以弹性条款形式被吸纳。第二，建立多元纠纷解决机制，化解乡村法治运行中的伦理冲突。第三，树立新型村庄领袖权威，实现法治秩序和礼治秩序的有效融合，满足农民的公正性诉求。

【论马克思伦理学的理论形态及其当代意义】

高广旭 《道德与文明》2015 年第 1 期

重新理解马克思伦理学的理论形态，对于深化马克思伦理学革命及其历史地位的理解，对于破解当前中国社会的伦理难题，具有重要的理论价值和现实意义。马克思伦理学的理论形态体现在三个方面。其一，形而上学批判。马克思伦理学是对西方传统伦理学形而上学模式的颠覆，为现代伦理学奠定了新的存在论基础，伦理学的目光回归现实生活世界。其二，现代道德批判。马克思伦理学是对资本主义社会个体原子化以及伦理精神失落的全面透析，是对现代道德中道德主体与伦理实体分裂本质的深刻指认。其三，伦理共同体性谋划。共产主义是对资本文明形态下人与自然生态伦理难题的化解，它使得人类谋划人与自然和谐共生的生态伦理共同体得以可能。

【现实与超越：马克思正义理论的辩证结构】

陈飞 《道德与文明》2015 年第 1 期

正义的现实性与超越性是马克思正义观念的两个不同位阶，后者是一个既批判又涵盖前者的概念，二者既是逻辑相连的又是历史连续的，共同构成了马克思正义理论的辩证结构。现实性正义与超越性正义分别是资本主义社会和共产主义社会占主流地位的正义形态，只有当历史发展从资本主义社会过渡到共产主义社会时，才可能从现实性正义过渡到超越性正义。现实性正义内蕴着两个性质截然相反的形态：交换领域的形式性正义和生产领域的实质性非正义；超越性正义内蕴着两个历史相续的正义原则，即贡献原则和需要原则。马克思正义理论的确立离不开作为世界观的历史唯物主义，历史唯物主义的创立为思考正义问题提供了新的方法论原则，即历史原则。

【马克思“人与土地伦理关系”思想探微】

解保军 《伦理学研究》2015 年第 1 期

在资本原始积累的初期，马克思就看到了它的反生态性。土地异化是资本主义制度存在的必要条件。资本家掠夺式地对待土地，导致土地肥力衰退和生态环境破坏。在批判资本主义农业时，马克思论述的关爱土地的“好家长”观点和土地养护的生态农业措施等理论，都展示其“人与土地伦理关系”思想。这比利奥波德的“大地伦理学”思想早了近一个世纪。马克思的上述思想对我们正确认识人与土地的伦理关系，保护和合理利用土地资源具有重要的现实意义。

【马克思、意识形态与现代道德世界】

张曦　《马克思主义与现实》2015年第4期

马克思思想究竟能不能容纳道德，曾引起过英美学者广泛讨论。一些同情马克思思想的学者试图提供论证，使马克思思想与道德相兼容。但是，通过考察现代道德世界和现代道德理论的根本特征，就会发现，对于马克思来说，现代道德世界中的人类特征和人类关系本身是扭曲的。作为一种意识形态，道德只是对这种扭曲的人类关系的反映。因此，马克思思想不能容纳道德、无法辩护道德。但是，这并不是马克思思想的缺陷。恰恰相反，当马克思拒斥道德时，他已经在“真正的人”的立场上，接纳了一个更高的规范评价立场。

【马克思和亚里士多德幸福观比较】

陈万球　《伦理学研究》2015年第5期

该文从伦理思想史的视角，对马克思幸福哲学要义进行逻辑梳理。马克思站在时代的前列，对西方传统幸福论进行了增删补益，构建起新的幸福哲学。马克思吸收了亚里士多德等人的人性论合理成分，作为其幸福哲学的逻辑起点；由此出发，马克思揭示了幸福观的丰富多样的哲学内涵。作为实践唯物主义大师，马克思用劳动实践诠释了获得幸福的机要。马克思的幸福哲学对构筑当代人幸福的精神家园具有重要启示。

【马克思与人道主义】

安启念　《教学与研究》2015年第7期

马克思对人道主义既有肯定性论述，又有明确的批评，唯物史观正是产生于对抽象人道主义的批判之中。马克思的唯物史观是大唯物史观，其理论基础是劳动实践辩证法。劳动实践被马克思视为人的类本质，它有自建构性，即生产工具、生产关系、生产对象处在不断的自我发展之中。人是环境的产物，人的类本质在其现实性上是社会关系的总和，于是人性具有了历史性，整个历史就是人的本性的不断改变。在马克思那里人的本质是具体的，而不是抽象的，人道主义在马克思那里具有了现实性、科学性，与唯物史观完全一致，与以往的各种人道主义理论有了原则区别。马克思思想的出发点是对资本主义不人道现实的批判，宗旨是实现共产主义即人的本质回归、人道主义实现，共产主义的实现立足于劳动实践活动的自我发展，同样体现了人道主义精神。马克思主义是人道主义，但是是新人道主义。这种人道主义思想对于认识和评价现实生活，具有重要的方法论意义。

【历史唯物主义与马克思的正义观念】

段忠桥 《哲学研究》2015 年第 7 期

依据马克思、恩格斯本人认可的相关论述，历史唯物主义是一种实证性的科学理论；马克思涉及正义问题的论述大体上可分为两类：一类是从历史唯物主义出发对各种资产阶级、小资产阶级的正义主张的批评，另一类则隐含在对资本主义剥削的谴责和对社会主义按劳分配的批评中。马克思的正义观念，指的只是隐含在第二类论述中的马克思对什么是正义的、什么是不正义的看法。马克思实际上持有两种不同的分配正义观念：一种是涉及资本主义剥削的正义观念，即资本主义剥削的不正义，说到底是因为资本家无偿占有了本应属于工人的剩余产品，另一种是涉及社会主义按劳分配弊病的正义观念，即由非选择的偶然因素所导致的人们实际所得的不平等是不正义的。历史唯物主义与马克思的正义观念在内容上互不涉及、在来源上互不相干，在观点上互不否定。

【《资本论》的正义观与马克思的现代政治批判】

高广旭 《哲学动态》2015 年第 12 期

学术界关于《资本论》正义观的争论表明，马克思对于正义问题的理解已经跳出现代政治哲学视野，政治经济学批判是马克思探讨正义问题的理论语境。重新理解《资本论》的正义观成为重新阐发马克思现代政治批判思想的重要切入点。古典政治哲学对于“普遍正义”与“特殊正义”的区分为我们重新理解《资本论》正义观提供了新的视角。在《资本论》中，马克思把正义从一个道德二元抉择问题转化为政治经济学问题，从根本上瓦解了现代性正义理论的政治哲学基础，进而在批判资本主义社会正义危机的同时，开辟了一条超越现代“道德政治”的思想道路。

【冲突与调适——埃斯库罗斯悲剧中的城邦政治**】**

晏绍祥 《政治思想史》2015 年第 1 期

轴心期文明的基本特征之一，是通过改铸古代神话找到人类如何和睦共处的方式。埃斯库罗斯的悲剧，成为轴心期思想家改造古代神话、思考城邦政治的典范。首先，悲剧作家的经历、表演的舞台和面对的观众，都具有浓厚的政治色彩；其次，埃斯库罗斯笔下城邦内部冲突造成的恶劣影响让我们看到，消弭冲突的唯一途径，是胜利者接纳部分旧力量，以达成城邦新的平衡与和谐；再次，奥瑞斯提斯传说的演变和埃斯库罗斯对它的改造，充分体现了埃斯库罗斯悲剧的雅典城邦特征；最后，雅典人民的实际作为，恰当体现了悲剧作家希望实现的政治文化。

【哲学的教育与儒者的教育——以孔子和柏拉图为例**】**

廖申白 《晋阳学刊》2015 年第 2 期

广义的人文教育具有三个基本性质：（一）关怀一生的好；（二）吸纳广泛的

文化内容；（三）它本身就是生活实践。孔子对儒者的教育与柏拉图的哲学教育所包含的教育都具有这种广义的人文教育的特征。儒者的和哲学的广义的人文教育观点可以容纳“授业”的专门教育的观点，但以所授的为有益于人的整全人生之善的真实技艺且具有真实拥有此种技艺者为条件。我们需要重新评估儒者的教育和希腊人所看到的哲学活动的教育对我们作为人的整全人生的关怀的重要价值，并基于这种重估来澄清和校正各种专门人文知识与技艺的教育的目的。

【欲望、普纽玛与行动——亚里士多德心理学对身心二元论的突破】

陈玮 《自然辩证法通讯》2015 年第 2 期

该文通过考察亚里士多德在《论动物的运动》中的相关论述，试图从心理学和生物学两个层面重构他的欲望—普纽玛—行动模型，并由此指出“普纽玛”在欲望导致行动的过程中，在物理层面上起到了重要的联结作用。这种解释模型为亚里士多德突破身心二元论的传统思路、结合物理层面的因素来说明人类行动者的心理过程提供了关键支持。在此基础上，该文考察了戴维·查尔斯对亚里士多德的思路所做的评论并试图回应可能招致的批评，由此捍卫查尔斯对亚里士多德的解读与辩护。

【试论塞涅卡“治疗哲学”的多重维度】

包利民、徐建芬 《求实学刊》2015 年第 6 期

从“治疗型哲学”的角度理解斯多亚派乃至希腊化罗马时期各派哲学，可以帮助人们更好地把握塞涅卡的思想。塞涅卡为了治疗人类的本体性疾病，首先立足于斯多亚哲学用德性治疗激情的理性一元论方法论，但同时也开放地采纳了其他行之有效的治疗哲学方法论。在他看来，伊壁鸠鲁主义与斯多亚派一样，旨在达到个人的坚强、心灵宁静和幸福；但是与斯多亚派不同，它更为温柔可亲，更适合于一般不甚坚强的普通人或弱者。进一步，塞涅卡意识到哲学理性的治疗效用毕竟有其限度，期待神圣主体的入世拯救。这超出了斯多亚派神的范畴，与当时正暗流涌动的基督宗教之神颇有契合之处。

【论罗马法中人的尊严及其影响——以 dignitas 为考察对象】

史志磊 《浙江社会科学》2015 年第 5 期

人的尊严是多重社会关系的复合，可以分为秩序性尊严和人性尊严。在古罗马最为发达的是秩序性尊严，人民在理想的政体中享有不同的秩序性尊严，并且人们的法律地位或积极或消极地受其影响，私法上的权利义务配置因尊严的差异而有所不同，体现了法律对人的个体性特征的关注。人因其理性而超越动物，并因此而享有人性尊严，人性尊严不仅要求他人尊重其人格，还对享有者的行为构成一定的约束，这构成了斯多亚哲学和伦理学的一部分，对后世产生了巨大的影响。

【阿奎那友谊理论的新解读——以仁爱为根基的友谊模式**】**

赵琦 《复旦学报》(社会科学版) 2015 年第 2 期

"友谊"作为托马斯·阿奎那德性伦理学的重要概念受到各国学者的关注。阿奎那既赋予友谊以神学仁爱(agape)的特质,也赋予友谊以哲学友爱(philia)的特质,现有的研究或是忽视其中某一类特质,或是无力处理两者的关系,因而只能在两个异质的解读路径"哲学友谊观"与基督教的"仁爱"之间徘徊。无力展示阿奎那友谊理论的革命性。该文认为阿奎那的友谊理论既超越了哲学 philia 的传统,也超越了神学 agape 的传统,它揭示了友谊成其为友谊的关键——仁爱,也让仁爱具有超越神学的哲学内涵。在剖析"仁爱"内涵的基础上,该文主张以仁爱为根基诠释阿奎那的"友谊",这是一种全新的友谊模式。它在根本上不同于以往的友谊观念。通过探讨新的友谊模式与世俗友谊的主要特质之间的关系,该文尝试解决阻碍仁爱成为友谊根基的难题,以此确立阿奎那"友谊"理论的独特意涵。

【驯化君主:《君主论》与《希耶罗:论僭政》的对勘】

刘训练 《学海》2015 年第 3 期

施特劳斯最早指出,色诺芬的著作对于马基雅维利而言有着特殊的重要性。具体到《希耶罗:论僭政》,可以发现,《君主论》与《希耶罗》之间不但存在文本上的直接关联,而且它们在"驯化僭主"这个议题上有着类似的思路:借助"荣誉"与"荣耀"的中介来引导、驯化僭主的行为,使之成为君主。通过这种对勘可以发现,在马基雅维利与古典传统之间,有着比施特劳斯学派的论断更为复杂、多面的关系。

【创造必然、管理激情与操纵认知——重思马基雅维利的"统治术"**】**

周保巍 《学术月刊》2015 年第 6 期

马基雅维利的"统治术"一方面诞生于命运(Fortuna)和国家(Stato)的剧烈冲突,另一方面由三个相互关联并层层推进的战略动作即创造必然、管理激情和操纵认知构成。虽然马基雅维利的"统治术"堪称传统统治智慧之大成,但只有当其进一步升华为"政治科学"的时候,它才能承载起驯化无常命运的历史重任。

【在帝国中获得自由:约翰·密尔论英帝国与殖民地】

盛文沁 《史林》2015 年第 1 期

在西方近代历史上,政治思想与帝国观念有密切联系。约翰·密尔的帝国与殖民地思想全面而深刻地揭示了 19 世纪英国的帝国统治在自由主义理论框架内是如何被合理化的:通过将社会发展设想为从野蛮到文明的过程,将人类社会置于不同的文明等级之中,并坚持自由权利只有在发达高级的文明阶段才能获得,帝国统治被描述为文明的使命,是发达社会引导不发达社会进入文明阶段的必要途径。然而,密尔后期对殖民者暴力的反思和批判则显示其对帝国文明使命的怀疑,这种对帝国权力滥用的批判又为以后的思想家批评帝国奠定了基础。另外，密尔的帝国观也反映了19世纪欧洲人对“他者”及人类群体之差异性的看法。

【同情与道德判断——由同情概念的变化看休谟的伦理学**】**

孙小玲　《世界哲学》2015年第4期

通过对休谟有关文本的细致和建构性分析，可以表明的是，在《道德原则研究》中休谟并没有如诸多研究者认为的那样以一种哈奇逊式的“广泛的仁慈”取代《人性论》中作为道德感源泉的同情，并因此退回到传统道德感理论。相反，通过结合同情与仁慈，休谟在《道德原则研究》中克服了《人性论》中关于同情的纯粹联想式解释引发的困难，从而更为清晰地界说了同情在道德情感构成中的关键作用，并因此完善了他的同情的伦理学。由于道德感仍然被视为同情与仁爱结合的结果，休谟在《道德原则研究》中也仍然坚持了他的自然主义哲学路径。

【亚当·斯密的同情与修辞——共和主义传统美德的现代转型**】**

钱辰济　《政治思想史》2015年第1期

亚当·斯密在自由主义传统中开宗立范的重要地位为后世的自由主义经典作家所一再称扬，而他作为市民道德家的面相常被人忽视。在美德传统的现代入场时刻，斯密并没有对其拒斥，而是加以调整并使之适应现代社会。综观斯密在多个领域写就的文本，现代人传承美德传统的同情机制，以及其背后贯通古今的为道德承认而斗争的元伦理便呈现出来。为适应商业社会，斯密对追求美德的修辞话语做了现代性的型塑。

【国家与政体——霍布斯论政体**】**

陈涛　《政治思想史》2015年第3期

霍布斯有意识地用他的国家理论来排除传统政体问题。在他那里，如何借助臣民对国家的服从和义务关系，构建出一种绝对权力，从而实现国家的和平和安全，取代了有关各种生活方式的考虑和选择，成为政治科学关注的焦点。相应地，传统政体理论用于衡量城邦优劣的标准，如统治者和公民的德性，权力执行是否着眼于共同利益等，都被置于与政治科学无关的权力实践层面。作为替代，他转而诉诸人民同意和公共利益来区分合法权力与暴力。这其中所存在的困难预示了霍布斯之后政治科学的基本趋向。

【洛克政治哲学中的自然法与政治义务的根基】

陈肖生　《学术月刊》2015年第2期

洛克认为人们自愿同意是他们负有政治义务的必要条件，但对人们为什么要受政治义务约束这个政治义务根基问题的解释，诉诸人们的自愿同意抑或人们之间相互的自然平等的这种道德意识和道德理解，都是不足够的。洛克认为人们接受正当政府法律规则约束的义务的最终原因，要经由守诺的自然义务最终追溯到自然法本身才能获得合理的理解。至于那些未明确表示加入社会契约服从政府但又生活在该政治社会之中的非公民成员的义务问题，诉诸正义的自然义务比洛克提出的默认同意的解决方案，在理论上更加合理，同时实践上也能保证社会成员的正义合作能有效开展。洛克政治义务的基础，以及由于他对自愿同意的强调带来的非正式社会成员的义务问题，都只能在其自然法理论中才能得到合理的理解或更好的解决。

【如何理解卢梭的基本概念 amour - propre?】

汪炜　《哲学动态》2015 年第 10 期

在近代法国思想和卢梭哲学中，amour - propre 是一个独特而重要的概念。但长久以来，研究者们对它的理解存在一些问题，这集中体现在对卢梭文本中这一复杂概念的误译上。这一概念包含四个要点：第一，它是一种对自身的不正当的、过度偏爱的情感；第二，它诞生于社会之中，是在与他人进行了反思性的比较之后而产生的相对性的激情；第三，它在效果上并不全然是一种负面的激情，在不同的条件下，它可以产生或积极、或消极的情操和行为；第四，它与原初的、自然的“自爱”之间具有某种“连续性”。可将其译为“自恋”。

【康德目的王国理念新解】

杨云飞　《武汉大学学报》2015 年第 4 期

当代研究者们通常把康德道德哲学中的目的王国理念解读为世俗意义上的道德理想，即由道德存在者构成的共和国。这种解读是有问题的，其主要缺陷在于忽略了目的王国理念所具有的宗教意义。目的王国理念实际上是一个以上帝为首脑的理想的道德共同体。康德所使用的“王国”概念，已经提示了目的王国中应该有一个国王或统治者。更为重要的是，有两个关键的证据支持对目的王国理念的宗教阐释。第一，康德区分了目的王国中成员与首脑，前者是有限的负有义务的理性存在者，而后者是具有无限能力且不受义务约束的理性存在者，即上帝；第二，康德阐释了目的王国理念的理想性，即其实现单凭人的努力是不够的，还需要上帝的帮助。这两点都有力地表明了目的王国理念具有宗教维度。目的王国理念的宗教意义使得这一道德理想可以成为当代宗教对话的一个切入点。

【美何以作为道德的象征——基于语义层面的考察**】**

张丹　《哲学分析》2015 年第 3 期

康德对于美和道德之间的关系问题所给出的回答是：“美作为道德的象征”，或者说“美的东西是道德的善的东西的象征”。在这里，“美”与“道德”分别作为“美的东西”和“道德的善的东西”二者的抽象名词经由“象征”一词实现了关系上的联结。这种关系的成立建构在康德对于二者的区分和类比之上：一方面，美和道德有着异质性的结构，即前者由感性图型上升至理念，而后者则由理念规范感性行动；但另一方面，二者又存在着可类比性，例如，对于美和道德的判断都能使人产生愉悦感，等等。因而，康德以“象征”来描述二者的关系至少在语义层面上是成立的。

【智性的情感——康德道德感问题辨析】

周黄、正蜜　《哲学研究》2015 年第 6 期

康德的道德哲学建立在对传统道德感理论的批判之上，但他也对这个概念进行了改造，将它定义为一种建立在道德法则基础之上的先天情感，并在道德哲学中赋予这个概念一个重要的作用，即纯粹实践理性的动机，以解释抽象的理性法则如何能应用到具体的感性—理性存在者之上。康德的道德感理论的难点在于，一方面要解释道德法则如何能在人心中产生出肯定性和否定性的情感；另一方面要通过分析情感的内在结构解释其普遍有效性。在更广泛的意义上，这种建构可以划归另一个根本性的问题中，即天性和智性的关系。一般来说，主动的知性和被动的感性被康德定义为完全不同的能力，但道德感作为一种智性情感提供了一种新的视角，让我们可以重新界定这种关系。

【黑格尔《法哲学》版本考】

邓安庆　《北京大学学报》2015 年第 6 期

《法哲学原理》是黑格尔在柏林大学上讲座课而印刷的教材，1821 年出了第一版。从 1818 年到 1831 年，在上法哲学课的过程中，黑格尔对相应的内容做了一些“口头补充”和“页边注释”，在他去世后，就留下了非常多关于法哲学的“遗著”。甘斯在主编第一版《黑格尔全集》时，按照他的理解选编了一些他认为重要的注释作为“补充”加在相应的内容之后，这就出现了不同于黑格尔自己出版的第二个《法哲学原理》版本。这个版本影响非常大，几乎在沿用了 100 年之后，拉松博士才开始对它提出强烈的质疑和修正。此后，围绕如何处理黑格尔遗留下来的“口头补充”和页边注释，形成了许多不同的黑格尔法哲学的版本。这些版本各有其自身的特色，呈现出不同风格的黑格尔法哲学形态，有力地推进了黑格尔哲学研究的进步。不同的黑格尔主义者，认同不同版本的黑格尔法哲学，有的版本之间的差别还相当大。这就提醒人们，对黑格尔法哲学的不同阐释，不能不依赖于参照不同的法哲学版本。与版本学的进步相适应，黑格尔思想研究的进步大体上可以区分为三个阶段：（1）平面化、单向化的黑格尔法哲学研究，不会参照不同的版本之间黑格尔表达的差异；（2）注重逻辑与历史张力的黑格尔法哲学研究，正是依赖于考察黑格尔的真实哲学与不同时期的法哲学之间的差异性；（3）语境化的黑格尔法哲学研究，更是详细考察黑格尔法哲学讲座每一节内容表达上的不同与其特定时间处境之间的关系。

【试析黑格尔哲学中的“道德”和“伦理”问题】

先刚 《北京大学学报》2015 年第 6 期

黑格尔在《精神现象学》里面认为“道德”是一个比“伦理”更高级的精神形态，然而在《法哲学原理》里面又把“伦理”放在一个比“道德”更高的阶段。这就引发了一个疑难。解决这个问题的关键在于认识到，黑格尔是从不同的角度给出这些论断的：从存在论的角度看，“伦理”高于“道德”，而从认识论的角度看，“道德”高于“伦理”。因而这里其实是不存在矛盾的，在这个问题上面，黑格尔的思想并没有经历什么转变。

【论共同体包容个体自由之限度——以黑格尔的“主观自由”概念为例】

陈浩 《清华大学学报》2015 年第 4 期

当代学界倾向于认为，黑格尔哲学的理论旨趣是要在现代自由主义与古代共同体主义之间实现一种综合。黑格尔借助“主观自由”概念，在其注重共同体的理论框架中，成功地为自由主义意义上的自由保留了一席之地。但是，如果将“强调主体的自我决定”和“为主体划定绝对不容侵犯的私人领域”视为自由主义自由的两个核心特征，那么，势必会推出，黑格尔的“主观自由”概念由于一方面将强势的“自我决定”阉割为弱势的“主观认同”，另一方面将承认、认同等社会性因素视为“主观自由”的限定性条件，致使其无法满足上述两个特征中的任何一个。因此，黑格尔的“主观自由”不能等同于自由主义意义上的自由，其综合自由主义和共同体主义的努力是不成功的。

【托马斯·斯坎伦的理由观念】

须大为 《道德与文明》2015 年第 1 期

在对理由这一问题进行论述时，斯坎伦所持有的是一种基础主义、认知主义和实在主义的观点，把理由定义为是有利于某事的考虑，认为其本质是一种规范关系。他以理由基础主义反对还原论自然主义，认为理由和理由判断不能被还原为自然事实和对自然事实的判断；以理由认知主义反对表达主义，认为理由判断是关于规范真理的信念，具有确定的真值。不同于摩尔式的非自然主义，斯坎伦的理由实在主义主张理由判断的主题是某种独立于主体但不外在于主体的“存在”。通过“理性行动者”这一概念，斯坎伦得以对实践论诘难做出回应，并通过“域”和其中的“标准”，回应理论形而上学诘难和认识论诘难。在回应这些问题的同时，斯坎伦也发展出了一套独特的形而上学理论。

【道德语言逻辑蕴涵与道德语言意义实现语境研究】

孙菲菲、陆劲松 《伦理学研究》2015 年第 1 期

黑尔认为，道德语言也能用形式逻辑规则来推导，且由此推出事实不蕴涵价值的结论。但是，通过把道德语言与假言条件句结合起来，将事实与价值的

命题还原成自然语言中的条件句进行考察，我们可以得出事实蕴涵价值的结论。一个道德命题是否有意义，是要与这个道德命题在实践生活中是否能真正转变为道德行为事实密切相关的，而这种转变，要依赖于对前件事实的真的判断。此外，道德语言意义的实现也与这个命题所存在的博弈语境有密切联系。在现实生活中一个具体的环境下，人们总是不由自主地衡量是否要遵守一个道德规范。这些复杂的环境情况随时会影响人们的道德决定实现。

【凡是现实的就是合理的吗——麦金太尔的美德伦理学批判**】**

陈真　《哲学研究》2015 年第 3 期

麦金太尔美德伦理学的主要内容是对美德本质的界定。美德理应是一种规范性的概念，但麦金太尔对美德的界定从本质上来说是经验概括的、描述性的。他用“实践”“人生叙事”和“传统”等描述性概念来界定美德及其规范性，实际上是假定了“凡是现实的就是合理的”。然而，凡是现实的未必就是合理的。由于现实和传统无法说明美德规范的合理性，又由于他对西方启蒙时期以来的理性持排斥态度，因此，为了说明美德规范的合理性，他最终不得不求助于上帝，从而走向了神学的托马斯主义。

【吉尔伯特·哈曼的道德相对主义理论辩护】

曹成双　《伦理学研究》2015 年第 3 期

哈曼的道德相对主义是一个融贯的道德理论体系，它能够应对各种批评和质疑。在哈曼看来，道德不是迷信和幻影，它是自然世界中的一员。世俗社会的道德并不会被相对主义所消解，在自然主义的世界中，它将得到很好的保留。而且道德只有在相对主义的解释下，即在不同社会的习俗和传统中，才是有意义的。哈曼也不认为道德相对主义会导致完全的怀疑论，因为他认为存在着相对于任何道德框架都是有效的道德主张。这些客观的道德主张并不是其相对主义论题的必然推论，而只是碰巧的事实而已。而且只有相对主义对它们的解释才能使得它们拥有合法的道德知识地位。

【科学与哲学是伦理学的必要基础——伊安·巴伯的伦理学思想探析**】**

张汉静、王江荔　《现代哲学》2015 年第 3 期

伊安·巴伯认为，科学与哲学是伦理学的重要基础。从科学来看，虽然科学的内在价值无法扩展为一般的社会伦理，从进化论生态学引申出的伦理原则也是无效的，但不可否认的是，重要的伦理价值是内在于科学的。通过提供可信赖的对决策后果的评估、形成关于世界和人类地位的世界观等形式，科学都在影响着伦理学。从哲学来讲，在功利主义与正义原则的相互补充、社会利益与个体权利的相互平衡、消极自由与积极自由的相互协调等方面，哲学能够帮助我们澄清评价技术选择的伦理原则。在伦理学的构建过程中，科学与哲学通过人类行为后果的评判标准的选择、相互冲突的价值观的平衡等方式，为伦理

学提供了必要的基础。

【麦金太尔的共同体：一种批评】

姚大志 《哲学动态》2015 年第 9 期

麦金太尔的思想可以分为两个部分，一是对自由主义的批判，二是提出他自己的社群主义。这两个部分的连接点是他的共同体观念：一方面，麦金太尔批评自由主义是个人主义的，它们以个人而非共同体为基础，因此注定是错误的；另一方面，他提出了自己的社群主义以对抗自由主义，而这种社群主义是建立在共同体观念的基础之上的。具体而言，他的自我理论主张共同体优先于个人，反对自由主义的个人主义；他的道德理论主张共同体的善优先于个人的权利，反对自由主义的“权利优先于善”；他的正义理论在分配正义的问题上坚持应得原则，反对自由主义的平等原则或权利原则。

【论桑德尔和罗尔斯在正义与善问题上的对立以及批判式融合的可能性——兼论国家治理原则研究的第三条路径】

刘敬鲁 《道德与文明》2015 年第 2 期

桑德尔和罗尔斯在正义与善问题上的激烈争论，本质上是关于如何治理国家的根本原则的争论。罗尔斯从正义原则是独立于人们的各种善观念、善目的的角度论证正义优先于和决定人们的善观念、共同善目的，而桑德尔则通过批评罗尔斯所预设的自我观的个人主义性质，提出了截然相反的观点。双方的理论代表了国家治理原则研究的两种基本路径。对人类社会中的理性、利益、规律的一般关系和历史运动进行深入分析，是正确研究正义与善之间关系的更加合理的思路，这也正是对双方理论进行批判式融合的可能性所在，因而也是国家治理原则研究的第三条基本路径。

【从罗尔斯到弗雷泽的正义理论的发展逻辑】

杨礼银 《哲学研究》2015 年第 8 期

当代正义理论有一条基本的发展路径，即从罗尔斯的分配正义理论经哈贝马斯的话语正义理论再到弗雷泽的三维正义理论。而这条路径发展和演变的基本逻辑就是：在“什么的正义”问题上，从追求普遍公平的实质正义向追求参与平等的程序正义转变；在“谁的正义”问题上，从追求统一价值目标而采取统一行动的代理人、共同体成员或国家公民向追求多样化价值目标而进行话语交往的多元共同体、公众或个体转变；在“如何正义”问题上，从以经济再分配为根本向以经济再分配、文化承认与政治建构并重转变。在正义理论的这一发展过程中，民主对于正义的构成作用日益凸显，并成为正义制度合法性的基础。

【罗尔斯的理性重叠共识】

潘斌 《道德与文明》2015 年第 5 期

罗尔斯的重叠共识的基础是政治文化中最核心和最基本的直觉性观念。这些基本观念是一种道德观念，是所有公民稳定地持有的观念。作为重叠共识聚焦点的政治正义理念必须是独立的，必须不受其他完备性学说的干扰，不再需要任何其他价值的支持。这就要求公民要自觉接受公共理性的限制。因此，就重叠共识以理性人和公共理性的概念为前提而言，它的完整性有赖于理性，它是一种理性的共识。罗尔斯重视理性的由下而上的逐渐生发。因此，在他的理论体系中，更为根本的似乎还是个人自主，而非打着理性旗帜的政治权威主义。就此而言，重叠共识所预设的理性是相对保守的，对于被排除在重叠共识之外的各种人群和学说是相对温和的。

【国家认同视域下的公民道德建设】

李兰芬　《中国社会科学》2014 年第 12 期

改革开放 30 多年来，伴随着物质文明的不断进步，参与市场竞争并追求自身利益最大化的过程，客观上形成了利益主体和社会利益结构呈现多元化，利益关系呈现多层次特征，这促使人们在观念形态方面产生不同的价值选择。基于全面深化改革的实践要求，社会道德共识的达成与实现方式，成为社会稳定健康发展的重要基础。因此，公民道德建设成为社会主义市场经济条件下中国社会道德发展的选择性生成的必然要求。作者通过国家认同视域探究公民道德，旨在寻找和确认公民道德的基本伦理关系，公民道德建设的合理性、合法性及其现实路径的方法论和价值观。作者将公民道德理解为一种关于国家与公民关系的价值同构和协同创新的“间性”道德，一种嵌入于公民身份与公共生活的生成性道德。全文首先以国家与公民关系检视公民道德的基本概念与认知范式，在历史与逻辑的具体统一中，把握公民道德的历史意义与深层本质；其次，以国家认同的理性认知、情感体验和美德践行规范公民道德的建构功能，引领和形塑公民道德的主体意愿及其能力结构的理性基础和内驱动力；最后，以社会主义核心价值观引领和规范作为公民道德生成场域的公民身份和公共生活，探讨了关于具有合法性、合理性的公民道德建设的现实路径问题。这三方面构成了社会主义市场经济条件下深化公民道德建设研究的基本理论视域和学理焦点。

【论中国特色社会主义道德体系研究】

焦国成　《江西师范大学学报》（哲学社会科学版）2015 年第 1 期

中国特色社会主义道德体系是社会主义的整个社会体系的重要组成部分。在我国经济建设取得巨大成就、人民普遍富裕起来的条件下，与其他方面的建设成就相比，研究和建立一个中国特色社会主义道德体系已成当务之急。作者认为，这一体系应当是包含了道德思想体系、规范体系以及包括器物在内的运行支撑体系的有机整体，是以中国特色社会主义理论为指导，传承中华传统美德的优良文化基因，适合中国国情和民众道德生活，逻辑结构上完整而自洽，能深入人心且行之有效，并能够与经济、政治和法律体系密切配合的体系。它的研究领域应当包括中国特色社会主义道德体系的历史形成与现有结构、中国特色社会主义道德体系的运行体系、中国特色社会主义道德体系的学理争鸣与探索、中国特色社会主义道德体系的社会认同以及中华传统道德体系及其现代转化五个方面。通过这五个方面的研究，进一步进行综合性整合和创新，才能切实推进中国特色社会主义道德规范体系、中国特色社会主义道德规范的运行体系的建设，对全面提高公民素质、实现高度的社会和谐、达到国家的长治久安起到长久作用。

【推进与完善社会主义的道德体系——学习罗国杰教授道德建设理论】

龚群 《道德与文明》2015 年第 4 期

罗国杰教授是我国马克思主义伦理学理论的奠基者和创建者。罗国杰教授既坚持社会主义道德体系的基本原则，同时又从现实出发，力图从理论上推进社会主义道德体系的建设。建构与市场经济相适应的社会主义道德理论体系，是罗国杰教授晚年对我国伦理学事业的重要贡献。作者从理论与实践相结合、市场经济的制度背景、坚持基本原则不动摇、市场经济条件下的新发展四个方面分析了罗国杰教授道德建设理论。首先，理论与实践相结合，高度关注现实问题，对现实问题给予理论性回答，是罗国杰教授从事伦理学研究的特色与优势。罗国杰教授不仅始终坚持党的改革开放的路线，坚持以社会主义制度作为思考伦理道德问题的背景，并且正视社会历史条件的变化，从现实问题中汲取养料，从而推进伦理学的研究。其次，面对党的十四大提出建设社会主义市场经济体制的重大决策，罗国杰教授认为，市场经济需要社会主义道德体系来保驾护航，伦理学理论建设和道德建设也面临新任务，即“社会主义的道德体系建设”。再次，市场经济必须有相应的道德基础，并通过为人民服务来实现。罗国杰教授认为，社会主义道德体系的核心是为人民服务，根本原则是集体主义，要坚持这些基本原则不动摇。最后，在市场经济条件下建构社会主义的道德体系，既要坚持正确的原则不动摇，同时也要从现实问题出发推进理论研究。对此，他对效率与公平的关系问题做出了解释，并提出道德境界与水平四层次说。总之，罗国杰教授对于在新的历史条件下如何进行社会主义道德体系的建设，既有理论的思考，同时也有具体可操作的建设性方案，是我们建设与发展社会主义道德体系的宝贵财富，值得我们继承和发扬。

【社会治理创新的伦理学解读】

王莹 《道德与文明》2014 年第 6 期

党的十八届三中全会提出了“创新社会治理”的战略任务，并提出了“强化道德约束”、发挥伦理在社会治理中作用的重要举措。发挥伦理在社会治理中的作用是当前我国社会建设与发展的时代命题，是实现由“社会管理”到“社会治理”的关键，也是我国长期社会管理实践得出的必然结论。作者认为社会治理的创新在于发挥好伦理的作用。

伦理在社会治理中的主要作用体现在四个方面：一是确立社会治理的正确价值导向；二是强化人的内在约束；三是调节利益关系；四是降低社会治理成本。伦理在社会治理中发挥作用具有可靠的实现途径，需要通过党组织与政府、社区与社会组织、广大公民在社会治理中的不同作用来实现。其中，首先要注重政府在社会治理中的主导作用，其次要坚持公共服务的均等性、利益的公平性原则，此外将社区与社会组织作为社会治理的基础，最后保障公民的参与。作者注重伦理与制度在创新社会治理中的关系，认为伦理与制度在内容上相互吸收，在功能上相互补充，在实施过程中相互凭借。伦理要在社会治理中发挥好作用必须与制度相互支持、相互作用。

【道德治理：国家治理的重要维度】

龙静云　《华中师范大学学报》（人文社会科学版）2015 年第 3 期

在中国几千年的历史中，“礼治”或“德治”的理论及其实践对国家的稳定和人际关系的和谐，对中华民族的文化传承和社会的道德进步，都发挥了巨大作用。作者首先追溯了中国 3000 多年的历史，发现道德治理在古代中国是以“礼治”或“德治”的话语方式出现的。“礼治”或“德治”理论融礼仪、道德、法律、风俗习惯为一体，强调“礼法并用”，“德主刑辅”，为现代国家治理提供了有益借鉴。然而这种传统的道德治理模式是古代君王治理国家的主导方式，与现代道德治理不尽相同。其次，作者从国家治理的角度强调了现代道德治理的重要性。国家治理是在扬弃国家统治和国家管理基础上形成的一个概念。但无论是从国家治理体系看，还是从国家治理能力看，道德治理都是国家治理的重要组成部分。在国家治理体系中，道德治理是治理主体运用的各种手段和方式中的一种。在国家治理能力中，道德治理是指执政党和政府协同社会组织及全体公民，综合运用各种力量，来克服市场经济发展过程中产生的各种道德问题，为国家有序健康发展创造良好“生态”的能力。在此基础上，作者指出了当前的道德治理应重点把握重要问题，处理好正利益与正观念、正法制与正人心、正官德与正民风这三种关系。

【国家治理的伦理逻辑——道德作为国家治理体系的构成性要素**】**

朱辉宇　《北京行政学院学报》2015 年第 4 期

道德是国家治理体系的构成性要素，是一种柔性约束或隐性制度，结构化于国家治理体系之中，发挥着不可或缺的独特作用，影响着国家治理的各个维度。在推进国家治理体系和治理能力现代化的过程中，我们必须系统把握道德的实践性品质与特征，完整理解道德之于国家治理的作用机制。作者具体从国家治理体系的价值、制度、行动三大维度出发，考察了道德在国家治理体系中的构成性地位和作用。在国家治理体系的价值层面，道德制约着“治理”理念的形成，为“治理”理念的确立提供了道德合理性论证，为现代国家治理奠定了伦理基础，推动着“权力本位”的破除和现代“公民权利本位”理念的确立。在国家治理体系的制度层面，道德作为一种隐性制度，不仅与其他显性制度共同构成了国家治理的制度基础，还通过制度间互动，影响着显性制度的建构。在国家治理体系的行动层面，道德为国家治理提供了“善”的治理主体，创设了良好的价值环境和社会氛围。同时，道德对治理行动进行了道德监督与伦理评判，增强了社会凝聚度。此外，道德对治理主体提供了必要的道德监督。治理主体及其活动在接受外部监督的同时，还需要开展自主道德监督，即依据自由、民主、公正等伦理理念，对照和谐、爱国、诚信等道德准则，进行自我监督与评判，自觉管控和纠正不当的治理行为。

【略论道德治理能力现代化的主要特征】

杨义芹 《理论与现代化》2014 年第 5 期

党的十八届三中全会《决议》提出了推进国家治理体系和治理能力现代化的改革目标和要求，这是我们党治国理政理念的重大创新。这一目标不仅要求改革创新国家治理体系，更要转变治理理念，着力提高治理能力，道德治理能力的提高意在其中。作者首先阐释了道德治理的含义与功能。她认为，道德治理的含义可以从目的论角度和手段论角度两个方面来理解，承担“扬善”和“抑恶”两个方面的社会职能。从目的论角度看，把道德作为治理的目的和对象，意在治理道德领域存在的突出问题，即道德治理的实质内涵和关键所在是“治”，重在遏制和矫正恶行，充分发挥道德“抑恶”的社会作用。从手段论角度看，道德是治理国家的一种手段，不仅要发挥道德使人自觉自律的特性，而且要把伦理道德理念体现在政治、经济、法律等治理手段中，以道德观念作为价值基础，充分发挥道德“扬善”的社会作用。当前社会治理的主要功能是“抑恶”，但从根本和长远来看道德治理意在“扬善”，完善人的自我发展。之后作者借鉴现代社会治理的特点和要求，分析了道德治理能力现代化的主要特征。道德治理能力现代化应体现在：道德治理的主体多元，道德规范的法律化、制度化，道德治理理念的现代化，同时要充分发挥社会主义核心价值观引领道德治理的灵魂作用。

【当代中国农村集体主义道德的新元素新维度——以制度变迁下的农村农民合作社新型主体为背景**】**

乔法容、张博 《伦理学研究》2014 年第 6 期

经历 30 多年的农村改革开放，中国农村的生产方式、经济结构、社会组织发生了深刻变迁。由农民自愿组织形成的新型农村经济专业合作组织的发展壮大，为集体主义道德增添了新元素，彰显了新的价值维度和样态，如平等、互利、公平、自由；如契约精神、协商意识、与个人利益有机结合的合作利益观。作者实地调研和考察了制度变迁下的农村集体主义道德演进发现，农村集体主义道德不仅回归理性而且发生了前所未有的新跃升，愈益真实的合作组织在经

济社会生活中发挥着重要的组织功能，新的伦理元素与价值维度以及道德实践样式极大地丰富了集体主义道德，并在社会主义新农村文化建设中发挥着引领、整合和凝聚功能，彰显出强大的生命力。作者认为，合作组织已经萌生出许多新的伦理元素与价值向度，我们对集体主义道德的认识也必须有一个理性回归和跃升。伴随着当代中国农村的深刻变革，当代中国农村集体主义道德展现新形态。随着时代进步，集体主义作为一个开放的动态的道德原则，会随着时代的脉动呈现出日益丰富的变革过程。农民在新的合作方式下形成的道德，在人与人之间的关系方面体现的是合作共赢和平等互惠，更加注重社会公正基础上的社会和谐和个人自由，集体利益和个人利益是有机统一的，利益关系调节彰显契约论向度。

【德性伦理及其现当代价值】

温克勤　《伦理学研究》2015 年第 1 期

现当代是否只适合发展规范伦理，而德性伦理注定趋向衰落？面对这一疑问，作者指出，德性伦理在现当代虽遭到挑战和冲击，但其仍有重要的价值意义，仍是伦理学研究与道德建设的重要课题。作者认为，德性伦理强调人的内在信念、善性良知、责任义务对道德行为的引领和支撑作用。他从德性伦理与道德特质、中国古代与西方德性伦理传统、马克思主义如何对待德性伦理、如何应对德性伦理所面临的挑战五个角度做出了具体分析。道德具有自觉性、利他性、理想性特质。良好道德品格的德性伦理与呈现自觉性、利他性、理想性的道德特质完全一致。中国传统伦理学中的德性伦理，以儒家的德性伦理最具代表性，而道家和佛学也“都是教我们本钱的方法——操练心境的学问”（梁启超语）。中国传统伦理学在传统社会对于提升人的道德水平和道德境界，促进个人完善和社会完善，蔚成中华礼仪之邦，产生了巨大深远的影响。西方也有德性伦理的传统，古希腊时期强调人应修养智慧、勇敢、节制、公正四种德性，过一种理智的生活；中世纪宣扬信仰、希望、仁爱三种宗教神学德性；文艺复兴和资产阶级革命以来，德性伦理与世俗利益、幸福联系在一起，仍然重视德性伦理的价值意义。马克思是高度评价人的美德精神的，他赞美“为大多数人带来幸福”“为大家献身”的人，倡导集体主义道德。作者认为应对挑战和冲击，首先，要认识到德性作为道德行为的内在根据，是自觉地践行道德规范的前提条件，应增强美德意识，改善道德缺席的现象。其次，注重德性在共同体中的重要作用。再次，人们不仅要守住道德底线，还要努力达到较高层次乃至理想性的道德要求。同时，认识到现当代加强德性伦理建设的重要意义，为做好这项长期且艰巨的工作做准备。

【罗国杰德治理论及其新德性主义伦理学】

葛晨虹　《道德与文明》2015 年第 4 期

在罗国杰先生的思想体系中，德治

理论是一个重要部分。罗国杰先生强调道德在社会治理中是不可或缺的，德治和法治相结合是他一贯的理论主张，对“以德治国”的必要性、德治法治的关系以及如何实现德治等有许多著述，并把自己的伦理理论体系定义为“新德性主义”伦理学。作者首先阐述了罗国杰先生对德治功能及其与法治的关系的理解。罗国杰先生认为，法治和德治相结合不仅在中外历史上是一个国家治国方略成熟的标志，在现代法制社会中也是一个国家治国方略成熟的标志。他在其著述中，从中外历史上的治国经验方面，纵横论述了法治德治相结合的必要性和可能性，认为法治与德治是相辅相成、相互促进的关系。其次作者阐述了罗先生对道德的理解，罗国杰先生注重人的道德主体性在社会德治中的作用，把道德视为社会治理的“正心”之学。此外，罗先生对“以德治国”的必要性、德治法治的关系以及如何实施德治等，都有许多著述；为政以德，以德治国和依法治国相结合是他一贯的理论主张。罗国杰先生学通中西，注重从传统文化中汲取德治思想资源，注重理论研究，更注重将理论研究与社会现实问题相结合。在罗国杰先生的“新德性主义”伦理学中，对诸多理论问题和社会问题，总是以一个学者的高度责任心和思想话语方式给出新的理论解决。

【德性与幸福关系理论的历史考察与探讨】

杨宗元　《理论月刊》2015 年第 8 期

德性与幸福都是人类生活的价值取向，二者的一致是人类眷注的目标，这种期待自古皆然。作者分析了西方伦理学史上关于德性与幸福关系的两种主要理论模型，一是假定二者虚幻一致，从而消解了德性与幸福的矛盾，主要代表有斯多葛派与伊壁鸠鲁派、功利主义理论；二是认为二者之间存在不可调解的二律背反，从而搁置二者的矛盾。然而，德性与幸福的一致性是人们不倦的追求，作者从马克思主义的道德理论出发，从三个层面解析了德性与幸福的关系。在道德原则层面，德性原则与幸福原则并不是绝对一致的，其一致性体现在如果共同体的利益代表共同体成员的个人利益，那么遵守德性原则就在总体上给人带来幸福，德性原则为幸福原则提供条件。在具体的行为层面，德行与个人的感性幸福并不是直接对等的，德行是幸福的必要条件而不是充要条件，但德行与理性的幸福、精神的快乐是对当的。在个人生活层面，德性与幸福的一致需要一定的社会条件和个人条件。个人的德性与幸福的一致体现在一生的漫长过程中，得与失并不在一时之间，而在长远。

【西方德性思想的近代转换】

江畅、范蓉　《苏州大学学报》（哲学社会科学版）2014 年第 6 期

西方的德性思想史在近代发生了一次重要转换，这次转换不仅深刻改变了伦理学发展的方向，也对西方社会发展产生了深刻影响。近现代西方德性思想从西方古典德性思想中吸收了丰富的养分，但这种吸收是以市场经济以及与之相适应的民主政治和法律统治需要为前提的。作者首先论述了西方近现代德性

思想的根源和根本基础是从14世纪意大利开始兴起的资本主义市场经济。这些思想一方面促进了人们对市场经济要求的认识，引导人们建立与市场经济要求相适应的社会制度和社会生活。作者以近代西方的五个基本德目，即利益、自由、平等、民主、法治为例，做了具体分析。另一方面也有重大的局限，即完全服从于社会利益最大化这一终极追求，具有明显的功利化、资本化和市场化的物化偏颇，而这种偏颇在现有的西方德性思想以及资本主义价值体系和制度框架内是很难克服的。之后作者追溯了西方历史文化中，西方近现代德性思想的精神源泉，即古希腊文化的基本精神。这种基本精神主要有幸福主义、个人主义、自由主义、平等主义、共和主义、法治主义、科学主义和理性主义八个方面。最后作者分析了规范论和社会德性论的转向及其旨趣。在近代德性思想转换和重构的过程中，关注政治、经济等问题的思想家致力于理想社会及其应具备的规定性即德性的构想和论证，而关注道德问题的思想家则更重视实现理想社会应遵循的一般原则的确立和论证，伦理学从关注德性问题转向关注规范问题。

【城邦本位型公民道德发展模式及其对我国公民道德建设的启示】

李志祥　《伦理学研究》2014年第5期

古希腊在公民道德建设中采取了城邦本位型公民道德发展模式，通过城邦统筹系统培养、理性艺术军事多头教育、公共闲暇活动观摩演习、公共政治活动实践强化以及制度法规限制保障等手段，培育出了当时世界上最为优秀的公民群体。古希腊城邦本位型公民道德发展模式的研究对于推进我国公民道德建设工作具有重要意义。作者首先分析了古希腊城邦本位型公民道德发展模式的三个社会条件：以城邦商业交换体系为基础的奴隶制经济，以小国寡民为基础的直接民主制，以及由强敌环视带来的城邦危机感。在此基础之上，作者总结了“城邦本位型”公民道德发展模式。在公民与城邦的关系方面，强调城邦至上，推崇爱国精神、自由精神和守法精神；在公民与公民的关系方面，强调共同管理，追求民主精神和平等精神；在公民美德方面，强调理性第一，以理性为统率的智慧美德、勇敢美德和节制美德。之后，作者将道德发展模式的建设路径总结为五个方面。即城邦统筹，系统培养公民道德；将理性教育、艺术熏陶与身体训练相结合，进行全方位的公民道德教育；提供大量的公共闲暇活动，促使公民观摩演习公民道德；参加大量的正式公共活动，通过实践反复强化公民的道德修养；制定法令，监督保障公民遵守公民道德。最后，作者总结了古希腊公民道德发展模式的启示。培养良好的公民道德，需要正确处理好个人与国家的关系，对个人利益进行合理的约束；强化公共政治实践活动，采取政治活动与自发性社区活动相结合的实践方式；要注重展示国家形象、凝聚民族精神，熏陶公民情感；要鼓励公民过一种相对平等而有节制的生活。

【政府职能公共性的伦理解读】

乔法容 《哲学研究》2015 年第 3 期

政府职能的公共性，是对其职能行使及其自身行动合法性、合义性的深层追问。政府作为一个组织，其整体的公共性与个体成员的自利性并存，构成一对特殊的道德矛盾。不同时代特别是不同制度背景下，这对矛盾具有不同的性质与特征，社会主义制度下政府职能的公共性有其更高的道德诉求。作者首先对政府职能公共性的理论进行了探源，从古希腊追溯到近代社会。综合起来，"公共性" 内涵的观点主要集中在五个方面：第一，在伦理价值层面上，必须体现公共部门活动的公正与正义；第二，在公共权力的运用上，要体现人民主权和政府行为的合法性；第三，在公共部门运作过程中，体现为公开与参与；第四，在利益取向上，公共利益是公共部门一切活动的最终目的，必须克服私人或部门利益的缺陷；第五，在理念表达上，是一种理性与道德，它支持公民及其公共舆论的监督作用。随后作者分析了政府职能"公共性丧失"的原因，澄明了政府职能公共性与其从业人员自利性道德的矛盾。在伦理学语境下，政府职能的公共性与自利性，需要明确界定和澄明政府从业人员的自利性不等于自私、利己，更不等于政府的组织属性；正确认识和把握社会主义制度下的政府职能的公共性与自利性问题，彰显政府职能的公共性，化解"公共性丧失"之因，关键是防范由自利性走向自私与利己。同时，唯有建立全面系统的治理方案，才能更好地约束政府从业人员的自私性，更充分地发挥社会主义政府职能的公共性，从而进一步增强人们的理论自信、道路自信、制度自信。

【以公共伦理造就道德的人民——当前中国道德现实问题的征候及治理对策**】**

田海平 《东南大学学报》（哲学社会科学版）2015 年第 2 期

经济发展与道德发展之间的悖论性关联，一直是一个棘手的世界性难题。而从中国发展面临的道德现实问题看，如何在发展中治理道德领域的突出问题，特别是如何通过公共伦理的重构培育或造就道德的人民，是当前中国发展亟待解决的道德现实问题。作者综述了国内学术界近十年来关于该问题的代表性论题，将国内道德现实问题总结为四种：幸福悖论、分配不公正、道德冷漠、公民道德提升问题。作者以这些问题域的还原为概念工具，对当前我国道德现实问题的征候进行调查。2014 年 11 月至 12 月，作者以随机形式对南京市 391 位市民进行了"公民道德状况"的问卷调查。调查围绕四个主题展开，即公民道德素质提升的引导机制，集体伦理—个体道德的现代性断层，道德冷漠现象的治理，以公平正义涵养道德。作者以 391 份问卷获得的数据总结了当前我国道德现实问题的治理思路，即以伦理公序造就道德之人民。具体而言，一是通过伦理的公序良俗培育或涵养有道德的人民，重点指向公共领域的伦理公序之建构；二是要使伦理公序支持道德之人民，问题征候的治理必须诉诸“公民行为”的现代转型；三是从“社会风尚”和“制度建设”入手治理道德冷漠现象，重建社会礼序；四是以公平正义和社会正义的制度涵养道德。

【伦理道德现代转型的文化轨迹及其精神图像】

樊浩 《哲学研究》2015 年第 1 期

当代中国社会处于理性判断与经验感受的纠结之中：分明感受到宗教需求的增长，也期盼法治社会的到来，伦理却是生活的主流与主宰；大量存在的伦理道德问题令人忧虑，人们又对当下伦理道德格局基本满意；家庭在伦理型文化中被赋予本位使命，而严重瘦化的家庭又承担不了伦理文化的重任。但是，无论中国文化失根现象多么严重，作者在调查结果中都表明：现代中国文化依然是伦理型文化，只是它以矛盾纠结的方式展现，构成了后伦理型文化的独有精神图像。作者综合三次历时性调查的共识结果发现“后伦理型文化”的四大特点。即伦理型文化重现“不宗教，有伦理”的基本特征；大众对伦理道德现状基本满意，但忧患度高；家庭本位及其文化超载；伦理和道德“同行异情”。“同行异情”是作者借用朱熹的话来概括伦理与道德呈现出反向运动。通过分析“新五伦”和“新五常”与伦理转型的联系，作者发现现代转型下伦理与道德呈现出反向运动：伦理上守望传统，道德上走向现代。这些相互矛盾的状况，隐含着中国文化发展的轨迹和“后伦理型文化”的精神图像。

【马克思主义道德哲学何以可能?】

王南湜 《天津社会科学》2015 年第 1 期

在当今中国哲学界，人们一方面对于历史唯物主义持一种决定论式理解；另一方面在毫未感到困难地谈论马克思主义道德哲学或政治哲学，而不曾虑及决定论与人的自由这一道德得以存在的前提之间的非兼容性问题。作者提出“马克思主义道德哲学何以可能”这一问题，试图讨论马克思主义道德哲学若是存在，其得以可能的条件是什么。作者认为，马克思主义道德哲学要在学理上成立必须追问三个层面的问题：一是历史唯物主义作为一种决定论在何种意义上能够兼容人的自由这一道德生活得以可能以及一般道德哲学得以成立的条件；二是马克思主义道德哲学作为一种现代道德哲学，在何种意义上符合道德自律这一现代道德哲学的一般特征；三是历史唯物主义以何种方式构成了这种道德哲学的前提性条件，从而使之能够成为一种独特的现代道德哲学。只有这些问题都得到肯定回答，才能有根据地说马克思主义道德哲学不仅在人们言谈事实的意义上是存在的，而且在客观的学理意义上是可能存在的。作者根据马克思的基本哲学观念对现代社会之道德规范之可能性进行了构想，通过这些构想不仅已表明了可以为基本框架去建构一种道德哲学理论，也展现出了马克思主义道德哲学与其他各种道德哲学的实质性区别，初步论证了一种独特的马克思主义道德哲学是何以可能的。

【马克思的道德观：知识图景与价值坐标】

詹世友　《道德与文明》2015 年第 1 期

马克思的道德观有一个不易把握的特征：一方面有大量言辞拒斥在历史和政治领域中诉诸道德言说，有些研究者把这种情形定性为马克思“经常明确地攻击道德和基本的道德观念”。另一方面，马克思赞扬过许多道德品质，并对真正人的道德做过严谨的阐述，对未来共产主义社会的合道德性予以高度肯定，所以又有人主张马克思是一个严格的道德学家。作者认为，对马克思的道德观不应只拘泥于文句，而应深入文本内部，考察其立论基础、具体语境、思想方法以及价值立场。同时，不能仅从道德概念和道德现象上去理解，而要深入到马克思对道德现象背后的本质的揭示上。作者认为，马克思在道德观方面的伟大创造就在于以下两个方面。马克思一方面把历史上的道德现象和道德学说作为一个科学的认识对象，揭示了道德的现实物质生产方式基础，对在阶级社会中之所以出现相互对立的道德观的原因进行了彻底分析，揭示了社会上道德观念的本质，从而给出了我们理解道德问题的知识图景；另一方面又给出了新道德观的价值标准，把能否促进人的全面发展及其程度作为衡量一种社会制度的道德价值的尺度，从而揭示了“真正人的道德”的具体特征。在此理解的基础上就会发现，马克思的各种道德言论是高度统一的，各种看似矛盾的概念、命题都在揭示道德的本质、建构一种真正属人的道德观中发挥着自己的功能，并不存在相互冲突的地方。

【习近平汲取中华传统道德精髓思想及其启示】

陈泽环　《上海师范大学学报》（哲学社会科学版）2014 年第 6 期

在为实现中华民族伟大复兴的中国梦而奋斗的过程中，必须坚持国家和民族的精神独立性。在此，习近平总书记不仅发出了“坚持在我国大地上形成和发展起来的道德价值”的号召，而且在其长期的理论和实践活动中早就系统地这样做了。作者从纵向时间维度和横向范围维度概括了习近平对中国古代经典格言的引证和发挥，并总结为“学者非必为仕，而仕者必为学”的道德精神。作者认为，在认真汲取中华优秀传统文化的思想精华和道德精髓方面，特别是在认真汲取中华优秀传统文化道德精髓的内涵问题上，习近平是开放的，涉及多方面的内容，虽然以属于人生哲学范围的“官德”为中心，但也涉及广泛的政治哲学和国际交往学说等范畴，不仅对于深化中国特色社会主义理论的民族文化根基，而且对于全国人民传承和发扬“在我国大地上形成和发展起来的道德价值”具有极大的示范性意义。作者认为，在实现中华民族伟大复兴的中国梦的过程中，为了坚持国家和民族的精神独立性，习近平之所以能够如此一贯地倡导学习并结合当下践行祖国大地上形成和发展起来的道德价值，其实质在于他早就深深地认识到，我们的祖先曾创造了无与伦比的文化，中华文化在确立人类社会普遍的道德规范方面有其优长之处，中华民族传统文化的精髓在于伟大的和谐思想，中华优秀传统文化是我们民族的根和魂。作者通过以上三个方面，对习近平汲取中华传统道德精髓的过程、内涵、实质及对我们的启示做了阐发。

【正确义利观的深刻内涵、价值功能与战略意义】

王泽应　《求索》2014 年第 11 期

正确义利观是习近平总书记在访问非洲期间提出，后来又在处理周边国家关系会议上作出全面论述，已经在国内外产生重大影响的伦理价值观，是中国特色社会主义伦理文化的价值导向和价值目标，形塑着中国道德的真精神，并成为实现中华民族伟大复兴之中国梦的有机组成部分。正确义利观的提出是对当代中国社会主义现代化建设和对外交往与国际关系及其所需要的伦理价值观科学把握和深刻思考的产物。作者首先分析了正确义利观的基本内涵和特征，主张正确认识和处理义利关系，超越狭隘功利论和抽象道义论的局限，将“义”与“利”辩证地结合起来，既坚持义利并重与义利统一的一般原则，又在并重与统一的基础上以义制利、见利思义。正确义利观，就其精神实质而言，是对马克思主义义利观和社会主义义利观的科学概括和全面阐述，是中国道德或中国特色社会主义道德的价值基元和重要组成部分，体现出对中华民族优秀伦理价值观的全面总结与扬弃，和对人类义利思想合理因素的科学吸收与借鉴。正确义利观不只是一国内部正当合宜的伦理价值观，而且也是处理当代国际关系、建构共同繁荣的和谐世界的伦理价值观，具有“合外内之道”的价值特质和独特功用。它在精神上具有义利统一与义利并重的伦理特质，在实质上具有互利互惠与和谐共生的价值基质。坚持正确义利观，对于中华民族伟大复兴之中国梦的实现，对于培育和践行社会主义核心价值观，对于建构新型国际关系伦理与和谐世界伦理都具有十分深远而重大的意义和价值。

【“己所不欲，勿施于人”的当代道德价值——对俞吾金先生《黄金律令，还是权力意志》一文的商榷**】**

彭怀祖　《道德与文明》2015 年第 1 期

俞吾金先生在《道德与文明》2012 年第 5 期发表《黄金律令，还是权力意志——对“己所不欲，勿施于人”命题的新探析》一文，对“己所不欲，勿施于人”的道德价值提出质疑，他从道义论伦理学的立场出发，揭示了“己所不欲，勿施于人”有可能引发的负面效应，提醒大家警惕功利的过度，这有着积极的意义。然而，“己所不欲，勿施于人”既不是利己主义的表现，也不是权力意志的体现，即使在现代社会条件下，“己所不欲，勿施于人”仍然有重要的道德价值。作者认为，它的等值语句是“施于人，己所欲”，而非“己所欲，施于人”；它的适用范围只能是道德领域，而不是功利问题，把它认定为总是滑动在利己主义和权力意志两个极端之间是不妥的。作者从道义论和目的论根本纷争进行分析，认为提倡“己所不欲，勿施于人”，会促进人与人之间的互惠，不会必然导致“群氓理想”，引发“弱者道德的统治”。作者不同意俞先生的在道德领域内人的忍耐与克制并不具有合理性的观点。作者认为在道德领域，道德的非刚性特征、利他特质决定了道德永远不可能成为所有人整齐划一的行为，建立在对所有人都有要求的基础之上的忍耐与克制具有一定的合理性。由于价值多元的普遍存在，所有格言警句都难成为全球伦理的黄金律令；“己所不欲，勿施于人”虽然不是全球伦理的黄金律令，但它在当代具有极为重要的道德价值。

【人为何要“以福论德”而不“以德论福”——论功利主义的“福—德”趋向问题】

田海平　《学术研究》2014 年第 11 期

功利主义从对幸福生活的追求出发衡量道德。功利主义伦理学的核心问题，是关于我们如何使得自己所追求或筹划的幸福生活成为一种道德上合理的生活。它遵循用“幸福”来衡量“道德”的基本价值趋向，称为“以福论德”。它的“以福论德”的“福—德”趋向基于三个价值论预设：幸福最重要；结果最重要；不偏不倚地计算每个人的幸福最重要。作者首先分析了功利主义“福—德”趋向的哲学论证，他认为，“以福论德”的三段论奠定了功利主义道德推理的逻辑：苦乐原理、效果论和最大幸福原则。但是，功利主义“以福论德”的道德推理不断地遭到诘难。作者列举了从语言形式和思想实验两个方面而来的反驳，这些反驳或使功利主义遭遇长期的冷落，或使功利主义卷入烦琐的道德论争。对功利主义的反驳揭示了它隐含的危险，其一，功利主义不是一种在逻辑形式上经得起严格推敲的道德论证，它更多的是一种规范性的道德劝告；其二，功利主义的道德推理容易导致人的尊严、个体的权利和个人生活的完整性的疏忽。作者认为，功利主义的最大特点是系统、清晰和简明，而对功利主义的各种探索，体现了其现实性原则和开放性原则。功利主义的“福—德”趋向，并不否认“以德论福”的道德知识，但却更为优先地强调“以福论德”的道德实践，从行为、规则和制度如何有利于人之幸福或福宁的最大化的原则高度来理解道德或论证道德。而理解功利主义的最好方式是认真地追问，人为何要“以德论福”而不“以福论德”。

【简论道德风险】

王小锡　《知与行》2015 年第 1 期

道德风险是 20 世纪 80 年代由外国经济学学者提出的一个经济哲学范畴，人们的生产和生活行为中潜藏着的并可能出现的与道德有关的危险境况即为道德风险。作者首先阐述了道德风险的概念和道德风险大致类型，他认为，负道德、亚道德、零道德、无道德理念或社会状况下均存在着道德风险。道德风险的形成有其复杂的社会原因，主要体现在理论“缺场”，理念“缺位”；私利至上主义；社会生产或生活信息的不对称；文化认知发展落后于经济的发展，以致道德觉悟不尽理想；道德教育尤其是羞耻心教育的力度不够；社会没有形成完善的对道德与不道德行为的褒奖和惩罚机制几方面。在此基础上，作者提出了减少或消除道德风险的针对性综合治理策略。即增强防患于未然意识，不给缺德行为滋生的土壤或生存空间；加快经济与文化发展，壮大抵制道德风险的力量；实现道德制度化和制度道德化，由制度限制并铲除产生道德风险的土壤；在道德教育活动中提升国民道德境界，增强抵制腐朽没落道德的能力；完善法制，有效打击形成道德风险的投机行为；建立应对道德风险的应急机制。

【生命科技发展中的伦理困惑与道德论争】

杜振吉　《河南师范大学学报》（哲学社会科学版）2014 年第 6 期

随着现代高新科学技术的发展及其在人类生活各个领域的广泛应用，生命科技也有了长足的发展。生命科技的发展使人们对生命有了更深入、更全面的了解和认识，增加了预防、诊断和治疗各种疾病的可能性和可靠性，使人们享受到了更多的医疗保健，对于人们生命的健康延续、病患身体的康复以及生命质量的提高都起到了积极的作用，但同时也使人们面临着诸多伦理道德方面的困惑、冲突和挑战，几乎每一种新的科学技术在生命及其医学领域的应用，都会引起尖锐、激烈的道德论争。该论文分析了在克隆技术、人类基因研究、辅助生殖技术、人体实验、器官移植、重组 DNA 技术、安乐死、对有缺陷新生儿的处置等方面的伦理困惑和道德论争。作者在强调社会立法在道德建设中的重要性时，列举了“肖传国事件”，认为所谓的“肖氏反射弧”技术的研究不能在美国进行而转移到中国，并轻易地进行人体实验，且成为一种收费治疗的手术，其主要原因在于，在美国等国家按照法律规定，任何人体实验研究，只有在得到伦理许可的前提下才能进行；而在我国，生命伦理问题没有受到应有的重视，更缺少相关法律法规，加之管理不健全，才使得“肖氏反射弧”这样尚不成熟且未得到验证和准入许可的治疗技术，得以进行人体实验，甚至应用于收费的临床治疗。因此，在生命科技和医学领域必须建立健全法律法规，严禁有人以科学的名义或打着保护病人利益的幌子，为达到追求名利等自私目的在其科学研究和技术应用中挑战生命伦理底线。

【人在自然面前的正当性身份研究】

曹孟勤、冷开振　《自然辩证法研究》2015 年第 12 期

在社会生活中，人的社会身份意味着人应当承担的社会责任。在自然面前，人确立什么身份，就会对自然采取什么样的态度和行为，所承担的责任就会有差异。古代人将自然理解为主宰一切的存在，人相应地就成了自然的臣民和仆

人，其责任是敬畏自然、顺从自然，但主体的价值和自由无法实现；近现代人将自然理解为一架机器，人是自然的主人，其责任就是控制和支配自然，自然的存在价值被牺牲。生态文明建设是一项全新的事业，需要为人类确认一种正当的身份，以担负起保护自然环境的责任。按照马克思的观点，自然是人的无机的身体，是人的本质的外化和现实化。因此，人是自然的看护者，看护自然就是看护人本身。自然的看护者这一身份，使人与自然不可分割地凝聚在一起，形成一个命运共同体，人与自然共生、共荣、共美、共在，人的存在、完美和高尚就寓于在对自然的看护之中。

【易学环境伦理思想】

余谋昌　《晋阳学刊》2015 年第 4 期

《周易》是中国哲学的源头，是中国生态智慧的宝库，是中华传统文化的理论核心。在它的影响下，形成了中华文化独特的易学形式。首先，易学的根本观点“生生之谓易”“天地之大德曰生”，为环境伦理学提供了哲学基础。易学的“天生万物”思想，表明“易”的核心是生，天之道是“生万物”，人之道是“成万物”，天、地、人和生命是统一的有机整体。“天之大德”就是化生生命和产生万物，人和人类精神是天地自然创造的最伟大的成就。其次，易学“一阴一阳之谓道”的思想，是环境伦理学的思维方式。易学以“太极图”表示天地万物都阴阳相对、相互包含。“易以道阴阳”，表明阴阳有规律地交替运行，体现了天地生生不息的本质。易学的阴阳循环，不同于西方线性分析思维，是一种整体论循环思维、一种整体性生态思维。再次，“生命各得其养以成”，以“养”和“需”两个概念，表示生命的生存权利，并把它提到“仁”的道德高度。最后，“天地人”三才思想，体现了易学哲学以“人与自然界和谐”为价值目标，同时也凸显了“自强不息，厚德载物”的主体精神。

【“道”与“气”理论中的环境伦理学维度】

成中英　《南京林业大学学报》（人文社会科学版）2015 年第 3 期

道学中蕴含着使人类能够更好生存和实现人与自然和谐的生态伦理内容，我们需要从元伦理学（分析论）、形而上（目的论）和行为规范（道义）三个层次来考察。首先，从元伦理学的层次来看，西方哲学所理解的外部环境是环境的表层含义，中国哲学从人与环境的内在有机联系出发理解的环境，是环境的深层含义。儒家的《易经》和道家哲学中的“道”，揭示了环境的深层含义，即人的自然性和自然的人化。“道”不仅揭示了世界万物的统一性和整体性，还揭示了世界万物的来源、生产和变化。气强调的是世界的物质形态，是环境物质构成和运动变化的形而上基础。其次，从形而上的层次看，现实世界是通过生生不息（生命创造）、道（事物变化的形式）以及气（事物运动发展的推动力）来构建的，人与自然共处于一个有机整体之中。因此，最后，从道学中所描绘的世界，我们就可以在行为规范层面得出四个环节伦理的核心原则：协调性原则、互用性原则、自我生成性原则和自我创造性原则。

【诉讼调解的伦理辩护】

曹刚　《道德与文明》2015 年第 5 期

诉讼和调解是解决纠纷的两种基本方式，两者之间有三种不同类型的结合方式：第一种类型是把调解视为外在于诉讼并成其为补充的 ADR 类型；第二种类型是把调解视为诉讼基本纲领的马锡五审判方式；第三种类型是把调解置于诉讼过程中的诉讼调解制度。

不同的类型有其不同的道德合理性。后现代主义法学通过对现代法治的反思，为 ADR 进行了道德辩护：法律不再等于正义；现代法治倾向于用利益来换算各种美好的事物，并通过权利和义务的方式来确定“应得”，从而保证了规则的抽象平等；现代法治要求一般的正义，后现代主义法学主张特殊的正义。调解与诉讼在制度上往往是以相对应和分离的两种形式存在的，就像 ADR 与诉讼的关系一样。但这种对应和分离在马锡五审判方式这里合二为一了，这种合一固然是适应了当时的需要，由法律之外的原因捏合在一起的，但也有其内在的道德合理性：马锡五审判方式是新的政治理念的产物；马锡五审判方式服务于社会改造的目的；马锡五审判方式还满足对人的改造的需要。诉讼调解要解决诉讼和调解的内在冲突，需要有新的伦理基础：法治以公共善为最高价值；定纷止争是民事诉讼的目的；诉讼调解体现了中国传统文化的伦理智慧。

【实然与应然：中国近代新法家礼法之辩的双重维度】

郭清香　《道德与文明》2015 年第 5 期

礼治与法治是中国传统社会政治治理的两种主要方式，二者在很长的历史时期内互相制衡、互相作用，乃至“礼法合治”成为中国传统社会治理的基本特征。近代社会发生了天翻地覆的变化。学者们睁眼看世界，面对千年未有之大变局，对照中西，突然意识到中国传统礼法合治有很大的问题。于是学者们纷纷提出中国欲富强，必变法改制、革故鼎新。1902—1911 年的礼法之争集中体现了中国传统之礼法观念与现代西方之法治观念的冲突。近代新法家面对救亡和富强的时代主题，试图从传统法家思想中寻找资源以应对西方法治精神，同时回应传统以来的礼治实践。他们认为，中国传统中本有“法治”或“法治主义”的思想，只是被误解而淹没在历史中，儒家的礼治思想确实在历史中起到重大的作用，但新时代应当重新考量。新法家们面对礼治和法治问题，对儒家和法家所受的批判进行反思或维护，虽观点不尽相同，但都呈现出双重维度：从实然的层面看，承认二者在历史上均起到维护专制、压抑个性的作用，应当加以批判和反思；在应然的层面，他们认为法治与礼治不必然引发专制，并且他们努力为其寻找超越社会制度的基础，这就是应然之道。

【哈特法律与道德的关系论】

龚群 《伦理学研究》2015 年第 6 期

哈特在《实证主义及法律与道德相分离》一文中，提出了法律与道德相分离以及实然法与应然法相区分的观点。边沁基于功利主义的立场，从普遍主义的观点提出实然法与应然法相分离的观点，这一观点成为哈特的出发点。哈特认为，边沁等人将实然法与应然法区分开来，必然相关的是另一个问题，即如何看待法律与道德的关系。在哈特看来，法律就是法律，道德就是道德。然而，哈特等法律实证主义者确实把法律看成是与道德相分离而没有关联的吗？实际上，哈特一方面强调法律与道德在存在形态上的分离，但另一方面也认为这两者之间有重合之处。

如果人们过于夸大这两者的区分，就会导致无论是对于法律还是对于道德都有害的观点。“二战”期间德国一个妇女告发其丈夫的行为说明了，邪恶的法律保护邪恶的政体，然而，它使得人们利用邪恶的法律来做道德意义上的恶之事。我们是否可以说，某些特定的法律由于它的不道德性，因而不是法律？哈特认为，如果是这样认为，我们就混淆了道德批判与法律批判。我们可以像边沁那样认为，法律是法律，但它太邪恶了因而不能被遵守，但我们不能说，这些邪恶的法律不是法律。这是一个否认事实的断言。

【互镜式学术评价中的伦理精神与伦理学研究】

万俊人 《中国社会科学评价》2015 年第 1 期

无论在何种意义上，也无论人们以何种方式从事伦理学（或道德哲学）的学术研究，伦理学都是特定时代之“伦理精神”的学理化表达。也就是说，作为一种具有强烈实践性的研究，伦理学应当是人类生活世界之“伦理精神”的学理化努力，而且只能是某种特定时代生活语境中的学理化思考。所谓“伦理精神”，归根结底不过是隐含在特定时代和历史语境中的道德价值或伦理理想，它可以获得一种抽象的理论条理化、原理或原则体系化的学理表述，但只能在某一种或多种具体的实践语境和时代语境中得到真实有效的解释或论证。在此意义上说，一个时代的“伦理精神”与该时代的伦理学研究总是相互关联、不可分离的。有鉴于此，该文尝试在解读中国现代化社会转型时期的“伦理精神”的基础上，对当代中国伦理学研究的学理开展及其理论得失进行大致的解析和评估，以求在现代中国的“伦理精神”与伦理学研究之间，建立一种互镜式的学术评价方式。所谓互镜式学术评价，是指一种基于多样性学术视野交叉、多种（差异性）学术观点比较，甚至多种学术理论方法相互印证、对比分析之上的开放式学术评价。它既是现代学术跨学科研究和开放性研究的必然结果，也是对现代学者提出的一种具有综合性与开放性的学术视野、理论姿态和学养能力的内在要求。这一学术评价方式不单是纯粹的学术评价，在某种意义上，它还是对我们时代的“伦理精神”和道德文化状态的思想检测与综合评估。

【当今中国伦理道德发展的精神哲学规律】

樊浩　《中国社会科学》2015 年第 12 期

当今中国伦理道德发展呈现出：伦理与道德同行异情的伦理型文化的“转型轨迹”；由经济上两极分化到伦理上两极分化的“问题轨迹”；伦理道德与大众意识形态的“互动轨迹”。三者整体性地呈现为以伦理与道德为焦点的精神世界的椭圆形图谱，演绎出伦理与道德一体、以伦理为重心的精神哲学轨迹。据此可以发出两大精神哲学预警：伦理型文化的预警；伦理分化的预警。前者形成关于伦理道德发展的“文明自觉”；后者呈现其“问题自觉”。当今中国伦理道德发展遵循三大精神哲学规律，即伦理律、一体律、精神律；它们表现为三种精神哲学关系，即伦理与文化的关系、伦理与道德的关系、伦理与精神的关系。上述规律基于三个精神哲学命题：“伦理是本性上普遍的东西”“德是一种伦理上的造诣”“有‘精神’才是一种精神，才是伦理”。三大规律、三种关系、三个命题，共同推进的是一场关于现代精神哲学乃至现代文明的“问题意识革命”——从“应当如何生活”的道德问题，向“我们如何在一起”的伦理问题转换的精神哲学革命。

【当代德性伦理学：模式与主题】

高国希、叶方兴　《伦理学研究》2015 年第 1 期

德性伦理学成为最近 50 多年来道德理论取得的两大重要进展之一。步入 21 世纪，德性伦理依旧焕发旺盛的理论生命力，不仅在研究主题上不断深化，而且在范围上不断向政治哲学与应用伦理学拓展。德性伦理复兴运动的核心理论旨趣是反对当代伦理学以规范作为人们道德生活的核心，将道德建立在德性的根基上，以免人们将道德视为功利的算计、教条的规则。以往，人们对德性伦理的关注更多地偏向于它与规范伦理学之间的差别，至于德性伦理学的具体类型与内部差异并未展开充分介绍和讨论。这容易造成人们对德性伦理进行同质化处理，笼统地加以理解，忽视其内部的区分和差别，从而遮蔽德性伦理内部多元、丰富的理论景观，造成对德性伦理学的误读。德性论与义务论、后果论等理论在相互交锋、交融、博弈中获证自身的独立性。较之其他两种伦理学方法，德性论有自身的优势。道德是人的存在方式，人类的社会生活是丰富多彩的，单一的理论和视角难以整全地把握。每一种把握德性的理论和观察德性的视角都只是反映出人类生活的某个方面，只有融通不同的道德理论，汇流德性伦理的不同视角才够通达人的幸福生活。从这个意义上说，德性论为我们打开了一个认识人性与社会生活的窗口，而当代德性论多元化的讨论则让我们更为系统地反思道德哲学与人的存在之间的关系。

并且体现文明水平的全面提升。

【当代社会道德形态的基本特征：从个体德性走向整体伦理】

甘绍平 《伦理学研究》2015 年第 4 期

近代以来发生的重视个体价值的观念变化，催生了伦理道德在现代文明世界运作机制的巨大改观，从个体德性走向整体伦理，构成了当代社会道德形态的基本特征。这样一种当代社会中道德从个体转向整体的运作与实现方式，是通过下述三个层面体现出来的。第一，从个体榜样的示范效应转向规制中的道德渗透与伦理蕴涵；第二，从个体德性的培育转向社会主导价值的建构；第三，从精英的道德导引转向民主的伦理商谈程序的运作。我们发现，在现代世界里对个体价值的重视与个体在道德上发挥作用的能力，正好形成了鲜明的反差。当代社会从个体德性向整体伦理的这种道德形态的改变，反映着在这个宏大的现代民主时代里个体力量的衰落与整体力量的强盛。这当然并不意味着个体德性的培育及道德榜样对社会的示范效能完全可以忽视，而是说人类在面临像气候灾难、后代权利、科技风险、人类命运等紧迫的现实问题之时，通过道德共识的塑造而确立一种整体性、机制性的伦理，似乎应被视为更为重大的任务。另外，这种整体性伦理的产生，绝不意味着个体价值本身的退却与式微，恰恰相反，整体伦理要从程序设置、内容延展与制度建构等层面，对每一位公民的价值表达与利益诉求提供一种更为规范、稳定和整全性的保障，从而以某种新的质量与规模发挥人类道德的功能和作用并且体现文明水平的全面提升。

【论道德行为】

杨国荣 《天津社会科学》2015 年第 1 期

作为道德领域的具体存在形态，道德行为包含多重方面。道德行为以现实的主体为承担者，主体的行为则受到其内在意识和观念的制约。以“思”“欲”和“悦”为规定，道德行为呈现自觉、自愿、自然的品格。在不同的情境中，以上三方面又有所侧重。从外在的形态看，在面临剧烈冲突的背景之下，道德行为中牺牲自我这一特点可能得到比较明显的呈现，然而，在不以剧烈冲突为背景的行为，如慈善性、关爱性行为中，道德行为中牺牲自我的行为特征则相对不突出。道德行为的展开同时涉及对行为的评价问题，评价则进一步关乎“对”和“错”、“善”和“恶”的关系。在对行为进行价值评价时，对（正确）错（错误）与善恶需要加以区分。二者的具体的判断标准有所不同。从终极意义上的指向看，道德行为同时关乎至善。尽管至善不同于具体的道德规范或道德准则，但它对道德行为同样具有制约作用。当然，以终极意义上的价值理想和目的为内涵，至善更多地从价值的层面为人的行为提供了总的方向。无论是德福统一，还是明明德、亲民，无论是以天道与人道的统一为根据，还是以自由人联合体为指向，至善的观念都以某种形式影响和范导着个体的道德行为。

【道德信仰与价值共识】

余玉华 《理论探讨》2015 年第 3 期

无论从信仰的内涵属性、外延范围、信仰发生的根源，还是从信仰的功能价值来看都不能简单地把信仰归于宗教这一种文化形态。事实上具有信仰精神支持的文化形态是多样的，既有神性的信仰，也有非神性的信仰；既有人生的信仰，也有政治的信仰，当然也有道德信仰，宗教信仰仅仅是信仰文化中的一种。随着科学的进步与世界的演变，信仰为宗教所独占的情况已经改变，信仰文化正走向开放性和多样性以满足人类对精神崇尚的多样性和选择权利。道德信仰是一种属人的非神性信仰，全面性的道德考察思路能够证明道德信仰具备信仰超越性、普遍性、完满性的条件。缺少共识性的道德供给是当今道德信仰危机的根本问题。道德共识的本质是价值共识，社会价值观是重建当代道德信仰的价值基础。价值共识不是各种道德价值的简单相加，而必须通过提炼和整合，才能形成满足道德信仰条件的共识性的社会价值观。这对共识性的社会价值观的构建也提出了要求：第一，社会价值观应当提供当代道德权威性的价值根据；第二，社会价值观应该观照各类社会群体的道德诉求；第三，社会价值观所支持的道德体系应当贴近当代人的精神生活的实际；第四，社会价值观给予道德信仰的价值支持应有相对的恒定性。

【伦理学的对象问题审思】

钱广荣 《道德与文明》2015 年第 2 期

学界一直基于“伦理就是道德”的认识将伦理学的对象仅归于道德，致使伦理学学科体系一直存在一种结构性的缺陷。实际上，伦理与道德是两个有着内在逻辑关联的不同概念，关涉两个不同的社会精神领域，伦理属于社会关系范畴，道德属于社会意识范畴。道德的功能和价值在于维护伦理和谐，促使人们“心灵有序”，维护和优化适应社会和人发展进步之客观要求的“思想的社会关系”。在笔者看来，伦理与道德虽然有着内在的逻辑联系，但毕竟是两个不同概念，关涉两种不同的社会精神现象，是不可以、不应当“相互替代”的，更不能以道德“替代”伦理。只把“道德”作为伦理学的对象而舍弃“伦理”，势必会造成伦理学学科体系的结构性缺陷，使之成为“单边体系”或“半截子体系”，而这正是目前伦理学体系普遍流行的“缺陷样态”。这种存在论意义上的结构性缺陷给了我们一种学理性的逻辑警示：科学研究对象之“在者”边界越宽、内容越多，其实质内涵之“在”及其“是”反而会越少，以至于使得整体趋向“无”。伦理学应以伦理与道德及其相互关系为对象。为此，需要在历史唯物主义的视野里丰富和发展伦理学的基本原理，这是当代道德哲学和伦理学研究与建设的一个重要学术话题。

【论中华民族近代道德生活的变革】

李培超 《湖南师范大学社会科学学报》2015 年第 5 期

中国百年近代史，在很大程度上改变了以往中华民族历史演进的固有节奏，从而为近代的历史图景增添了许多特别的内容，这些内容已经溢出了中华民族的历史在日积月累的过程中通过自然递嬗而塑成的一种“自然伸展”的性状，而呈现出新旧杂陈、旧的试图拖住新的但新的终于胜过旧的这样一种反复纠缠、斗争的历史发展态势，这也在客观上决定了中华民族近代道德生活的趋向。所以，从总体来看，对于近代中华民族道德生活的特质应当有这样三个方面的基本认识：首先，历史是有连续性的，这是历史的最基本的属性。就中华民族近代的百年而言，虽然我们的民族经历了“三千年未有之变局”，道德生活领域中也必然发生了很大的变动，但是我们仍然能够发现，在变化、改革或革命的节奏中仍然有不变的东西存在。其次，历史也是具有延展性的，因而发展、变化也必然是历史的属性。具体来说，中华民族近代道德生活中固然存在着许多变化的现象，但是有些变化只是发生在表层上的，或者说只是传统道德元素辐射范围的扩大，并未触及道德生活根基层面，而表现出“死水微澜”的征候。再次，近代中华民族道德生活史是一段充满了“道德变革”或“道德革命”意蕴的历史，即近代中华民族道德生活的场域中充满了许多新的、与传统道德生活格局不契合或不一致的“新质”元素。

【真善之异——中西传统伦理学的一种比较**】**

强以华 《武汉大学学报》（人文社科版）2015 年第 4 期

在某种程度上，中西传统伦理学都把真纳入探讨善的伦理学之中，从而使得它们的伦理学都成为真善统一的伦理学。但是，中国传统伦理学（特指儒家伦理学说）以善为真，因而它在实质上仍仅仅是探讨善的伦理学，而西方传统伦理学则以真为善，因而它在实质上则是既探讨真也探讨善的伦理学，这也使它把伦理学和知识论结合了起来。中西传统伦理学真善之异系统地体现在中西传统伦理学关于道德对象、求善路径和评价方式的论述中，它使中西传统伦理学成了两种风格迥异的伦理学。中西传统伦理学的各自特色既是它们各自的优点，也反映了它们各自的不足。例如，在道德评价问题上，尽管中国传统伦理学比西方传统伦理学更为正确地把善的问题和真的问题分离开来，但是，它也遗憾地使自己缺乏了建构系统地进行道德效果评价的知识工具；虽然西方传统伦理学拥有了建构系统地进行道德效果评价的知识工具，但是，它的代价则是错误地把真与善混淆了起来。正是由于它们的各自特色同时体现了它们各自的优点和不足，并且它们各自的特色又正好相反，所以，中西传统伦理学之间存在着互补的必要，而厘清它们之间的具体差异则是使得它们能够顺利地进行互补从而走向相互融合的前提。

【论和平主义】

曹刚　《中国人民大学学报》2015年第4期

和平与发展是时代的主题，但关于和平主义的一些重要伦理问题并没有得到深入的研究。和平主义的伦理基础是共生连带关系而不是契约合意关系，因为契约关系可撤销而共生关系不可撤销；契约关系更多的是理性个体之间的平等关系，它很难约束群体之间、国家之间的战争行为，而共生关系是开放的关系，不止存在于群体之间、国家之间，也存在于人和自然之间；契约关系的互惠性质决定了和平的消极状态，但真正的和平不只是没有战争的消极状态，建立在共生连带关系基础上的和平主义必然包含平等尊重、利益共享、友爱互助等基本要求。积极而相对的和平主义是一种更合理的立场，它主张以平等尊重的原则、公益优先的原则和互助友爱的原则解决价值冲突问题。人是地球生命共同体中的一员，但人与其他存在不同，人不但有意识，还有自我意识，对地球生命共同体的存在之间的彼此依赖和相互作用的关系的意识，对人类社会的连带关系的意识，也就是内在的普遍意识，只有具有这种内在的普遍意识的地球公民，才会尊重生命，热爱和平，并最终承担起实现人类和平的重任。应该做一个具有内在的普遍意识的地球公民。

【法治与德治之辨】

杨伟清　《道德与文明》2015年第5期

法治与德治的观念密切相关于国家治理问题。国家治理指的是如何治理国家，如何使国家稳定、高效、和谐，适宜人们居留。依法治国与以德治国代表着两种不同的治理方案，由此就产生了法治与德治的争辩。关于这一争辩，从理论上至少可以区分三种不同的有效立场：其一，独尊法治，完全否定德治；其二，独尊德治，全面排斥法治；其三，承认法治，也承认德治，但对两者的优先关系持不同理解。法治的核心特征是法律高于一切。法治在社会治理中发挥着重要的功用：它可以限制任意专断的权力，提升人的预见能力，增进人的主动性；能协调人际关系，缓解囚徒困境。法治无关乎民主、自由，只意味着形式的平等。德治的核心思想是树立道德典范，激发道德良知，影响人们的行为。法治不仅关乎法律之存废，同样关乎道德之兴衰；若法治不立，则德治难行。在既承认法治也承认德治的前提下，我们仍需弄清两者各自的具体作用，两者的次序关系。其实答案一目了然，两者必然是法主德辅的关系，因为我们很难想象一个德主法辅的社会是怎样的。在确立了法主德辅的关系后，我们可以进一步追问：德治的辅助作用是否也要依赖于法治？在前面讨论法治的功效时，我们曾谈到，法治事业不仅关系法律之存亡，同样关涉道德之兴衰，法治不立，则道德萎靡。如果这一观点能够成立，那法治与德治就不仅是主与辅的关系，而且是皮与毛的关系。法治为皮，德治为毛。皮之不存，毛将焉附？

【道德在社会治理中的现实作用——基于道德作为“隐性制度”的分析】

朱辉宇 《哲学动态》2015年第4期

道德是一种有别于成文法规或“显性制度”的“隐性制度”。道德实现社会治理，首先表现为对主体行为的引导与规范，继而维护社会的稳定有序运行。道德是人类生活的一种实践形态，各种伦理原则与道德准则立足于人的道德良心与行为自觉，依靠社会舆论与公众评价，在现实生活中引导、约束、规范着人们的行为。这是一般意义上道德的社会功能，是伦理道德作为软性约束、柔性规范所具有的社会治理作用。当然，道德的社会治理作用远不止于此。作为“隐性制度”，道德与其他“显性制度”的交互影响，是其参与社会秩序构建、实现社会治理功能的关键形式。正是在“隐性制度”—“显性制度”、道德—成文法的互动中，道德影响和塑造了诸多正式制度，将作用范围拓展到制度创新、制度施行的广阔领域，发挥了广泛、有效、独特的社会治理作用。道德作为一种“隐性制度”参与社会治理并发挥作用，不仅是一个理论问题，更是一个重要的现实问题。在实践维度上，道德自身的时代性与在地性、治理机制的系统性、治理作用的有限性，都制约和影响着道德参与社会治理的现实过程，是我们必须深入考察的问题。现阶段，我们应提升道德自身的时代性与在地性，完善其治理机制的系统性，审慎考察其治理作用的限度，继而增强国家治理的厚度，拓展社会治理的广度，提高国家综合“善治度”。

【孝与廉的伦理基础及现代重建——基于义务论与功利主义的对比视角】

崔会敏 《道德与文明》2015年第1期

“孝廉文化”即孝文化和廉洁文化的统称。孝与廉的伦理基础是义务论，义务意味着一种“绝对道德律令”。义务论为人类社会生活规定了一种道德的生活方式。与此相反，功利主义给出了另一种判断人类生活行为的准则——最大多数人的最大幸福原则。在市场经济大潮的冲击下，功利主义异化成为非孝文化与腐败文化的理论基础。当前我们应对孝廉文化进行现代重建，将孝与廉作为义务写入法律规定，明确梳理公共权力与私人利益的关系，构建孝廉文化建设的长效机制，拓展孝廉文化建设之载体。

【劳动所有权与正义：以马克思的“领有规律的转变”理论为核心】

韩立新 《马克思主义与现实》2015年第2期

劳动所有权、按劳分配和“换的正义”是资本主义所承诺的正义。成熟时期的马克思曾以“领有规律的转变”理论揭露了这一正义的虚伪性，即它所标榜的是“劳动和所有的同一性”，但它所实现的却是“劳动和所有的分离”。许多分析马克思主义者之所以在回应自由主义的挑战时表现得软弱无力，甚至怀疑马克思剥削概念的合法性，其原因之一就在于没有认识到“领有规律的转变”理论同时也是马克思的正义理论。

【资本的道德与不道德的资本——从《1844 年经济学哲学手稿》谈起】

余达淮　《马克思主义与现实》2015 年第 4 期

《1844 年经济学哲学手稿》蕴藏着马克思对历史之谜的历史唯物主义解答。它是马克思对经济问题初步的、辩证的、实践的认识。马克思有着自己的合于社会规律的道德理想，即每个人的自由发展是一切人的自由发展的条件。马克思揭示了资本的文明，资本使人获得了政治的自由，解脱了束缚市民社会的桎梏，把各领域彼此连成一体，创造了博爱的商业、纯洁的道德、令人愉悦的文化教养。马克思从未放弃异化的概念。在《1857—1858 年经济学手稿》和《资本论》中，马克思把异化的反过来统治人的劳动产品，通过生产的社会化形式，转化为剩余劳动进而转化为剩余价值，从而揭示资本攫取剩余价值的本质。资本作为生产关系，它的伦理内涵表现在：平等地剥削劳动力，是资本的首要的人权。资本不仅表现为社会关系，也体现为某种意识和观念；资本促进秩序和规则的培育，也发展出现代平等、自由、信用等概念；资本关系及其伦理在人类发展当中只是一种暂时性的存在。

【企业慈善行为伦理合理性的应然性分析】

陆奇岸、林津如　《道德与文明》2015 年第 2 期

企业作为经济实体，其慈善行为往往会在谋利动机的影响下出现不符合伦理要求的情况。然而，企业慈善行为符合伦理合理性具有应然性。这种应然性包含在企业慈善行为的本质、特征和功能之中。从本质看，作为道德行为的企业慈善行为应该符合自觉主动性、平等性、非谋利性的利他性等伦理要求；从特征看，企业慈善行为也应该符合慈善内涵所蕴含的普遍仁爱、自觉主动性、非谋利性的利他性等伦理要求；从社会功能看，企业的慈善行为应该符合社会保障功能所蕴含的对人的尊严的维护、对社会公平正义的追求、对所有人的仁爱等伦理要求。

【论巴泽尔的功利主义经济伦理思想】

乔洪武、李新鹏　《伦理学研究》2015 年第 5 期

巴泽尔的经济伦理思想是功利的、实证的、动态的、演化的，无论是在个人层面，还是在国家层面都是功利主义的，这在新自由主义代表人物中独具特色。其经济伦理思想主要包括以下三个方面：一是功利的权利界定，权利是一种处置资产的能力，人本身也是一种资产，交易成本约束决定了权利的边界和权利界定的不完全性。二是功利计算的价值，价值是一种实证主义的客观价值，功利标准提供了脱离于人的主观评估的客观标准，人权与产权的价值可以通约。三是统治者、臣民、疆域构成了国家，统治者和臣民都依据功利计算的结果做出决策，国家成为掠夺者还是保护者的关键在于是否建立了有效的集体行动机制。

【论经济信任】

龚天平 《中国人民大学学报》2015 年第 6 期

经济信任是引领当前中国完善和发展社会主义市场经济体制的经济伦理价值。作为信任一般在市场经济活动领域的延伸或体现，它以信任感为本质，表现为经济主体的一种态度，是经济主体之间以信任为纽带而发生的一种社会经济交往关系及主体对这种关系的经济伦理评价。基于制度的信任和基于信誉的信任、对企业中介机构的信任和对政府管制的信任等构成经济信任价值系统。经济信任对于市场经济的健康发展、整个社会的持续进步和企业的良性发展具有极为重大的意义。在我国发展和完善社会主义市场经济、深化经济体制改革的背景下，应该大力构建、培育以产权制度为基础，以法制信任、政府信任、中介信任、经济主体道德信任为内容的经济信任体系。

【消费伦理：生态文明建设的重要支撑】

周中之 《上海师范大学学报》（哲学社会科学版）2015 年第 9 期

在社会生产力高度发达的现代社会，必须重新审视消费与生产的关系，重视消费伦理观念在推动生态文明建设中的基础性作用。要按国家治理体系和治理能力现代化的要求，建立系统完整的制度体系，但绝不能忽视生态文化的重要支撑作用。生态文明建设是千百万人民群众的事业，不仅需要顶层设计，建立和完善制度，也要通过广泛的宣传教育，奠定坚实的社会基础、群众基础。要做到鼓励消费与引导消费相结合，协调好生态文明建设与经济建设的发展。

【马克思的消费理论及其当代价值】

詹明鹏 《求索》2015 年第 10 期

马克思从人类社会历史发展的视角阐述了其消费思想，形成内容丰富的消费理论。他认为消费与生产既同一又互为中介，两者相互依存；资本主义前各社会的消费是生产的直接目的，而资本主义社会的消费不再是生产的目的，它和生产一同成为资本增值的要素和过程，是人的非自由的消费；只有共产主义社会的消费才是人的本真需要，它充分满足人的消费需要和社会公共消费积累。马克思主义消费理论为我国正确处理消费与生产、消费与社会积累的关系以及在国际上建立我国消费话语系统都有重要的理论价值和实践意义。

【社会诚信建设的现代转型——由传统德性诚信到现代制度诚信】

王淑芹 《哲学动态》2015 年第 12 期

德性诚信与制度诚信是传统社会与现代社会两种不同的诚信建设模式，是传统德性伦理与现代制度伦理两种不同研究范式的体现。德性诚信主要靠道德舆论、习俗、良心、信念等非正式制度维系，制度诚信主要靠法律、法规、规章等正式制度维系。现代市场经济社会，德性诚信转向制度诚信，是礼俗社会转向法理社会、人际信任转向制度信任、信任担保由人品转向契约等社会变迁发展的结果。当前的社会诚信建设，需要在传承中国德性诚信优良传统的基础上，顺应现代诚信建设制度依赖的趋势，加强社会信用体系建设，实现德性诚信内规与制度诚信外治的有机结合。

【理解生命伦理学】

邱仁宗 《中国医学伦理学》2015年第3期

从规范性、理性、实用/应用性、证据/经验知情性、世俗性五个方面分析研究了生命伦理学学科的独特性，并结合生命伦理学的合适进路，去伦理学倾向以及“打文化牌”这三个角度分析探讨了如何理解生命伦理学这一问题。

【生命伦理学后现代终结辩辞及其整全性道德哲学基础】

孙慕义 《东南大学学报》（哲学社会科学版）2015年第5期

寓居于德国与法国的生命哲学中的生命道德哲学理论应该称为经典生命伦理学，应该作为后现代复兴的“后现代生命伦理学”的前体，从叔本华开启的现代西方非理性主义思潮和英国的进化论伦理学是其重要的理论渊源之一。生命伦理学的道德相对论，或称生命伦理相对论，应该给予一种借鉴和提示：普遍价值与行动方式的混乱，可以由价值等级排序进行调节，次级相对论或次级相对主义，是一种弱相对主义观点，是一种对于理论锋芒的收敛和隐藏。个体法则（个人规律）理论是对于后现代社会中多元化和个人自由意志的认肯，更是对于实用的、具体的、境遇论的道德生活的精神生命自由的尊重。生命伦理学是生命政治与生命政治文化的一个重要组成部分，而这一文化的目的正是至善的追求，也是人类共同的理想——整全的道德和真全或纯全生活；这就是普世的伦理理想、真善美统一的那一境、信望爱统一的那一界。

【对俗成生命伦理学原则的质疑与修正】

孙慕义 《医学与哲学》（人文社会医学版）2015年第9期

医疗行善或医学善，应该与生命之爱并行，以构成生命伦理学的母体原则或主体原则。可以把行善原则升级为主体原则（母原则），而原有的“自主、不伤害、行善与正义”可以整合为“尊重与自主、公平与正义、有利与不伤害、允许与宽容”四原则，作为生命伦理二级原则或基本原则。“行善”已经作为主体原则，基本原则就没有必要重复，而所有的具体原则都应体现“医疗行善”，只是主体的“善”是总的，是医学总体目标，是理想。而更次一级的原则，即具体的应用原则有：知情并同意、最优化、保密与生命价值原则，即第三级原则。

【全球公共健康伦理的可能性及其限度】

朱海林 《道德与文明》2015年第2期

全球公共健康伦理是随着全球性公共健康危机的不断爆发和公共健康国际合作的不断发展，在关于全球生命伦理的讨论中提出来的。作为在公共健康伦理学领域为维护和增进全人类共同健康利益而寻求的一种基本道德共识，全球公共健康伦理不仅有深刻的现实和历史依据，而且有内在的人性基础和文化依据，是维护人类健康的内在道德需要。全球公共健康伦理的建立是在承认和尊重差异性和多样性的基础上寻求普遍价值和道德共识的过程，其建立的方式是以人类健康的公共理性为基础的对话和交流，其推广和发挥作用的方式是倡导。

【有利与不伤害原则的中国传统道德哲学辨析】

闫茂伟　“2015南京国际生命伦理学论坛暨中国第二届老年生命伦理与科学会议”，2015年

生命伦理四原则中的“行善原则”和“不伤害原则”传入中国后，不仅被分别改为“有利原则”和“不伤害原则”，并且改过后的两个原则在中国生命伦理学界有时又被合二为一地称为“有利与不伤害原则”，这样一种变化和整合并不仅仅是经由中国学者的翻译和诠释不同而造成的，而是在其背后蕴藏着某些深层次的中华文化、民族心理、中国哲学和道德哲学的因子。该文便是在中国古代哲学、中国传统道德哲学的背景下对“有利与不伤害原则”和“有利无伤原则”的思想特质和辩证运思进行一种探索性的辨析。中国传统道德哲学中老子“利而不害”、墨家“损而不害”以及李贽“万物并育，原不相害”的观点，既道出了“利物而不害物”的自然法则，也按揭了“利人而不害人”的道德准则，其蕴涵的道德哲学智慧和伦理道德境界更是令人折服。而具有哲学运思的“利害之辨”在自然主义、心理学、经验论和方法论上呈现出利、害、不害等之间的辩证关系；同时，道德哲学上的“利害之辨”一方面在人性论或人情论以及心论中得以呈现，另一方面在利害与义利、仁道、善恶、德法等之间的关系上建构了义、利、害相统一的“义利—利害观”。

【密尔式生命伦理尊重自主原则辨析】

肖健　《自然辩证法研究》2015年第12期

尊重自主是生命伦理学基本原则，关于该原则存在两种代表性主张，一种将自主理解为密尔式的个人自主；另一种则将自主理解为康德式的原则自主。由于康德伦理学原则存在形式与内容的分裂以及绝对化等问题，奥尼尔关于生命伦理应回归康德原则自主的主张并不恰当。相比之下，个人自主观念在生命伦理中是更有希望的，它反映出当今社会的广泛伦理共识，且比原则自主观念更有利于患者或受试者权益的保护。不过，密尔的个人自主观念本身还存在缺陷，为了提升尊重自主原则在生命伦理中的指导力和辩护力，必须对密尔式尊重自主原则进行修正和补充。

【生命伦理学语境中人的尊严】

韩跃红　《伦理学研究》2015年第1期

学科语境的首要因素是学科宗旨。生命伦理学以保护人类生命及其相关权利为宗旨，其语境中人的尊严有三个主要特征：以生命尊严为内核，以人格尊严为外围；属于现代人类中心主义价值

观；具有指导化解原则冲突、奠基相关权利、贯通法律和政策等作用，是生命伦理学建制化行动的指南。在如何对待人的问题上，“人的尊严”凝聚了宗教和世俗、伦理和法律、政府和民间的道德共识，是生命伦理学的宝贵资源。

【中国生命伦理学认知旨趣的拓展】

田海平　《中国高校社会科学》2015 年第 5 期

“中国生命伦理学”的形态学认知旨趣由历史、逻辑和实践三个维度构成。它的根本在于确立一种道德形态学的认知范式。一方面，借之以消解西方话语体系的“霸权”；另一方面，由此真实面对中国语境下“一般性话语”和“具体项目”之间的断裂。“中国生命伦理学”认知旨趣之拓展的方向在于：以一般性话语辨识文化路向与原则进路；以具体项目治理彰显实践理性和实践智慧。面临的最大挑战是：具体项目与一般性话语之关联及展现的伦理分层问题。

【生命伦理学的中国话语及其“形态学”视角】

田海平　《道德与文明》2015 年第 6 期

中国生命伦理学的理论和方法在中国话语的学术脉络上受到西方普遍主义和中国传统文化的双重压迫，亟须从形态学视角上进行转化。普遍主义理解范式遵循“普遍理论—中国应用”之进路，陷入应用难题。“建构中国生命伦理学”的研究范式遵循“中国传统—当代建构”之进路，陷入建构难题。普遍主义理解范式与建构论文化信念之阐释之间的话语断裂，割裂了中国生命伦理学的形态过程中的普遍性和特殊性。“形态学”视角敞开了“跨学科条件、跨文化条件、跨时代条件”的形态学视界，它强调从形态过程的关联性视域把握人类道德生活和伦理关系的整体、类型和结构化趋势。我们只有创造性地融入“形态学”视角，特别是马克思社会经济形态的研究视角，才能整体把握生命伦理学的道德形态过程，真正开出中国生命伦理学的“第三条道路”。

【科技与人文之间的生命伦理学——基于文本分析的当代研究反思】

陈泽环　《道德与文明》2015 年第 6 期

自 20 世纪 80 年代以来，虽然我国生命伦理学学科的发展取得了长足的进步，但一种立足当代生命伦理实践，既吸取西方成果又基于中国哲学思考的生命伦理学还有待形成。为改变这一状况，我国生命伦理学界有必要在生命伦理学的研究路径、基本理念和中国贡献三个方面进行深入的反思，并在此基础上实现相应的突破：坚持中心与两翼相结合的研究路径，倡导敬畏生命的基本理念，努力提供中国思想的独特贡献。

【当代中国生命伦理学研究路径反思】

程国斌　《天津社会科学》2015 年第 3 期

当代中国的生命伦理难题的疏解和生命伦理学的建设，须在中国人的医疗生活和生命技术实践的历史经验中获得理解和支持。在对中国传统生命伦理思想和实践的历史路径与当代境况缺乏深入研究的情况下，在理论层面展开的传统重构和现代转化存在着一定的问题和风险。进一步的研究应拓展“医疗生活史”的研究向度，对中国人的生命观、技术观、医疗与社会健康行动和生命伦理思想的历史渊源、演进形态和当代状况做出准确解释，以此为在生命伦理语境中理解“中国问题”、分析“中国现实”并提出“中国策略”提供理论准备。

【自然、生命与“伦理境域”的创生和异化】

程国斌　“2015 南京国际生命伦理学论坛暨中国第二届老年生命伦理与科学会议”，2015 年

“人的世界”是人类自我创造的生命活动的整体伦理境域，只有投身其中并认识到自己的境域化生存与自我创造的潜能，方有可能“去”规定、理解和占有自己的道德生命本质。但随着现代性生产实践活动的异化，传统的伦理境域已经失落，现代性道德变成了用“哲学理想”来规定和设计人类生命运动的理性僭越和桎梏。这就要求人类凭借自身所固有的自由创造本质，重建一个让道德可以切近于我们的伦理境域，让道德生命从中不断绽放出来。

【生命伦理学中的“反理论”方法论形态：兼论“殊案决疑”之对与错】

尹洁　《东南大学学报》（哲学社会科学版）2015 年第 2 期

越来越多的学者认为生命伦理学更应该被看作实践伦理学而非应用伦理学，这在某种程度上否认了以一种演绎的模式将抽象理论或原则带入具体的生命伦理学问题的方法论。作为替代原则主义以及高级理论之演绎性应用的另外一种方案，殊案决疑得以突出个案特征与实践情境，因此在某种程度上展现了其在解决实际问题上立竿见影的效果。然而，这并不意味着它完全否定了理论的解释力甚至实践意义，毋宁说，它在某种程度上激励了原则主义作为理论和方法自身的反思、修正与发展；这缘于道德直观与道德反思总是在辩证地互相调节和修正，而理论存在的意义即在于此。

【生育现象学——从列维纳斯到儒家】

朱刚　《中国现象学与哲学评论》2015 年第 1 期

生育究竟是人类身上发生的最自然的事情之一，还是源自于自我意志的创造？列维纳斯把生育理解为不同于自然关系的人格间关系、不同于自然时间的人格间时间。而在儒家看来，生育无法从万物化生中被剥离，人的生育是“生生之谓易”的直接此在，是“天地之大德曰生”的当下实现。列维纳斯把生育理解为父子关系，这样生育之事的开端是自我，即父亲这个“一元”。儒家的生育观既非一元也不是二元，生育所指示的是原本的、始终处于生成之中的且相互构成着的差异性本身，超出一元或二元甚至多元的范畴。并且生育作为一种时间现象，并不具有断裂不连续、亲辈向子辈的单向流动，对孝所体现出的子亲关系也是在时间维度上不容

忽视的。从现象学的实事出发，人类的生育及其相伴而来的亲子关系，与子辈对亲辈的子亲关系不可分割，人在这两种关系的相互激荡中构成自身。

【生殖技术视阈中的生育权利与生育责任】

任丑　《道德与文明》2015 年第 6 期

在自然生殖的范围内，对于没有生育能力的人来说，其生育权利和相应的生育责任不具有真正的道德价值和实在意义。生殖技术的发展突破了自然生殖的传统藩篱，给生育权利和生育责任带来了前所未有的道德冲击和伦理挑战。尽管应用生殖技术和拒斥生殖技术都会受到谴责和称赞，但是不应当囿于这样的道德悖论而裹足不前。实际上，生育权利内部的冲突蕴含着生育权利对生殖技术视阈的生育责任的诉求。生育责任源自行动者完成事件的因果属性，这意味着生育技术主体必须对其行为后果做出回应。这种回应主要有三大层面：人类实存律令赋予生殖技术的责任、生育技术自身蕴含的责任以及生殖技术应用的责任。因此，我们应当在把握生育权利和生育责任的内涵和二者内在联系的基础上，利用先进的生育技术正当地维系生育权利，勇敢地承担相应的生育责任，进而彰显出崇高无上的人性尊严和道德目的。

【人类基因增强之禁止的伦理剖释】

陈伯礼、张富利　《道德与文明》2015 年第 3 期

被广泛应用于生殖技术的基因科技影响了人类社会的进程，更带来了诸多伦理的、道德的难题。基因增强、基因改良本质上是一个优生学的问题，需要通过回溯优生学的历史来阐释对其加以禁止的原因。优生学的支持者认为基因科技介入生殖工程会让人类更完美，但是用基因技术介入人类生殖过程来打造理想的孩子，破坏了原本平等的代际关系，侵害了下一代的自由选择权和平等权利。以哈贝马斯为代表的学者对此给出了充分的论证。出生是自然的事实，人类的出生是一个无法控制的开端，在对待下一代的问题上，先天的完美设计无法完全取代后天的辛苦努力。人类需要从生命的终极价值角度出发，尊重生命的偶然性。

【“冷冻胚胎”的伦理属性及处置原则】

方兴、田海平　《伦理学研究》2015 年第 2 期

冷冻胚胎是辅助生殖技术的重要组成部分。有关冷冻胚胎权利行使的纠纷越来越多。当人们对冷冻胚胎提出法律上的权利主张时，最基本的判断标准是如何体现人格尊严的伦理要求。冷冻胚胎是具有人格尊严的特殊伦理物。处置冷冻胚胎应当遵循维护社会公益、优先保护人格利益、禁止买卖和有限制的试验研究三个伦理原则。

【门槛时代、推论式理性与恩格尔哈特的生命伦理学转向】

王永忠　《伦理学研究》2015 年第 2 期

该文剖析了恩格尔哈特在生命伦理

学转向的理论成因，有助于更深入地了解以恩氏为代表的当代基督教生命伦理学的学术状况。在将“门槛时代”概念介绍到生命伦理学领域之后，恩格尔哈特指出基督教神学—哲学史中存在的推论式理性是造成今日世俗化生命伦理学的原因，为了克服推论式理性并在一个后基督教世界恪守建构基督教生命伦理学，他转向具有礼仪、默想、思索性知识传统并强调与上帝神秘联合的东正教。

【论《黄帝内经》对中医生命伦理思想的奠基】

刘剑、刘佩珍　《东南大学学报》（哲学社会科学版）2015 年第 2 期

《黄帝内经》作为中医学经典著作，也是中医生命伦理的历史原典和逻辑起点。它在构建中医学理论体系的同时，为中医学的发展奠定了精气—阴阳—五行学说的生命哲学基础，形成了中医学个体得天地男女精华而生之伦理；人体自身阴阳属性关系平衡转换之伦理；五行生克人体自身和外界相互作用关系“生—命”之伦理秩序。《黄帝内经》的整体生命观展示了丰富的“生—命”空间与时间交织伦理思想，也为现代生命伦理学发展提供了有价值的理论资源。

【随缘构境：中国医疗伦理生活的空间构型】

程国斌　《伦理学研究》2015 年第 2 期

中国传统医疗生活中，具有一种“随缘构境”的现象学处境或机制，医学道德紧密整合于社会伦理秩序之中，医病双方既因应于特定的医疗专业规范与社会文化规定灵活选择活动模式，又随着医疗进程的演变而不断修正自己的生命体验和道德观念。今天中国人的医疗生活仍然延续着这一传统特征，对其进行认真的梳理和研究，是重建中国医学伦理学的关键环节之一。

【现代性、医学和身体】

雷瑞鹏　《哲学研究》2015 年第 11 期

该文以技术乌托邦主义为切入点讨论现代性、医学和身体之间的关系。首先，该文分析现代性理论中隐含的技术乌托邦主义的概念基础，以及这种机械论世界观的理论内涵。其次，提出了三种分析和解构技术乌托邦主义的进路，并指出各自的局限，重点阐释了以身体的反思为基础的进路。这一进路主要包括两个视角，即现象学视角和社会政治批判视角，分别从这两个视角考察二元论的身体观如何对我们作为涉身主体的自我理解施加影响，并且如何在概念、实践和道德上强化技术乌托邦主义。再次，分析强调身体道德如何拒斥技术乌托邦主义并提供替代立场。最后，提出解构技术乌托邦主义之后的医学和身体观应该建立在全新的伦理理论上，回到古老的伦理学传统。

【论当代应用伦理学方法——基于方法史的考察**】**

郑根成　《哲学动态》2015 年第 11 期

应用伦理学方法史的考察表明，当

代应用伦理学的方法是基于反思平衡的道德推理。道德推理不是一个机械的、单向的一次性推理过程，而是一个有机的、双向互动式的反复运动过程。在这个过程中，它对实际所面临道德问题的解决以伦理理论为基点，它关于行动的结论是一个有其独特的道德意蕴的规范性判断，这决定了其推理进路的伦理色彩。同时，基于反思平衡的道德推理还在关注实践道德问题的促动下反思、发展道德理论。当代应用伦理学的道德推理方法的发展过程完整地呈现了其自身从不成熟走向成熟的过程，并且深刻揭示出：当代应用伦理学实质上是伦理学自身在批判、反思元伦理学进路的基础上向规范伦理学的回归。

【历史主义人权观与应用伦理学研究】

孙春晨　《道德与文明》2015 年第 1 期

普遍主义人权观是当代伦理学研究的一个重要前提，但它存在着解释力弱化、有可能导致权利与义务相分离的局限。历史主义人权观关注不同的文化传统对人权发展和实现的影响，坚持研究人权问题不能脱离历史背景、民族文化和时代境域的学术立场。应用伦理学研究社会生活诸领域的现实人权问题，其任务不是论证普遍人权的合理性，而是从现实的人出发、从文化多样性的角度、以整体观的方法来理解具体人权存在的多样形态，探究具体人权实现的可能路径。

【人的观念与全球正义】

杨通进　《道德与文明》2015 年第 1 期

作为一种特定的人的观念，世界主义公民具有正义感和善观念这两种道德能力，拥有理智理性与合情理性的理念，是自由而平等的道德主体。这样一种人的观念也预制了全球正义的核心理念：全球正义是全球制度的首要美德；个人是全球正义的终极关怀单元；伦理普遍主义是全球正义的伦理基础；倡导平等主义的全球分配正义。作为世界主义公民的人的观念与全球正义理念是紧密相连、彼此印证和相互支撑的。

【基于德性伦理与规范伦理融合的人权观念探析】

刘科　《道德与文明》2015 年第 1 期

人权是伦理学中的重要概念。在当今德性伦理对规范伦理批判的背景下，人权作为规范伦理学的重要观点也遭到了质疑。以往那种从规范伦理学体系建构的人权既有其合理性也有一定的局限性，而德性伦理视角则从人的关系性的本质以及生存境遇等方面对重新理解人权有所启发。人权既需要普遍性和规范性的道德建构，同时也需要从情景本身出发考察人的道德能力以及对人权的具体运用。

【价值多元的实践超越与“公共性真实”的生存信念】

袁祖社　《南开学报》（哲学社会科学版）2015 年第 2 期

价值多元是“现代性文化”历史合

理性建构和实践的产物，其背后是丰富多彩的文化个性的展示与话语宣示，是平等的、合法的民族文化生存权的几近残酷的争夺。价值多元的实质是一个如何面对和对待多样性“他者”与“他在性”问题，它直接关涉不同文化与价值主体之间相互沟通的有效性问题，以及“文化实践主体”之权利资质——民族国家各不相同的“文化民主”实践形态及其价值理解和追求的正当性问题。21世纪仍将是一个“价值多元”的时代，同时这一时期也伴随着人们思考价值多元问题之“理论范式”的深刻转变：由“公正”本位的契约性价值生存信念转向以“生态和谐”为本、以“生存伦理关怀”精神为核心的文化“公共性”价值追求。其目的是世界“风险社会”之“世界主义情怀”观照下，现实个体之丰富多彩、风格各异的多样化的感性生存方式与真切的情感生活的被肯定。

【人类共同伦理何以可能——不同伦理传统之间对话的共同场域】

郭萍　《兰州学刊》2015 年第 2 期

人类共同伦理的建构之所以遭遇困难，从理论上来说，是由于不同伦理传统之间的对话缺乏应有的观念层级区分。具体来说，不论是形而下的伦理规范及制度层级的对话、还是形而上的信仰及伦理原则层级的对话，都不可能达成共同伦理。这就需要通过厘清观念层级，进入当代人类共同生活的本源情境之中，以此为对话各方的共同场域，从而使不同伦理展开平等对话成为可能。

【超越道德相对主义：生成性思维中的道德共识】

王晓丽　《学术研究》2015 年第 8 期

道德相对主义的核心要义是指道德判断没有统一、客观的标准。生产分工引起社会领域分化导致的利益分化、道德权威失落和主体的崛起，这些是道德相对主义产生的主客观基础。在现代性的本质思维笼罩下，道德相对主义仅是道德绝对主义的副产品，后现代性解构思维的确立才使道德相对主义有了存在的合法性。超越相对主义要在建立生成性思维的前提下，通过达成道德共识来实现。

【伦理咨商的方法论探析】

刘孝友　《道德与文明》2015 年第 3 期

伦理咨商是为了化解人们的伦理困惑而进行的一种思想关怀活动。伦理咨商活动可以按照“情境呈现—方案构想—智慧抉择—自我调适”等步骤开展，并遵循不伤害、道德导向、沟通协商和情理交融等咨商原则。伦理咨商的目的是引导人们理性认识并智慧处理社会生活中的伦理道德难题，在重新审视人生的意义和价值的基础上，消解伦理困惑，走出道德困境，开启新的道德生活。

【科技文明时代的风险伦理】

马越　《伦理学研究》2015 年第 2 期

在科技文明时代的背景下，风险因

素对未来的影响超出了以前思想家们最大的想象空间，这样一种全新的现实挑战着传统的伦理学观念，并呼唤着全新的理论应答。而风险伦理就是科技时代背景下，人们在面临一系列不确定性、非现实性和未知世界等各种复杂问题时的一种伦理应对，其中，不伤害、公正、审慎则成为人们迎应风险问题时应该坚守的三项核心原则。

【普遍伦理的寻求：康德普遍理性主义道德体系的构建与反思】

陶立霞　《东北师大学报》（哲学社会科学版）2015 年第 6 期

普遍伦理是一个具有浓厚康德色彩的问题，当康德发问普遍必然性的道德何以可能时，标志着普遍伦理奠基问题的开始。康德以先验的实践理性为基础，实现了主体和普遍性二者之间的沟通，完成了人类寻求普遍伦理的理想。康德理论是极具代表性、标志性的理论，而且是基石性的理论，对后来西方伦理思想的发展有巨大影响。一些现代理性主义者在普遍伦理谋划中，继承并深化了康德这一思想，如哈贝马斯。在普遍伦理讨论十分激烈的当下，对康德普遍理性主义道德体系进行深入探索，对开展普遍伦理的研究具有重要的意义。

【重建全球想象：从“天下”理想走向新世界主义】

刘擎　《学术月刊》2015 年第 8 期

中国的新世界主义立足于中国和平崛起的价值承诺，致力于建立一个和平公正与合作共赢的后霸权世界秩序。“天下”观念蕴含着卓越的智慧与理想，对转变以民族国家为核心的世界想象具有丰富的启示。但传统的天下观也需要正视其历史衰落的命运及其教训，经由创造性的转化，克服其华夏中心主义的局限，进而发展为新的世界主义，这是天下理想在当代获得复兴最可期许的希望。新世界主义的基本内涵与特征包含文化遭遇论的视野，跨文化建构的普遍主义规范，以及一个“共建的世界”的全球想象。

第五篇

新书选介

【马克思主义伦理学的探索】

罗国杰著　中国人民大学出版社　2015 年 6 月　481 千字

该著共十二编。第一编是关于马克思主义伦理学的概说，主要论述了马克思主义伦理学是道德科学，集中讨论了伦理学的体系与类型，伦理学的历史，伦理学的对象、方法与任务；第二编讨论了马克思主义伦理学的一些基本问题、体系结构与学科定位，指出马克思主义伦理学体系结构具备理论的科学性、内容的规范性和彻底的实践性三重特征，并论述了伦理学与思想政治教育科学的关系；第三编讨论了道德的功能与作用，重点论述了生产和科学技术的发展与道德进步的关系，以及道德在社会主义建设中所发挥的作用；第四编论述了马克思主义伦理学的道德原则和价值观，指出马克思主义伦理思想的产生是伦理史上的一次革命变革；第五编讨论了道德需要与人的其他各种需要的关系，并探讨了义务与权利、道德义务与道德权利的关系；第六编集中讨论了道德评价相关问题，比较了从动机和从效果出发的两种评价模式；第七编探讨了道德修养、道德境界和道德人格相关问题；第八编以人工生殖技术的道德思考和生态伦理学为例探讨了应用伦理学有关问题；第九编是对道德问题和普遍伦理的思考；第十编是比较研究部分，主要比较了西方现代伦理道德观念与社会主义道德、东方文化与西方文化中的伦理问题、中国传统伦理道德和西方传统伦理道德、东方企业文化和西方企业文化、中国传统价值观和西方价值观五个方面；第十一编讨论了伦理学的学科发展问题，集中论述了伦理学的回顾、现状和展望，并提出了编写伦理学教材应该克服的几个基本问题；第十二编是著者的学术自述与访谈。

【美德政治学的历史类型与现实型构】

詹世友著　中国社会科学出版社　2015 年 12 月　467 千字

该著作梳理了美德政治学的三大历史类型，即美德定向的政治学、权力定向的政治学和权利定向的政治学，并认为当代美德政治学应该以彼此尊重对方的基本权利的品质作为基准的政治美德。在此基础上，国家应该为人们发展各种高阶美德提供基本的物质条件和精神文化环境。该著对政治与美德、权利之间的互动与互成关系做了论证，对美德定向的政治制度和正义观做了思想史角度的阐述，对权利和道德的关系，政治美德的必要，以及对国家能否鼓励和促进美德等问题都做了比较系统的论述。政治与美德之间的关系比较复杂。一般说来，古代政治学大多追求政治的道德化，虽也有人强调为了达到政治目的不惜采取任何手段。近代以来，权利概念进入政治哲学和道德哲学，使政治与美德之间有了权利关联，现代政治必须以权利为基础，把尊重和保卫权利作为基准。在此基础上，也要创造条件使公民自主追求自己的各种高阶美德。政治美德中，正义原则往往是抽象的、普遍的，只有发展人们的理智能力才能得到有效的推导，所以形成正义美德的首要前提就是人的理智和美德品质的发展。政治的目的之一是使人们变得更理智、更道德、更幸福。促进社会的进步，要靠制度，也要靠人的心灵深处的思想和人格力量。同时，制度具有刚性的力量，但制度本身也必须有某种道德价值的基础在其中。

【经济伦理学——经济与道德关系之哲学分析】

王小锡著 人民出版社 2015 年 4 月 308 千字

该著分上、下篇，共八章，前五章为理论视域篇，后三章为实践透视篇。第一章概述了经济德性，界定了经济德性的概念，论述了经济德性的五个方面功能；第二章辩证地分析了经济与道德的关系，分别从中国思想史和西方思想史上梳理了经济与道德关系发展的历史，处理了“斯密难题”；第三章讨论了经济的道德内涵，区分了经济中的内在道德与外在道德，探讨了经济所有制与道德的关系，聚焦了社会主义市场经济的道德问题；第四章讨论道德的经济意义，分别探讨了道德力与经济力、道德之经济价值的哲学考量、社会主义道德的经济作用等问题；第五章讨论了道德资本，描述了道德资本的概念和特点，论述了道德在何种意义上可以成为资本，提出了企业道德资本形态和道德资本评估指标；第六章讨论了道德与企业核心竞争力，强调了道德是企业的核心竞争力、诚信是京畿道的之根，批判地分析了“囚徒困境”博弈理论；第七章讨论了当代企业责任与道德实践，分别讨论了企业社会责任和道德责任、企业道德精神之内涵、当代企业道德实践及其价值实现等问题；第八章聚焦于当代中国企业道德现状及其发展策略分析，总结了当今我国企业道德建设的成就和不足，分析了企业道德缺失表征及基本原因，强调企业家应该努力实现道德经营。

【伦理学与经济社会】

乔法容著 经济管理出版社 2015 年 12 月 416 千字

该著汇聚了伦理学研究的多个方面，涵盖了著者在伦理学基本理论、社会主义道德理论和道德建设等方面的思考。主要包括了伦理学的范畴、伦理学基本理论、伦理制度建设、中国革命传统道德、社会主义道德理论、社会主义道德建设等若干领域的问题，探讨了在当代社会和我国进入改革开放以来，经济、政治、文化及社会发生深刻变化的背景下，经济社会生活领域凸显出不同程度的不良社会道德现象或问题，如科学的道德信仰缺乏、拜金主义盛行、荣辱混淆、诚信缺失、人际关系冷漠、道德底线失守等。在社会主义市场经济条件下，针对为人民服务要不要讲、怎么讲，集体主义道德原则要不要讲、怎么讲，社会主义道德要不要讲、怎么讲等问题，著者认为，为人民服务、集体主义原则、社会主义道德必须坚持讲，而且要结合新时代的特点丰富内涵、深化理论、创新观点，建构中国特色社会主义道德理论体系。著者认为中华民族优良传统道德文化、中国共产党人创立的革命道德传统，都是社会主义道德理论的重要理论资源，理应大力传承和弘扬。该著还探讨了经济关系和经济生活如何深刻地影响着社会伦理、人们的价值追求和价值认同；政治、经济、伦理各自有不同的功能和作用边界，如何实现三种制度整合、互补，而不是替代、消解，如经济领域的价值观对伦理领域的价值观的渗透、替代与消解等。

【道德文化：从传统到现代】

高兆明著　人民出版社 2015 年 3 月　450 千字

该著共四个部分十二章。前三章为第一部分，主题为道德精神；第四、五章为第二部分，主题为道德文化；第六至九章为第三部分，主题为市场经济的价值审视；余下三章为第四部分，主题为科技生态与人。其中，第一章探讨了权利与义务关系的本体维度与结构维度和道德责任的规范维度与美德维度，分析了道德行为选择的心理机制；第二章讨论信任危机，给出了信任危机的现代性解释，探讨了信任与承诺问题；第三章讨论信仰危机，描述了道德信仰危机的现状，探讨了关于“普遍价值”的争论，指出人权价值实践的语境与语义；第四章讨论道德教育，将教育视作塑造人性的艺术，探讨了道德理想主义精神、耻感和习惯等问题；第五章讨论民族道德文化，介绍了道德文化的体用之争、从神圣道德到世俗道德、从传统到现代的变迁过程；第六章讨论市场经济的人文维度，探讨了市场经济的伦理精神、道德评价、经济全球化的伦理思考等问题；第七章讨论信用与信用危机，论述了商业道德何以可能的问题；第八章讨论资本价值霸权问题，批判地分析了道德生产力与道德资本概念；第九章讨论了企业忠诚与企业责任；第十章讨论现代技术的附魅与祛魅，以克隆技术为例区分了“能做”与“应做”；第十一章集中讨论了“人能被克隆吗”这一伦理问题；第十二章讨论生态与世界，探讨了生态经济、生态保护等问题。

【美国伦理思想史】

向玉乔著　湖南师范大学出版社 2015 年 12 月　302 千字

该著共九章。第一章导论概述了美国伦理思想起源与发展的历程；第二章讨论清教伦理思想，探讨了清教伦理思想在美国的崛起、爱德华兹对清教伦理的辩护、意志自由与宿命论、清教伦理思想的影响等问题；第三章讨论了启蒙伦理思想，描绘了美国的启蒙运动及其道德诉求，介绍了杰弗逊的启蒙伦理思想；第四章讨论了超验主义伦理思想，描述了浪漫的超验主义运动，介绍了艾默生、梭罗和麦尔维尔的伦理思想，指出了超验主义主张真美合一的道德价值观；第五章讨论了实用主义伦理思想，梳理了美国实用主义哲学的发展脉络，介绍了詹姆斯的实用主义伦理学和实用主义真理观引发的争议；第六章讨论唯心主义伦理学，追溯了美国的唯心主义伦理学传统，介绍了洛叶斯的唯心主义伦理学，指出唯心主义伦理学中忠诚、真理与价值的关系问题；第七章讨论了自然主义伦理思想，描述了美国自然主义哲学产生的时代背景，介绍了撒塔亚纳的伦理学和杜威的工具主义伦理学，探讨了“自然主义谬误”与善的生活的关系；第八章讨论了元伦理思想，刻画了元伦理学在英语国家发展的图景，探讨了事实—价值二分法、规范性问题、“价值中立”等相关问题；第九章讨论应用伦理思想，分别探讨了当代美国的生态伦理学、经济伦理学、生命伦理学和政治伦理学。

【后现代生命伦理学】

孙慕义著　中国社会科学出版社 2015 年 6 月　1251 千字

该著分上、下两册，共四部十六章。前六章为第一部，主题是新原道：生命伦理学原理；第七、八章为第二部，主题是新原法：生命伦理学的元理论与体系构架；第九至十五章为第三部，主题是新原实：生命伦理学实践与理论应用诸题；第十六章为终曲部分，主题是归田园居：诗的拯救。其中，第一章论述后现代生命伦理学是以批判肇始的精神哲学；第二章讨论了后现代生命伦理学的基本原理与可能的知识；第三章介绍了汉语语境生命伦理学的语符身份与后续研究的知识系统；第四章讨论了后现代生命伦理学的思想渊源、历史哲学背景；第五章讨论了信仰的思维与生命伦理的逻辑语言；第六章分别考察了世界、中西方与后现代生命伦理学的基础；第七章讨论了作为应然律法的生命伦理学的母原则、基本原则与应用原则；第八章讨论医学人伦理，即医学领域中具体角色伦理，探讨了“社会—生理”的现代医学模式下一般道德要求与具体医患间的权利义务，以及与医疗从业者有关的具体伦理问题。第九章讨论身体患病的话语与医生的道德情感；第十章讨论生命的发生与存在；第十一章讨论生命与生命科学的道德反省；第十二章讨论性伦理，分别探讨了性解放神学、同性恋、婚姻、性别伦理学、变性手术等问题；第十三章讨论基因伦理，分别探讨了人体增强技术、神经伦理、死亡等问题；第十四章讨论卫生经济伦理学与人类的维生困境；第十五章讨论了环境与生态伦理；第十六章以诗意的语言作结，倡导生命的解放。

【风险社会的伦理责任】

李谧著　中国社会科学出版社 2015 年 6 月　279 千字

该著共五章。第一章讨论了风险社会及其责任困境，界定了风险与风险社会的概念，在责任视域下考察了风险社会的有组织化的不负责任的特征，并从资本主义制度与政治不负责任、重商主义与经济责任缺场、科学主义与科技责任困境三方面描述了组织化不负责任的形态；第二章讨论风险社会伦理责任存在的哲学基础，从传统伦理和应用伦理两方面给出伦理责任的概念内涵，并分别考察了伦理责任与人的存在、伦理责任与自由的关系；第三章讨论了风险社会的伦理责任新向度，指出风险社会当中存在责任主体的复合性、责任范域的未来指向性、责任对象的整体性三方面特征；第四章讨论了风险社会伦理责任的实现进路，给出了个体责任与共同责任统一、后果责任与前瞻性责任统一、对称责任与非对称责任统一三条伦理责任实现的原则，指出权利是伦理责任实现的前提、至善是伦理责任实现的目的，主体的价值取向和责任意识是伦理责任实现的内在保障，政治制度和责任制度是伦理责任实现的制度保障；第五章讨论了中国现代化之境与伦理责任实现，揭示了中国现代化“后发外生”的特点，指出责任是治理中国社会风险的内在着力点，而马克思主义伦理责任的建构应该坚持以人为本的责任观和可持续发展的责任观，强调中国社会伦理责任担当的实现应该从公民伦理责任与人格培养、责任政府建设与风险治理、社会主义市场经济与伦理责任、民生幸福这四个方面发力。

【中国伦理思想史】

张锡勤等主编　高等教育出版社　2015年5月　360千字

该书为马克思主义理论研究和建设工程重点教材。该教材贯穿唯物史观和唯物辩证法的原则，系统梳理中国伦理思想的发展脉络及其规律，辩证分析中国伦理思想的学术价值和历史影响。以清晰丰富的史实以及史论融会的方式，介绍了中国各个历史阶段的伦理思想精华，诠释和阐发了历代杰出思想家关于人生境界、道德追求、社会责任和行为规范的论述。按照唯物史观的基本原理，对中国伦理思想的产生、发展及其特色都进行了分析阐述。唯物史观认为，社会意识是随社会的变迁、演进而发展变化的，社会经济、政治的变迁是伦理思想演变的根本动因，伦理思想的演变与社会经济、政治的变动大体同步。该书将五四运动前的中国伦理思想史划分为六个历史阶段：先秦为形成时期、秦汉为初步发展时期、魏晋隋唐为变异纷争时期、宋至明中叶为融合成熟时期、明中叶至鸦片战争为早期启蒙时期、鸦片战争至“五四”为转型时期。与此前中国哲学史、中国伦理思想史教材或专著的四分或五分做法相比，六个断代分期更明晰、更准确地表述了中国伦理思想的演变历程。教材在介绍中华传统美德的同时，较多阐述中国传统的伦理思想遗产，包含了社会原理和人生哲理。这些社会原理和人生哲理既具有不可避免的时代局限，又包含诸多超越时代局限、历久弥新的古今共理。

【比较与争锋：集体主义与个人主义的理论、问题与实践】

韦冬主编　中国人民大学出版社　2015年6月　250千字

该著共九章。第一章讨论集体主义的历史渊源，梳理了集体主义的历史类型，探讨了社会主义集体主义的产生；第二章提出一些对集体主义价值的新思考，涵括社会主义市场经济条件下集体主义的价值、集体主义的终极价值目标、集体主义主体的伦理要求；第三章讨论社会主义市场经济条件下集体主义道德理论的发展与完善，探讨了集体主义的理论形态和利益基础；第四章讨论经济社会改革与集体主义道德演进的关系，指出集体主义道德与农民生产合作方式变迁共存共长，分析了当代中国农村农民合作方式变迁中的集体主义道德意识，强调集体主义道德是社会主义新农村文化建设的内核；第五章分别从西方思想史和中国思想史两个方面梳理了个人主义思想的历史源流；第六章论述个人主义的基本理论，分别探讨了个人主义概念的提出、人性基础、价值观念和不同层面；第七章论述了西方学者对个人主义的反思，分别述及个人主义的自我反思、“左”翼学者的批判、社群主义的批判等；第八章论述了当代中国的个人主义思潮，分别探讨了当代中国个人主义思潮的影响因子和“理想类型”，提出了对个人主义的实践批判；第九章梳理了20世纪90年代以来集体主义与个人主义的理论交锋，并对两条原则做了深度辨析。

【第二人称观点：道德尊重与责任】

［美］斯蒂芬·达尔沃著　章晟译

译林出版社2015年4月　295千字

在该译著中，达尔沃为当代的哲学讨论引入了一系列关涉“第二人称”的观点，认为道德在本质上即是特定的人群有资格向彼此提出的要求。当我们向彼此的行为和意志提出要求和认可这些要求时，你我采取的视角被称作第二人称观点。这个观点可以明确表现于言语中。这些观点对于哲学史有着极其重要的意义，其观点必会引起广泛的讨论。我们为什么应该规避道德过错？斯蒂芬·达尔沃认为，迄今为止的哲学之所以无法回答这个问题，是由于没能认识到道德义务本质上的人际特征。该书把责任、义务、尊重等概念引入具体的人际情景中，认为道德责任的观念中包含有不可还原的第二人称特点，正是它预设了我们提出主张，以及向彼此提出要求的权威。许多其他的核心观念也是如此，包括权利、人的尊严、对人的尊重，以及人这一观念本身。达尔沃对这一人际特点的发现使得道德理论不得不在根本上重新定位，并把道德权威的解释从理论的王国带到了第二人称态度、情感和行动的实践世界。

【心灵三问：伦理学与生活】

［美］詹姆斯·斯特巴著　李楠译

中国人民大学出版社2015年11月　160千字

该译著是一本关于伦理学的普及读本。詹姆斯·斯特巴以发人深省的心灵三问开篇：（1）道德归咎于信仰，而非理智吗？（2）还有什么能左右你的道德？（3）做个自我主义者没什么不好。接着，探讨了三大传统伦理学理论对当代生活的意义。阅读该书，读者能对伦理学有更清晰的认识，理解伦理学对实际生活的意义，以及了解我们为什么要成为一个有德行的人。我们几乎每天都要做出道德选择和判断，做一些随后要为之负责的道德选择。考虑到我们并不能逃避做出选择和判断，我们就需要了解伦理和道德的标准是什么以及如何将其适用于我们生活的特定环境。这就需要我们有能力评估身处其中的社会中的经济和司法体制是否公正，这个社会的收入和财富分配是否公正。我们还应该能够评估其他社会机构和各类公共政策是否合理公正。斯特巴在书中还讨论了环境主义、女权主义以及多元文化主义对伦理学的质疑和挑战，将传统伦理学智慧应用于实际，分析了贫富差距扩大、同性恋权利、宗教和文化冲突、恐怖主义、极端主义等社会热点问题。

【宋代经学哲学研究】

向世陵等编著　上海科学技术文献出版社 2015 年 1 月　1040 千字

在中国古代，经学不仅仅是作为一种单纯的学术而存在，它还涵盖社会的方方面面，与社会中的政治、伦理、宗教、文学、历史、教育等方面有着千丝万缕的联系。该著围绕经学的发展展开，共分为三卷，其中包括基本理论卷、儒学复兴卷和理学体贴卷。基本理论卷作为宋代经学哲学研究的理论结晶，突出的是宋代哲学基本理论的建构和发展。它既逻辑展开以复性论、本体论、理气论、心性论、性理学等为标志的新哲学体系的创立，又体现出每一个理论自身形成和发展的历史蕴涵。儒学复兴卷立足经学的内在演化过程，从经学与政治、文学、哲学等多方面关系展开论述，综合考察了经学与儒学复兴之间的内在联系。着重考察了唐代以来推动新儒学产生的多方面因素，以及经学的自我革新与社会政治背景和文化思潮的密切关联。在这不同因素的合力推动下，力求弄清五经体系的分化和学术转向的内在轨迹，辨明从经学到哲学并最终形成新儒学的历史过程。理学体贴卷立足经学新诠和哲学思辨去解释与协调各部经典，并最终以四书统领五经的完整而有机的理学经典新格局得以建立。就此而论，理学新话语系统的出现，乃是儒家经学内在孕育和儒家学者自身体贴的结果。综合三卷，编者从不同侧面详细地分析了经学的转向及其综合性发展。

【走进魏晋：玄学面面观】

冯祖贻著　中州古籍出版社 2015 年 10 月　60 千字

玄学与过去的哲学不同，魏晋之前，探索宇宙构成是从物理学入手的，如天、地、气等，玄学不然，正如汤用彤先生所说："及至魏晋乃常能弃物理之寻求，进而为本体之体会。"汤先生将其概括为一句话："夫玄学者，乃本体之学。为本末有无之辨。"该著篇幅虽相对短小，但所论皆魏晋玄学主题。全书共分 5 个部分，从引言玄学之"玄"、魏晋玄学兴起的背景、魏晋玄学的四个时期、魏晋玄学与一代儒士的价值取向以及结语部分简释"清谈误国"等多个方面和不同层次，分析论述了魏晋玄学的内在发展逻辑，对当前进一步全面认识和理解魏晋玄学在中国哲学中的位置以及彰显其自身的价值有着重要意义。

【先秦儒家工夫论研究】

王正著　知识产权出版社 2015 年 8 月　204 千字

该著探讨了在儒家思想及实践中具有基础性地位的工夫论的起源及早期发展，对何谓工夫论、儒家工夫论的起源、孔子的工夫论、孔门后学的工夫论、思孟学派的工夫论、荀子的工夫论，以及工夫论的现代意义，进行了系统而深入的研究。该著认为工夫论是儒家实现内圣外王，尤其是内圣的方法。先秦儒者们提出了"克己复礼""慎独”“浩然之气”“虚一而静”以及大小六艺等培养道德主体、完成道德实践、提升人格境界以及习得外王技艺的丰富方法。以前学界对儒家工夫论的探讨，大多集中在宋明儒学的研究领域，而对先秦儒家的工夫论则只有片段的、少量的研究。该书以“先秦儒家工夫论”为选题，对此进行系统的、深入的研究，这在儒学研究领域填补了以往研究的一个薄弱环节，因而是具有学术创新意义的。同时对工夫论定义问题的集中探讨，充分体现了作者的理解把握能力。因此，该著不仅具有推动儒学研究的学术价值，也具有推动道德教育实践的现实意义。

【“道”与“幸福”：荀子与亚里士多德伦理学比较研究】

孙伟著　北京大学出版社 2015 年 1 月　234 千字

该著的研究在中西比较哲学既有研究的基础上，对荀子和亚里士多德伦理学的重要概念进行比较研究，将拓展深化比较哲学领域的研究，推进学科建设与发展。该著不仅仅从表面上考察荀子与亚里士多德伦理思想的异同，而是更进一步，探讨一方思想如何对另一方思想提供理论上的支持或辩护，借此解决各自理论解读中的困境和难点问题。这将有助于中国哲学与西方哲学之间的对话与交流，促进东西方哲学的相互理解和沟通。该著将不仅对荀子和亚里士多德的伦理学思想进行相同或相异的比较，而是要从这种相同或相异中找出内在的哲学根据，并重点研究这种相似或相异之处如何能为对方提供解决理论难题的路径并成为探索普遍哲学问题的基础。该著为伦理生活提供了有趣的观察视角，比如从人性到神性的转变，增强了现实世界伦理与政治生活的实践性。

【先秦儒家家庭伦理及其当代价值】

吕红平著　人民出版社 2015 年 12 月　242 千字

家庭伦理不仅是调整家庭关系、维系家庭和睦的基本原则，也是社会和谐与稳定的重要保障。该书将家庭关系划分为夫妇关系、亲子关系、长幼关系、婆媳关系四个主要方面，并分析了先秦儒家所设计的与之对应的夫义妇顺、父慈子孝、兄友弟恭、姑慈妇听的家庭伦理体系。该书认为，家庭伦理关系中体现着权利与义务的对等，并显示出先秦儒家对在上者、位尊者、年长者的要求在先，对在下者、位卑者、年幼者的要求在后。同时，作者也对先秦儒家在家庭伦理关系中重男轻女等消极因素和畸形观念进行了探讨。先秦时期与血缘关系相联系的家庭本位的家庭伦理，对于维系传统的家庭关系和社会稳定都产生了一定的积极作用，家国一体的思想既为消除忠孝矛盾找到了合理性根据，也是家庭伦理直接推及社会的理论基础。该书主张充分挖掘先秦儒家家庭伦理中的积极因素，使其能够在构建和谐社会的实践中发挥应有的价值。

【根基与歧异：政治儒学与心性儒学的理念与方向】

李洪卫著　上海三联书店 2015 年 12 月　250 千字

该著共分七章，第一章集中对秩序、理性和保守主义进行了分析。作者认为理性与秩序及其内在同一性是保守主义思想的实质。保守主义的内在精神是变动社会的秩序探索，包含了制度性、过程性与心灵秩序之一体性的关联思考。作者在后续章节中对近现代具有代表性的思想家的思想进行了细致的分析。同时该著也提示我们应注意，康有为的个人修养工夫其实偏于心学，而且他的立论以平等为基础，同时，他在很大程度上致力于达到政治秩序和心灵秩序的统一和均衡。蒋庆则偏于寻找超验的天道秩序对现实世界的统摄性乃至支配性。牟宗三等文化保守主义者的良知天道观之内在性确保外在政治秩序建基于一种自足的完备的个体理性之上，以期展现人的尊严和责任；同时，又要在现实层面实现对这种理性的自我否定和裂解，这是两种理性秩序观的反映。

【元代儒学教化研究】

张延昭　中国社会科学出版社 2015 年 4 月　296 千字

该著主要考察程朱理学作为后期中国封建社会的官方意识形态，在元朝成为占据教化主导地位的意识形态并逐渐向民间传播，从而对 13 世纪以后的中国社会产生深远影响的过程。该著共有六章，从对该选题问题的澄清、研究方法和路径的确立以及对已有的相关研究的回顾出发，作者进一步指出了元代教化的主体和客体。元代儒士是儒学教化的主体。在元朝，少数儒士获得允许进入元朝政府内部，参与元朝统治，他们使元朝统治者接受以理学为中心的“汉法”，使理学获得官方意识形态的地位；绝大多数儒士失去了仕进的途径，多以著述、教授为业，使理学伦理逐渐渗入普通民众的日常行为之中。与此相对应，普通民众是教化的客体，特别是妇女、儿童。该著最后以元代江西行省的金溪县为案例，详细分析了金溪儒学教化的具体情况，以说明元代儒学教化在这个江南县域中所产生的效应。该著以历史较短的元代为研究背景，为儒学教化的整体性研究提供了一个新的视角和新的素材。

【荀子人际关系思想研究】

高春海著　世界图书出版公司 2015 年 1 月　180 千字

由孔子开创的儒家学派向来十分重视如何恰当地处理各种纷繁复杂的人际关系。在先秦儒家的杰出代表中，荀子是最后一位出场的。该书在立足荀子研究既有成果的基础上，选取荀子的人际关系思想作为研究方向。该书以先秦思想的流变、转变、传承为研究背景，以父子、君臣、君民这三种人际关系为研究线索，运用对比研究的方法，围绕着两大问题展开：一是荀子对先秦儒家的人际关系思想做了何种程度的改变和继承，二是探求荀子与墨子、庄子、韩非子人际关系思想的异同。作者指出荀子的人际关系思想是针对战国的社会实际而发，他批判继承了包括儒家在内的各家思想，形成了独具特色的荀子人际关系思想。

【张载天人关系新说：论作为宗教哲学的理学】

周赟著　中华书局 2015 年 6 月　250 千字

该著是在“理学是一套哲学，但主要是一套宗教哲学”的认识基础上展开的。为了说明这个问题，该著主要考察了有代表性的理学家——张载。该著主要由六章组成，从太虚与天的气本论、易学语境下的尊天思想、义理化转向的鬼神思想、《西铭》的神圣思想和礼教思想等内容，对张载的天人关系进行了全面的新的阐述。张载哲学的核心概念主要有两个，即天道与祭祀。哲学研究者往往更青睐张载的“天道”，却忽视了他极其重视的“祭祀”。该著则认为，“天道”就是“祭祀”的哲学根据，而“祭祀”则是“天道”的物质基础，只有将这两个方面结合起来，才能真正认清理学哲学的宗教本质。以往对宋明理学的研究主要着墨于其哲学内涵的分析和论述，该书反其道而行之，从宗教哲学的角度来解读，为我们在研究宋明理学的传统方法之外，又加入了一个新的切入点。

【解蔽与重构：多维视界下的荀子思想研究】

杨艾璐著　中国社会科学出版社 2015 年 12 月　368 千字

该著以“解蔽与重构：多维视界下的荀子思想研究”为题，通过“解蔽”与“重构”的思辨维度，以多层次、多侧面、多角度的综合分析，诠释荀子的思想体系框架，展现其思考与创见。全书将荀子思想之历史发生、理论基点、伦理秩序、审美追求、引诗分析、文艺实践、学术思辨、文化对话作为研析理路，从荀子思想之缘起、本质、主体、表现、核心、意义、理论、实践、内涵、外延、批判、重建等不同维度阐发人性论、教化论、礼论、乐论、文论、质论、诗论、赋论、义利价值论、伦理政道论等相关问题，在对荀子思想形成理论观照的同时，也建构了人性、生命、教化、明道、礼乐、文质、诗赋、义利、审美、价值、对话等具体的研究范畴，从而进一步完善荀学理论界域的分析，实现对荀子及其思想体系的文化解析与学理重构。

【马克思主义生态观研究】

董强著　人民出版社 2015 年 5 月　238 千字

该书对马克思主义生态观进行了总结与研究，提出马克思主义生态观是围绕人与自然、社会、自身的关系等问题，从哲学角度进行概括、思考而形成的一种理论体系，既包括马克思、恩格斯的生态思想，也包括后人对其继承和发展的生态理论。它在内容上，以实践作为逻辑起点，根据马克思实践唯物主义历史观的双层结构（实践的底层结构和社会的表层结构），把马克思主义生态观的底层构架和表层构架作为逻辑展开，把人的全面自由发展作为其逻辑结论。

作者指出马克思主义生态观的底层构架主要包括实践唯物主义生态自然观、有机和谐的生态社会观和回归自身的生态人学观，表层构架主要包括可持续发展的生态经济观、具有鲜明阶级性的生态政治观和反思科技理性的生态文化观。马克思主义生态观在认识论、价值论和方法论方面为解决全球生态危机的实践提供了思想的指南；并在推进生态文明建设中，揭示了生态文明发展的规律和动力，从生态交往的角度分析了生态文明冲突与融合的解决方式。该书对马克思主义生态观的研究促进了生态文明的发展，对改变人们生态观念，促进生态平衡、人与自然和谐发展具有重要意义。

【必歌九德：品达第八首皮托凯歌释义】

娄林　华东师范大学出版社 2015 年 7 月　165 千字

作者翻译和注疏了品达的第八首皮托凯歌，从品达选取的传统表现手法——合唱抒情歌（而非当时更加流行的悲剧）——的角度理解品达对于希腊传统的贤良政治（aristocracy，或译贵族政治、贤人政治）的高扬，和对民主政治的反对，以及对高贵灵魂的培养。品达在这首凯歌中一方面强调城邦神义论的基础，另一方面强调人要时刻牢记与神之间的界限，而在神与人之间则是诗人至关重要的中介地位。

【柏拉图爱欲思想研究】

李丽丽　人民出版社 2015 年 8 月　330 千字

该书系统研究了柏拉图的爱欲思想。首先，勾勒了古希腊爱欲的社会生活图景，阐述了爱与政治、爱与教育、爱与战争之间的关系。其次，通过对柏拉图相关文本的解读，围绕爱与美善、爱与智、爱与友爱等几对重要的关系，确定柏拉图爱欲思想的基本框架，层层阐释了柏拉图的爱欲思想：关于爱欲的神话；从爱欲神话走向爱欲哲学；爱者对被爱者的爱欲；从爱欲到友爱。最后，阐述并反省了现当代人的爱欲关系，主张从欲回归到爱。

【立法哲人的虔敬：柏拉图《法义》卷十义疏】

林志猛　中国社会科学出版社 2015 年 6 月　300 千字

该书在翻译柏拉图《法义》（又译《法篇》《礼法》《法礼篇》等）卷十及相关笺注的基础上，深究立法哲人的虔敬问题。针对自然哲人的无神论和传统诗人的不虔敬观，柏拉图用灵魂学（哲学）构建独特的神学观，并创作出高贵的神话诗进行反驳。节制的立法哲人基于理性而信仰，不仅可协助立法者应对自然哲学对宗法的挑战，而且能提供双重教诲，既教导少数爱智者去追求智慧，又引导常人固守传统宗法。柏拉图式的立法哲人名副其实地将“哲人—立法者—先知”集于一身。

【《法礼篇》的道德诗学】

王柯平　北京大学出版社 2015 年 4 月　463 千字

该书是国内学者撰写的第一部系统研究柏拉图《法礼篇》的专著，作者在之前关于《理想国》诗学研究的基础上比较性地研究了柏拉图在《法礼篇》中展现的道德诗学的新特征，作者将其概括为“五个变向”（城邦政体变向、志邦方略变向、教育目标变向、心灵学说变向、宇宙本体变向），“六点补充”（美论、摹仿论、乐教论、快乐论、适宜原则、审查制度），和“两种新说”（“至真悲剧”和游戏时间观），全书的丰富内容可以被看作对这三重总结的展开。

【正义理论导引：以罗尔斯为中心】

何怀宏编著　北京师范大学出版社 2015 年 4 月　295 千字

何怀宏编著的《正义理论导引：以罗尔斯为中心》一书考察了罗尔斯正义理论的形成过程，并联系当代西方其他主要的正义理论观点，探讨了罗尔斯理论中道德优先、正义优先的特征，揭示了其正义原则中蕴涵着的内在冲突，以及他对正义原则的证明方法的特点和局限，最后还梳理了对他的主要批评和他的回应与发展。作者期待通过这种历史的和逻辑的展示，不仅把握住罗尔斯正义理论的基本蕴涵和倾向，而且呈现出其正义理论所继承的文化精神，并在此基础上产生一些富有建设性的成果。

【后现代生命伦理学——关于敬畏生命的意志以及生命科学之善与恶的价值图式：生命伦理学的新原道、新原法与新原实**】**

孙慕义著　中国社会科学出版社 2015 年 6 月　1251 千字

在“生命伦理学遭遇后现代”的时代主题上，该书对生命伦理学进行重新阐释。指出道德是人的生命的类的属性，是使人成为人的本质规定。并且对生命伦理学重新做了定位，认为生命伦理学是对生命的意义和价值的追问。当代最尖锐最具挑战性的现实问题，即保卫生命的价值，只有诉求于生命的终极关怀才可能得到根本解决。作者借用人文地理学等方法考量哲学、宗教、科学、文学、艺术，乃至日常与医学、护生、健康有关的俗世生活，玄览身体伦理与道德生命。该书以原道、原法、原实三论进行谋篇：原道是在本体论维度上对生命本质的反思，这是从实证科学到形而上学论域上历史性考察生命的理论基础；原法是在认识论维度上对生命认识的逻辑重构，是对生命伦理研究域及其规则、方法的探求；原实则是在操作论维度上对生命伦理学应用价值的考察，是立足于案例分析对理论原理在现实生活中所做的实践检验。对生命伦理学这一学科是人学的核心内容进行佐证，将坚持人类文明的最高理想，即寻求真、善、美作为一条红线贯穿全书，从形而上到形而下的每一个有关医学、身体道德文化以及生命伦理观念进行开创性的解析与学理诠释。作为后现代多元背景下的全景观人的生存社会、生命政治关系、生命政策和医学科学技术发展，该书为汉语学界迄今为止最全面的生命伦理导引和哲学化奠基。

【生命科学与伦理】

吴能表著　科学出版社 2015 年 3 月　257 千字

该书是一本将科学知识与人文关怀有机结合的生命伦理读本，所指的生命主要指人类生命，但有时也涉及动物和植物生命乃至生态。全书共分十章，第一章为绪论，第二章到第十章依次介绍了转基因技术与生物安全、人类基因组计划、干细胞应用、克隆技术、器官移植、动物试验与人体试验、生育控制与生殖技术、疾病与健康、安乐死与临终关怀等生命科学问题及其引发的伦理思考。各章节借助最新、最典型的实例阐述和分析相关伦理问题，试图从更加全面、更为新颖的视角为广大读者认识这些问题提供一些参考和建议。该书一大特色是借助案例分析的方法来阐述生命伦理问题，同时提供了适合课堂教学的案例思考题，利于拓展读者的思维，鼓励读者深入思考，从更加全面、更为新颖的视角来阐释生命伦理问题，帮助读者重新审视生命，树立科学、正确的人生观、价值观、道德观，尊重生命、关爱生命、敬畏生命，从而更好地理解生命科学与伦理之间的辩证关系。

【当代生命伦理学——生命科技发展与伦理学的碰撞】

马中良、袁晓君、孙强玲著　上海大学出版社 2015 年 9 月　257 千字

该书是一部生命伦理学的知识普及读物，向读者介绍这门应用规范伦理学，指出生命伦理学的主要内容包括理论、临床、研究、政策及文化五个层面。作为一门应用规范伦理学，生命伦理学以问题为取向，其目的是如何更好地解决生命科学或医疗保健中提出的伦理问题。在解决伦理问题的过程中，伦理学理论本身也受到检验，也不可能解决所有伦理问题。因此在解决问题时应该保持理论选择的开放性。聚焦当代生命科学及伦理领域的热点话题，结合生命科学发展的前沿，分专题重点讲述人类胚胎干细胞研究、克隆技术、基因工程、器官移植、辅助生殖技术、安乐死、转基因食品安全、实验动物福利及其带来的社会、法律和伦理问题。此外，该书还认为生命伦理学的研究范围除了生物科学研究中的伦理学，还包括环境伦理学。涉及此学科的人员也很广，如医生、护士、生命科学家、患者、受试者等，在学术领域还涉及哲学、道德神学、法学、经济学、心理学、社会学和历史学等。以普及相关常识为主，追踪前沿发展，了解生命奥秘，尊重生命价值，以架起沟通科学与人文的桥梁。

【生命伦理视域青少年患者自主权及其限度研究】

李杰著　中国社会科学出版社 2015 年 7 月　265 千字

尊重患者自主权已成为当代生命伦理学的一个黄金规则，这一规则在医疗实践中主要通过知情同意制度得到落实。同意隐含的根本原则被称为自我决定权，它不仅是一项法律制度，更是一个伦理原则。以往对患者自主权的研究多偏重从法律的视角而忽视伦理层面的深层分析，多集中于成年患者而缺少对青少年患者的研究。该书采取文献分

析、调查访谈等多种方法，在论述关于患者医疗自主权伦理的一般理论的基础上，着重探讨了青少年患者自主权的伦理基础和现实条件，并结合我国的文化背景和医疗实际，详细阐述了青少年患者医疗自主权实现过程中与“家庭主义”“医疗夫权主义”的关系问题，最后，对青少年患者医疗自主权的限度进行了深入分析，指出青少年患者医疗自主权受到病人福利、不伤害和公正等原则的制约。此外，该书也指出对于青少年患者的医疗决定能力如何判断、谁来判断——医务人员、法院，还是其他机构等，青少年患者具有医疗决定能力的年龄应从何时开始等问题，也都是该主题研究的重点。如何进一步完善知情同意制度，落实患者自主权，把青少年患者纳入这一制度之中，也是需要结合中国实际进行进一步深入探讨的。

【中国经济伦理学发展研究】

余达淮、戴锐、程广丽著　合肥工业大学出版社 2015 年 11 月　386 千字

该书围绕着国际金融危机及其伦理反思、中国经济伦理学的发展历程、基于主题的经济伦理研究（如资本伦理、发展伦理、经济安全伦理等）、基于领域的经济伦理研究（如企业伦理、金融伦理等）、中国经济伦理学研究的范式转换及未来发展等问题展开论述，以期实现与国家经济秩序、经济安全和可持续发展相适应的经济伦理规范重建，积极推进经济伦理学学科的转型和发展，从而为进一步保障国民经济的秩序、安全和可持续发展做出贡献。

【古典经济学派经济伦理思想研究】

吴瑾菁著　中国社会科学出版社 2015 年 11 月　561 千字

古典经济学派之于马克思主义及西方资本主义发展具有重要意义。该书选取古典经济学派颇具代表性的经济伦理问题，对该问题在古典经济学派内部的发展与演变进行梳理与分析，归纳出古典经济学派经济伦理思想的整体特征，阐发其对当代中国市场经济发展的价值与启示。

【当代中国农村经济伦理问题研究】

涂平荣著　中国财政经济出版社 2015 年 6 月　316 千字

该书围绕当代中国农村经济伦理问题主题，主要从农村经济活动的四大环节入手，描述了当代中国农村存在生态理念淡薄、诚信缺失严重、分配正义缺失、畸形消费严峻等主要经济伦理问题。究其成因，既有历史的，也有现实的；既有政治的，也有经济的、文化的；既有主观的，也有客观的；既有制度、法律与管理层面的，也有行为主体自身层面的；集中表现为理念滞后、法制缺陷、机制乏力、行为主体素质偏低等。这些农村经济伦理问题的消解，应立足现实，加强合作，共同发力，采取切实措施具体应对，即通过更新理念、完善法制、优化机制、提高行为主体素质等路径加以应对。

【经济学与伦理学：市场经济的伦理维度与道德基础】

韦森著　商务印书馆 2015 年 7 月　346 千字

该书初步尝试探究社会制序以及制序化的伦理方维及市场的道德基础。该书作者提出，返观新古典主流经济学或是新制度经济学的理论分析，都还只是一种“审慎推理”，因而还没有涉及“道德推理”。这亦即是说，当代主流经济学和新制度经济学到目前为止的理论分析和模型建构，还都没有涉及市场经济的伦理维度和道德基础，也自然没有探及制序、制序化以及制序变迁的伦理方维。研究人们社会活动中的秩序的型构、驻存、演化，以及各种制度约束的形成、制定和变迁的社会制序的经济分析（即目前中国学界所常说的“制度经济学”），不能忽略制序及制序化的伦理维度和道德基础，并主张现代经济学与现代伦理学应当恢复对话与沟通。该书作者强调，从社会伦理和个人道德的维度探究制序化以及制序变迁的路径，不仅是作为一门理论社会科学的社会制序的经济分析的“假言命令”，也应当是“定言命令”，即应该无条件地这样做。作者希冀通过对自己近年来的研究进路的梳理，在当今中国社会转型的关节点，引导关注着同类问题的学术界人士共同反思。

【伦理学的当代建构】

甘绍平著　中国发展出版社 2015 年 1 月　320 千字

该著是一部对基础伦理学的探究之作。它从伦理学中人的镜像的描绘出发，对伦理学的基本样态做了一个概览式的阐述。它提出了三大最重要的伦理规范：不伤害、公正、仁爱，并认定这些道德规范的功能在于对人的共通利益以及和谐相处的需求提供保障。人类所有道德规范的作用发挥，都必须以人的自由选择为前提和基础。接着，该著阐释了四大最重要的规范伦理学体系：德性论、功利主义、义务论、契约主义的历史与现代流变，并且将这些伦理资源构建成一种融贯的道德规范应用系统，从而试图为有效应对现实的道德冲突与难题提供伦理导向和指南。此外，还研究了道德现象的客观性等涉及道德本质的元伦理学问题。作为伦理学的现实延伸，该著探讨了四大最重要的社会价值基准或政治伦理价值：自由、人权、民主、正义，前瞻性地展示了当代伦理学演进的新的面向及道德发展的敏感触点。

第六篇

学术动态

① 学术动态内容由葛晨虹、陈伟功整理。

一、会议动态

【"中国传统家训文化与优秀家风建设"国际学术研讨会】

4月11日，由中国伦理学会、中国人民大学伦理学与道德建设研究中心、江苏师范大学伦理学与德育研究中心共同举办的"中国传统家训文化与优秀家风建设"国际学术研讨会在南京召开。来自中国、韩国、日本、德国、中国香港、中国台湾等多个国家和地区的90余名专家学者就"弘扬中国传统家训文化、培训当代优秀家风"主题展开了讨论。

【第23次中韩伦理学国际学术大会】

4月18—22日，由中国伦理学会、韩国伦理学会举办的"第23次中韩伦理学国际学术大会"在云南丽江召开。来自中韩两国的300余位学者围绕传统伦理的现代价值、现代社会与道德教育、社会发展中的伦理问题、伦理学理论问题展开了讨论。

【马克思恩格斯道德哲学研究暨宋希仁教授从教五十五周年学术研讨会】

6月14日，由中国人民大学哲学院、中国人民大学伦理学与道德建设研究中心联合举办的"马克思恩格斯道德哲学研究暨宋希仁教授从教五十五周年学术研讨会"在中国人民大学举行。来自国内各高校、党校和科研机构的80余位专家学者与会，向宋希仁教授从教55周年致贺，并就马恩道德哲学相关问题进行了学术研讨。

【南京2015年国际生命伦理学高峰会议暨全国第二届老龄生命伦理学与老龄科学论坛】

6月26—28日，由东南大学人文学院、"公民道德与社会风尚2011"协同创新中心主办，江苏省社会科学院等协办的"南京2015年国际生命伦理学高峰会议暨全国第二届老龄生命伦理学与老龄科学论坛"在南京召开。来自中国、美国、英国、日本、中国香港等国家和地区的近200名专家学者，围绕生命伦理学和老龄生命伦理学与老龄科学等主题进行了学术交流与研讨。

【"第三届周秦伦理文化与现代道德价值"国际学术研讨会】

7月3—5日，由中国伦理学会和宝鸡文理学院共同主办的"第三届周秦伦理文化与现代道德价值"国际学术研讨会在陕西宝鸡召开。来自中韩两国的50余名专家学者围绕“周秦伦理文化的传承与创新”的主题展开了讨论。

【第八次全国政治伦理学术研讨会暨政治伦理学专业委员会换届会议】

7月25—26日，由中国伦理学会和中央党校哲学部共同主办的“第八次全国政治伦理学术研讨会暨政治伦理学专业委员会换届会议”在北京举行。来自全国各地的240余名专家学者和道德教育工作者参加会议。与会学者就政治伦理与国家治理的思想资源、政治伦理与国家治理的当代实践、核心价值观与道德建设、伦理学诸领域的理论与实践等方面问题展开了讨论。

【“伦理视域下的城市发展”第五届全国学术研讨会暨北京建筑文化研究基地2015年学术年会】

10月24—25日，由中国伦理学会主办，北京建筑文化研究基地、北京建筑大学文法学院联合承办的“伦理视域下的城市发展”第五届全国学术研讨会暨北京建筑文化研究基地2015年学术年会在北京召开。来自中国人民大学、北京师范大学、南开大学、上海社会科学院、欧洲建筑学会、北京建筑大学等国内外高校和研究机构的专家学者100余人与会，围绕“伦理视域下的城市发展”问题进行了学术研讨。

【全国第九届经济伦理学学术研讨会召开】

11月13—15日，由中国伦理学会经济伦理学专业委员会、浙江省委党校哲学教研部、浙江省伦理学会共同主办的全国第九届经济伦理学学术研讨会在浙江省委党校召开。来自中国人民大学、武汉大学、北京师范大学、浙江大学等近50所全国高校、科研单位，以及人民出版社、《伦理学研究》杂志社、《浙江社会科学》杂志社等单位共70余位专家学者参加了研讨会。与会学者围绕“改革开放以来中国经济伦理学的学科发展”“马克思主义经典作家分配正义思想”“西方分配正义思想及其发展”“分配正义与社会治理”“经济伦理学前沿问题”“经济伦理学科前沿”“财富伦理与分配正义”“经济活动中的伦理问题”等议题展开了交流讨论。

【2015年全国哲学伦理学博士生学术论坛】

11月27—29日，由中国伦理学会、重庆市伦理学学会和西南大学研究生院共同主办的“2015年全国哲学伦理学博士生学术论坛”在西南大学召开。来自复旦大学、武汉大学、中国科学院大学、东南大学、首都师范大学、华东师范大学、南京师范大学、西南大学、四川大学等高校哲学伦理学专业的博士生们围绕“道德哲学与应用伦理”主题展开了交流和讨论。

【“伦理学与中国发展”中国伦理学会2015年会召开】

12月5—6日，以“伦理学与中国发展”为主题的中国伦理学会2015年会在北京京西宾馆举行。中共中央宣传部副部长王世明出席会议并讲话。中国社会科学院副院长张江，《光明日报》总编辑何东平，人民日报社编委、秘书长王一彪，民政部党组成员、国家民间组织管理局局长詹成付，中国社会科学院哲学研究所党委书记王立民，全国工商联宣教部部长王尚康，国务院国有资产管理局宣传工作局副局长韩天，中国伦理学会名誉会长、中国社会科学院研究员陈瑛，中国伦理学会原副会长、湖南师范大学道德文化研究中心主任唐凯麟，东南大学原党委书记郭广银，以及来自不同高校、各省市伦理学会和科研机构的伦理学者、非政府组织、企业及媒体等500余名嘉宾和代表出席会议。此次会议聚焦当前中国经济社会发展中的现实伦理道德问题，学者们共同探讨了关于道德建设、传承中华优秀传统文化等热点问题。

二、国家、教育部项目

（一）国家社科基金项目

1. 重大项目

（1）中国人性论通史，周炽成，华南师范大学，15ZDB004

（2）中国乡村伦理研究，王露璐，南京师范大学，15ZDB014

（3）中国工程实践的伦理形态学研究，丛杭青，浙江大学，15ZDB015

2. 重点项目

（1）孝道的哲学基础和思想含义研究，张祥龙，山东大学，15AZX013

（2）“人是遵守规则的动物”之论题研究，韩林合，北京大学，15AZX017

（3）良法善治视域下法治与德治关系研究，曹义孙，常州大学，15AZX021

（4）社会转型期道德动因多元及导引研究，彭怀祖，南通大学，15AZX022

（5）儒、道、佛学生态伦理思想内在结构比较研究，任俊华，中共中央党校，15AZX023

（6）中国传统危机文化及其现代价值研究，王郅强，华南理工大学，15AZZ002

3. 一般项目

（1）社会主义核心价值观对中国优秀传统文化的传承与升华研究，苏振芳，福建师范大学，15BKS085

（2）社会主义核心价值观融入公共生活的基本问题研究，喻文德，吉首大学，15BKS097

（3）社会主义核心价值观培育的儒学精髓融入机理研究，邵龙宝，同济大学，15BKS096

（4）社会主义核心价值观大众传播的多样形式研究，贾凌昌，上饶师范学院，15BKS095

（5）中国传统价值观的嬗变及其对社会主义核心价值观的理论支撑研究，王刚，东北林业大学，15BKS117

（6）我国社会主义核心价值观的公民认同问题研究，张宜海，郑州大学，15BKS098

（7）社会主义核心价值观导引慈善伦理研究，刘美玲，山西大学，15BKS104

（8）中华传统文化精神与社会主义核心价值观的关系研究，胡滨，宁夏大学，15BKS119

（9）中国传统文化对社会主义核心价值观的涵养作用机制及路径选择研究，肖琴，中共湖南省委党校，15BKS118

（10）高校青年教师社会主义核心价值观理解与认同的实证研究，陈志兴，南昌大学，15BKS114

（11）培育和践行社会主义核心价值观制度化研究，薛金华，中共武汉市委党校，15BKS094

（12）中华优秀传统文化与社会主义核心价值观辩证关系研究，李红辉，中央文化管理干部学院，15BKS120

（13）马克思的共产主义价值观形成史研究，张丽君，湖北大学，15BKS015

（14）青年公务员社会主义核心价值观调查研究，刘泾，中共上海市委党校，15BKS123

（15）国家治理视域下公共精神建设研究，陈富国，江西农业大学，15BKS088

（16）边疆民族地区社会主义核心价值观认同的问题与对策研究，杨永建，云南农业大学，15BKS093

（17）焦裕禄精神及其当代价值研究，康凤云，江西师范大学，15BKS103

（18）网络虚拟社会中道德自律问题研究，孙枝俏，苏州大学，15BKS105

（19）文化传统视域下农村社会主义核心价值观践行路径研究，韩美群，中南财经政法大学，15BKS116

（20）少数民族大学生社会主义核心价值观认同机制与培育路径研究，董杰，中南民族大学，15BKS115

（21）环境正义理论与实践研究，张斌，河南中医学院，15BKS131

（22）马克思正义观的复合结构研究，赵志勇，吉林师范大学，15BZX018

（23）马克思主义经济伦理思想体系研究，刘琳，江苏师范大学，15BZX087

（24）制度正义的理念研究，姚大志，吉林大学，15BZX022

（25）资本逻辑视域下的技术正义研究，王治东，东华大学，15BZX034

（26）工程正义视域下“邻避冲突”及其防范研究，欧阳聪权，昆明理工大学，15BZX031

（27）我国环境正义问题的理论维度研究，王云霞，陕西师范大学，15BZX039

（28）机器人伦理问题研究，杜严勇，上海交通大学，15BZX036

（29）个体化医学的伦理与社会问题研究，陈海丹，中国农业大学，15BZX035

（30）中国语境下的网络公共交往伦理研究，童谨，福建农林大学，15BZX093

（31）朱熹的道德修养论研究，李涛，河北大学，15BZX094

（32）“正义—仁爱”互补与社会和谐发展研究，常江，吉林师范大学，15BZX088

（33）魏晋玄学伦理思想研究，姜文明，青岛大学，15BZX091

（34）边疆少数民族传统伦理道德与农村社会治理研究，龙庆华，红河学院，15BZX089

（35）西方近代正义理论范式演变研究，于建星，河北工业大学，15BZX100

（36）进化论伦理学前沿问题研究，蔡蓁，华东师范大学，15BZX097

（37）西方道德责任理论的历史嬗变研究，郭金鸿，青岛大学，15BZX099

（38）宗教性视阈中的生存伦理研究，田薇，清华大学，15BZX101

（39）道德语言与道德推理研究，刘隽，首都经济贸易大学，15BZX096

（40）当代西方情感主义伦理思想研究，方德志，温州大学，15BZX095

（41）康德与后果主义伦理学研究，张会永，厦门大学，15BZX098

（42）网络舆论与司法公正的伦理研究，吴晓蓉，湖南科技大学，15BZX106

（43）当代中国慈善伦理范式转换研究，王银春，吉首大学，15BZX102

（44）伦理学视域下的中国反贫困研究，陈江进，武汉大学，15BZX105

（45）道德他律视域下的中国古代“民律官”模式及其当代价值研究，高恒天，中南大学，15BZX103

（46）“善事父母”之当代传承与创新研究，路丙辉，安徽师范大学，15BZX108

（47）关怀伦理视野下我国老年人口“精神赡养”的支持系统构建研究，尤吾兵，安徽中医药大学，15BZX112

（48）价值多元时代道德伪善的发生机理与矫治路径研究，王宏，长沙理工大学，15BZX113

（49）当代中国公民道德建设的传统儒家资源研究，雷震，黑龙江大学，15BZX109

（50）新媒体背景下儿童道德共识建构研究，谢翌，江西师范大学，15BZX114

（51）公共精神培育的伦理基础研究，卞桂平，南昌工程学院，15BZX110

（52）公共政策视阈下的社会道德治理研究，李耀锋，浙江传媒学院，15BZX111

（53）生态福利的伦理研究，汤剑波，杭州师范大学，15BZX116

（54）蒙古族生态价值观研究，包国祥，内蒙古民族大学，15BZX115

4. 青年项目

（1）社会主义核心价值观对当代中国社会思潮的引领作用研究，万资姿，中国青年政治学院，15CKS040

（2）高等院校社会主义核心价值观生活化教育机制研究，柏路，东北师范大学，15CKS042

（3）“微文化”对大学生价值观的影响及实证研究，周静，广东工业大学，15CKS013

（4）网络虚拟社会中的道德问题与治理研究，黄河，贵州师范大学，15CKS039

（5）新媒体时代知识分子的价值观表达及其影响研究，邵小文，广州大学，15CKS043

（6）马克思与卢梭自由观的关系研究，吴永华，吉林省社会科学院，15CZX006

（7）政治经济学语境下的马克思正义观研究，高广旭，东南大学，15CZX010

（8）儒家内在超越性的功夫模式及其当代价值研究，彭战果，兰州大学，15CZX029

（9）尼采的道德哲学研究，郭熙明，海南大学，15CZX040

（10）欧洲生命伦理原则及其对我国的启示研究，陈慧珍，苏州科技学院，15CZX020

（11）道德判断的实验哲学研究，张学义，东南大学，15CZX017

（12）转基因技术风险的不确定性及其治理研究，陆群峰，湖州师范学院，15CZX019

（13）资本、法权与人的道德自觉研究，王纵横，中共中央党校，15CZX011

（14）儒家“义”德政治哲学研究，朱璐，上海财经大学，15CZX059

（15）当代中国道德风险研究，韩桥生，江西师范大学，15CZX047

（16）正义感视角下的当代中国社会道德风尚研究，胡军方，西南财经大学，15CZX048

（17）传统儒家伦理思想的话语转换及对外传播研究，吴雅思，中南财经政法大学，15CZX046

（18）尊严概念的层级研究，王福玲，中国人民大学，15CZX060

（19）康德后期伦理学研究，刘作，东南大学，15CZX049

（20）纳斯鲍姆伦理学与政治哲学的情感之维，左稀，湘潭大学，15CZX050

（21）移情伦理研究，陈张壮，常熟理工学院，15CZX051

（22）中国苗族经济伦理思想研究，龙正荣，贵州师范大学，15CZX053

（23）现代民主伦理研究，王强，中共上海市委党校，15CZX052

（24）中国城市变迁中的市民精神生产理路和价值特质研究，马晓艳，安徽建筑大学，15CZX054

（25）作为公民德性的“友善”研究，赵琦，上海社会科学院，15CZX055

（26）应对生物入侵的环境伦理研究，孙亚君，复旦大学，15CZX058

（27）美德伦理视域下生态道德治理研究，王继创，山西大学，15CZX056

（28）信息化战争的伦理困境与社会规制研究，石海明，中国人民解放军国防科学技术大学，15CZX057

5. 西部项目

（1）多元社会思潮下大学生社会主义核心价值观确立路径研究，李继兵，玉林师范学院，15XKS029

（2）当代中国学术道德建设研究，阮云志，陕西科技大学，15XKS048

（3）中国古代官德形成和维系机制研究，谭平，成都学院，15XZX009

（4）《易传》的社会伦理思想研究，程建功，河西学院，15XZX015

（5）伦理的刑事司法运用研究，张武举，西南政法大学，15XZX016

（6）优秀道家思想与社会主义核心价值观的关系研究，刘占祥，西南交通大学，15XZX017

（二）教育部人文社科规划项目

1. 规划基金项目

（1）马克思人学语境中的社会主义核心价值观弘扬范式研究，汪盛玉，安徽师范学院，15YJA710007

（2）当代大学生财富伦理观教育价值考量与路径诉求，张朝龙，蚌埠学院，15YJA710036

（3）高校青年教师社会主义核心价值观认同研究，王越芬，东北林业大学，15YJA710032

（4）社会主义核心价值观视域下国民幸福观教育的价值导引研究，冯光，嘉兴学院，15YJA710005

（5）南宋儒家价值观大众化的历史启示研究，朱爱胜，无锡职业技术学院，15YJA710040

（6）友善价值观探究，朱书刚，中南财经政法大学，15YJA710043

（7）儒家道德的当代境遇研究，王雅，辽宁大学，15YJA720007

（8）我国居住建筑交往空间缺失的伦理学研究，杨航征，西安建筑科技大学，15YJA720011

（9）环境美德伦理学的学理构建及实践研究，周琳，浙江机电职业技术学院，15YJA720014

（10）个体正义与政制正义：亚里士多德正义思想及其现代意义研究，郝亿春，中山大学，15YJA720001

2. 青年基金项目

（1）当代精神利益研究及其启示，宫晓红，安徽工业大学，15YJC710013

（2）当代大学生社会主义核心价值观日常生活化融入机制研究，尹保红，北京建筑大学，15YJC710066

（3）中美高等教育制度伦理的价值比较研究，田雪飞，东北大学，15YJC710056

（4）在祛魅与返魅之间——世俗时代社会德育的失落与重塑，吕卫华，阜阳师范学院，15YJC710040

（5）道德教化的当代话语建构及实践创新研究，沈小勇，复旦大学，15YJC710049

（6）弗雷泽全球化背景下的社会正义思想探究，袁丽，广东工业大学，15YJC710069

（7）马克思分配正义思想及其当代境遇研究，李翔，河南师范大学，15YJC710028

（8）中国梦与信念伦理研究，李西杰，江苏科技大学，15YJC710027

（9）农村留守儿童道德情感的发展及促进研究，张学浪，南京邮电大学，15YJC710074

（10）儒家礼乐教化思想与当代德性教育内在机理研究，张斯珉，西安电子科技大学，15YJC710073

（11）改革开放以来中国共产党社会公正思想研究，黄娟，燕山大学，15YJC710019

（12）社会主义核心价值观建设的文化路径研究，佟斐，中南民族大学，15YJC710057

（13）美德的统一性问题研究，黎良华，安阳师范学院，15YJC720012

（14）当代中国社会治理的伦理路径研究，王维国，河北经贸大学，15YJC720025

（15）马克思主义利益观视角下的当代中国财富伦理研究，张志兵，湖南科技大学，15YJC720033

（16）社会制度的道德证成理论研究，任俊，江南大学，15YJC720021

（17）弱公度性美德规则思想研究，周玉梅，江南大学，15YJC720037

（18）先秦墨家生态伦理思想及其意义研究，魏艾，南京农业大学，15YJC720027

（19）陈实功《五戒十要》对于当代医德规范体系建构的启示，王夏强，南通大学，15YJC720026

（20）临终关怀的道德哲学研究，张鹏，天津师范大学，15YJC720031

（21）作为第一哲学的伦理学：斯宾诺莎伦理理论研究，吴树博，同济大学，15YJC720028

（22）重构马克思伦理理论的一种尝试，李志，武汉大学，15YJC720014

（23）气候变化伦理问题研究，徐保风，中南林业科技大学，15YJC720030

3. 重点研究基地重大项目

（1）家庭教育与儿童道德发展研究，缪建东，南京师范大学道德教育研究所

（2）依法治国与公共道德教育研究，闫旭蕾，南京师范大学道德教育研究所

（3）当代青年思想状况调查与社会主义核心价值观认同研究，韩冬雪，清华大学高校德育研究中心

（4）青少年社会主义核心价值观的认知与践行，倪邦文，清华大学高校德育研究中心

（5）中国当代民族宗教伦理研究，熊坤新，中国人民大学伦理学与道德建设研究中心

（6）中西政治伦理比较研究，王露璐，中国人民大学伦理学与道德建设研究中心

三、博士论文题目

1. 《道德荣誉论》，赵冰，中国人民大学
2. 《论“波斯纳定理”的“道德边界”》，黄光顺，中国人民大学
3. 《努斯鲍姆可行能力方法研究》，于莲，中国人民大学
4. 《西方运气平等主义思想研究》，赵静波，中国人民大学
5. 《社会自由的现实进路——马克思自由思想解析》，张建宝，中国人民大学
6. 《周公及其祀典的伦理精神研究》，谷文国，中共中央党校
7. 《贞观政要》政治伦理思想研究，匡列辉，湖南师范大学
8. 《当前我国社会舆论与社会公德协同发展研究》，康镇麟，湖南师范大学
9. 《中国传统文化中的“德法之辩”研究》，张启江，湖南师范大学
10. 《中国服饰文化的伦理审视》，蒋建辉，湖南师范大学
11. 《周敦颐伦理思想研究》，蒋伟，湖南师范大学
12. 《浪漫主义时期意大利歌剧的伦理思想及艺术表达》，张碧霞，湖南师范大学
13. 《网络热词的伦理研究》，胡青青，湖南师范大学
14. 《瞿秋白的社会主义道德观》，陈凝，湖南师范大学
15. 《人体增强技术的伦理研究》，江璇，东南大学
16. 《社会组织道德行为的生成逻辑》，蒋玉，东南大学
17. 《情感与道德——休谟道德哲学的诠释与辩护》，宋君修，东南大学
18. 《疾病叙事的生命伦理研究》，何昕，东南大学
19. 《德性伦理学视野下的儒家孝道研究》，金小燕，山东大学
20. 《节制德性研究——基于古希腊哲学与先秦儒学比较的视域》，晏玉荣，山东大学
21. 《宋明理学生态伦理思想研究》，马兰，山西大学
22. 《伊安·巴伯关于技术时代的伦理思想探析》，王江荔，山西大学
23. 《当代青年信仰论》，熊英，华中科技大学
24. 《论中国传统忠德的历史演变》，桑东辉，黑龙江大学
25. 《人的自由与解放——马克思伦理思想研究》，李德炎，吉林大学
26. 《谁之权利？如何利用?》，张燕，南京师范大学

四、研究成果

2015年，中国伦理学研究成果丰富。其中，各类刊物发表的学术论文共计2000余篇（数据来源于中国知网），覆盖了伦理学原理、马克思主义伦理学、中国传统伦理学、西方伦理学、社会的问题等多个领域，研究主题集中于伦理学研究对象、伦理与道德关系、伦理学研究方法、自由意志、道德选择、道德情感、道德价值、道德客观性、德福关系、道德修养、事实与价值关系等伦理学经典问题和社会主义核心价值观、道德冷漠、道德治理等社会热点问题；出版著作共计100余部，主要表现为专著、编著、译著等形式。

（一）专著

《埃里希·弗罗姆类伦理思想研究》（徐惠芬，中国社会科学出版社）、《爱自由与责任——中世纪哲学的道德阐释》（张荣，社会科学文献出版社）、《柏拉图伦理思想研究》（刘须宽，中国社会科学出版社）、《藏族伦理思想史略》（余仕麟，民族出版社）、《查尔斯·泰勒认同伦理思想研究》（尹金萍，黑龙江大学出版社）、《抽象的人性论剖析》（有林，社会科学文献出版社）、《道德环境研究》（朱巧香，武汉大学出版社）、《道德价值共识论》（韩桥生，人民出版社）、《道德经验批判》（崔平，江苏人民出版社）、《道德文化：从传统到现代》（高兆明，人民出版社）、《风险社会的伦理责任》（李谧，中国社会科学出版社）、《后现代生命伦理学》（孙慕义，中国社会科学出版社）、《环境伦理教育研究》（成强，东南大学出版社）、《经济伦理学——经济与道德关系之哲学分析》（王小锡，人民出版社）、《经济学与伦理学》（韦森，商务印书馆）、《伦理学的当代建构》（甘绍平，中国发展出版社）、《伦理秩序与道德研究》（王淑芹，中央编译出版社）、《马克思恩格斯家庭伦理思想及其当代价值》（张红艳，广西师范大学出版社）、《马克思主义伦理学的探索》（罗国杰，中国人民大学出版社）、《美德政治学的历史类型和现实型构》（詹世友，中国社会科学出版社）、《美是道德善的象征——文学道德教化论》（周双丽，复旦大学出版社）、《启蒙道德哲学》（范志均，中国社会科学出版社）、《人格境界论》（孙慧玲，黑龙江大学出版社）、《人性问题：生命实践教育学人学之基》（庞庆举，华东师范大学出版社）、《认知伦理学的模型构建》（杨小爱，世界图书出版公司）、《生命科学与伦理》（吴能表，科学出版社）、《“世俗时代”的意义探询——五四启蒙思想中的新道德观研究》（段炼，上海人民出版社）、《晚清民初道德观念嬗变研究》（赵炎才，中国社会科学出版社）、《西方传统伦理——道德关系的演进逻辑和马克思的变革方式》（刘丽，中国社会科学出版社）、《信仰与人生》（单振文，中央编译出版社）、《幸福能力论》（肖冬梅，中山大学出版社）、《应用伦理学概论》（卢风，中国人民大学出版社）、《应用伦理学引论》（陈金华，复旦大学出版社）、《责任：中西责任观之比较》（王景平，人民日报出版社）、《中国传统家训与现代家庭青少年道德人格培养》（刘颖，上海人民出版社）、《中国伦理精神的探源》（赵庆杰，中国政法大学出版社）、《中国人伦德育思想变迁研究》（宋五好，陕西师范大学出版社）、《中国正义论的形成——周孔孟荀的制度伦理学传统》（黄玉顺，东方出版社）、《中外荣辱思想》（吴潜涛，高等教育出版社）等。

（二）编著

《比较与争锋——集体主义与个人主义的理论问题与实践》（韦东，中国人民大学出版社）、《伦理与文明（第3辑）》（贾英健，社会科学文献出版社）、《孝经的人伦与政治》（干春松、陈壁生，中国人民大学出版社）、《孝经学史》（陈壁生，华东师范大学出版社）、《职业道德与成就自我》（刘静，商务印书馆）、《中国经济伦理学年鉴·2014》（王小锡，中国社会科学出版社）、《中国伦理思想史》（张锡勤，高等教育出版社）、《中国名门家风丛书》（王志民，人民出版社）、《中国社会道德发展研究报告（2014）》（葛晨虹，中国人民大学出版社）、《中国应用伦理学（2014—2015应用伦理学视野中人的问题专辑）》（徐艳东、卫建国、聂静港，金城出版社）、《中华传统美德：仁义孝》（徐永辉，中国文史出版社）、《中华民族道德生活史（近代卷）》（李培超、李彬，东方出版中心）、《中华民族道德生活史（明清卷）》（彭定光，东方出版中心）、《中华民族道德生活史（宋元卷）》（王泽应，东方出版中心）、《中华民族道德生活史（隋唐卷）》（张怀承，东方出版中心）、《中华民族道德生活史（魏晋南北朝卷）》（邓名瑛，东方出版中心）、《中华文化与生态文明》（黄易宇、王本奎，知识产权出版社）等。

（三）译著

《道德的起源——美德利他羞耻的演化》（［美］克里斯托弗·博姆著，贾拥民、傅瑞译，浙江大学出版社）、《道德的原理》（［法］米歇尔·梅耶著，史忠义译，知识产权出版社）、《道德论丛》（［古希腊］普鲁塔克著，席代岳译，吉林出版集团）、《个性伦理学》（［匈牙利］阿格尼丝·赫勒著，赵司空译，黑龙江大学出版社）、《根本恶》（［美］理查德·伯恩斯坦著，王钦、朱康译，译林出版社）、《公民的激情：道德情感与民主商议》（［美］伦莎·克劳斯著，谭安奎译，译林出版社）、《伦理学导论》（［美］梯利著，何意译，北京师范大学出版社）、《论幸福生活》（［古罗马］塞涅卡著，覃学岚译，译林出版社）、《论重要之事》（［英］德里克·帕菲特著，阮航、葛四友译，北京时代华文书局）、《美德的起源》（［英］马特·里德利著，吴礼敬译，机械工业出版社）、《善恶之源》（［美］保罗·布卢姆著，青涂译，浙江人民出版社）、《心灵三问：伦理学与生活》（［美］詹姆斯·斯巴特著，李楠译，中国人民大学出版社）、《幸福的社会》（［英］理查德·莱亚德著，侯洋译，浙江人民出版社）、《一般伦理学》（［匈牙利］阿格尼丝·赫勒著，孔明安译，黑龙江大学出版社）、《中国伦理学史》（［日］三浦藤作著，张宗元译，山西人民出版社）、《尊严：历史和意义》（［英］迈克尔·罗森，石可译，法律出版社）等。

第七篇

伦理学人

① “伦理学人”部分介绍几位已过世的、学界公认的、对伦理学研究做出卓绝贡献的新中国伦理学研究的奠基者。其中张锡勤先生在我们编辑此卷年鉴的过程中去世，为表怀念和敬意，我们把张先生也纳入2015年卷的“伦理学人”栏目中。此部分由邓玲、许叶楠编写。

李　奇

李奇（1913—2009），中国共产党优秀党员、著名伦理学家，曾任中国社会科学院哲学研究所研究员、中国社会科学院名誉学部委员、中国伦理学会名誉会长。

李奇先生1913年出生于河北省饶阳县，1935年参加“一二·九”运动并加入中国共产党，七七事变后，先后在山西、延安、东北等地工作，1955年调入中国科学院哲学社会科学学部，研究方向为伦理学和道德哲学。她是我国老一辈无产阶级革命战士，是马克思主义伦理学的重要奠基者之一，为全国伦理学会的成立费心尽力，并积极筹办和主编了《道德与文明》杂志和《中国大百科全书》中的伦理学分卷。

李奇先生是新中国马克思主义伦理学的研究者。进入中国科学院哲学研究所之后，她坚持用马克思主义作指导，系统地研究伦理学的基本理论。1960年11月14日，她在《人民日报》上发表《建议开展伦理学研究工作》，呼吁重视伦理学科的发展。此后她先后在《新建设》《光明日报》《文汇报》等报刊上发表重要论文，系统地阐述了马克思主义伦理学的基本原理。1979年，她将部分论文整理汇编成了《道德科学初学集》。1984年和1989年，分别又出版了《道德与社会生活》和《道德学说》两本书。这三本书构成了她比较完整的马克思主义伦理体系。

李奇先生在延安马列学院学习期间，阅读了大量的马克思主义经典著作，聆听了老一辈马克思主义学者的讲课，积累了深厚的理论功底。这使她进入伦理学和道德哲学研究领域后，能在马克思主义的基本立场、原则和方法的指导下，对伦理学的基本问题进行研究。在《道德科学初学集》中，李奇先生在对立与统一的原则下，从道德的起源和本质、动机与效果的辩证关系、无产阶级道德原则和“功利主义”、道德的继承性和阶级性、个人利益和个人主义、两种对立阶级道德之间的辩证关系、物质生活和道德的关系等方面论证了马克思主义伦理学的基本立场和观点。首先，李奇分析了历史上的有神论道德起源说和人性论道德起源说，认为“道德是人类的现实生活的社会现象，研究它的根源和实质，不应该向个人意识中去寻找，更不应该向现实生活以外去找，只能向现实的人类社会物质生活中去探求，才能得出可靠的科学的答案"[①]。道德源于实实在在的现实生活，不应该从意识领域去寻找。从道德规范的实际内容（如"禁止偷盗"）和发展过程（如原始社会平等、诚实、勇敢、团结互助、尊敬老人的品质，剩余产品产生的奴隶制，封建社会忠顺、服从的社会标准），都可以发现，道德在任何社会里都是和社会物质生活条件、各个阶级的社会地位与阶级利益紧密相连。同时，道德具有相对的独立性，"它是以道德准则和规范通过人的自觉意识，借助社会舆论的支持来调整人与人之间、个人与社会集体之间的关系的"[②]。某种道德的产生，也会对经济基础或社会物质生活产生作用。第二，动机与效果的辩证统一关系。就如思想和实践的辩证关系一样，动机和效果也是一对矛盾的两个方面，既有相互排斥的一面，又有相互依存的一面。在统一性方面，二者在一定条件下相互依存和相互转化；在对立性方面，二者相互矛盾、相互区别：动机是主观的，效果是客观的；动机制约效果，效果必须依存于一定的动机才能产生，动机要转化为一定的相应的效果才能完成动机的作用。第三，无产阶级道德是超功利的。"道德是调节人与人之间、个人与社会集体之间的关系的意识形态和上层建筑；所谓调整'关系'，总是离不开利害关系"[③]，所以以边沁为代表的功利主义，其本质是个人主义和利己主义的，主张个人利益高于集体利益。无产阶级的道德原则和资产阶级所倡导的"功利主义"道德原则，其本质相互对立。它倡导个人利益服从集体利益、局部利益服从整体利益、暂时利益服从长远利益。第四，道德作为阶级斗争的产物，其阶级性是从整个社会的角度说的。阶级社会总是存在两种对立的道德观念，其界限不可混淆，"道德观念总是由处于不同地位的阶级为了维护本阶级利益而产生和作用的"[④]。但是，在一定条件下不同阶级成员的观点也会相互影响和渗透，应该批判地继承优秀的道德传统。第五，个人利益和个人主义是两种不同的概念。个人利益是现实利益在人们思想上的反应；个人主义是建立在人性论基础上的，要求"自我"的满足，集体利益服从个人利益；无产阶级的"个人利益"是以自己的劳动为基础的，即"各尽所能，按劳分配"。第六，道德是人们的社会物质生活条件所决定的意识形态，是一定社会存在的反映，经济基础决定上层建筑；道德是人们的物质生活条件的自觉的能动的反映，对物质起着能动作用。

改革开放以后，李奇先生非常关注商品经济条件下道德与社会生活的关系。1984 年，她出版了《道德与社会生活》，对道德与社会生活各个方面进行了分析。在道德与利益关系方面，她认为二者的关系表现在道德根源（利益）、道德准则（个人利益与集体利益是辩证统一

① 李奇：《道德科学初学集》，上海人民出版社 1979 年版，第 37 页。
② 同上书，第 42 页。
③ 同上书，第 75 页。
④ 同上书，第 93 页。

的）和道德的社会作用（调节不同的利益）等方面。在道德与政治的关系方面，她认为，政治的主要内容是阶级斗争，具有鲜明的阶级性，也是调整统治阶级内部的派别之间和各阶层之间关系的手段；道德在原始社会就已经产生，只有在阶级社会才有阶级性。二者也相互影响，相互作用。[①] 政治影响道德规范的具体规范，同一阶级的政治和道德在社会生活（实践）中相互补充，相互促进。在道德与法律方面，道德作用于社会生活的方方面面，适用范围比法律广，不靠国家强制力来实现；被统治阶级可以有自己的道德，但不能将自己的意志上升为法律。在道德与宗教方面，本质上二者都是具有相对独立性的意识形态，但社会主义倡导共产主义道德，必须认清二者的关系：道德是自律的、积极承担社会责任的；宗教信仰超自然神灵，是对自然力量和社会力量的一种歪曲和虚幻的反映，其生活态度是消极避世的。在道德与文艺方面，她认为道德和文艺相互渗透、相互影响和相互作用。首先，道德是文艺的基本内容；其次，文艺对道德也有重大的反作用，文艺对于道德的形成和修养有积极的促进作用，或消极的阻碍与败坏作用。在道德与教育方面，二者是目的与手段的关系，道德（道德理想、道德习惯）是教育的目的之一，教育是人们道德意识、道德观念、道德习惯形成的手段之一。在社会主义社会，道德与教育的关系，最根本的是"言"与"行"或"知"与"行"的关系。在道德与科学方面，"科学对自然现象和社会现象不断地作出新的科学解释，为马克思主义世界观和科学理论的产生准备了条件"[②]，科学的进步会引起人们道德观念的进步；道德也会对科学起反作用，落后的道德阻碍科学的发展，积极的道德促进科学的发展。科学的目的、应用等都会受到道德的制约。在道德与婚姻家庭方面，她认为，在社会生活中，道德和婚姻家庭的关系最为密切。婚姻家庭道德是社会道德在家庭生活领域的具体表现，社会经济关系的变化必然带动婚姻家庭道德的变化。私有制社会和资本主义社会，婚姻是建立在金钱关系上的，而社会主义中，爱情成为婚姻的道德基础，家庭成员之间相互平等、关心信任与尊重。在道德与人生观方面，二者有共同的社会根源和共同的思想根源，道德受人生观的制约。在社会主义社会，共产主义道德和共产主义人生观完全一致。由此可见，道德与社会生活的方方面面都有紧密的联系，相互依存、不可分割。

1985 年，李奇先生发表《社会主义商品经济和道德》一文，进一步论述了在商品经济条件下如何对待利己主义、"拜金主义"和调节个人主义与集体主义的关系，为后来处理市场经济条件下的道德原则、道德方法等阐明了基本立场。

1989 年，李奇先生主编了由她、陈

① 李奇：《道德与社会生活》，上海人民出版社 1984 年版，第 63 页。

② 同上书，第 191—192 页。

瑛、俞晓阳和石毓彬执笔的《道德学说》，将马克思主义伦理学放在道德学说的发展过程中进行考察，系统地阐述了道德学说的一般理论和古今中外道德学说的发展历程。他们认为，道德学说的研究对象是道德，道德既不是上帝的旨意，也不是基于人天生趋乐避苦的情感欲望或自私自利的本性，而是"由一定的社会物质生活条件所决定的一切社会意识形态，是调整人与人之间、个人与社会之间的行为准则、规范的总和，并转化为个人的内心信念和自觉自愿的生活实践；它用善恶、是非、正义非正义等概念来评价人们言行的道德价值"①。道德学说的内容和任务有一个历史的发展过程，在不同时期不同学派各有侧重，但涉及的理论问题也有着共通性：它们都研究道德根源和本质、道德准则和规范、道德评价和道德选择，确定道德范畴和某些道德概念的含义，研究道德实践、个人道德意识的形成和修养，探求人生价值和道德理想等。道德学说既是哲学的分支学科，又是"一种具有自己特点的哲学社会科学学科"②，其理论基础是哲学即世界观（自然观和社会历史观），与政治经济学、政治学、法学、社会学、心理学等学科有着密切的联系。道德学说的研究方法取决于世界观和研究对象，即"应该按照客观的道德现象的发生发展的事实去进行全面分析研究，遵循历史的、发展的、唯物主义的思想路线和方法去探求道德的根源和本质，阐明一切道德活动的理论原则"③。马克思主义道德学说的研究方法主要有：辩证的历史唯物主义的思想路线和方法、阶级分析的方法、从实际出发和调查研究的方法、价值分析的方法等，这几种方法通常要结合使用。

在该书第四编中，李奇先生完整地阐述了马克思主义道德学说的重要理论，较《道德科学初探》更为全面，主要体现在对道德的进步和共产主义道德、意志自由和道德评价、道德意识的形成和个人的道德修养、道德学说的一般范畴与人生的价值和意义等问题的阐述。随着人类社会的发展，道德作为一种意识形态，也会不断地进步。道德进步的标准是"道德准则体系推动社会发展、促进人类进步"④，道德进步具体表现在两个方面："由自发形成的道德习惯，进步到自觉地根据经济关系的需要而提出的道德准则和规范"⑤，"个人地位和个人利益在道德准则体系中是逐步上升的，个人自由活动的范围也日益扩大"⑥。共产主义道德准则是以社会主义公有制为经济基础的上层建筑和社会意识形态，其内容有：集体主义原则、热爱祖国、热爱人民、热爱劳动和社会主义公共财产、热爱科学坚持真理和热爱社会主义。

① 李奇：《道德学说》，中国社会科学出版社 1989 年版，第 9 页。
② 同上书，第 37 页。
③ 同上书，第 47—48 页。
④ 同上书，第 388 页。
⑤ 同上书，第 390 页。
⑥ 同上书，第 391 页。

意志自由是对必然性的认识，且和人们的行动密不可分，其本质是一种行动概念。能否自由自觉地选择和行动，是评判道德责任和道德价值的重要依据，即“行为的自由选择是道德责任的基础”①。“道德评价是对某个人（或集体）的行为所进行的肯定或否定的道德判断”②，评价一个道德行为，需坚持动机、行动和效果三者的辩证统一。道德意识是在一定经济基础上对社会关系的反映，其内容主要包括道德准则和规范、道德信念和理想、道德品质、善与恶、正义与非正义等道德价值观念和道德范畴。道德意识的形成过程是一个认识过程，受客观环境的影响和主观修养两方面的影响，其主要内容分别表现为道德教育和道德修养。道德教育的作用有：“启发、诱导受教育者的个人道德实践的主动性和自觉性；提供个人道德修养的途径和方法；指导受教育者建立起科学的共产主义人生观。”③ 道德修养是一个长期的锻炼过程，也是一个自我斗争的过程，即同自己的不正确的思想意识、道德观念作坚决斗争的过程。李奇指出，道德学说的一般范畴主要有善与恶、正义与不义、幸福与不幸、义务与良心、荣誉与耻辱。这些范畴都取决于是否符合时代的社会经济关系，是道德评价中重要的道德价值。人生的价值既包括自我需要的满足，也包括个人的生命活动对社会发展运动需要的满足，但是，从根本上看，“人生的价值，表现在个人的生命活动对社会和人民需要的奉献关系之中”④。

李奇先生的道德思想，奠定了马克思主义伦理学的基本体系，为市场经济条件下的道德的培养和发展提供了完善的指引，具有重要的理论和实践意义。

---

① 李奇：《道德学说》，中国社会科学出版社1989年版，第419页。

② 同上书，第422页。

③ 同上书，第468页。

④ 同上书，第535页。

周原冰

周原冰（1915—1991），中国共产党党员，我国著名伦理学家，华东师范大学原副校长、校长顾问，中国伦理学会原副会长、名誉会长，上海伦理学会原会长、名誉会长，上海市社会科学界联合会学术委员。

周原冰先生1915年生于安徽省天长县石染镇。1934年投身革命，1939年10月加入中国共产党，翌年年初，奉命到新四军第五支队工作。新中国成立后，担任过《学术月刊》总编辑、中共上海市委副秘书长、《未定文稿》副总编辑。自1948年开始，他着力于理论研究，并将兴趣逐渐集中到道德科学领域，取得了卓著的成就，为我国的马克思主义伦理学学科的建设作出了重大的贡献。出版的著作有《群众观点与群众路线》《青年修养漫读》《谦虚与骄傲》《论忠诚老实》《论消灭体力劳动和脑力劳动的本质差别》《论消灭城市和乡村的本质差别》《论改造资产阶级的阶级本性问题》《论不断革命论和革命发展阶段论》《培养青年的共产主义道德》《道德问题论集》《道德问题丛论》《共产主义道德通论》。其中，《谦虚与骄傲》一书，有俄文译本和朝、蒙古、藏、维吾尔等四种少数民族文的译本。1964年出版的《道德问题论集》集中地反映了周原冰先生自20世纪40年代末至60代初对道德科学研究的成果。1986年出版的《共产主义道德通论》一书，则是周原冰先生30年潜心研究道德学科的结晶。

《道德问题丛论》初版发行于1983年，书中主要讨论了三类问题。

第一类是共产主义道德的理论问题和社会主义政策。首先，在分析张春桥的《破除资产阶级法权思想》的错误时，周原冰先生指出共产主义道德尊重每个劳动者的劳动，不准任何人以任何形式去占有他人的劳动，他进一步解释道："张春桥要在社会生产力尚未高度发达，物质尚未极大丰富，劳动者之间各自创造的社会财富还有很大差距，并且还不能全然摆脱把劳动作为谋生手段的社会主义条件下，就取消工资制……其结果必然是不劳动、少劳动或劳动质量差的人对劳动多、劳动质量好的人，实行了剥削。"① 他认为共产主义道德体

① 周原冰：《道德问题丛论》，华东师范大学出版社1983年版，第4—5页。

系是共产主义思想的组成部分。其次，周原冰先生分析了共产主义道德的原则与规范的紧密联系。一方面，“共产主义道德的原则和规范，都是共产主义者或向往共产主义的人们，从共产主义事业的立场和利益出发立身处世的准绳，也是他们用以评价人们的行为是非、荣辱、正邪、善恶的标准”[①]；另一方面，“共产主义道德的原则和规范，并不完全等同，共产主义道德原则是共产主义道德规范的依据和本质，共产主义道德规范只是共产主义道德原则在不同场合的具体应用和特殊表现形式”[②]。再次，周原冰先生还对共产主义的若干理论问题，如为什么在社会主义社会要强调共产主义道德教育、当前加强共产主义道德的特殊意义、关于共产主义道德的基本方法等问题，进行了分析和回答。最后，他解释了为什么要学习马克思主义道德科学，包括从道德风气的好坏可以看出国家的发展方向、物质文明和精神文明不可分割、道德一旦产生就具有相对独立性、新中国成立后的共产主义道德宣传使社会风气转好，等等。

第二类是道德与真善美、法律、政治等范畴的关系。首先，周原冰先生认为，真、善、美三者统一的核心是善，因为“作为人类社会或社会化了的人，其所以要求真、求美，归根结底都是为了有利于促进人类社会的发展和人们自身及其相互关系的协调、和谐、进步，也就是为了求善”[③]，因此，一个品德高尚的人，心灵必然是美的，是求真的。其次，道德和法律都是社会意识形态和上层建筑，道德规范和法律规范都具有阶级性，但就它们的性能而言，存在着介乎二者之间的行为规范，例如某些社会公德、规章既可以从属法律范畴，也可从属道德范畴；在某种条件下，某种原本属于道德范畴的行为规范，可以因其适应统治阶级维护其统治的需要而被订入法律，反之亦然。最后，因为政治是经济的集中体现，所以道德反映经济基础的同时，也反映着一定的政治，超政治的道德在客观上是不存在的。政治对于道德的影响主要体现在四个方面：一是政治对于道德的形成和发展，起着重大的推动或者阻碍作用；二是一个阶级能否在政治上取得统治地位，对于这个阶级的道德是否能够在社会上取得统治的优势，具有突出的作用；三是政治理想一般是道德理想的根据，而道德理想也一般是政治理想的组成部分；四是政治的基本原则同时又是道德的一项首要的基本原则。[④]

第三类是人之所以为人的问题。周原冰先生认为，“人之所以为人”这一问题的提出，标志着人们的觉醒。他认为，“人之所以为人”就是人总得为当前的和未来的社会添砖加瓦以至于公而忘私。在此基础上，他认为“在客观上

---

① 周原冰：《道德问题丛论》，华东师范大学出版社 1983 年版，第 28 页。

② 同上书，第 31 页。

③ 同上书，第 148 页。

④ 同上书，第 256—258 页。

存在着非人暴行时，讲人性、人道是一种进步的、革命的手段……然而，却认为这种人性、人道只能在一定范围内适用，绝不敢说人性、人道可以超过马克思主义的其他基本原理，也不敢说它可以超过为共产主义事业奋斗和作为共产主义道德规范核心的集体主义这类共产主义道德的基本原则，而成为最高原则”①。

《共产主义道德通论》是周原冰先生研究马克思主义伦理学的结晶，是最早系统阐述了马克思主义伦理学一般原理的伦理学著作之一，本文将选取最具理论特色的几点进行介绍。第一，道德的客观基础，是社会物质生活的生产方式，是人们的社会存在。第二，共产主义道德是迄今为止人类道德发展的最高阶段，而共产主义道德的发展也有三个基本阶段：在无产阶级取得政权以前，共产主义道德只是少数共产主义者和觉醒了的工人阶级的道德；无产阶级取得政权以后，共产主义道德已具有统治阶级道德的性质；未来高级阶段的共产主义社会，共产主义道德将逐步成为最广大社会成员自觉遵守的规范。② 第三，共产主义的基本原则：其一，共产主义道德原则的基本根据是必须能够概括出共产主义道德区别于其他道德的本质特征。③ 其二，始终一贯地忠于共产主义理想和共产主义事业，尽力使自己的一切行为都适应于共产主义事业发展的客观要求、全心全意为人民服务、把爱国主义和国际主义结合起来。④ 其三，以集体主义原则作为贯穿各种道德规范的核心，一切从集体利益和个人利益统一的观点出发，把集体利益放在头等地位；关心、爱护和帮助人民群众的个人利益；尊重人民的民主权利、讲究革命人道主义关系。⑤ 其四，以主人翁态度自觉地进行创造性劳动。⑥ 其五，实事求是和以实事求是为基础的忠诚老实。实事求是是首要的道德要求，是对真理、人民和共产主义事业的忠诚老实；求实、求是和坚持实践检验的标准是实事求是原则的三个基本内容。⑦ 第四，共产主义道德实践表现在若干领域，如关于个人的道德品质，关于社会公德，关于职业道德，关于恋爱、婚姻、家庭方面的道德等。第五，共产主义道德的教育和修养。共产主义道德教育不同于思想教育和政治教育，不可放松共产主义道德教育。共产主义道德修养的根本方法是必须与人民群众的革命实践紧密结合在一起。⑧

---

① 周原冰：《道德问题丛论》，华东师范大学出版社 1983 年版，第 72 页。

② 周原冰：《共产主义道德通论》，上海人民出版社 1986 年版，第 332—344 页。

③ 同上书，第 426 页。

④ 同上书，第 438 页。

⑤ 同上书，第 466 页。

⑥ 同上书，第 489 页。

⑦ 同上书，第 514—532 页。

⑧ 同上书，第 612 页。

周辅成

周辅成（1911—2009），著名哲学家和伦理学家，曾任中国伦理学会副会长。

周辅成先生 1911 年 6 月 16 日出生于重庆市江津区李市镇（原四川省江津县李市镇）。1929 年考入清华大学哲学系，1933 年毕业后考入清华大学国学研究院，拜吴宓、金岳霖等教授为师，专攻西方哲学史和西方伦理学，先后发表《伦理学上的自然主义与理想主义》《歌德与斯宾诺莎》《康德的审美哲学》和《克鲁泡特金的人格》等文章，翻译了托尔斯泰的《忏悔录》，曾担任《清华周刊》编辑。从 20 世纪 30 年代后期起，先后任职于成都华西大学、金陵大学、中山大学、武汉大学和北京大学，先后受邀到印度、法国等国家和地区讲学。出版《哲学大纲》《论董仲舒思想》《戴震的哲学》等。新中国成立之后，在伦理学方面，发表了《亚里斯多德的伦理学》《希腊伦理思想的来源与发展线索》《孔子的伦理思想》《中国伦理学建设的回顾与展望》等论文，其中《希腊伦理思想的来源与发展线索》一文还引起了毛泽东主席的关注和重视。他还编译了《西方伦理学名著选辑》（上、下卷）、《从文艺复兴到十九世纪资产阶级哲学家政治思想家有关人道主义人性论言论选辑》，主编了《西方著名伦理学家评传》一书。1997 年将几十年间有关伦理学的论文编成《论人和人的解放》出版。

周辅成先生认为，人性论与人道主义的关系密切，尽管两者的内容不完全一致，但是任何一种人道主义都建立在一种人性论的基础之上，是从某种人性论上推演出来反对封建制度和专制独裁的产物。西方人性论与人道主义主要分为三个阶段：文艺复兴时期的人性论与人道主义，17、18 世纪英法革命时期的人性论与人道主义，19 世纪至 20 世纪的人性论和人道主义。

文艺复兴时期，新思想家们认为要了解人的价值与尊严，应该与禽兽相比较，人之于禽兽在于有理性，上帝的理性不过是更高远的理性罢了。由此，人不必再对教会卑躬屈膝，应该肯定自我，大胆地向自然和社会索取。根据这种人性论，人道主义就是“把人的一切现实要求，归结为人的自由与人的幸福的要求，主张任何人，都是以人的自由与幸福为人生目的与行为的指南”①。同时，为减轻教会和封建的束缚，他们还提出了宽容。但是，这种注重人兽之别的人性论和以人的自由、人的尊严、全面发展、宽容为内容的人道主义，依旧有局限性，表现在对待人民群众、特别是对劳动人民持以轻视的态度，所有理论都是建立在个人主义基础之上，且宽容思想也不彻底。

启蒙时期，新思想家们意识到必须自己掌握权利，因此该时期的人性论都是在为人生而有权利作证，人道主义思想也将人的自由、幸福的要求以个人权利的形式提出，其特点是以自然法和自然契约为依据，以自由、平等、博爱为口号。在当时的情况下，这种人性、人道观既有意义，又有局限性。其意义在于：“使新一代学者敢于与宗教和教会决裂……对于环境、教育、立法的重视……除了霍布士以外，他们决不说人类经过契约后，人们的权利便交给统治者”②。局限性：该时期所依据的人性论是抽象的人性，人道主义越往后发展，越自欺欺人。这些局限性终究使劳动人民意识到资产阶级的自由、平等、博爱不是劳动阶级的自由、平等、博爱。法国大革命中，大资产阶级以“知识第一”赢得劳动人民的支持，当选第三级议会的代表，又以“智识第一”将劳动人民当成暴民,“这时，自由、平等、博爱是指‘穷人’不得侵犯富人的财产、统治者有剥削的自由、营利的自由。而劳动人民所得的权利，也只是被剥削、压迫的权利。”③

19 世纪的人性论和人道主义分为前后两期、共四个方面。首先，空想社会主义者（圣西门、傅立叶、欧文）虽然指出富人的利益与穷人的利益不同，甚至相反，却倡导工人与富人联合在一起的集体主义。其次，德国启蒙家和德国古典哲学家们，如赫尔德、康德、黑格尔等，都是法国 1973 年所谓“恐怖政治”的反对者。他们的著作在反对封建统治中有重要意义，但康德又将人送到上帝面前，大大削弱了效果。在这些思想家的影响下，博爱成为人道主义的重要内容，人类自由与人类幸福也被放在博爱的口号下实现。费尔巴哈以博爱为前提，用“利己与利他一致”“你我一体”“人对人是上帝”，提出“普遍爱”和“爱宗教”。再次，俄国革命民主主义者的人性、人道观大致是空想社会主义者和费尔巴哈的综合。最后，19 世纪后半期，人道主义与实际的人民反压迫反剥削结合在一起，一些思想家（孔德、叔本华、尼采）是在反对工人运动的基础上讲述人性论和人道主义。

此外，周辅成先生还讨论了社会公正的问题。他认为“社会公正”是与劳动人民密切相关的命题，周辅成先生写道：“倡导公正原则，既然源自反对不公正，那末，在实际生活中，站在鼓吹公正原则前列的，必然多半是受不公正

① 周辅成：《论人和人的解放》，华东师范大学出版社 1997 年版，第 465 页。
② 同上书，第 474—475 页。
③ 同上书，第 477—478 页。

待遇的善良人民，特别是劳动人民；而凡是进步的理论家，都在不同程度上同情劳动人民。"[①] 古今中外，大多政治家、思想家为实现社会公正而殚精竭虑。他强调，讲究社会公正，并非讲"道德救国论"，即"公正原则，在道德范围内，甚至在政治范围内、在法律范围内，它是有绝对力量的；一旦过了这境界，则只有相对力量，甚至完全无力量。"[②] 从发展过程看，公正原则经历了从借上帝讲公正原则到用历史规律讲公正原则的过程。

周辅成先生在后期着重研究中国哲学史和中国伦理学，对中国传统道德的开端、特色和孔子的伦理思想进行了阐述。他认为"仁""义"是中国传统道德的开端。第一，由《左传》《诗经》可知，在孔子之前，"仁"的观念就已经非常普遍了，孔子的功绩在于将"仁"列为主德和百德之首。仁德，从开始就有两方面的意义，一是作为主观的道德情感，是从反省得来的对人的同情，二是作为客观的社会责任感，是秩序上的义务。古代统治者讲仁德，看来也是被动的。[③] 第二，古时的"义"是道德生活、社会生活不可抗拒的规律，"仁"可以少谈，"义"绝不可少谈；"礼"是为推行"义"而存在的；中国古代讲"义"，并不反对利，力争义利一致。由此可见，"义"维持社会生活成百上千年，那么，"仁"何以夺得"义"的地位？原因如下："以'义'为主的道德潮流，太注重客观的理性，忘记主观意志的作用……滥用'大义灭亲'，人民难免不在背后叫冤或反对……'义'在'利'的面前，显得软弱无力……义或礼义与政治、法律、宗教等很难区别……社会难免不变化，所谓铁面无情的礼义准则，也往往有不适时宜……"[④] 第三，关于中国道德传统，周辅成先生指出，必须从人民群众的道德实践上看中国道德传统的特色，分析其价值。为此，他得出中国道德传统的三点特色：注重身体力行、言行一致；注重自我反省、良心；注重正直、中庸。

① 周辅成：《论人和人的解放》，华东师范大学出版社 1997 年版，第 191 页。
② 同上书，第 194 页。
③ 同上书，第 191—120 页。
④ 同上书，第 124 页。

罗国杰

罗国杰（1928—2015），中国共产党优秀党员，我国当代著名伦理学家、哲学家、教育家、理论家，新中国伦理学事业的奠基人、中国马克思主义伦理学的开创者、社会主义市场经济条件下道德理论的创建者，曾任教育部人文社会科学研究专家咨询委员会委员、教育部社会科学委员会副主任委员、教育部高校马克思主义理论课和思想品德课教学指导委员会副主任、中国伦理学会会长、国务院学位委员会哲学学科评议组召集人、《道德与文明》主编、国家教委（教育部）《高校理论战线》编委会主任、特邀总编辑。下面一篇文章是罗国杰先生晚年对自己伦理学思想的总结，在此节选，以阐发先生的学术研究历程和理想。①

一、我是怎样走上伦理学专业的教学、研究和探索的

1928 年 1 月，我出生于河南省南阳市内乡县的罗冈村。1946 年，我在河南开封高级中学毕业后，考入了当时上海的国立同济大学法学院的法律系（同济大学的法律系新中国成立后并入复旦大学），开始了我在上海的整整 10 年的学习和工作。在同济大学学习的 4 年中，经过党的教育和培养，我在新中国成立前，参加了地下党的组织，成为一名中共地下党员，后来担任了同济大学地下党的总支委员、总支书记兼法学院支部书记。

新中国成立后，我服从党组织的决定，参加了上海党的宣传教育工作和纪律检查工作，在党的机关工作了 7 年多。1956 年的春季，我向组织提出重新到大学学习的要求。经过考试，进入了人民大学，重读本科和研究生。经过四年的学习，我成为人民大学哲学系的一名教师，根据当时学校教学的需要，我开始从事马克思主义伦理学教学和研究的开创性工作。当时的中国人民大学，仿照莫斯科大学，在新中国的高等学校中，第一个开设伦理学课程。正是在这种新形势的要求下，按照学校的要求，1960 年开始，由我带领七名青年教师，

① 详见罗国杰：《我的学术思想的形成和发展——对伦理学的教学、研究和探索历程的回顾》，《毛泽东邓小平理论研究》2011 年第 11 期。

开始对新中国高等学校伦理学的课程设置、教材建设和教学要求进行开创性的建设工作。从 1960 年到如今已经 50 多年了，而我一直在伦理学领域中学习、教学、研究和探索，没有离开过这一岗位。

我和教研室的同志一起潜心攻读了几百万字的马列原著，摘抄、编辑了 30 多万字的马克思主义经典作家关于道德的论述。功夫不负有心人，1 年以后，我和教研室同志就一起编写出了《马克思主义伦理学教学大纲》和《马克思主义伦理学讲义》，为新中国马克思主义伦理学的学科建设奠定了一定的基础。1982 年，我和教研室同志一起编写的《马克思主义伦理学》（人民出版社 1982 年版），作为新中国第一本伦理学教科书，也为伦理学教材构建了一个新的框架和新的体系，这本教材，获北京市哲学社会科学优秀成果奖、全国高校优秀教材奖。

我在中国人民大学的岗位以及所扮演的角色不停地变化着，从伦理学教研室副主任、主任，哲学系副主任、主任到副校长，但我始终没有离开伦理学的教学，没有离开伦理学领域的所有重大活动，从 1980 年到 2005 年，我担任中国伦理学会的副会长、会长。作为伦理学工作者，我对伦理学有着真切深厚的情感，随着时间的推移，这种感情，真可说是始终不变，而且愈久弥深。

二、对伦理学问题的关注

从 1956 年作为一名哲学爱好者，考入中国人民大学哲学系以来，直到 50 年后的今天，在这整整半个世纪的漫长岁月中，我所关注的问题始终没有离开过哲学和伦理学，从 1962 年从事伦理学教学开始，对有关伦理学的问题，更加特别关心。若从注意力的重点来看，大体可以分为以下五个方面：

（一）关于伦理学的基本理论

对伦理学的基本理论问题，应在坚持马克思主义基本观点的基础上，结合中国道德实践和理论的具体情况进行研究，这是我所坚持的方法论前提。在马克思主义伦理学理论体系的探索上，我以道德现象为划分起点，并从道德现象中细分出道德活动现象、道德意识现象和道德规范现象。以此为出发点，概括出作为科学的马克思主义伦理学的三方面特点，即马克思主义伦理学是一门理论科学和规范的科学、同时又是一门理论知识和行动准则相统一的科学。从 20 世纪 60 年代初编写的《马克思主义伦理学教学大纲》和《马克思主义伦理学讲义》，到 80 年代的《马克思主义伦理学》《伦理学教程》和《伦理学》，大体上反映了我对马克思主义伦理学理论体系探索的思想轨迹。

（二）关于集体主义原则

集体主义的理论，是马克思主义伦理学最基本的理论之一，也是一个基本道德原则。鉴于这一道德原则在我国社会主义建设中的重要性，我把研究和写作的相当一部分精力，花在集体主义以及与此相关的个人主义的问题上，围绕坚持集体主义原则和反对个人主义的问题，发表了大量的论文。《道德教育与价值导向》（教育科学出版社2000年版）一书，较为集中地收集了对这一问题的研究成果。我认为，社会主义集体主义应当包含三个方面的内容：（1）集体利益高于个人利益；（2）在集体利益高于个人利益的原则下，切实保障个人的正当利益，促进个人价值的实现；（3）集体主义强调个人利益与集体利益的辩证统一。同时，集体主义又包括无私奉献、先公后私和顾全大局、公私兼顾这样三个层次。

（三）关于正确对待传统道德

如何传承中华民族的传统美德，弘扬中华民族精神，是思想道德建设中一个既有理论价值又有实践意义的重大问题。因此，潜心研读卷帙浩繁的中国伦理学经典，并努力撰写中国伦理思想史方面的学术论文，始终是我几十年来不懈努力的目标。1980年我所主持编写的《中国伦理思想史》和20世纪末由我主持编写的7卷本《中国传统道德》和6卷本《中国革命道德》，就是我在学习和研究中国传统道德学说的过程中撰写的。通过几十年的学习和研究，我初步认为中国传统道德的基本内容可以概括为十个方面，中国古代传统道德的特点，我认为大体上可以概括为六个方面。在大力弘扬我国古代的优良道德传统的同时，还应该大力弘扬中国共产党人、人民军队、一切先进分子和人民群众在中国新民主主义革命和社会主义革命与建设中形成的优良革命道德传统。

（四）关于建立与社会主义市场经济相适应的思想道德体系

与社会主义市场经济相适应的法律体系已经形成，而与社会主义市场经济相适应、与社会主义法律规范相协调的道德体系的建设，是我们面临的一个亟待解决的重要问题。建立与发展社会主义市场经济相适应的道德体系的框架要有最高的理想，规范上要有层次性，实践上要有可操作性；要研究市场经济的建立与发展给道德提出的新问题、指导思想、价值导向、核心和原则等。我还对“以德治国”的理论问题和公民道德建设的问题进行了集中细致的思考，对于以德治国的重要意义、法治与德治的相互关系、公民道德建设的主要内容、公平与效率的关系问题等，都提出了一些自己的认识和看法。《以德治国与公民道德建设》（河南人民出版社2003年版）一书所编选的文章更为全面地体现了我近几年来对这一问题的学习与研究。

（五）关于对待“西方伦理思想”的问题

在当今的时代，世界各国的文化交流日益发展，由于社会制度的不同和对立，各种价值观念的碰撞、交流、融合和冲突也表现得形式多样和手段各异。西方国家姿态强势，一贯认为他们的价值观是最优越的，总是尽量设法把他们的价值观强加给别的国家。以上五个问题，就是我时时关心的重大问题，也是伦理学领域中的重大问题。

三、我的“新德性论”伦理思想的形成和发展

我的伦理思想的形成，大约从1962年编写《马克思主义伦理学讲义》《马克思主义伦理学教学大纲》以及对学生讲课和撰写讲稿时开始的。我的“新德性论”的内容和主要特点，共有以下六个方面：一是具有为人类理想社会——社会主义和共产主义而献身的精神。二是强调和重视社会中的每个人都应抱有崇高的“道德理想”，都应当有达到这种崇高道德理想的追求。三是具有先进的社会主义人道主义的要求。它继承和扬弃了中国古代“仁者爱人”的早期人道主义思想，吸收了西方人道主义的合理内核，贯彻了社会主义核心价值体系的导向，把人民群众的福祉、自由、幸福和权利，提高到新的高度，把“以人为本”作为一切思想、认识、工作和追求的唯一出发点和根本目的。四是在道德行为的动机和效果的关系上，新德性论主张动机和效果辩证统一的思想。五是新德性论特别注意人的道德修养，提倡“修身”“慎独”，把个人的自我完善看作道德行为的重要方面。六是新德性论重视一个人对他人、集体、国家、民族所应负的道德责任。在某种意义上，道德责任也就是道德义务。没有了责任，也就没有了道德，一个人、一个民族、一个集体、一个国家，它的道德风尚和人们的道德品质的高低，一个主要的指标就是看人们履行道德责任的自觉性程度。

总之，新的马克思主义的德性论伦理学，是一种全新的伦理思想，这种伦理思想既区别于旧的德性论的伦理思想，更不同于过去旧功利主义的伦理思想。

张岱年

张岱年（1909—2004），中国共产党党员，中国现代著名哲学家、哲学史家、国学大师、中国伦理学家，曾任中国哲学史学会会长、名誉会长。

张岱年先生 1909 年 5 月出生于北京，原籍河北省献县。父亲张濂为清光绪进士。长兄张崧年是中国现代哲学家，对张岱年先生的学术道路选择产生了直接影响。张岱年先生于 1933 年毕业于北京师范大学教育系，任教于清华大学哲学系，后任私立中国大学讲师、副教授，清华大学副教授、教授。1952 年后，任北京大学哲学系教授、清华大学思想文化所所长、中国社会科学院哲学研究所兼职研究员。1980 年后任中国哲学史学会会长、名誉会长。

张岱年先生自幼立下学术治国之志，先后完成的著作有：《中国哲学史大纲》《中国唯物主义思想简史》《张载——中国十一世纪唯物主义哲学家》《中国伦理思想发展规律的初步研究》《中国哲学发微》《中国哲学史史料学》《中国哲学史方法论发凡》《求真集》《真与善的探索》《文化与哲学》《中国伦理思想研究》《中国古典哲学概念范畴要论》等；合著有：《中国文化传统简论》《中国文化与文化论争》等；主编《中华的智慧》《中国唯物论史》《孔子大辞典》《中国文史百科》等。

张岱年先生在中国哲学史方面的研究为众人熟知。其实，在伦理学领域，张岱年先生不仅是一位极深研几、功力深厚的伦理思想史家，更是一位实事求是、富于创造性的伦理思想家。他对伦理学的贡献主要表现在两个方面：一是他有意识地将中国古代的伦理思想与马克思主义基本原理相结合，对中国伦理思想发展规律、研究方法和基本问题进行了探索，推进了中国伦理思想史的研究；二是他较早运用马克思主义的基本原理研究伦理学的基本理论问题，对道德的本质与特征、道德的原则和规范、道德的目的或个体的道德品质等进行了深入而颇富中国特色的研究，推进了伦理学理论的研究。

张岱年先生一生致力于中国哲学史研究的同时，对中国伦理思想史进行了认真的思考和探讨，并出版了多部颇有影响的专著，20 世纪 50 年代，他出版了《中国伦理思想发展规律的初步研究》，初步探讨了中国伦理思想史的研究方法。到 80 年代末，《中国伦理思想研究》正式出版，这是张岱年先生多年在中国伦理思想史研究方面努力的结晶。该书共12章，除去总论和附录外，讨论了中国伦理学说的基本问题、道德层次序列、道德的阶级性与继承性、如何分析评价人性学说、仁爱学说、“义利”之辨与“理欲”之辨、纲常问题、意志自由问题、天人关系问题、道德修养与理想人格以及整理伦理学说史料的方法问题。书中关于中国伦理思想史研究的方法论问题的成果，具有时代性和创新性。他认为写好一本中国伦理学史，应该注意做到三点：一是革命性和科学性的统一；二是资料与观点的统一；三是阶级分析与理论分析的结合。他较早地对中国伦理思想史的研究内容做了总结，汇总为8个问题，即：（1）人性问题，即道德起源问题；（2）道德的最高原则与道德规范的问题；（3）礼义与衣食的关系问题，即道德与社会经济的关系问题；（4）“义利”“理欲”问题，即公利与私利的关系以及道德理想与物质利益的关系问题；（5）“力命”“以命”问题，即客观必然性与主观意志自由的问题；（6）“志功”问题，即动机与效果的问题；（7）道德在天地之间的意义，即伦理学与本体论的关系问题；（8）修养方法问题，即道德修养及其最高境界的问题。这基本确定了中国伦理思想史研究的内容和路径。而在伦理学的主要理论问题基础上，张岱年先生进一步把伦理学问题归结为两个基本问题：关于道德现象的问题与关于道德理想和道德价值的问题。这有别于哲学的基本问题，体现了伦理学研究的特殊性。张岱年先生尤其强调中国伦理学史料的处理要使用科学的方法。他提出史料要选择具有典型意义的、有深远影响的重要著作，进行比较深入的钻研，然后再试加推广，广泛涉猎有关资料；要认真鉴别史料的真伪，通过考证取得充足的证据；确定了史料的真实性之后，对史料的内容做出正确的解释，不望文生义，随意曲解；最后，要在缺乏形式上的调理次序的材料中，发现其内在的条理系统，做到材料的融会贯通。

张岱年关于道德哲学的一般理论①，是20世纪中国马克思主义理论伦理学和哲学伦理学的宝贵财富，它开拓了把马克思主义基本原理与中国道德文化的具体实际结合起来，建构有中国特色马克思主义理论伦理学的新领域和新境界，奠定了他作为一个马克思主义理论伦理学家的地位。他的贡献体现在关于道德哲学的一般理论、道德原则问题和德性问题三个方面。

张岱年先生关于道德哲学的一般理论问题的研究可以归结为三个问题。第一个问题关于伦理学的基本问题。张岱年先生依据他对中国伦理思想史发展规律和宏观总体的了解和深入把握，认为伦理学的基本问题可以归结为两大问题：关于道德现象的问题、关于道德理想和道德价值的问题。这两大问题涉及道德

① 以下内容依据王泽应先生《张岱年对20世纪中国伦理思想的贡献》一文。详见《南通大学学报》（社会科学版）2007年第5期。

生活的现有与应有、存在和价值或现实与理想的关系，是伦理学中最为核心和关键的问题。张岱年先生指出，伦理学基本问题所讨论的是人类的精神生活与物质生活何者价值较高的问题。在伦理学领域内，物质生活是精神生活的基础，精神生活具有高于物质生活的价值。第二个问题关于道德的本质。张岱年先生是中国马克思主义伦理思想家中最早开始思考和探讨道德本质的人，并提出了自己颇具特色的道德本质理论。首先，从最一般的含义上讲，道德本质上是一种行为的规范和准则，是一种通过社会舆论、传统习俗和人们的内心信念来维系的并通过善恶矛盾来表现的行为规范。其次，从最一般的含义上讲，道德本质上是一种行为的规范和准则，是一种通过社会舆论、传统习俗和人们的内心信念来维系的并通过善恶矛盾来表现的行为规范。再次，在阶级社会里，道德的本质内涵在不同的阶级道德之中，并通过阶级道德表现出来。只有代表先进生产力的要求和社会进步趋势的劳动阶级和无产阶级道德才是科学的合理的道德。第三个问题关于道德的基本特征。张岱年先生认为，首先，道德是知与行的矛盾统一，道德的认识与道德的实践是密切联系、不可叛离的；其次，道德是共性与形态的矛盾统一，这构成了道德之变与常的基本情态；最后，道德是阶级性与继承性的矛盾统一。在此基础上，张岱年先生提出道德是普遍性形式和特殊性内容的矛盾统一。

除了道德哲学的一般理论之外，张岱年先生还关注了道德原则问题。道德原则是规范伦理学的主体或核心，任何伦理学都要提出自己的道德原则或准则，以作为社会成员行动的指南和价值的趋赴。20 世纪 30—40 年代，他在《生活理想之四原则》《品德论》《天人简论》等文章中，创造性地提出了“生理合一”“与群为一”“义命合一”“动的天人合一”的根本纲领和原则，建立了一个言简意赅却蕴含深厚的道德原则规范体系。

社会的道德原则规范必然要求一定的德目或社会成员的德性与之相适应。20 世纪 30—40 年代，张岱年先生在《宇宙观与人生观》《天人简论》中提出了自己的“六达德”“六基德”理论，比较成功地实现了马克思主义道德品质学说与中华民族传统美德的创造性结合。

张岱年先生伦理思想为我们在新的历史时期坚持和发展马克思主义伦理思想，推进马克思主义伦理思想的理论创新工程提供了可资借鉴的范本。

许启贤

许启贤（1934—2004），著名伦理学家，马克思主义理论教育家，曾任中国伦理学会常务副会长，国家职业技能鉴定专家委员会职业道德委员会主任委员，中国人民大学马克思主义学院教授、博士生导师。

许启贤先生1934年出生于陕西省扶风县。1957年考入中国人民大学国政系（从历史系分出）学习国际共运专业。1960年7月，他留在中国人民大学哲学系担任教师，在我国著名的伦理学家罗国杰先生的领导下，与罗先生等人共同创立了新中国第一个伦理学教研室，一同编写了新中国第一部伦理学教科书《马克思主义伦理学》和第一个《马克思主义伦理学教学大纲》。在学术方面，许启贤先生更是勤奋耕耘，硕果累累。他与人合著了《马克思主义伦理学》《伦理学》《管理与道德》，出版了《伦理的思考》《伦理学研究初探》《伦理道德与社会文明》《中国当代伦理问题》《为了中日友好和人类文明》等，参与编写了《中国伦理大辞典》《实用伦理学丛书》《中国民政道德通论》《中国伦理大百科·马克思主义伦理思想史卷》《社会道德读本》《职业道德》《中国共产党思想政治教育史》《中国传统美德格言与故事》等，并在各大期刊上发表近300篇学术论文。

由始至终，许启贤先生都坚持马克思主义立场、观点和方法，积极参与马克思主义伦理学体系的建设。这主要体现在《马克思主义伦理学》和《马克思主义伦理学教学大纲》两本书中。许启贤先生意识到，要使马克思主义伦理学在中国生根、发芽，就必须与中国文化和中国现实相结合，必须从中国传统伦理思想中汲取养分。第一，他认为，对待以孔子为代表的儒家传统道德，应该采取一分为二的方法，具体问题具体分析。对代表剥削阶级利益的道德（如“三纲”）和如重义轻利等一些片面的价值导向、“不敢为天下先”和“中庸之道”的保守人格、“存天理、灭人欲”的道德禁欲主义、明哲保身乐天安命的消极人生观，以及狭隘的家族道德、民族主义道德等要坚决摒弃、彻底清除。第二，也要努力吸收传统道德中的精华，如重视人伦关系，崇尚人伦和谐的道德传统；自强不息，勇于革新的进取精神；仁以待人，以礼敬人的道德风习；关心祖国命运，反抗外族侵略的爱国主义美德；见利思义，舍生取义的道德情操；各行各业敬业乐群的职业道德；追求自我完善的道德修养意识等。[①] 第三，许启贤先生认为，儒家伦理在我国两千多年的社会国家管理实践中，积累了丰富的经验，许多道德原则和规范，在今天仍有其积极意义，如仁爱、仁义原则，贵和、和谐原则，惠民、富民原则，重视教化原则等。[②] 第四，他认为，中国古代积蕴了深厚的生态环境伦理思想，如在人与自然的关系上，推崇天人合一；在土地问题上，提倡“土地为本”“地德为首”；在水和森林问题上，倡导“儆山泽”“养山林”，这些在21世纪具有深刻的启迪作用。[③] 第五，他在中国传统文化中发现了毛泽东思想的萌芽，主要体现在树立崇高理想、为人民服务、道德教育等方面。

许启贤先生还十分关注社会主义精神文明建设和道德建设中的重大理论问题，认为伦理学只有在不断地研究、回答各种现实的道德问题中才能焕发生机。他认为，树立正确的价值观是一个人健康成长的重要条件，是人生观的核心，是抵制拜金主义、享乐主义、极端个人主义等形形色色错误价值观的重要思想保证。在具体生活领域中，他对职业素质进行了进一步阐述。他认为，职业素质是指劳动者在一定的生理和心理条件的基础上，通过教育、劳动实践和自我修养等途径而形成和发展起来的，在职业活动中发挥作用的一种基本品质。职业素质主要包括思想政治素质、职业道德素质、科学文化素质、专业技能素质、身体心理素质等。[④] 劳动者职业素质的高低直接影响着我国生产力的发展水平。

许启贤先生在伦理学领域工作孜孜不倦，教书育人，让我们感受到他渊博的知识和钻研的执着，深深地启迪着后代学者。他写道：“我愿继续努力奋斗，呕心伦理为祖国，吟啸道德为文明，为伟大的新中华伦理增砖添瓦。”这是他一生的写照。

---

① 许启贤：《怎样看待以孔子为代表的儒家道德》，《教学与研究》1994年第3期。
② 许启贤：《儒家伦理与道德管理》，《中国人民大学学报》1998年第1期。
③ 许启贤：《中国古人的生态伦理意识》，《中国人民大学学报》1999年第4期。
④ 许启贤：《职业素质及其构成》，《江西师范大学学报》2001年第11期。

魏英敏

魏英敏（1935—2014），中国著名伦理学家、中国伦理学会原副会长、中国伦理学会“终身成就奖”获得者。

魏英敏先生 1935 年 6 月 29 日出生于辽宁省盖县。1956 年进入中国人民大学哲学系学习，1960 年毕业留校任教，1970 年调入北京大学哲学系工作。1980 年担任中国伦理学副会长，2010 年获中国伦理学会“终身成就奖”。他终身从事马克思主义哲学、伦理学的教学和研究工作，著有《伦理、道德问题再认识》《孝与家庭伦理》；与金可溪教授合著《伦理学简明教程》；主编《伦理学入门百题》《中国伦理学百科全书·职业伦理学卷》等；在《北京大学学报》《道德与文明》《伦理学研究》等期刊上发表学术论文百余篇。

1984 年出版的《伦理学简明教程》是中国最早的马克思主义伦理学教材之一。第一，书中魏英敏先生梳理了马克思主义在中国传播之前的中国伦理思想和马克思主义产生之前的西方伦理思想，认为马克思主义伦理思想的产生是伦理学史上的重大变革。第二，他认为，共产主义道德原则和规范主要包括：集体主义的基本原则、社会主义的人道主义、爱国主义和国际主义、社会主义和共产主义的劳动态度。[①] 第三，他总结了职业道德的主要内容有政治工作者的职业道德、教师的职业道德、医生的职业道德、商业工作者的道德等。政治工作者的职业道德包括：忠诚为国，一心为公；严于律己，廉洁奉公；宽容大度，顾全大局；关心群众，平等待人；体察下情，办事公道。教师的职业道德包括：忠诚党的教育事业；热爱学生，师生平等；学而不厌，诲人不倦；以身作则，为人师表；互相尊重，文人相亲。医生的职业道德包括：救死扶伤，实行革命的人道主义；满腔热情，高度负责；举止庄重，注意文明礼貌；尊重同行，互敬互学，实行医护协作。商业工作者的道德：全心全意为顾客服务；买卖公平，诚实无欺；举止文雅，说话和气。[②] 第四，他提出社会公德主要有：彼此谦让，互相尊重；尊老爱幼，助人为乐；遵守公共秩序，爱护公共财物；行为文明，礼

① 魏英敏、金可溪：《伦理学简明教程》，北京大学出版社 1984 年版，第 1—3、257—265 页。

② 同上书，第 275—285 页。

貌待人；遵守诺言，诚实守信。[①] 第五，他认为道德修养主要包括道德意识的修养和道德感情的修养。第六，道德评价的前提是自由意志，形式是外在的舆论和内在的良心，标准是动机和效果。

1990 年，魏英敏先生出版《伦理、道德问题再认识》，对伦理学研究方法、社会主义初级阶段伦理、马克思主义人性论与人道主义进行了进一步的探讨。第一，伦理学的研究方法主要有系统方法、比较方法、逻辑分析方法。第二，社会主义初级阶段社会主义道德的主要内容有爱祖国、爱人民、爱劳动、爱科学、爱生存环境。第三，马克思主义人性论有两个层次：人的自然属性与社会属性、人的社会属性和人的本质。无产阶级的人道主义，即社会主义的人道主义的内容特点为：尊重人的价值；以平等的态度对人；关心人，爱护人，同损害人的尊严和利益、危害社会利益的反人道现象，作不调和的斗争。[②] 第四，要客观地评价合理利己主义和个人主义思想。合理利己主义的历史作用是反对封建统治、解放人性。不合理性表现在：首先，合理利己主义是建立在抽象的人性论基础上的，即人的本性就是自私的。其次，合理利己主义认为的人人有追求幸福的权利的主张是实现不了的空话。再次，合理利己主义仅仅把自己看作目的，把他人看作实现自己目的的手段。最后，个人利益是人们一切行为的出发点和最终目的。[③] 而个人主义是私有制的精神产物，其合理性在于可以发展人的独立性，不合理性在于个人主义是反科学和不可引导的。

为了弘扬儒家伦理思想的积极因素，建立民主、和睦、亲善的家庭，魏英敏先生出版了《孝与家庭伦理》一书。他以时代为发展线索，分析了先秦儒家的“孝道”、《孝经》和传统的家训、家法和箴言，梳理了传统伦理文化中的家庭道德、现代家庭和夫妻关系，并将家庭伦理教育与社会教育结合起来。第一，魏先生对先秦儒家“孝道”进行了评议，认为其既有消极的意义，又有积极的意义。“从消极方面说，孝倡导子女对父母的服从，父母正确要服从，不正确，尽管可以委婉表达不同的意见，但归根结底还得服从……从积极方面看，孝加固了父子关系，增进了家庭乃至社会的稳定性，维护了封建等级制度。”[④] 第二，他还对《孝经》进行了梳理，认为既有是也有非，可以对孝道观念进行转化，为我所用，如“五致”与“三戒”、谏诤、“广致”与“博爱”“淑人君子，其仪不二”、注重人生现实和强调“孝治”的教化，等等。在此基础上，他认为：“孝治”与“孝道”的神学夸大产生了大量的愚孝故事和愚孝观念；久丧与烦琐的丧礼影响生产，妨碍子女身心健康，沦为一种陋习；“身体发肤，受之父母”，使子女时刻谨慎保

① 魏英敏、金可溪：《伦理学简明教程》，北京大学出版社 1984 年版，第 288—290 页。

② 魏英敏：《伦理、道德问题再认识》，北京大学出版社 1990 年版，第 119—125 页。

③ 同上书，第 137—141 页。

④ 同上书，第 28—29 页。

护自己的生命，也阻碍着解剖医学的发展；“父母生之，续莫大焉”使父母粗暴地干涉子女的婚姻，盛行包办买办婚姻，导致早婚、纳妾等畸形婚姻产生。[①] 第三，魏先生对经典家训、家法进行了梳理。《颜氏家训》认为，家教对培养子弟德性有不可替代的作用、家庭教育宜早不宜迟、家庭教育的原则是威严而有慈、为子积财不如教之薄技、求学的目的在于指导行为、人的名声基于修身程度、重视养身之道。第四，“三纲”“五伦”是不公平的人伦关系，但是尊亲、敬亲、养亲是孝的普遍意义，我们应该批判地继承。现代新的人伦关系要求夫妻之间的道德规范是“互敬”、父子之间的道德规范是“慈孝”、兄弟姐妹之间的道德规范是“友爱”，因此，必须建设现代家庭，巩固夫妻关系。第五，他还介绍了中国台湾、韩国、日本、新加坡等地的家庭关系的现状。第六，魏先生指出，“家庭伦理教育是整个社会伦理教育的基础。家庭是社会有机体的细胞，家庭伦理教育也是社会整体伦理教育的组成部分，与学校伦理教育、社会伦理教育一起，发挥着培养和造就新一代的道德人格的作用”[②]。现代家庭教育应坚持言传身教的原则，严肃性和民主性、原则性和灵活性相结合的原则，自律性的原则，一惯性和整体性相统一的原则；其具体的方法有行为示范的方法、由情入理的方法、将心比心的方法和磨炼意志的方法。

---

① 魏英敏、金可溪：《伦理学简明教程》，北京大学出版社1984年版，第63—65页。

② 魏英敏：《孝与家庭伦理》，大象出版社1997年版，第157页。

张锡勤

张锡勤（1939—2016），中国共产党党员、我国著名学者、中国近代思想史家、中国伦理思想史家，曾任中国哲学史学会理事、国际儒联学术委员、国际中国哲学学会学术顾问、中国实学研究会理事、黑龙江省哲学学会副会长、黑龙江省伦理学学会副会长、黑龙江大学思想文化研究所所长。

张锡勤先生1939年7月出生于江苏省扬州市一个传统知识分子家庭，从小培养起了淳厚谦和的人生品格。1957年进入北京师范大学历史系学习，1961年毕业，进入黑龙江大学历史系工作，1963年转入黑龙江大学哲学系，主要从事中国近代哲学和中国伦理思想史的研究和教学。张先生一生科研和教学硕果累累，在学术界产生了重要的影响。出版的代表性著作有《中国近代思想文化史稿》（上、下册）、《戊戌思潮论稿》《中国传统道德举要》《中国近代的文化革命》《儒学在中国近现代的命运》《梁启超思想平议》等，主编了《中国传统道德——名言卷》《中国伦理道德变迁史稿》《中国伦理思想通史》《中国伦理思想史》等，在《哲学研究》《中国哲学史》《历史研究》等核心期刊上发表了论文百余篇。在伦理学研究方面，张先生既致力于中国传统伦理思想史的研究，也关注个别时期伦理思想的发展，尤其注重儒学思想在近代的发展状况。

在《中国传统道德举要》中，张锡勤先生详细列举了五十余个在中国道德史上有重要地位的道德题目，本文将列举一些具有时代意义的代表性的观点。

一是义利观。张先生认为，义利观探讨的是道义与利益，特别是与个人利益的关系，并将“义”解释为应然之则，即“所谓义，即是遇事按照等级制度的精神原则，果断地作正确决断，采取最为适宜、恰当的行为”①。在此基础上，他将儒家的义利观总结为：“其一，面对利益，应以道义来衡量，决定取舍，符合道义则取，不符合道义则不取，人们只能得其应得之利……其二，推而广之，面对任何事，均应从道义出发，当为则为，不当为则不为，而不顾及自身的利害……其三，私利要服从公利……其四，明义利之辨，不仅是为人处世之

① 张锡勤：《中国传统道德举要》，黑龙江大学出版社2009年版，第22页。

道，也是治国之道。”[①]

二是“三纲”。张先生对“三纲”的产生和发展过程做了明确的分析，认识到“三纲”与先秦伦理道德观念相比，既有内在联系，又有一定差别。它们之间的联系是“从反对‘六逆’到提倡‘八经’，都是要维护上下、贵贱、长幼、大小、远近、新旧间的等级差别和界限”[②]，区别在于“在先秦人看来，上下、贵贱、长幼、男女夫妇的差别界限固然神圣，但作为人伦义务，则应是双向的，而且双方是互为因果的”[③]。

三是“教化”。所谓“教化”，就是通过道德教育（“教”）来感化人民，转移世间的人心风俗（“化”）。通过对上古、秦汉到明清统治者喻令的考察，张先生认为高度重视教化工作，是中国传统文化、传统道德的又一优良传统。古代思想家还从人性论的角度论证教化的重要性，如孟子主性善、荀子主性恶、董仲舒主性三品等。古人教化的手段主要是法律刑罚的强制和道德教化的诱导，至于二者的优先性，儒家大多主张教先于行。

四是“修身”。张先生认为，对修身最重视的是儒家，儒家的修身既是为了完善自身，也是为了完善社会。人欲走出自然状态，必须自觉从事修身。他们认为圣贤并不是不可企及的，圣贤皆由休养磨炼而成。[④] 修身的内容主要包括改过、重行、务实、慎独、自省、重微、重积、经权、力命、德才等内容。

同时，张锡勤先生还梳理出中国传统伦理道德的基本精神：尚公、重礼、贵和。在这三者中，最根本的是尚公，重礼、贵和是从尚公中派生的。他认为，中国是在没有彻底破坏氏族血缘关系的情况下由野蛮进入文明，建立国家的。中国古代的社会结构以宗族为本位，家是国的基础，国是家的扩大，由此势必发展成整体主义，整体的利益直接关系到个人的利益。因此，人们会将整体利益放在首位。从先秦起，在义利之辨这对范畴中，义是公，利是私；在宋明“去人欲，存天理”这一哲学命题中，天理为公，人欲为私；作为三纲之首的君为臣纲中，“忠”是最重要的德性。礼作为四德、五常之一，思维之首，是维护、稳定等级秩序的重要手段，规定着一切，“从上古起，中国古人即将礼看作是‘经国家，定社稷，序民人’的大宝”[⑤]。同时，整体主义又极为重视等级内部的和谐。秩序与和谐相互促进，“一方面，建立秩序是为了保证协调和谐；另一方面，协调和谐的实现，自然会促进社会秩序的稳定、安宁”[⑥]。和的观念十分久远，为了维护稳定，一致对失衡、过度等保持距离，尚中庸之德。

张锡勤先生致力于中国伦理思想通

① 张锡勤：《中国传统道德举要》，黑龙江大学出版社 2009 年版，第 22 页。
② 同上书，第 81 页。
③ 同上。
④ 同上书，第 342 页。
⑤ 同上书，第 394 页。
⑥ 同上。

史的研究，先后出版了《中国伦理思想通史》《中国伦理道德变迁史稿》《中国伦理思想史》三本书。《中国伦理思想通史》弥补了当时学界中国伦理思想史只写到1919年的不足，此书以时间为线索，从唯物史观的角度出发，概述了在具体的时代背景下从先秦时期至新中国成立各个历史阶段、不同的学派和代表人物的伦理思想。《中国伦理道德变迁史稿》则侧重于观念的变迁，并一直写到“八荣八耻”的提出。2015年张锡勤作为首期专家和召集人，主编了马工程教材《中国伦理思想史》。他们根据中国伦理思想理论形态的发展变化，将中国伦理思想划分为六个时期，即先秦为形成时期，秦汉为初步发展时期，魏晋隋唐为变异纷争时期，宋至明中叶为融合成熟时期，明中叶至鸦片战争为早期启蒙时期，鸦片战争至“五四”运动为转型时期。张锡勤指出，我们要在具体的历史环境中去评价思想家们，即“唯物史观告诉我们，思想家们都生活在特定的历史环境中，他们所作的反思和理论创造无不受当时社会经济、政治和文化环境的制约，都不可避免地要带有时代的局限。因此，我们在评判他们的思想时应作辩证分析，既要着重说明他们的理论贡献和现实意义，也要揭示他们不可避免的时代局限，并对此作出合乎历史主义的说明而不可苛责古人。这样才能做到取其精华、弃其糟粕，古为今用”[①]。同时，张锡勤和杨明总结出了中国伦理思想的基本特点：其一，儒家伦理思想居于主导地位；其二，强调伦理道德在社会生活中的作用，形成了重德的传统；其三，强调整体主义，重视整体内部的秩序、和谐；其四，重视休养实践、追求理想人格。[②]

《中国近现代伦理思想史》是我国最早的伦理断代史之一，张锡勤先生试图用历史唯物主义观点和阶级分析方法，实事求是地介绍近现代的伦理思想，以求古为今用。张锡勤先生以近现代的社会变革为基础，将其分为近代和现代两个部分，近代部分是资产阶级反对封建阶级的伦理思想，现代部分是无产阶级反对地主资产阶级的伦理思想。张锡勤先生在《儒学在中国近代的命运》中阐述了儒学在不同的社会变革时期经历的曲折变化。他认为这一时期分为六个阶段：第一阶段（鸦片战争之前），儒学内部发生着剧烈的内讧和嬗变。一是程朱理学对陆王心学的攻击；二是汉学和宋学之争；三是今文经学和“以经论政”的兴起；四是朱子学的兴起。第二阶段（太平天国时期），反孔反儒的狂飙。出于政治需要，太平天国领导人经历了从贬儒到反儒的过程。1853年以后，虽然对儒学的政策进行了调整，删减过的“四书”“五经”却未推行，使太平天国地区的儒学中断了十年。第三阶段（洋务运动时期），儒学的实际地位和影响力开始削弱。在汉学受到谴责之时，宋学开始复兴，但唐鉴、倭仁等人

① 张锡勤：《以唯物史观指导编写〈中国伦理思想史〉》，《伦理学研究》2015年第6期。

② 张锡勤：《中国伦理思想史》，高等教育出版社2015年版，第7—8页。

仍然只是贤人君子论，并不能解决时务。曾国藩是“崇实之儒”，重内圣，更重外王。在镇压太平天国过程中，他所奉行的是法家思想。洋务派在两次鸦片战争后意识到，中国正面临着千年未有的变局，因此，洋务运动所追求的目标是“自强”“求富”，手段是“师夷”，与传统儒家的“为政以德”“义利之辨”有差。西学、西政也对儒学起着巨大的冲击作用。第四阶段（戊戌维新时期），儒学受到严重的冲击。随着严复等人对西学的引入，天赋人权、主权在民说、社会契约论、自由、平等、博爱等成为青年知识分子的流行语。何启、胡礼垣等对儒学进行了尖锐的批评，他们认为不能盲从儒家经典，应根据时代选择，甚至公开宣称，中国之所以积贫积弱，是受儒家经典的拖累。梁启超等也呼吁孔教已经变质，呼吁“孔教复原”。康有为等以儒学为外衣包装西学，神话孔子、宗教儒学。“中体西用”说是对传统儒学的无力防守。第五阶段（20 世纪前十年），儒学地位严重动摇。20 世纪前十年，反清革命已经取代维新变法，所追求的目标由君主立宪变为民主共和。政治、经济、社会习俗的变化，都使礼的约束力下降。梁启超的“破坏主义”和文化领域“革命”兴起。梁启超否定“孔教复原”，孔子受到了公开批判，此后，批儒批孔成为潮流。废科举、兴学堂、推翻帝制是对传统儒学致命的打击。第六阶段（五四新文化运动时期），儒学的主流地位、统治地位最终结束。首先，中华民国初年喧嚣一时的尊孔复古逆流遭到章太炎等人的抵制。其次，五四新文化运动兴起，孔子和儒学遭到更激烈的批判。再次，也有观点认为批儒批孔是捍卫民主、反对帝制、批判封建、反对文化专制、改造社会、推动中国社会进步的需要。最后，白话文的普及，儒学传承遭遇到更严重的困难。以五四新文化运动为界，儒学的独尊地位、统治地位最后终结。

索引/关键字

E

F

G

J

K

L

S

T

W

Y

Z